"十四五"时期国家重点出版物出版专项规划项目

极化成像与识别技术丛书

极化雷达成像处理与目标特征提取

Polarimetric Radar Imaging and Target Feature Extraction

代大海　庞　礴　纪朋徽
邢世其　吴佳妮　徐　牧　著

国防工業出版社

·北京·

内容简介

本书系统论述了极化雷达成像处理的基本理论及其在目标检测、识别以及前视成像方面的应用。全书共分9章。第1章介绍了极化雷达成像处理与应用的发展历程；第2~5章重点介绍了极化雷达成像体制及其处理基础，包括雷达极化概念和表征、极化雷达成像体制、极化SAR滤波、极化SAR目标检测、目标极化散射机理分析、目标分解理论与地物分类等；第6~8章重点阐述了极化SAR/极化ISAR特征提取与人造目标提取，包括全极化散射中心特征提取、参数估计及其性能分析、极化增强、人造目标提取等；第9章介绍了前视成像条件下的极化雷达成像处理方法。

本书可供从事电子系统工程，特别是微波遥感和成像目标识别的科技人员使用，也可作为相关电子类专业研究生的教材，还可供相关学科研究的科技人员参考。

图书在版编目（CIP）数据

极化雷达成像处理与目标特征提取 / 代大海等著 . 北京 : 国防工业出版社, 2025.7. -- ISBN 978-7-118-13531-2

Ⅰ. TN957.52

中国国家版本馆 CIP 数据核字第 2025TG0840 号

※

国防工业出版社出版发行

（北京市海淀区紫竹院南路 23 号　邮政编码 100048）

天津嘉恒印务有限公司印刷

新华书店经售

*

开本 710×1000　1/16　插页 12　印张 28¾　字数 650 千字

2025 年 7 月第 1 版第 1 次印刷　印数 1—2000 册　定价 198.00 元

（本书如有印装错误，我社负责调换）

国防书店：（010）88540777　　书店传真：（010）88540776

发行业务：（010）88540717　　发行传真：（010）88540762

极化成像与识别技术丛书

编审委员会

极化成像与识别技术丛书

编写委员会

丛书序

极化一词源自英文 Polarization，在光学领域称为偏振，在雷达领域则称为极化。光学偏振现象的发现可以追溯到1669年丹麦科学家巴托林通过方解石晶体产生的双折射现象。偏振之父马吕斯于1808年利用波动光学理论完美解释了双折射现象，并证明了极化是光的固有属性，而非来自晶体的影响。19世纪50年代至20世纪初，学者们陆续提出Stokes矢量、Poincaré球、Jones矢量和Mueller矩阵等数学描述来刻画光的极化现象和特性。

相对于光学，雷达领域对极化的研究则较晚。20世纪40年代，研究者发现：目标受到电磁波照射时会出现变极化效应，即散射波的极化状态相对于入射波会发生改变，二者存在着特定的映射变换关系，其与目标的姿态、尺寸、结构、材料等物理属性密切相关，因此目标可以视为一个极化变换器。人们发现，目标变极化效应所蕴含的丰富物理属性对提升雷达的目标检测、抗干扰、分类和识别等各方面的能力都具有很大潜力。经过半个多世纪的发展，雷达极化学已经成为雷达科学与技术领域的一个专门学科专业，发展方兴未艾，世界各国雷达科学家和工程师们对雷达极化信息的开发利用已经深入到电磁波辐射、传播、散射、接收与处理等雷达探测全过程，极化对电磁正演/反演、微波成像、目标检测与识别等领域的理论发展和技术进步都产生了深刻影响。

总的来看，在80余年的发展历程中，雷达极化学主要围绕雷达极化信息获取、目标与环境极化散射机理认知以及雷达极化信息处理与应用这三个方面交融发展、螺旋上升。20世纪四五十年代，人们发展了雷达目标极化特性测量与表征、天线极化特性分析、目标最优极化等基础理论和方法，兴起了雷达极化研究的第一次高潮。六七十年代，在当时技术条件下，雷达极化测量的实现技术难度大且代价昂贵，目标极化散射机理难以被深刻揭示，相关理论研究成果难以得到有效验证，雷达极化研究经历了一个短暂的低潮期。进入80年代，随着微波器件与工艺水平、数字信号处理技术的进步，雷达极化测量技术和系统接连不断获得重大突破，例如，在气象探测方面，1978年英国的S波段雷达和1983年美国的NCAR/CP-2雷达先后完成极化捷变改造；

在目标特性测量方面，1980 年美国研制成功极化捷变雷达，并于 1984 年又研制成功脉内极化捷变雷达；在对地观测方面，1985 年美国研制出世界上第一部机载极化合成孔径雷达（SAR）；等等。这一时期，雷达极化学理论与雷达系统充分结合、相互促进、共同进步，丰富和发展了雷达目标唯象学、极化滤波、极化目标分解等一大批经典的雷达极化信息处理理论，催生了雷达极化在气象探测、抗杂波和电磁干扰、目标分类识别及对地遥感等领域一批早期的技术验证与应用实践，让人们再次开始重视雷达极化信息的重要性和不可替代性，雷达极化学迎来了第二次发展高潮。20 世纪 90 年代以来，雷达极化学受到世界各发达国家的普遍重视和持续投入，雷达极化理论进一步深化，极化测量数据更加丰富多样，极化应用愈加广泛深入。进入 21 世纪后，雷达极化学呈现出加速发展态势，不断在对地观测、空间监视、气象探测等众多的民用和军用领域取得令人振奋的应用成果，呈现出新的蓬勃发展的热烈局面。

在极化雷达发展历程中，极化合成孔径雷达由于兼具极化解析与空间多维分辨能力，受到了各国政府与科技界的高度重视，几十年来机载/星载极化 SAR 系统如雨后春笋般不断涌现。国际上最早成功研制的实用化的极化 SAR 系统是 1985 年美国的 L 波段机载 AIRSAR 系统。之后典型的机载全极化 SAR 系统有美国的 UAVSAR、加拿大的 CONVAIR、德国的 ESAR 和 FSAR、法国的 RAMSES、丹麦的 EMISAR、日本的 PISAR 等。星载系统方面，美国航天飞行于 1994 年搭载运行的 C 波段 SIR-C 系统是世界上第一部星载全极化 SAR。2006 年和 2007 年，日本的 ALOS/PALSAR 卫星和加拿大的 RADARSAT-2 卫星相继发射成功。近些年来，多部星载多/全极化 SAR 系统已在轨运行，包括日本的 ALOS-2/PALSAR-2、阿根廷的 SAOCOM-1A、加拿大的 RCM、意大利的 CSG-2 等。

1987 年，中国科学院电子所研制了我国第一部多极化机载 SAR 系统。近年来，在国家相关部门重大科研计划的支持下，中国科学院电子所、中国电子科技集团、中国航天科技集团、中国航天科工集团等单位研制的机载极化 SAR 系统覆盖了 P 波段到毫米波段。2016 年 8 月，我国首颗全极化 C 波段 SAR 卫星高分三号成功发射运行，之后高分三号 02 星和 03 星分别于 2021 年 11 月和 2022 年 4 月成功发射，实现多星协同观测。2022 年 1 月和 2 月，我国成功发射了两颗 L 波段 SAR 卫星——陆地探测一号 01 组 A 星和 B 星，二者均具备全极化模式，将组成双星编队服务于地质灾害监测、土地调查、地震评估、防灾减灾、基础测绘、林业调查等领域。这些系统的成功运行标志着我国在极化 SAR 系统研制方面达到了国际先进水平。总体上，我国在极化成像雷达与应用方面的研究工作虽然起步较晚，但在国家相关部门的大力支持下，在雷达极化测量的基础理论、测量体制、信号与数据处理等方面取得了不少的创新性成果，研究水平取得了长足进步。

目前，极化成像雷达在地物分类、森林生物量估计、地表高程测量、城区信息提取、海洋参数反演以及防空反导、精确打击等诸多领域中已得到广泛应用，而目标识别是其中最受关注的核心关键技术。在深刻理解雷达目标极化散射机理的基础上，将极化技术与宽带/超宽带、多维阵列、多发多收等技术相结合，通过极化信息与空、时、频等维度信息的充分融合，能够为提升成像雷达的探测识别与抗干扰能力提供崭新的技术途径，有望从根本上解决复杂电磁环境下雷达目标识别问题。一直以来，由于目标、自然环境及电磁环境的持续加速深刻演变，高价值目标识别始终被认为是雷达探测领域“永不过时”的前沿技术难题。因此，出版一套完善严谨的极化、成像与识别的学术著作对于开拓国内学术视野、推动前沿技术发展、指导相关实践工作具有重要意义。

为及时总结我国在该领域科研人员的创新成果，同时为未来发展指明方向，我们结合长期的极化成像与识别基础理论、关键技术以及创新应用的研究实践，以近年国家“863”、“973”、国家自然科学基金、国家科技支撑计划等项目成果为基础，组织全国雷达极化领域的同行专家一起编写了这套“极化成像与识别技术”丛书，以期进一步推动我国雷达技术的快速发展。本丛书共 24 分册，分为 3 个专题。

(一) 极化专题。着重介绍雷达极化的数学表征、极化特性分析、极化精密测量、极化检测与极化抗干扰等方面的基础理论和关键技术，共包括 10 个分册。

(1)《瞬态极化雷达理论、技术及应用》瞄准极化雷达技术发展前沿，系统介绍了我国首创的瞬态极化雷达理论与技术，主要内容包括瞬态极化概念及其表征体系、人造目标瞬态极化特性、多极化雷达波形设计、极化域变焦超分辨、极化滤波、特征提取与识别等一大批自主创新研究成果，揭示了电磁波与雷达目标的瞬态极化响应特性，阐述了瞬态极化响应的测量技术，并结合典型场景给出了瞬态极化理论在超分辨、抗干扰、目标精细特征提取与识别等方面的创新应用案例，可为极化雷达在微波遥感、气象探测、防空反导、精确制导等诸多领域中的应用提供理论指导和技术支撑。

(2)《雷达极化信号处理技术》系统地介绍了极化雷达信号处理的基础理论、关键技术与典型应用，涵盖电磁波极化及其数学表征、动态目标宽/窄带极化特性、典型极化雷达测量与处理、目标信号极化检测、极化雷达抗噪声压制干扰、转发式假目标极化识别以及极化雷达单脉冲测角与干扰抑制等内容，可为极化雷达系统的设计、研制和极化信息的处理与利用提供有益参考。

(3)《多极化矢量天线阵列》深入讨论了多极化天线波束方向图优化与自适应干扰抑制，基于方向图分集的波形方向图综合、单通道及相干信号处理，多极化主动感知，稀疏阵型设计及宽带测角等问题，是一本理论性较强的专著，对于阵列雷达的设计和信号处理具有很好的参考价值。

(4)《目标极化散射特性表征、建模与测量》介绍了雷达目标极化散射的电磁理论基础、典型结构和材料的极化散射表征方式、目标极化散射特性数值建模方法和测量技术，给出了多种典型目标的极化特性曲线、图表和数据，对于极化特征提取和目标识别系统的设计与研制具有基础支撑作用。

(5)《飞机尾流雷达探测与特征反演》介绍了飞机尾流这类特殊的分布式软目标的电磁散射特性与雷达探测技术，系统揭示了飞机尾流的动力学特征与雷达散射机理之间的内在联系，深入分析了飞机尾流的雷达可探测性，提出了一些典型气象条件下的飞机尾流特征参数反演方法，对推进我国军民航空管制以及舰载机安全起降等应用领域的技术进步具有较大的参考价值。

(6)《雷达极化精密测量》系统阐述了极化雷达测量这一基础性关键技术，分析了极化雷达系统误差机理，提出了误差模型与补偿算法，重点讨论了极化雷达波形设计、无人机协飞的雷达极化校准技术、动态有源雷达极化校准等精密测量技术，为极化雷达在空间监视、防空反导、气象探测等领域的应用提供理论指导和关键技术支撑。

(7)《极化单脉冲导引头多点源干扰对抗技术》面向复杂多点源干扰条件下的雷达导引头抗干扰需求，基于极化单脉冲雷达体制，围绕极化导引头系统构架设计、多点源干扰多域特性分析、多点源干扰多域抑制与抗干扰后精确测角算法等方面进行系统阐述。

(8)《相控阵雷达极化与波束联合控制技术》面向相控阵雷达的极化信息精确获取需求，深入阐述了相控阵雷达所特有的极化测量误差形成机理、极化校准方法以及极化波束形成技术，旨在实现极化信息获取与相控阵体制的有效兼容，为相关领域的技术创新与扩展应用提供指导。

(9)《极化雷达低空目标检测理论与应用》介绍了极化雷达低空目标检测面临的杂波与多径散射特性及其建模方法、目标回波特性及其建模方法、极化雷达抗杂波和抗多径散射检测方法及这些方法在实际工程中的应用效果。

(10)《偏振探测基础与目标偏振特性》是一本光学偏振方面理论技术和应用兼顾的专著。首先介绍了光的偏振现象及基本概念；其次在目标偏振反射/辐射理论的基础上，较为系统地介绍了目标偏振特性建模方法及经典模型、偏振特性测量方法与技术手段、典型目标的偏振特性数据及分析处理；最后介绍了一些基于偏振特性的目标检测、识别、导航定位方面的应用实例。

（二）成像专题。着重介绍雷达成像及其与目标极化特性的结合，探讨雷达在探地、地表穿透、海洋监测等领域的成像理论技术与应用，共包括7个分册。

（1）《高分辨率穿透成像雷达技术》面向穿透表层的高分辨率雷达成像技术，系统讲述了表层穿透成像雷达的成像原理与信号处理方法。既涵盖了穿透成像的电磁原理、信号模型、聚焦成像等基本问题，又探讨了阵列设计、融合穿透成像等前沿问题，并辅以大量实测数据和处理实例。

（2）《极化SAR海洋应用的理论与方法》从极化SAR海洋成像机制出发，重点阐述了极化SAR的海浪、海洋内波、海冰、船只目标等海洋现象和海上目标的图像解译分析与信息提取方法，针对海洋动力过程和海上目标的极化SAR探测给出了较为系统和全面的论述。

（3）《超宽带雷达地表穿透成像探测》介绍利用超宽带雷达获取浅地表雷达图像实现埋设地雷和雷场的探测。重点论述了超宽带穿透成像、地雷目标检测与鉴别、雷场提取与标定等技术，并通过大量实测数据处理结果展现了超宽带地表穿透成像雷达重要的应用价值。

（4）《合成孔径雷达定位处理技术》在介绍SAR基本原理和定位模型基础上，按照SAR单图像定位、立体定位、干涉定位三种定位应用方向，系统论述了定位解算、误差分析、精化处理、性能评估等关键技术，并辅以大量实测数据处理实例。

（5）《极化合成孔径雷达多维度成像》介绍了利用极化雷达对人造目标进行三维成像的理论和方法，重点讨论了极化干涉成像、极化层析成像、复杂轨迹稀疏成像、大转角观测数据的子孔径划分、多子孔径多极化联合成像等新技术，对从事微波成像研究的学者和工程师有重要参考价值。

（6）《机载圆周合成孔径雷达成像处理》介绍的是基于机载平台的合成孔径雷达以圆周轨迹环绕目标进行探测成像的技术。论述了圆周合成孔径雷达的目标特性与成像机理，提出了机载非理想环境下的自聚焦成像方法，探究了其在目标检测与三维重构方面的应用，并结合团队开展的多次飞行试验，介绍了技术实现和试验验证的研究成果，对推动机载圆周合成孔径雷达系统的实用化有重要参考价值。

（7）《红外偏振成像探测信息处理及其应用》系统介绍了红外偏振成像探测的基本原理，以及红外偏振成像探测信息处理技术，包括基于红外偏振信息的图像增强、基于红外偏振信息的目标检测与识别等，对从事红外成像探测及目标识别技术研究的学者和工程师有重要参考价值。

（三）识别专题。着重介绍基于极化特性、高分辨距离像以及合成孔径雷达图像的雷达目标识别技术，主要包括雷达目标极化识别、雷达高分辨距离像识别、合成孔径雷达目标识别、目标识别评估理论与方法等，共包括 7 个分册。

(1)《雷达高分辨距离像目标识别》详细介绍了雷达高分辨距离像极化特征提取与识别和极化多维匹配识别方法，以及基于支持矢量数据描述算法的高分辨距离像目标识别的理论和方法。

(2)《合成孔径雷达目标检测》主要介绍了 SAR 图像目标检测的理论、算法及具体应用，对比了经典的恒虚警率检测器及当前备受关注的深度神经网络目标检测框架在 SAR 图像目标检测领域的基础理论、实现方法和典型应用，对其中涉及的杂波统计建模、斑点噪声抑制、目标检测与鉴别、少样本条件下目标检测等技术进行了深入的研究和系统的阐述。

(3)《极化合成孔径雷达信息处理》介绍了极化合成孔径雷达基本概念以及信息处理的数学原则与方法，重点对雷达目标极化散射特性和极化散射表征及其在目标检测分类中的应用进行了深入研究，并以对地观测为背景选择典型实例进行了具体分析。

(4)《高分辨率 SAR 图像海洋目标识别》以海洋目标检测与识别为主线，深入研究了高分辨率 SAR 图像相干斑抑制和图像分割等预处理技术，以及港口目标检测、船舶目标检测、分类与识别方法，并利用实测数据开展了翔实的实验验证。

(5)《极化 SAR 图像目标检测与分类》对极化 SAR 图像分类、目标检测与识别进行了全面深入的总结，包括极化 SAR 图像处理的基本知识以及作者近年来在该领域的研究成果，主要有目标分解、恒虚警检测、混合统计建模、超像素分割、卷积神经网络检测识别等。

(6)《极化雷达成像处理与目标特征提取》深入讨论了极化雷达成像体制、极化 SAR 目标检测、目标极化散射机理分析、目标分解与地物分类、全极化散射中心特征提取、参数估计及其性能分析等一系列关键技术问题。

(7)《雷达图像相干斑滤波》系统介绍了雷达图像相干斑滤波的理论和方法，重点讨论了单极化 SAR、极化 SAR、极化干涉 SAR、视频 SAR 等多种体制下的雷达图像相干斑滤波研究进展和最新方法，并利用多种机载和星载 SAR 系统的实测数据开展了翔实的对比实验验证。最后，对该领域研究趋势进行了总结和展望。

本套丛书是国内在该领域首次按照雷达极化、成像与识别知识体系组织的高水平学术专著丛书，是众多高等院校、科研院所专家团队集体智慧的结晶，其中的很多成果已在我国空间目标监视、防空反导、精确制导、航天侦察与测绘等国家重大任务中获得了成功应用。因此，丛书内容具有很强的代表性、先进性和实用性，对本领域研究人员具有很高的参考价值。本套丛书的出版既是对以往研究成果的提炼与总结，我们更希望以此为新起点，与广大的同行们一道开启雷达极化技术与应用研究的新征程。

在丛书的撰写与出版过程中，我们得到了郭桂蓉、何友、吕跃广、吴一戎等二十多位业界权威专家以及国防工业出版社的精心指导、热情鼓励和大力支持，在此向他们一并表示衷心的感谢！

王雪松

2022 年 7 月

前言

雷达成像具有全天候、全天时、分辨率高等优势。极化雷达成像是雷达成像发展的一个重要方向。极化反映了电磁波的矢量特性，是电磁波除时域、频域和空域信息以外的又一可资利用的重要信息，充分挖掘极化信息为现代雷达探测系统性能的改善提供了广阔的空间。

极化雷达成像技术的出现大大拓宽了雷达的应用领域，利用高分辨极化雷达成像实现对人造目标的参数反演与特征提取是当前雷达图像解译领域研究的前沿课题。国防科技大学电子科学学院长期从事雷达目标特性与目标识别技术研究，特别是近 10 年来参加完成了包括 973 国家重点基础研究项目、国家自然科学基金重点项目、武器装备预先研究项目等多项科研任务。本书是该团队在极化雷达成像处理及其应用研究方面的成果总结。全书共 9 章：

第 1 章绪论。本章归纳了雷达极化学的发展历程、研究内容和发展趋势，重点介绍了极化雷达成像及目标特征提取技术研究现状，并总结了全极化高分辨信息处理的特点和优势。

第 2 章极化雷达成像及其处理基础。本章首先简要介绍了雷达极化的概念和表征方法，包括电磁波和目标的极化特性，表征目标极化信息的各种矩阵之间的关系等；其次介绍了典型的分时和同时极化雷达成像体制；最后重点介绍了作为极化 SAR 信息处理基础的极化 SAR 目标检测、散射机理和目标分解理论。

第 3 章基于均值移动的极化 SAR 相干斑抑制方法。本章首先回顾了相干斑的形成机理、统计特性和几种经典的极化 SAR 相干斑滤波算法。其次，针对当前极化 SAR 相干斑滤波算法不能很好地保留图像细节信息和极化散射特性的问题，提出了一种基于均值移动的极化 SAR 相干斑滤波算法——PDAN。该算法采用了空间域和值域的联合滤波，充分利用了极化信息和幅度信息，满足了极化 SAR 相干斑滤波的基本原则。基于德国宇航中心（DLR）的 L 波段 E-SAR 数据和中国电子科技集团第三十八研究所的 X 波段机载极化 SAR 数据的实验结果表明：PDAN 算法比当前广泛使用的精致 Lee 极化滤波算法和 IDAN 滤波算法具有更平滑的相干斑滤波效果以及更好的图像细节、边界信息、极化散射特性保持能力。

第4章目标全极化散射中心特征参数估计与性能分析。本章针对全极化高分辨雷达体制，立足于相干极化理想点散射中心模型，系统研究了雷达目标全极化散射中心的参数估计方法，推导了相干极化理想点散射中心模型的极限性能，提出了P-MUSIC和P-ESPRIT两种性能优良的全极化散射中心参数估计方法，分别利用仿真和实测数据进行了验证和阐释，并从信号子空间角度，揭示了P-MUSIC和P-ESPRIT方法的本质，以全极化极限性能作参照，分析比较了二者的性能，证实了两者的准最优性。

第5章色散条件下目标全极化散射中心特征参数估计与性能分析。本章首先建立了能够精确描述雷达目标高频电磁极化散射机理的CP-GTD模型，该模型既可以给出散射中心的频率色散特性，又可以给出相干极化散射矩阵，二者结合，互为补充，完整地描述了雷达目标的高分辨极化散射特性；其次提出了基于CP-GTD模型的目标散射中心提取与参数估计方法，并从非相干性和相干性两个角度评估了其估计性能，利用仿真和实测数据进行了验证和应用；最后结合弹道导弹防御背景，研究了全极化散射中心提取在弹道导弹目标识别中的应用，给出了极化散射中心在目标长度、进动频率等特征提取方面的应用。

第6章极化SAR图像目标对比增强与人造目标提取。本章首先对传统极化SAR目标对比增强方法进行了归纳比较并指出了传统方法的不足，提出了基于样本像素筛选的极化SAR目标对比增强方法和改善同类区域内部像素点间极化相似性的极化增强方法；其次，利用高分辨极化SAR实测数据验证了新方法的有效性，可实现人造目标整体区域的有效增强，增强结果更有利于人造目标检测及提取等后续处理；再次，阐述了传统基于散射机理分类的人造目标提取方法的原理及流程，通过对人造目标与自然杂波散射机理类型的对比，分析了传统提取方法在提取准确性及完整性等方面的不足；最后，分别引入频谱相干性特征、极化通道相关性特征指导人造目标的提取，提出了基于散射机理分类与频谱相干性分析的极化SAR图像人造目标提取新方法。

第7章极化雷达超分辨成像和目标几何特征反演。本章首先针对全极化ISAR体制，从原始数据域出发，建立了能够精确描述雷达目标高频电磁极化散射的二维CP-GTD散射模型，提出了基于该模型的全极化ISAR超分辨成像，并在此基础上实现了SAR/ISAR目标全极化散射中心特征提取，有效解决了多极化通道条件下难以提取散射中心的相干极化特性信息的难题；其次，针对PolSAR体制，从极化复图像域出发，将P-ESPRIT方法拓广到二维情形，推导出基于理想点散射中心模型的PolSAR超分辨成像与散射中心特征提取方法，解决了二维散射中心位置关联、极化相干散射矩阵同时估计等一系列难题，得到了其极限性能的解析表达式，并且利用仿真数据、暗室测量数据和实测 PolSAR 复图像数据，验证了本章模型方法的正确性和有效性。最后，在此基础上，研究了极化 SAR 图像人造目标几何结构反演方法，利用空频域极化特征在全面揭示目标散射信息上的优势，设计了一种基于空频域极化特征的极化 SAR 图像人造目标几何结构反演策略。

第 8 章人造目标几何结构反演和识别技术。本章针对人造目标几何结构反演，通过对典型散射中心进行类型判别，并结合聚类算法，提出了基于聚类算法的几何结构反演方法，成功实现了目标局部结构的类型和尺寸的反演。相较于传统的基于模型参数估计的结构反演方法，避免了模型定阶难、参数耦合严重等问题，大幅提高了几何参数反演的效率，扩大了适用对象范围。针对人造目标极化识别，本章提出了两种高效的分类识别算法，并利用大量实测数据验证了极化分类识别算法的优越性。首先设计了可分性强、能表征目标结构特征的特征矢量，并结合高效的快速密度搜索聚类算法，有效实现了人造目标的极化识别；其次提出了基于预分类的全极化模型匹配目标识别方法，相较于基于特征的分类识别方法，避免了采用大量样本数据来训练分类器，具有存储量小、计算快、适用范围广的优点。同时，利用目标的几何结构特征进行预分类，降低了计算量，提高了正确识别率。

第 9 章全极化单脉冲前视成像。本章首先针对单极化单脉冲前视成像，在分析单脉冲测角原理以及单脉冲前视成像基本框架的基础上，提出了一种基于 Levenberg-Marquardt（LM）优化的单脉冲前视成像方法，其核心思想是求解基于 LM 优化的最大似然估计问题，以获得不可分辨双目标的 DOA 估计，该方法能够有效解决波束内双目标无法分辨的问题。其次，针对全极化单脉冲前视成像，以极化敏感阵列雷达为基础，充分利用极化通道间的相关信息，采用虚拟极化匹配实现极化单脉冲测角，其测角精度和对回波极化状态的适应性均优于单极化雷达；并在将目标拓展为群目标后，提出了一种基于贝叶斯自适应直接搜索（BADS）的极化单脉冲前视成像算法。该算法从最大似然估计出发，通过 BADS 解决非线性最优化问题，估计得到群目标的 DOA 和极化相位描述子，结合极化测量原理，进而得到极化散射矩阵。

本书由代大海组织编写，其中第 1、4、5 章由代大海撰写，第 3、9 章由庞礴、纪朋徽撰写，第 2、6 章由纪朋徽、邢世其撰写，第 7 章由徐牧、邢世其撰写，第 8 章由庞礴、吴佳妮撰写，代大海教授拟定全书内容并审校全稿。在本书的撰写过程中，王雪松教授、肖顺平教授、李永祯研究员、徐振海教授和全斯农副研究员等提供了多方面的支持和帮助，同时还得到了孙士龙讲师，周涛、吴昊、赵培杰、乔冠禹、田润坤、司安然等研究生的帮助。

希望本书的出版能为国内从事雷达目标识别研究的广大科技工作者提供参考。由于时间仓促，作者水平有限，书中不当之处在所难免，恳请读者批评指正。

作者

2024 年 4 月于长沙

目录

第1章

绪　　论

1.1 引　　言

雷达性能的提高和功能的完善，始终是雷达工程界追求的目标。现代雷达不但要回答目标的位置，还要回答是目标的种类，即雷达目标识别问题，这就需要雷达能够获取目标的大小、形状、姿态、表面材料的电磁参数和表面粗糙度等信息。雷达目标识别的效能主要取决于雷达所能获取的目标信息量多少，而决定雷达获取目标信息量多少的最重要的指标是雷达分辨率。此外，由于电磁波本身的矢量性，还应利用全极化测量技术来丰富雷达目标特征信号。因此，很多雷达专家认为，最有希望解决雷达目标识别问题的研究方向是将全极化技术和高分辨技术加以综合。随着未来战场电磁环境变得异常复杂激烈，在雷达工作区域内，往往存在着大量各式各样的干扰，这给雷达抗干扰提出了更高的要求。在现代战争条件下，雷达应定义为在复杂电磁环境下对远距离目标进行无线电探测、定位、测轨和识别的一种遥感设备。雷达成像技术、雷达极化技术以及二者结合的极化雷达成像技术都是在这种背景下应运而生的。

雷达成像能提供反映地面静止目标，地面、空中或空间运动目标（如车辆、舰船、飞机、导弹、卫星等）的结构形状信息。虽然成像雷达的种类较多，形式上差别也比较大，但是大部分雷达成像技术在原理上都是相通的。雷达目标成像等效于给出目标的散射中心分布。从理论上讲，目标空间散射中心的分布函数可以通过三维傅里叶空间散射场的波矢量来重构。本书主要关注目前发展最快、应用最广泛的合成孔径雷达（Synthetic Aperture Radar, SAR）和逆合成孔径雷达（Inverse SAR, ISAR），以及作为二者基础的高分辨距离像（High - Resolution Range Profile, HRRP）雷达。自 1951 年美国 Goodyear 航空公司的 Carl Wiley 提出可利用多普勒信息提高雷达方位分辨率以来[1]，SAR 的理论与技术在世界范围内受到了极大重视，并获得飞速发展。

当前，机载SAR应用已相当广泛，星载SAR成为空间对地观测技术发展的热点，多频段、全极化、可变视角和可变波束的多模式SAR已成为现实。国外对ISAR的研究起步较早，几乎与对SAR的研究同时开始。20世纪60年代末，对转台上缩比目标模型的成像获得了成功。80年代初，美国利用旋转目标成像原理成功获得了金星表面的高分辨雷达图像。此后，特别是10多年来，ISAR技术越来越受到世界各国的重视，不少文献表明ISAR技术也已走向实用化阶段。

雷达极化技术研究与雷达成像技术研究几乎同时兴起。1946年，美国俄亥俄州立大学天线实验室的G. Sinclair提出用“极化散射矩阵”来表征雷达目标的极化散射特性，标志着雷达极化问题研究的开始。其后，经历了60多年的发展，相关的研究成果非常丰富，积累了一大批基础性研究成果并逐步迈入实用阶段，以美国1958年研制成功用于观测、跟踪卫星的Millstone Hill雷达和稍后成功用于弹道导弹防御研究的AMRAD雷达为标志，截至目前，已有相当数量的极化雷达相继问世。

特别需要指出的是，1985年美国加州理工学院的喷气推进实验室为美国国家航空航天局设计生产出世界上第一部机载极化合成孔径雷达（Polarimetric SAR，PolSAR）：NASA JPL/CV-990 SAR[2]，标志着PolSAR进入实用阶段。此后，随着极化测量技术的飞速发展、极化理论的日趋完善，PolSAR因为能获取完整极化信息的显著优势而迅速成为SAR发展的主流方向之一。此外，报道称美国战略导弹防御系统的关键组成部分，能对空间多目标进行ISAR成像的X波段地基防御雷达（GBR）系统也具有全极化测量能力。当前，高分辨极化雷达处理与应用研究已成为国际雷达学界研究的前沿课题。

极化合成孔径雷达的出现大大拓宽了SAR的应用领域，利用高分辨PolSAR实现对人造目标的参数反演与特征提取是当前SAR图像解译领域研究的前沿课题。立足于高分辨极化雷达这一新型体制，以战场侦察为应用背景，本书围绕典型复杂电磁环境下的极化雷达成像及特征参数的精确获取这一迫切需求，深入开展了极化雷达成像及目标特征提取方法研究。本书研究均来自作者所从事的实际研究工作，其成果将丰富和完善雷达图像解译理论、促进高分辨极化雷达成像系统在国民经济和国防安全领域的推广应用。

1.2 雷达极化学的发展历程、研究内容和发展趋势

极化作为矢量波共有的一种性质，在红外、光学、雷达等领域均受到了广泛关注。就雷达而言，极化描述的是电磁波的电场矢量在传播截面上随时

间变化的轨迹。它反映了电磁波的矢量特性，是电磁波除时域、频域和空域信息以外的又一可资利用的重要信息，充分挖掘极化信息为现代雷达探测系统性能的改善提供了广阔的空间。从时间上看，雷达极化学大致可以分为4个阶段；从内容上看，雷达极化学的主要研究内容可以分为两大方面；从最新进展上看，全极化和高分辨的结合是当前雷达极化学研究的发展趋势。

1.2.1 雷达极化学的发展阶段

自1946年Sinclair提出雷达目标的极化散射矩阵的概念以来[3]，雷达极化技术已经经历了60余年的研究。相关的文献和成果非常丰富，伴随着越来越多的极化雷达问世，越来越多的雷达极化研究成果迈入实用。总体而言，雷达极化学的发展大致可以分为4个阶段。

第一阶段，从20世纪40年代到50年代末，这是雷达极化学的第一次研究高潮。以Sinclair、Kennaugh、Gent、Deschamps等的工作为代表，研究内容包括散射矩阵概念的提出与界定、目标最优极化理论、目标和地物杂波极化测量与极化特性研究等。这一阶段的工作为雷达极化学奠定了初步的理论基础。然而，由于受极化雷达技术水平的限制，这一阶段难以开展极化信息处理的应用研究，人们对极化信息在诸如目标检测、分类、识别等领域的应用潜力尚缺乏足够的认识。

第二阶段，从20世纪50年代末期开始，包括了整个60年代和70年代初期的短暂低潮。期间，Copeland在Kennaugh的指导下，提出了第一个基于极化信息的简单形体的雷达目标分类和识别方案[4]；Huynen开展了大量的关于相干极化散射矩阵的测量工作，并发展了Kennaugh的目标最优极化概念[5]。在这一阶段中，除了极化测量技术略有进展，其他方面的研究几乎全部停滞不前[6]。不过也恰在这一时期，美国在弹道导弹防御和近地空间/深空探测等项目的牵引下研制了一系列大型空间探测和深空探测极化雷达（包括Millstone Hill雷达[7]、AMRAD雷达[8]等）。从某种意义上说，正是由于这些大型极化雷达在目标检测和目标识别方面体现出的良好性能催生了第三阶段的研究热潮。

第三阶段，从20世纪70年代至80年代末的再次高潮，以1970年Huynen的博士论文《雷达目标唯象学理论》为开端，论文中Huynen阐述了极化散射矩阵元素与目标结构属性之间的内在联系，指出了利用极化信息进行目标分类和识别的可能性，并最早提出了基于极化信息的雷达目标分解理论[5,9]。Boerner等对目标的极化散射特性做了深入的理论探讨[10]；Poelman提出虚拟极化匹配、单凹口极化滤波器、多凹口逻辑乘极化滤波器以及极化矢量变换等概念[11]；Nathanson 提出了多种极化自适应滤波器实现方法[12]；Kostinski 和 Boerner 研究了极化对比度的最优化问题[13]；1980 年，美国 Georgia 工学院研制成功了极化捷变雷达，随后又于 1984 年成功研制脉内极化捷变雷达[14]，利用极化编码技术实现了脉冲压缩[15]；1986 年，Guili 发表了雷达极化学长篇综述性文章[16]，标志着窄带雷达极化问题的研究已基本发展成熟。

第四阶段，从 20 世纪 80 年代末至今的持续高潮期，其特点是极化与高分辨结合日益紧密。这一阶段以 1985 年美国加州理工学院的喷气推进实验室（JPL）为 NASA 设计生产出世界上第一部机载极化 SAR 为开端。美国、欧洲、俄罗斯、日本、加拿大等国相继研发了能实现对地全极化观测的机载/星载 SAR 系统，报道称美国导弹防御系统的核心 GBR 雷达具备对空间多目标进行全极化 ISAR 成像测量能力。大量的高分辨极化雷达系统研制成功并投入使用，获得了大量的实测极化数据，以 Zebker、Cloude、Cameron、van Zyl、Chamberlain、L M Novak、E Pottier、Krogager、Yamaguchi 等为代表的众多学者结合这些数据开展了内容极为丰富的研究工作，又促进了高分辨极化信息处理的巨大发展。

1.2.2 雷达极化学的主要研究内容

历经 60 余年的研究，伴随着雷达极化测量技术的发展和人们对目标电磁散射特性认识的逐步深入，雷达极化问题引起了国内外雷达界越来越广泛的关注。宽带信号产生技术、雷达成像等技术的不断提高，促使雷达体制发生了极为深刻的变革，具有全极化测量、高分辨成像能力的雷达迅速崛起，逐渐取代了传统的单极化、低分辨雷达而成为现代雷达技术发展的主流，从而极大地增强并扩展了雷达的探测功能和应用范围。雷达极化学已成为现代雷达技术的重要分支，其研究内容涉及电磁散射、信号处理、电子对抗、模式识别等多个学科领域。从内容上看，雷达极化学的主要研究内容可以概括为如下两大方面：

1.2.2.1 极化表征与极化特性研究

极化表征与极化特性研究内容包括电磁波和雷达目标散射的极化表征、电磁波与雷达目标的极化特性、瞬态极化以及瞬态极化统计学、天线极化特性与表征、目标最优极化理论、极化目标分解理论等。

极化表征理论是指那些用于表征电磁波或雷达目标的极化特性的理论概念方法的总称，是探讨如何更有效表征和刻画各种电磁波激励下雷达目标的极化散射特性的研究，极化表征理论的完善为深化极化特性的研究开辟了道路。自发现极化现象以来，基于“时谐性”的假设条件，学者们先后提出了 Jones 矢量、椭圆几何描述子、极化相位描述子、极化比以及 Stokes 矢量等静态参数来描述完全极化电磁波的极化特性；对于准单色波，提出了“部分极化”的概念来描述其极化特性；为适应宽带电磁理论以及极化测量技术的发展，王雪松率先提出了“瞬态极化”的概念用以表征时变电磁波极化现象，建立了适用于描述时变电磁波的瞬态极化描述子参量集合；针对实际应用中电磁波极化的不确定性和非平稳性，随机时变极化电磁波的统计特性、时频分布特性也日益受到重视。相应地，雷达目标极化特性的表征理论也经历了类似的发展过程。针对相干散射目标，Sinclair 提出可用一个二阶相干散射矩阵来描述目标电磁散射特性的全部信息；对于非相干散射的雷达目标，学者们先后提出了 Mueller 矩阵、Kennaugh 矩阵、极化协方差矩阵和相干矩阵等方法来描述部分极化波激励下雷达目标的电磁散射特性；针对宽频带时变雷达目标，李永祯和曾勇虎分别从不同角度对瞬态极化理论进行了拓展和完善，提出了雷达目标的瞬态极化统计表征和瞬态极化时频分布表征方法。

极化特性是雷达极化信息应用的基础，其研究内容包括电磁波和天线的极化特性、雷达目标及有源干扰的极化特性、极化不变量理论、目标最优极化理论以及极化目标分解理论等，可以说，有关目标极化特性的研究贯穿于雷达极化学研究的各个阶段。特别值得指出的是，目标极化分解理论在 PolSAR 目标分类与识别中获得了广泛的应用。极化目标分解的基本思想是将目标的极化散射分解为几种基本散射机理的组合，然后根据分类单元与基本散射机理的相似性或直接利用所提取的新特征进行分类。其优点在于分类结果能较好地揭示地物的散射机理，有助于人们对图像的理解，而且由于分类时不需要训练数据，因此适用范围广。极化目标分解的方法大致可分为两类：一类是针对目标散射矩阵的分解，此时要求目标的散射特性是确定的（或稳态的），散射回波是相干的，故也称相干目标分解（CTD），包括基于 Pauli 基的分解、Cameron 分解以及 Krogager 的 SDH 分解等；另一类是针对极化协方差矩阵、极化相干矩阵、Mueller 矩阵或 Kennaugh 矩阵的分解，此时目标散射可以是时变的，回波是部分相干的，因此也称为部分相干目标分解（PCTD），包括 Huynen 分解、Freeman 等提出的奇次-偶次-漫反射分解、Cloude 等提出的分解、Holm&Barnes 分解、基于 Kennaugh 矩阵的最小二乘分解等。

1.2.2.2　极化信息获取与处理研究

极化信息获取与处理研究内容包括极化雷达测量及数据校准、极化滤波、极化检测、极化优化与增强、极化跟踪与关联、极化雷达成像、极化雷达抗干扰、雷达目标的极化特征提取、极化鉴别、极化分类与识别反演等。

极化测量及数据校准是雷达极化信息获取的实现基础。早期的极化雷达如Millstone Hill雷达和AMRAD雷达等采用的是单极化发射、全极化接收模式。这种体制通过对两接收极化通道信号的融合，可将信噪比（也称信杂比）平均提高几个分贝，保证了对目标稳定的检测性能，还可以实现对固定极化干扰的抑制。但是，这种体制仅能够测量目标散射矩阵的一列元素，无法获取完整的目标极化散射特性信息。分时极化测量体制是最早出现的全极化测量体制，即通过两个正交极化通道“轮流发射，同时接收”，雷达在相邻脉冲重复周期内可以轮流测得目标极化散射矩阵的两列，从而得到整个极化散射矩阵的估计。这种体制也是目前应用最多的，包括美国JPL的CV-990、DC-8、SIR-C，麻省理工学院林肯实验室的ADTS以及加拿大CCRS/DREO的PolSAR系统等。由于大多数雷达目标的极化散射矩阵往往对姿态十分敏感，对于高速弹道目标的特性测量等诸多实际应用场合，在两次相邻观测期间，目标相对于雷达的空间位置和观测姿态均已发生变化，这意味着两次相邻观测得到的两个列矢量不是来源于同一个极化散射矩阵，因此也不能得到目标完整的极化散射矩阵，这是分时极化测量在对动目标测量时的固有缺陷。针对分时极化测量体制的这一缺陷，Guili等提出了同时极化测量体制，即采用两个正交极化通道“同时发射，同时接收”，在单个脉冲内即可完成全极化测量。相较于分时极化测量体制，同时极化测量体制具有显著优势，是目前极化测量技术的发展趋势。极化测量的数据校准一般与极化测量体制和测量系统的具体构成密切相关，目前已有多种用于极化测量数据校准的模型和方法。

诸如极化滤波、目标极化检测、极化优化、雷达目标极化增强、极化SAR图像相干斑抑制等极化信号处理和诸如雷达目标极化跟踪与关联等极化数据处理问题，是雷达极化信息处理研究的重要内容。这部分研究内容的显著特点是极化域作为一个概念被提出来：雷达发射信号以及雷达目标回波信号都被看作一个矢量信号，而非常规的标量信号，这样促进了矢量化的极化域信号处理和数据处理体系的出现。特别值得说明的有三点：①极化域处理不是简单的多维信号处理问题，相较于时域、频域和空域的特殊性，有关高分辨极化雷达信息处理的特点和优势将在本书中详细阐述。②极化信号处理并非一般理解的只在极化域进行处理，有时它必须与其他时域、频域、空域等信息联合起来一起处理。③这部分内容往往连同第一部分内容一起构成了后续特色应用层面的基础。

极化滤波、雷达目标的极化特征提取、极化前视成像、极化分类与识别反演等属于雷达极化信息处理比较有特色的应用。从某种程度上讲，这部分研究内容里极化信息的作用表现得更为突出，它不是解决由“不好”到

"好"或由"好"到"更好"的问题，而是解决由"不能"到"能"的问题。例如，基于全极化信息的特征提取问题，研究的是如何提取与极化散射机理密切相关的特征，从而进行基于极化特征的目标分类与识别；极化前视成像问题，研究的是如何结合极化处理和常规前视成像方法提高前视成像的方位分辨率；高分辨极化分类与识别反演，研究的是利用不同目标间的高分辨极化特性差异，结合高分辨和全极化的优势，来完整揭示目标的极化散射机理，其研究内容已经接近于人们长期追求的雷达目标物理特性和几何结构反演这一目的。

1.2.3 雷达极化学的最新进展及发展趋势

高分辨成像和全极化测量都是现代雷达测量的重要发展方向，它们从不同方面刻画了目标的散射特性。高分辨成像技术极大提高了雷达目标在距离、方位、高度等方向上所能达到的分辨率，提供了雷达目标细微特征表征能力，大大降低了极化描述模型的模糊性；而极化技术使得高分辨技术描述的结构信息更为全面，这是因为目标的极化信息与其形状有着本质的联系，通过极化信息的提取，可获取目标表面粗糙度、对称性和取向等其他参数难以表征的信息，是完整刻画目标特性所不可或缺的；早在1990年，Chamberlain等就结合极化和一维距离高分辨信息提出了"目标瞬态极化响应"（Transient Polarization Response，TPR）的概念，并利用极化椭圆曲线拟合技术对几类大型商用飞机进行了识别研究，证明了二者的结合可以相得益彰，极化与高分辨结合是雷达目标识别最具应用前景的研究方向之一。

新一代的雷达系统大都要求具有大的绝对或者相对带宽、高的径向距离分辨力，以及多极化测量能力。特别是进入20世纪90年代以来，一大批机载/星载极化SAR以及地基全极化宽带成像雷达的投入使用，使得结合高分辨和全极化的特征提取与识别技术得到了迅速发展。在高分辨PolSAR信息处理方面，Novak等提出了乘积型极化杂波模型，研究了最优极化检测、极化白化滤波、极化匹配检测等极化检测方法，并比较了这些算法的检测性能；Cloude和Pottier等从极化散射机理出发，提出了著名的基于H121A分解的PolSAR图像非监督分类方法。麻省理工学院林肯实验室提出了具有代表性的PolSAR图像自动目标识别的一种三级实现方案，还开发了一套PolSAR自动目标识别算法[17-18]。近年来，日益智能化的雷达目标识别要求和复杂多变的战场电磁环境给雷达极化学的研究提出了更高的要求：着眼于目标的三维成像重构以及动目标检测与成像等要求，最近涌现出PolSAR层析成像（Polarimetric SAR Tomography）、PolSAR立体成像（Polarimetric SAR Stereography）、多孔径Pol-

SAR 动目标检测与成像等许多新的极化雷达成像体制[19]，并提出了“极化-空-时-频”联合处理的方法；军事侦察应用中，人们更关注能否对军事目标的精确识别，极化雷达高分辨/超分辨特征提取也日益受到重视，文献［20-23］就如何利用高分辨极化特征（特别是高分辨极化散射中心特征）进行人造目标的辨别乃至目标的精确描述和解译问题，开展了初步的研究，给出了很好的结论；考虑未来战场越来越复杂的电磁环境，极化雷达成像系统必须具备相应的抗干扰能力，利用真实雷达目标和有源干扰的高分辨极化特性差异，无疑为成像系统对抗有源干扰等方面提供了一条很有潜力的技术途径。

针对极化和高分辨结合日益紧密这一发展趋势，国内相关领域的研究人员也做了大量工作。肖顺平研究了光学区宽带雷达目标识别的问题，提出了基于多维极化特征空间、目标本征极化和极化谱特性的复杂飞机目标识别理论和算法[24]。王雪松创新地提出了“瞬态极化”的概念，突破了经典极化“时谐性”和“窄带性”的约束[6]。曾勇虎在瞬态极化理论的分支——瞬态极化时频分析方面开展了研究[25]。李永祯在瞬态极化统计学及瞬态极化检测和有源假目标鉴别方面开展了研究[26]。针对弹载毫米波极化雷达体制，何松华提出了距离-极化结构像的宽带与极化结合的目标识别方法[27]，王涛研究了弹道导弹中段目标的极化域特征提取与识别问题[28]。在极化雷达成像研究方面，中国科学院齐向阳博士研究了不同极化测量体制下的极化 SAR 模拟与仿真[29]；以揭示雷达目标散射机理、提高地物目标分类精度为目的，清华大学杨健，复旦大学金亚秋，中国科学院戴博伟、王翠珍，电子科技大学刘国庆，国防科技大学吴永辉等在极化 SAR 图像数据的基础上研究了极化 SAR 相干斑抑制、图像增强、地物图像分类等。

1.3 极化雷达成像与目标特征提取技术研究现状

雷达极化学的最新进展及发展趋势表明，极化雷达成像与目标特征提取的研究已成为国际雷达学界研究的前沿课题。下面围绕极化雷达成像及特征参数的精确获取这一主题，从极化雷达成像系统、极化 SAR 相干斑、雷达目标全极化散射中心提取与参数估计、极化 SAR 目标增强和人造目标提取、极化雷达超分辨成像与特征提取方法、雷达目标极化识别方法、单脉冲前视成像及极化信息的利用方面介绍相关领域的发展现状。

1.3.1 极化雷达成像系统发展概述

SAR 是 20 世纪 50 年代提出并研制成功的一种微波遥感设备，也是微波遥感设备中发展较迅速和较有成效的传感器之一。1951 年 6 月，美国 Goodyear 航空公司的 Carl Wiley 等在一篇题为“用相干移动雷达信号频率分析来获得高的角分辨率”的报告中提出了多普勒波束锐化的思想，第一次提出了 SAR 的概念[1]。1953 年，美国根据多普勒波束锐化思想建造出第一个机载 SAR 系统。1957 年，美国 Michigan 大学与空军合作，在实验 SAR 系统上获得第一幅全聚焦 SAR 图像，表明 SAR 技术初步达到实用水平。天基/星载合成孔径雷达是 20 世纪 70 年代以后才得以发展的。第一个天基载体是宇宙飞船，1972 年美国的 Apollo-17 号宇宙飞船首次在外层空间使用合成孔径雷达，开创了天基 SAR 发展的新篇章[30]。1978 年，美国 Seasat-A 卫星的成功发射标志着星载 SAR 已经走向实用阶段。作为一种主动式传感器，SAR 不受光照和气候条件的限制，能实现全天时、全天候对地观测，还可以透过植被和某些地表获取地表下信息。这些特点使它在军事、农业、林业、地质、环境、水文、海洋、灾害、测绘等领域都具有独特的优势。在近 60 年的时间里，从理论构思到实验室样机，从机载到星载，从单极化到全极化，从单一 SAR 系统到 SAR 星座，其各个时期的发展都相当迅速，各方面技术也不断发展与完善。

1985 年，美国 JPL 研制出第一部真正意义上的机载 PolSAR——NASA JPL/CV-990，开创了极化雷达成像研究的新纪元[2]。此后，PolSAR 迅速成为 SAR 发展的主流方向之一，针对 PolSAR 的研究已成为国际雷达系统与技术发展的前沿课题，关于极化雷达成像及其后续应用的研究都进入了一个快速发展的阶段。由于极化特性能更多地揭示雷达目标电磁散射信息，在极化信息的利用方面，各国都给予了高度重视。为实现对目标的精细刻画，机载 SAR 从单极化到多极化、从多极化到全极化不断发展，新一代机载 SAR 系统基本都具备了全极化测量能力。比较具有代表性的机载 PolSAR 系统主要有：

（1）美国国家航空航天局（NASA）的 JPL/CV-990 多波段（L、C、X）PolSAR。

（2）MIT Lincdn 的 Ka 波段（35GHz）机载毫米波 PolSAR 系统。

（3）美国 Michigan 大学环境研究所（ERIM）和海军航空武器发展中心（NAWC）联合开发的 X、L、C 波段的 P-3 SAR 雷达成像系统等。

（4）法国国家空间教育与研究局（ONERA）的 REMSES 多波段（L、C、X、Ku、W）PolSAR 雷达。

（5）德国宇航中心研制的多波段（P/L/S/C/X）E-SAR 系统。

（6）德国应用科学研究会/无线电和数学研究会（FGAN/FFM）的 AER 机载 X 波段 PolSAR 雷达。

（7）荷兰空间计划局（NIVR）的 PHARUS 机载 C 波段相控阵 PolSAR

雷达[30]。

（8）丹麦电磁学院的 L/C 波段 EMISAR 系统。

（9）俄罗斯的多频多极化机载 SAR 系统。

（10）日本国家空间发展局（NASDA）和通信研究实验室（CRL）共同开发的 L/X 波段 Pi-SAR 系统。

星载 PolSAR 具有全天候、全天时、快速大面积探测和成像能力，可望解决低空飞行目标的探测与反隐身问题，能进行干涉测量，具备以多频全极化信息为基础的目标识别潜力，而且适宜军民两用等特点，受到各国的高度重视。全极化信息的开发和利用使得星载 SAR 在成像质量、空间分辨、高程测量，以及动目标检测等性能上有了质的提高，许多诸如干涉测高等新的技术都已在星载 PolSAR 中获得成功应用。星载 PolSAR 提供的数据和服务已在科研、军事等领域得到广泛应用，并成功实现商业化运作，其发展前景十分光明。根据不完全统计，已经发射或即将发射星载 SAR 的国家和地区组织包括美国、欧洲航天局、俄罗斯、日本、加拿大、中国、印度、以色列、韩国、阿根廷等。可以说，世界上在研的先进 SAR 系统几乎都具备全极化能力，比较具有代表性的星载（天基）PolSAR 系统主要有：

（1）美国、德国、意大利联合研制的 SIR-C/X-SAR 系统。

（2）欧洲航天局 ENVISAT 卫星上搭载的 ASAR 系统。

（3）加拿大的 RadarSat-2 系统。

（4）日本的 PALSAR 系统。

（5）意大利的 Cosmo-Skymed 系统。

（6）德国的 TerraSAR-X 系统。

（7）以色列的 TecSAR 系统。

1976 年，中国科学院电子学研究所在国内率先开展了机载 SAR 的研制工作。1979 年，研制出我国第一台机载 SAR 原理样机，获得了国内第一幅 SAR 图像。1987 年，其研制出多条带、双侧视机载 SAR。1994 年，其研制出分辨率达到 10m 的 X 波段多通道机载 SAR。此外，中国电子科技集团第十四、三十八研究所和航天工业总公司第二研究院二十五所等单位也在进行 SAR 研制工作。其中，电子科技集团第三十八研究所的机载双极化 SAR 系统于 2004 年进行了试飞，获得了一批 HH-HV、VH-VV 双极化数据。在研制机载 SAR 的同时，我国也在积极开展星载 SAR 的研究。20 世纪 80 年代末，“863”计划部署了发展星载 SAR 及相关技术的一系列课题，经过星载 SAR 关键技术攻关后，1988 年，中国科学院电子研究所开始星载 SAR 的总体设计和论证，并于 1998 年研制成星载 SAR 模拟样机。2006 年，我国第一颗星载 SAR 升空。此外，中国分布式小卫星 SAR 方面的研究工作也已经开始。我国新一代星载 SAR 雷达也将具有多频段、多极化同时成像的能力，并具有多种工作模式，能够满足军事应用和民用遥感的需求，相信我国的星载 PolSAR 在不远的将来也将遨游太空。

在 ISAR 研究方面，美国早在 20 世纪 70 年代末就成功利用旋转目标成像原理成功获得了金星表面的高分辨率雷达图像。1987 年，美国海军研究实验室（NRL）将 ISAR 技术用于机载监视雷达，获得海面船只的外形，用于船只类型的分类和识别。美国战略防御计划的核心——GBR 雷达具备全极化测量和 ISAR 成像能力，能在高空同时捕获多个目标，并能实时区分诱饵和真正目标。特别是 10 多年来，ISAR 技术越来越受到世界各国的重视，除了美国，俄罗斯、法国、德国、意大利等国也开展了 ISAR 方面的研究。

我国自 20 世纪 80 年代末开始了 ISAR 技术的研究，1994 年北京无线电测量研究所（BIRM）研制成功了一部 C 波段逆合成孔径实验雷达 C-ISAR。C-ISAR 对三种飞机按预定航线进行了成像实验，实验中录取了实际飞机的大批极有价值的数据，国内若干家单位对这批实测数据进行了成像研究，使得我国 ISAR 技术迅速取得了极大的进展。我国研制中的新一代空间目标特征测量雷达具有大带宽、全极化测量能力，可以获得目标一维宽带和二维 ISAR 高分辨极化散射特征，提高雷达对弹头、诱饵等空间目标的辨识能力。

在利用先进的机载及星载 SAR 平台获取数据之后，需对极化 SAR 图像进行解译处理，以满足各种军用及民用需求。极化 SAR 图像解译在民用领域主要是指通过多种技术手段揭示蕴含在图像中的地物散射信息，典型的解译内容包括极化相干斑抑制、图像分类、边缘检测及地表参数反演等；在军用领域，极化 SAR 图像解译主要是指通过多种技术手段揭示蕴含在图像中的军事目标的散射信息，包括极化 SAR 散射中心提取、超分辨成像、目标特征提取与几何特征反演等。世界上许多著名的研究机构都针对极化 SAR 图像解译技术开展了深入研究，代表性的研究机构主要包括美国海军研究实验室、法国 Rennes 大学、美国 Illinois 大学、德国宇航中心及日本 Niigata 大学等。上述研究机构基于先进极化 SAR 平台提供的数据支持，取得了一系列丰富的研究成果。以 Lee、Pottier、Boerner、Cloude、Yamaguchi 等为代表的众多学者在 IEEE-GRS、SPIE、IGRASS 等国际知名杂志及会议上发表了数量众多的高水平文章，极大地推动了极化 SAR 图像解译技术的发展。国内方面，复旦大学、清华大学、国防科技大学、电子科技大学、武汉大学及中国科学院等研究机构和院校也从不同方面开展了极化 SAR 图像解译的研究。

下面将重点围绕本书所关注的“极化雷达成像处理与目标特征提取技术”

这一研究主题，从极化 SAR 相干斑滤波、雷达目标全极化散射中心提取与参数估计、极化 SAR 目标增强和人造目标提取、极化雷达超分辨成像与目标特征提取方法、雷达目标极化识别方法、单脉冲前视成像及极化信息的利用和高分辨极化信息处理的特点和优势 7 个方面介绍相关领域的研究现状。

1.3.2 极化 SAR 相干斑滤波研究现状

相干斑噪声是包括 SAR 系统在内的所有基于相干原理的成像系统所固有的原理性缺陷[31]。它的存在严重影响成像质量以及图像分割、地物分类、极化干涉等以图像为基础的解译和后处理工作。因此，为了克服相干斑噪声的影响，需要研究相关的相干斑滤波算法。

SAR 系统是从单极化到多极化不断发展的，相应地，相干斑滤波算法的研究也是跟随 SAR 系统的进步而不断发展的。自 SAR 系统诞生起，学者们就开始了相干斑滤波算法的研究。在 20 多年的时间内，单极化 SAR 的相干斑滤波一直是 SAR 领域内热门的研究课题之一，涌现了大量的单极化 SAR 相干斑滤波算法，为极化 SAR 相干斑滤波算法的研究奠定了基础。最早的相干斑滤波算法是基于傅里叶分析的[32]。在该算法中，图像首先做二维傅里叶变换，其次做低通滤波，最后再做傅里叶逆变换。然而，由于边界、强点目标的回波信号中同样包含有高频分量，该方法虽然能够抑制相干斑噪声，图像质量也随之下降。理想的相干斑滤波算法应该在保持边界特征以及图像细节（如线状结构、强点目标）的前提下自适应地平滑相干斑噪声。通常来说，只有在空间域（Spatial Domain）而非在频域构建的滤波算法才能具有这样的性质[11-32]。然而，简单的空间域滤波算法，如 Boxcar 滤波算法（又称均值滤波算法），往往不加辨别地对滤波窗口内的像素进行平均，从而导致空间分辨率的下降和散射特性的改变，并不能取得很好的滤波效果。为了解决这些问题，需要设计更加复杂的算法。文献［18，33-42］给出了多种单极化 SAR 的相干斑滤波算法。其中包括：Lee 局部统计滤波算法[33]、精致局部统计量滤波算法[34]、Sigma 滤波算法[35-36]、Foster 滤波算法[37-38]、Kuan 滤波算法[39]、最大后验概率滤波算法[40]、基于场景结构模型的滤波算法[41-42]、模拟退火算法[18]等。在相关的综述文章中，Durand 等[43]、Lee 等[44]、Touzi 等[45]对这些算法做了较为详细的回顾。

极化 SAR 出现之后，人们关于相干斑滤波研究的注意力逐渐转移到极化 SAR 图像上。相比较单极化 SAR 图像的相干斑滤波，极化 SAR 图像的相干斑滤波更为复杂，在滤除相干斑噪声、保持图像细节信息之外还需要保持目标的极化散射特性。1990 年，Novak 和 Burl 提出了第一种极化 SAR 相干斑滤波算法——极化白化滤波器（Polarimetric Whitening Filter，PWF）[46-47]算法。该滤波算法将多个极化通道进行组合，通过白化滤波来降低相干斑噪声。然而，其缺点是只能得到一幅去相干斑噪声的图像，而非各极化通道各自的滤波结果。为了对各个极化通分别进行相干斑滤波，Lee 等提出了一种线性滤波算法——最优加权滤波算法[48]。该滤波算法利用乘性噪声模型和最小均方误差准则降低了各个极化通道的相干斑噪声，得到了滤波后的 HH、HV、VV 通道图像，但是对于极化协方差矩阵的非对角线元素未做处理。Goze 和 Lopes 将该方法做了推广，使其能够对单视图像极化协方差矩阵的所有元素进行处理[49]。然而，以上相干斑滤波算法在滤波过程中都只利用了极化通道之间的统计相关性，因此，它们都是极化域的滤波算法。为了克服它们的缺陷，Lin 和 Alleback 提出了一种可以同时在空域和极化域进行相干斑滤波的算法——极化矢量滤波算法[50]。尽管引入了空域滤波处理，取得了一些性能改善，但该滤波器还是存在着缺陷：首先，它只对极化协方差矩阵的对角线元素进行了滤波，对非对角线元素并未做处理。其次，在已知纹理先验分布的情况下，该方法并不是最优的。

为了克服上述极化 SAR 相干斑滤波算法存在的缺陷，1999 年，美籍华裔学者 Lee 等提出了极化 SAR 相干斑滤波算法的构建准则，并在此基础上提出了精致 Lee 极化滤波算法[51]。该滤波算法使用了 8 个具有不同取向的非矩形窗口，首先判断地物分布情况，其次选择和地物分布最为符合的窗口进行滤波。然而，精致 Lee 极化滤波算法也存在着一些固有的缺陷。首先，精致 Lee 极化滤波算法必须在平滑程度和细节保持效果之间做一个折中。在选用较大的窗口时，精致 Lee 极化滤波算法可以得到较好的平滑效果，但同时也会损失一些图像细节。相反，在使用较小的窗口时，图像的细节信息得到了更好的保护，但滤波后的图像又不够平滑。其次，固定大小的非矩形窗口会导致滤波后的图像中出现假目标，这在细长结构的目标附近表现得尤为明显[52]。再次，由于精致 Lee 极化滤波算法只在空间域进行了相似性的判断，导致滤波后的图像呈现“补丁效应”[52]。最后，为了改进精致 Lee 极化滤波算法的滤波效果，2006 年，学者 Vasile 等提出了 IDAN（Intensity Driven Adaptive Neighborhood）滤波算法[52]。该算法引入了相似性比较的步骤，选择具有相似散射特性的像素参与滤波。但是，该算法的相似性比较仅利用了幅度信息，并没有充分利用极化协方差矩阵/极化相干矩阵中包含的极化信息，滤波效果仍然不够理想。近年来，有些学者将小波变换引入相干斑滤波的领域，并发表了一些论文[53-57]。然而，基于小波的滤波算法往往会产生 ringing 效应或 Gibbs 效应，导致大量假目标的出现，同时在边界保持方面的性能也不好[58]。

除此之外，到目前为止，基于小波的相干斑滤波算法都是针对 SAR 图像，针对极化 SAR 图像相干斑滤波的小波算法尚未见诸报道。

总的来说，极化 SAR 相干斑滤波并不是一个非常新颖的话题。然而，考虑相干斑滤波在极化 SAR 成像中的基础性地位及其对极化 SAR 图像解译处理的重要影响，有必要对其理论和方法做进一步的探索。

1.3.3 雷达目标全极化散射中心提取与参数估计

考虑高分辨距离像（High-Resolution Range Profile，HRRP）是 SAR/ISAR 成像的基础，并且获取 HRRP 不需要长时间积累，相对更容易实现，本书集中第 4、5 章深入研究雷达目标的全极化一维散射中心特征提取与参数估计问题，介绍有关雷达目标散射中心模型及其提取方法方面的研究现状。

雷达目标的散射中心是雷达成像技术中的重要基本概念，散射中心模型是描述光学区雷达目标电磁散射的重要工具，有关高分辨雷达目标散射中心的研究一直受到广泛关注，其在一维像、二维像乃至三维像雷达目标识别中均有重要应用价值，有关散射中心的研究一直是雷达目标高分辨特性研究的重要内容。从雷达观测数据出发，利用信号处理手段，重构高可信度的雷达目标散射中心不仅有助于深入理解复杂目标的电磁散射机理，而且对雷达目标特性数据建模、建库以及自动目标识别均有重要意义[13,59]。

一般成像雷达都工作在光学区，理论和实验实测均表明，在光学区，目标散射只是一个局部行为——目标总的电磁散射可以认为是由某些局部位置上的电磁散射的相干合成，这些局部性的等效散射源称为散射中心。从散射中心产生的物理机理出发，散射中心可分为镜面型散射中心、边缘（棱线）型散射中心、多次反射（凹腔体）型散射中心、尖顶型散射中心、行波与蠕动波产生的散射中心、天线（加载体）型散射中心六大类。近年来，随着测量能力的提高，其他诸如微运动型散射中心、滑动型散射中心、色散型散射中心、延展型散射中心等特殊散射中心也受到关注。

从描述散射中心的数学模型来看，常见的散射中心模型主要包括以下三类：①理想点散射中心模型；②衰减指数和（DE）模型；③几何绕射理论（GTD）模型。其中，理想点散射中心模型最为简单，也是绝大多数成像算法中默认采取的一种模型，在经典的基于快速傅里叶变换（FFT）处理的成像处理中有着十分广泛的应用。GTD 模型考虑了光学区雷达目标的电磁散射随频率变化情况，更加贴近于高频电磁散射的物理机制，它不仅提供了散射中心位置、强度信息，还能提取散射中心的类型因子，该因子可以反映散射中心的几何特征。此外，还有包含延展型散射中心的扩展 GTD 模型（也称属性散射中心模型)。然而，已有散射中心模型基本上没有考虑全极化测量情形。针对这种情况，同时也为了突出强调全极化散射中心提取的特点和优势，本书第 3 章首先建立了相干极化理想点散射中心模型，而后针对单极化 GTD 模型方法的不足，在第 4 章建立了适用于色散条件的相干极化 GTD（CP-GTD）模型。

散射中心模型参数估计方法总体上可分为两类：一是基于傅里叶分析的非参数法：直接将目标的高分辨距离像视为目标散射中心的径向分布图，选取超过门限的强点作为散射中心；二是基于某种模型的参数化方法：将散射中心提取问题转化为一个信号处理中参数估计问题。模型参数估计方法主要包括以下三个方面的问题：①对散射中心数目的估计；②对散射中心位置参数的估计；③对散射中心散射系数的估计。

一般来说，模型参数法的估计精度取决于建模误差和参数估计误差，其分辨率不受雷达带宽的限制，因此可以获得比基于傅里叶分析的非参数法更高的分辨率。由于参数估计是一个经典的信号处理问题，有很多成熟的理论方法可供借鉴，使得散射中心模型参数估计方法的研究十分活跃，涌现出一大批成熟的处理方法，包括 ARMA 方法、Prony 法、多重信号分类（MUSIC）方法、矩阵束法、旋转不变子空间（ESPRIT）方法、Relax 方法等，并且新的方法还在不断出现。不过，涉及目标全极化散射中心参数估计的文献还不多见，现有关于极化散射中心参数估计的方法大多采取先分别从各极化通道单独进行提取，再进行散射中心关联处理的办法，这实际上并没有利用全极化信息的优势，也不能保证关联之后提取的散射矩阵元素之间的相干性。针对这一情况，本书将只适用于标量情形的 MUSIC 方法、ESPRIT 方法拓展用于相干极化理想点散射中心模型，并结合盖氏圆盘方法、最小二乘估计方法、双向空间平滑等方法，提出了全极化散射中心参数估计的极化多重信号分类（P-MUSIC）方法和极化旋转不变子空间（P-ESPRIT）方法。针对色散条件下目标全极化散射中心参数估计问题，建立了雷达目标的相干极化几何绕射理论（CP-GTD）模型，提出了基于 CP-GTD 模型的目标散射中心特征提取与参数估计方法。

关于散射中心参数估计方法的性能分析，从研究内容上，可分为讨论参数模型的极限性能和估计算法本身性能两大类；从研究途径上，可分为理论推导、仿真实验和实测数据验证三种形式。参数模型的极限性能分析主要是针对前面几类散射中心的数学模型而言的，它能得到独立于算法的模型参数估计的极限性能，其结果对评价极化超分辨算法性能、指导极化高分辨雷达系统参数设计、揭示雷达目标高分辨极化散射机理等都具有重要的意义。然而，由于目前针对全极化散射中心提取多采用上述常规的单独提取方法，关于全极化散射中心模型参数的极限性能分析方面还未见诸报道。本书通过严格的理论推导，首次得出相干极化理想点散射中心模型以及 CP-GTD 模型参数估计的极限性能，即求解出模型参数的克拉美-罗下界（CRB）矩阵，并得到若干简化形式。首次从理论上证明了全极化模型方法相较于单极化模型方法的优越性，从理论上揭示了极限性能与雷达参数、目标参数以及杂波参数的关系。并结合算例，从目标和杂波两个角度，揭示了不同极化散射机理对于参数估计精度以及分辨性能的影响。

1.3.4 极化 SAR 目标增强和人造目标提取

1.3.4.1 极化 SAR 图像目标对比增强

雷达系统探测的感兴趣目标通常都处于杂波背景，强杂波的存在无疑将增加目标检测及提取的难度。例如，军用车辆目标主要由金属等材质构成，通常具有较强的后向散射，而自然地物后向散射相对较弱，基于对比度特征进行 SAR 图像目标检测是一种最为常用的检测方法。对于此类方法，检测性能在很大程度上取决于目标与杂波间的信噪比，而成像场景的复杂性、地物散射的多样性等都可能降低信噪比，从而影响目标检测性能。

极化 SAR 图像目标对比增强技术充分利用目标与杂波极化特性的差异，提高信噪比，可作为基于对比度特征的人造目标检测及提取的预处理。鉴于极化 SAR 图像目标对比增强的具体算法及应用将在第 6 章详细阐述，以下仅简要回顾其研究现状。早在 1979 年，Ioannidis 等就对极化对比增强问题进行了研究，他们基于 Kennaugh 矩阵与 Stokes 矢量构建极化对比增强的优化模型，借助拉格朗日乘子法实现了信噪比的最大化，通过仿真数据验证了极化对比增强可提高对箔条云中确定性目标的检测性能[60]。极化对比增强的早期应用主要面向低分辨非相干雷达体制，随着具有全极化测量能力的机载/星载 SAR 的研制成功并投入使用，极化 SAR 图像目标对比增强成为极化对比增强技术的主要应用。从研究内容上看，已有极化 SAR 图像目标对比增强研究主要针对增强优化模型的建立及增强算法的实现两类问题开展。典型的增强模型包括基于 Kennaugh 矩阵的直接优化模型[61]、基于协方差矩阵的加权优化模型等[62]；典型的算法包括基于广义特征值的增强方法[13]、基于最优极化匹配滤波器的增强方法等[59]。其中，清华大学的杨健教授对极化对比增强的研究处于国际领先地位，提出了极化共零点[63]、广义相对最优极化等理论[64]，设计了基于序贯无约束最小化技术的增强算法，研究成果受到了国内外专家的肯定。在实际应用方面，杨健等基于广义相对最优极化理论对 SIR-C/X 数据中具有不同散射机理的目标及杂波进行对比增强，可提高对极化 SAR 图像森林背景中道路的检测性能[64]；法国学者 Goze 等利用 NASA/JPL 的 P 波段极化 SAR 数据，成功地增强了森林背景中的城区目标[65]；日本学者 Yamaguchi 等则利用极化对比增强技术对 AIRSAR 图像中的森林及河堤进行了对比增强[66]。

尽管已有研究有效揭示了极化 SAR 图像目标对比增强对于提高目标检测及提取性能的有效性，但在增强过程中仍存在需要进一步研究的问题。首先，由于极化 SAR 图像目标对比增强的针对性较强，其实现过程难免要引入人工干预。目前，绝大多数增强方法都采用人工划分的方法选取目标及杂波的训练样本，在此基础上实现增强。上述样本选取策略不可避免地依赖操作人员的图像判读能力及经验水平，特别是对于极化特性非均匀的目标或杂波区域，基于简单人工划分获得的训练样本难以准确反映目标或杂波的真实极化特性，将影响最终的对比增强性能。因此，有必要在人工划分样本的基础上，通过一定的样本筛选处理筛选出可以更好地满足增强需求的样本点，改善对比增强性能。其次，已有极化 SAR 图像目标对比增强多针对中、低分辨率图像中的自然地物，较少关注高分辨图像中军用车辆等人造目标的对比增强。而通过对高分辨极化 SAR 图像中军用车辆目标的对比增强，有效突出其与环境杂波间的对比度，可为后续目标检测及提取等奠定基础，军事应用前景非常广阔。因此，有必要针对高分辨极化 SAR 图像中军用车辆等目标，设计相应的对比增强策略以实现对目标整体区域的有效增强。第 5 章将针对上述问题展开深入研究。

1.3.4.2　极化 SAR 图像人造目标提取

针对本书所关注的军用车辆及建筑物两种人造目标，下面分别从极化 SAR 图像军用车辆 ROI 获取及建筑物提取两方面介绍相关研究的发展现状。

1. 军用车辆 ROI 获取

作为 SAR 图像解译技术的研究热点，SAR ATR（Automatic Target Recognition）是 SAR 军事应用的一个主要方面，具有重要的军事意义。而“目标感兴趣区域（Region of Interest，ROI）获取”技术正是致力于从复杂地物场景中有效提取各种地面上的军用车辆目标，是 SAR ATR 的重要组成部分，由检测及鉴别两部分构成。由于数据源限制及保密等原因，已有军用车辆 ROI 获取大多基于单极化 SAR 图像。其中的检测阶段主要基于散射强度特征，而鉴别特征主要包括几何、分形等特征。在可查的文献资料中，关于极化 SAR 图像军用车辆 ROI 获取的研究并不多见，主要集中在麻省理工学院的林肯实验室等少数研究机构。对于检测阶段，Novak 等学者提出了最佳极化检测器（Optimal Polarimetrie Detector，OPD）、极化白化滤波器（PWF）、极化匹配滤波器（Polarimetric Matched Fifter，PMF）等典型极化检测器，验证了极化信息对于提高车辆目标检测性能的有效性[67]。基于林肯实验室全极化毫米波数据的实验结果表明：在上述极化检测器中，PWF 可以达到检测性能和所需先验知识间的较好折中[47]，且满足恒虚警条件，是实际应用中的理想选择。实验同时验证了引入 PWF 处理对改善 CFAR 检测乃至鉴别、识别性能的有效性[68]。

虽然学者们揭示了极化对于提高检测性能的有效性，但在 ROI 获取的鉴别阶段仍未充分利用极化信息。其中，最早也是最具典型性的研究仍为林肯实验室的研究成果。1993 年，林肯实验室和密歇根环境研究所（ERIM）联合提出了 12 类目标鉴别特征，其中包括纯度百分比（percent pure）、纯偶百分比（percent pure even）及强偶百分比（percent bright even）三种极化鉴别特征[17]。基于林肯实验室全极化毫米波数据的实验表明，对于经 PWF 处理后的 1m 分辨率的图像，纯度百分比特征是最为有效的 5 种鉴别特征之一；对于经 PWF 处理后的 1 英尺（1 英尺=0.3048m）分辨率的图像，纯度百分比和强偶百分比特征也都是较为有效的鉴别特征。但在此后，极化特征用于目标鉴别的研究仅有少量报道。文献［69］引入相干极化分解系数、功率型极化各向异性参数及共极化零点等极化特征，基于飞机目标的极化 SAR 数据初步验证了上述特征对区分人造目标与背景杂波的有效性。但作者并未基于更多的军用目标进行验证，且未将此鉴别策略在实际的 SAR ATR 处理流程中付诸实施。

纵观已有极化 SAR 图像军用车辆 ROI 获取的研究可知，虽然学者们初步验证了极化信息对于 ROI 获取的有效性。但出于种种原因，已有见诸报道的研究工作都较为浅显，所利用的极化特征较为简单，尚未完全挖掘出极化特征在目标鉴别等方面的应用潜力。可以预期，随着极化 SAR 图像数据源的丰富及保密限制的减弱，相关研究将会越来越多地见诸报道。

2. 建筑物提取

作为极化 SAR 图像中除军用车辆外另一类典型人造目标，建筑物提取在军事及遥感领域都具有重要意义。例如，敌方指挥中心等通常为军事侦察的感兴趣目标。在作战过程中，诸如机场中的导航台等也往往是敌方打击的主要对象。因此，提取极化 SAR 图像中的典型建筑物目标，可为重点目标监视、打击目标的捕捉及打击效果评估等军事应用提供支持。此外，提取城区中的典型建筑物也是城市遥感等领域的基本问题，可以反映城市的整体布局及发展变化等信息，为绘制城市地图、城市规划及资源管理等提供决策支持。

一方面，包含建筑物的典型极化 SAR 数据源更易获取；另一方面，建筑物与军用车辆都含有较多的强散射结构，极化SAR成像结果都表现为具有一定像素规模的亮点区域。更为重要的是，二者的散射机理具有一定相似性，如都含有较多偶次散射机理等。对建筑物提取的研究成果在一定程度上可推广应用于对军用车辆的提取。为突出极化信息获取及处理对建筑物提取的有效性，下面对已有典型的基于极化特征的极化SAR图像建筑物提取方法进行介绍。已有提取方法可大致分为如下两类：基于极化统计特征的提取和基于散射机理分类的提取。

1）基于极化统计特征的提取

在已有的极化SAR图像（特别是中、低分辨率图像）建筑物提取方法中，基于极化统计特征进行提取是常用的技术途径。此类方法的处理思想可概述为：将极化SAR图像中建筑物整体作为一类目标，用某种统计模型表征目标及杂波的协方差矩阵或极化散射矢量的统计分布。在此基础上，基于统计分类等方法实现建筑物提取。一般而言，通常认为多视极化SAR图像像素点的极化散射矢量服从复高斯分布，极化协方差矩阵相应地服从复Wishart分布。文献［70］设计了一种极化SAR图像建筑物提取的分层处理流程，通过CFAR检测、极化鉴别及非监督极化分类等处理区分建筑物目标与自然杂波。在利用复Wishart分布对像素点协方差矩阵进行统计建模的基础上，极化鉴别采用贝叶斯统计判别，而极化分类则采用最大似然分类。文献［71］针对SAR对地监测这一军事背景，研究了极化SAR图像中建筑物等目标的提取问题。同样认为图像中的建筑物为满足一定极化统计特性的分布式目标。在使用复高斯分布对像素点极化散射矢量进行建模的基础上，利用基于最大似然的统计分割及几何形状约束提取建筑物。

上述研究主要对单频全极化SAR图像中建筑物的极化散射矢量进行统计建模，文献［72］特别针对多频全极化SAR图像复杂城区的提取问题，提出一种称为“对角极化矩合并”（Diagonal Polarimetric Merge-Using-Moments，DPol MUM）的建筑物提取方法。算法的核心思想是：利用分块对角化矩阵表征多频多极化数据的协方差矩阵，假设每一频段中像素点协方差矩阵都服从复Wishart分布，在此基础上利用分裂合并（split-merge）处理对极化SAR图像进行有效分割，实现了建筑物目标的提取。类似的基于极化统计特征的建筑物提取思想在其他文献中也有所提及，限于篇幅，此处不再一一列举。

2）基于散射机理分类的提取

较之单极化SAR，全极化SAR的显著优势在于其通过完整获取目标的全极化散射信息，可以更好地揭示地物的散射机理，这为包括建筑物提取在内的许多极化SAR图像解译任务提供了一条有效的技术途径。对建筑物等人造目标散射机理的研究很早就引起了各国学者的关注。在Van Zyl于1989年发表的经典文献[73]中，就已经对不同目标散射机理的差异进行了深入探讨，将目标散射机理大致分为奇次、偶次及体散射类型，并列举了上述散射机理对应的实际地物类型（如认为城区中建筑物主要对应偶次散射机理）。此后，涌现出了大批关于极化SAR图像中典型人造目标散射机理的研究工作。例如，Hussin研究了城区的极化散射特性，基于NASA的CV-990机载全极化SAR数据分析了城区中典型角反射器结构（如建筑物及栅栏等）在不同极化通道及不同入射角下的极化散射特性[74]；Franccschetti等结合几何光学及物理光学方法，研究了城区中典型奇次及偶次散射结构的后向散射特性，并初步分析了上述结构散射对其几何参数的依赖关系[75]。

在对建筑物极化散射机理进行分析的基础上，研究者们开始探求利用散射机理特征进行极化SAR图像建筑物提取的可行性，出现了许多基于散射机理分类的建筑物提取方法。例如，Van Zyl定义了两种典型的判别特征——散射波极化椭圆倾角随入射波极化椭圆倾角的变化趋势[73]，散射波极化旋向随入射波极化旋向的变化趋势。通过提取极化SAR图像像素点对应的上述两种特征，采用简单的匹配策略对像素点的散射机理类型进行分类，实现极化SAR图像分类及人造目标提取等任务，将AIR SAR全极化数据中的San Francisco城区与海洋、森林等成功区分。在极化SAR图像解译中，极化分解技术占有重要地位，它可以很好地揭示地物的散射机理，在诸如相干斑抑制、图像分类等解译任务中获得了广泛应用。同样地，极化分解也成功应用于极化SAR图像建筑物提取。其中，使用最多的是基于特征值的分解方法Cloude分解[76]及Freeman分解[77]。Guillaso等学者在提取极化SAR图像建筑物时，首先结合分解和基于复Wishart分布的迭代分类进行散射机理分类，在此基础上提取偶次散射点作为建筑物[78]。类似的处理思想也被其他文献广泛采用。较之分解，Freeman分解基于真实的物理散射模型，其在散射机理分类门限设置等方面具有更好的普适性。Lee等结合Freeman分解和基于复Wishart分布的迭代处理进行散射机理分类方法[77]。与传统结合分解和基于复Wishart分布的迭代分类不同，该方法的迭代过程仅限制在同类散射机理像素点之间进行，为基于极化分解的建筑物提取提供了另一条技术途径。Lee等利用此方法成功地区分了E-SAR数据中的多数建筑物目标与植被等自然杂波，实现了对建筑物的准确提取。

上述两类方法是已有研究中最具代表性的建筑物提取方法。随着问题研究的深入，学者们也对利用其他特征提取建筑物目标进行了有意义的尝试。

例如，法国 Rennes 大学的 Ferro-famil 及 Pottier 尝试利用时频分析方法提取建筑物[79]。他们基于二维 Gabor 变换给出像素点的时频信号模型，在此基础上定义了两个统计描述子，分别揭示了像素点极化散射的平稳性及相干性，基于不同类型目标（建筑物、森林、公园等）在极化散射平稳性及相干性上的差异进行极化 SAR 图像分类，在此基础上初步实现了建筑物提取。日本 Niigata 大学的 Moriyama 等特别关注极化通道相关性特征，定义线极化基及圆极化基下的极化相关系数，并基于上述两个极化相关系数对 Pi-SAR 数据中的建筑物进行提取[80]。美国海军研究实验室（NRL）的 Schuler 等也注意到了极化相关系数对于人造目标提取的有效性，他们提出了基于归一化圆极化基相关系数的人造目标提取方法，也获得了较为理想的效果[81]。特别地，利用极化干涉 SAR 中的极化干涉信息，不仅可提高建筑物提取的准确性，还可进一步反演建筑物高度。法国 Rennes 大学的 Guillaso 等针对此问题进行了有意义的尝试[78]，提出了基于极化干涉分类进行建筑物提取的处理思想。

为突出极化信息获取及处理对建筑物提取的有效性，以上主要回顾了基于极化特征的极化 SAR 图像建筑物提取方法。实际上，单极化 SAR 图像建筑物提取也是 SAR 图像解译的重要内容，研究成果同样适用于全极化 SAR 图像建筑物提取。已有研究中用于建筑物提取的典型单极化特征包括对比度、纹理、几何结构及阴影等，上述特征从不同侧面揭示了建筑物与自然杂波散射特性的差异。可以预期的是，综合利用极化散射机理等极化特征与上述典型的单极化特征，对建筑物和自然杂波散射特性差异的描述将更为全面，有望获得更为理想的提取结果。

基于极化统计特征的提取未从散射机理这一本质特性出发，不利于后续极化 SAR 图像解译等处理。此外，鉴于某些人造目标与自然杂波在极化统计特性上的可分性较差，提取结果难免会存在较多杂波虚警。而地物的散射机理与其材质、结构等本质属性密切相关，基于散射机理分类通常可获得更为准确的提取结果，且为目标鉴别及分类等后续处理提供重要依据，基于散射机理分类的提取方法无疑更有优势，也是传统极化 SAR 图像建筑物提取的主要技术途径。但是，由于建筑物等人造目标极化散射的复杂性，某些人造目标可能表现出与自然杂波相似的极化特征，传统提取方法难以准确区分目标与杂波。此外，已有的散射机理分类方法对散射机理类型的区分能力有限，极化特性相似的目标和杂波可能被划为同种散射机理类型。以上因素都影响了建筑物提取的准确性，需要引入更多可体现人造目标与自然杂波散射特性差异的有效特征，为人造目标提取提供更为丰富和有效的判别依据。本书第 4 章将针对上述问题展开深入研究。

1.3.5 极化雷达超分辨成像与目标特征提取方法

高分辨雷达具有对目标的解析成像能力，这对于获取更多的目标结构信息、提高雷达探测系统智能化处理能力具有重要意义。高分辨雷达的应用效能主要取决于其目标回波的信息量。回波信息量越丰富，其后续的应用性能就会越好，而回波的信息量取决于雷达的分辨率、回波的动态范围以及对被观测物体极化散射性能的测量程度。其中，回波动态范围主要取决于雷达硬件中的模数采样转换模块、存储空间以及系统计算处理能力的大小，因此，成像系统的空间分辨率和极化测量能力是高分辨雷达的两个重要指标。

一方面，更高的分辨率是成像系统追求的永恒主题之一，更高的分辨率能提供目标的详细轮廓和精细结构。提高 SAR/ISAR 成像分辨率通常有两种途径：一是改进和更新硬件设备，使其具备发射宽带信号和合成大孔径的能力，同时提高测量精度；二是通过建立物理和数学模型，利用信号处理技术提高 SAR/ISAR 的成像分辨率。改进和更新硬件周期长、代价高且受限于技术发展。此外，考虑弹道导弹等空间目标要在轨道运动期间形成高分辨的二维 ISAR 成像需要的时间很长，利用长时间积累的办法来提高孔径的办法已经不能满足战略战术需要。因此，利用信号处理技术来提高雷达成像分辨率就显得迫切而重要，目前已成为成像雷达处理的一个重要研究方向。

另一方面，雷达目标的极化信息与其结构、材料、形状、姿态取向等有着本质的联系。通过极化信息的提取，可获取目标表面粗糙度、对称性和取向等其他参数难以表征的信息，是完整刻画目标特性所不可或缺的。极化雷达成像技术有机综合了高分辨成像技术和全极化测量的优点，非常适合用于对目标精细刻画，在军用、民用等领域都有着广阔的应用前景。高分辨技术大大降低了极化描述模型的模糊性，而极化技术则使得高分辨技术描述的结构信息更为全面，二者的结合可以相得益彰，将极化与高分辨技术相结合是雷达目标识别最具潜力的发展方向，受到越来越多的关注。下面分别从 SAR/ISAR 超分辨成像和目标几何结构反演两个角度简要介绍高分辨极化雷达成像及特征提取的相关研究现状。

1.3.5.1 SAR/ISAR 超分辨成像与特征提取

二维成像雷达 SAR/ISAR 是获取和表征目标特性的重要工具，广泛用于军事战略/战术侦察、目标分类/鉴别/识别、匹配制导以及战场打击效果评估等诸多方面。SAR/ISAR 的目的都是得到目标散射特性的空间分布图像（即 SAR/ISAR 雷达图像），从而获得有关目标的几何形状、尺寸及结构等信息，其原理也基本一致：距离维（径向）分辨是利用发射大带宽信号和脉冲压缩处理，方位维（横向）分辨是利用目标姿态与雷达间的相对转动而产生的多普勒频率变化，进行一定时间内信号的相干处理，等效形成大的天线孔径，从而实现方位上的高分辨。两者的区别在于，SAR 将雷达置于运动的平台之上，对地面目标成像；ISAR 是雷达不动、目标运动；SAR 通常用于对地观测，获取和处理的数据量很大；ISAR 通常用于对空探测，实时获取的数据量相对较小。

相对前面的一维距离成像而言，SAR/ISAR 提供了更加丰富、细致和稳定的信息，从而更加有利于自动目标识别。与一维情形相似，高分辨极化特征提取（特别是相干极化散射中心特征的提取）对于极化 SAR/ISAR 成像而言也是一个很热点的问题。而且在二维、三维极化雷达成像方面，极化超分辨联合处理也有很迫切的需求背景。例如，弹道导弹等空间目标识别方面，当前美国国家导弹防御系统（NMD）中的目标识别雷达 GBR 就具备全极化 ISAR 成像能力，极化识别和 ISAR 成像识别被认为是实现 NMD 导弹防御的两项关键技术，可见全极化高分辨成像及特征提取已成为雷达目标识别极具应用潜力的研究方向，已经受到越来越多的关注。军事侦察应用中，人们更关注能否对重要军事目标进行精确识别，因此综合利用高分辨和全极化信息的极化雷达高分辨/超分辨特征提取也日益受到重视，文献［20-23］就如何利用高分辨极化特征（特别是高分辨极化散射中心特征）进行人造目标的辨别，乃至目标的精确描述和解译问题进行了初步的探讨，给出了很好的结论。类似地，对地面/海面关键军事目标（如航空母舰、舰船、导弹发射车、军用车辆等）的侦察中，极化 SAR 超分辨特征提取也必将受到极大重视。从雷达目标自动识别的需求来看，极化 SAR/ISAR 目标自动识别本质上是一个逆问题求解，即从客观场景的表象——全极化图像或图像序列逆向推导客观场景的某些本质信息的反演问题。高分辨二维相干极化特征提取无疑为进一步的雷达目标高分辨极化目标识别和结构反演打下了坚实的基础。

10 多年来，国内外利用信号处理方法提高雷达成像分辨率的技术进入了蓬勃发展时期，其研究领域覆盖了 SAR、ISAR 以及干涉 SAR（InSAR）等。总的来说，目前常见的处理方法包括：①利用成像系统的点扩展函数（PSF）的伪逆并通过反卷积得到高分辨率图像，这种方法将成像看成一系列矩阵操作，所以将获得目标散射系数分布的问题看作一系列矩阵求逆的问题，其缺点是需要精确知道成像系统的 PSF，运动补偿的残余误差影响较大；②带宽外推方法，其实质是频域上数据的外推，其缺点在于经常存在外推模型与观测数据不匹配的问题；③正则化方法，这种方法源于数学中对于逆问题的求解，其缺点是需要提供尽可能多的关于待求解的先验信息；④谱估计方法，这是迄今为止研究最为活跃也是较为成熟的一个领域，可以分为非参数方法和参数方法。非参数方法大都采用经典谱估计方法，包括周期图法、BT 法、Welch 法等；参数方法采用现代谱估计方法或改进后的现代谱估计方法。

现有的 SAR/ISAR 超分辨成像算法基本上是一维的，即在某一维实现超分辨处理而在另一维采取常规的 FFT 处理，或者采取分步的办法，将 SAR/ISAR 的二维超分辨问题转化为两个一维超分辨的级联。近年来也出现过一些二维的超分辨算法，诸如 MUSIC、ESPRIT 等，不过较少考虑全极化测量的情况。针对这种情况，本书建立了能够精确描述雷达目标高频电磁极化散射的二维相干极化散射模型，提出了基于二维相干极化散射模型的全极化 SAR/ISAR 超分辨成像方法及全极化散射中心特征提取方法，有效解决了多极化通道条件下难以提取散射中心的相干极化特性信息的难题。

1.3.5.2 雷达目标几何结构反演

几何结构特征作为雷达目标最为本质的属性之一，对目标的描述更加贴近人类视觉系统的感知方式。如能采用有效的技术途径，反演出雷达目标的整体几何结构，将为图像解译及目标识别等提供有力的技术支持。雷达目标几何结构反演是人们在雷达信息处理中所长期追求的目标，是极具挑战性和实用性的课题。作为雷达目标光学区散射的基本特征之一，散射中心可在一定程度上反映目标的物理结构，基于散射中心理论进行雷达目标几何结构反演是已有反演的主要途径。此外，鉴于极化在揭示目标散射机理及描述目标形状结构等方面具有独特优势，已有研究也对利用极化信息进行目标几何结构反演进行了有意义的尝试。

散射中心理论在雷达成像、目标识别等方面都具有重要的应用价值。从描述散射中心的数学模型来看，常见的散射中心模型主要包括理想点散射中心模型、衰减指数和（DE）模型及几何绕射理论（GTD）模型等。其中，理想点散射中心模型对于相对测量带宽和成像积累角较大的情况不再适用；DE 模型虽然考虑了非理想点散射中心散射对频率的依赖关系，但无法描述高频散射中非理想点散射中心所表现出的绕射现象；而 GTD 模型引入类型参数（或称频率依赖因子）来表征典型散射机理的频域色散特性，更贴近于高频电磁散射的物理机制，不仅可提供散射中心位置、强度等信息，其包含的类型参数还可有效反映散射中心的几何特征。俄亥俄州立大学的 Potter 教授利用 GTD 模型成功地从平板一维距离像中提取其 4 个顶点的位置，并且正确估计出 4 个顶点的类型参数（-1，对应尖顶绕射），初步验证了基于 GTD 模型的类型参数进行几何结构反演的可行性[82]。类似的思想及实验在文献［83］中也有所涉及。文献［84］将目标的后向散射等效为沿距离向分布的若干色散型散射中心的相干合成，认为这些散射中心对应目标体上的特定几何结构。提取目标体上每一散射中心的 GTD 类型参数及距离向位置等构成特征矢量，基于神经网络方法对 4 类战斗机模型进行识别，取得了较好的识别效果。

上述利用 GTD 类型参数的几何结构反演多是针对一维距离像雷达体制。SAR/ISAR 等二维成像雷达可以同时获得较高的距离维（径向）及方位维（横向）分辨率。雷达成像结果对目标几何结构的描述无疑更为精确，将更有利于雷达目标几何结构的准确反演。针对 SAR/ISAR 等二维成像雷达体制，Potter 和 Moses 综合考虑了二维散射中心散射对频率及成像方位角的依赖关系，提出属性散射中心模型来描述二维散射中心的散射特性[85]。该模型仍利用 GTD 模型对散射中心散射的频率依赖特性进行建模，同时考虑了延展型散射中心散射对成像方位角的依赖关系。Gerry 和 Koets 等学者对属性散射中心模型的参数估计性能及图像域提取方法进行了研究[86-87]，揭示了属性散射中心模型在雷达目标几何结构反演方面的应用潜力。

与此同时，人们认识到通过高分辨或超分辨成像，可极大提高目标散射中心在距离维及方位维的分辨率，极化描述的模糊性将大大降低。极化与高分辨技术相得益彰，二者的结合为雷达目标几何结构反演提供了一条更为有效的技术途径。为此，Cameron 等提出了 Cameron 极化分解方法，将散射矩阵分解为非互易性部分、对称部分及非对称部分，通过分析散射中心的散射互易性及对称性进行散射中心分类[88]。Cameron 分解将散射结构类型分为基本的 8 类——二面角、三面角（球、平板）、偶极子、圆柱体、窄二面角、左旋螺旋体、右旋螺旋体、1/4 波振子，实现了雷达目标几何结构的初步反演。Ertin 等同样将极化信息用于雷达目标几何结构反演，基于贝叶斯决策理论进行散射中心提取及分类。通过 Neyman-Pearson 统计检验及最大后验概率（MAP）分类两阶段处理，将散射中心分为基本的 8 类，具体类型与 Cameron 分解相同。

雷达目标几何结构反演属于典型的逆问题，虽然具有重要的意义及可以预期的应用潜力，但目标电磁散射的复杂性、雷达获取信息的局限性及环境因素的干扰等都严重影响了反演的实用性。就目前的技术水平，实现完全的雷达目标几何结构反演非常困难，已有方法几乎都针对简单散射结构进行初步的尝试，在反演准确性及算法实现等方面都存在一些需要解决的问题，尤以散射中心类型判别存在模糊性的问题最为突出。

一方面，对于利用属性散射中心模型的反演方法，其在利用 GTD 类型参数进行散射中心类型判别时，对不同类型散射结构的区分能力非常有限，反演的模糊性很大。例如，无法有效区分二面角和三面角这两种基本散射结构

（二者的类型参数皆为 1）。此外，属性散射中心模型参数过多，参数估计过程较为复杂，且在很多情况下存在收敛问题，参数之间耦合较为严重。

另一方面，对于已有基于散射中心极化特征的反演方法，使用的极化特征都较为简单，难以正确区分极化特性相近的散射结构。例如，理想球体及平板具有相似的极化特性，利用已有基于 Cameron 极化分解的反演难以成功区分二者，导致了散射中心类型判别的模糊。

当前，极化与高分辨结合是雷达目标识别最具应用前景的研究方向之一。高分辨极化 SAR 图像综合了高分辨成像与极化测量的优点，非常适用于对目标几何结构的精细刻画。为此，针对已有雷达目标几何结构反演方法存在的判别模糊性等问题，需要进一步挖掘高分辨极化 SAR 图像所蕴含的目标信息，对目标的极化散射特性进行更为全面和细致的描述，已为雷达目标几何结构反演提供更多有效的判别依据。例如，通过分析极化 SAR 图像散射中心的空域极化特性，可以揭示散射中心极化散射对成像方位角的依赖关系，可以提供更多几何结构反演可资利用的有效特征。在此基础上，结合极化分类、频域色散特性判别等处理，对目标体上的局部强散射结构进行类型判别及几何参数提取，可使反演更为准确和彻底。本书第 4 章将针对上述问题展开深入研究。

1.3.6 雷达目标极化识别方法

世界上许多著名的研究机构都针对雷达目标极化分类识别技术开展了深入研究，具有代表性的研究机构主要有美国海军研究实验室、美国陆军研究实验室（ARL）、美国 Illinois 大学、MIT Lincdn、法国 Rennes 大学、德国宇航中心及日本 Niigata 大学等。早在 1996 年，北约研究小组就进行了毫米波成像实验（MIMEX），对 5 类目标（导弹发射车、火箭弹发射车、跟踪雷达、GECKO 防空火炮以及 ZSU 23-4 防空火炮）进行分类识别；荷兰应用科学研究组织物理及电子实验室利用 PHARUS 系统获取了 C 波段的全极化 SAR 测试数据（3.5m 分辨率）；法国航空航天研究院利用 RAMSES 系统获取了 X 波段的全极化 SAR 测试数据（1m 分辨率）；美国陆军研究实验室获取了 X、Ka、W 波段的全极化 ISAR 测试数据（0.1m 分辨率）。MIMEX 项目研究表明，在高分辨率条件下，极化信息可以很好地提高目标的分类识别效果。国内在目标极化分类识别技术方面也开展了一定的研究，相关的研究机构主要有国防科技大学、清华大学、电子科技大学、西安电子科技大学和中国科学院电子学研究所等。

1.3.6.1 雷达目标极化特征提取

雷达目标极化分类识别主要包括雷达目标极化特征提取和分类识别器设

计两个方面。在雷达目标极化特征提取过程中，窄带和宽带一维、高分辨率二维、高分辨率三维雷达体制中的极化特征提取有较大差异。下面主要对宽带一维体制中的极化特征提取的研究现状进行介绍。

在高分辨条件下，由于减小了分辨单元的尺寸，目标表面的强散射点能够有效地被孤立出来而形成一维距离像。显然，基于一维距离像的极化特征提取能够提供更为丰富的细节信息。这一阶段最典型的成果是：1991年，美国学者Chamberlain等提出的“目标瞬态极化响应”TPR概念，通过TPR特征提取，将复杂目标的结构分解为由散射中心对应的多个子结构来分别描述，可对多种飞机类目标实现良好的目标识别[6]。另有报道称，英国硫黄石导弹（Brimstone）利用一维高分辨极化特征实现了不同装甲目标鉴别，如图1.1所示。国防科技大学肖顺平、王雪松研究团队[24]针对宽带全极化雷达体制，提出了极化状态距离和极化频率稳定度，并将动力学理论应用于目标特性的描述。文献［14］进一步以目标瞬态极化散射特性刻画作为切入点，提出了目

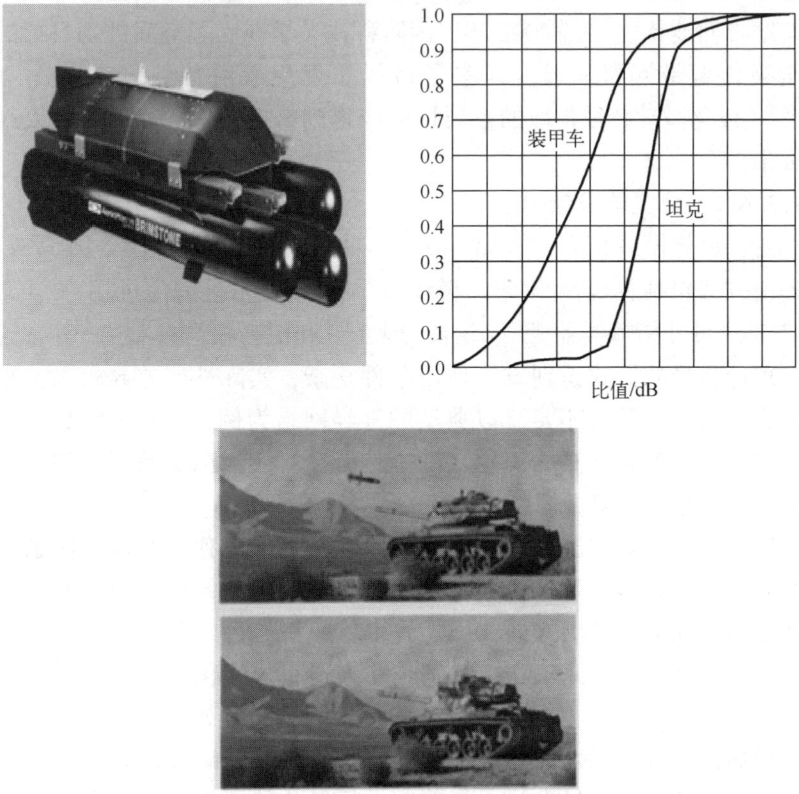

图1.1　英国硫黄石导引头照片以及其鉴别不同目标示意图

标极化散射特性各向异性程度、目标瞬态极化散射结构稳定度等，对5类飞机目标进行了宽带极化特征提取与目标识别实验。20世纪90年代以来出现了一维高分辨极化分类识别研究的热潮期，主要源于宽带高分辨技术的发展，对地面目标（坦克）、对空目标（飞机、导弹等）、对海目标（舰船）等均有大量研究和初步应用。

微动特征是空中、空间目标的又一重要特征，将其与极化相结合，可以得到对目标微动行为更准确、更细致的刻画。典型成果包括：2001年，Marple利用X波段雷达信号获取了四叶片和双叶片直升机数据，并使用时频分析技术提取了主旋翼和尾旋翼的微多普勒成分，为直升机识别提供了新的技术途径[89]；2004年，美国导弹防御局开展了“S波段雷达微多普勒特征用于弹道导弹识别”研究项目，在海基弹道导弹拦截系统中，使用AN/SPY-1相控阵雷达提取弹道导弹微动特征用于目标识别[90]。国内相关研究成果也很多。2006年，国防科技大学提出了基于全极化散射特性的进动参数提取方法[91]；2008年，北京环境特性研究所通过点频连续波雷达测量了空间进动目标动态窄带回波特性[92]；2008年，国防科技大学开展了空间进动目标的暗室动态全极化宽带测量实验，证实了目标非理想散射特性对微多普勒的影响[93-94]。极化微动特征提取的重要性已经得到普遍认识，取得了令人鼓舞的研究成果。

1.3.6.2 分类器设计

学者们已将模式识别中的常用方法应用到雷达极化目标分类识别当中。这些理论方法包括神经网络[95]、模糊数学[96]、马尔可夫随机场[97]、支持向量机[98-99]、贝叶斯分类器[100]、谱图分割[101]和混合概念模型[102]等。这些具有复杂理论背景的模式识别方法使用条件复杂，实际性能差异较大，很多模式识别方法的泛化能力不足，以典型的神经网络为例，针对训练数据，神经网络往往可以达到非常高的识别正确率，但针对实际测试数据，神经网络的识别正确率往往会下降。

总体而言，目前雷达目标极化分类识别基本形成独特的理论体系和庞杂的研究分支，且具体的理论性研究成果多，普遍的系统性研究成果少。在雷达极化信息的理解和利用方面，国外许多研究机构已经开展了大量基础实验和理论探索相结合的研究工作，特别是在人造目标极化信息获取与利用方面已经取得了一定进展，相关成果在一些军事装备上开始获得应用。但是，由于雷达目标极化分类识别应用理论研究保密性强、持续性研究经费投入不足等原因，国内学者虽然付出了大量努力，但极化特征提取与分类识别的研究成果大多只停留在理论层面，难以直接应用于实际系统。另外，低维空间全极化散射响应下的特征多依赖非目标因素、极化雷达三维成像系统与散射图像重构理论不成熟、分类识别器正确率低和泛化能力不足等瓶颈问题有待突破，开展针对目标相对不变特征提取、三维全极化散射图像重构、以增强泛化能力为导向的分类识别器训练等关键科学问题的研究工作已经刻不容缓。

1.3.7 单脉冲前视成像及极化信息的利用

1.3.7.1 前视成像

前视成像[103-104]的目的是要获得飞行平台前方区域的成像结果，最早采用机械扫描实孔径成像方式获取前视图像，距离向高分辨率依靠脉冲压缩获得，方位向分辨率与雷达方位波束宽度有关，可以通过增加天线的物理尺寸来改善雷达方位向分辨率，但是实际情况是机载平台并不允许配备大尺寸天线。多普勒波束锐化[1]（Doppler Beam Sharpening，DBS）能够改善大前斜视条件下的雷达方位分辨率，但是当天线波束中心和航向夹角小于一定范围以后，DBS技术会失效，形成盲区。因此，前视成像方位向分辨率远小于距离向分辨率是一直难以解决的问题。

为了解决飞行平台正前方区域的高分辨率成像，特别是方位超分辨率成像，研究人员采用的技术包括解卷积[105]、单脉冲[106-107]、多通道SAR[108]等。由于方位向回波信号可以看作天线波束与目标角度信息的卷积，从而可以通过解卷积得到目标的角度信息。由于解卷积固有的病态特性，实际应用性能很差。Berenstein和Patrick[105]提出了多通道解卷积（Multi-Channel Deconvolution，MCD）技术，通过MCD将解卷积问题由病态转为良态，同时该技术也应用到导引头前视成像。由于噪声的影响，解卷积结果出现较大的误差，因而需要对噪声精确建模，去除噪声和非理想因素影响。贝叶斯解卷积是一种基于贝叶斯最大后验概率估计[109]的方法，或称为一种稀疏模型正则化方法，通过统计先验信息能够解决数据丢失问题，电子科技大学的Zha Yuebo等[103]基于贝叶斯准则将解卷积问题转化为最大后验估计问题，但是要假定先验信息，即噪声假定为两种独立分布噪声之和。电子科技大学的Zhang Yin等[110]基于贝叶斯准则结合稀疏正则化方法重构目标分布，提高其方位向分辨率，但仍需要合适的先验信息，且引入计算复杂的后验概率。

单脉冲前视成像是一种结合脉冲压缩和单脉冲测角的成像方法。南京航空航天大学的吴迪和朱岱寅[111-112]针对波束内的单个目标采用单脉冲成像技术进行仿真，并且应用于实测数据进行验证。国防科技大学的李悦丽等[113]发展出一种单脉冲技术结合多通道解卷积的前视成像方法，可以将雷达方位分辨率提高约一个数量级。华中科技大学的贺林峰[114]在单脉冲成像中采用高频提升法反演算法提升方位向分辨率。国防科技大学的杨洋和李悦丽[115]提出一种基于单脉冲技术的多目标分辨算法实现波束内多目标的检测和分辨，但需要满足脉冲积累近似处理的假设。

除了通过解卷积和单脉冲技术实现前视成像，还可以利用多天线，在雷达方向形成阵列，结合阵列超分辨方法实现方位超分辨方法。多通道 SAR 通过获得目标多视角观测信息，实现方位高分辨率成像，其原理与常规 SAR 类似。20 世纪 90 年代，前视 SAR 实验系统——SIREV（Sector Imaging Radar for Enhanced Vision）研制成功，可以等效为单发多收的阵列天线系统。国防科技大学庞礴[108]将 DBS 和距离多普勒（Range Doppler，RD）算法的思想引入多通道前视 SAR 领域，并对其仿真和实测数据验证，由于前视 SAR 的方位向分辨率取决于阵列长度，也可以采用超分辨算法（如压缩感知理论）来克服阵列长度的限制。

具有特定几何结构的双基地 SAR[116]也被提出用来克服前视成像遇到的问题，并且取得了较好的实验效果，但位置同步问题和硬件复杂度高导致难以在实际中应用。

1.3.7.2 单脉冲测角技术与极化信息利用

单脉冲技术[106,117]用于测量目标到达方向（Direction of Arrival，DOA），最初是用于快速目标的跟踪，现在也用于角度测量等领域，它通过比较两个或多个同时天线波束的接收信号来获得目标 DOA 的精确估计。但是，当多个目标位于单个雷达波束内时，传统单脉冲技术有严重的测量误差。国内外研究人员对单脉冲技术进行了深入探索，研究重点是解决雷达波束存在多个目标情况下目标分辨问题，同时也积极探索如何将单脉冲技术应用到其他雷达体制（如极化敏感阵列体制）。

单脉冲技术最早通过机械扫描雷达实现，后逐步用在阵列体制雷达中，Sherman 和 Barton[106]用和差信号比值的虚部和门限进行比较，来检测是否存在多个目标。Blair 和 Brandt-pearce[118-119]提出 Neyman-Pearson 检测算法来检测不可分辨目标，并且研究了双不可分辨目标 DOA 估计的条件克拉美-罗下界。Sinha 等[120]针对单个目标回波存在起伏的情况，提出了基于单脉冲最大似然估计[121-122]的方法来分辨两个不可分辨目标。Wu 等[123]充分利用阵列雷达在测角精度上的优势，提出一种基于最大似然准则的双单脉冲估计方法以实现双目标的分辨。

当雷达波束内的目标数量增加后，问题变得更加复杂。对于雷达探测识别领域中普遍存在的群目标[124-125]更是亟需解决的难题。群目标是通过距离维度、角度维度和多普勒维度的常规方法都难以分辨的多个目标。编队的飞机、坦克和舰船都可以组成群目标，群目标特性复杂，严重影响雷达的性能。

精确的 DOA 估计是群目标跟踪、识别的基础，同时由于目标的极化特性揭示了目标散射机理，精确的极化散射矩阵估计能够反映目标的几何结构，为人造目标检测识别[126-127]提供强有力的理论支撑。因此，精确估计群目标 DOA 和极化散射矩阵是跟踪、识别群目标的前提条件。

极化敏感阵列[128-129]能够用来获取目标的极化信息，并且具备抗干扰能力，在多目标分辨领域发挥重要作用。因此，将极化敏感阵列应用到群目标测角和极化测量中成为发展趋势。大量研究也表明极化敏感阵列雷达相对于单极化雷达具有优势，国防科技大学徐振海[130]的研究表明极化敏感阵列对于滤波、检测和参数估计有极大的应用潜力。在气象雷达[131]中，额外的极化信息结合快速的阵列扫描显著提升了天气预测性能。特别是在当今与图像处理技术联系密切的遥感领域[132-133]，极化高分辨成像成为未来成像雷达发展的趋势。

极化敏感阵列参数估计包括 DOA 和极化特征参数的联合估计[134]，主要的参数估计[135]方法包括谱方法（子空间法[136-137]、高阶累计量法[138]）和参数法（最大似然估计[120]）。谱方法需要大量快拍精确估计信号协方差矩阵，但不能有效分辨相干源目标，且鲁棒性弱。相比之下，参数法鲁棒性更强，只需一次快拍信息，但模型失配时估计性能严重下降。一般而言，雷达为了保证足够探测距离和距离分辨率，通常发射线性调频信号，相参脉冲回波具有相关性，此时谱方法难以应用。

对于最大似然估计问题的求解一般采用梯度法或牛顿法[139-141]，但是随着未知参数数量的增加，梯度计算复杂度提高，计算量大大增加，同时由于噪声的影响，目标函数曲面粗糙，梯度法的步长无法准确设置，导致求解精度低，无法保证 DOA 和极化状态估计的全局最优解。为了追求参数估计的准确性和计算效率的平衡，大量关于模型适配和最优化方法的研究相继展开。贝叶斯优化（Bayesian Optimization，BO）是迄今为止最优的针对复杂目标函数形式的优化框架。但传统的贝叶斯优化一般都只运用在特别复杂和参数数量极多的求解问题上，如超参数调参，而对于一般的最优化问题却无法取得较好的性能，极大依赖于对具体问题的适配。为了让贝叶斯优化成为一种通用的优化方法，贝叶斯自适应直接搜索[142]（Bayesian Adaptive Direct Search，BADS）将传统贝叶斯优化方法和网格自适应直接搜索[143]（Mesh Adaptive Direct Search，MADS）结合，BADS 经过实测数据验证，能够以较少的计算量取得相当优异的优化性能，从而成为一种通用模型优化工具。

1.3.8 高分辨极化信息处理的特点和优势

高分辨成像和全极化测量都是现代雷达测量的重要发展方向，它们从不同方面刻画了目标的散射特性。高分辨成像技术极大提高了雷达目标在距离、方位、高度等方向上所能达到的分辨率，提供了雷达目标细微特征表征能力，大大降低了极化描述模型的模糊性；而目标的极化信息与其形状有着本质的联系，通过极化信息的提取，可获取目标表面粗糙度、对称性和取向等其他参数难以表征的信息，是完整刻画目标特性所不可或缺的；极化技术则使得高分辨技术描述的结构信息更为全面，二者的结合可以相得益彰，极化与高分辨结合是雷达目标识别最具应用前景的研究方向之一。相对于常规单极化测量而言，全极化高分辨信息处理本身有很多不同的特点，具体表现为三个方面：

首先，全极化雷达是一种多通道矢量测量系统。极化本身是电磁波所固有的矢量属性。一般而言，目标会对入射电磁波的极化进行调制，产生变极化效应，使得散射波的极化状态不同于入射波。传统的单极化雷达使用固定极化天线，只能接收散射回波与天线极化方向一致的分量，散射回波与天线极化方向垂直的分量则完全丢失。全极化测量与单极化测量不同，它通过测量每个分辨单元在不同收发极化组合下的散射特性，更完整地记录目标后向散射信息，为详尽分析目标散射特性提供了良好的数据支持。

其次，全极化雷达是一种多通道相干测量系统。“相干”指的是各极化通道的发射信号具有恒定的相位关系，这一点使它与其他非相干多通道系统（如多频、多视角、多时相、多基地、多传感器等测量系统）区别开来。事实上，不同极化通道间的相干相位信息是十分有用的，它可用于 PolSAR 图像中地物特性的解译、散射中心类型判别、极化干涉 SAR（PolInSAR）中地表树木高度的反演、估计运动目标速度等。

最后，从极化域的角度来讲，全极化雷达测量信息是完备的。换句话说，全极化雷达与一般的多通道数据获取雷达（如多频、多视角、多时相、多基地等）的主要不同在于全极化雷达获取的信息是详尽的。这是极化域相较于时域、频域和空域的特殊性，也是全极化雷达相较于一般多通道数据获取雷达的根本区别。对于极化电磁波而言，这种完备性表现为虚拟极化适配（VPA）处理；对于雷达目标而言，这种完备性又表现为极化合成处理。事实上，在极化雷达应用的早期，由于雷达极化理论的限制，产生不同极化的电磁波需要重新配置雷达发射机的硬件，使得分析目标在不同极化下的散射特性非常困难。20 世纪 80 年代初，Poelman 提出 VPA 处理的概念，即利用两路正交极化接收通道的接收信号可以获得任意接收极化状态（即极化椭圆倾角和椭圆率角）下的目标后向散射功率；此外，通过对两路正交发射极化测量进行线性组合，可以等效实现任意入射极化状态。极化合成是指可以通过对正交极化双通道收发 4 路信号的线性组合得到雷达目标在任意入射极化任意接收极化下的完整信息，显然极化合成本质上是 VPA 概念的应用。极化合成概念出现之后，人们再也不必为了获得某种特定的收发极化组合的目标后向散射而改变雷达发射机的硬件配置。这极大地降低了极化测量系统的复杂性和生产成本，推动了极化测量系统的实用化进程。极化合成处理本身并不带来新的信息，但是可以从中提取被成像目标的一些特性，使得不同目标的区别得以彰显，有助于分析产生这种散射的物理机理。

在总结上述全极化处理特点的基础上，可进一步将全极化处理相对于单极化处理，以及常规多极化处理的优势归纳为以下三点。

一是信息优势。众所周知，本质上信息的缺乏不可能由任何数学上的技巧来弥补[2]。全极化雷达可以利用极化合成技术，通过对正交极化通道收发 4 路信号进行线性组合得到雷达目标在任意收发极化状态下的完整信息。不同的应用场合，不同极化带来的增益差别显著。实际中，人们不能预先知道目标和环境的极化散射特性，因此采取全极化测量是最佳的选择。常规雷达只采用某种固定的单极化同时作为收发极化进行测量，只能测量到每个分辨单元内雷达目标的标量散射系数。这个标量散射系数只是全极化条件下目标完整散射系数矩阵的一个元素，其他散射信息完全丢失。多极化测量系统，通常只能得到散射矩阵的对角元素或其中的一列元素，或者只能得到散射矩阵各元素的幅度而无法保证散射矩阵元素之间的相干性，它虽然比固定单极化雷达获得的信息要多，但相对于全极化雷达而言，多极化雷达获得的极化信息仍然是不完全的。由于雷达目标的散射对于不同的极化状态组合而言相差很大，即便得到很多种非相干的多极化信息，依然无法得到目标完整的全极化信息。总之，在信息量方面，全极化相对于固定单极化或多极化的优势是明显的；在全极化信息表征的完备性方面，全极化与多极化的差别是根本性的，其优势是毋庸置疑的。

二是性能优势。相较于单极化或多极化分别处理而言，全极化处理将由于全极化信息的利用而获得最优的性能。全极化处理能获得目标散射矩阵相干信息的准确估计，单极化显然不能得到任何极化通道间的相干信息，多极化单独处理情形也无法保证这一点。本书在 2.2 节将对这一点给出详细证明。此外，针对日趋复杂恶劣的电磁环境，雷达面对各种各样干扰的情形不可避免，在抗干扰性能方面的优势，全极化处理的优势也是毋庸置疑的。

三是处理优势。这一优势是相对于多极化各自独立处理而言的。全极化处理本质上应该是完备极化域信息的一种联合处理，而非传统单极化信息处理的一种简单扩展。对于极化雷达成像而言，它应该是高分辨与全极化的联合处理，而非两者简单的串联。这种联合处理不仅能更加充分地挖掘出雷达目标高分辨全极化信息，而且通过联合处理，避免了后续不同极化通道之间的散射中心关联、配对和校准等操作，使得在总的处理量上也具有优势。这一点，也将在本书中给予证明。

1.4 本书主要内容

第 1 章简要归纳了雷达极化技术的发展现状，重点介绍了极化雷达成像及目标特征提取技术当前研究现状，并总结了全极化高分辨信息处理的特点和优势。

第 2 章主要介绍了雷达极化的概念和表征方法、典型的分时和同时极化雷达成像体制，以及极化 SAR 目标检测、极化 SAR 散射机理和目标分解理论。

第 3 章回顾了相干斑的形成机理、统计模型和几种经典的极化 SAR 相干斑滤波算法，并深入分析了相干斑滤波算法存在的不足。在此基础上，基于均值移动理论提出了一种新颖的极化 SAR 相干斑滤波算法——PDAN。该算法采用空间域和值域的联合滤波，充分利用极化信息和幅度信息，满足了极化 SAR 相干斑滤波的基本原则，能够在滤除相干斑噪声的同时很好保持图像的细节、边界信息以及极化散射特性信息。利用 DLR 的 L 波段 E-SAR 数据和中国电子科技集团第三十八研究所的 X 波段机载极化 SAR 数据对本书所提出的 PDAN 滤波算法进行了验证，证明了算法的有效性。

第 4 章针对相干极化理想点散射中心模型，首次推导并得到了模型参数（包括散射中心位置，散射矩阵元素的幅度、相位、相位差等）估计的极限性能，得出了极限估计精度与带宽、信噪比、极化等因素的解析关系，证明了在散射中心参数估计方法的极限精度方面，全极化处理优于任意单极化处理；提出了极化多重信号分类方法（P-MUSIC）和极化旋转不变子空间方法（P-ESPRIT）两种性能优良的全极化散射中心参数估计方法，并利用仿真和实测数据进行了验证。

第 5 章首先建立了能够精确描述雷达目标高频电磁极化散射机理的 CP-GTD 模型，该模型能够同时描述目标散射中心的频率色散特性和极化特性；提出了基于 CP-GTD 模型的目标散射中心提取与参数估计方法，从非相干性和相干性两个角度评估了其估计性能，通过仿真和实测数据实验，验证了 CP-GTD 方法的优越性；推导得到了 CP-GTD 模型参数估计的极限性能，分析了模型各参数估计性能与带宽、信噪比、极化等因素的约束关系，其结果可用于指导系统参数设计以及算法性能评价等方面；最后，结合弹道导弹防御背景，提出一种新的弹道导弹中段目标结构和微动特征提取方法。

第 6 章深入研究了极化 SAR 图像目标对比增强及人造目标提取方法。首先对传统极化 SAR 目标对比增强方法进行了归纳比较并指出了传统方法的不足，提出了基于样本像素筛选的极化 SAR 目标对比增强方法，提高了传统方法的增强性能。并针对高分辨极化 SAR 图像人造目标的对比增强，提出了基于改善极化像思想的增强方法，通过改善同类区域内部像素点的极化相似性，实现了对高分辨极化 SAR 图像人造目标整体区域的有效增强。其次阐述了传统基于散射机理分类的人造目标提取方法原理及流程，分析了传统提取方法在提取准确性及完整性等方面的不足。在此基础上，分别引入频谱相干性特征、极化通道相关性特征指导人造目标的提取，并提出了基于散射机理分类与频谱相干性分析和基于散射机理分类与方位对称性判决的极化 SAR 图像人造目标提取的两种新方法，提高了人造目标解译的准确性。

第 7 章首先针对全极化 ISAR 体制，建立了雷达目标的二维 CP-GTD 模型，提出了基于该模型的全极化 ISAR 超分辨率成像及特征提取方法；其次从极化复图像域出发，提出了基于理想点散射中心模型的极化 SAR 超分辨成像与目标散射中心特征提取方法；最后，利用仿真数据、暗室测量数据和实测 PolSAR 复图像数据，验证了这两种方法的有效性，其突出优点是不需要进行散射中心位置及极化的关联，并可以实现相干极化散射矩阵元素的同时估计。

第 8 章研究了人造目标几何结构反演和极化识别技术。本章针对人造目标几何结构反演，通过对典型散射中心进行类型判别，并结合聚类算法，成功实现了目标局部结构的类型和尺寸的反演。首先研究了典型散射中心的判定方法，并基于散射中心幅值稳定性与极化不变性，实现了对单一典型结构对应的散射中心的判定，有助于提高散射中心类型判别的准确性。进而，在研究散射中心类型判别方法的基础上，提出了基于聚类算法的几何结构反演方法，能有效提取目标局部结构的类型和尺寸等几何结构特征。相较于传统的基于模型参数估计的结构反演方法，避免了模型定阶难、参数耦合严重等问题，大幅提高了几何参数反演的效率，扩大了适用对象范围。针对人造目标极化识别，提出了两种高效的分类识别算法，并利用大量实测数据验证了极化分类识别算法的优越性。首先设计了可分性强、能表征目标结构的特征矢量，并结合高效的快速密度搜索聚类算法，有效实现了人造目标的极化识别；其次，提出了基于预分类的全极化模型匹配目标识别方法，相较于基于特征的分类识别方法，避免了采用大量样本数据来训练分类器，具有存储量小、计算快、适用范围广的优点。同时，利用目标的几何结构特征进行预分类，降低了计算量，提高了正确识别率。

第9章研究了单极化和全极化条件下单脉冲前视成像方法。针对单极化单脉冲前视成像，本章首先从单个目标的情形出发，分析了单脉冲测角原理以及单脉冲前视成像的基本框架，并通过仿真实现了单脉冲前视成像；其次，针对波束内双目标无法分辨的情况，提出了一种基于 Levenberg-Marquardt（LM）优化的单脉冲前视成像方法，其核心思想是求解基于 LM 优化的最大似然估计问题，以获得不可分辨双目标的 DOA 估计；最后针对全极化单脉冲前视成像，以极化敏感阵列雷达为基础，充分利用极化通道间的相关信息，采用虚拟极化匹配实现极化单脉冲测角，其测角精度和对回波极化状态的适应性均优于单极化雷达；并将目标拓展为群目标后，提出了一种基于贝叶斯自适应直接搜索（BADS）的极化单脉冲前视成像算法。该算法从最大似然估计出发，通过 BADS 解决非线性最优化问题，估计得到群目标的 DOA 和极化相位描述子，结合极化测量原理，进而得到极化散射矩阵。结果表明：该方法的 DOA 和极化相位描述子估计精度相比梯度法大幅提升，成像结果能准确反映目标的位置，同时该算法在较高信噪比条件下可以准确识别群内三个目标，其中包括一个二面角目标和两个三面角目标。

参考文献

[1] CUMMING I G, WONG F H. Digital Processing of synthetic aperture radar data: algorithms and implementation [M]. Boston: Artech House, 2005.

[2] ZEBKER H A, VAN ZYL J J. Imaging radar polarimetry: a review [J]. Proceedings of the IEEE, 1991, 79(11): 1583-1606.

[3] SINCLAIR G. The transmission and reception of elliptically polarized waves [J]. Proceedings of the IRE, 1950, 38(2): 148-151.

[4] COPELAND J R. Radar target classification by polarization properties [J]. Proceedings of the IRE, 1960, 48(7): 1290-1296.

[5] HUYNEN J R. Phenomenological theory of radar targets [D]. Delft: Technical University Delft, 1970.

[6] 王雪松. 宽带极化信息处理的研究 [D]. 长沙：国防科学技术大学，1999.

[7] MELVIN L S. BANNER G P. Radars for the detection and tracking of ballistic missiles, satellites, and planets [J]. Lincoln Laboratory Journal, 2000, 12(2): 217-244.

[8] INGWERSEN P A, LEMNIOS W Z. Radars for ballistic missile defense research [J]. Lin-

coln Laboratory Journal, 2000, 12(2): 245-266.

[9] CLOUDE S R. Target decomposition theorems in radar scattering [J]. Electronics Letters, 1985, 21(1): 22-24.

[10] BOERNER W M, BRAND H, CRAM L A, et al. Direct and inverse methods in radar polarimetry [M]. Berlin: Springer Science+Business Media B. V, 1992.

[11] POELMAN A J. Virtual polarization adaptation a method for increasing the detection capability of a radar system through polarisation-vector processing [C]//Proceedings of the IEEE Communications, Radar and Signal Processing Conference. 1981, 128(5): 261-270.

[12] NATHANSON F E. Adaptive circular polarization [C]//Proceeding of the IEEE International of Radar Conference. 1975: 221-225.

[13] KOSTINSKI A B, BOERNER W M. On the polarimetric contrast optimization [J]. IEEE Transactions on Antennas and Propagation, 1987, 35(8): 988-991.

[14] COHEN M, SJOBERG E S. Intrapulse Polarization Agile Radar [M]//Clarke J. Advances in Radar Techniques. London: Peter Peregrinus, 1985: 455-459.

[15] EFARD R, COHEN M, SJOBERG E S. Advance intrapulse polarization agile radar near deployment [Z]. Microwave System of News, 1984.

[16] GUILI D. Polarization diversity in radars [J]. Proceedings of IEEE, 1986, 74(2): 245-269.

[17] NOVAK L M, HALVERSEN S D, OWIRKA G J, et al. Effects of polarization and resolution on SAR ATR [J]. IEEE Transactions on Aerospace and Electronic Systems, 1997, 33(1): 102-116.

[18] OLIVER C, QUEGAN S. Understanding synthetic aperture radar images [M]. Boston: Artech House, 1998.

[19] BOERNER W M, CLOUDE S R, LEE J S, et al. Advances in extra wide-band multi-modal air/space-borne radar polarimetry, POL-IN-SAR imaging and its applications [C]//Proceeding of IGARSS. 2002: 408-410.

[20] ERTIN E, POTTER L C. Polarimetric classification of scattering centers using M-ary Bayesian decision rules [J]. IEEE Transactions on Aerospace and Electronic Systems, 2000, 36(3): 738-749.

[21] LEE J S, KROGAGER E, AINSWORTH T L, et al. Polarimetric analysis of radar signature of a manmade structure [J]. IEEE Geoscience and Remote Sensing letters, 2006, 3(4): 555-559.

[22] KARNYCHEV V, KHLUSOV V A, LIGTHART L P, et al. Algorithms for estimating the complete group of polarization invariants of the scattering matrix (SM) based on measuring all SM elements [J]. IEEE Transactions on Geoscience and Remote Sensing, 2004, 42(3): 529-539.

[23] DUQUENOY M, OVARLEZ J P, FERRO-FAMIL L, et al. Study of dispersive and anisotropic scatterers behavior in radar imaging using time-frequency analysis and polarimetric

coherent decomposition [C]//Proceedings of ICR. 2006: 180-185.

[24] 肖顺平. 宽带极化雷达目标识别的理论与应用 [D]. 长沙: 国防科学技术大学, 1995.

[25] 曾勇虎. 极化雷达时频分析与目标识别的研究 [D]. 长沙: 国防科学技术大学, 2004.

[26] 李永祯. 瞬态极化统计特性及处理的研究 [D]. 长沙: 国防科学技术大学, 2004.

[27] 何松华. 高距离分辨率毫米波雷达目标识别的理论与应用 [D]. 长沙: 国防科学技术大学, 1993.

[28] 王涛. 弹道中段目标极化域特征提取与识别 [D]. 长沙: 国防科学技术大学, 2006.

[29] 齐向阳. 极化合成孔径雷达的模拟研究 [D]. 北京: 中国科学院电子学研究所, 2000.

[30] 丛力田. 世界天基雷达技术发展概况 [M]. 北京: 国防工业出版社, 2007.

[31] 王超, 张红, 陈曦, 等. 全极化合成孔径雷达图像处理 [M]. 北京: 科学出版社, 2008.

[32] LEE J S, POTTIER E. Polarimetric radar imaging: from basics to applications [M]. Boca Raton: CRC Press, 2008

[33] LEE J S. Digital image enhancement and noise filtering by use of local statistics [J]. IEEE Transactions on Pattern Analysis and Machine Intelligence, 1980, 2(2): 165-168.

[34] LEE J S. Refined filtering of image noise using local statistics [J]. Computer, Graphics and Image Processing, 1981, 15(4): 380-389.

[35] LEE J S. Digital image smoothing and the sigma filter [J]. Computer Vision, Graphics, and Image Processing, 1983, 24(2): 255-269.

[36] LEE J S. A simple speckle smoothing algorithm for synthetic aperture radar images [J]. IEEE Transactions on System, Man, and Cybernetics, 1983, 13(1): 85-89.

[37] FROST V S, STILES J A, SHANMUGAN K S, et al. A model for radar images and its application to adaptive digital filtering of multiplicative noise [J]. IEEE Transactions on Pattern Analysis and Machine Intelligence, 1982, 4(2): 157-166.

[38] FROST V S, STILES J A, SHANMUGAM K S, et al. An adaptive filter for smoothing noisy radar images [J]. Proceedings of the IEEE, 1981, 69(1): 133-135.

[39] KUAN D T, SAWCHUK A A, STRAND T C, et al. Adaptive noise filtering for images with signal-dependent noise [J]. IEEE Transactions on Pattern Analysis and Machine Intelligence, 1985, 7(2): 165-177.

[40] KUAN D T, SAWCHUK A A, STRAND T C, et al. Adaptive restoration of images with speckle [J]. IEEE Transactions on Acoustics, Speech, and Signal Processing, 1987, 35(3), 373-383.

[41] DATCU M, SEIDEL K, WALESSA M. Spatial information retrieval from remote sensing images [J]. IEEE Transactions on Geoscience and Remote Sensing, 1998, 36(5): 1431-1445.

[42] WALESSA M, DATCU M. Model-based despeckling and information extraction from SAR images [J]. IEEE Transactions on Geoscience and Remote Sensing, 2000, 38(5): 2258-2269.

[43] DURAND J M, GIMONET B J, PERBOS J R. SAR data filtering for classification [J]. IEEE Transactions on Geoscience and Remote Sensing, 1987, 25(5): 629-637.

[44] LEE J S LURKEVICH L, DEWAELE P, et al. Speckle filtering of synthetic aperture radar images: a review [J]. Remote Sensing Reviews, 1994, 8(4): 313-340.

[45] TOUZI R. A review of speckle filtering in the context of estimation theory [J]. IEEE Transactions on Geoscience and Remote Sensing, 2002, 40(11): 2392-2404.

[46] NOVAK L M, BURL M C, IRVING W W. Optimal polarimetric processing for enhanced target detection [J]. IEEE Transactions on Aerospace Electronic System, 1993, 29(1): 234-243.

[47] NOVAK L M, BURL M C. Optimal speckle reduction in polarimetric SAR imagery [J]. IEEE Transactions on Aerospace Electronic System, 1990, 26(2): 293-305.

[48] LEE J S, GRUNES M R, MANGO S A. Speckle reduction in multi-polarization, multi-frequency SAR imagery [J]. IEEE Transactions on Geoscience and Remote Sensing, 1991, 29(4): 535-544.

[49] GOZE S, LOPES A. A MMSE speckle filter for full resolution SAR polarimetric data [J]. Journal of Electromagnetic Waves and Applications, 1993, 7(5): 717-737.

[50] LIN Q, ALLEBACK J P. Combating speckle in SAR images: vector filtering and sequential classification based on a multiplicative noise model [J]. IEEE Transactions on Geoscience and Remote Sensing, 1990, 28(4): 647-653.

[51] LEE J S, GRUNES M R, DE GRANDI G. Polarimetric SAR speckle filtering and its implication for classification [J]. IEEE Transactions on Geoscience and Remote Sensing, 1999, 37(5): 2363-2373.

[52] VASILE G, TROUVE E, LEE J S, et al. Intensity-driven adaptive-neighborhood technique for polarimetric and interferometric SAR parameters estimation [J]. IEEE Transactions on Geoscience and Remote Sensing, 2006, 44(6): 1609-1620.

[53] CROUSE M S, NOWAK R D, BARANIUK R G. Wavelet - based statistical signal processing using hidden Markov models [J]. IEEE Transactions on Signal Processing, 1998, 46(4): 886-902,

[54] XIE H, PIERCE L E, ULABY F T. SAR speckle reduction using wavelet denoising and Markov random field modeling [J]. IEEE Transactions on Geoscience and Remote Sensing, 2002, 40(10): 2196-2212.

[55] SVEINSSON J R, BENEDIKTSSON J A. Speckle reduction and enhancement of SAR images using multiwavelets and adaptive thresholding [C]//Proceedings of SPIE Conference on Image and Signal Processing for Remote Sensing. Florence, Italy, 1999, 3871: 239-250.

[56] SIMARD M, DE GRANDI G, THOMSON K P B, et al. Analysis of speckle noise contribu-

tion on wavelet decomposition of SAR images [J]. IEEE Transactions on Geoscience and Remote Sensing, 1998, 36(6): 1953-1962.

[57] ROSA-ZURERA M, CÓBRECES-ÁLVAREZ A M, NIETO-BORGE J C, et al. Wavelet denoising with edge detection for speckle reduction in SAR images [C]//Proceedings of the 2007 15th European Signal Processing Conference. Poznan, Poland, 2007: 1098-1102.

[58] NI W, GUO B L, YAN Y Y, et al. Speckle suppression for SAR images based on adaptive shrinkage in contourlet domain [C]//Proceedings of the 2006 6th World Congress on Intelligent Control and Automation. Dalian, China, 2006: 10017-10021.

[59] SWARTZ A A, YUEH H A, KONG J A. Optimal polarizations for achieving maximum contrast in radar images [J]. Journal of Geophysical Research, 1988, 93(B12): 15252-15260.

[60] IOANNIDIS G A, HAMMERS D E. Optimum antenna polarizations for target discrimination in clutter [J]. IEEE Transactions on Antennas and Propagation, 1979, 27(3): 357-363.

[61] YANG J, YAMAGUCHI Y, BOERNER W M, et al. Numerical methods for solving the optimal problem of contrast enhancement [J]. IEEE Transactions on Geoscience and Remote Sensing, 2000, 38(2): 965-971.

[62] 王文光. 极化 SAR 信息处理技术研究 [D]. 北京: 北京航空航天大学, 2007.

[63] YANG J, YAMAGUCHI Y, YAMADA H, et al. Development of target null theory [J]. IEEE Transactions on Geoscience and Remote Sensing, 2001, 39(2): 330-338.

[64] YANG J, DONG G W, PENG Y N, et al. Generalized optimization of polarimetric contrast enhancement [J]. IEEE Geoscience and Remote Sensing Letters, 2004, 1(3): 171-174.

[65] GOZE S, TOUZI R, LOPES A, et al. Assessment of polarimetric contrast optimization techniques for completely polarized waves [C]//Proceedings of the IEEE International Geoscience and Remote Sensing Symposium, 1991: 1487-1490.

[66] YAMAGUCHI Y, TAKAYANAGI Y, BOERNER W M. Polarimetric enhancement of pol-SAR imager applied to JPL-AIRSAR polarimetric image data [C]//Proceedings of the IEEE International Geoscience and Remote Sensing Symposium. 1995: 2252-2254.

[67] CHANEY R D, BURL M C, NOVAK L M, On the performance of polarimetric target detection algorithms [C]//Proceedings of the IEEE International Radar Conference. 1990: 520-525.

[68] NOVAK L M, HALVERSEN S D, OWIRAK G J, et al. Effects of polarization and resolution on the performance of a SAR automatic target recognition system [J]. The Lincoln Laboratory Journal, 1995, 8(1): 49-67.

[69] GAVRILOAIA G. SUCIU O G. Target discrimination in the S. A. R. systems by using radar polarimetry [C]//Proceedings of the 6th International Conference on Telecommunications in Modern Satellite, Cable and Broadcasting Service. 2003, 2: 711-720.

[70] YU Y J, HUANG S J, TORRE A. Development of an automatic target detection and characterisation system in polarimetric SAR images [C]//Proceedings of the IEEE International Geoscience and Remote Sensing Symposium. 1995: 1822-1824.
[71] KUTTIKKAD S, CHELLAPPA R. Building wide area 2-D site models from high resolution fully polarimetric synthetic aperture radar images [C]//Proceedings of the International Symposium on Computer Vision. 1995: 389-394.
[72] LOMBARDO P, SCIOTTI M, PELLIZZERI T M, et al. Optimum model - based segmentation techniques for multifrequency polarimetric SAR images of urban areas [J]. IEEE Transactions on Geoscience and Remote Sensing, 2003, 41(9): 1959-1975.
[73] VAN ZYL J J. Unsupervised classification of scattering behavior using radar polarimetry data [J]. IEEE Transactions on Geoscience and Remote Sensing, 1989, 27(1): 36-45.
[74] HUSSIN Y A. Effect of polarization and incidence angle on radar return from urban features using L-band aircraft radar data [C]//Proceedings of the International Geoscience and Remote Sensing Symposium. 1995: 178-180.
[75] FRANCESCHETTI G, IODICE A, RICCIO D. A canonical problem in electromagnetic backscattering from buildings [J]. IEEE Transactions on Geoscience and Remote Sensing, 2002, 40(8): 1787-1801.
[76] LEE J S, GRUNES M R, AINSWORTH T L, et al. Unsupervised classification using polarimetric decomposition and the complex Wishart classifier [J]. IEEE Transactions on Geoscience and Remote Sensing, 1999, 37(5): 2249-2258.
[77] LEE J S, GRUNES M R, POTTIER E, et al. Unsupervised terrain classification preserving polarimetric scattering characteristics [J]. IEEE Transactions on Geoscience and Remote Sensing, 2004, 42(4): 722-731.
[78] GUILLASO S, FERRO-FAMIL L, REIGBER A, et al. Building characterization using L-band polarimetric interferometric SAR data [J]. IEEE Geoscience and Remote Sensing Letters, 2005, 2(3): 347-351.
[79] FERRO-FAMIL L, POTTIER E. Urban area remote sensing from L-band PolSAR data using time-frequency techniques [C]//Proceedings of the 2007 Urban Remote Sensing Joint Event. 2007: 1-6.
[80] MORIYAMA T, URATSUKA S, UMEHARA T, et al. A study on extraction of urban areas from polarimetric synthetic aperture Radar image [C]//Proceedings of the IEEE International Geoscience and Remote Sensing Symposium. 2004, 1: 703-706.
[81] SCHULER D, LEE J S, AINSWORTH T. Polarimetric SAR detection of man-made structures using normalized circular-pol correlation coefficients [C]//Proceedings of the 2006 IEEE International Geoscience and Remote Sensing Symposium. 2006: 485-488.
[82] POTTER L C. CHIANG D M, CARRIERE R, et al. A GTD-based parametric model for radar scattering [J]. IEEE Transactions on Antennas and Propagation, 1995, 43(10): 1058-1067.

[83] CARRIERE R, POTTER L C, MOSES R L, et al. Radar target modeling: a geometric theory of diffraction (GTD)-based approach [C]//Proceedings of the Automatic Object Recognition Ⅳ. SPIE, 1994, 2234: 67-78.

[84] FULLER D F, TERZUOLI A J. COLLINS P J, et al. Approach to object classification using dispersive scattering centers [J]. IEE Proceedings of Radar Sonar Navigation, 2004, 151(2): 85-90.

[85] POTTER L C, MOSES R L. Attributed scattering centers for SAR ATR [J]. IEEE Transactions on Image Processing, 1997, 6(1): 79-91.

[86] GERRY M J. POTTER L C, GUPTA J, et al. A parametric model for synthetic aperture radar measurement [J]. IEEE Transactions on Antennas and Propagation, 1999, 47(7): 1179-1188.

[87] KOETS M A. MOSES R L. Feature extraction using attributed scattering center models on SAR imagery [C]//Proceedings of the SPIE. 1999, 3721: 104-115.

[88] CAMERON W L, YOUSSEF N N, LEUNG L K. Simulated polarimetric signatures of primitive geometrical shapes [J]. IEEE Transactions on Geoscience and Remote Sensing, 1996, 34(3): 793-803.

[89] MARPLE S L J. Large dynamic range time-frequency signal analysis with application to helicopter Doppler radar data [C]//Proceedings of International Conference on Information Sciences Signal Processing and their Applications. 2001, 1: 260-263.

[90] HOLZRICHTER J F. S-band radar micro-Doppler signatures for BMD discrimination [R]. Missile Defense Agency Small Business Innovation Research Program, 2004.

[91] 王涛, 周颖, 王雪松, 等. 雷达目标的章动特性与章动频率估计 [J]. 自然科学进展, 2006, 16(3): 344-350.

[92] 宁超, 周平. 弹头微运动实验室模拟测量研究 [C]//中国航天科工集团二院二十三所. 第十届全国雷达学术年会论文集: 下册. 北京: 国防工业出版社, 2008: 1230-1233.

[93] 刘进, 李金梁, 马梁, 等. 旋转目标微多普勒提取方法研究 [C]//中国航天科工集团二院二十三所. 第十届全国雷达学术年会论文集: 下册. 北京: 国防工业出版社, 2008: 998-1001.

[94] 刘进, 王雪松, 马梁, 等. 空间进动目标动态散射特性的实验研究 [J]. 航空学报, 2010, 31(5): 1014-1023.

[95] TZENG Y C, CHEN K S, KAO W L, et al. A dynamic learning neural network for remote sensing application [J]. IEEE Transactions on Geoscience and Remote Sensing, 1994, 32(5): 1096-1102.

[96] DU L, LEE J S. Fuzzy classification of earth terrain covers using complex polarimetric SAR data [J]. International Journal of Remote Sensing, 1996, 17(4): 809-826.

[97] WU Y H, JI K F, YU W X, et al. Region-based classification of polarimetric SAR images using Wishart MRF [J]. IEEE Geoscience and Remote Sensing Letter, 2008, 5(4): 668-672.

[98] LARDEUX C, FRISON P, TISON C, et al. Support vector machine for multifrequency SAR polarimetric data classification [J]. IEEE Transactions on Geoscience and Remote Sensing, 2009, 47(12): 4143-4152.
[99] FUKUDA S, HIROSAW A H. Support vector machine classification of land cover: application to polarimetric SAR data [C]//Proceedings of the: IGARSS. 2001: 187-189.
[100] KOUSKOULAS Y, ULABY F T, PIERCE L E. The Bayesian hierarchical classifier (BHC) and its application to short vegetation using multifrequency polarimetric SAR [J]. IEEE Transactions on Geoscience and Remote Sensing, 2004, 42(2): 469-477.
[101] ERSAHIN K, CUMMING I G, WARD R K. Segmentation and classification of polarimetric SAR data using spectral graph partitioning [J]. IEEE Transactions on Geoscience and Remote Sensing, 2010, 48(1): 164-174.
[102] KRYLOV V A, MOSER G, SERPICO S B, et al. Supervised high-resolution dual-polarization SAR image classification by finite mixtures and copulas [J]. IEEE Journal of Selected Topics in Signal Processing, 2011, s(3): 554-566.
[103] ZHA Y B, HUANG Y L, SUN Z C, et al. Bayesian deconvolution for angular super-resolution in forward-looking scanning radar [J]. Sensors, 2015, 15(3): 6924-6946.
[104] LI W, YANG J Y, HUANG Y J. Keystone transform-based space-variant range migration correction for airborne forward-looking scanning radar [J]. Electronics Letters, 2012, 48(2): 121-122.
[105] BERENSTEIN C A, PATRICK E V. Exact deconvolution for multiple convolution operators-An overview, plus performance characterizations for imaging sensors [C]//Proceedings of the IEEE, 1990, 78(4): 723-734.
[106] Sherman S M, BARTON D K. Monopulse principles and techniques [M]. Norwood, MA, USA: Artech House, 2011.
[107] MAHAFZA B R, ELSHERBENI A Z. 雷达系统设计 MATLAB 仿真 [M]. 朱国富，黄晓涛，黎向阳，等译．北京：电子工业出版社，2016.
[108] 庞礴．多通道 SAR 成像理论与方法研究 [D]. 长沙：国防科学技术大学，2014.
[109] 杨俊刚．利用稀疏信息的正则化雷达成像理论与方法研究 [D]. 长沙：国防科学技术大学，2013.
[110] ZHANG Y, ZHANG Y C, HUANG Y L, et al. A sparse bayesian approach for forward-looking superresolution radar imaging [J]. Sensors, 2017, 17(6): 1353.
[111] 吴迪，朱岱寅，朱兆达．机载雷达单脉冲前视成像算法 [J]. 中国图象图形学报，2010，15(3)：462-469.
[112] 吴迪，朱岱寅，田斌，等．单脉冲成像算法性能分析 [J]. 航空学报，2012，33(10)：1905-1914.
[113] 李悦丽，梁甸农，黄晓涛．一种单脉冲雷达多通道解卷积前视成像方法 [J]. 信号处理，2007，23(5)：699-703.
[114] 贺林峰．单脉冲成像 [D]. 武汉：华中科技大学，2008.

[115] 杨洋，李悦丽．单脉冲前视成像多目标分辨算法 [J]．信号处理，2016，32(9)：1055-1064.

[116] LI Z Y, WU J J, HUANG Y L, et al. An adaptive moving target imaging method for bistatic forward-looking SAR using keystone transform and optimization NLCS [J]. Sensors, 2017, 17(1): 216.

[117] NICKEL U. Overview of generalized monopulse estimation [J]. IEEE Aerospace and Electronic Systems Magazine, 2006, 21(6): 27-56.

[118] BLAIR W D, BRANDT-PEARCE M. Monopulse DOA estimation of two unresolved Rayleigh targets [J]. IEEE Transactions on Aerospace and Electronic Systems, 2001, 37(2): 452-469.

[119] BLAIR W D, BRANDT-PEARCE M. Unresolved rayleigh target detection using monopulse measurements [J]. IEEE Transactions on Aerospace and Electronic Systems, 1998, 34(2): 543-552.

[120] SINHA A, KIRUBARAJAN T, BAR-SHALOM Y. Maximum likelihood angle extractor for two closely spaced targets [J]. IEEE Transactions on Aerospace and Electronic Systems, 2002, 38(1): 183-203.

[121] ZHANG X, WILLETT P K, BAR-SHALOM Y. Monopulse radar detection and localization of multiple unresolved targets via joint bin processing [J]. IEEE Transactions on Signal Processing, 2005, 53(4): 1225-1236.

[122] WANG Z, SINHA A, WILLETT P, et al. Angle estimation for two unresolved targets with monopulse radar [J]. IEEE Transactions on Aerospace and Electronic Systems, 2004, 40(3): 998-1019.

[123] WU J N, XU Z H, XIONG Z Y, et al. Resolution of multiple unresolved targets via dual monopulse with array radar [C]//Proceedings of the European Radar Conference (EuRAD), 2014 11th. 2014: 273-276.

[124] BOSSE J, RABASTE O. Subspace rejection for matching pursuit in presence of unresolved Targets [J]. IEEE Transactions on Signal Processing, 2018, 66(8): 1997-2010.

[125] NANDAKUMARAN N, SINHA A, KIRUBARRAJAN T. Joint detection and tracking of unresolved targets with monopulse radar [J]. IEEE Transactions on Aerospace and Electronic Systems, 2008, 44(4): 1326-1341.

[126] WU W C, GUO H Y, LI X. Urban area man-made target detection for PolSAR data based on a nonzero-mean statistical model [J]. IEEE Geoscience and Remote Sensing Letters, 2014, 11(10): 1782-1786.

[127] WU J N, CHEN Y G, DAI D H, et al. Clustering-based geometrical structure retrieval of man-made target in SAR images [J]. IEEE Geoscience and Remote Sensing Letters, 2017, 14(3): 279-283.

[128] ZHENG G M. Two-dimensional DOA estimation for polarization sensitive array consisted of spatially spread crossed-dipole [J]. IEEE Sensors Journal, 2018, 18(12): 5014-5023.

[129] 黄艳刚．极化阵列雷达单脉冲测角技术研究［D］．长沙：国防科学技术大学，2013.
[130] 徐振海．极化敏感阵列信号处理的研究［D］．长沙：国防科学技术大学，2004.
[131] ZHANG G F，DOVIAK R J，ZRNIC D S，et al. Phased array radar polarimetry for weather sensing：a theoretical formulation for bias corrections［J］. IEEE Transactions on Geoscience and Remote Sensing，2009，47(11)：3679-3689.
[132] ZHANG Z M，WANG H P，XU F，et al. Complex-valued convolutional neural network and its application in polarimetric SAR image classification［J］. IEEE Transactions on Geoscience and Remote Sensing，2017，55(12)：7177-7188.
[133] ZHOU Y，WANG H P，XU F，et al. Polarimetric SAR image classification using deep convolutional neural networks［J］. IEEE Geoscience and Remote Sensing Letters，2016，13(12)：1935-1939.
[134] 张小飞，陈华伟，仇小锋，等．阵列信号处理及 MATLAB 实现［M］．北京：电子工业出版社，2015.
[135] KAY S M. 统计信号处理基础：估计与检测理论（卷Ⅰ、卷Ⅱ合集）［M］．罗鹏飞，张文明，刘忠，等译．北京：电子工业出版社，2014.
[136] LI J，COMPTON R T. Angle and polarization estimation using ESPRIT with a polarization sensitive array［J］. IEEE Transactions on Antennas and Propagation，1991，39(9)：1376-1383.
[137] ZHANG X F，CHEN C，LI J F，et al. Blind DOA and polarization estimation for polarization-sensitive array using dimension reduction MUSIC［J］. Multidimensional Systems and Signal Processing，2014，25(1)：67-82.
[138] 张贤达．矩阵分析与应用［M］．2 版．北京：清华大学出版社，2013.
[139] BOYD S，VANDEBERGHE L. 凸优化［M］．王书宁，许鋆，黄晓霖，译．北京：清华大学出版社，2013.
[140] CHONG E K P，ZAK S H. 最优化导论［M］．孙志强，刘伟，白圣建，等译．北京：电子工业出版社，2015.
[141] 马昌凤，柯艺芬，谢亚君．最优化方法及其 Matlab 程序设计［M］．北京：国防工业出版社，2015.
[142] ACERBI L，MA W J. Practical bayesian optimization for model fitting with bayesian adaptive direct search［C］//Proceedings of the of Advances in Neural Information Processing Systems 30. 2017：1837-1847.
[143] AUDET C，DENNIS J E. Mesh adaptive direct search algorithms for constrained optimization［J］. SIAM Journal on Optimization，2006，17(1)：188-217.

第 2 章

极化雷达成像及其处理基础

本章从电磁波和目标的极化特性、信息获取和信息处理三个层面介绍有关极化雷达成像及其信息处理基础：2.1 节简要介绍了雷达极化的概念和表征方法，包括电磁波和目标的极化特性，表征目标极化信息的各种矩阵之间的关系等；2.2 节介绍了典型的分时和同时极化雷达成像体制；2.3 节介绍了极化 SAR 图像目标检测；2.4 节重点介绍了目标极化散射机理与目标分解理论。

2.1 雷达极化概念和表征方法

极化描述了空间电磁波电场矢量在传播截面上随时间的运动轨迹，反映了电磁波的矢量属性，是除时域、频域和空域信息以外的又一可资利用的重要信息，深入挖掘极化信息对改善现代雷达的检测、跟踪、抗干扰及目标识别性能具有重要意义。该部分主要包括电磁波的极化特性及表征、天线极化特性及表征和雷达目标的极化特性及表征等。极化的表征方法主要包括经典极化表征和瞬态极化表征。图 2.1 以电磁波的极化表征为例，说明了各种表征方法的相互关系。

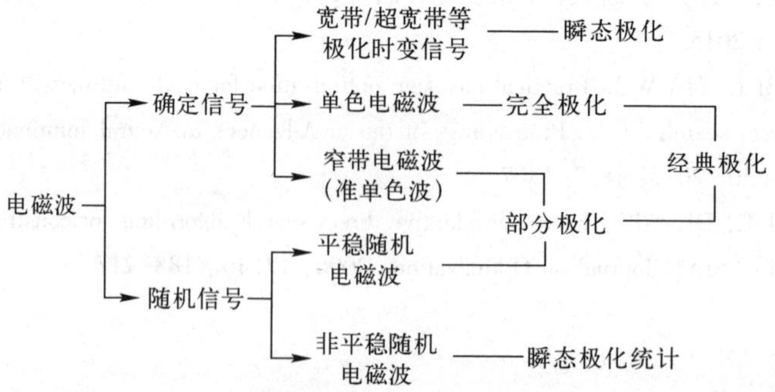

图 2.1　电磁波极化表征方法的相互关系

2.1.1 电磁波的极化特性及其表征方法

平面电磁波的状态可由其电场矢量完全表征，即

$$
\begin{aligned}
\boldsymbol{E}(t)&=\begin{bmatrix}E_x(t)\\E_y(t)\end{bmatrix}\\
&=\begin{bmatrix}a_x(t)\exp\{\mathrm{j}[\omega t+\phi_x(t)-kz]\}\\a_y(t)\exp\{\mathrm{j}[\omega t+\phi_y(t)-kz]\}\end{bmatrix}\\
&=\exp\{\mathrm{j}[\omega t-kz]\}\cdot\begin{bmatrix}a_x(t)\mathrm{e}^{\mathrm{j}\phi_x(t)}\\a_y(t)\mathrm{e}^{\mathrm{j}\phi_y(t)}\end{bmatrix}
\end{aligned}
\tag{2.1}
$$

式中：第一项为与传播距离有关的项，通常不予考虑；第二项为所说的电磁波 Jones 矢量，通常也记为 $\boldsymbol{E}(t)$，即

$$
\boldsymbol{E}(t)=\begin{bmatrix}E_x(t)\\E_y(t)\end{bmatrix}=\begin{bmatrix}a_x(t)\mathrm{e}^{\mathrm{j}\phi_x(t)}\\a_y(t)\mathrm{e}^{\mathrm{j}\phi_y(t)}\end{bmatrix}
\tag{2.2}
$$

值得指出的是，以下若无特殊说明，电场矢量都是指 Jones 矢量。

极化域有多种表征方法[1]，这里以 Jones 矢量表征为基础，涉及极化相位描述子、极化椭圆几何描述子、Stokes 矢量、极化投影矢量等几种极化表征方法。省略时间因子，设某极化状态的 Jones 矢量为 $\boldsymbol{E}_i$，则其和其他几种常见的极化表征之间的关系可表征如下：

$$
\begin{aligned}
\boldsymbol{E}_i&=[x_i\quad y_i]^{\mathrm{T}}=a\mathrm{e}^{\mathrm{j}\phi_0}[\cos\gamma\quad \sin\gamma\mathrm{e}^{\mathrm{j}\phi}]^{\mathrm{T}}\\
&=a\mathrm{e}^{\mathrm{j}\phi_0}\sqrt{\frac{1+\cos2\tau\cos2\varepsilon}{2}}\begin{bmatrix}1\\\dfrac{\sin2\tau\cos2\varepsilon+\mathrm{j}\sin2\varepsilon}{1+\cos2\tau\cos2\varepsilon}\end{bmatrix}
\end{aligned}
\tag{2.3}
$$

$$
\boldsymbol{J}_i=\boldsymbol{R}(\boldsymbol{E}_i\otimes\boldsymbol{E}_i^*)=\begin{bmatrix}g_0\\\boldsymbol{g}\end{bmatrix}
\tag{2.4}
$$

$$
\tilde{\boldsymbol{g}}=\frac{\boldsymbol{g}}{\|\boldsymbol{g}\|_2}
\tag{2.5}
$$

式中：$(\gamma,\phi)\in\left[0,\frac{\pi}{2}\right]\times[0,2\pi]$ 称为极化相位描述子；$(\varepsilon,\tau)\in\left[-\frac{\pi}{4},\frac{\pi}{4}\right]\times\left[-\frac{\pi}{2},\frac{\pi}{2}\right]$ 称为极化椭圆几何描述子；a 为 Jones 矢量的模值；ϕ_0 为 Jones 矢量第一个元素的相位；$\boldsymbol{J}_i$ 为 Stokes 矢量；$\boldsymbol{g}$ 为 Stokes 子矢量；$\tilde{\boldsymbol{g}}$ 为极化投影矢量，

它位于 Poincaré 单位球面上；$\|\boldsymbol{g}\|_2$ 为求取 $\boldsymbol{g}$ 矢量的 2-范数；$\boldsymbol{R}$ 为准酉矩阵，$\boldsymbol{R}=\begin{bmatrix}1&0&0&1\\1&0&0&-1\\0&1&1&0\\0&j&-j&0\end{bmatrix}$。

2.1.2 目标的极化特性及其表征方法

雷达发射波照射到目标以后会经过一个变换再散射出去，其中有一部分会沿入射的方向散射回来，这种变换的过程可表征为

$$\begin{bmatrix}E_x^{\mathrm{s}}\\E_x^{\mathrm{s}}\end{bmatrix}=\begin{bmatrix}s_{\mathrm{HH}}&s_{\mathrm{HV}}\\s_{\mathrm{VH}}&s_{\mathrm{VV}}\end{bmatrix}\begin{bmatrix}E_x^{\mathrm{r}}\\E_x^{\mathrm{r}}\end{bmatrix}\tag{2.6}$$

式中：$\boldsymbol{S}$ 为目标的极化散射矩阵，$\boldsymbol{S}=\begin{bmatrix}s_{\mathrm{HH}}&s_{\mathrm{HV}}\\s_{\mathrm{VH}}&s_{\mathrm{VV}}\end{bmatrix}$。

对于单站 SAR 系统，一般有互易性，即 $s_{\mathrm{HV}}=s_{\mathrm{VH}}$，以下讨论都作此假设。当目标确定时，散射矩阵能够完全表征目标的电磁散射特性。然而，实际中很多目标，尤其是地物目标的散射特性往往是时变的，这时散射矩阵的各个元素都变成了随机变量。这时要描述目标的散射特性，通常选择 Mueller 矩阵 $\boldsymbol{M}$ 或者 Kennaugh 矩阵 $\boldsymbol{K}$、极化协方差矩阵 $\boldsymbol{C}$、极化相干矩阵 $\boldsymbol{T}$ 等来描述目标的散射特性。

事实上，如果入射和散射波都用 Stokes 矢量表征时，式（2.6）可表示为

$$\boldsymbol{J}_{\mathrm{s}}=\boldsymbol{M}\boldsymbol{J}_{\mathrm{t}}\tag{2.7}$$

式中：$\boldsymbol{J}_{\mathrm{t}}$ 为发射波的 Stokes 矢量；$\boldsymbol{J}_{\mathrm{s}}$ 为散射波的 Stokes 矢量；$\boldsymbol{M}$ 为目标的 Mueller 矩阵。事实上，Mueller 矩阵 $\boldsymbol{M}$ 和散射矩阵 $\boldsymbol{S}$ 有如下关系：

$$\boldsymbol{M}=\boldsymbol{R}\langle\boldsymbol{S}\otimes\boldsymbol{S}^{\mathrm{H}}\rangle\boldsymbol{R}^{-1}\tag{2.8}$$

式中：$\langle\cdot\rangle$ 表示集合平均；$\boldsymbol{R}=\begin{bmatrix}1&0&0&1\\1&0&0&-1\\0&1&1&0\\0&j&-j&0\end{bmatrix}$。

Kennaugh 矩阵 $\boldsymbol{K}$（有的文献上也称为 Stokes 散射矩阵或修正的 Mueller 矩阵，或者直接称为 Mueller 矩阵），与 Mueller 矩阵 $\boldsymbol{M}$ 有如下关系：

$$\boldsymbol{K}=\boldsymbol{U}_4\boldsymbol{M}\tag{2.9}$$

式中：$\boldsymbol{U}_4=\mathrm{diag}\{1,1,1,-1\}$。

一般而言，Mueller 矩阵是非对称的，但 Kennaugh 矩阵是对称的。值得指出的是，许多实际极化 SAR 测量均以 Kennaugh 矩阵的形式给出。

在说明极化协方差矩阵和相干矩阵之前，本节先给出散射矩阵的两种矢量表示形式：

$$\boldsymbol{x}=[s_{\mathrm{HH}}\quad s_{\mathrm{HV}}\quad s_{\mathrm{VV}}]^{\mathrm{T}} \tag{2.10}$$

$$\boldsymbol{k}=\frac{1}{\sqrt{2}}[s_{\mathrm{HH}}+s_{\mathrm{VV}}\quad s_{\mathrm{HH}}-s_{\mathrm{VV}}\quad 2s_{\mathrm{HV}}]^{\mathrm{T}} \tag{2.11}$$

式中：$\boldsymbol{x}$ 为极化散射矩阵在(H,V)极化基上的矢量表示；$\boldsymbol{k}$ 为极化散射矩阵在 Pauli 基下的矢量表示；T 表示矩阵转置。

显然 $\boldsymbol{k}$ 和 $\boldsymbol{x}$ 有如下关系：

$$\boldsymbol{k}=\boldsymbol{A}\boldsymbol{x} \tag{2.12}$$

式中：$\boldsymbol{A}=\begin{bmatrix}1/\sqrt{2} & 0 & 1/\sqrt{2}\\ 1/\sqrt{2} & 0 & -1/\sqrt{2}\\ 0 & \sqrt{2} & 0\end{bmatrix}$。

极化协方差矩阵 $\boldsymbol{C}$，定义为

$$\boldsymbol{C}=\langle(\boldsymbol{x}-\bar{\boldsymbol{x}})(\boldsymbol{x}-\bar{\boldsymbol{x}})^{\mathrm{H}}\rangle \tag{2.13}$$

式中：$\bar{\boldsymbol{x}}$为平均散射矢量；H 表示求共轭转置。

极化相干矩阵 $\boldsymbol{T}$，定义为

$$\boldsymbol{T}=\langle\boldsymbol{k}\boldsymbol{k}^{\mathrm{H}}\rangle \tag{2.14}$$

显然，$\boldsymbol{T}$ 和 $\boldsymbol{C}$ 有如下关系：

$$\boldsymbol{T}=\boldsymbol{A}\boldsymbol{C}\boldsymbol{A}^{\mathrm{H}} \tag{2.15}$$

在互易的条件下，Mueller 矩阵 $\boldsymbol{M}$ 和相干矩阵 $\boldsymbol{T}$ 的关系可用如下两个式子说明：

$$\boldsymbol{M}=\begin{bmatrix}A_0+B_0 & C & H & F\\ C & A_0+B & E & G\\ H & E & A_0-B & D\\ -F & -G & -D & A_0-B_0\end{bmatrix} \tag{2.16}$$

$$\boldsymbol{T}=\begin{bmatrix}2A_0 & C-\mathrm{j}D & H+\mathrm{j}G\\ C+\mathrm{j}D & B_0+B & E+\mathrm{j}F\\ H-\mathrm{j}G & E-\mathrm{j}F & B_0-B\end{bmatrix} \tag{2.17}$$

式中：A_0、B_0、B、C、D、E、F、G、H 为目标的 Huynen 参数，它们表征了目标的不同特性。

这些矩阵有一个共同点，即它们的元素都是散射矩阵元素的二阶统计平均，即可用$\langle|s_{\mathrm{HH}}|^2\rangle$、$\langle|s_{\mathrm{HV}}|^2\rangle$、$\langle|s_{\mathrm{VV}}|^2\rangle$、$\langle s_{\mathrm{HH}}s_{\mathrm{HV}}^*\rangle$、$\langle s_{\mathrm{HH}}s_{\mathrm{VV}}^*\rangle$及$\langle s_{\mathrm{HV}}s_{\mathrm{VV}}^*\rangle$的线性

组合来表示。当然，它们还有各自的特点，如协方差矩阵 $\boldsymbol{C}$ 和相干矩阵 $\boldsymbol{T}$ 都是 Hermitian 半正定的，且还存在相同的特征值，Mueller 矩阵和 Kennaugh 矩阵都是实的，Kennaugh 矩阵一般还是对称的。当目标确定时，$\boldsymbol{S}$ 和 $\boldsymbol{T}$、$\boldsymbol{C}$、$\boldsymbol{M}$、$\boldsymbol{K}$ 具有一一对应关系，即用来描述目标的散射特性时，它们相互之间是等价的；当目标是时变时，$\boldsymbol{S}$ 和 $\boldsymbol{T}$、$\boldsymbol{C}$、$\boldsymbol{M}$、$\boldsymbol{K}$ 不存在一一对应关系，但是 $\boldsymbol{T}$、$\boldsymbol{C}$、$\boldsymbol{M}$、$\boldsymbol{K}$ 之间依然存在等价关系。

2.2 极化 SAR 成像体制

SAR 是 20 世纪 50 年代提出并研制成功的一种微波遥感设备，也是微波遥感设备中发展最迅速和最有成效的传感器之一，现在各大国已广泛装备和应用。

2.2.1 SAR 成像基本原理

SAR 成像的基本原理[2]是：距离维（径向）分辨是利用发射大带宽信号和脉冲压缩处理，方位维（横向）分辨是利用目标姿态与雷达间的相对转动而产生的多普勒频率变化，进行一定时间内信号的相干处理，等效形成大的天线孔径，从而实现方位上的高分辨。

依据脉冲压缩原理，SAR 距离分辨率决定于雷达信号的带宽，为

$$\rho_r = \frac{c}{2B} \tag{2.18}$$

式中：c 为光速；B 为雷达信号带宽。

SAR 的方位分辨率可以从多普勒域处理角度来解释，如图 2.2 所示。从图中可看出，当 R 垂直于 v 时，回波信号中的多普勒频率为 0；当 SAR 向着目标飞行时，多普勒频率为正；当 SAR 远离目标飞行时，多普勒频率为负；进而还可证明多普勒频率随方位的不同近似为一个线性调频信号，其最大带宽为

$$B_a = \frac{2v}{D} \tag{2.19}$$

类似于距离向的脉冲压缩，可知经过方位压缩之后，其时间分辨率为 $\tau_a = \frac{1}{B_a}$，那么在此时间内，SAR 运动的距离就是相应的方位分辨率，即

$$\rho_a = v\tau_a = v \cdot \frac{D}{2v} = \frac{D}{2} \tag{2.20}$$

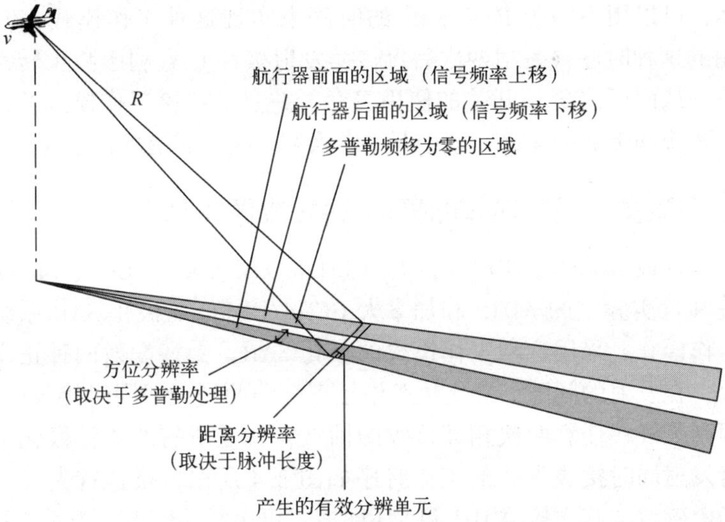

图 2.2　方位分辨率的多普勒处理解释

2.2.2 交替发射交替接收的极化 SAR 成像体制

极化 SAR 能够同时或几乎同时测量目标的散射矩阵，有效提取目标的极化信息[1,3-8]。极化 SAR 为了实现对散射矩阵的测量可以采取多种不同的工作方式，在现有的 PolSAR 系统中，通常采用交替发射同时接收和交替发射交替接收方式，同时发射同时接收方式正处于理论论证阶段，下面分别对这三种极化 SAR 工作方式进行介绍。

密西根环境研究所（ERIM）的极化 SAR 系统 P-3 SAR 采用的就是这种工作模式。该工作模式首先发射一个水平极化的电磁波，接收 HH 回波；然后再发射一个水平极化波，接收 VH 回波；接下来发射一个垂直极化的电磁波，接收 VV 回波；然后再发射一个垂直极化波，接收 HV 回波，经过 4 次发射 4 次接收完成一个测量周期。交替发射交替接收方式的工作时序如图 2.3 所示。

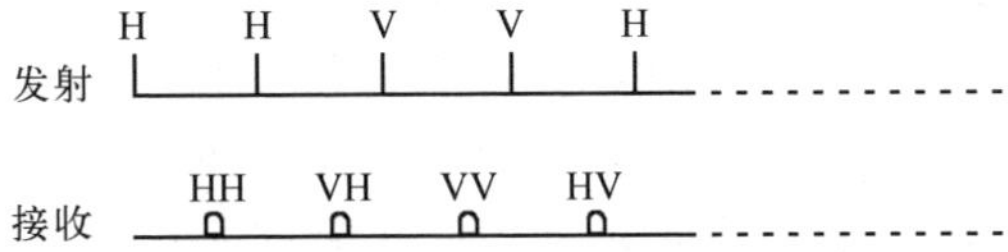

图 2.3　交替发射交替接收方式的工作时序

显然，可以用不同于 P-3 SAR 的时序来实现这种工作模式，但是 P-3 SAR 采用的这种时序（发射两次后再转换发射极性）有利于减少转换开关的转换次数，从而可以延长开关的使用寿命。并且，在该工作模式下，PRF 应至少大于多普勒带宽的 4 倍，减少开关转换频率无疑具有实际意义。

2.2.3 交替发射同时接收的极化 SAR 成像体制

这是一种最常见的工作模式，美国 JPL 的 CV-990、DC-8、SIR-C、麻省理工学院林肯实验室的 ADTS 和加拿大 CCRS/DREO 的极化 SAR 系统都是采用这种工作模式。采用这种工作模式的极化 SAR，交替发射两种正交的极化电磁信号；在发射的间隙，极化状态相互正交的两副天线同时接收回波信号。这样，两副天线在任意两次相邻接收的回波，就是所需的 4 种极化组合的回波。交替发射同时接收方式的工作时序如图 2.4 所示，雷达首先发射一个水平极化的电磁波，其次接收 HH 和 VH 回波，再次雷达发射一个垂直极化的电磁波，最后再接收 VV 和 HV 回波，这样就完成一个测量周期，以后时间则重复这一过程。

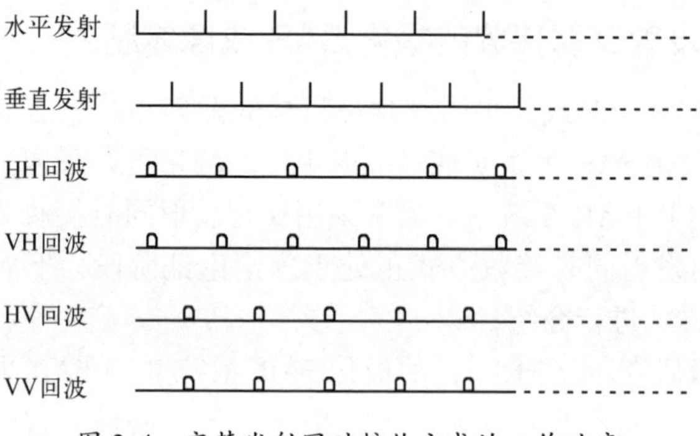

图 2.4 交替发射同时接收方式的工作时序

2.2.4 同时发射同时接收的极化 SAR 成像体制

这是一种理论方案，目前还没有文献报道过采用这种工作模式的实际系统。同时发射同时接收方式的工作时序如图 2.5 所示。发射时，水平极化天线和垂直极化天线同时发射，接收时两副天线同时接收，这样得到的 4 种极化回波是严格同时接收的。问题在于，4 种极化回波中，HH 极化回波和 HV 极化回波叠加在一起，VH 极化回波和 VV 极化回波也叠加在一起，它们应是可分离的，并且必须将其分离才能成像。

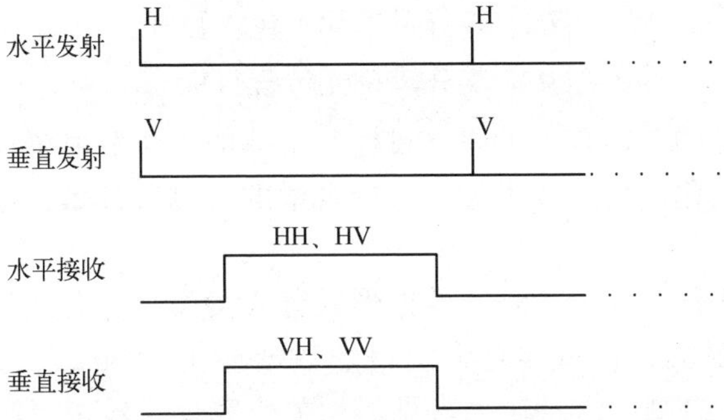

图 2.5　同时发射同时接收方式的工作时序

2.3　极化 SAR 目标检测

对于成像雷达来讲，目标的检测又分为点目标检测和面目标检测两种。因为面目标是由许多点目标组成的，所以点目标检测是面目标检测的基础，而面目标检测是在点目标检测的基础上，再通过图像匹配等方式进行的。图 2.6 给出了一般成像雷达的检测原理。其中，待检测单元位于区域的中心，最外面的一圈方块区域是用来估计杂波背景的统计特性的，对于极化 SAR 而言，当然包括估计杂波的极化特性。

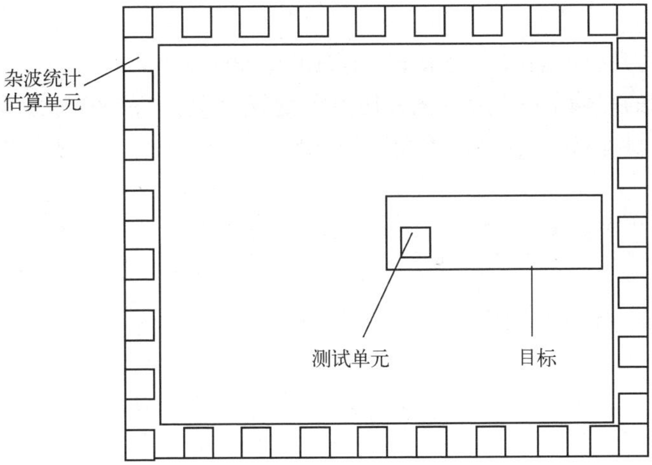

图 2.6　成像雷达目标检测器实现方案

本节只考虑点目标检测问题。对于极化 SAR 而言，虽然数据是全极化的，但是点目标的检测问题说到底仍然是一个二元检测问题，即

$$\begin{cases} H_0:\text{某分辨单元不包含目标} \\ H_1:\text{某分辨单元包含目标} \end{cases}$$

解决该问题的关键是：①建立目标和杂波的极化散射统计模型；②根据目标和杂波的极化散射统计模型，选择合适的检测统计量，进而建立相应的极化检测算法。

当前，用来作为极化检测的数据形式分为两类：一类是直接利用测量所得的复三维散射矢量；一类是将测得的数据转化为 Stokes 矢量，然后利用 Stokes 矢量进行检测。前者较为常见，相关研究也比较多，最佳极化检测器（OPD）、极化白化滤波器（PWF）、极化匹配滤波器（PMF）、张量检测器（简称 span）等都属于此类；后者以 Pottier 等研究的基于 AR 模型估计的 Stokes 矢量的极化检测方法最具有代表性。

本节首先总结各种常用的极化检测器[8-14]，推导各种检测算法，并比较其相干斑抑制性能和检测性能，最后给出基于实测数据的部分实验结果。

2.3.1 最佳极化检测器

在理想的情况下，即目标和杂波的统计分布都已知，由统计信号处理理论可知，最佳检测的问题都可以归结为似然比检验的形式，即

$$\frac{f(\boldsymbol{x}\mid H_1)}{f(\boldsymbol{x}\mid H_0)} \underset{H_0}{\overset{H_1}{\gtrless}} \text{TH} \tag{2.21}$$

式中：TH 为判决的门限，门限值由相应虚警概率确定。

设目标的平均散射矢量为$\bar{\boldsymbol{x}}_t$，协方差矩阵为 $\boldsymbol{\Sigma}_t$，杂波的协方差矩阵为 $\boldsymbol{\Sigma}_c$，将复高斯型目标/杂波极化散射统计模型代入式（2.21），化简可得

$$\boldsymbol{x}^{\mathrm{H}}\Sigma_c^{-1}\boldsymbol{x}-(\boldsymbol{x}-\bar{\boldsymbol{x}}_t)^{\mathrm{H}}\Sigma_{t+c}^{-1}(\boldsymbol{x}-\bar{\boldsymbol{x}}_t)+\ln\frac{|\boldsymbol{\Sigma}_c|}{|\Sigma_{t+c}|} \underset{H_0}{\overset{H_1}{\gtrless}} \ln\text{TH} \tag{2.22}$$

进一步，若$\bar{\boldsymbol{x}}_t=\boldsymbol{0}$，则

$$\boldsymbol{x}^{\mathrm{H}}(\Sigma_c^{-1}-\Sigma_{t+c}^{-1})\boldsymbol{x}+\ln\frac{|\boldsymbol{\Sigma}_c|}{|\Sigma_{t+c}|} \underset{H_0}{\overset{H_1}{\gtrless}} \ln\text{TH} \tag{2.23}$$

记 $d_c(\boldsymbol{x})=\boldsymbol{x}^{\mathrm{H}}\Sigma_c^{-1}\boldsymbol{x}+\ln|\boldsymbol{\Sigma}_c|$，$d_{t+c}(\boldsymbol{x})=\boldsymbol{x}^{\mathrm{H}}\Sigma_{t+c}^{-1}\boldsymbol{x}+\ln|\Sigma_{t+c}|$，式（2.23）可简化为

$$d_c(\boldsymbol{x})-d_{t+c}(\boldsymbol{x}) \underset{H_0}{\overset{H_1}{\gtrless}} \ln\text{TH} \tag{2.24}$$

若目标为确定性的（如二面角、三面角等），检测器可以简化为

$$\mathrm{Re}\{\boldsymbol{x}^{\mathrm{H}}\boldsymbol{\Sigma}_c^{-1}\overline{\boldsymbol{x}}_t\}\ \underset{H_0}{\overset{H_1}{\gtrless}}\ \gamma \tag{2.25}$$

对于伽马乘积型目标/杂波模型，由类似推导可得

$$D_c(\boldsymbol{y})-D_{t+c}(\boldsymbol{y})\ \underset{H_0}{\overset{H_1}{\gtrless}}\ \ln\mathrm{TH} \tag{2.26}$$

式中：$D_i(\boldsymbol{y})=(v_i-3)\ln\left(\dfrac{d_i^2}{2\overline{\alpha}}\right)+\ln K_{v_i-3}\left(2\sqrt{\dfrac{d_i^2}{2\overline{\alpha}}}\right)$，$d_i^2=\boldsymbol{y}^{\mathrm{H}}\boldsymbol{\Sigma}_i^{-1}\boldsymbol{y}$，$i=c,t+c$。

最佳极化检测器（OPD）是在理想的情况下得到的，它的检测性能是最好的，然而所需要的信息也是最多的。实际应用中由于缺乏这些先验信息，导致最佳极化检测往往难以实现，因此它只作为常规极化检测算法性能的上限，通常用来衡量其他极化检测算法性能的好坏。

2.3.2 极化白化滤波器

极化白化滤波器（PWF）最初是从相干斑抑制的角度加以解释的。相干斑是 SAR 图像特有的一种现象，由于 SAR 发射的是相干电磁波，因此在同一分辨单元内随机分布的许多散射点回波也是相干的。这些回波互相干涉，造成实际点目标的回波幅度和相位都有一定起伏，在 SAR 图像中表现为一些随机起伏的斑点，称为相干斑。极化相干斑抑制准则的核心思想是考虑如何通过三个通道的复极化测量元素 s_{HH}、s_{HV}、s_{VV} 的组合来构造一幅图像 $z=\boldsymbol{w}^{\mathrm{H}}\boldsymbol{y}$，使合成后的图像相干斑噪声程度最低。

通常采用合成图像的像素强度标准差与均值之比（s/m）作为图像相干斑噪声的度量因子，其定义为

$$\frac{s}{m}=\frac{\sqrt{\mathrm{var}(I)}}{E(I)} \tag{2.27}$$

式中：I 为图像强度（幅值的平方），即

$$I=z^{\mathrm{H}}z=\boldsymbol{y}^{\mathrm{H}}\boldsymbol{w}\boldsymbol{w}^{\mathrm{H}}\boldsymbol{y}\ \hat{=}\ \boldsymbol{y}\boldsymbol{A}\boldsymbol{y} \tag{2.28}$$

式中：$\boldsymbol{A}=\boldsymbol{w}\boldsymbol{w}^{\mathrm{H}}$，显然 $\boldsymbol{A}$ 为非负定的 Hermitian 矩阵。

值得指出的是，从相干斑抑制的角度看，极化白化滤波器同样适用于伽马乘积型杂波分布（也称广义 K 分布）模型。由于复高斯模型是伽马乘积型模型的一种特例，这里只给出基于伽马乘积型模型的推导，其结果显然也适用于复高斯模型。

设散射矢量为$\boldsymbol{y}$，服从伽马乘积型分布，即

$$f(\boldsymbol{y})=\frac{2}{\pi^3\ \overline{\alpha}^{\nu}\Gamma(\nu)\ |\boldsymbol{\Sigma}|}\cdot\frac{K_{3-\nu}\left(2\sqrt{\dfrac{\boldsymbol{y}^{\mathrm{H}}\boldsymbol{\Sigma}^{-1}\boldsymbol{y}}{\overline{\alpha}}}\right)}{(\overline{\alpha}\boldsymbol{y}^{\mathrm{H}}\boldsymbol{\Sigma}^{-1}\boldsymbol{y})^{(3-\nu)/2}} \tag{2.29}$$

由伽马乘积型可知，散射矢量为$\boldsymbol{y}$可以用乘积模型$\boldsymbol{y}=\sqrt{\alpha}\,\boldsymbol{x}$表示，代入式（2.28），得

$$I=\alpha\boldsymbol{x}^{\mathrm{H}}\boldsymbol{A}\boldsymbol{x} \tag{2.30}$$

又因为

$$E\{\boldsymbol{x}^{\mathrm{H}}\boldsymbol{A}\boldsymbol{x}\}=\mathrm{tr}\{E[\boldsymbol{x}\boldsymbol{x}^{\mathrm{H}}]\cdot\boldsymbol{A}\}=\mathrm{tr}\{\boldsymbol{\Sigma}\cdot\boldsymbol{A}\}=\lambda_1+\lambda_2+\lambda_3 \tag{2.31}$$

$$\mathrm{var}\{\boldsymbol{x}^{\mathrm{H}}\boldsymbol{A}\boldsymbol{x}\}=\mathrm{tr}\{(\boldsymbol{\Sigma}\cdot A)^2\}=\lambda_1^2+\lambda_2^2+\lambda_3^2 \tag{2.32}$$

式中：$\lambda_i(i=1,2,3)$为$\boldsymbol{\Sigma}\cdot\boldsymbol{A}$的特征值。故有

$$\begin{aligned}\left(\frac{s}{m}\right)^2&=\frac{\mathrm{var}(I)}{E^2(I)}=\frac{E(\alpha)}{E^2(\alpha)}\cdot\frac{\mathrm{var}(\boldsymbol{x}^{\mathrm{H}}\boldsymbol{A}\boldsymbol{x})}{E^2(\boldsymbol{x}^{\mathrm{H}}\boldsymbol{A}\boldsymbol{x})}+\frac{\mathrm{var}(\alpha)}{E^2(\alpha)}\\&=\frac{v+1}{v}\cdot\frac{\sum\limits_{i=1}^{3}\lambda_i^2}{\left(\sum\limits_{i=1}^{3}\lambda_i\right)^2}+\frac{1}{v}\end{aligned} \tag{2.33}$$

式中：v为与杂波特性有关的常数。

要使得式（2.33）最小，只需使得$\dfrac{\sum_{i=1}^{3}\lambda_i^2}{\left(\sum_{i=1}^{3}\lambda_i\right)^2}$最小。显然，当且仅当$\lambda_1=\lambda_2=\lambda_3$时，该项达到最小值1/3。从而，式（2.33）达到最小值$\dfrac{(v+4)}{3v}$。

由式（2.31），可知$\lambda_i(i=1,2,3)$为$\boldsymbol{\Sigma}\cdot\boldsymbol{A}$的特征值，即$\boldsymbol{\Sigma}\cdot\boldsymbol{A}$具有相等的特征值，忽略幅度因子，可取

$$\boldsymbol{A}_{\mathrm{opt}}=\boldsymbol{\Sigma}^{-1} \tag{2.34}$$

代入式（2.30）可得

$$I=\alpha\boldsymbol{x}^{\mathrm{H}}\boldsymbol{\Sigma}^{-1}\boldsymbol{x}=(\boldsymbol{\Sigma}^{-1/2}\boldsymbol{y})^{\mathrm{H}}(\boldsymbol{\Sigma}^{-1/2}\boldsymbol{y})\hat{=}z^{\mathrm{H}}z \tag{2.35}$$

显然，散射矢量$\boldsymbol{y}$经过$\boldsymbol{\Sigma}^{-1/2}$滤波之后的极化矢量$z$，具有单位协方差矩阵，即变换后的各个通道之间不再相关，这就是“极化白化”的由来，而最终得到的组合图像强度就是白化后的矢量z的各元素的非相干叠加，如图2.7所示。

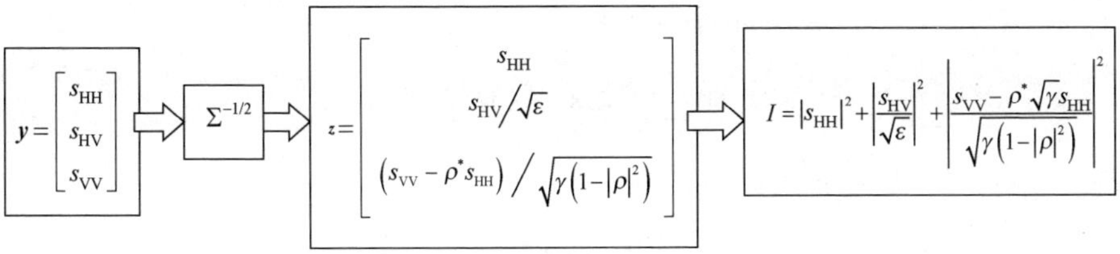

图 2.7　极化白化滤波器示意图

常用的极化 CFAR 检测器实际上是一种自适应的 PWF 实现形式。极化 CFAR 是指使用一个散射矢量序列 $\{\boldsymbol{x}(i), i=1,2,\cdots,2N+1\}$ 进行判决，其中周围 $2N$ 个散射矢量为用来估计杂波极化统计特性的参考数据。设待检测单元所对应的极化散射矢量为

$$\boldsymbol{x}(i)=[s_{HH}, s_{HV}, s_{VV}]^{T} \tag{2.36}$$

当进行 CFAR 处理时，首先根据 $\boldsymbol{x}(i)$ 周围的 $2N$ 个参考散射矢量估计出杂波的协方差矩阵，再以此对检测单元的散射矢量 $\boldsymbol{x}(i)$ 进行极化白化检测，判断目标是否存在，即

$$[\boldsymbol{x}(i)]^{H}\cdot\hat{\Sigma}^{-1}\cdot[\boldsymbol{x}(i)]\underset{H_0}{\overset{H_1}{\gtrless}}\mathrm{TH} \tag{2.37}$$

式中：TH 为给定虚警概率条件下得到的检测门限值；$\hat{\Sigma}$为由 $2N$ 个参考散射矢量估计出的杂波协方差矩阵，即

$$\hat{\Sigma}=\frac{1}{N}\sum_{k=1}^{2N}\{\boldsymbol{x}(k)\boldsymbol{x}^{H}(k)\} \tag{2.38}$$

2.3.3 极化匹配滤波器

极化匹配滤波器（PMF）是把接收到的散射矢量进行线性组合，不妨记为 $\boldsymbol{y}=\boldsymbol{w}^{H}\boldsymbol{x}$，通过选择一个最佳的线性加权矢量 $\boldsymbol{w}$（即“极化匹配滤波器”），使得信号和噪声的接收功率之比最大，即

$$\max_{\boldsymbol{w}}\quad(T/C)_{out}=\frac{E\{\boldsymbol{y}_s\boldsymbol{y}_s^{H}\}}{E\{\boldsymbol{y}_c\boldsymbol{y}_c^{H}\}}=\frac{\boldsymbol{w}^{H}E\{\boldsymbol{x}_s\boldsymbol{x}_s^{H}\}\boldsymbol{w}}{\boldsymbol{w}^{H}E\{\boldsymbol{x}_c\boldsymbol{x}_c^{H}\}\boldsymbol{w}}=\frac{\boldsymbol{w}^{H}\Sigma_t\boldsymbol{w}}{\boldsymbol{w}^{H}\Sigma_c\boldsymbol{w}} \tag{2.39}$$

等价于

$$\begin{cases}\max\limits_{\boldsymbol{w}}\ \boldsymbol{w}^{H}\Sigma_t\boldsymbol{w}\\ \text{s. t.}\ \ \boldsymbol{w}^{H}\Sigma_c\boldsymbol{w}=1\end{cases}$$

应用拉格朗日乘子法，则

$$\begin{cases}\max\limits_{w} f(\boldsymbol{w}) \\ f(\boldsymbol{w})=\boldsymbol{w}^{\mathrm{H}}\boldsymbol{\Sigma}_t\boldsymbol{w}-\lambda(\boldsymbol{w}^{\mathrm{H}}\boldsymbol{\Sigma}_c\boldsymbol{w}-1)\end{cases}$$

对 $f(\boldsymbol{w})$ 求导，令 $\dfrac{\partial f(\boldsymbol{w})}{\partial \boldsymbol{w}}=0$，得

$$\boldsymbol{\Sigma}_t\boldsymbol{w}=\lambda\boldsymbol{\Sigma}_c\boldsymbol{w}$$

即说明，最佳权矢量 $\boldsymbol{w}$ 对应着 $\boldsymbol{\Sigma}_t$ 与 $\boldsymbol{\Sigma}_c$ 的广义特征值问题。进一步将上式两边同时左乘以 $\boldsymbol{\Sigma}_c^{-1}$，则

$$\boldsymbol{\Sigma}_c^{-1}\boldsymbol{\Sigma}_t\boldsymbol{w}=\lambda\boldsymbol{w} \tag{2.40}$$

最佳权矢量 $\boldsymbol{w}_{\mathrm{opt}}$ 对应着 $\boldsymbol{\Sigma}_c^{-1}\boldsymbol{\Sigma}_t$ 的最大特征值 $\lambda_{\max}$ 对应的特征矢量。

2.3.4 虚拟极化匹配检测

早在 20 世纪 70 年代就有人提出可以通过调节天线的发射和接收极化，使得接收到的信噪比最大化，从而达到提高检测性能的目的。但由于发射端天线的适配难以实时实现，限制了此概念在实际检测系统中的应用。1981 年，Poelman 提出的虚拟极化适配技术（也称极化合成技术，VPA）很好地解决了天线适配的问题，带动了基于虚拟变极化技术的检测算法的发展。

该方法需要已知目标和杂波的 Kennaugh 矩阵，Kennaugh 矩阵也是 PolSAR 里记录测量数据的一种常用形式，在单视的情况下，它与散射矩阵具有一一对应关系，参见附录 2。因为此算法采用的是 Kennaugh 矩阵，使得该检测算法同时适用于单视/多视两种情况下 PolSAR 目标检测。

设目标和杂波的 Kennaugh 矩阵分别为 $\boldsymbol{K}_{\mathrm{t}}$、$\boldsymbol{K}_{\mathrm{c}}$，那么接收信号杂波比可表示为

$$r=\frac{\boldsymbol{J}_{\mathrm{R}}\boldsymbol{K}_{\mathrm{t}}\boldsymbol{J}_{\mathrm{T}}}{\boldsymbol{J}_{\mathrm{R}}\boldsymbol{K}_{\mathrm{c}}\boldsymbol{J}_{\mathrm{T}}} \tag{2.41}$$

式中：$\boldsymbol{J}_{\mathrm{T}}$ 为发射天线极化状态，$\boldsymbol{J}_{\mathrm{T}}=[1,\boldsymbol{g}_T^{\mathrm{T}}]^{\mathrm{T}}$；$\boldsymbol{J}_{\mathrm{R}}$ 为接收天线极化状态，$\boldsymbol{J}_{\mathrm{R}}=[1,\boldsymbol{g}_R^{\mathrm{T}}]^{\mathrm{T}}$；$\boldsymbol{g}_{\mathrm{T}}$、$\boldsymbol{g}_{\mathrm{R}}$ 分别称为发射天线极化和接收天线极化的 Stokes 子矢量，它们满足如下限制条件：

$$\|\boldsymbol{g}_{\mathrm{R}}\|=\|\boldsymbol{g}_{\mathrm{T}}\|=1 \tag{2.42}$$

利用 VPA 变极化技术，就是要寻求最佳的 $\boldsymbol{J}_{\mathrm{T}}$ 和 $\boldsymbol{J}_{\mathrm{R}}$，使得接收到的信号杂波比 r 达到最大值 $r_{\max}$。对应地，虚拟极化检测器，即

$$\boldsymbol{J}_{\mathrm{R}}\boldsymbol{K}_{x}\boldsymbol{J}_{\mathrm{T}} \underset{H_0}{\overset{H_1}{\gtrless}} \mathrm{TH} \tag{2.43}$$

式中：$\boldsymbol{K}_x$ 为检测单元 $\boldsymbol{x}$ 所对应的 Kennaugh 矩阵测量值。

2.3.5 张量检测器

张量检测器（span），又称能量检测器，就是把接收到的各极化通道的散射能量直接相加作为检测的统计量，即

$$|s_{\mathrm{HH}}|^2+2|s_{\mathrm{HV}}|^2+|s_{\mathrm{VV}}|^2 \underset{H_0}{\overset{H_1}{\gtrless}} \mathrm{TH} \tag{2.44}$$

2.3.6 功率最大合成检测器

功率最大合成检测器（PMS）是张量检测器的改进型，其检测准则为

$$\frac{1}{2}\left[|s_{\mathrm{HH}}|^2+2|s_{\mathrm{HV}}|^2+|s_{\mathrm{VV}}|^2+\sqrt{(|s_{\mathrm{HH}}|^2-|s_{\mathrm{VV}}|^2)+4|s_{\mathrm{HH}}^*s_{\mathrm{HV}}+s_{\mathrm{VV}}s_{\mathrm{HV}}^*|^2}\right] \underset{H_0}{\overset{H_1}{\gtrless}} \mathrm{TH} \tag{2.45}$$

2.3.7 单极化检测器

单极化检测器（$|\mathrm{HH}|^2$）仅利用单一极化通道的散射能量作为检测的统计量，对 HH 极化通道而言，即

$$|s_{\mathrm{HH}}|^2 \underset{H_0}{\overset{H_1}{\gtrless}} \mathrm{TH} \tag{2.46}$$

2.3.8 极化检测算法性能比较

2.3.8.1　相干斑抑制性能比较

根据式（2.33），即

$$\left(\frac{s}{m}\right)^2=\frac{v+1}{v}\cdot\frac{\sum_{i=1}^{3}\lambda_i^2}{\left(\sum_{i=1}^{3}\lambda_i\right)^2}+\frac{1}{v} \tag{2.47}$$

式中：$\lambda_i(i=1,2,3)$ 为 $\boldsymbol{\Sigma}\cdot\boldsymbol{A}$ 的特征值。对于 PWF、span 以及 $|\mathrm{HH}|^2$ 单极化检测器来说，$\boldsymbol{A}$ 分别为

$$\boldsymbol{A}_{\mathrm{PWF}}=\boldsymbol{\Sigma}^{-1},\quad \boldsymbol{A}_{\mathrm{span}}=\begin{bmatrix}1&0&0\\0&2&0\\0&0&1\end{bmatrix},\quad \boldsymbol{A}_{|\mathrm{HH}|^2}=\begin{bmatrix}1&0&0\\0&0&0\\0&0&0\end{bmatrix} \tag{2.48}$$

代入可得

$$\left(\frac{s}{m}\right)_{\text{PWF}}=\sqrt{\frac{1+\dfrac{4}{v}}{3}},\quad \left(\frac{s}{m}\right)_{\text{span}}=\sqrt{\frac{v+1}{v}\eta^2+\frac{1}{v}},\quad \left(\frac{s}{m}\right)_{|\text{HH}|^2}=\sqrt{1+\frac{2}{v}} \tag{2.49}$$

式中：$\eta=\dfrac{\sqrt{1+4\varepsilon^2+\gamma^2+2|\rho|^2\gamma}}{1+2\varepsilon+\gamma}$，即为复高斯模型时的$\left(\dfrac{s}{m}\right)_{\text{span}}$。

表 2.1 给出三种情况下的极化白化滤波器、张量检测器以及单极化检测器的相干斑抑制性能，为具有更好的可比性，这三种情况选择了一些共同的极化参数，$\varepsilon=0.18$，$\gamma=1.6$，$\rho=0.5$。

表 2.1　三种情况下的相干斑抑制程度比较（$\varepsilon=0.18$，$\gamma=1.6$，$\rho=0.5$）

模型及参数	复高斯模型 $\sigma_c=1.0\text{dB}$	乘积型模型 $\sigma_c=1.0\text{dB}$，$v=19.3$	乘积型模型 $\sigma_c=3.0\text{dB}$，$v=2.6$
$\|\text{HH}\|^2$	0.00	0.43	2.41
span	−2.90	−2.19	0.43
PWF	−4.77	−3.95	−0.68

2.3.8.2 检测性能比较

极化 SAR 的回波信号中包含目标和杂波各自不同的极化信息，利用这种差异，能够在一定的信噪比情况下提高检测概率；或者说，在一定的检测概率下可以降低所需的信噪比。关于检测性能的分析，可以归结到求检测算法的检测统计量的概率分布问题。鉴于 OPD、PWF、span、HH 4 种极化检测器都具有 $\boldsymbol{x}^{\text{H}}\boldsymbol{A}\boldsymbol{x}$ 的形式，文献［9］提出了一种通过特征函数法求解检测概率和虚警概率的解析方法，不足的是对于其他检测器该方法并不适用，因为它们并不具备上述特殊形式。

为较全面地比较各种检测器的性能，这里采用蒙特卡洛仿真的方法，目标和杂波的极化参数选取如表 2.2 所示。

表 2.2　目标和杂波的极化参数

参数	ε	γ	$\rho\sqrt{\gamma}$
目标	0.19	1.0	0.28
杂波	0.18	1.6	0.63

这里选取广义信噪比定义，即

$$\left(\frac{T}{C}\right)_{\text{dB}}=10\lg\left\{\frac{E[\text{span}(\boldsymbol{x}_t)]}{E[\text{span}(\boldsymbol{x}_c)]}\right\}=10\lg\left\{\frac{\sigma_t(1+2\varepsilon_t+\gamma_t)}{\sigma_c(1+2\varepsilon_c+\gamma_c)}\right\} \tag{2.50}$$

图 2.8 给出了广义信噪比为 6dB 时各种检测器的 ROC 曲线。其中，图 2.8（a）显示的是一般的线性坐标，图 2.8（b）显示的是对数坐标。从图中可看出，OPD 的检测性能最好，PWF 的检测性能和 OPD 的检测性能非常接近，单极化检测器和 PMF 性能较差，span 和 PMS 性能适中，但 PMS 比 span 性能稍好一些，这是因为 PMS 本来就是 span 的一种改进。作为比较，图 2.9 和图 2.10 分别给出了广义信噪比为 3dB 和 12dB 时各种检测器的 ROC 曲线。

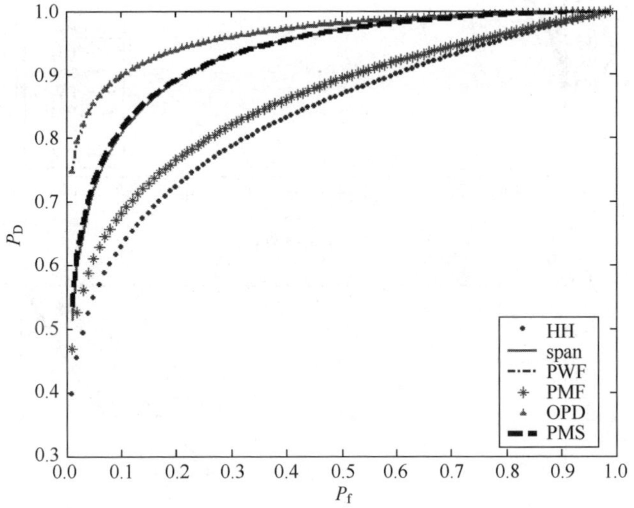

(a) 线性坐标

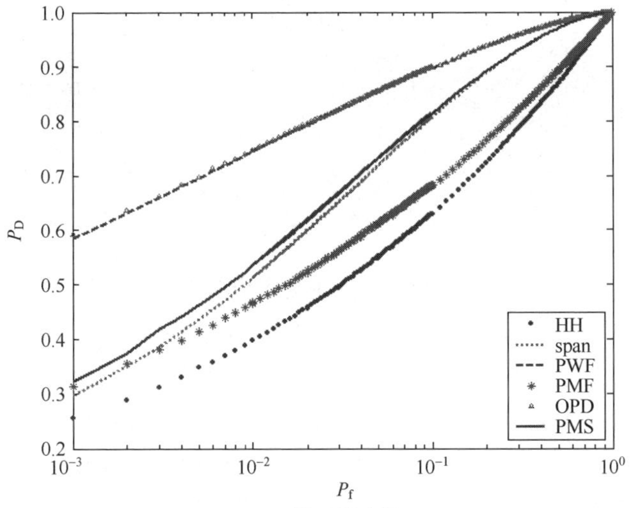

(b) 对数坐标

图 2.8　广义信噪比为 6dB 时各检测器的 ROC 曲线

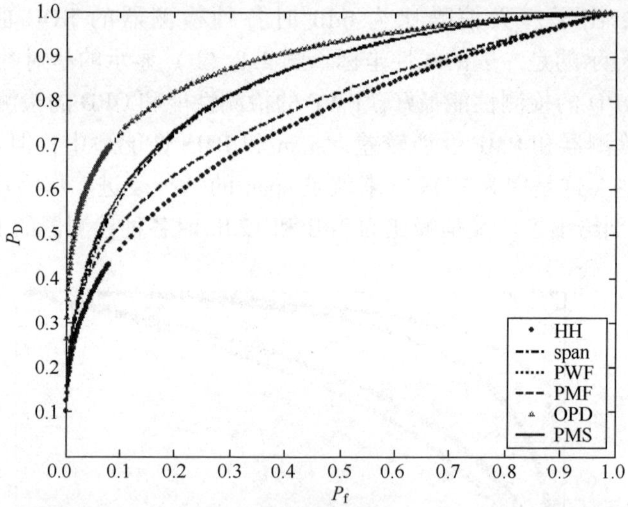

(a) 线性坐标

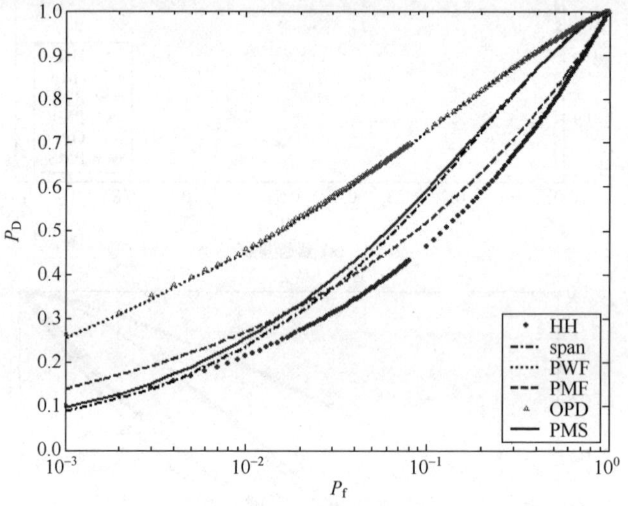

(b) 对数坐标

图 2.9 广义信噪比为 3dB 时各检测器的 ROC 曲线

从图 2.8~图 2.10 的结果可以看出，在各种信噪比条件下，PWF 的性能都与 OPD 的性能非常接近，即说明利用杂波的统计特性可以显著提高检测性能。特别在实际中目标的先验信息难以得到的情况下，使用 PWF 检测不失为一种很好的检测方法。图 2.11 给出了 PWF 的检测性能曲线。

下面是利用美国 NASA/JPL AIRSAR 系统在日本冈山附近某地区 C 波段的实测数据得出的实验结果。图 2.12 给出的是 AIRSAR 系统在日本冈山附近某

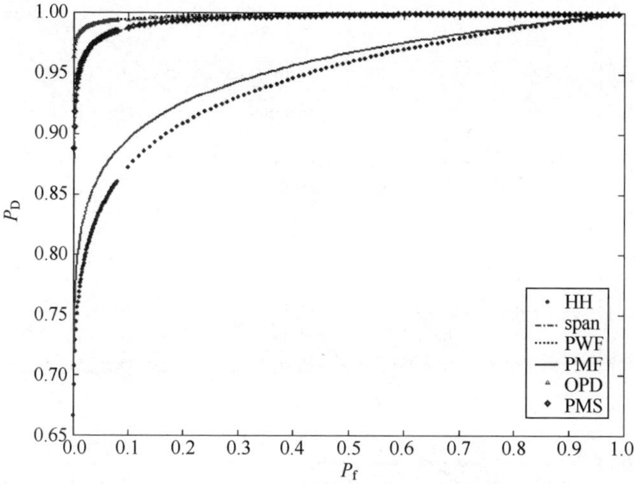

(a) 线性坐标

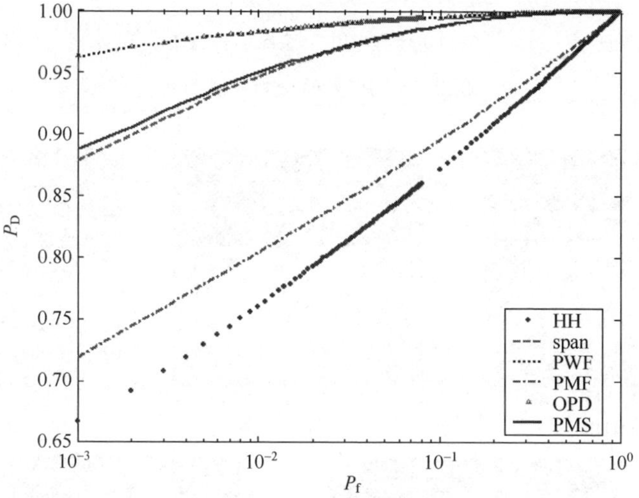

(b) 对数坐标

图 2.10 广义信噪比为 12dB 时各检测器的 ROC 曲线

地区 C 波段的实测数据，其中包括建筑物、稻田、水域、高植被、低植被 5 类目标。图 2.12（a）、2.12（b）、2.12（c）分别给出的是三个极化通道的散射系数幅度，2.12（d）、2.12（e）分别给出的是三个通道经过 span 和 PWF 处理后的图像。可以看出，PWF 处理后的图像质量最好，span 次之，但比单极化检测器也有较大改善。上述实验结果表明，考虑检测性能和先验统计知识的折中，PWF 是一个很好的选择，但是如果没有任何先验知识，那么张量检测器也不失为一种较优的选择。

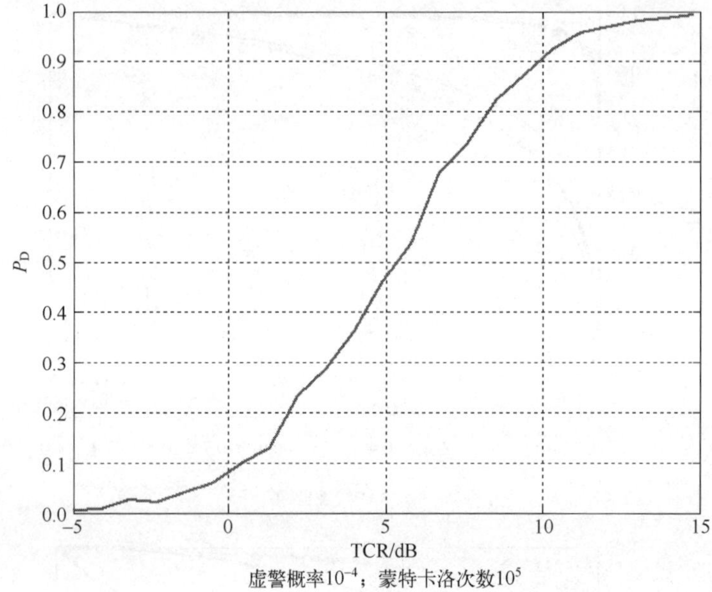

图 2.11　PWF 的检测性能曲线

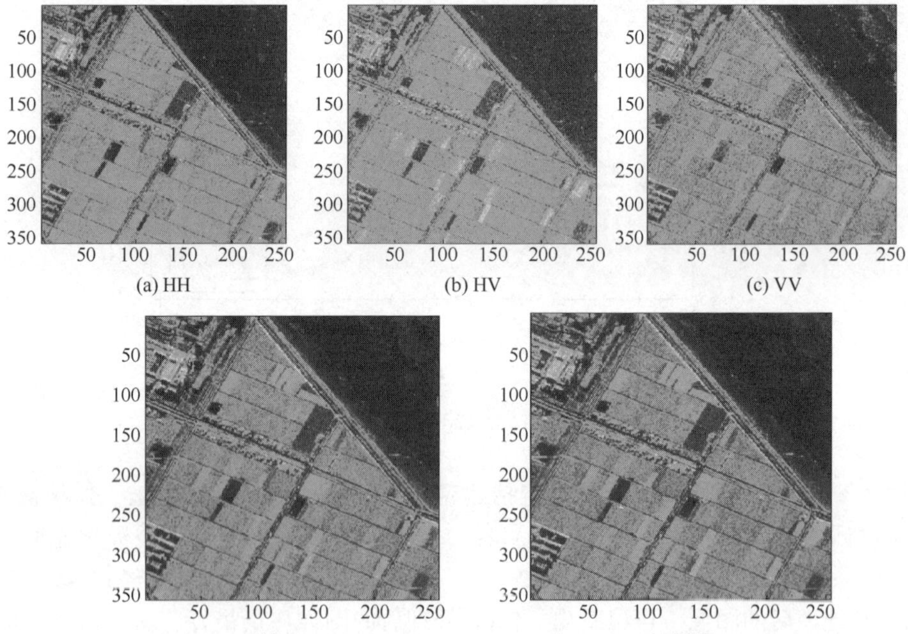

(a) HH　(b) HV　(c) VV

(d) span　(e) PWF

图 2.12　经 span 或 PWF 处理后的图像（见彩图）

2.4 目标极化散射机理与目标分解

众所周知，PolSAR同常规单极化SAR相比的显著优势是它能获得目标的全极化散射信息，而目标的全极化散射特性又与目标本身的形状结构、物理属性之间有着本质的联系。目标分解正是从目标极化散射机理出发，从PolSAR图像数据中提取符合分类条件的目标特征，进而实现目标分类与识别。1970年，最先由Huynen提出，之后van Zyl、Krogager、Cloude、Pottier等做了大量基础性的研究，使得目标分解初步迈向了实用，先后出现了许多基于目标分解的极化图像目标分类与识别算法[15-17]。然而，现有的极化图像分类算法多属于非监督分类方法，分类时特征的选取以及相应阈值，通常都是事先规定好的。事实上，不同的测量条件、不同的应用背景、不同的目标类型、不同的特征用于分类的能力可能差别很大。极化目标分解（TD）的目的是寻求与每一个成像单元内实际散射特性的平均（或主要）分量相匹配的特性参量。从某种意义上讲，极化目标分解可以看作对PolSAR图像的一种极化解译，而这种解译的结果又可以为目标分类鉴别提供基础。目前，极化目标分解方法大致可以分为两类：一类是相干目标分解（CTD），另一类是部分相干目标分解（PCTD）。相干目标分解只针对目标回波是完全极化的情形，分解的对象是目标的散射矩阵，因为此时目标是确定的，散射矩阵完全表征了目标的散射特性；而部分相干目标分解针对目标回波是部分极化的情形（此时目标是时变的，且散射矩阵不足以描述目标），分解的对象是目标的极化协方差矩阵、极化相干矩阵、Mueller矩阵或Kennaugh矩阵（具体请参见2.1节）。

2.4.1 基本的散射机理

首先介绍一下极化合成和极化特征图的概念。根据目标的极化散射矩阵，可以计算发射和接收极化任意组合下的回波功率，这种技术称为极化合成。只要知道目标的Mueller矩阵或Kennaugh矩阵，即可以通过极化合成技术获得任意极化收发组合下的接收功率：

$$P=\frac{1}{2}\boldsymbol{J}_{\mathrm{r}}^{\mathrm{T}}\boldsymbol{K}\boldsymbol{J}_{\mathrm{T}}=\frac{1}{2}\boldsymbol{J}_{\mathrm{r}}^{\mathrm{T}}\boldsymbol{U}_4\boldsymbol{M}\boldsymbol{J}_{\mathrm{T}} \tag{2.51}$$

其中，用式（2.3）中的极化椭圆描述子(φ,ε)表示，则

$$P(\varepsilon_{\mathrm{r}},\phi_{\mathrm{r}},\varepsilon_{\mathrm{t}},\phi_{\mathrm{t}})=\frac{1}{2}\cdot\begin{bmatrix}1\\ \cos2\varepsilon_{\mathrm{r}}\cos2\phi_{\mathrm{r}}\\ \cos2\varepsilon_{\mathrm{r}}\cos2\phi_{\mathrm{r}}\\ \sin2\varepsilon_{\mathrm{r}}\end{bmatrix}^{\mathrm{T}}\cdot\boldsymbol{K}\cdot\begin{bmatrix}1\\ \cos2\varepsilon_{\mathrm{t}}\cos2\phi_{\mathrm{t}}\\ \cos2\varepsilon_{\mathrm{t}}\cos2\phi_{\mathrm{t}}\\ \sin2\varepsilon_{\mathrm{t}}\end{bmatrix} \tag{2.52}$$

式（2.52）即极化合成公式。特别地，当发射天线和接收天线极化状态一致时（即 $\phi_r=\phi_t$、$\varepsilon_r=\varepsilon_t$），称这种天线组合方式为相同极化（或共极化）；当发射天线和接收天线极化状态正交时（即 $\phi_r=\phi_t+\frac{\pi}{2}$、$\varepsilon_r=-\varepsilon_t$），称为交叉极化。在相同极化或交叉极化两种条件下，式（2.52）中的变量个数由 4 个变为两个，所以可以用三维图的形式将回波功率与极化状态之间的关系表示出来，分别称为相同极化特征图、交叉极化特征图。

有了上述定义以后，下面就可以分析几种基本的散射机理，即表面散射、漫散射、偶次散射以及体散射（图 2.13）。这几种散射之所以重要，除了因为它们通常比较常见，还因为其他地物的散射通常可由此 4 种基本的散射组合而成。

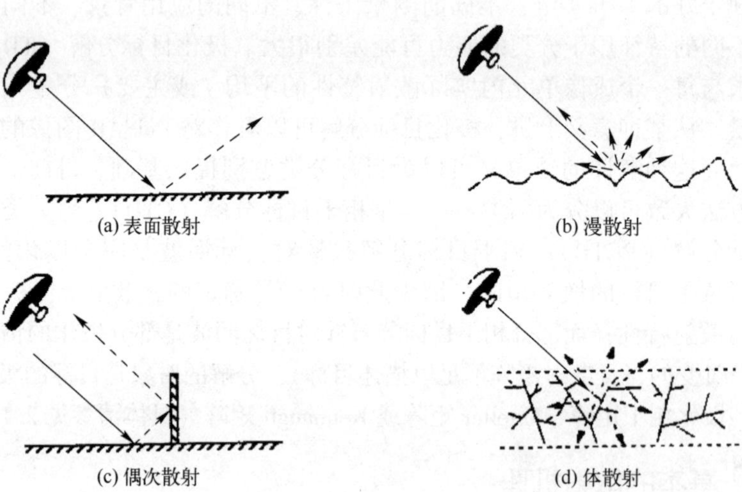

图 2.13　4 种基本的散射示意图

2.4.1.1　表面散射

表面散射又称奇次散射，它对应的归一化的散射矩阵、极化协方差矩阵以及 Mueller 矩阵分别为

$$\boldsymbol{S}=\begin{bmatrix}1 & 0\\0 & 1\end{bmatrix},\quad \boldsymbol{C}=\begin{bmatrix}1 & 0 & 1\\0 & 0 & 0\\1 & 0 & 1\end{bmatrix},\quad \boldsymbol{M}=\begin{bmatrix}1 & 0 & 0 & 0\\0 & 1 & 0 & 0\\0 & 0 & 1 & 0\\0 & 0 & 0 & 1\end{bmatrix} \tag{2.53}$$

表面散射常见的地物类型有平静的水面、干涸的河床、垂直入射的斜坡或屋顶，以及一些平坦而光滑的岩石或荒地等。该散射的特点是：回波大小

与入射角有关，入射角较大时，能量一般小于等于-20dB，在图像上表现较暗，但垂直入射的斜坡或屋顶较亮，表面散射的极化特征图如图 2.14 所示。

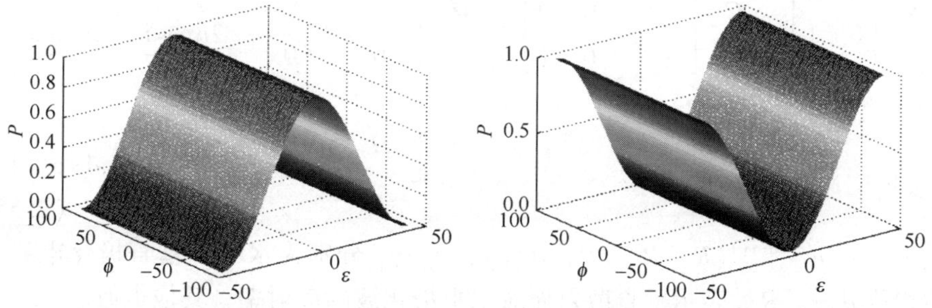

(a) 相同极化　(b) 交叉极化

图 2.14　表面散射的极化特征（见彩图）

2.4.1.2　漫散射

漫散射又称布拉格（Bragg）散射，它对应的归一化的散射矩阵、极化协方差矩阵以及 Mueller 矩阵分别为

$$\boldsymbol{S}=\begin{bmatrix}\sqrt{\beta} & 0\\ 0 & 1\end{bmatrix},\quad \boldsymbol{C}=\begin{bmatrix}|\beta|^2 & 0 & \beta\\ 0 & 0 & 0\\ \beta^* & 0 & 1\end{bmatrix},\quad \boldsymbol{M}=\begin{bmatrix}1 & \dfrac{1-\beta}{1+\beta} & 0 & 0\\ \dfrac{1-\beta}{1+\beta} & 1 & 0 & 0\\ 0 & 0 & \dfrac{2\sqrt{\beta}}{1+\beta} & 0\\ 0 & 0 & 0 & \dfrac{2\sqrt{\beta}}{1+\beta}\end{bmatrix} \tag{2.54}$$

式中：$\beta=|s_{\mathrm{HH}}|^2$，且 $s_{\mathrm{HH}}=\dfrac{\varepsilon-1}{(\cos\theta+\sqrt{\varepsilon-\sin^2\theta})^2}$。对于给定的参数，可以画出其极化特征图。

漫散射常见的地物类型包括有波浪的水面、农作物、某些岩石等。该散射的特点是：回波大小较奇次散射强，能量一般大于等于-20dB，在图像上表现灰色至白色目标。

2.4.1.3　偶次散射

偶次散射又称二面角散射，通常有两个互相垂直的散射面。偶次散射对应的归一化的散射矩阵、极化协方差矩阵以及 Mueller 矩阵分别为

$$S=\begin{bmatrix}\alpha & 0\\ 0 & 1\end{bmatrix},\quad C=\begin{bmatrix}|\alpha|^2 & 0 & \alpha\\ 0 & 0 & 0\\ \alpha^* & 0 & 1\end{bmatrix},\quad M=\begin{bmatrix}1 & \dfrac{1-\alpha^2}{1+\alpha^2} & 0 & 0\\ \dfrac{1-\alpha^2}{1+\alpha^2} & 1 & 0 & 0\\ 0 & 0 & \dfrac{2\alpha\cos\delta}{1+\alpha^2} & \dfrac{2\alpha\sin\delta}{1+\alpha^2}\\ 0 & 0 & -\dfrac{2\alpha\sin\delta}{1+\alpha^2} & \dfrac{2\alpha\cos\delta}{1+\alpha^2}\end{bmatrix} \tag{2.55}$$

式中：$\alpha=e^{j2(\gamma_H-\gamma_V)}(R_{\perp H}R_{\parallel H}/R_{\perp V}R_{\parallel V})$，$\gamma_H,\gamma_V$ 分别为水平和垂直极化电磁波的相位衰减，$R_{\perp H}$表示垂直散射面对水平极化波的散射率，其他类似。

通常，偶次散射的 HH 和 VV 要高于-10dB，一般表现为灰色至白色目标。常见的地物类型有：城市、人造物的散射，树干与地面的组合散射等。该散射的特点是：回波大小较奇次散射强，能量一般大于等于-20dB，在图像上表现灰色至白色目标。

2.4.1.4 体散射

体散射通常是假设回波由一些在空间随机取向的非常细的圆柱体组成的粒子云反射回来的。对应的归一化的极化协方差矩阵、Mueller 矩阵分别为

$$C=\begin{bmatrix}1 & 0 & 1/3\\ 0 & 1/3 & 0\\ 1/3 & 0 & 1\end{bmatrix},\quad M=\begin{bmatrix}1 & 0 & 0 & 0\\ 0 & 1/2 & 0 & 0\\ 0 & 0 & 1/2 & 0\\ 0 & 0 & 0 & 0\end{bmatrix} \tag{2.56}$$

体散射典型的地物类型是由大量枝叶组成的植被区域，该散射的特点是 HV（即交叉极化通道）回波较强。体散射的极化特征如图 2.15 所示。

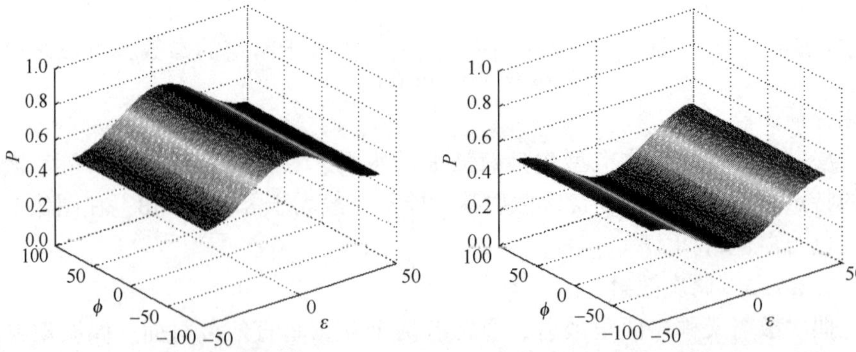

(a) 相同极化　　(b) 交叉极化

图 2.15　体散射的极化特征（见彩图）

2.4.2 相干目标分解

相干目标分解（CTD）方法主要用于单视 PolSAR 数据，包括基于 Pauli 基的分解、Cameron 分解以及 Krogager 的 SDH 分解等。这类分解方法的主要思想是把任意散射矩阵分解成几个代表不同散射机理的基本散射矩阵之和，而且各分量往往具有不同散射强度。

2.4.2.1 基于 Pauli 基的 CTD 分解

基于 Pauli 基的 CTD 分解，就是将单视 PolSAR 图像中每个像素对应的散射矩阵 $\boldsymbol{S}$ 展开为

$$\begin{aligned}\boldsymbol{S}&=\begin{bmatrix}s_{\mathrm{HH}} & s_{\mathrm{HV}}\\ s_{\mathrm{VH}} & s_{\mathrm{VV}}\end{bmatrix}=\begin{bmatrix}a+b & c-\mathrm{j}d\\ c+\mathrm{j}d & a-b\end{bmatrix}\\&=a\begin{bmatrix}1&0\\0&1\end{bmatrix}+b\begin{bmatrix}1&0\\0&-1\end{bmatrix}+c\begin{bmatrix}0&1\\1&0\end{bmatrix}+d\begin{bmatrix}0&-\mathrm{j}\\ \mathrm{j}&0\end{bmatrix}\end{aligned}\tag{2.57}$$

式中：a、b、c、d 均为复数。上述展开不仅是正交的，而且都代表了一定的物理意义。其中第一项代表表面散射，第二项和第三项都代表二面角散射，第三项代表 $\boldsymbol{S}$ 矩阵中所有非对称性元素（参见附录 3）。考虑单站 PolSAR，由互易性可知散射矩阵是对称的，式（2.57）可简化为

$$\boldsymbol{S}=\begin{bmatrix}s_{\mathrm{HH}} & s_{\mathrm{HV}}\\ s_{\mathrm{VH}} & s_{\mathrm{VV}}\end{bmatrix}=a\begin{bmatrix}1&0\\0&1\end{bmatrix}+b\begin{bmatrix}1&0\\0&-1\end{bmatrix}+c\begin{bmatrix}0&1\\1&0\end{bmatrix}\tag{2.58}$$

2.4.2.2 Krogager 的 SDH 分解

Krogager 提出的 SDH 分解就是将任意散射分解为三种基本散射——球、二面角以及螺旋体的相干组合。对应左旋螺旋体的情况，在左右旋圆极化基下，SDH 分解方法可表示为

$$[\boldsymbol{S}]_{\mathrm{RL}}=\mathrm{e}^{\mathrm{j}\phi}\left\{k_{\mathrm{s}}\mathrm{e}^{\mathrm{j}\phi_{\mathrm{s}}}\begin{bmatrix}0&\mathrm{j}\\ \mathrm{j}&0\end{bmatrix}+k_{\mathrm{d}}\begin{bmatrix}\mathrm{e}^{\mathrm{j}2\theta}&0\\0&-\mathrm{e}^{-\mathrm{j}2\theta}\end{bmatrix}+k_{\mathrm{h}}\begin{bmatrix}\mathrm{e}^{\mathrm{j}2\theta}&0\\0&0\end{bmatrix}\right\}\tag{2.59}$$

式中：k_{s}、k_{d} 和 k_{h} 分别代表球、二面角和左旋螺旋体三种散射分量所占的比重。

2.4.2.3 Cameron 分解

Cameron 分解方法是将任意一个相干散射矩阵 $\boldsymbol{S}$ 分解成一个最大对称部分和一个非对称部分。这里对称部分是指具有这样特性的一类目标的散射：它们在垂直于雷达视线方向存在着一个对称轴，其散射矩阵可以通过线性极化基的旋转而实现对角化，即有

$$\boldsymbol{S}=\boldsymbol{S}_{\mathrm{sym}}^{\max}+\boldsymbol{S}_{\mathrm{nonsym}}\tag{2.60}$$

具体分解求解方法可参见文献［8］和［15］在进行上述分解之后，可定义

角度 τ 来衡量一个目标所具有的对称度，即

$$\cos\tau=\frac{\|\langle \vec{S}, \vec{S}_{\mathrm{sym}}^{\max}\rangle\|}{\|\vec{S}\|\|\vec{S}_{\mathrm{sym}}^{\max}\|} \tag{2.61}$$

式中：$\vec{S}$、$\vec{S}_{\mathrm{sym}}^{\max}$分别代表散射矩阵 $\boldsymbol{S}$ 和 $\boldsymbol{S}_{\mathrm{sym}}^{\max}$对应的散射矢量；$\langle\cdot,\cdot\rangle$表示矢量内积运算。当 τ 小于某一个阈值时认为目标是对称目标，然后再进行细分。

2.4.3 部分相干目标分解

在应用相干目标分解时，要求目标的散射矩阵不随时间变化。然而实际中对于许多非稳态目标而言，目标散射特性是时变的（即散射矩阵的每一元素都是一个随时间变化的量），此时 PolSAR 一般取极化散射特性时间平均，得到极化协方差矩阵、极化相干矩阵、Mueller 矩阵或 Kennaugh 矩阵等。PTCD 就是针对这类矩阵的分解，值得指出的是，这类矩阵相互之间可以转换（参见 2.1 节），以下大都只针对其中某一类矩阵进行讨论。

2.4.3.1 Huynen 分解

Huynen 发现一般非稳态目标的相干矩阵具有 9 个自由度的实参数，而稳态目标只需 5 个自由度的实参数就能完全确定。因此，将任意非稳态目标分解成一个稳态目标与一个残留项之和，即有

$$\langle \boldsymbol{T}\rangle=\boldsymbol{T}_{\mathrm{S}}+\langle \boldsymbol{T}_{\mathrm{N}}\rangle \tag{2.62}$$

式中：$\langle \boldsymbol{T}\rangle$为目标相干矩阵；$\langle\cdot\rangle$表示集平均；$\boldsymbol{T}_{\mathrm{S}}$为分解出的稳态目标的相干矩阵；$\langle \boldsymbol{T}_{\mathrm{N}}\rangle$为残留矩阵。Huynen 分解的核心在于残留目标如何定义选取，Huynen 选择的准则是：将残留目标绕着垂直雷达视线方向旋转任意角度后（等效为线极化基的旋转），仍具有残留目标的形式。

设目标的极化相干矩阵为$\langle \boldsymbol{T}\rangle$，将其绕着垂直雷达视线方向旋转任意角度 θ，由极化基的变换可知，其极化相干矩阵变为

$$\langle \boldsymbol{T}_{\mathrm{N}}(\theta)\rangle=\boldsymbol{U}_3\boldsymbol{T}_{\mathrm{N}}\boldsymbol{U}_3^{-1} \tag{2.63}$$

式中：$\boldsymbol{U}_3^{-1}=\boldsymbol{U}_3^{\mathrm{T}}$，$\boldsymbol{U}_3=\begin{bmatrix}1 & 0 & 0\\ 0 & \cos2\theta & \sin2\theta\\ 0 & -\sin2\theta & \cos2\theta\end{bmatrix}$。

由 Huynen 选择的准则，可知

$$\langle \boldsymbol{T}_{\mathrm{N}}\rangle\boldsymbol{v}=0\Rightarrow\langle \boldsymbol{T}_{\mathrm{N}}(\theta)\rangle\boldsymbol{v}=0 \tag{2.64}$$

$$\Rightarrow(\boldsymbol{U}_3^{\mathrm{T}}-\lambda\boldsymbol{I}_3)\boldsymbol{v}=0 \tag{2.65}$$

由式（2.65）可得，$\boldsymbol{v}_1=[1\quad 0\quad 0]^{\mathrm{T}}$，$\boldsymbol{v}_2=\frac{1}{\sqrt{2}}[0\quad 1\quad \mathrm{j}]^{\mathrm{T}}$，$\boldsymbol{v}_3=\frac{1}{\sqrt{2}}[0\quad 1\quad -\mathrm{j}]^{\mathrm{T}}$，

进一步，选取 $\boldsymbol{v}=\boldsymbol{v}_1$，即取残留目标必须与 $\boldsymbol{v}_1$ 相正交的形式，可得分解如下：

$$\langle \boldsymbol{T}\rangle=\boldsymbol{T}_{\mathrm{S}}+\langle \boldsymbol{T}_{\mathrm{N}}\rangle \tag{2.66}$$

式中：$\langle \boldsymbol{T}\rangle$、$\boldsymbol{T}_{\mathrm{S}}$和$\langle \boldsymbol{T}_{\mathrm{N}}\rangle$分别满足如下形式：

$$\langle \boldsymbol{T}\rangle=\begin{bmatrix} 2A_0 & C+\mathrm{j}D & H-\mathrm{j}G \\ C-\mathrm{j}D & B_0+B_\psi & E-\mathrm{j}F \\ H+\mathrm{j}G & E+\mathrm{j}F & B_0-B_\psi \end{bmatrix} \tag{2.67}$$

$$\boldsymbol{T}_{\mathrm{S}}=\begin{bmatrix} 2A_0 & C+\mathrm{j}D & H-\mathrm{j}G \\ C-\mathrm{j}D & B_0^{\mathrm{S}}+B_\psi^{\mathrm{S}} & E^{\mathrm{S}}-\mathrm{j}F^{\mathrm{S}} \\ H+\mathrm{j}G & E^{\mathrm{S}}+\mathrm{j}F^{S} & B_0^{\mathrm{S}}-B_\psi^{\mathrm{S}} \end{bmatrix} \tag{2.68}$$

其中，

$$B_0^{\mathrm{S}}+B_\psi^{\mathrm{S}}=\frac{C^2+D^2}{2A_0},\quad B_0^{\mathrm{S}}-B_\psi^{\mathrm{S}}=\frac{C^2+H^2}{2A_0},\quad E^{\mathrm{S}}-\mathrm{j}F^{\mathrm{S}}=\frac{(CH-DG)-\mathrm{j}(CG+DH)}{2A_0} \tag{2.69}$$

$$\langle \boldsymbol{T}_{\mathrm{N}}\rangle=\langle \boldsymbol{T}\rangle-\boldsymbol{T}_{\mathrm{S}}\hat{=}\begin{bmatrix} 0 & 0 & 0 \\ 0 & B_0^{\mathrm{N}}+B_\psi^{\mathrm{N}} & E^{\mathrm{N}}-\mathrm{j}F^{\mathrm{N}} \\ 0 & E^{\mathrm{N}}+\mathrm{j}F^{\mathrm{N}} & B_0^{\mathrm{N}}+B_\psi^{\mathrm{N}} \end{bmatrix} \tag{2.70}$$

2.4.3.2　Cloude 分解

基于极化相干矩阵的特征值分解方法，也是常用 PCTD 分解方法。Cloude 分解和 Holm&Barnes 分解都是基于极化相干矩阵的特征分解，即

$$\langle \boldsymbol{T}\rangle=\boldsymbol{U}\boldsymbol{T}_{\mathrm{D}}\boldsymbol{U}^{\mathrm{H}}=\sum_{i=1}^{3}\lambda_i\boldsymbol{v}_i\boldsymbol{v}_i^{\mathrm{H}} \tag{2.71}$$

式中：$\langle \boldsymbol{T}\rangle$为目标相干矩阵；上标 H 代表矩阵的共轭转置；$T_{\mathrm{D}}=\mathrm{diag}\{\lambda_1,\lambda_2,\lambda_3\}$；$\lambda_i(i=1,2,3)$为极化相干矩阵的特征值，且 $\lambda_1\geqslant\lambda_2\geqslant\lambda_3$；$\boldsymbol{U}=[\boldsymbol{v}_1,\boldsymbol{v}_2,\boldsymbol{v}_3]$，$\boldsymbol{v}_i$ 是与 λ_i 相对应的单位特征矢量。

Cloude 分解就是按照式（2.72）将任意目标散射分解成三个稳态目标散射之和，即

$$\langle \boldsymbol{T}\rangle=\boldsymbol{T}_1+\boldsymbol{T}_2+\boldsymbol{T}_3 \tag{2.72}$$

其中，每一个 $\boldsymbol{T}_i=\lambda_i\boldsymbol{v}_i\boldsymbol{v}_i^{\mathrm{H}}(i=1,2,3)$都唯一对应为一个稳态目标。

显然，Cloude 分解对应的式（2.71）中的 $\boldsymbol{T}_{\mathrm{D}}$ 可表示如下：

$$\langle \boldsymbol{T}_{\mathrm{D}}\rangle=\lambda_1\begin{bmatrix}1&0&0\\0&0&0\\0&0&0\end{bmatrix}+\lambda_2\begin{bmatrix}0&0&0\\0&1&0\\0&0&0\end{bmatrix}+\lambda_3\begin{bmatrix}0&0&0\\0&0&0\\0&0&1\end{bmatrix}\hat{=}\boldsymbol{T}_1^{\mathrm{D}}+\boldsymbol{T}_2^{\mathrm{D}}+\boldsymbol{T}_3^{\mathrm{D}} \tag{2.73}$$

2.4.3.3　Holm&Barnes 分解

Holm&Barnes 分解也是将任意非稳态目标分解成三部分之和，所不同的是

它将式（2.71）中的 $\boldsymbol{T}_{\mathrm{D}}$ 作了如下分解：

$$\boldsymbol{T}_{\mathrm{D}}=(\lambda_1-\lambda_2)\begin{bmatrix}1&0&0\\0&0&0\\0&0&0\end{bmatrix}+(\lambda_2-\lambda_3)\begin{bmatrix}1&0&0\\0&1&0\\0&0&0\end{bmatrix}+\lambda_3\begin{bmatrix}1&0&0\\0&1&0\\0&0&1\end{bmatrix}\hat{=}\boldsymbol{T}_1^{\mathrm{D}}+\boldsymbol{T}_2^{\mathrm{D}}+\boldsymbol{T}_3^{\mathrm{D}} \tag{2.74}$$

将式（2.74）代入式（2.71），可得其分解结果为

$$\boldsymbol{T}_i=\boldsymbol{U}\boldsymbol{T}_i^{\mathrm{D}}\boldsymbol{U}^{\mathrm{H}},\quad i=1,2,3 \tag{2.75}$$

其中，第一部分唯一对应为一个稳态目标，且散射能量较大，可以认为它是该目标的主要散射分量；第三部分则使得任意极化入射的电磁波的散射都变为完全未极化波，即具有类似于噪声的性质；第二部分为残留项。一般情况下，只有 $\boldsymbol{T}_1^{\mathrm{D}}$ 的秩等于 1，所以分解的三部分当中只有第一部分可以认为是一个固定目标的散射。

2.4.3.4 基于 Kennaugh 矩阵的最小二乘分解

1989 年，van Zyl 提出的将地面目标大致分为奇次散射、偶次散射以及漫反射三类；之后，Dong 等把这种思想推广到把任意目标的散射可分解为奇次散射、偶次散射、布拉格散射和交叉散射 4 种散射机理的线性组合[16]，相应任意目标的 Kennaugh 矩阵为四者 Kennaugh 矩阵的线性叠加，即有

$$\boldsymbol{K}=\boldsymbol{K}_{\mathrm{odd}}+\boldsymbol{K}_{\mathrm{even}}+\boldsymbol{K}_{\mathrm{Bragg}}+\boldsymbol{K}_{\mathrm{cross}} \tag{2.76}$$

式中：$\boldsymbol{K}$、$\boldsymbol{K}_{\mathrm{odd}}$、$\boldsymbol{K}_{\mathrm{even}}$、$\boldsymbol{K}_{\mathrm{Bragg}}$ 和 $\boldsymbol{K}_{\mathrm{cross}}$ 分别为目标、奇次散射分量、偶次散射分量、布拉格散射分量和交叉散射分量的 Kennaugh 矩阵，且有

$$\boldsymbol{K}_{\mathrm{odd}}=\begin{bmatrix}1&0&0&0\\0&1&0&0\\0&0&1&0\\0&0&0&-1\end{bmatrix}s_{\mathrm{odd}}^2 \tag{2.77}$$

$$\boldsymbol{K}_{\mathrm{even}}=\begin{bmatrix}\dfrac{\alpha+1}{2\alpha}&\dfrac{\alpha-1}{2\alpha}&0&0\\\dfrac{\alpha-1}{2\alpha}&\dfrac{\alpha+1}{2\alpha}&0&0\\0&0&\dfrac{1}{\sqrt{\alpha}}\cos\delta&-\dfrac{1}{\sqrt{\alpha}}\sin\delta\\0&0&-\dfrac{1}{\sqrt{\alpha}}\sin\delta&\dfrac{1}{\sqrt{\alpha}}\cos\delta\end{bmatrix}s_{\mathrm{even}}^2 \tag{2.78}$$

$$\boldsymbol{K}_{\text{Bragg}}=\begin{bmatrix}\frac{\beta+1}{2\beta} & \frac{\beta-1}{2\beta} & 0 & 0\\ \frac{\beta-1}{2\beta} & \frac{\beta+1}{2\beta} & 0 & 0\\ 0 & 0 & \frac{1}{\sqrt{\beta}} & 0\\ 0 & 0 & 0 & \frac{1}{\sqrt{\beta}}\end{bmatrix}s_{\text{Bragg}}^2 \tag{2.79}$$

$$\boldsymbol{K}_{\text{cross}}=\begin{bmatrix}1 & 0 & 0 & 0\\ 0 & -1 & 0 & 0\\ 0 & 0 & 1 & 0\\ 0 & 0 & 0 & 1\end{bmatrix}s_{\text{cross}}^2 \tag{2.80}$$

式中：s_{odd}^2等于奇次散射分量中的 s_{HH}^2，其他类似；α、δ、β 分别是与地物物理属性有关的参数（α、δ、β 的选取，一般可由测量或经验得到。其经验值为：对于城市区域一般有 $\alpha=2.5$，$\delta=165°$；对于森林区域一般有 $\alpha=4\sim6$，$\delta=150°$；而一般 $\beta=0.1\sim0.5$，具体取值由入射角、目标导电率等决定）。

将式（2.77）~式（2.80）代入式（2.76），可得

$$\begin{bmatrix}K_{11}\\ K_{12}\\ K_{22}\\ K_{33}\\ K_{34}\\ K_{44}\end{bmatrix}=\begin{bmatrix}\frac{\alpha+1}{2\alpha} & \frac{\beta+1}{2\beta} & 1 & 1\\ \frac{\alpha-1}{2\alpha} & \frac{\beta-1}{2\beta} & 0 & 0\\ \frac{\alpha+1}{2\alpha} & \frac{\beta+1}{2\beta} & 1 & -1\\ \frac{\cos\delta}{\sqrt{\alpha}} & \frac{1}{\sqrt{\beta}} & 1 & 1\\ -\frac{\sin\delta}{\sqrt{\alpha}} & 0 & 0 & 0\\ -\frac{\cos\delta}{\sqrt{\alpha}} & -\frac{1}{\sqrt{\beta}} & -1 & 1\end{bmatrix}\begin{bmatrix}s_{\text{odd}}^2\\ s_{\text{even}}^2\\ s_{\text{bragg}}^2\\ s_{\text{cross}}^2\end{bmatrix} \tag{2.81}$$

显然，这是一个超定方程，可用最小二乘方法确定每种散射分量的大小。

2.4.4 基于目标分解理论的极化分类方法

众所周知，目标回波的极化信息可以反映目标的几何结构和物理特性，而 2.4.3 节介绍的极化目标分解理论的突出优点就是它们大都具有明确的物

理解释，故极化目标分解理论可用于目标分类或识别。下面分别介绍基于CTD和PTCD分解的常用分类方法，最后介绍PTCD分类与复Wishart分布相结合的联合分类方法。

2.4.4.1 基于CTD分解的分类方法

基于CTD分解的极化图像目标分类方法多是基于匹配的思想，即根据CTD分解结果中比重最大的分量，将该目标划归到与之最邻近的预先设定的某一类中。图2.16以Cameron分解为例，说明了基于CTD分解的目标分类流程。

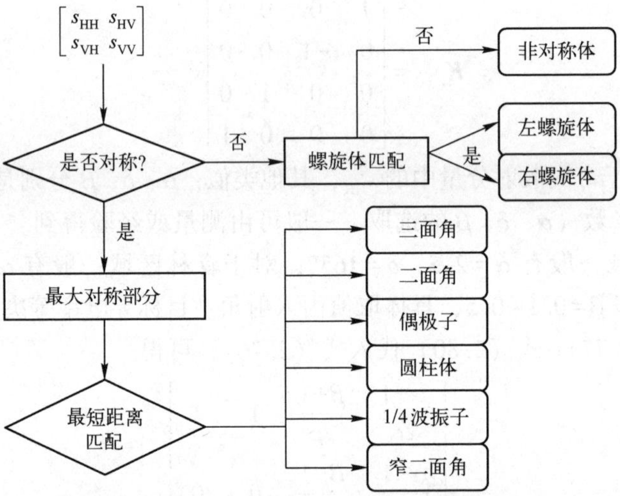

图2.16 基于Cameron分解的分类识别算法流程

2.4.4.2 基于PCTD分解的分类方法

基于PCTD分解的极化图像分类方法多采取先从PTCD分解结果中提取能反映目标属性的某些特征，再根据这些特征进行目标分类，如图2.17所示。经典的$H/\alpha/A$分类算法就是基于Cloude分解计算得到目标的熵、α角、反熵三个特征参数，然后根据这三个特征参数对目标进行分类。此外，还可以提取其他一些特征量，诸如共极化比、交叉极化比、极化因子、极化反对称因子以及根据目标分解理论从极化SAR数据中反演出的物体湿度、表面粗糙度等，它们分别适用于不同的应用场合。

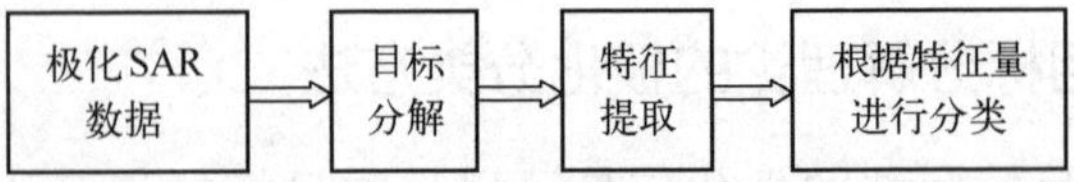

图2.17 基于PCTD分解的目标分类算法流程

下面详细介绍 $H/\alpha/A$ 算法实现流程。

第一步：对目标的极化相干矩阵作 Cloude 分解[17]，即

$$\langle \boldsymbol{T} \rangle = \boldsymbol{U\Lambda U}^{\mathrm{H}} = \sum_{i=1}^{3} \lambda_i \boldsymbol{v}_i \boldsymbol{v}_i^{\mathrm{H}} \hat{=} \sum_{i=1}^{3} \boldsymbol{T}_i \tag{2.82}$$

式中：$\boldsymbol{T}_i = \lambda_i \boldsymbol{v}_i \boldsymbol{v}_i^{\mathrm{H}}$，且 $\lambda_1 \geqslant \lambda_2 \geqslant \lambda_3$，即将任意非稳态目标相干矩阵 $\langle \boldsymbol{T} \rangle$ 分解成三个稳态目标的相干矩阵 $\boldsymbol{T}_1$、$\boldsymbol{T}_2$、$\boldsymbol{T}_3$ 之和，其中每一个项唯一对应着一个稳态目标的散射矩阵，相应特征值对应着该分量出现的概率大小。

第二步：计算目标的熵、α 角以及反熵等特征参量：

$$H = -\sum_{i=1}^{3} p_i \log_3 p_i \tag{2.83}$$

$$A = \frac{p_2 - p_3}{p_2 + p_3} \tag{2.84}$$

$$\alpha = p_1 \alpha_1 + p_3 \alpha_3 + p_3 \alpha_3 \tag{2.85}$$

式中：$p_i = \dfrac{\lambda_i}{\sum\limits_{j=1}^{3} \lambda_j}$ 即各散射分量出现的概率；$\alpha_i (i=1,2,3)$ 可由三个特征矢量求得，它们之间关系可表示为

$$\boldsymbol{v}_i = [\cos\alpha_i, \sin\alpha_i \cos\beta_i \mathrm{e}^{\mathrm{j}\delta_i}, \sin\alpha_i \sin\beta_i \mathrm{e}^{\mathrm{j}\gamma_i}]^{\mathrm{T}} \mathrm{e}^{\mathrm{j}\phi_i}, \quad i=1,2,3 \tag{2.86}$$

第三步：在 H/α 平面上将目标分成 8 类。首先按熵值的大小，H/α 平面首先分成三个区域，即 $0 \leqslant H \leqslant 0.5$ 为低熵区，$0.5 < H \leqslant 0.9$ 为中熵区，$0.9 < H \leqslant 1$ 为高熵区；每一个熵值分类区内，又按照 α 值从小到大依次对应着平面散射区、偶极子散射区以及多重散射区（参见图 2.18）。在上述分类的基础上，再根据反熵值 A 的大小进行细分。一般可选取 $A > 0.5$ 为一类，$A < 0.5$ 为另一类。这样总共可将目标细分为 16 类。

值得指出的是熵、反熵以及 α 角等特征参量都与特定的物理特性相联系。熵值的大小代表了散射随机性的大小，熵值越大，散射随机性越强；反熵的大小反映了 Cloude 分解中两个相对较弱的散射分量之间的大小关系，现有研究表明，其在用于多年海洋冻冰和新结冰层的分类时很有效；目标 α 角也与目标的散射机理相联系，$\alpha \to 0°$ 表示目标接近平面散射，$\alpha \to 90°$ 表示目标接近二面角散射，$\alpha \approx 45°$ 表示目标接近偶极子散射等。另外，由于第一个特征值较大，可认为是目标的主要散射分量，对应着目标的主要散射机理。

2.4.4.3　结合复 Wishart 分布的分类方法

上面分别介绍了基于 CTD 和 PCTD 分解的分类算法，它们都属于非监督分类算法，即不需要任何先验信息，这是基于极化分解分类的一个优点。但也正是不能没有利用先验信息，导致这些算法难以适应精细目标分类的要求。

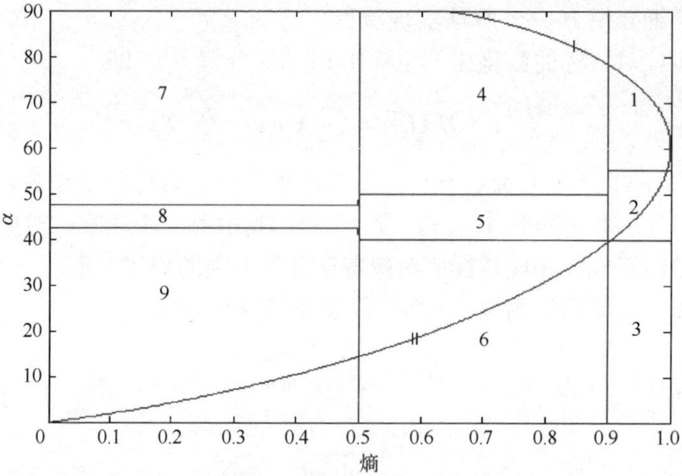

图 2.18 H/α 平面分区示意图

它们一般只用来对目标作粗略的分类，或者作为某一统计迭代分类方法的初始聚类中心。

最常用的统计迭代分类算法是基于复 Wishart 分布的统计分类方法。在目标满足复高斯模型时，可证明目标的相干矩阵满足复 Wishart 分布，即

$$p(T|T_m)=\frac{L^{Ln}|T|^{L-n}\mathrm{e}^{-L\cdot \mathrm{tr}(T_m^{-1}T)}}{\pi^{\frac{n(n-1)}{2}}\Gamma(L)\Gamma(L)\cdots\Gamma(L-n+1)|T_m|^L} \tag{2.87}$$

式中：$\Gamma(\cdot)$为伽马函数；$\mathrm{tr}(\cdot)$表示矩阵的迹；L 为等效多视数，对于互易性条件取 $n=3$，否则取 $n=4$；T_m是第 m 类目标的特征相干矩阵，通常可由训练样本得到。

根据贝叶斯最大似然分类法则，可得判别规则为

$$T\in\omega_m,\quad d_m(T)<d_j(T),\quad \forall j\neq m \tag{2.88}$$

式中：$d_m(T)$为待分类目标距离第 m 类类心的距离，定义为

$$d_m(T)=\mathrm{tr}(T_m^{-1}T)+\ln(|T_m|) \tag{2.89}$$

通常这种基于统计分类的方法，需要根据先验信息选取训练样本，得到目标的聚类中心，即

$$T_m=\frac{1}{N_m}\sum_{k=1}^{N_m}\langle T_k\rangle \tag{2.90}$$

之后，对图像中的每一个像素点依据式（2.88）进行分类，注意分类的过程中，聚类中心是不断更新的，而更新的聚类中心又可以对目标重新进行分类，不断重复迭代，直到满足用户制定的准则（如设定迭代次数等于4）为止。

极化目标分解和复 Wishart 统计分类结合的思想是：先根据基于极化目标

分解的分类算法把目标大致分成几类，计算分类结果的聚类中心，并以此作为复 Wishart 分布统计迭代分类算法的初始聚类类心。

2.4.4.4　实验结果分析

在利用 PCTD 分解对目标进行分类时，可以得到许多特征量，如熵、反熵、α 角、相干矩阵的 λ 值、行列式值，以及共极化比、交叉极化比、极化因子、极化反对称因子等。然而，一般的基于部分相干目标分解的分类算法，通常是只基于某些特定的特征量的。如 2.4.4.3 节的 $H/\alpha/A$ 分类算法，就是基于熵、反熵、α 角三个特征量的。这就导致了分类中不能有效利用先验的信息，导致这些算法难以适应精细的目标分类要求。另外，在实际中，由于不同的测量条件、不同的应用背景、不同的目标类型、不同的特征量用于分类的能力可能差别很大，特征量的阈值的选定，也不应是固定不变的。

在实际中，人们只希望使用很少的特征，因为根据模式识别理论可知，选用的特征量越多，所需付出的测量代价或计算代价就会越高，设计的分类器也就越复杂，有时还会出现由于特征量之间的强相关性带来分类性能的下降，甚至会出现所谓的“维数灾难”。然而，在选用较少特征时，往往又会由于特征选取得不适当，使得分类器性能严重下降。下面结合监督分类的优点，提出一种基于特征优选的改进分类算法，该算法既可以利用目标分解的结果，又能很好地利用已知的先验信息，因而可以适应对目标进行精细分类的要求；同时通过特征优选，使得分类器设计也比较简单。该算法的基本思想可分为三步。

第一步：运用目标分解理论，计算得到各种特征量。

第二步：建立一个特征优选准则，利用一定的先验知识（如训练样本），挑选出最优的分类特征量。

第三步：运用最优的分类特征量对目标进行分类。

下面首先给出所采取的特征优选准则，即使得总的分类错误率最小。

设两类目标 ω_1、ω_2 之间的分类，其训练样本数分别为 N_1、N_2，并且假定样本的选取都具有足够全面的代表性。设 ω_1、ω_2 的分类错误率分别为 P_{e1}、P_{e2}，那么总的分类错误率 P_e 定义为

$$P_e = \frac{N_1}{N_1+N_2}P_{e1} + \frac{N_2}{N_1+N_2}P_{e2} \tag{2.91}$$

$$P_{e1} = \frac{N_1^{\text{err}}}{N_1},\quad P_{e2} = \frac{N_2^{\text{err}}}{N_2} \tag{2.92}$$

式中：P_{e1}、P_{e2}分别为将第一、二类目标分错的概率；$N_i^{\text{err}}(i=1,2)$为将第 i 类错分的样本数；$N_i(i=1,2)$为第 i 类样本的总数。

显然，总的分类错误率为 P_e，可以用作衡量特征量的分类性能的好坏。

假设有 N 个特征，要从中选取 n 个最佳的特征用来分类，显然共需比较 $\binom{N}{n}=\frac{N!}{n!(N-n)!}$ 次，便可得出最优的 n 个分类特征量。利用 n 个特征的分类方法有很多，利用统计法、神经网络法等都可以设计出很好的分类器。例如，利用统计中的马哈拉诺比斯（简称马氏距离）线性判别法，即

$$\begin{cases}\boldsymbol{x}\in\omega_i\\ \text{s.t. }\ \min d(\boldsymbol{x},\boldsymbol{m}_i)=\sqrt{(\boldsymbol{x}-\boldsymbol{m}_i)^{\mathrm{T}}\boldsymbol{C}_i(\boldsymbol{x}-\boldsymbol{m}_i)}\end{cases} \tag{2.93}$$

式中：x 为待分类样本的特征矢量；$\boldsymbol{m}_i$、$\boldsymbol{C}_i=(C_{ipq})_{n\times n}$ 分别为根据训练样本得到的第 i 类的类心及其协方差矩阵的估计值，即

$$\boldsymbol{m}_i=\frac{1}{N_i}\sum_{k=1}^{N_i}\boldsymbol{x},\quad C_{ipq}=\frac{1}{N_i-1}\sum_{k=1}^{N_i}(x_{k,p}-m_{i,p})(x_{k,q}-m_{i,q}) \tag{2.94}$$

式中：C_{ipq} 为第 i 类目标的协方差矩阵的 p 行 q 列元素值；$x_{k,p}$ 代表第 i 类第 k 个样本的第 p 个特征；$m_{i,p}$ 代表第 i 类目标第 p 个特征的均值。

特别地，考虑选取一个特征进行分类的情况，此时特征量的最优阈值只需在两类训练样本的均值之间进行一维搜索便可得到。下面是仍以 NASA/JPL 的 AIRSAR 系统在日本冈山附近某地区 C 波段的 9 视实测数据进行分类实验。

图 2.19 给出的是 AIRSAR 系统在日本冈山附近某地区 C 波段的 9 视实测数据，其中包括建筑物、稻田、水域、高植被、低植被 5 类目标，给出的数据格式为目标的极化协方差矩阵，图 2.19（a）、（b）、（c）分别对应极化协方差矩阵的对角线元素，限于篇幅，这里略去次对角元素。

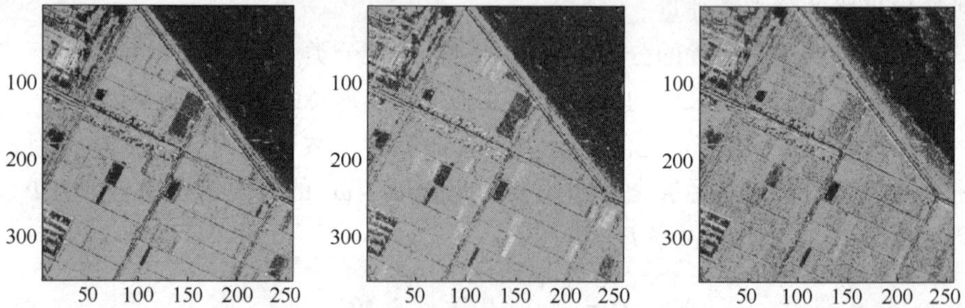

图 2.19　AIRSAR 系统在日本冈山附近某地区的 PolSAR 实测数据图（见彩图）

作为比较，对上面的数据先用 $H/\alpha/A$ 分类，图 2.20 分别给出了该区域用熵值和 α 值的分类结果。可以看出，分类效果很差。这是因为在 C 波段测量条件下，这几类目标的熵、α 值等特征区别并不明显（图 2.21（a）是样本的分布，图 2.21（b）是各类样本均值点的分布）。

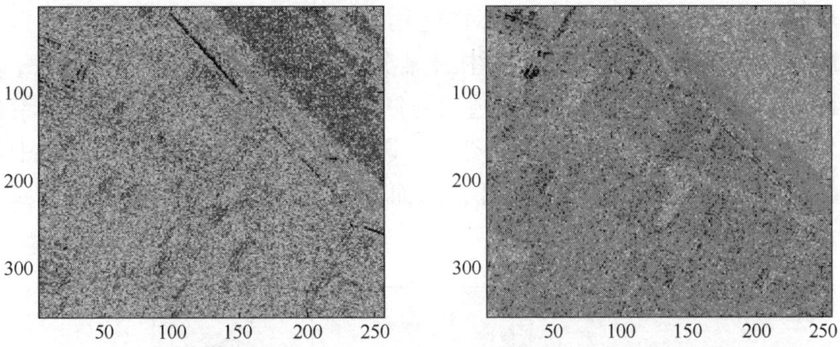

(a) 熵值分类　(b) α值分类

图 2.20　H/α 分类结果（见彩图）

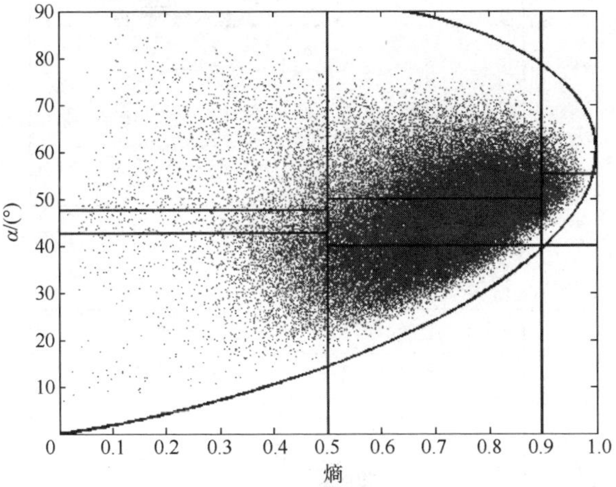

(a) 各类样本分布

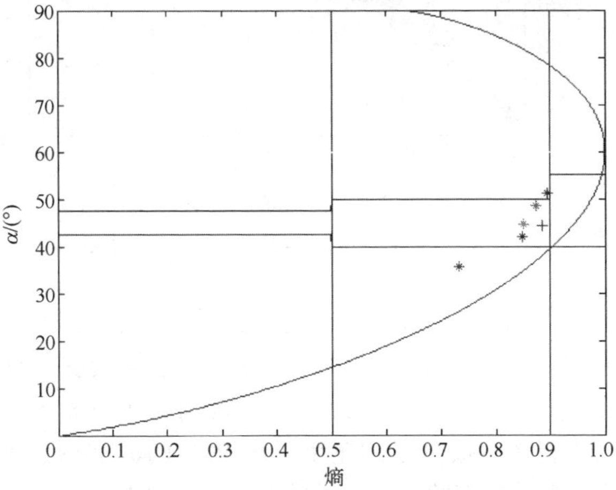

(b) 各类中心分布

图 2.21　训练样本在 H/α 平面上的分布示意图（见彩图）

然而这并不说明 PCTD 分解不再适用，而只是由于分类特征量的选取不当造成的。以在 $H/\alpha/A$ 分类算法中最难分解的水域和低植被为例，图 2.22 分别以熵与 α 值以及相干矩阵的迹（tr）与第一个特征值 λ_1 为坐标给出了两类目标样本点的散点分布。从图中可以看出，两类目标在 H-α 图中区别不大，而在 tr-λ_1 图中分得比较开，从而进一步验证了上述特征优选实验的结论。

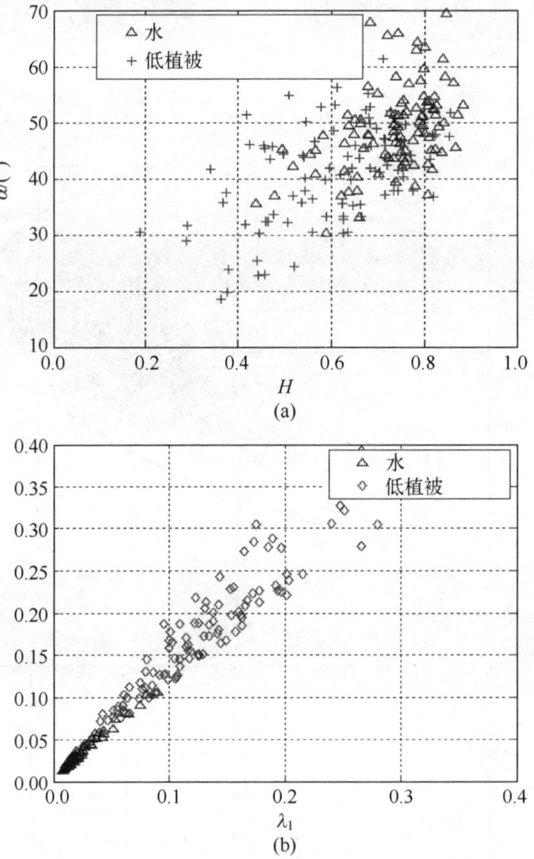

图 2.22　两类目标训练样本点的散点分布

表 2.3 给出的是这两类目标的特征优选实验结果，实验中选择了 70 个训练样本，30 个测试样本，最优分类阈值是通过搜索得到的（注：最优分类阈值条件指的是凡是符合条件的都判为水域，否则判为低植被），P_{e1} 为将水域分错的概率，P_{e2} 为将低植被分错的概率，P_e 为总的分类错误率。显然，从表中可以看出，提取相干矩阵的迹（tr）进行分类的效果最好，即 tr 是最佳分类特征量；用第一个特征值（λ_1）或行列式（Det）的效果次之；而用熵、α

角、反熵等特征进行分类时效果很差。

表 2.3　特征优选实验结果

特征量名称	最优分类阈值条件	训练样本分类错误率（$N=70$）			测试样本分类错误率（$N=30$）		
		P_{e1}	P_{e2}	P_e	P_{e1}	P_{e2}	P_e
熵	>0.71	0.38	0.24	0.32	0.00	0.36	0.18
α 角	>45°	0.33	0.37	0.35	0.23	0.40	0.31
反熵	<0.65	0.41	0.36	0.38	0.16	0.43	0.30
迹（tr）	**<0.065**	**0.07**	**0.01**	**0.04**	**0.03**	**0.00**	**0.01**
行列式（Det）	$<1.5\times10^{-6}$	0.10	0.02	0.06	0.06	0.00	0.03
特征值 λ_1	<0.045	0.09	0.01	0.05	0.03	0.06	0.05

同样的方法，可选取其他任意两类之间最优分类特征。图 2.23 给出了这批实验数据特征优选后的分类效果。从实验结果看，特征优选后的分类效果明显优于熵值分类、α 角分类等固定特征的分类算法。

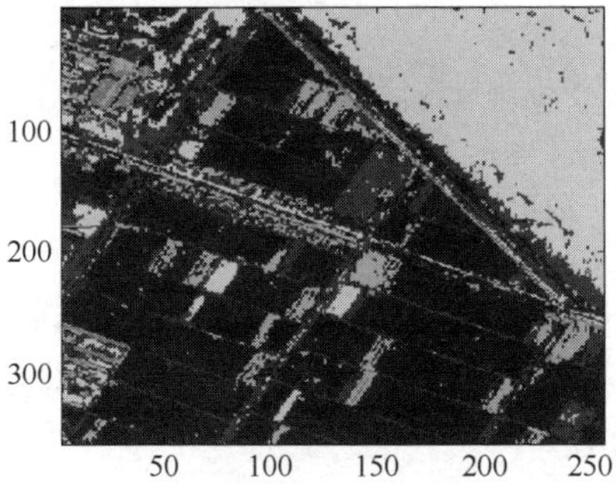

图 2.23　特征优选的分类效果（见彩图）

本章小结

本章主要介绍了极化雷达成像及其信息处理所需要的基础理论，包括电磁波和目标的极化特性、信息获取、信息处理三个方面。其中，在电磁波和目标的极化特性方面，介绍了电磁波和目标的极化特性，以及表征目标极化信息的各种矩阵之间的关系，为描述电磁波极化和目标极化特性提供了基础；在信息获取方面，介绍了典型的分时和同时极化雷达成像体制，区分了不同极化雷达成像体制能够获取的极化信息；在信息处理方面，着重介绍了极化 SAR 图像目标检测和目标极化散射机理与目标分解理论，阐述了极化在目标检测与识别上的应用。本章所介绍的理论可为后续其他章节提供参考。

参考文献

[1] 代大海．极化雷达成像及目标特征提取研究 [D]. 长沙：国防科学技术大学，2008.

[2] SOUMEKH M. Synthetic aperture radar signal processing with MATLAB algorithms [M]. New York：Wiley，1999.

[3] ZEBKER H A，VAN ZYL J J. Imaging radar polarimetry：a review [J]. Proceedings of the IEEE，1991，79(11)：1583-1606.

[4] 戴博伟．多极化合成孔径雷达系统与极化信息处理研究 [D]. 北京：中国科学院电子学研究所，2000.

[5] 吴永辉．极化 SAR 图像分类技术研究 [D]. 长沙：国防科学技术大学，2007.

[6] 王翠珍．极化 SAR 数据分析与目标信息提取 [D]. 北京：中国科学院遥感应用研究所，1999.

[7] 刘国庆．极化合成孔径雷达成像的理论分析及应用研究 [D]. 成都：电子科技大学，1996.

[8] 代大海．POLSAR 图像模拟及目标检测与分类方法研究 [D]. 长沙：国防科学技术大学，2003.

[9] 张兵，董臻，梁甸农．极化目标检测算法性能评价研究 [J]. 系统工程与电子技术，2001，23(3)：28-30.

[10] NOVAK L M，SECHTIN M B，CARDULLO M J. Studies of target detection algorithms that use polarimetric radar data [J]. IEEE Transactions on Aerospace and Electronic Systems，1989，25(2)：150-165.

[11] NOVAK L M，BURL M C，IRVING W W. Optimal polarimetric processing for enhanced target detection [J]. IEEE Transactions on Aerospace and Electronic Systems，1993，29(1)：234-244.

[12] POTTIER E，SAILLARD J. Optimal polarimetric detection of radar target in a slowly fluctuating environment of clutter [J]. IEEE Aerospace and Electronic Systems Magazine，1990，5(11)：4-9.

[13] NOVAK L M，HALVERSEN S D，OWIRKA G J. Effects of polarization and resolution on SAR ATR [J]. IEEE Transactions on Aerospace and Electronic Systems，1997，33(1)：102-116.

[14] OLIVER C，QUEGAN S. Understanding synthetic aperture radar images [M]. Boston：Artech House，1998.

[15] CLOUDE S R，POTTIER E. A review of target decomposition theorems in radar polarimetry

[J]. IEEE Transactions on Geoscience and Remote Sensing, 1996, 34(2): 498-518.

[16] DONG Y H, FORSTER B C, TICEHURST C. A new decomposition of radar polarization signatures [J]. IEEE Transactions on Geoscience and Remote Sensing, 1998, 36(3): 933-939.

[17] CLOUDE S R, POTTIER E. An entropy based classification scheme for land applications of polarimetric SAR [J]. IEEE Transactions on Geoscience and Remote Sensing, 1997, 35(1): 68-78.

第3章

基于均值移动的极化 SAR 相干斑抑制方法

作为基于相干原理的成像系统所固有的缺陷，极化 SAR 图像和 SAR 图像一样会出现相干斑噪声。受其影响，极化 SAR 图像中像素的幅度和相位会出现较大的起伏，严重影响着图像的可解译性。在过去几十年间，学者们对极化 SAR 相干斑滤波展开了广泛的研究，这些研究可以大致分成两个阶段。在第一个阶段中，学者们基于极化通道间的统计相关性提出了一些相干斑滤波算法，通过联合几个极化通道的数据对相干斑噪声进行了抑制。然而，这些算法都具有不可避免的缺陷。首先，理论上，极化协方差矩阵的所有元素在滤波后都将变得完全相关，使得滤波后的极化协方差矩阵不能再用复 Wishart 分布进行描述。其次，滤波过程中引入了通道间的串扰，造成极化信息的改变。最后，这些滤波算法往往忽略了极化协方差矩阵非对角元素的滤波。第二个阶段以 Lee 提出极化 SAR 相干斑滤波的准则为标志，以 Lee 等提出的精致 Lee 极化滤波算法、Vasil 等提出的 IDAN 滤波算法为代表。这些算法开始引入极化散射特性比较的思想，在强调相干斑噪声抑制的同时还考虑极化散射特性的保持。然而，在这些算法中，极化散射特性的相似性比较还相对粗糙，没有充分利用极化协方差矩阵/极化相干矩阵中所包含的极化信息，不能得到理想的相干斑滤波效果。因此，为了适应极化 SAR 图像解译对图像细节信息以及目标极化散射特性准确性的更高要求，本章将重点阐述极化 SAR 相干斑滤波算法。

3.1 相干斑形成机理及其统计特性

3.1.1 相干斑形成机理

作为一种基于相干原理的微波成像系统，极化 SAR 不可避免地会受到相干斑噪声（简称相干斑）的干扰。受其影响，极化 SAR 图像中像素的幅度和相位会产生较大的起伏，表现为颗粒状的噪声，严重影响着成像质量以及图像分割、地物分类、极化干涉等以图像为基础的解译和后处理工作。究其成因，要从雷达成像原理和回波信号的统计特征来描述。

3.1.2 相干斑统计特性

对于 SAR 而言，分辨单元通常比系统波长要大得多，在这种情况下，每个分辨单元都可以视为由多个尺寸和波长相近的散射体构成，如图 3.1 所示。于是，每个分辨单元内的回波信号将由这些散射体的回波相干合成。在相干合成的过程中，如果这些散射体的回波同相叠加，则 SAR 接收到的回波信号较强。相反，如果这些散射体的回波相互抵消，则 SAR 接收到的回波信号较弱。这种回波的随机性将导致 SAR 测量到的散射系数和真实值产生较大的偏差，最终在图像中表现为相干斑噪声。

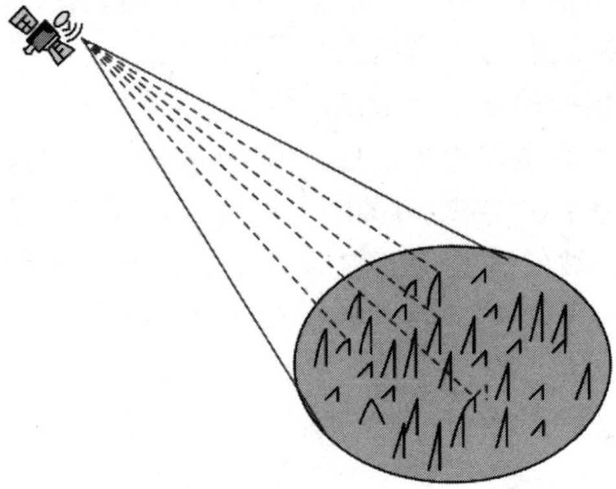

图 3.1　分辨单元内多个散射体示意图

通常，可以采用矢量叠加的方式来描述多个散射体回波的相干合成过程，即

$$\tilde{x} = \tilde{x}_{\mathrm{I}} + \tilde{x}_{\mathrm{Q}} = \sum_{i=1}^{M} x(i) = \sum_{i=1}^{M} (x_{\mathrm{I}}(i) + \mathrm{j}x_{\mathrm{Q}}(i)) = \sum_{i=1}^{M} x_{\mathrm{I}}(i) + \mathrm{j}\sum_{i=1}^{M} x_{\mathrm{Q}}(i) \tag{3.1}$$

多个散射体回波矢量相干合成示意图如图 3.2 所示。假设分辨单元内存在 4 个散射体，实线代表各散射体的回波矢量，虚线代表多个散射体合成的回波矢量。可以看到，对于分别用灰色和黑色表示的回波矢量，尽管只有一个散射体的回波相位发生变化，最终合成的回波矢量却产生了剧烈的变化。

3.1.2.1　单极化 SAR 图像的统计特性

1. 单视 SAR 图像

根据文献［1］可知，在满足以下条件时：

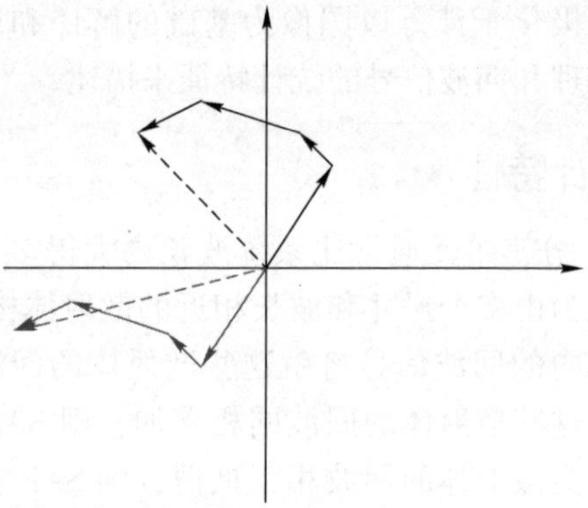

图 3.2　多个散射体回波矢量相干合成示意图

（1）同质（Homogeneous）介质的一个分辨单元内有大量散射体。

（2）雷达和目标之间的距离远大于雷达波长。

（3）介质表面粗糙程度远大于雷达波长。

相干斑噪声是“完全发育”（fully developed）的。这时，同质区域回波矢量的相位可以认为是在$(-\pi,\pi)$范围内均匀分布的。于是，根据中心极限定理可以知道，合成回波矢量的实部和虚部（即$\tilde{x}_{\mathrm{I}}$和$\tilde{x}_{\mathrm{Q}}$）相互独立且都服从均值为 0、方差为$\sigma^2/2$的高斯分布。其联合概率密度可以表示为

$$p_{\tilde{x}_{\mathrm{I}},\tilde{x}_{\mathrm{Q}}}(\tilde{x}_{\mathrm{I}},\tilde{x}_{\mathrm{Q}})=p_{\tilde{x}_{\mathrm{I}}}(\tilde{x}_{\mathrm{I}})p_{\tilde{x}_{\mathrm{Q}}}(\tilde{x}_{\mathrm{Q}})=\frac{1}{\sqrt{\pi}\sigma}\mathrm{e}^{-\tilde{x}_{\mathrm{I}}^2/\sigma^2}\frac{1}{\sqrt{\pi}\sigma}\mathrm{e}^{-\tilde{x}_{\mathrm{Q}}^2/\sigma^2}=\frac{1}{\pi\sigma^2}\mathrm{e}^{-(\tilde{x}_{\mathrm{I}}^2+\tilde{x}_{\mathrm{Q}}^2)/\sigma^2} \tag{3.2}$$

定义幅度为$A=\sqrt{\tilde{x}_{\mathrm{I}}^2+\tilde{x}_{\mathrm{Q}}^2}$，则可以得到其服从瑞利分布[2-3]，即

$$p_1(A)=\frac{2A}{\sigma^2}\exp\left(-\frac{A^2}{\sigma^2}\right),\quad A\geqslant 0 \tag{3.3}$$

式中：下标 1 代表单视数据。均值为$M_1(A)=\sigma\sqrt{\pi}/2$，方差为$\mathrm{var}_1(A)=(4-\pi)\sigma^2/4$。标准差和均值的比值为常数$\sqrt{4/\pi-1}\approx 0.5227$，这也是乘性噪声的基本特征。

相应地，强度$I=\tilde{x}_{\mathrm{I}}^2+\tilde{x}_{\mathrm{Q}}^2=A^2$对应的分布为负指数分布，即

$$p_1(I)=\frac{1}{\sigma^2}\exp\left(-\frac{I}{\sigma^2}\right),\quad I\geqslant 0 \tag{3.4}$$

其均值为$M_1(I)=\sigma^2$，方差为$\mathrm{var}_1(I)=\sigma^4$，标准差和均值之比为 1，说明相干斑噪声在强度图像中比在幅度图像中表现得更加明显。

2. 多视 SAR 图像

在早期的 SAR 处理中，为了克服相干斑噪声的影响，往往采用多视处理。该处理分两步进行：首先，将整个合成孔径（或者多普勒谱）划分成 N 段，

每一段都称为一“视”；其次，将各视独立处理得到的 N 幅 SAR 图像非相干叠加，得到一幅 N 视的 SAR 图像。N 视处理可以将相干斑的标准差降低为原来的 $1/\sqrt{N}$，但代价是方位向分辨率下降为原来的 $1/N$。

对于 N 视 SAR 图像，其强度可以表示成

$$I_N = \frac{1}{N}\sum_{i=1}^{N} I_1(i) = \frac{1}{N}\sum_{i=1}^{N} (\tilde{x}_I^2(i) + \tilde{x}_Q^2(i)) \tag{3.5}$$

式中：$\tilde{x}_I(i)$ 和 $\tilde{x}_Q(i)$ 分别代表第 i 视图像的实部和虚部。由于 $\tilde{x}_I(i)$ 和 $\tilde{x}_Q(i)$ 是独立的，且具有相同的高斯分布，因此，NI_N 服从自由度为 $2N$ 的 Chi 方分布[3]。相应地，也可以得到 N 视图像强度的概率密度函数（Probability Distribution Function，PDF）为

$$p_N(I) = \frac{N^N I^{N-1}}{(N-1)!\sigma^{2N}}\exp(-NI/\sigma^2),\quad I \geqslant 0 \tag{3.6}$$

其均值为 $M_N(I) = \sigma^2$，方差为 $\mathrm{var}_N(I) = \sigma^4/N$。可以看到，标准差和均值之比为单视图像的 $1/\sqrt{N}$。

由前面的分析可知，NI_N 是自由度为 $2N$ 的 Chi 方分布，相应地，$\sqrt{NI_N}$ 是自由度为 $2N$ 的 Chi 方分布。因此，N 视幅度图的 PDF 表达式为

$$p_N(A) = \frac{2N^N}{\sigma^{2N}(N-1)!}A^{2N-1}\mathrm{e}^{-NA^2/\sigma^2} \tag{3.7}$$

其均值和方差的表达式为

$$M_N(A) = \frac{\Gamma(N+1/2)}{\Gamma(N)}\sqrt{\sigma^2/N} \tag{3.8}$$

$$\mathrm{var}_N(A) = \left(N - \frac{\Gamma^2(N+1/2)}{\Gamma^2(N)}\right)\frac{\sigma^2}{N} \tag{3.9}$$

均值和标准差的比值为

$$\sqrt{\frac{N\Gamma^2(N)}{\Gamma^2(N+1/2)} - 1} \tag{3.10}$$

式中：$\Gamma(\cdot)$ 代表伽马函数。

3.1.2.2　单极化 SAR 图像的相干斑模型

由前面的分析可知，对单极化 SAR 而言，无论是否做多视处理，幅度/强度的均值与标准差之比都是常数，这是乘性噪声的性质。因此，可以说相干斑噪声是一种乘性噪声，相应的模型为[4-5]

$$I = xv \tag{3.11}$$

式中：I 为 SAR 图像中观测到的目标；x 为目标的真实散射强度；v 为相干斑噪声，并且 x、v 相互独立。

该模型对于单视和多视情况都能适用。在同质区域，定义相干斑噪声的方差系数（Coefficient of Variation，CV）为

$$\sigma_v = \sqrt{\mathrm{var}(I)}/E(I) \tag{3.12}$$

式中：$E(\cdot)$代表均值；$\mathrm{var}(\cdot)$代表方差。如前所述，它是一种衡量相干斑噪声强度的尺度。

3.1.2.3　全极化 SAR 图像的统计特性

对于全极化 SAR，目标的信息可以用散射矩阵来表征。而对于互异性介质，散射矩阵又可以用三个独立的复随机变量 S_{HH}、S_{HV}、S_{VV} 完全表征。这时，散射矩阵可以表示为极化散射矢量，即

$$\boldsymbol{u} = [S_{\mathrm{HH}} \quad \sqrt{2}S_{\mathrm{HV}} \quad S_{\mathrm{VV}}]^{\mathrm{T}} \tag{3.13}$$

式中：上标 T 代表转置。由于各极化通道目标复散射系数的实部和虚部相互独立且都服从均值为 0、方差相同的高斯分布，因此，S_{HH}、S_{HV}、S_{VV} 均服从复高斯分布。相应地，$\boldsymbol{u}$ 服从多维复高斯分布，则

$$p(\boldsymbol{u}) = \frac{1}{\pi^3|\boldsymbol{C}|}\exp(-\boldsymbol{u}^{\mathrm{H}}\boldsymbol{C}^{-1}\boldsymbol{u}) \tag{3.14}$$

式中：协方差矩阵 $\boldsymbol{C}=E[\boldsymbol{u}\boldsymbol{u}^{\mathrm{H}}]$ 是 Hermitian 矩阵，上标 H 代表复共轭；$|\boldsymbol{C}|$代表 $\boldsymbol{C}$ 的行列式。

对于 N 视数据，其协方差矩阵相当于 N 个单视协方差矩阵的平均，即

$$\boldsymbol{Z} = \frac{1}{N}\sum_{k=1}^{N}\boldsymbol{u}(k)\boldsymbol{u}(k)^{\mathrm{H}} = \frac{1}{N}\sum_{k=1}^{N}\begin{bmatrix} |S_{\mathrm{HH}}|^2 & \sqrt{2}S_{\mathrm{HH}}S_{\mathrm{HV}}^* & S_{\mathrm{HH}}S_{\mathrm{VV}}^* \\ \sqrt{2}S_{\mathrm{HV}}S_{\mathrm{HH}}^* & 2|S_{\mathrm{HV}}|^2 & \sqrt{2}S_{\mathrm{HV}}S_{\mathrm{VV}}^* \\ S_{\mathrm{VV}}S_{\mathrm{HH}}^* & \sqrt{2}S_{\mathrm{VV}}S_{\mathrm{HV}}^* & |S_{\mathrm{VV}}|^2 \end{bmatrix} \tag{3.15}$$

式中：N 代表视数；$\boldsymbol{u}(k)$代表第 k 个单视极化散射矢量。

令 $\boldsymbol{A}=N\boldsymbol{Z}$，则 $\boldsymbol{A}$ 服从复 Wishart 分布[3]：

$$p_A^{(N)}(\boldsymbol{A}) = \frac{|\boldsymbol{A}|^{N-q}\exp[-\mathrm{tr}(\boldsymbol{C}^{-1}\boldsymbol{A})]}{K(N,q)|\boldsymbol{C}|^N} \tag{3.16}$$

式中：$\mathrm{tr}(\boldsymbol{C}^{-1}\boldsymbol{A})$代表 $\boldsymbol{C}^{-1}\boldsymbol{A}$ 的迹；q 为矢量 u 的维数，对于互易性介质，$q=3$，对于非互异性介质，$q=4$；并且

$$K(N,q) = \pi^{\frac{1}{2}q(q-1)}\Gamma(N)\cdots\Gamma(N-q+1) \tag{3.17}$$

式中：$\Gamma(\cdot)$为伽马函数。

结合式（3.16）以及 $\boldsymbol{A}=N\boldsymbol{Z}$，可以得到多视协方差矩阵的分布为

$$p_Z^{(N)}(\boldsymbol{Z}) = \frac{N^{qN}|\boldsymbol{Z}|^{N-q}\exp[-N\mathrm{tr}(\boldsymbol{C}^{-1}\boldsymbol{Z})]}{K(N,q)|\boldsymbol{C}|^N} \tag{3.18}$$

3.1.2.4　全极化 SAR 图像的相干斑模型

对于单极化 SAR 图像，无论是否做多视处理，通常都可以用幅度或者强度对其进行描述。这时，由 3.1.2.2 节可知其中的相干斑噪声服从乘性噪声模型。对于全极化 SAR 图像，在单视情况下可以用散射矩阵对其进行描述，而在多视情况下往往要用平均的协方差矩阵对其进行描述，相应的表达式如（3.15）所示。通过观察可以发现，多视协方差矩阵 $\boldsymbol{Z}$ 的对角线元素为各极化通道的强度，因此可以用乘性噪声模型描述。而对于 $\boldsymbol{Z}$ 的非对角线元素，并不能表示成某个极化通道幅度或强度的形式，因此并不符合乘性噪声模型。Carlos Lopez-Martinez 经过一系列数学推导，发现 $\boldsymbol{Z}$ 的非对角元素可以用加性噪声和乘性噪声一起来描述，且乘性噪声分量和加性噪声分量的比例与通道间的复相关系数有关[6]。当复相关系数为 1 时（即完全相关），噪声是乘性的；相反，当复相关系数为 0 时（即不相关），噪声是加性的；在两者中间的情况时，噪声既有加性分量，又有乘性分量。

3.2　经典极化 SAR 相干斑滤波算法

为了克服相干斑噪声对成像质量以及图像分割、地物分类等以图像为基础的解译工作的影响，学者们进行了很多有意义的研究。下面将对几个经典的极化 SAR 相干斑滤波算法进行回顾。

3.2.1　基于极化通道间统计相关性的相干斑滤波算法

3.2.1.1　极化白化滤波算法

如 3.1.2.2 节所述，在同质区域，像素幅度/强度的标准差和均值之比是衡量相干斑噪声强度的一种重要尺度。为了使该参数达到最小，Novak 和 Burl 等[7-8]提出了第一种极化 SAR 滤波算法——极化白化滤波算法。该滤波算法通过将多个极化通道进行组合，得到了一幅去相干斑噪声的图像。

假定滤波后的像素值满足如下形式：

$$w=\boldsymbol{u}^{\mathrm{H}}\boldsymbol{A}\boldsymbol{u} \tag{3.19}$$

式中：$\boldsymbol{A}$ 为 Hermite 正定矩阵；上标 H 代表复共轭转置；$\boldsymbol{u}$ 为式（3.13）中定义的极化散射矢量。极化白化滤波的目的是选择合适的矩阵 $\boldsymbol{A}$ 使 w 的标准差和均值之比

$$J=\frac{\sqrt{\operatorname{var}(w)}}{E(w)} \tag{3.20}$$

达到最小。其中，$E(w)$代表 w 的均值，$\operatorname{var}(w)$代表 w 的方差。采用特征分析

的方法[9]，则 $E(w)$ 可以表示为

$$E(w)=E(\boldsymbol{u}^{\mathrm{H}}\boldsymbol{A}\boldsymbol{u})=\operatorname{tr}(E(\boldsymbol{u}\boldsymbol{u}^{\mathrm{H}})\boldsymbol{A})=\operatorname{tr}(\boldsymbol{\Sigma}\boldsymbol{A})=\sum_{i=1}^{3}\lambda_i \tag{3.21}$$

$$\operatorname{var}(w)=\operatorname{tr}(\boldsymbol{\Sigma}\boldsymbol{A})^2=\sum_{i=1}^{3}\lambda_i^2 \tag{3.22}$$

式中：$\boldsymbol{\Sigma}$ 为期望协方差矩阵，$\boldsymbol{\Sigma}=E(\boldsymbol{u}\boldsymbol{u}^{\mathrm{H}})$；$\lambda_i$ 为 $\boldsymbol{\Sigma}\boldsymbol{A}$ 的特征值。将式（3.21）、式（3.22）代入式（3.20），并结合拉格朗日乘子法可知，当 $\lambda_1=\lambda_2=\lambda_3=\lambda$ 时，J 的值最小，最小值为 $1/\sqrt{3}$。由于 $\boldsymbol{\Sigma}\boldsymbol{A}$ 为 Hermite 矩阵，由矩阵相关理论可知其酉相似于对角矩阵[10]，即

$$\boldsymbol{S}^{\mathrm{H}}\boldsymbol{\Sigma}\boldsymbol{A}\boldsymbol{S}=\boldsymbol{S}^{-1}\boldsymbol{\Sigma}\boldsymbol{A}\boldsymbol{S}=\begin{bmatrix}\lambda & 0 & 0\\ 0 & \lambda & 0\\ 0 & 0 & \lambda\end{bmatrix}=\lambda\boldsymbol{I} \tag{3.23}$$

式中：$\boldsymbol{I}$ 为单位矩阵；$\boldsymbol{S}$ 为 $\boldsymbol{\Sigma}\boldsymbol{A}$ 的特征矢量组成的酉矩阵。将式（3.23）化简，可以进一步得

$$\boldsymbol{\Sigma}\boldsymbol{A}=\lambda\boldsymbol{I}\quad\text{或}\quad\boldsymbol{S}=\lambda\boldsymbol{\Sigma}^{-1} \tag{3.24}$$

结合式（3.19）和式（3.24），可以将极化白化滤波算法写成

$$w=\boldsymbol{u}^{\mathrm{H}}\boldsymbol{\Sigma}^{-1}\boldsymbol{u} \tag{3.25}$$

因此，在该算法实施时，首先要用一个以被滤波像素为中心的窗来估计 $\boldsymbol{\Sigma}=E(\boldsymbol{u}\boldsymbol{u}^{\mathrm{H}})$，其次根据式（3.25）来对该像素进行滤波。

在满足反射对称性时[11]（即共极化分量和交叉极化分量相关系数为 0），$\boldsymbol{\Sigma}$ 可以表示成

$$\begin{aligned}\boldsymbol{\Sigma}&=\begin{bmatrix}E(|S_{\mathrm{HH}}|^2) & E(\sqrt{2}S_{\mathrm{HH}}S_{\mathrm{HV}}^*) & E(S_{\mathrm{HH}}S_{\mathrm{VV}}^*)\\ E(\sqrt{2}S_{\mathrm{HV}}S_{\mathrm{HH}}^*) & E(2|S_{\mathrm{HV}}|^2) & E(\sqrt{2}S_{\mathrm{HV}}S_{\mathrm{VV}}^*)\\ E(S_{\mathrm{VV}}S_{\mathrm{HH}}^*) & E(\sqrt{2}S_{\mathrm{VV}}S_{\mathrm{HV}}^*) & E(|S_{\mathrm{VV}}|^2)\end{bmatrix}\\&=E(|S_{\mathrm{HH}}|^2)\begin{bmatrix}1 & 0 & \rho\sqrt{\gamma}\\ 0 & 2\varepsilon & 0\\ \rho^*\sqrt{\gamma} & 0 & \gamma\end{bmatrix}\end{aligned} \tag{3.26}$$

式中：$\varepsilon=\dfrac{E(|S_{\mathrm{HV}}|^2)}{E(|S_{\mathrm{HH}}|^2)}$，$\gamma=\dfrac{E(|S_{\mathrm{VV}}|^2)}{E(|S_{\mathrm{HH}}|^2)}$，$\rho=\dfrac{E(S_{\mathrm{HH}}S_{\mathrm{VV}}^*)}{\sqrt{E(|S_{\mathrm{HH}}|^2)E(|S_{\mathrm{VV}}|^2)}}$ 代表 S_{HH} 和 S_{VV} 的互相关系数。这时，式（3.25）可以表示为

$$w=|S_{\mathrm{HH}}|^2+\frac{1}{\gamma}|S_{\mathrm{VV}}|^2+\frac{1-|\rho|^2}{\varepsilon}|S_{\mathrm{HV}}|^2-\frac{2\mathrm{Re}(\rho S_{\mathrm{HH}}^*S_{\mathrm{VV}})}{\sqrt{\gamma}} \tag{3.27}$$

最初，极化白化滤波算法是针对单视极化 SAR 数据提出的，但是也可以

将其扩展至多视极化 SAR 数据。对于每个用于多视处理中的像素而言，极化白化滤波算法的滤波结果可以表示成

$$w_i=\boldsymbol{u}_i^{\mathrm{H}}\boldsymbol{\Sigma}^{-1}\boldsymbol{u}_i=\mathrm{tr}(\boldsymbol{\Sigma}^{-1}\boldsymbol{C}_i) \tag{3.28}$$

式中：$\boldsymbol{C}_i$ 为第 i 个像素的协方差矩阵。假定 n 个来自同质区域的邻近像素有相同的期望协方差矩阵 $\boldsymbol{\Sigma}$。则 n 个极化白化滤波后的像素就可以构成 n 视极化 SAR 数据的极化白化滤波结果，即

$$w^{(n)}=\frac{1}{n}w_i=\frac{1}{n}\sum_{i=1}^{n}\mathrm{tr}(\boldsymbol{\Sigma}^{-1}\boldsymbol{C}_i)=\frac{1}{n}\mathrm{tr}(\boldsymbol{\Sigma}^{-1}\sum_{i=1}^{n}\boldsymbol{C}_i)=\mathrm{tr}(\boldsymbol{\Sigma}^{-1}\boldsymbol{Z}) \tag{3.29}$$

3.2.1.2 最优加权滤波算法

从 3.2.1.1 节可知，极化白化滤波算法虽然利用了多个极化通道的数据，但只能得到一幅滤除相干斑噪声的图像，各个极化通道内的相干斑噪声并没有分别得到抑制。为了对各个极化通道分别进行相干斑滤波。Lee 等基于乘性噪声模型提出了一种线性滤波算法——最优加权滤波算法[12]，得到了三个极化通道分别滤波后的图像。

令 z_i 为第 i 个极化通道观测到的幅度或强度，根据乘性噪声模型，有

$$z_i=x_iv_i,\quad i=1,2,3 \tag{3.30}$$

式中：x_i 为目标的真实散射幅度或强度；v_i 为乘性噪声，其均值为 1，标准差为 σ_{v_i}；x_i 和 v_i 是统计独立的。因此有

$$E[z_i]=E[x_i]\quad 或\quad \bar{z}_i=\bar{x}_i,\quad i=1,2,3 \tag{3.31}$$

$$\begin{aligned}\mathrm{var}(z_i)&=E[(z_i-\bar{z}_i)^2]=E[(x_i(v_i-1)+(x_i-\bar{x}_i))^2]\\&=(\mathrm{var}(x_i)+\bar{x}_i^2)\sigma_{v_i}^2+\mathrm{var}(x_i)\end{aligned},\quad i=1,2,3 \tag{3.32}$$

相应地，可以得

$$\mathrm{var}(x_i)=\frac{\mathrm{var}(z_i)-\bar{x}_i^2\sigma_{v_i}^2}{(1+\sigma_{v_i}^2)} \tag{3.33}$$

于是，得到 x_1 的线性无偏估计为

$$\hat{x}_1=(z_1+az_2/\varepsilon+bz_3/\gamma)/(1+a+b) \tag{3.34}$$

式中：$\varepsilon=\dfrac{E(x_2)}{E(x_1)}$；$\gamma=\dfrac{E(x_3)}{E(x_1)}$。接下来，需要选择合适的参数 a、b，使均方误差 $J=E[(\hat{x}_1-x_1)^2]$ 最小，即要满足

$$\frac{\partial J}{\partial a}=0,\quad \frac{\partial J}{\partial b}=0 \tag{3.35}$$

经过推导可以得

$$a=\frac{(1-\rho_{13})(1-\rho_{23}+\rho_{13}-\rho_{12})}{(1-\rho_{23})(1+\rho_{23}-\rho_{13}-\rho_{12})} \tag{3.36}$$

$$b=\frac{(1-\rho_{12})(1-\rho_{23}-\rho_{13}+\rho_{12})}{(1-\rho_{23})(1+\rho_{23}-\rho_{13}-\rho_{12})} \tag{3.37}$$

式中：ρ_{ij}为相关系数，定义为

$$\rho_{ij}=\frac{E[(z_i-\bar{z}_i)(z_j-\bar{z}_j)]}{\sqrt{E[(z_i-\bar{z}_i)^2]E[(z_j-\bar{z}_j)^2]}} \tag{3.38}$$

在得到 x_1 的估计值$\hat{x}_1$之后，很容易得到 x_2、x_3 的估计值分别为$\hat{x}_2=\varepsilon\hat{x}_1$，$\hat{x}_3=\gamma\hat{x}_1$。

相比极化白化滤波算法，最优加权滤波算法的最大优点在于能分别用于各极化通道的幅度或强度图像，得到其相干斑滤波后的结果。但其缺点是理论上各极化通道的数据在滤波后将变得完全相关，极化特性也没有得到很好的保持。

3.2.1.3 极化矢量滤波算法

从前面的分析不难看出，极化白化滤波算法和最优加权滤波算法都只利用了极化通道之间的统计相关性，因此，它们都是极化域的滤波算法。这类滤波算法对极化通道间的统计相关性有严重的依赖性，同时忽略了空间域信息的利用。为了克服其缺陷，Lin 和 Alleback 提出了一种在空域和极化域进行联合滤波的算法——极化矢量滤波算法[13]。其原理如下：首先将式（3.30）所示的各极化通道乘性噪声模型写成矢量形式，即

$$\boldsymbol{z}=\boldsymbol{V}\boldsymbol{x}=\begin{bmatrix} v_1 & 0 & 0 \\ 0 & v_2 & 0 \\ 0 & 0 & v_3 \end{bmatrix}\boldsymbol{x} \tag{3.39}$$

式中：$\boldsymbol{z}=[z_1,z_2,z_3]^{\mathrm{T}}$；$\boldsymbol{x}=[x_1,x_2,x_3]^{\mathrm{T}}$；$z_i$ 代表第 i 个极化通道中观测到的幅度或强度；x_i 代表第 i 个极化通道中目标的真实幅度或强度。

根据线性最小均方误差准则，$\boldsymbol{x}$ 的估计值$\hat{\boldsymbol{x}}$可以表示为

$$\hat{\boldsymbol{x}}=\boldsymbol{A}\bar{\boldsymbol{x}}+\boldsymbol{B}\boldsymbol{z} \tag{3.40}$$

式中：$\boldsymbol{A}$ 和 $\boldsymbol{B}$ 均为 3×3 的矩阵，它们的作用是最小化

$$J=E[\|\hat{\boldsymbol{x}}-\boldsymbol{x}\|^2] \tag{3.41}$$

最优的 $\boldsymbol{A}$ 和 $\boldsymbol{B}$ 必须满足

$$\frac{\partial J}{\partial \boldsymbol{A}}=0 \quad 或 \quad E[\bar{\boldsymbol{x}}(\boldsymbol{x}-\boldsymbol{A}\bar{\boldsymbol{x}}-\boldsymbol{B}\boldsymbol{z})^{\mathrm{T}}]=0 \tag{3.42}$$

$$\frac{\partial J}{\partial \boldsymbol{B}}=0 \quad 或 \quad E[\boldsymbol{z}(\boldsymbol{x}-\boldsymbol{A}\bar{\boldsymbol{x}}-\boldsymbol{B}\boldsymbol{z})^{\mathrm{T}}]=0 \tag{3.43}$$

由于 $E(\boldsymbol{z})=\bar{\boldsymbol{z}}=\bar{\boldsymbol{x}}$，由式（3.42）可以得

$$\boldsymbol{A}=\boldsymbol{I}-\boldsymbol{B} \tag{3.44}$$

式中：$\boldsymbol{I}$ 为单位矩阵。将式（3.44）代入式（3.43）可以得

$$E[z(\boldsymbol{x}-(\boldsymbol{I}-\boldsymbol{B})\bar{\boldsymbol{x}}-\boldsymbol{B}z)^{\mathrm{T}}]=E[z(\boldsymbol{x}-\bar{\boldsymbol{x}}+\boldsymbol{B}(\bar{\boldsymbol{x}}-z))^{\mathrm{T}}]=0 \tag{3.45}$$

相应地，应该有

$$E[(\boldsymbol{x}-\bar{\boldsymbol{x}}+\boldsymbol{B}(\bar{\boldsymbol{x}}-z))z^{\mathrm{T}}]=E[(\boldsymbol{x}-\bar{\boldsymbol{x}})z^{\mathrm{T}}]+\boldsymbol{B}E[(\bar{\boldsymbol{x}}-z)z^{\mathrm{T}}]=0 \tag{3.46}$$

其中，

$$\begin{aligned}E[(\boldsymbol{x}-\bar{\boldsymbol{x}})z^{\mathrm{T}}]&=E[(\boldsymbol{x}-\bar{\boldsymbol{x}})z^{\mathrm{T}}]-E[(\boldsymbol{x}-\bar{\boldsymbol{x}})\bar{z}^{\mathrm{T}}]\\&=E[(\boldsymbol{x}-\bar{\boldsymbol{x}})\boldsymbol{x}^{\mathrm{T}}]\overline{\boldsymbol{V}}-E[(\boldsymbol{x}-\bar{\boldsymbol{x}})\bar{\boldsymbol{x}}^{\mathrm{T}}]\\&=E[(\boldsymbol{x}-\bar{\boldsymbol{x}})(\boldsymbol{x}-\bar{\boldsymbol{x}})^{\mathrm{T}}]\\&=\mathrm{cov}(\boldsymbol{x})\end{aligned} \tag{3.47}$$

这里$\overline{\boldsymbol{V}}=\boldsymbol{I}$。

$$\boldsymbol{B}E[(\bar{\boldsymbol{x}}-z)z^{\mathrm{T}}]=\boldsymbol{B}\{\bar{z}\bar{z}^{\mathrm{T}}-E(z\bar{z}^{\mathrm{T}})\}=-\boldsymbol{B}\mathrm{cov}(z) \tag{3.48}$$

结合式（3.47）和式（3.48）可以得

$$\boldsymbol{B}=\mathrm{cov}(\boldsymbol{x})/\mathrm{cov}(z) \tag{3.49}$$

将式（3.44）和式（3.49）代入式（3.40）得

$$\hat{\boldsymbol{x}}=\bar{\boldsymbol{x}}+\boldsymbol{B}(z-\bar{\boldsymbol{x}})=\bar{\boldsymbol{x}}+\boldsymbol{M}\boldsymbol{P}^{-1}(z-\bar{\boldsymbol{x}}) \tag{3.50}$$

式中：$\boldsymbol{M}=\mathrm{cov}(\boldsymbol{x})$；$\boldsymbol{P}=\mathrm{cov}(z)$；$\bar{\boldsymbol{x}}$可以用实测数据的均值$\bar{z}$代替；$\boldsymbol{P}$ 矩阵可以用滑窗内的数据来计算，其元素 P_{ij}的表达式为

$$P_{ij}=E[(z_i-\bar{z}_i)(z_j-\bar{z}_j)]=E[z_iz_j]-\bar{z}_i\bar{z}_j=E[v_iv_j]E[x_ix_j]-\bar{x}_i\bar{x}_j \tag{3.51}$$

而 $\boldsymbol{M}$ 则需要用乘性噪声模型计算[11]，结合式（3.51）可知其元素 M_{ij}的表达式为

$$\begin{aligned}M_{ij}&=E[(x_i-\bar{x}_i)(x_j-\bar{x}_j)]=E[x_ix_j]-\bar{x}_i\bar{x}_j\\&=(P_{ij}+\bar{x}_i\bar{x}_j)/E[v_iv_j]-\bar{x}_i\bar{x}_j\\&=(P_{ij}+(1-E[v_iv_j])\bar{x}_i\bar{x}_j)/E[v_iv_j]\end{aligned} \tag{3.52}$$

定义 v_i 和 v_j 的相关系数为

$$\rho_{ij}=\frac{E[(v_i-\bar{v}_i)(v_j-\bar{v}_j)]}{\sqrt{E[(v_i-\bar{v}_i)^2]E[(v_j-\bar{v}_j)^2]}} \tag{3.53}$$

考虑乘性噪声 v_i 的均值为 1，标准差为 σ_{v_i}，式（3.53）可以写成

$$E(v_iv_j)=1+\rho_{ij}\sigma_{v_i}\sigma_{v_j} \tag{3.54}$$

将式（3.54）代入式（3.52）得

$$M_{ij}=(P_{ij}-\rho_{ij}\sigma_{v_i}\sigma_{v_j}\bar{x}_i\bar{x}_j)/(1+\rho_{ij}\sigma_{v_i}\sigma_{v_j}) \tag{3.55}$$

极化矢量滤波算法是一种基于线性最小均方误差准则的滤波算法，它采用了空间域和极化域联合滤波的方式对相干斑噪声进行抑制。然而，该滤波算法也存在着固有的缺陷：首先，它只对极化协方差矩阵或极化相干矩阵的对角线元素进行了滤波，对非对角线元素并未做处理。其次，在已知纹理先

验分布的情况下，该算法并不是最优的。

3.2.2 具有极化散射特性保持能力的相干斑滤波算法

3.2.1 节所讨论的相干斑滤波算法代表了极化 SAR 相干斑滤波发展的早期阶段。它们的提出，对极化 SAR 相干斑滤波技术的进步起到了很大的推动作用。但是，由于历史和技术上的局限性，它们不可避免地存在一些缺陷。首先，理论上，极化协方差矩阵的所有元素滤波后都将变得完全相关。结果，滤波后的极化协方差矩阵不能再用复 Wishart 分布来描述。其次，滤波过程中引入了通道间的串扰，造成了极化信息的改变。最后，这些算法往往只对协方差矩阵的对角线元素做了滤波，而对非对角线元素未做处理。

1999 年，Lee 等在 IEEE GRS 上发表了一篇论文[14]，详细论述了极化 SAR 相干斑滤波算法的构建准则：

(1) 为了保持极化特性，极化协方差矩阵内的每一个元素都应该用类似多视的方式进行滤波，即利用邻近像素的极化协方差矩阵对被滤波像素的极化协方差矩阵做加权平均。同时，极化协方差矩阵的所有元素应该都有相同的滤波程度。

(2) 为了避免极化通道间的串扰，极化协方差矩阵的各个元素应该在空间域独立进行滤波。

(3) 为了保护边界、点目标等图像细节，滤波算法需要具有自适应能力，只选择部分具有相似散射特性的邻近像素参与相干斑滤波。

3.2.2.1 精致 Lee 极化滤波算法

根据以上准则，Lee 等提出了一种基于非矩形窗的极化 SAR 滤波算法——精致 Lee 极化滤波算法[14]。相比之前的滤波算法，该算法具有以下优点：

(1) 窗口的取向和滤波权值都是用 span 值来确定的。由于 span 值是 HH、HV、VV 通道强度的加权求和，这就避免了各个极化通道散射特性不同所带来的影响。同时，避免了对极化协方差矩阵的每个元素分别计算局部方差，提高了算法的效率。

(2) 计算滤波权值后，极化协方差矩阵的各元素都将进行独立的滤波，避免了极化通道间的串扰。

(3) 由于采用了具有取向的非矩形窗，相比矩形窗，图像的细节得到了更好的保护。

图 3.3 给出了精致 Lee 极化滤波算法所用到的 8 个取向不同的非矩形窗，窗口中以白色表示的像素将用于滤波处理。在算法实施过程中，挑选一个窗口用于滤波。由于经过了判断，保证了挑选出的非矩形窗中包含的像素和中

心像素（以黑色表示，即被滤波像素）有更接近的散射特性，从而能得到更好的滤波效果。相比之下，矩形窗更有可能将具有不同散射特性的像素引入滤波过程，从而破坏滤波后图像的细节和散射特性。

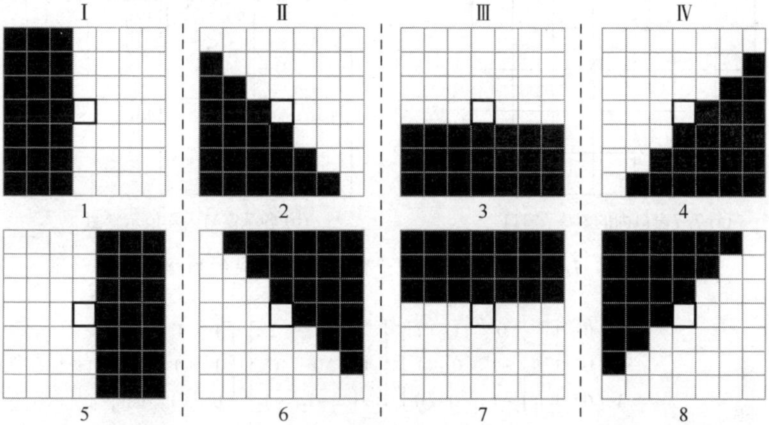

图 3.3　精致 Lee 极化滤波算法所用到的 8 个取向不同的非矩形窗

精致 Lee 极化滤波算法的步骤如下：

步骤 1：窗口选择

假定精致 Lee 极化滤波算法采用 7×7 大小的滤波窗口。首先，7×7 的窗口将划分成 9 个 3×3 的子窗口，具体划分方式如图 3.4（a）所示，图中用虚线和实线展示了其中两个子窗口。可以看到，对于 7×7 的滤波窗口而言，3×3 的子窗口存在着一定的重叠。对于 9×9 或者更大的滤波窗口，则可以得到不重叠的子窗口。子窗口划分完之后，分别计算各个子窗口内像素 span 值的均值，结果如图 3.4（b）所示。其次，将使用图 3.5 所示的边界检测模板来检测边界方向。检测方法是将边界检测模板和各子窗口的均值做对应相乘后累加，得到绝对值最大的那个将用来判断边界方向。需要注意的是，每个边界检测模板都对应着图 3.3 中两个完全相反的窗口，最终选择哪一个窗口要看中间子窗口的均值和哪个邻近子窗口的均值更接近。例如，如果比较 m_{13}、m_{22}和 m_{31}哪个更加接近，则将选择图 3.3 中的 6 号窗口。

步骤 2：滤波权值计算

将基于最小均方误差准则计算滤波权值 b，具体推导如下：

基于乘性噪声模型，可以将 span 值写作

$$z = xv \tag{3.56}$$

式中：z 为测量到的 span 值；x 为真实的 span 值；v 为乘性噪声，x 和 v 是统计独立的。因此有

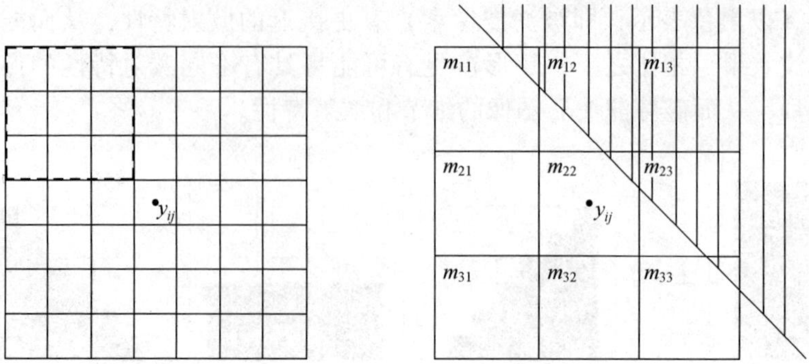

(a) 7×7窗口内的3×3子窗口　　(b) 各子窗口内均值示意图

图 3.4　7×7 窗口内的 3×3 子窗口及其对应的均值示意图

$$\begin{bmatrix}-1 & 0 & 1\\ -1 & 0 & 1\\ -1 & 0 & 1\end{bmatrix}\begin{bmatrix}0 & 1 & 1\\ -1 & 0 & 1\\ -1 & -1 & 0\end{bmatrix}\begin{bmatrix}1 & 1 & 1\\ 0 & 0 & 0\\ -1 & -1 & -1\end{bmatrix}\begin{bmatrix}1 & 1 & 0\\ 1 & 0 & -1\\ 0 & -1 & -1\end{bmatrix}$$

图 3.5　边界检测模板

$$E[z]=E[x] \quad 或 \quad \bar{z}=\bar{x} \tag{3.57}$$

$$\begin{aligned}\mathrm{var}(z)&=E[(z-\bar{z})^2]=E[(x(v-1)+(x-\bar{x}))^2]\\ &=E[x^2]\sigma_v^2+\mathrm{var}(x)\\ &=(\mathrm{var}(x)+\bar{x}^2)\sigma_v^2+\mathrm{var}(x)\end{aligned} \tag{3.58}$$

相应地，线性最小均方误差滤波器的滤波结果可以表示为

$$\hat{x}=a\bar{x}+bz \tag{3.59}$$

本书的目的是要选择合适的参数 a 和 b 来使式（3.60）所示的均方误差达到最小

$$J=E[(\hat{x}-x)^2] \tag{3.60}$$

结合式（3.59）和式（3.60）可知最佳的参数 a 和 b 应该满足

$$\frac{\partial J}{\partial a}=0 \quad 或 \quad E[\bar{x}(a\bar{x}+bz-x)]=0 \tag{3.61}$$

$$\frac{\partial J}{\partial b}=0 \quad 或 \quad E[y(a\bar{x}+bz-x)]=0 \tag{3.62}$$

其中，结合式（3.57）和式（3.61）可以得

$$a=1-b \tag{3.63}$$

将式（3.63）代入式（3.62）可以得

$$E[z(x-\bar{x})+b(\bar{x}-z)z]=E[z(x-\bar{x})]+bE[(\bar{x}-z)z]=0 \tag{3.64}$$

其中，

$$\begin{aligned} E[z(x-\bar{x})] &= E[xv(x-\bar{x})] = E[x(x-\bar{x})] \\ &= E[x(x-\bar{x})] - E[\bar{x}(x-\bar{x})] \\ &= E[(x-\bar{x})^2] = \mathrm{var}(x) \end{aligned} \tag{3.65}$$

$$\begin{aligned} E[b(\bar{x}-z)z] &= bE[(\bar{z}-z)z] \\ &= bE[(\bar{z}-z)z-\bar{z}(\bar{z}-z)] \\ &= -bE[(z-\bar{z})^2] = -b\mathrm{var}(z) \end{aligned} \tag{3.66}$$

因此，将式（3.65）和式（3.66）代入式（3.64）得

$$b=\frac{\mathrm{var}(x)}{\mathrm{var}(z)} \tag{3.67}$$

式中：式 $\mathrm{var}(z)$ 为由窗口中数据计算的方差；$\mathrm{var}(x)$ 由式（3.58）计算。

步骤 3：极化协方差矩阵滤波

在得到滤波权值 b 之后，就可以用它对极化协方差矩阵 $\mathbf{Z}$ 中的各元素进行独立的滤波，滤波后的协方差矩阵可以表示为

$$\hat{\mathbf{Z}}=\overline{\mathbf{Z}}+b(\mathbf{Z}-\overline{\mathbf{Z}}) \tag{3.68}$$

3.2.2.2　IDAN 滤波算法

如前所述，相干斑滤波的基本原则之一是选择和被滤波像素具有相似散射特性的邻近像素参与滤波。而区域增长技术就具有将相似统计特性的像素归类在一起的能力[15]。于是，基于区域增长技术和 Lee Sigma 滤波思想[16]，Vasile 等于 2006 年提出了一种适用于极化 SAR 和极化干涉 SAR 的相干斑滤波算法——IDAN（Intensity Driven Adaptive Neighborhood）算法[17]。在此算法中，区域增长技术被用来自适应地选择邻近像素，Lee Sigma 滤波思想则用来对选择出来的像素幅度进行限制。

首先，在 Pauli 基下，目标的极化散射矩阵将表示成如下的相干散射矢量：

$$\boldsymbol{u}=\frac{1}{\sqrt{2}}[S_{\mathrm{HH}}+S_{\mathrm{VV}} \quad S_{\mathrm{HH}}-S_{\mathrm{VV}} \quad 2S_{\mathrm{HV}}]^{\mathrm{T}} \tag{3.69}$$

其次，IDAN 滤波算法将分为两个步骤进行，目的是避免噪声的影响。

步骤 1：自适应邻域粗估计

（1）先验均值估计。在以被滤波像素为中心的 3×3 窗口中，分别计算相干散射矢量 $\boldsymbol{u}$ 每个元素的中值，构成 $\boldsymbol{u}$ 的先验均值 $\widetilde{\boldsymbol{u}}$。

（2）初始区域增长。首先，在满足

$$\sum_{i=1}^{3}\frac{\|u_i(k,l)-\widetilde{u}_i(m,n)\|}{\|\widetilde{u}_i(m,n)\|}\leqslant 2\sigma_v \tag{3.70}$$

的前提下，8 个和被滤波像素直接相邻的像素纳入自适应邻域（Adaptive

Neighborhood，AN）中。这相当于要求自适应邻域中像素的每个元素满足$[\tilde{u}_i-\frac{2}{3}\tilde{u}_i\sigma_v,\tilde{u}_i+\frac{2}{3}\tilde{u}_i\sigma_v]$，$i=1,2,3$。根据相关理论，约有 50%的像素满足此条件[1,16]。其次，以此自适应邻域为基础，区域增长将不断重复下去，直到所有满足此条件的相邻像素被选择或者自适应邻域中的像素个数达到上限。

步骤 2：自适应邻域精估计

（1）均值再估计。所有在步骤 1 中挑选出来的像素都将用来计算更加精确的均值$\ddot{\boldsymbol{u}}$。

（2）重新检验步骤 1 中抛弃的像素。利用新的均值$\ddot{\boldsymbol{u}}$来检验之前在步骤 1 中抛弃的像素是否满足条件

$$\sum_{i=1}^{3}\frac{\|u_i(k,l)-\ddot{u}_i(m,n)\|}{\|\ddot{u}_i(m,n)\|}\leqslant 6\sigma_v \tag{3.71}$$

相比步骤 1，这里的门限要求没有那么严格，约有 95%的像素满足此条件[1,16]。因此，更多的像素将用于滤波。

在每个像素的自适应邻域确定后，就可以基于最小均方误差准则和 span 值来计算权值 b，然后用所有自适应邻域中的像素来滤波。

相比精致 Lee 极化滤波算法，本算法的优点是像素的选择可以不用受到固定大小窗口限制，因此可以得到更为平滑的滤波效果。但缺点是对每个像素，都需要通过邻近像素的追踪确定其自适应邻域，相应的计算量也更大。此外，和 Lee Sigma 滤波算法[18]相似，算法先验假设和相干斑实际分布的偏差会带来一些问题。因为相干斑的实际分布并不是对称的，然而在区域增长的过程中，使用了对称的门限。

3.3 基于均值移动的极化 SAR 相干斑滤波算法

在本节中，重点介绍了基于均值移动算法提出的一种新颖的极化 SAR 相干斑滤波算法[19-20]，并利用德国 DLR 的 E-SAR（Experiment SAR）数据以及中国电子科技集团第三十八研究所的机载极化 SAR 数据对算法进行了验证。从实验结果来看，相比精致 Lee 极化滤波算法、IDAN（Intensity Driven Adaptive Neighborhood）滤波算法等当前广泛使用的极化 SAR 相干斑滤波算法，本节所提出的算法在改善了滤波效果的同时还具有边界特征及极化散射特性保持的能力。由于在挑选参与滤波像素的过程中同时利用了幅度信息和极化信息，为了区别 IDAN 滤波算法，我们将本章所提出的算法命名为 PDAN（Polarimetric Driven Adaptive Neighborhood）。

3.3.1 均值移动算法

3.3.1.1 均值移动算法概述

均值移动（Mean Shift，MS）的概念最早是由 Fukunaga 和 Hostetler 于 1975 年在一篇关于模式识别的文章中提出来的[21]。从本质上来说，均值移动是一种自适应的梯度上升峰值搜索方法。图 3.6 给出了均值移动算法的示意图，其中红色的圆点代表概率密度函数的峰值点。在图 3.6 中给出了一个点的迭代搜索示意图，假定该点的初始位置是编号为 1 的橘黄色点，均值移动算法会一步步地迭代，最终收敛到与其对应的峰值点 4。

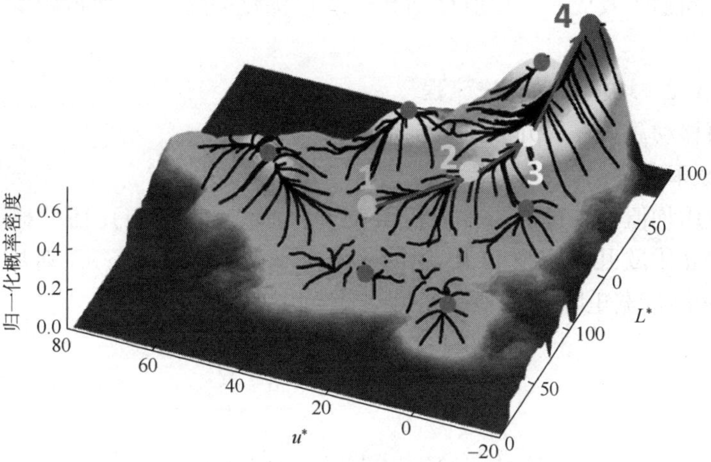

图 3.6　均值移动算法示意图（见彩图）

由于具有边界保持的性能，且不需要数据统计特性的先验知识，均值移动算法在图像聚类[22-24]、图像分割[25]、目标跟踪[26]等领域均有着广泛的应用。图 3.7 给出了基于均值移动算法的图像分割结果。

(a) 原始图像　　(b) 图像分割后

图 3.7　基于均值移动算法的图像分割结果（见彩图）

然而，由于初始的均值移动算法只能应用于欧几里得空间，在提出之后的很长一段时间内，均值移动算法并没有受到人们的关注。直到 1995 年，另外一篇关于均值移动算法的重要论文[22]发表，这种现象才得以改观。在这篇论文中，Cheng 对初始的均值移动算法做了推广：首先，他定义了一族核函数，使得样本对均值移动矢量的贡献随着其与被移动点距离的不同而不同。其次，他设定了一个权重系数，用来区分不同样本点的重要性，扩大了均值移动算法的适用范围。此外，Cheng 还指出了均值移动算法可能应用的领域，并给出了具体的例子。在此基础之上，Comaniciu 等把均值移动算法运用到了特征空间分析的领域[25-27]，取得了较好的效果。此外，Comaniciu 等还把非刚体的跟踪问题等效成一个均值移动算法的最优化问题[26]，使得跟踪可以实时地进行。

3.3.1.2 均值移动算法流程

均值移动算法一般分成三个步骤进行：

1. 概率密度估计

要使用均值移动算法，首先需要基于核函数（Kernel）估计概率密度函数。给定 d 维欧几里得空间 $\boldsymbol{R}^d$ 中的 n 个点 $\boldsymbol{x}_i(i=1,2,\cdots,n)$，则基于核函数 $K(\boldsymbol{x})$ 和 d 维带宽矩阵 $\boldsymbol{H}$ 的概率密度估计可以表示为

$$\hat{f}(\boldsymbol{x})=\frac{1}{n}\sum_{i=1}^{n}K_H(\boldsymbol{x}-\boldsymbol{x}_i) \tag{3.72}$$

其中，

$$K_H(\boldsymbol{x})=|\boldsymbol{H}|^{-1/2}K(\boldsymbol{H}^{-1/2}\boldsymbol{x}) \tag{3.73}$$

一般情况下，带宽矩阵 $\boldsymbol{H}$ 取为

$$\boldsymbol{H}=\mathrm{diag}(h_1^2,\cdots,h_d^2) \quad \text{或} \quad \boldsymbol{H}=h^2\boldsymbol{I} \tag{3.74}$$

相比 $\boldsymbol{H}=\mathrm{diag}(h_1^2,\cdots,h_d^2)$，$\boldsymbol{H}=h^2\boldsymbol{I}$ 只包含一个带宽参数 h，更加地简便。因此，在下面的推导中，将采用 $\boldsymbol{H}=h^2\boldsymbol{I}$ 的形式，这也是实际处理常采用的形式。其对应的概率密度函数的表达式为

$$\hat{f}_{h,K}(\boldsymbol{x})=\frac{1}{nh^d}\sum_{i=1}^{n}K\left(\frac{\boldsymbol{x}-\boldsymbol{x}_i}{h}\right) \tag{3.75}$$

通常，将核函数表示成径向对称的形式

$$K(\boldsymbol{x})=c_{k,d}k(\|\boldsymbol{x}\|^2) \tag{3.76}$$

式中：$k(x)$ 称为核函数 $K(\boldsymbol{x})$ 的剖面函数（Profile）；$c_{k,d}$ 为归一化系数。将式（3.76）代入式（3.75）得

$$\hat{f}_{h,K}(\boldsymbol{x})=\frac{c_{k,d}}{nh^d}\sum_{i=1}^{n}k\left(\left\|\frac{\boldsymbol{x}-\boldsymbol{x}_i}{h}\right\|^2\right) \tag{3.77}$$

定义 $g(x)=-k'(x)$，相应地，剖面函数 $g(x)$ 所对应的核函数可以表示为

$$G(\boldsymbol{x})=c_{g,d}g(\|\boldsymbol{x}\|^2) \tag{3.78}$$

式中：$c_{g,d}$ 为归一化系数。而核函数 $K(\boldsymbol{x})$ 称为 $G(\boldsymbol{x})$ 的阴影。按照以上定义，并结合 3.2 节可知，Epanechnikov 核函数是均匀核函数（Uniform Kernel）的阴影。而高斯核函数（Normal Kernel）的阴影是它自己。基于任何核函数的均值移动算法等价基于其阴影的梯度上升法。

2. 均值移动矢量计算

根据上面的定义，可以得到 $\hat{f}_{h,K}(\boldsymbol{x})$ 的梯度为

$$\begin{aligned}
\nabla\hat{f}_{h,K}(\boldsymbol{x}) &= \frac{2c_{k,d}}{nh^{d+2}}\sum_{i=1}^{n}(\boldsymbol{x}_i-\boldsymbol{x})g\left(\left\|\frac{\boldsymbol{x}-\boldsymbol{x}_i}{h}\right\|^2\right) \\
&= \underbrace{\frac{2c_{k,d}}{nh^{d+2}}\left[\sum_{i=1}^{n}g\left(\left\|\frac{\boldsymbol{x}-\boldsymbol{x}_i}{h}\right\|^2\right)\right]}_{\text{第一部分}}\underbrace{\left[\frac{\sum_{i=1}^{n}\boldsymbol{x}_i g\left(\left\|\frac{\boldsymbol{x}-\boldsymbol{x}_i}{h}\right\|^2\right)}{\sum_{i=1}^{n}g\left(\left\|\frac{\boldsymbol{x}-\boldsymbol{x}_i}{h}\right\|^2\right)}-\boldsymbol{x}\right]}_{\text{第二部分}} \\
&= \underbrace{\frac{2c_{k,d}}{h^2c_{g,d}}\hat{f}_{h,G}(\boldsymbol{x})}_{\text{第一部分}}\underbrace{m_{h,G}(\boldsymbol{x})}_{\text{第二部分}}
\end{aligned} \tag{3.79}$$

式（3.79）的两部分都具有明确的含义。第一部分和由核函数 $G(\boldsymbol{x})$ 估计出的概率密度

$$\begin{aligned}
\hat{f}_{h,G}(\boldsymbol{x}) &= \frac{1}{nh^d}\sum_{i=1}^{n}G\left(\frac{\boldsymbol{x}-\boldsymbol{x}_i}{h}\right) \\
&= \frac{c_{g,d}}{nh^d}\sum_{i=1}^{n}g\left(\left\|\frac{\boldsymbol{x}-\boldsymbol{x}_i}{h}\right\|^2\right)
\end{aligned} \tag{3.80}$$

只相差一个系数。第二部分

$$m_{h,G}(\boldsymbol{x})=\frac{\sum_{i=1}^{n}\boldsymbol{x}_i g\left(\left\|\frac{\boldsymbol{x}-\boldsymbol{x}_i}{h}\right\|^2\right)}{\sum_{i=1}^{n}g\left(\left\|\frac{\boldsymbol{x}-\boldsymbol{x}_i}{h}\right\|^2\right)}-\boldsymbol{x} \tag{3.81}$$

则称为均值移动矢量。

根据式（3.79）可以得到均值移动矢量的表达式为

$$m_{h,G}(\boldsymbol{x})=\frac{1}{2}h^2\frac{c_{g,d}}{c_{k,d}}\frac{\nabla\hat{f}_{h,K}(\boldsymbol{x})}{\hat{f}_{h,G}(\boldsymbol{x})} \tag{3.82}$$

从中可以看出，均值移动矢量 $m_{h,G}(\boldsymbol{x})$ 相当于基于核函数 $K(\boldsymbol{x})$ 的概率密度估

计的梯度被基于核函数 $G(\boldsymbol{x})$ 的概率密度估计归一化的结果。考虑核函数的非负特性，可知 $m_{h,G}(\boldsymbol{x})$ 的符号和 $\nabla\hat{f}_{h,K}(\boldsymbol{x})$ 一致，即所估计出的概率密度的最大上升方向。

令 $\boldsymbol{y}_0=\boldsymbol{x}$ 为初始值，并且将 $\boldsymbol{y}_j(j=1,2,\cdots)$ 记为第 j 次迭代的结果，在均值移动过程中，$\boldsymbol{y}_{j+1}$ 和 $\boldsymbol{y}_j$ 之间的关系可以表示为

$$\boldsymbol{y}_{j+1}=\frac{\sum_{i=1}^{n}\boldsymbol{x}_i g\left(\left\|\frac{\boldsymbol{y}_j-\boldsymbol{x}_i}{h}\right\|^2\right)}{\sum_{i=1}^{n}g\left(\left\|\frac{\boldsymbol{y}_j-\boldsymbol{x}_i}{h}\right\|^2\right)},\quad j=1,2,3,\cdots \tag{3.83}$$

也就是说，$\boldsymbol{y}_{j+1}$ 是以 $\boldsymbol{y}_j$ 为球心的超球面中的点的加权平均。结合式（3.81）和式（3.83），可以得

$$m_{h,G}(\boldsymbol{y}_j)=\boldsymbol{y}_{j+1}-\boldsymbol{y}_j=\frac{\sum_{i=1}^{n}\boldsymbol{x}_i g\left(\left\|\frac{\boldsymbol{y}_j-\boldsymbol{x}_i}{h}\right\|^2\right)}{\sum_{i=1}^{n}g\left(\left\|\frac{\boldsymbol{y}_j-\boldsymbol{x}_i}{h}\right\|^2\right)}-\boldsymbol{y}_j \tag{3.84}$$

也就是说，均值移动矢量同时也代表了迭代步长。结合式（3.82）和式（3.84）可知，均值移动算法的迭代步长与概率密度本身及其梯度都有关。在概率密度大的地方，即接近概率密度的峰值时，均值移动算法会自适应地选择较小的步长，这样更有利于峰值的搜索。相反，在概率密度小的地方，即接近概率密度的谷底时，均值移动算法会自适应地选择较大的步长，这样可以尽快通过概率密度的谷底，提高收敛速度。因此，均值移动算法是自适应的梯度上升算法，在迭代中不需要人为选择迭代步长，这也是均值移动算法相比简单的梯度上升算法的优势所在。

3. 峰值迭代搜索

用 $\boldsymbol{y}_{j+1}$ 代替 $\boldsymbol{y}_j$ 直到 $\boldsymbol{y}_j$ 和 $\boldsymbol{y}_{j+1}$ 之间的差值低于某个门限或者迭代次数超过预设的最大迭代次数，就得到了最终的结果。

3.3.1.3 核函数选择

由 3.3.1.2 节可知，均值移动算法中的概率密度估计是以核函数为基础估计出来的。因此，核函数的选择在算法的实施过程中发挥着重要的作用。不同的核函数将对算法的性能产生不同影响。其中，核函数的定义如下：

定义：对于 d 维欧几里得空间 $\boldsymbol{R}^d$ 中的元素 x，如果存在一个函数 $K:\boldsymbol{R}^d\to R$，满足 $K(\boldsymbol{x})=k(\|\boldsymbol{x}\|^2)$，同时函数 $k:[0,\infty]\to R$ 满足

（1）非负。

（2）单调不增，即如果 $a<b$，那么 $k(a)\geqslant k(b)$。

（3）分段连续，并且 $\int_0^{\infty} k(r)\,\mathrm{d}r < \infty$。

那么，函数 $K(\boldsymbol{x})$ 就称为核函数。相应地，$k(x)$ 称为核函数 $K(\boldsymbol{x})$ 的剖面函数。

在实际应用中，常用的核函数有均匀核函数、Epanechnikov 核函数、高斯核函数等，其示意图如图 3.8 所示。

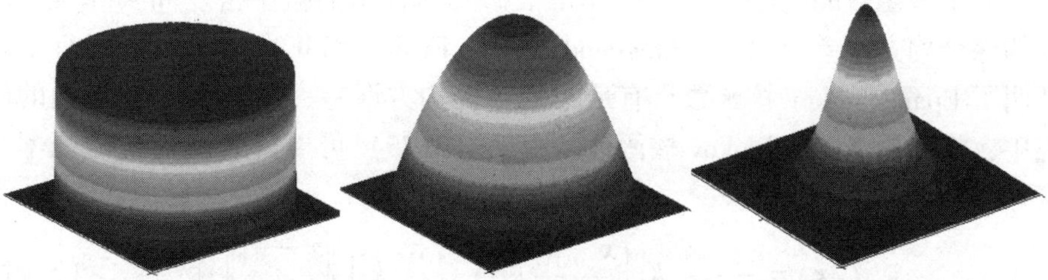

(a) 均匀核函数　(b) Epanechnikov 核函数　(c) 高斯核函数

图 3.8　典型核函数示意图

1. 均匀核函数

均匀核函数是最简单的核函数，其剖面函数的表达式为

$$k_{\mathrm{U}}(x)=\begin{cases}1, & 0\leqslant x\leqslant 1\\ 0, & x>1\end{cases} \tag{3.85}$$

对应的均匀核函数表达式为

$$K_{\mathrm{U}}(\boldsymbol{x})=\begin{cases}c_{k_{\mathrm{U}},d}, & \|\boldsymbol{x}\|\leqslant 1\\ 0, & \text{其他}\end{cases} \tag{3.86}$$

式中：$c_{k_{\mathrm{U}},d}$ 为均匀核函数的归一化系数，它保证了 $\int_{R^d} K_{\mathrm{U}}(\boldsymbol{x})\,\mathrm{d}\boldsymbol{x} = 1$。

2. Epanechnikov 核函数

对于 Epanechnikov 核函数而言，其剖面函数的表达式为

$$k_{\mathrm{E}}(x)=\begin{cases}1-x, & 0\leqslant x\leqslant 1\\ 0, & x>1\end{cases} \tag{3.87}$$

对应的 Epanechnikov 核函数表达式为

$$K_{\mathrm{E}}(\boldsymbol{x})=c_{k_{\mathrm{E}},d}k_{\mathrm{E}}(\|\boldsymbol{x}\|^2)=\begin{cases}c_{k_{\mathrm{E}},d}(1-\|\boldsymbol{x}\|^2), & \|\boldsymbol{x}\|\leqslant 1\\ 0, & \text{其他}\end{cases} \tag{3.88}$$

式中：$c_{k_{\mathrm{E}},d}$ 为 Epanechnikov 核函数的归一化系数，它保证了 $\int_{R^d} K_{\mathrm{E}}(\boldsymbol{x})\,\mathrm{d}\boldsymbol{x} = 1$。

3. 高斯核函数

对于高斯核函数，其剖面函数的表达式为

$$k_{\mathrm{N}}=\exp\left(-\frac{1}{2}x\right),\quad x\geqslant 0 \tag{3.89}$$

对应的核函数为高斯核函数，相应的表达式为

$$K_{\mathrm{N}}(\boldsymbol{x})=c_{k_{\mathrm{N}},d}\exp\left(-\frac{1}{2}\|\boldsymbol{x}\|^2\right) \tag{3.90}$$

式中：$c_{k_{\mathrm{N}},d}$为高斯核函数的归一化系数，它保证了$\int_{R^d} K_{\mathrm{N}}(\boldsymbol{x})\,\mathrm{d}\boldsymbol{x}=1$。

对于核函数的性能评估，往往是根据其估计出的概率密度和实际概率密度的综合均方误差（Mean Integrated Square Error，MISE）来进行的。有学者证明了 Epanechnikov 核函数具有最小的综合均方误差[28]。因此，在下面的研究中，将选用 Epanechnikov 核函数，由式（3.75）可以得到其对应的概率密度估计为

$$\hat{f}(\boldsymbol{x})=\frac{1}{nh^d}\sum_{i=1}^{n}K_{\mathrm{E}}\left(\frac{\boldsymbol{x}-\boldsymbol{x}_i}{h}\right)=\frac{c_{k,d}}{nh^d}\sum_{i=1}^{n}k_{\mathrm{E}}\left(\left\|\frac{\boldsymbol{x}-\boldsymbol{x}_i}{h}\right\|^2\right) \tag{3.91}$$

相应地，其梯度表达式为

$$\nabla\hat{f}(\boldsymbol{x})=\frac{2c_{k,d}}{nh^{d+2}}\sum_{i=1}^{n}(\boldsymbol{x}-\boldsymbol{x}_i)k'_{\mathrm{E}}\left(\left\|\frac{\boldsymbol{x}-\boldsymbol{x}_i}{h}\right\|^2\right) \tag{3.92}$$

由于$k'_{\mathrm{E}}(x)$的表达式为

$$k'_{\mathrm{E}}(x)=\begin{cases}-1, & 0\leqslant x\leqslant 1\\ 0, & x>1\end{cases} \tag{3.93}$$

可以得到$\nabla\hat{f}(\boldsymbol{x})$的表达式为

$$\nabla\hat{f}(\boldsymbol{x})=\frac{2c_{k,d}}{nh^{d+2}}\sum_{i=1}^{n}(\boldsymbol{x}_i-\boldsymbol{x}) \tag{3.94}$$

3.3.2 滤波算法信号模型

相比较单极化 SAR，极化 SAR 可以得到目标的极化散射矩阵。假定互异性定理满足，则在 Pauli 基下目标的极化信息可以由相干散射矢量

$$\boldsymbol{u}=\frac{1}{\sqrt{2}}[S_{\mathrm{HH}}+S_{\mathrm{VV}}\quad S_{\mathrm{HH}}-S_{\mathrm{VV}}\quad 2S_{\mathrm{HV}}]^{\mathrm{T}} \tag{3.95}$$

或极化相干矩阵 $\boldsymbol{T}=\boldsymbol{u}\boldsymbol{u}^{\mathrm{H}}$

$$=\begin{bmatrix}T_{11} & T_{12} & T_{13}\\ T_{21} & T_{22} & T_{23}\\ T_{31} & T_{32} & T_{33}\end{bmatrix}$$

$$
=\begin{bmatrix} |S_{HH}+S_{VV}|^2/2 & (S_{HH}+S_{VV})(S_{HH}-S_{VV})^*/2 & (S_{HH}+S_{VV})S_{HV}^* \\ (S_{HH}-S_{VV})(S_{HH}+S_{VV})^*/2 & |S_{HH}-S_{VV}|^2/2 & (S_{HH}-S_{VV})S_{HV}^* \\ (S_{HH}+S_{VV})^*S_{HV} & (S_{HH}-S_{VV})^*S_{HV} & 2|S_{HV}|^2 \end{bmatrix}
\tag{3.96}
$$

完整表达。其中，上标 T、H、＊分别代表转置、共轭转置、共轭。下标 HH、HV、VV 分别代表 H 极化发射，H 极化接收；V 极化发射，H 极化接收；V 极化发射，V 极化接收。

然而，想要将均值移动算法应用于极化 SAR 的相干斑滤波并非易事。一方面，尽管均值移动算法在特征空间的分析领域有着很好的应用[25]，但是在其刚提出时，仅适用于特征矢量分布在欧几里得空间中的情况[22]。另一方面，正如文献［29］所证明的，对于极化 SAR 而言，极化相干矩阵/极化协方差矩阵并不能构成欧几里得空间。因此，想要将均值移动算法应用于极化 SAR 的相干斑滤波，还需要对均值移动算法进行相应的拓展和改进。幸运的是，有些学者已经做了相关的工作，本书对该拓展过程进行了总结，并将其以图像的形式展现在图 3.9 中。

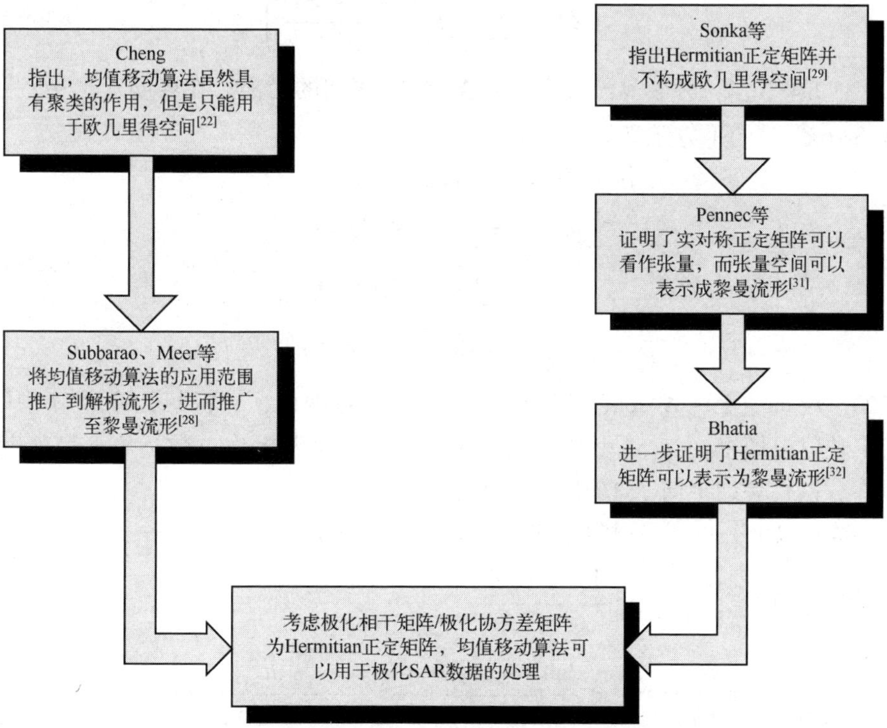

图 3.9　如何将均值移动算法应用于极化 SAR 数据

如图 3.9 所示，若想将均值移动算法应用到极化 SAR 相干斑滤波领域，需要从两个方面着手。一方面，需要对均值移动算法本身做一些拓展。Subbarao、Meer 等经过一系列研究，将均值移动算法的应用范围由欧几里得空间推广至解析流型，进而推广至黎曼流形[30]。另一方面，学者们也一步一步证明了 Hermitian 正定矩阵是可以构成黎曼流形的。首先，Pennec 等证明了实对称正定矩阵可以看作张量，而其构成的张量空间可以表示成黎曼流形[31]。在此基础之上，Bhatia 进一步证明了 Hermitian 正定矩阵可以表示为黎曼流形[32]。最终，考虑极化相干矩阵/极化协方差矩阵为 Hermitian 正定矩阵，得到了均值移动算法可以应用于极化 SAR 相干斑滤波处理的依据。在黎曼流形中，具有相似散射特性的像素会有一种自然的聚集，而具有不同散射特性的像素会分开。因此，如果在极化相干矩阵构成的黎曼流形中使用均值移动算法，就可以在相干斑滤波的过程中实现散射特性的相似性判断。

基于以上分析可知道，以极化相干矩阵表示的极化 SAR 数据构成一个黎曼流形，将其记为 $\boldsymbol{M}$。相应地，将在点 $\boldsymbol{X}$ 处与其相切的切平面记为 $T_{\boldsymbol{X}}\boldsymbol{M}$。根据黎曼流形中核函数的表达形式，式（3.77）可以重写为

$$\hat{f}_{h,K}(\boldsymbol{X}) = \frac{c_{k,d}}{nh^d}\sum_{i=1}^{n} k\left(\frac{\mathrm{dist}^2(\boldsymbol{X},\boldsymbol{X}_i)}{h^2}\right) \tag{3.97}$$

式中：$\mathrm{dist}(\boldsymbol{X},\boldsymbol{X}_i)$ 为黎曼流形中两点 $\boldsymbol{X}$ 和 $\boldsymbol{X}_i$ 之间的距离。在黎曼流形中，距离 $\mathrm{dist}(\boldsymbol{X},\boldsymbol{Y})$ 的平方定义为[31]

$$\begin{aligned}\mathrm{dist}^2(\boldsymbol{X},\boldsymbol{Y}) &= \|\boldsymbol{y}\|_{\boldsymbol{X}}^2 \\ &= \|\log_{\boldsymbol{X}}(\boldsymbol{Y})\|_{\boldsymbol{X}}^2 \\ &= \|\boldsymbol{X}^{-\frac{1}{2}}\log_{\boldsymbol{X}}(\boldsymbol{Y})\boldsymbol{X}^{-\frac{1}{2}}\|_{\boldsymbol{I}}^2 \\ &= \|\log(\boldsymbol{X}^{-\frac{1}{2}}\boldsymbol{Y}\boldsymbol{X}^{-\frac{1}{2}})\|_2^2\end{aligned} \tag{3.98}$$

式中：$\boldsymbol{y}=\log_{\boldsymbol{X}}(\boldsymbol{Y})=\boldsymbol{X}^{\frac{1}{2}}\log(\boldsymbol{X}^{-\frac{1}{2}}\boldsymbol{Y}\boldsymbol{X}^{-\frac{1}{2}})\boldsymbol{X}^{\frac{1}{2}}$ 代表对数映射，它将黎曼流形 $\boldsymbol{M}$ 中的点 $\boldsymbol{Y}$ 映射成切平面 $T_{\boldsymbol{X}}\boldsymbol{M}$ 中的切矢量 $\boldsymbol{y}$；$\log(\cdot)$ 代表矩阵对数运算；$\|\cdot\|_{\boldsymbol{X}}$ 和 $\|\cdot\|_{\boldsymbol{I}}$ 分别代表切平面 $T_{\boldsymbol{X}}\boldsymbol{M}$ 和 $T_{\boldsymbol{I}}\boldsymbol{M}$ 中的范数。

结合以上分析，可以得到式（3.97）的梯度为

$$\begin{aligned}\nabla\hat{f}_{h,K}(\boldsymbol{X}) &= \frac{c_{k,d}}{nh^d}\sum_{i=1}^{n} k'\left(\frac{\mathrm{dist}^2(\boldsymbol{X},\boldsymbol{X}_i)}{h^2}\right)\frac{\nabla\mathrm{dist}^2(\boldsymbol{X},\boldsymbol{X}_i)}{h^2} \\ &= \frac{c_{g,d}}{nh^d}\cdot\sum_{i=1}^{n} g\left(\frac{\mathrm{dist}^2(\boldsymbol{X},\boldsymbol{X}_i)}{h^2}\right)\frac{c_{k,d}/h^2}{c_{g,d}\sum\limits_{i=1}^{n} g\left(\dfrac{\mathrm{dist}^2(\boldsymbol{X},\boldsymbol{X}_i)}{h^2}\right)}\end{aligned}$$

$$\left(-\sum_{i=1}^{n}\nabla\operatorname{dist}^2(\boldsymbol{X},\boldsymbol{X}_i)g\left(\frac{\operatorname{dist}^2(\boldsymbol{X},\boldsymbol{X}_i)}{h^2}\right)\right)$$

$$=\hat{f}_{h,G}(\boldsymbol{X})\frac{c_{k,d}}{h^2c_{g,d}}\left(-\frac{\sum_{i=1}^{n}\nabla\operatorname{dist}^2(\boldsymbol{X},\boldsymbol{X}_i)g\left(\frac{\operatorname{dist}^2(X,X_i)}{h^2}\right)}{\sum_{i=1}^{n}g\left(\frac{\operatorname{dist}^2(\boldsymbol{X},\boldsymbol{X}_i)}{h^2}\right)}\right)\tag{3.99}$$

式中：$\hat{f}_{h,G}(\boldsymbol{X})$代表基于核函数的 $G(\boldsymbol{x})$ 概率密度估计。

根据式（3.98）中距离平方的定义，可以得到其梯度的表达式为[32]

$$\nabla\operatorname{dist}^2(\boldsymbol{X},\boldsymbol{X}_i)=\nabla\|\boldsymbol{x}_i\|_{\boldsymbol{X}}^2=-2\boldsymbol{x}_i=-2\log_{\boldsymbol{X}}(\boldsymbol{X}_i)\tag{3.100}$$

式（3.100）表明：$\nabla\operatorname{dist}^2(\boldsymbol{X},\boldsymbol{X}_i)$实际上是切平面 $T_{\boldsymbol{X}}M$ 中的一个切矢量。将式（3.100）代入式（3.99）可以得

$$\nabla\hat{f}_{h,K}(\boldsymbol{X})=\hat{f}_{h,G}(\boldsymbol{X})\frac{2c_{k,d}}{h^2c_{g,d}}\left(\frac{\sum_{i=1}^{n}\boldsymbol{x}_i g\left(\frac{\operatorname{dist}^2(\boldsymbol{X},\boldsymbol{X}_i)}{h^2}\right)}{\sum_{i=1}^{n}g\left(\frac{\operatorname{dist}^2(\boldsymbol{X},\boldsymbol{X}_i)}{h^2}\right)}\right)\tag{3.101}$$

通过比较式（3.79）和式（3.101），可以得到黎曼流形中的均值移动矢量的表达式为

$$m_{h,G}(\boldsymbol{X})=\frac{\sum_{i=1}^{n}\boldsymbol{x}_i g\left(\frac{\operatorname{dist}^2(\boldsymbol{X},\boldsymbol{X}_i)}{h^2}\right)}{\sum_{i=1}^{n}g\left(\frac{\operatorname{dist}^2(\boldsymbol{X},\boldsymbol{X}_i)}{h^2}\right)}\tag{3.102}$$

在实际应用中，往往会采用空间域-值域联合处理的均值移动算法，也就是说，不仅考虑像素值，还考虑像素位置。相应的联合均值移动矢量可以表示为[25]

$$m_{h,G}(\boldsymbol{X})=\frac{\sum_{i=1}^{n}\boldsymbol{x}_i g\left(\frac{\operatorname{dist}^2(\boldsymbol{X}_{\mathrm{r}},\boldsymbol{X}_{\mathrm{r}i})}{h_{\mathrm{r}}^2}\right)g\left(\frac{\operatorname{dist}^2(\boldsymbol{X}_{\mathrm{s}},\boldsymbol{X}_{\mathrm{s}i})}{h_{\mathrm{s}}^2}\right)}{\sum_{i=1}^{n}g\left(\frac{\operatorname{dist}^2(\boldsymbol{X}_{\mathrm{r}},\boldsymbol{X}_{\mathrm{r}i})}{h_{\mathrm{r}}^2}\right)g\left(\frac{\operatorname{dist}^2(\boldsymbol{X}_{\mathrm{s}},\boldsymbol{X}_{\mathrm{s}i})}{h_{\mathrm{s}}^2}\right)}\tag{3.103}$$

式中：$\boldsymbol{X}_{\mathrm{s}}$ 和 $\boldsymbol{X}_{\mathrm{r}}$ 分别代表特征矢量的空间域分量和值域分量；h_{s} 和 h_{r} 分别代表核函数在空间域和值域的带宽。在图像分割领域，通常使用空间域-值域的联合处理。因为单纯的值域处理会导致图像在梯度值较低的区域过度分割[33]。类似地，在相干斑滤波的领域，空间域-值域联合处理的性能同样要优于单纯的值域处理。原因是值域处理只保证了参与滤波的像素具有相似的

散射特性，只有结合空间域处理才能同时保证这些像素在空间上（坐标上）接近当前滤波的像素。

基于以上推导，可以将均值移动算法应用于极化 SAR 相干斑滤波的方法归纳如下：首先，将极化相干矩阵表示为

$$\boldsymbol{Y}_{\mathrm{r}}=[T_{11}\quad \sqrt{2}T_{12}\quad T_{22}\quad \sqrt{2}T_{13}\quad \sqrt{2}T_{23}\quad T_{33}] \tag{3.104}$$

不难看出，特征矢量 $\boldsymbol{Y}_{\mathrm{r}}$ 不仅包含幅度信息，还包含完整的极化信息[31]。在使用空间域-值域联合处理时，特征矢量的形式还需要稍作调整为

$$\boldsymbol{Y}=[\boldsymbol{Y}_{\mathrm{s}}\mid \boldsymbol{Y}_{\mathrm{r}}]=[x\quad y\mid \boldsymbol{Y}_{\mathrm{r}}] \tag{3.105}$$

式中：$\boldsymbol{Y}_{\mathrm{s}}$ 代表像素的坐标信息。

记 $\boldsymbol{Y}_1$ 为迭代初始值，$\boldsymbol{Y}_j(j=2,3,\cdots)$ 为各次迭代的结果。黎曼流形中的迭代过程可以表示如下：

$$\begin{aligned}
\boldsymbol{Y}_{j+1} &= \exp_{\boldsymbol{Y}_j}(m_{h,G}(\boldsymbol{Y}_j))\\
&= \boldsymbol{Y}_j^{\frac{1}{2}}\exp(\boldsymbol{Y}_j^{-\frac{1}{2}}m_{h,G}(\boldsymbol{Y}_j)\boldsymbol{Y}_j^{-\frac{1}{2}})\boldsymbol{Y}_j^{\frac{1}{2}}\\
&= \boldsymbol{Y}_j^{\frac{1}{2}}\exp\left(\frac{\sum\limits_{i=1}^{n}(\boldsymbol{Y}_j^{-\frac{1}{2}}\boldsymbol{x}_i\boldsymbol{Y}_j^{-\frac{1}{2}})g\left(\frac{\mathrm{dist}^2(\boldsymbol{Y}_{\mathrm{r}j},\boldsymbol{X}_{\mathrm{r}i})}{h_{\mathrm{r}}^2}\right)g\left(\frac{\mathrm{dist}^2(\boldsymbol{Y}_{\mathrm{s}j},\boldsymbol{X}_{\mathrm{s}i})}{h_{\mathrm{s}}^2}\right)}{\sum\limits_{i=1}^{n}g\left(\frac{\mathrm{dist}^2(\boldsymbol{Y}_{\mathrm{r}j},\boldsymbol{X}_{\mathrm{r}i})}{h_{\mathrm{r}}^2}\right)g\left(\frac{\mathrm{dist}^2(\boldsymbol{Y}_{\mathrm{s}j},\boldsymbol{X}_{\mathrm{s}i})}{h_{\mathrm{s}}^2}\right)}\right)Y_j^{\frac{1}{2}}\\
&= \boldsymbol{Y}_j^{\frac{1}{2}}\exp\left(\frac{\sum\limits_{i=1}^{n}\log(\boldsymbol{Y}_j^{-\frac{1}{2}}\boldsymbol{X}_i\boldsymbol{Y}_j^{-\frac{1}{2}})g\left(\frac{\mathrm{dist}^2(\boldsymbol{Y}_{\mathrm{r}j},\boldsymbol{X}_{\mathrm{r}i})}{h_{\mathrm{r}}^2}\right)g\left(\frac{\mathrm{dist}^2(\boldsymbol{Y}_{\mathrm{s}j},\boldsymbol{X}_{\mathrm{s}i})}{h_{\mathrm{s}}^2}\right)}{\sum\limits_{i=1}^{n}g\left(\frac{\mathrm{dist}^2(\boldsymbol{Y}_{\mathrm{r}j},\boldsymbol{X}_{\mathrm{r}i})}{h_{\mathrm{r}}^2}\right)g\left(\frac{\mathrm{dist}^2(\boldsymbol{Y}_{\mathrm{s}j},\boldsymbol{X}_{\mathrm{s}i})}{h_{\mathrm{s}}^2}\right)}\right)\boldsymbol{Y}_j^{\frac{1}{2}}
\end{aligned} \tag{3.106}$$

式中：$\exp_{\boldsymbol{X}}(\boldsymbol{y})=\boldsymbol{X}^{\frac{1}{2}}\exp(\boldsymbol{X}^{-\frac{1}{2}}\boldsymbol{y}\boldsymbol{X}^{-\frac{1}{2}})\boldsymbol{X}^{\frac{1}{2}}$ 代表指数映射。和对数映射恰好相反，它将切平面 $T_{\boldsymbol{X}}M$ 中的切矢量 $\boldsymbol{y}$ 映射成黎曼流形 M 中的 $\boldsymbol{Y}$ 点。$\exp(\cdot)$ 代表矩阵指数运算。然而，和图像分割的不同之处在于：在应用于相干斑滤波时，只需要做一次均值移动迭代即可。因为对于相干斑滤波，主要的目的是平滑而不是聚类，如果迭代次数过多，就会产生过度平滑的现象。这时，所有具有相似极化散射特性的像素都将收敛到同一个峰值点，从而破坏图像的极化散射特性。

3.3.3 实测数据验证及分析

本节将给出 PDAN 算法的滤波结果。与此同时，为了验证算法的有效性，

本节也将给出精致 Lee 极化滤波算法和 IDAN 滤波算法的处理结果作为对比。

首先，中国电子科技集团第三十八研究所的机载极化 SAR 数据用作算法验证。图 3.10 给出了该系统的照片。该系统采用有源相控阵天线和分时极化测量体制，中心频率为 9.6GHz，雷达分辨率约为 0.5m，成像区域为海南省陵水县。

图 3.10　中国电子科技集团第三十八研究所的极化 SAR 系统

图 3.11 给出了实验区域内部分场景的光学图像，该场景对应着海南省陵水民族中学。场景内包含有操场、建筑、道路、植被等不同类型的目标。图 3.12 则给出了滤波前后该场景的极化 SAR 伪彩色图像。图像采用 Pauli 基着色，其中红色对应 |HH-VV| 分量，绿色对应 |HV| 分量，蓝色对应 |HH+VV| 分量。可以看到，滤波前的极化 SAR 图像受相干斑噪声的影响严重，以至于操场等同质区域都呈现出明显的颗粒状。为了便于算法性能分析，本书用红色方框标出了图 3.12（a）中的部分区域，并予以编号。在区域 1 中，可以看到一条两边蓝色，中间黑色的带状目标，通过对比光学图像可知它对应校内的一条道路。区域 2 则包含了学校的操场，需要注意的是，在操场的上方和下方各有一排亮点，结合光学图像来分析，这些亮点可能对应操场周边的路灯或者围栏。区域 3 是学校的教学及生活区，包含教学楼、宿舍、食堂、礼堂等建筑。在图 3.12（b）~（d）中，本书给出了不同滤波算法的相干斑滤波结果并将在下面做详细分析。

1. 精致 Lee 极化滤波算法

图 3.12（b）给出了精致 Lee 极化滤波算法的滤波结果。可以看到，精致 Lee 极化滤波算法滤波后的图像呈现出明显的“补丁效应”[11]。与此同时，图像的一些细节信息也缺失了。例如，区域 2 和区域 3 中的一些点目标在滤波后明显变弱，甚至不知所踪。

图 3.11 海南省陵水民族中学的光学图像（见彩图）
（资料来源：Google Earth）

2. IDAN 滤波算法

图 3.12（c）给出了 IDAN 滤波算法的滤波结果。除了“补丁效应”以及部分图像细节的缺失，IDAN 滤波算法的极化散射特性保持效果也并不理想。例如，区域 1 中原本呈现蓝色的带状目标在滤波后呈现为红色，这意味着平板散射机理在滤波后变成了二面角散射机理。这种散射机理的改变将给图像解译带来极大的困难。

3. PDAN 滤波算法

图 3.12（d）给出了本书所提出的 PDAN 滤波算法的滤波结果。可以看到，PDAN 滤波算法克服了精致 Lee 极化滤波算法和 IDAN 滤波算法的诸多缺陷，得到了很好的滤波效果。首先，在同质区域，如学校操场，PDAN 滤波算法得到了相当平滑的滤波效果，并且没有出现“补丁效应”，使得操场中两个呈现蓝色的球门在滤波后的图像中显得更加清晰。其次，图像的细节信息，如区域 2 和区域 3 中的点目标都得到了很好的保护。最后，图像的纹理信息也得到了较好的保持，这点从操场区域滤波前后的对比就可以看出。综上所述，可以说 PDAN 滤波算法在滤除相干斑噪声的同时也很好地保护了图像的细节信息。

其次，本节将用德国宇航中心（DLR）的 L 波段 E-SAR 数据来证明 PDAN 算法的优越性。E-SAR 是 DLR 研制的试验型 SAR，有多个工作波段（P、L、C 和 X 波段）和全极化测量能力，常用来验证新的信号处理算法。图 3.13 展示了 E-SAR 的载机平台——Dornier DO 228-212 飞机。

(a) 滤波前图像　　(b) 精致 Lee 极化滤波后 (滤波窗口大小为 7×7)

(c) IDAN 滤波后 (滤波窗口大小 50×50)　　(d) PDAN 滤波后 ($h_r = 2.6$, h_s=15)

图 3.12　海南省陵水民族中学的极化 SAR 伪彩色图像
(737 像素×517 像素（距离向×方位向））（见彩图）

图 3.13　E-SAR 载机平台——Dornier DO 228-212 飞机

图 3.14 给出了实验场景的光学图像，该场景位于德国 Oberpfaffenhofen 实验场，由一些覆盖不同农作物的农田和道路组成。图 3.15 则给出了滤波前后

该场景的极化 SAR 伪彩色图像，图像同样采用 Pauli 基着色。从图 3.15（a）给出的滤波前图像可以看到，由于受到相干斑噪声的影响，同质区域内出现了强烈的起伏，散射幅度和散射特性都表现出明显的不均匀。图 3.15（b）~（d）则分别给出了精致 Lee 极化滤波算法、IDAN 滤波算法以及 PDAN 滤波算法滤波后的图像。可以看到，PDAN 滤波算法的滤波效果明显优于精致 Lee 极化滤波算法和 IDAN 滤波算法。首先，在同质区域，PDAN 滤波算法得到了最平滑的滤波效果，滤波后同质区域内部均匀细腻，没有出现“补丁效应”。其次，PDAN 滤波算法具有很好的边界保持效果。以图 3.15（a）中红色方框内的边界为例，经过精致 Lee 极化滤波算法和 IDAN 滤波算法滤波后，该边界出现了不同程度的展宽和模糊现象。相比之下，在经过 PDAN 滤波算法滤波后，该边界却仍能保持清晰，且没有出现展宽的现象。

图 3.14　德国 Oberpfaffenhofen 实验场的光学图像（见彩图）

前面主要从视觉效果方面对滤波效果进行了评价。为了更加客观地衡量滤波算法的性能，下面将采用等效视数（Equivalent Number of Looks，ENL）和边界保护系数（Edge Preserving Index，EPI）来定量评价滤波算法。

（1）等效视数。等效视数常用来评价相干斑滤波算法的平滑性能，其定义为

$$\mathrm{ENL}=\mu^2/\sigma^2 \tag{3.107}$$

即同质区域内像素均值的平方和方差之比。通常来说，等效视数越高，对应的平滑效果越好。

（2）边界保护系数。边界保护系数常用来衡量相干斑滤波算法的边界保护性能。其定义为

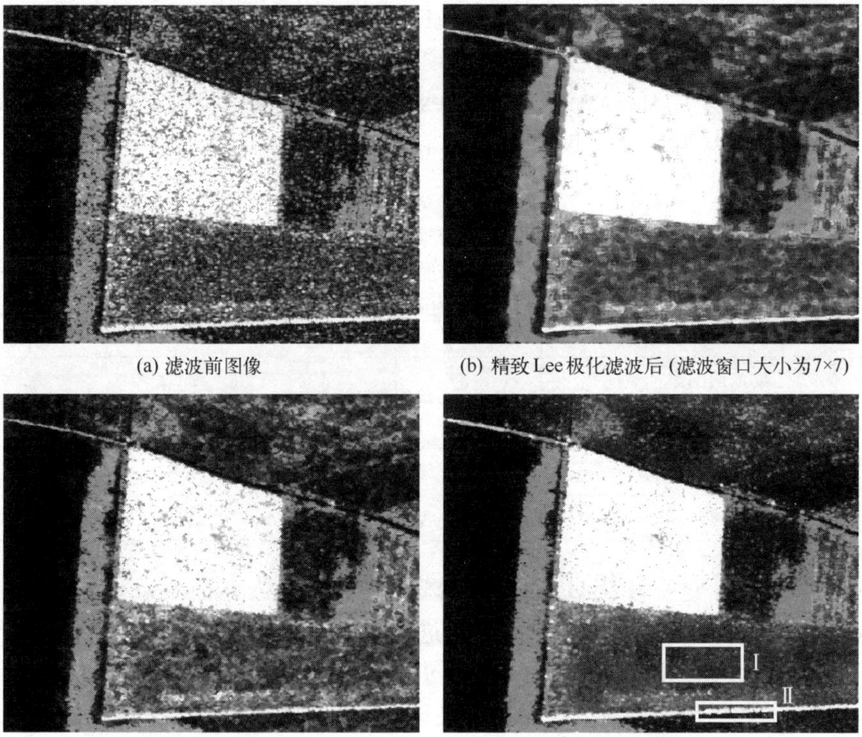

(a) 滤波前图像　(b) 精致 Lee 极化滤波后 (滤波窗口大小为7×7)

(c) IDAN 滤波后 (滤波窗口大小50×50)　(d) PDAN 滤波后 ($h_r = 2.6$, $h_s=15$)

图 3.15　德国 Oberpfaffenhofen 实验场的极化 SAR 伪彩色图像
(401 像素×401 像素（距离向×方位向））（见彩图）

$$\mathrm{EPI}=\frac{\sum\sqrt{(p_s(i,j)-p_s(i+1,j))^2+(p_s(i,j)-p_s(i,j+1))^2}}{\sum\sqrt{(p_0(i,j)-p_0(i+1,j))^2+(p_0(i,j)-p_0(i,j+1))^2}} \tag{3.108}$$

式中：(i,j)代表边界像素的坐标；p_s 和 p_0 分别代表滤波后和滤波前的像素值。通常来说，边界保护系数越大，边界保护的效果就越好。

再次，本节将计算中国电子科技集团第三十八研究所（简称 38 所）极化 SAR 图像和 E-SAR 图像中对应区域的 ENL 和 EPI。其中，ENL 是针对图 3.12（d）和图 3.15（d）中白色方框标出的区域 I 计算的。对于图 3.12（d）而言，区域 I 是操场中的一块区域；对于图 3.15（d）而言，区域 I 是农田内的一块区域，它们都是同质区域，适合于计算 ENL。EPI 是针对图 3.12（d）和图 3.15（d）中白色方框标出的区域 II 计算的。对于图 3.12（d）而言，区域 II 是位于场景上部的一条道路；对于图 3.15（d）而言，区域 II 是位于场景下部的一条道路，它们都包含边界像素，适合计算 EPI。

表 3.1 给出了滤波前后的 ENL 和 EPI。从中可以看到，无论是对于 38 所极化 SAR 图像还是 E-SAR 图像，PDAN 算法滤波后的图像均具有最大的 ENL 和 EPI 值，这说明 PDAN 算法同时具有最好的滤波效果和最佳的边界保持性能。

表 3.1　滤波前后的 ENL 和 EPI

不同极化 SAR 数据处理结果	E-SAR 图像		38 所极化 SAR 图像	
	ENL	EPI	ENL	EPI
滤波前图像	2.27	1	2.92	1
精致 Lee 极化滤波后图像	9.18	1.97	11.27	1.26
IDAN 滤波后图像	3.17	2.39	3.82	2.31
PDAN 滤波后图像	**11.2**	**2.63**	**19.75**	**2.47**

最后，为了进一步衡量各种相干斑滤波算法的边界保持效果，用 CFAR 边界检测器[34]对各算法滤波后的图像进行了边界检测。图 3.16 和图 3.17 分别给出了 E-SAR 图像和 38 所极化 SAR 图像的 CFAR 边界检测结果。从检测结果来看，PDAN 算法毫无疑问具有最佳的边界保持性能。在图 3.16（c）和图 3.17（c）中，所有道路、跑道、建筑的轮廓都表现得连续且清晰。相比之下，精致 Lee 极化滤波算法的边界保持效果就没有那么理想了。在图 3.16（a）和图 3.17（a）中，边界表现出不连续的现象，这在田间道路和操场中跑道的边界检测结果中表现得尤为明显。与此同时，很多散射点的边界也变得模糊了，这在操场上部散射点的边界检测结果中表现得尤为明显，有些散射点的边界甚至没有被检测出来。从图 3.16（b）和图 3.17（b）来看，尽管 IDAN 滤波算法的边界保持效果比精致 Lee 极化滤波算法要略好一些，但是图像中出现了大量的噪点。相比之下，PDAN 算法滤波后图像的边界检测结果非常清晰，且很少有噪点出现，这也从另一个方面验证了 PDAN 算法的边界保持性能。

前面已经从定性和定量两方面证明了 PDAN 算法的相干斑滤波效果以及边界保持性能。然而，对于极化 SAR 相干斑滤波算法而言，另一个重要的衡量指标是算法的极化散射特性保持性能。为了对其进行验证，本节在图 3.12（a）中选择了两个强散射点，分别记为 P_1 和 P_2。其中，P_1 为操场中一个呈现蓝色的散射点，P_2 为操场外一个呈现红色的散射点。理论上，它们的极化散射特性在滤波前后应该保持一致。

(a) 精致Lee极化滤波后图像的边界检测结果

(b) IDAN滤波后图像的边界检测结果

(c) PDAN 滤波后图像的边界检测结果

图 3.16　CFAR 边界检测器的边界检测结果（E-SAR 图像）

(a) 精致Lee极化滤波后图像的边界检测结果

(b) IDAN滤波后图像的边界检测结果

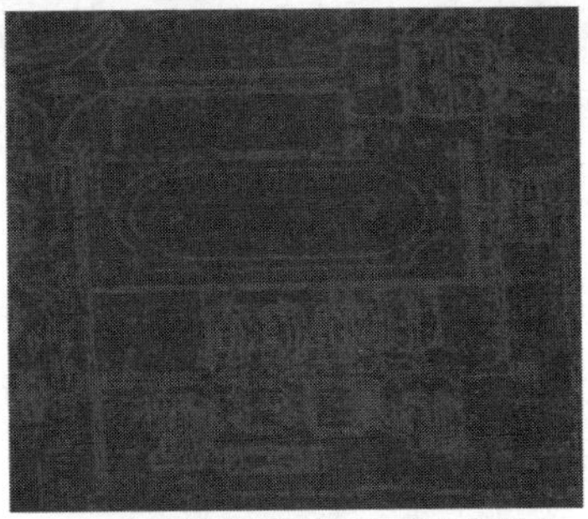

(c) PDAN滤波后图像的边界检测结果

图 3.17　CFAR 边界检测器的边界检测结果（38 所极化 SAR 图像）

首先，考虑极化 SAR 伪彩色图像的颜色是极化散射特性的直观表征，可以从 P_1 和 P_2 滤波前后的颜色变化来定性描述算法的极化散射特性保持效果。观察发现，无论是精致 Lee 极化滤波算法、IDAN 滤波算法还是 PDAN 滤波算法，P_1 和 P_2 在滤波后均能保持原有的颜色，从而直观证明了它们的极化散射特性保持能力。然而，从散射强度方面而言，P_1 和 P_2 在经过精致 Lee 极化滤波和 IDAN 滤波后似乎都变弱了一些。相比之下，它们在 PDAN 滤波后的图像中仍很好地保持了强度，从这个角度来说，PDAN 算法具有更好的滤波效果。其次，为了更客观地衡量这些相干斑滤波算法的性能，本节将使用 $H/A/\alpha$ 分解[35]来对这些相干斑滤波算法做定量描述。根据 $H/A/\alpha$ 分解的相关理论，极化相干矩阵 $\boldsymbol{T}_3$ 的特征分解表达式为

$$\boldsymbol{T}_3=\boldsymbol{U}_3\boldsymbol{\Sigma}\boldsymbol{U}_3^{-1} \tag{3.109}$$

式中：$\boldsymbol{\Sigma}$ 为 3×3 对角矩阵，其对角线元素 λ_1、λ_2、λ_3 为 $\boldsymbol{T}_3$ 的三个特征值；$\boldsymbol{U}_3$ 为 3×3 的酉矩阵，$\boldsymbol{U}_3=[\boldsymbol{u}_1,\boldsymbol{u}_2,\boldsymbol{u}_3]$，$\boldsymbol{u}_1$、$\boldsymbol{u}_2$、$\boldsymbol{u}_3$ 是 $\boldsymbol{T}_3$ 的三个单位正交特征矢量。通常，可以将特征矢量 $\boldsymbol{u}_i$ 参数化表达为

$$\boldsymbol{u}_i=[\cos\alpha_i \mathrm{e}^{\mathrm{j}\phi_i},\sin\alpha_i\cos\beta_i \mathrm{e}^{\mathrm{j}(\delta_i+\phi_i)},\sin\alpha_i\sin\beta_i \mathrm{e}^{\mathrm{j}(\gamma_i+\phi_i)}]^{\mathrm{T}} \tag{3.110}$$

相应地，主导散射机理的特征矢量可以表达为[36]

$$\overline{\boldsymbol{u}}_0=\mathrm{e}^{\mathrm{j}\phi}[\cos\overline{\alpha},\sin\overline{\alpha}\cos\overline{\beta}\mathrm{e}^{\mathrm{j}\overline{\delta}},\sin\overline{\alpha}\sin\overline{\beta}\mathrm{e}^{\mathrm{j}\overline{\gamma}}]^{\mathrm{T}} \tag{3.111}$$

其中，

$$\begin{gathered}
\overline{\alpha}=\sum_{k=1}^{3}P_k\alpha_k,\quad \overline{\beta}=\sum_{k=1}^{3}P_k\beta_k\\
\overline{\gamma}=\sum_{k=1}^{3}P_k\gamma_k,\quad \overline{\delta}=\sum_{k=1}^{3}P_k\delta_k\\
P_k=\lambda_k\Big/\sum_{i=1}^{3}\lambda_i
\end{gathered} \tag{3.112}$$

从式（3.111）和式（3.112）可知，主导散射机理可以由参数 $\overline{\alpha}$、$\overline{\beta}$、$\overline{\gamma}$ 以及 $\overline{\delta}$ 表征。然而，考虑 $\overline{\alpha}$ 是这 4 个参数中唯一具有旋转不变特性的参数，在实际应用中常用它来对主导散射机理进行表征[37]。理论上，对于强散射点而言，其 $\overline{\alpha}$ 参数值在滤波前后不应该有剧烈的变化。表 3.2 给出了 P_1 和 P_2 在滤波前以及各滤波算法滤波后的 $\overline{\alpha}$ 参数值。从中可以看到，PDAN 算法滤波后的 $\overline{\alpha}$ 参数值和滤波之前最为接近，从而定量证明了 PDAN 算法具有最好的极化散射特性保持性能。

表 3.2　滤波前后$\overline{\alpha}$参数值对比

目标点	P_1	P_2
滤波前	0.1162	0.9182
精致 Lee 极化滤波后	0.1314	0.9023
IDAN 滤波后	0.1259	0.9064
PDAN 滤波后	**0.1081**	**0.9224**

在本书所提出的 PDAN 算法中，有两个参数 h_s 和 h_r 需要确定。但是，它们并不是通过反复尝试的方式确定的，而是有一定的参数选择原则可以遵循。首先，根据实践经验，更大的空间域带宽参数 $h_s = 15$ 可以将更多的像素引入滤波过程，有助于获得更加平滑的图像。因此，在实验中，令 $h_s = 15$，目的就是使滤波后的图像更加平滑。同时，为了得到更好的边界和图像细节的保持效果，值域带宽参数 h_r 不宜太大，以防止滤波过程中引入一些散射特性不同的像素。于是，在实验中，取 $h_r = 2.6$，目的就是防止不同散射特性的像素对滤波产生干扰。其次，参数调整也是有规则可循的。一般来说，增大 h_s 或 h_r 都能够获得更加平滑的滤波效果。然而，这两个参数的重要性并不是对等的。相比之下，调整 h_r 往往带来的影响更大。因此，如果滤波后图像的细节特征没有得到很好的保持，则应该首先考虑减小 h_r，将不同散射特性的像素排除在滤波之外。相反，如果滤波后图像的平滑程度不够，则应该首先考虑增大 h_r，将更多的像素引入滤波过程。最后，从实验结果来看。尽管两幅图像的场景有明显差别（E-SAR 图像对应的是植被覆盖区域，而 38 所极化 SAR 图像对应的是人造目标区域），它们的最优参数却都是 $h_s = 15$，$h_r = 2.6$，这说明 PDAN 算法的参数选择具有很强的通用性。

本章小结

为了构建新的极化 SAR 相干斑滤波算法，本章首先回顾了相干斑的形成机理、统计模型和一些经典的极化 SAR 相干斑滤波算法。结果发现，基于极化通道间统计相关性的滤波算法往往只对极化协方差矩阵/极化相干矩阵的对角线元素进行了滤波，而对非对角线元素未做处理。因此，滤波后数据的极化信息遭到了破坏。为了保持极化散射特性，Lee 等提出了精致 Lee 极化滤波算法，采用 8 个不同取向的非矩形窗对场景的分布进行判断。然而，8 个不同取向的非矩形窗往往并不足以描述实际场景的分布情况，造成滤波后的图像出现“补丁效应”。为了改进精致 Lee 极化滤波算法的滤波效果，Vasile 等提出了 IDAN 滤波算法，引入了相似性比较的步骤。然而，该算法在相似性比较的过程中仅利用了幅度信息，而并没有充分利用极化协方差矩阵/极化相干矩阵中所包含的极化信息，并不能取得理想的滤波效果。

为了克服以上算法的缺陷，本章基于均值移动理论提出了一种新颖的极化 SAR 相干斑滤波算法——PDAN。该算法采用了空间域和值域的联合滤波，充分利用了极化信息和幅度信息，满足了极化 SAR 相干斑滤波的基本原则。在算法验证的过程中，本章使用了德国 DLR 的 L 波段 E-SAR 数据和中国电子科技集团第三十八研究所的 X 波段机载极化 SAR 数据，并从相干斑滤波效果、边界保护效果和极化散射特性保持效果三个方面对算法的有效性进行了评价。实验结果表明，相比较精致 Lee 极化滤波算法和 IDAN 滤波算法，PDAN 算法具有更加优良的性能，能够在滤除相干斑噪声的同时很好地保持图像的细节、边界信息以及极化散射特性。

参考文献

[1] GOODMAN J W. Some fundamental properties of speckle [J]. Journal of the optical society of America, 1976, 66 (11): 1145-1150.

[2] ULABY F T, HADDOK T F, AUSTIN R T. Fluctuation statistics of millimeter-wave scattering from distributed targets [J]. IEEE Transactions on Geoscience and Remote Sensing, 1988, 26 (3): 268-281.

[3] PAPULIS A. Probability, Random Variables, and Stochastic Process [M]. New York: McGraw-Hill, 1965.

[4] LEE J S. Digital image enhancement and noise filtering by use of local statistics [J]. IEEE Transactions on Pattern Analysis and Machine Intelligence, 1980, 2 (2): 165-168.

[5] LEE J S. Speckle analysis and smoothing of synthetic aperture radar images [J]. Computer Graphics and Image Processing, 1981, 17 (1): 24-32.

[6] LOPEZ-MARTINEZ C, FABREGAS X. Polarimetric SAR speckle noise model [J]. IEEE Transactions on Geoscience and Remote Sensing, 2003, 41 (10): 2232-2242.

[7] NOVAK L M, BURL M C, IRVING W W. Optimal polarimetric processing for enhanced target detection [J]. IEEE Transactions on Aerospace Electronic System, 1993, 29 (1): 234-244.

[8] NOVAK L M, BURL M C. Optimal speckle reduction in polarimetric SAR imagery [J]. IEEE Transactions on Aerospace Electronic System, 1990, 26 (2): 293-305.

[9] Barnes R M. Detection of randomly polarized target [D]. Seattle: Northeastern University, 1984.

[10] 吴翊，李超，罗建书，等．应用数学基础 [M]. 北京：高等教育出版社，2006.

[11] LEE J S, POTTIER E. Polarimetric radar imaging: from basics to applications [M]. Boca Raton: CRC Press, 2008.

[12] LEE J S, GRUNES M R, MANGO S A. Speckle reduction in multipolarization, multifrequency SAR imagery [J]. IEEE Transactions on Geoscience and Remote Sensing, 1991, 29 (4): 535-544.

[13] LIN Q, ALLEBACK J P. Combating speckle in SAR images: vector filtering and sequential classification based on A multiplicative noise model [J]. IEEE Transactions on Geoscience and Remote Sensing, 1990, 28 (4): 647-653.

[14] LEE J S, GRUNES M R, DE GRANDI G. Polarimetric SAR speckle filtering and its implication for classification [J]. IEEE Transactions on Geoscience and Remote Sensing, 1999, 37 (5): 2363-2373.

[15] GORDON R, RANGAYYAN R M. Feature enhancement of film mammograms using fixed and adaptive neighborhoods [J]. Applied Optics, 1984, 23 (4): 560-564.

[16] LEE J S. Digital image smoothing and the sigma filter [J]. Computer Vision, Graphics, and Image Processing, 1983, 24 (2): 255-269.

[17] VASILE G, TROUVE E, LEE J S, et al. Intensity-driven adaptive-neighborhood technique for polarimetric and interferometric SAR parameter estimation [J]. IEEE Transactions on Geoscience and Remote Sensing, 2006, 44 (6): 1609-1621.

[18] MORRISON D P, ECKERT A C, SHIELDS F, Studies of advanced detection technology sensor (ADTS) data [C]//Proceedings of SPIE Algorithms for Synthetic Aperture Radar Imagery. 1994, 2230: 370-378.

[19] PANG B, XING S Q, LI Y Z, et al. Novel polarimetric SAR speckle filtering algorithm based on mean shift [J]. System Engineering and Electronics, 2013, 24 (2): 222-233.

[20] PANG B, XING S Q, LI Y Z, et al. Speckle filtering algorithm for polarimetric SAR based on mean shift [C]//Proceedings of IGARSS 2012, Munich, Germany, 2012: 5892-5895.

[21] FUKUNAGA K, HOSTETLER L D. The estimation of the gradient of a density function, with application in pattern recognition [J]. IEEE Transactions on Information Theory, 1975, 21 (1): 32-40.

[22] CHENG Y Z. Mean Shift, Mode Seeking, and Clustering [J]. IEEE Transactions on Pattern Analysis and Machine Intelligence, 1995, 17 (8): 790-799.

[23] SILVERMAN B W. Density estimation for statistics and data analysis [M]. London: Chapman and Hall, 1986.

[24] CHENG Y Z, FU K S. Conceptual clustering in knowledge organization [J]. IEEE Transactions on Pattern Analysis and Machine Intelligence, 1985, 7 (5): 592-598.

[25] COMANICIU D, MEER P. Mean shift: a robust approach toward feature space analysis [J]. IEEE Transactions on Pattern Analysis and Machine Intelligence, 2002, 24 (5): 603-619.

[26] COMANICIU D, RAMESH V, MEER P. Kernel-based object tracking [J]. IEEE Transactions on Pattern Analysis and Machine Intelligence, 2003, 25 (5): 564-577.

[27] BRADSKI G R. Computer vision face tracking as a component of a perceptual user interface [C]//Proceedings of the IEEE Workshop on Applications of Computer Vision, Princeton,

1998: 214-219.

[28] SUBBARAO R, MEER P. Nonlinear mean shift for clustering over analytic manifolds [C]//Proceedings of the 2006 IEEE Computer Society Conference on Computer Vision and Pattern Recognition. New York, USA, 2006: 1168-1175.

[29] SONKA M, KAKADIARIS I A, KYBIC J. Computer vision and mathematical methods in medical and biomedical image analysis [M]. Berlin: Springer, 2004.

[30] TUZEL O, SUBBARAO R, MEER P. Simultaneous multiple 3D motion estimation via mode finding on lie groups [C]//Proceedings of the Tenth IEEE International Conference on Computer Vision. Los Alamitos, USA, 2005, 1: 18-25.

[31] PENNEC X, FILLARD P, AYACHE N. A riemannian framework for tensor computing [J]. International Journal of Computer Vision, 2006, 66 (1): 41-66.

[32] BHATIA R. Positive definite matrices [M]. Princeton: Princeton University Press, 2007.

[33] OHTA Y, KANADE T, SAKAI T. Color information for region segmentation [J]. Computer Graphics and Image Processing, 1980, 13: 222-241.

[34] SCHOU J, SKRIVER H, NIELSEN A A, et al. CFAR edge detector for polarimetric SAR images [J]. IEEE Transactions on Geoscience and Remote Sensing, 2003, 41 (1): 20-32.

[35] POTTIER E, LEE J S. Application of the H/A/alpha polarimetric decomposition theorem for unsupervised classification of fully polarimetric SAR data based on the Wishart distribution [C]//Proceeding of the Committee on Earth Observing Satellites SAR Workshop. Toulouse, France, 2000, 450: 335-340.

[36] SCHNEIDER R Z, PAPATHANASSIOU K P, HAJNSEK I, et al. Polarimetric and interferometric characterization of coherent scatterers in urban areas [J]. IEEE Transactions on Geoscience and Remote Sensing, 2006, 44 (4): 971-984.

[37] POTTIER E. Unsupervised classification scheme and topography derivation of POLSAR data on the H/A/α polarimetric decomposition theorem [C]//Proceedings of the 4th International Workshop on Radar Polarimetry. Nantes, France, 1998: 535-548.

第 4 章

目标全极化散射中心特征参数估计与性能分析

本章针对全极化高分辨雷达体制，立足于相干极化理想点散射中心模型，系统地研究了雷达目标全极化散射中心特征参数估计与性能分析问题。4.1 节首先建立了高分辨雷达目标相干极化理想点散射中心模型，推导了其模型参数估计的极限精度，得到了几种典型条件下估计误差方差下限（Cramer-Rao Bound，CRB）矩阵的简化形式，分析给出了全极化散射中心特征参数估计的极限精度与信噪比、带宽、相对带宽、极化等因素之间的关系。4.2 节通过单极化和全极化散射中心特征参数估计的极限精度对比，阐述了全极化处理的优点，首次从理论上证明了相对于任意单极化处理，全极化处理在散射中心参数估计的极限精度方面具有最佳性能。4.3 节和 4.4 节分别提出了目标全极化散射中心特征参数估计的极化多重信号分类方法（P-MUSIC）和极化旋转不变子空间方法（P-ESPRIT），并用仿真和实测数据实验验证了方法的有效性。4.5 节用信号子空间理论，揭示了 P-MUSIC、P-ESPRIT 方法的原理，并以全极化散射中心模型参数估计的极限性能为参照，分析比较了二者的性能，证实了这两种方法具有“准最优性”。

4.1 全极化散射中心参数估计的极限性能分析

关于散射中心参数估计方法的性能分析，从研究内容上可分为讨论参数模型的极限性能和估计算法本身性能两类；从研究途径上可分为理论推导、仿真实验和实测数据验证等三种形式。其中，散射中心模型参数的极限性能分析是分析散射中心提取算法的重要理论依据，它能够得到独立于算法的模型参数估计的极限性能[1-5]，其结果对评价极化超分辨算法性能、指导极化高分辨雷达系统参数设计、揭示雷达目标高分辨极化散射机理等都具有重要的意义。然而，由于目前针对全极化散射中心提取多采用常规的各极化通道单独提取方法[1]，关于全极化散射中心模型参数的极限性能分析的研究还相对较少。

本节将建立雷达目标的相干极化理想点散射中心模型（以下简称相干极化散射中心模型），推导相干极化散射中心模型参数估计的极限性能，即求解得出模型参数的 CRB 矩阵的解析表达式；给出几种典型条件下 CRB 矩阵的简化形式，分析全极化散射中心的位置、散射矢量参数的极限估计精度与信噪比、带宽、相对带宽、极化等因素之间的关系；特别是在此基础上推导出散射矩阵元素的幅度、相位、相位差的极限估计精度，并指出影响上述参数估计精度的因素。

4.1.1 相干极化散射中心模型

在窄带单色波激励条件下，雷达目标在远场区的电磁散射是一个线性过程，雷达入射波和目标散射波的各极化分量之间存在线性关系，可用 Sinclair 提出的极化散射矩阵来描述[6]。不失一般性，设极化雷达的正交极化通道分别为水平极化和垂直极化，记为(H,V)，则雷达入射波极化 Jones 矢量 $\boldsymbol{E}^{\mathrm{in}}=[E_{\mathrm{H}}^{\mathrm{in}}\quad E_{\mathrm{V}}^{\mathrm{in}}]^{\mathrm{T}}$ 与目标散射波极化 Jones 矢量 $\boldsymbol{E}^{\mathrm{sc}}=[E_{\mathrm{H}}^{\mathrm{sc}}\quad E_{\mathrm{V}}^{\mathrm{sc}}]^{\mathrm{T}}$ 之间的关系可表征为

$$\boldsymbol{E}^{\mathrm{sc}}=G(r)\boldsymbol{S}\boldsymbol{E}^{\mathrm{in}} \tag{4.1}$$

式中：$E_{\mathrm{H}}^{\mathrm{in}}$、$E_{\mathrm{V}}^{\mathrm{in}}$ 分别为入射场在 H、V 极化基上的复振幅；$E_{\mathrm{H}}^{\mathrm{sc}}$、$E_{\mathrm{V}}^{\mathrm{sc}}$ 分别为散射场在 H、V 极化基上的复振幅；$G(r)$为极化散射矩阵的球面波因子，$G(r)=\frac{1}{r}\exp(-\mathrm{j}kr)$在下面的分析中不予考虑；极化散射矩阵可表征为

$$\boldsymbol{S}=\begin{bmatrix} s_{\mathrm{HH}} & s_{\mathrm{HV}} \\ s_{\mathrm{VH}} & s_{\mathrm{VV}} \end{bmatrix} \tag{4.2}$$

其中，散射矩阵元素 s_{pq} 表征着以单位 q 极化波照射目标时后向散射波的 p 极化分量，$p,q=\mathrm{H,V}$。

根据目标的雷达散射截面积（RCS）定义，可知散射矩阵的元素与雷达散射截面积之间具有如下关系：

$$\sigma_{pq}=4\pi\,|s_{pq}|^2,\quad p,q=\mathrm{H,V} \tag{4.3}$$

显然，在窄带雷达体制下目标可以看作一个极化变换器，在特定姿态和频率下的目标极化散射特性，可用一个二阶复散射矩阵完全表征。由互易性原理可知，在单站、远场、互易性介质条件下，雷达目标的极化散射矩阵是对称的，即

$$s_{\mathrm{HV}}=s_{\mathrm{VH}} \tag{4.4}$$

值得指出的是，由于测量中存在噪声等不确定性因素的影响，使得二者的测量值不一定相等，这时需要进行互易性修正，最简单的办法就是将 HV

和 VH 的测量结果进行相干平均的 Cameron 修正法[7]，该方法不仅能提高交叉极化通道的信噪比，而且在相当广泛的意义上还是最优的[8]。以下分析中若无特殊说明，均假设互易性成立。

在宽带雷达体制下，由于目标对各频谱分量的响应不同，目标宽带散射在频域上对应的是目标在多个频点上的极化散射矩阵序列；由时域与频域之间的变换关系可知，目标的宽带散射在时域上表现为不同极化下目标沿雷达视线方向上的散射强度分布，即高分辨距离像。用散射中心理论来解释，目标的宽带散射实质上是一种局部行为，目标回波为目标体上各个子散射结构独立散射回波的合成，这些具有强散射能力的子散射结构称为目标的散射中心[9]，某种意义上可认为高分辨距离像反映的就是目标径向散射中心分布。

散射中心是雷达目标光学区散射的基本特征之一，也是描述光学区雷达目标电磁散射特性的重要工具。其数学模型包括理想点散射中心模型、衰减指数和模型[10]与几何绕射理论（GTD）模型[11]等，为更好地突出全极化处理的特点和优势，本章选取最简单的理想点散射中心模型，下一章将建立更为精确的 CP-GTD 模型。

理想点散射中心模型是绝大多数成像算法中默认采取的一种散射模型。考虑全极化测量时，常规的方法是多极化分通道处理，即把全极化看成几个不同的单极化通道。下面以步进频体制宽带全极化测量雷达为例，给出基于相干极化理想点散射中心模型（以下简称相干极化散射中心模型）的目标信号的回波形式，即

$$x_{pq}(n)=\sum_{m=1}^{d}s_{m,pq}\mathrm{e}^{-\mathrm{j}\frac{4\pi r_m}{c}f_n}+u_{pq}(n),\quad n=1,2,\cdots,N \tag{4.5}$$

式中：c 为光速；$f_n=f_0+(n-1)\Delta f$，f_0 为起始频率，Δf 为频率步进，n 为发射频点总数；d 为散射中心数目；$s_{m,pq}$ 表示第 m 个散射中心在 pq 极化测量下的复散射系数，它对应着散射矩阵的一个元素；r_m 表示第 m 个散射中心的位置；$u_{pq}(n)$ 表示在 pq 极化测量下的第 n 个频点测量时的噪声。

将式（4.5）写成矢量化表征形式为

$$\boldsymbol{x}=(\boldsymbol{I}_3\otimes\boldsymbol{A})\boldsymbol{s}+\boldsymbol{u} \tag{4.6}$$

式中：$\boldsymbol{I}_3$ 为 3 阶单位阵；“$\otimes$”表示矩阵的 Kronecker 积。

$$\boldsymbol{x}=[\boldsymbol{x}_{\mathrm{HH}}^{\mathrm{T}},\boldsymbol{x}_{\mathrm{HV}}^{\mathrm{T}},\boldsymbol{x}_{\mathrm{VV}}^{\mathrm{T}}]^{\mathrm{T}} \tag{4.7}$$

$$\boldsymbol{s}=[\boldsymbol{s}_{\mathrm{HH}}^{\mathrm{T}},\boldsymbol{s}_{\mathrm{HV}}^{\mathrm{T}},\boldsymbol{s}_{\mathrm{VV}}^{\mathrm{T}}]^{\mathrm{T}} \tag{4.8}$$

$$\boldsymbol{u}=[\boldsymbol{u}_{\mathrm{HH}}^{\mathrm{T}},\boldsymbol{u}_{\mathrm{HV}}^{\mathrm{T}},\boldsymbol{u}_{\mathrm{VV}}^{\mathrm{T}}]^{\mathrm{T}} \tag{4.9}$$

$$\boldsymbol{A}=[\boldsymbol{a}(r_1)\quad\boldsymbol{a}(r_2)\quad\cdots\quad\boldsymbol{a}(r_d)] \tag{4.10}$$

式中：$\boldsymbol{x}_{pq}=[x_{pq}(1),x_{pq}(2),\cdots,x_{pq}(N)]^{\mathrm{T}}$、$\boldsymbol{s}_{pq}=[s_{1,pq},s_{2,pq},\cdots,s_{d,pq}]^{\mathrm{T}}$、$\boldsymbol{u}_{pq}=$

$[u_{pq}(1), u_{pq}(2), \cdots, u_{pq}(N)]^{\mathrm{T}}$ 分别为对应极化下的单极化测量信息矢量、单极化散射信息矢量和单极化测量噪声矢量；上标 T 表示转置；$\boldsymbol{a}(r_m)$ 为第 m 个散射中心对应的导向矢量，即

$$\boldsymbol{a}(r_m)=\left[\mathrm{e}^{-\mathrm{j}\frac{4\pi f_1 r_m}{c}} \quad \mathrm{e}^{-\mathrm{j}\frac{4\pi f_2 r_m}{c}} \quad \cdots \quad \mathrm{e}^{-\mathrm{j}\frac{4\pi f_N r_m}{c}}\right]^{\mathrm{T}} \tag{4.11}$$

值得指出的是，这里虽然只分析了步进频信号情形，实际上线性调频信号经过匹配滤波或 STRETCH 处理之后也可得到类似结果（由一维距离像和频域的等价关系可知，对一维距离像作 FFT 处理，即可得到式（4.5）所示的信号形式)，限于篇幅，这里不再赘述。

4.1.2 相干极化散射中心模型参数估计的 CRB 矩阵

设待估计参量为 $\boldsymbol{\theta}$，记为

$$\boldsymbol{\theta}=[\mathrm{Re}\{\boldsymbol{s}^{\mathrm{T}}\} \vdots \mathrm{Im}\{\boldsymbol{s}^{\mathrm{T}}\} \vdots \boldsymbol{r}^{\mathrm{T}}]^{\mathrm{T}} \tag{4.12}$$

式中：$\mathrm{Re}(\cdot)$、$\mathrm{Im}(\cdot)$ 分别代表取实部、虚部；$\boldsymbol{r}$ 为待估计的散射中心位置矢量，$\boldsymbol{r}=[r_1, r_2, \cdots, r_d]^{\mathrm{T}}$。

根据复高斯极化杂波模型[12-15]，可知

$$p(\boldsymbol{x} \mid \boldsymbol{\theta})=\frac{1}{\pi^{3N}|\boldsymbol{R}|}\exp\{-[\boldsymbol{x}-(\boldsymbol{I}_3 \otimes \boldsymbol{A})\boldsymbol{s}]^{\mathrm{H}}\boldsymbol{R}^{-1}[\boldsymbol{x}-(\boldsymbol{I}_3 \otimes \boldsymbol{A})\boldsymbol{s}]\} \tag{4.13}$$

式中：$\boldsymbol{R}=\boldsymbol{C}\otimes\boldsymbol{I}_N$，$\boldsymbol{C}$ 为杂波的极化协方差矩阵，一般具有如下形式：

$$\boldsymbol{C}=E[\boldsymbol{u}_n\boldsymbol{u}_n^{\mathrm{H}}]=\sigma_{\mathrm{HH}}^2\begin{bmatrix} 1 & 0 & \rho\sqrt{\gamma} \\ 0 & \varepsilon & 0 \\ \rho^*\sqrt{\gamma} & 0 & \gamma \end{bmatrix} \tag{4.14}$$

式中：$\boldsymbol{u}_n=[u_{\mathrm{HH}}(n), u_{\mathrm{HV}}(n), u_{\mathrm{VV}}(n)]^{\mathrm{T}}$；$\sigma_{\mathrm{HH}}^2=E[|u_{\mathrm{HH}}(n)|^2]$；$\varepsilon=\dfrac{E[|u_{\mathrm{HV}}(n)|^2]}{E[|u_{\mathrm{HH}}(n)|^2]}$；$\gamma=\dfrac{E[|u_{\mathrm{VV}}(n)|^2]}{E[|u_{\mathrm{HH}}(n)|^2]}$；$\rho=\dfrac{E[u_{\mathrm{HH}}(n)u_{\mathrm{VV}}^*(n)]}{\sqrt{E[|u_{\mathrm{HH}}(n)|^2]E[|u_{\mathrm{VV}}(n)|^2]}}$；$E[\cdot]$ 代表集平均；“＊”表示共轭。

对数似然函数为

$$\ln p(\boldsymbol{x} \mid \boldsymbol{\theta})=-3N\ln\pi-\ln(|\boldsymbol{R}|)-[\boldsymbol{x}-(\boldsymbol{I}_3 \otimes \boldsymbol{A})\boldsymbol{s}]^{\mathrm{H}}\boldsymbol{R}^{-1}[\boldsymbol{x}-(\boldsymbol{I}_3 \otimes \boldsymbol{A})\boldsymbol{s}] \tag{4.15}$$

根据矢量求导原理[16]，对式（4.15）求导可得

$$\frac{\partial \ln p(\boldsymbol{x} \mid \boldsymbol{\theta})}{\partial(\mathrm{Re}\{\boldsymbol{s}\})}=2\mathrm{Re}\{(\boldsymbol{I}_3 \otimes \boldsymbol{A})^{\mathrm{H}}\boldsymbol{R}^{-1}[\boldsymbol{x}-(\boldsymbol{I}_3 \otimes \boldsymbol{A})\boldsymbol{s}]\} \tag{4.16}$$

$$\frac{\partial \ln p(\boldsymbol{x} \mid \boldsymbol{\theta})}{\partial(\mathrm{Re}\{\boldsymbol{s}\})}=2\mathrm{Im}\{(\boldsymbol{I}_3 \otimes \boldsymbol{A})^{\mathrm{H}}\boldsymbol{R}^{-1}[\boldsymbol{x}-(\boldsymbol{I}_3 \otimes \boldsymbol{A})\boldsymbol{s}]\} \tag{4.17}$$

$$\frac{\partial \ln p(\boldsymbol{x} \mid \boldsymbol{\theta})}{\partial \boldsymbol{r}}=2\mathrm{Re}\left\{\begin{bmatrix}\boldsymbol{DAS}_{\mathrm{HH}}\\ \boldsymbol{DAS}_{\mathrm{HV}}\\ \boldsymbol{DAS}_{\mathrm{VV}}\end{bmatrix}^{\mathrm{H}}\boldsymbol{R}^{-1}[\boldsymbol{x}-(\boldsymbol{I}_3\otimes\boldsymbol{A})\boldsymbol{s}]\right\} \tag{4.18}$$

式中：$\boldsymbol{S}_{pq}=\mathrm{diag}\{s_{1,pq}\quad s_{2,pq}\quad\cdots\quad s_{d,pq}\}$；$\boldsymbol{D}=\mathrm{diag}\left\{-\mathrm{j}\frac{4\pi f_1}{c}\quad -\mathrm{j}\frac{4\pi f_2}{c}\quad\cdots\quad -\mathrm{j}\frac{4\pi f_N}{c}\right\}$。

综合式（4.16）~式（4.18），可得

$$\nabla_{\boldsymbol{\theta}}\ln p(\boldsymbol{x} \mid \boldsymbol{\theta})=2\mathrm{Re}\{\boldsymbol{h}^{\mathrm{H}}\boldsymbol{R}^{-1}[\boldsymbol{x}-(\boldsymbol{I}_3\otimes\boldsymbol{A})\boldsymbol{s}]\} \tag{4.19}$$

其中，

$$\boldsymbol{h}=\left[(\boldsymbol{I}_3\otimes\boldsymbol{A}),\mathrm{j}(\boldsymbol{I}_3\otimes\boldsymbol{A}),\begin{bmatrix}\boldsymbol{DAS}_{\mathrm{HH}}\\ \boldsymbol{DAS}_{\mathrm{HV}}\\ \boldsymbol{DAS}_{\mathrm{VV}}\end{bmatrix}\right] \tag{4.20}$$

则待估计参量 $\boldsymbol{\theta}$ 的 Fisher 矩阵为

$$\boldsymbol{J}=E\{\nabla\ln p(z \mid \boldsymbol{\theta})\cdot\nabla_{\boldsymbol{\theta}}\ln p(z \mid \boldsymbol{\theta})^{\mathrm{T}}\}=2E\{\mathrm{Re}(\boldsymbol{h}^{\mathrm{H}}\boldsymbol{R}^{-1}\boldsymbol{h})\} \tag{4.21}$$

需要指出的是，式（4.21）的推导中，利用了 $E\{\mathrm{Re}(x)\mathrm{Re}(y)\}=E\left\{\left(\frac{x+x^*}{2}\right)\left(\frac{y+y^*}{2}\right)\right\}$，上标“*”代表取共轭。

至此，可得待估计参量 $\boldsymbol{\theta}$ 的 CRB 矩阵为

$$\mathbf{CRB}_{\boldsymbol{q}}=\frac{1}{2}(E\{\mathrm{Re}(\boldsymbol{h}^{\mathrm{H}}\boldsymbol{R}^{-1}\boldsymbol{h})\})^{-1} \tag{4.22}$$

式（4.22）以非常简洁紧凑的形式给出了极化理想点散射中心模型参数估计的 **CRB** 矩阵。由统计信号处理知识可知[17]，**CRB** 矩阵给出的是基于该模型的所有无偏估计算法的方差下限，即独立于具体算法的模型参数估计的极限性能。下面结合典型的具体应用条件，对 **CRB** 矩阵进行某种程度的化简，进一步阐述模型参数的极限性能与信噪比、带宽、相对带宽、极化（包括雷达极化方式、目标极化、杂波极化）等诸多因素之间的关系。

4.1.3 典型条件下 CRB 矩阵的简化分析

4.1.3.1　极化色杂波条件下的多点散射模型 CRB

由 Kronecker 积的性质可知，$\boldsymbol{R}^{-1}=\boldsymbol{C}^{-1}\otimes\boldsymbol{I}_N$，代入式（4.22），可得

$$\mathrm{Re}(\boldsymbol{h}^{\mathrm{H}}\boldsymbol{R}^{-1}\boldsymbol{h})\hat{=}\begin{bmatrix}\boldsymbol{M}_1 & \boldsymbol{M}_2\\ \boldsymbol{M}_2^{\mathrm{T}} & \boldsymbol{M}_3\end{bmatrix} \tag{4.23}$$

式中：$\boldsymbol{M}_1=\begin{bmatrix}\mathrm{Re}[\boldsymbol{C}^{-1}\otimes(\boldsymbol{A}^{\mathrm{H}}\boldsymbol{A})] & -\mathrm{Im}[\boldsymbol{C}^{-1}\otimes(\boldsymbol{A}^{\mathrm{H}}\boldsymbol{A})]\\ \mathrm{Im}[\boldsymbol{C}^{-1}\otimes(\boldsymbol{A}^{\mathrm{H}}\boldsymbol{A})] & \mathrm{Re}[\boldsymbol{C}^{-1}\otimes(\boldsymbol{A}^{\mathrm{H}}\boldsymbol{A})]\end{bmatrix}$；$\boldsymbol{M}_2=\begin{bmatrix}\mathrm{Re}[(\boldsymbol{C}^{-1}\otimes\boldsymbol{A}^{\mathrm{H}})\boldsymbol{G}]\\ \mathrm{Im}[(\boldsymbol{C}^{-1}\otimes\boldsymbol{A}^{\mathrm{H}})\boldsymbol{G}]\end{bmatrix}$；

$\boldsymbol{M}_3=\mathrm{Re}[\boldsymbol{G}^{\mathrm{H}}(\boldsymbol{C}^{-1}\otimes\boldsymbol{I}_N)\boldsymbol{G}]$；$\boldsymbol{G}=\begin{bmatrix}\boldsymbol{DAS}_{\mathrm{HH}}\\ \boldsymbol{DAS}_{\mathrm{HV}}\\ \boldsymbol{DAS}_{\mathrm{VV}}\end{bmatrix}$。

根据矩阵求逆引理[16]，可知

$$\begin{bmatrix}\boldsymbol{M}_1 & \boldsymbol{M}_2\\ \boldsymbol{M}_2^{\mathrm{T}} & \boldsymbol{M}_3\end{bmatrix}^{-1}=\begin{bmatrix}\boldsymbol{M}_1^{-1}+\boldsymbol{M}_1^{-1}\boldsymbol{M}_2\boldsymbol{K}^{-1}\boldsymbol{M}_2^{\mathrm{T}}\boldsymbol{M}_1^{-1} & -\boldsymbol{M}_1^{-1}\boldsymbol{M}_2\boldsymbol{K}^{-1}\\ -\boldsymbol{K}^{-1}\boldsymbol{M}_2^{\mathrm{T}}\boldsymbol{M}_1^{-1} & \boldsymbol{K}^{-1}\end{bmatrix} \tag{4.24}$$

其中，

$$\boldsymbol{K}=\boldsymbol{M}_3-\boldsymbol{M}_2^{\mathrm{T}}\boldsymbol{M}_1^{-1}\boldsymbol{M}_2 \tag{4.25}$$

由待定系数法（详细推导请参见附录1），可得

$$\boldsymbol{M}_1^{-1}=\begin{bmatrix}\mathrm{Re}\{[\boldsymbol{C}^{-1}\otimes(\boldsymbol{A}^{\mathrm{H}}\boldsymbol{A})]^{-1}\} & -\mathrm{Im}\{[\boldsymbol{C}^{-1}\otimes(\boldsymbol{A}^{\mathrm{H}}\boldsymbol{A})]^{-1}\}\\ \mathrm{Im}\{[\boldsymbol{C}^{-1}\otimes(\boldsymbol{A}^{\mathrm{H}}\boldsymbol{A})]^{-1}\} & \mathrm{Re}\{[\boldsymbol{C}^{-1}\otimes(\boldsymbol{A}^{\mathrm{H}}\boldsymbol{A})]^{-1}\}\end{bmatrix} \tag{4.26}$$

代入式（4.25），可得

$$\boldsymbol{K}=\boldsymbol{M}_3-\boldsymbol{M}_2^{\mathrm{T}}\boldsymbol{M}_1^{-1}\boldsymbol{M}_2=\mathrm{Re}[\boldsymbol{G}^{\mathrm{H}}(\boldsymbol{C}^{-1}\otimes\boldsymbol{E})\boldsymbol{G}] \tag{4.27}$$

式中：$\boldsymbol{E}=\boldsymbol{I}_N-\boldsymbol{A}(\boldsymbol{A}^{\mathrm{H}}\boldsymbol{A})^{-1}\boldsymbol{A}^{\mathrm{H}}$。

至此，对于极化色杂波多点情况下，相干极化散射中心模型参数中位置参数和散射矢量参数的极限精度可以通过两个独立的解析表达式给出，即

（1）位置参数估计的 **CRB** 矩阵为

$$\mathbf{CRB}(\boldsymbol{r})=\frac{1}{2}\boldsymbol{K}^{-1}=\frac{1}{2}\{\mathrm{Re}[\boldsymbol{G}^{\mathrm{H}}(\boldsymbol{C}^{-1}\otimes\boldsymbol{E})\boldsymbol{G}]\}^{-1} \tag{4.28}$$

（2）散射矢量参数估计的 **CRB** 矩阵为

$$\mathbf{CRB}(\mathrm{Re}(\boldsymbol{s})\vdots\mathrm{Im}(\boldsymbol{s}))=\frac{1}{2}(\boldsymbol{M}_1^{-1}+\boldsymbol{M}_1^{-1}\boldsymbol{M}_2K^{-1}\boldsymbol{M}_2^{\mathrm{T}}\boldsymbol{M}_1^{-1}) \tag{4.29}$$

这给后续的算法性能评价以及系统参数的优化选择提供了方便，也为以下的进一步简化分析奠定了基础。

4.1.3.2 极化色杂波条件下的单点散射模型 CRB

经过复杂的推导（详细推导请参见附录2），可得

（1）位置参数估计的 **CRB** 矩阵为

$$\mathbf{CRB}(r)=\frac{1}{N\boldsymbol{s}^{\mathrm{H}}\boldsymbol{C}^{-1}\boldsymbol{s}}\cdot\frac{3\delta_{\mathrm{r}}^2}{2\pi^2} \tag{4.30}$$

（2）散射矢量参数估计的 CRB 矩阵为

$$\mathbf{CRB}(\mathrm{Re}(\boldsymbol{s})\vdots\mathrm{Im}(\boldsymbol{s}))=\frac{1}{2N}\begin{bmatrix}\mathrm{Re}\{\boldsymbol{C}\} & -\mathrm{Im}\{\boldsymbol{C}\}\\ \mathrm{Im}\{\boldsymbol{C}\} & \mathrm{Re}\{\boldsymbol{C}\}\end{bmatrix}+\frac{6}{\gamma^2 N\boldsymbol{s}^{\mathrm{H}}\boldsymbol{C}^{-1}\boldsymbol{s}}\begin{bmatrix}\mathrm{Im}[\boldsymbol{s}]\mathrm{Im}[\boldsymbol{s}^{\mathrm{T}}] & -\mathrm{Im}[\boldsymbol{s}]\mathrm{Re}[\boldsymbol{s}^{\mathrm{T}}]\\ -\mathrm{Re}[\boldsymbol{s}]\mathrm{Im}[\boldsymbol{s}^{\mathrm{T}}] & \mathrm{Re}[\boldsymbol{s}]\mathrm{Re}[\boldsymbol{s}^{\mathrm{T}}]\end{bmatrix} \tag{4.31}$$

式（4.30）、式（4.31）给出了极化色杂波单点情况下全极化散射中心参数估计的极限精度更为显式的表达式，其结果表明：

① 位置参数的极限估计精度与距离分辨率成正比，与全极化峰值信噪比，即 $\mathbf{SCR}_{\mathrm{Pol}}=N\boldsymbol{s}^{\mathrm{H}}\boldsymbol{C}^{-1}\boldsymbol{s}$ 成反比。

② 散射矢量参数的极限精度取决于两项：第一项完全由杂波的极化协方差矩阵决定，类似于单通道噪声中信号复幅度参数的估计；第二项取决于具体的目标散射矢量，而且也与全极化信噪比成反比；此外，第二项还有一个特殊的性质，即与信号的相对带宽的平方成反比。

4.1.3.3　极化白噪声条件下的单点散射模型 CRB

将极化白噪声条件下的单点散射条件，即 $\boldsymbol{R}=\sigma_{\mathrm{HH}}^2\boldsymbol{I}_{3N}$，代入式（4.30）、式（4.31）化简可得

（1）位置参数估计的 **CRB** 矩阵为

$$\mathbf{CRB}(r)=\frac{\sigma_{\mathrm{HH}}^2}{N\boldsymbol{s}^{\mathrm{H}}\boldsymbol{s}}\cdot\frac{3\delta_{\mathrm{r}}^2}{2\pi^2}=\left(\frac{1}{\mathbf{SCR}_{\mathrm{HH}}}+\frac{1}{\mathbf{SCR}_{\mathrm{HV}}}+\frac{1}{\mathbf{SCR}_{\mathrm{VV}}}\right)\cdot\frac{3\delta_{\mathrm{r}}^2}{2\pi^2} \tag{4.32}$$

（2）极化散射矢量参数估计的 CRB 矩阵为

$$\mathbf{CRB}(\mathrm{Re}(\boldsymbol{s})\vdots\mathrm{Im}(\boldsymbol{s}))=\frac{\sigma_{\mathrm{HH}}^2}{2N}\boldsymbol{I}_6+\frac{6\sigma_{\mathrm{HH}}^2}{\gamma^2 N\boldsymbol{s}^{\mathrm{H}}\boldsymbol{s}}\begin{bmatrix}\mathrm{Im}[\boldsymbol{s}]\mathrm{Im}[\boldsymbol{s}^{\mathrm{T}}] & -\mathrm{Im}[\boldsymbol{s}]\mathrm{Re}[\boldsymbol{s}^{\mathrm{T}}]\\ -\mathrm{Re}[\boldsymbol{s}]\mathrm{Im}[\boldsymbol{s}^{\mathrm{T}}] & \mathrm{Re}[\boldsymbol{s}]\mathrm{Re}[\boldsymbol{s}^{\mathrm{T}}]\end{bmatrix} \tag{4.33}$$

式（4.32）、式（4.33）给出了极化白噪声条件下，全极化理想单点散射模型参数估计的极限精度，其结论与极化色杂波单点散射情形类似，所不同的是，在极化白噪声杂波条件下，全极化信噪比可以等效为三个独立通道信噪比的并联，即

$$\frac{1}{\mathbf{SCR}_{\mathrm{Pol}}}=\frac{\sigma_{\mathrm{HH}}^2}{N\boldsymbol{s}^{\mathrm{H}}\boldsymbol{s}}=\left(\frac{1}{\mathbf{SCR}_{\mathrm{HH}}}+\frac{1}{\mathbf{SCR}_{\mathrm{HV}}}+\frac{1}{\mathbf{SCR}_{\mathrm{VV}}}\right) \tag{4.34}$$

值得指出的是，式（4.34）证明了在极化白噪声杂波条件下，全极化信噪比大于三个独立通道的信噪比，从一个侧面解释了全极化可能具有的性能优势，4.2 节将从更为严谨的角度论述和证明全极化处理的最优性。

4.1.3.4　单极化理想点散射中心模型的 CRB

特别地，利用类似的推导，可以得到单极化理想点散射中心模型参数的极限系能。单极化理想点散射中心模型待估计参量为

$$\boldsymbol{\theta}=[\mathrm{Re}\{\boldsymbol{s}_{pq}^{\mathrm{T}}\}\vdots\mathrm{Im}\{\boldsymbol{s}_{pq}^{\mathrm{T}}\}\vdots\boldsymbol{r}^{\mathrm{T}}]^{\mathrm{T}} \tag{4.35}$$

经过求解对数似然函数、矢量求导等一系列推导，可得

$$\nabla_{\boldsymbol{\theta}} \ln p(\boldsymbol{x}_{pq} \mid \boldsymbol{\theta}_{pq}) = 2\mathrm{Re}[\boldsymbol{h}_{pq}^{\mathrm{H}} \boldsymbol{R}_{pq}^{-1} (\boldsymbol{x}_{pq} - \boldsymbol{A}\boldsymbol{s}_{pq})] \tag{4.36}$$

式中：$\boldsymbol{R}_{pq} = \sigma_{pq}^2 \boldsymbol{I}_N$；$\boldsymbol{h}_{pq} = [\boldsymbol{A}, \mathrm{j}\boldsymbol{A}, \boldsymbol{DAS}_{pq}]$。

进一步推导可得，单极化理想点散射中心模型的待估计参量 $\boldsymbol{\theta}$ 的 **CRB** 矩阵为

$$\mathbf{CRB}_{\boldsymbol{\theta}} = \frac{\sigma_{pq}^2}{2} (E\{\mathrm{Re}(\boldsymbol{h}_{pq}^{\mathrm{H}} \boldsymbol{h}_{pq})\})^{-1} \tag{4.37}$$

式中

$$\mathrm{Re}\{\boldsymbol{h}^{\mathrm{H}}\boldsymbol{h}\} = \begin{bmatrix} \mathrm{Re}(\boldsymbol{A}^{\mathrm{H}}\boldsymbol{A}) & -\mathrm{Im}(\boldsymbol{A}^{\mathrm{H}}\boldsymbol{A}) & \mathrm{Re}(\boldsymbol{A}^{\mathrm{H}}\boldsymbol{DAS}_{pq}) \\ \mathrm{Im}(\boldsymbol{A}^{\mathrm{H}}\boldsymbol{A}) & \mathrm{Re}(\boldsymbol{A}^{\mathrm{H}}\boldsymbol{A}) & \mathrm{Im}(\boldsymbol{A}^{\mathrm{H}}\boldsymbol{DAS}_{pq}) \\ \mathrm{Re}(\boldsymbol{S}_{pq}^{\mathrm{H}}\boldsymbol{A}^{\mathrm{H}}\boldsymbol{D}^{\mathrm{H}}\boldsymbol{A}) & -\mathrm{Im}(\boldsymbol{S}_{pq}^{\mathrm{H}}\boldsymbol{A}^{\mathrm{H}}\boldsymbol{D}^{\mathrm{H}}\boldsymbol{A}) & \mathrm{Re}(\boldsymbol{S}_{pq}^{\mathrm{H}}\boldsymbol{A}^{\mathrm{H}}\boldsymbol{D}^{\mathrm{H}}\boldsymbol{DAS}_{pq}) \end{bmatrix}$$

应用分块矩阵的求逆定理，可得

(1) 位置参数估计的 **CRB** 矩阵为

$$\mathbf{CRB}(\boldsymbol{r}) = \frac{\sigma_{pq}^2}{2} \{\mathrm{Re}[\boldsymbol{S}_{pq}^{\mathrm{H}}\boldsymbol{A}^{\mathrm{H}}\boldsymbol{D}^{\mathrm{H}}\boldsymbol{EDAS}_{pq}]\}^{-1} \tag{4.38}$$

(2) 散射矢量参数估计的 **CRB** 矩阵为

$$\mathbf{CRB}(\mathrm{Re}(\boldsymbol{s}) \vdots \mathrm{Im}(\boldsymbol{s})) = \frac{\sigma_{pq}^2}{2} \begin{bmatrix} \mathrm{Re}[(\boldsymbol{A}^{\mathrm{H}}\boldsymbol{A})^{-1}] & -\mathrm{Im}[(\boldsymbol{A}^{\mathrm{H}}\boldsymbol{A})^{-1}] \\ \mathrm{Im}[(\boldsymbol{A}^{\mathrm{H}}\boldsymbol{A})^{-1}] & \mathrm{Re}[(\boldsymbol{A}^{\mathrm{H}}\boldsymbol{A})^{-1}] \end{bmatrix} + \frac{\sigma_{pq}^2}{2} \begin{bmatrix} \mathrm{Re}[(\boldsymbol{A}^{\mathrm{H}}\boldsymbol{A})^{-1}\boldsymbol{A}^{\mathrm{H}}\boldsymbol{DAS}_{pq}] \\ \mathrm{Im}[(\boldsymbol{A}^{\mathrm{H}}\boldsymbol{A})^{-1}\boldsymbol{A}^{\mathrm{H}}\boldsymbol{DAS}_{pq}] \end{bmatrix} \{\mathrm{Re}[\boldsymbol{S}_{pq}^{\mathrm{H}}\boldsymbol{A}^{\mathrm{H}}\boldsymbol{D}^{\mathrm{H}}\boldsymbol{EDAS}_{pq}]\}^{-1} \begin{bmatrix} \mathrm{Re}[\boldsymbol{S}_{pq}^{\mathrm{H}}\boldsymbol{A}^{\mathrm{H}}\boldsymbol{D}^{\mathrm{H}}\boldsymbol{A}(\boldsymbol{A}^{\mathrm{H}}\boldsymbol{A})^{-1}] \\ -\mathrm{Im}[\boldsymbol{S}_{pq}^{\mathrm{H}}\boldsymbol{A}^{\mathrm{H}}\boldsymbol{D}^{\mathrm{H}}\boldsymbol{A}(\boldsymbol{A}^{\mathrm{H}}\boldsymbol{A})^{-1}] \end{bmatrix} \tag{4.39}$$

式（4.38）、式（4.39）分别给出了单极化测量条件下多点散射中心模型中位置参数和单极化散射系数矢量估计的极限性能。需要指出的是，这里的单极化指的是任意单极化，不仅限于通常所说的 HH、HV、VV 等。这些结果可给单极化散射中心参数估计算法性能评价、单极化宽带雷达系统参数的优化选择等提供了理论依据。

进一步简化可得，单极化条件下的单点散射模型 CRB 如下：

(1) 位置参数估计的 **CRB** 矩阵为

$$\mathbf{CRB}(\boldsymbol{r}) = \frac{\sigma_{pq}^2}{2}\boldsymbol{K}^{-1} = \frac{\sigma_{pq}^2}{N\,|s_{pq}|^2} \cdot \frac{3\delta_{\mathrm{r}}^2}{2\pi^2} \tag{4.40}$$

(2) 散射矢量参数估计的 **CRB** 矩阵为

$$\mathbf{CRB}(\mathrm{Re}(s_{pq}) \vdots \mathrm{Im}(s_{pq})) = \frac{\sigma_{pq}^2}{2N}\boldsymbol{I}_2 + \frac{6\sigma_{pq}^2}{N\gamma^2\,|s_{pq}|^2} \begin{bmatrix} \mathrm{Im}(s_{pq})\mathrm{Im}(s_{pq}) & -\mathrm{Im}(s_{pq})\mathrm{Re}(s_{pq}) \\ -\mathrm{Re}(s_{pq})\mathrm{Im}(s_{pq}) & \mathrm{Re}(s_{pq})\mathrm{Re}(s_{pq}) \end{bmatrix} \tag{4.41}$$

4.1.4 幅度、相位以及相位差的极限估计精度

4.1.4.1 单极化处理条件下幅度、相位的极限估计精度

令 $a=\mathrm{Re}(s_{pq}), b=\mathrm{Im}(s_{pq})$，则对于散射系数矩阵元素 s_{pq} 的幅度 A_{pq} 和相位 ϕ_{pq} 可表征为

$$A_{pq}=\sqrt{a^2+b^2},\qquad \phi_{pq}=\arctan\frac{b}{a} \tag{4.42}$$

根据统计信号处理的理论，可知

$$\mathbf{CRB}(\boldsymbol{g}(\boldsymbol{\theta}))=\frac{\partial \boldsymbol{g}(\boldsymbol{\theta})}{\partial \boldsymbol{\theta}},\quad \mathbf{CRB}(\boldsymbol{\theta})\frac{\partial \boldsymbol{g}(\boldsymbol{\theta})^{\mathrm{T}}}{\partial \boldsymbol{\theta}} \tag{4.43}$$

将 $\boldsymbol{g}(\boldsymbol{\theta})=[A_{pq}\quad \phi_{pq}]^{\mathrm{T}}$、$\boldsymbol{\theta}=[a\quad b]^{\mathrm{T}}$ 以及式（4.41）代入式（4.43），可得

$$\mathbf{CRB}(\boldsymbol{g}(\boldsymbol{\theta}))=\begin{bmatrix}\dfrac{\sigma_{pq}^2}{2N} & 0\\ 0 & \dfrac{\sigma_{pq}^2}{2NA_{pq}^2}\left(1+\dfrac{12}{\gamma^2}\right)\end{bmatrix} \tag{4.44}$$

即单极化处理条件下散射矩阵元素的幅度、相位的极限估计精度分别为

$$\mathbf{CRB}(A_{pq})=\frac{\sigma_{pq}^2}{2N} \tag{4.45}$$

$$\mathbf{CRB}(\phi_{pq})=\frac{\sigma_{pq}^2}{2NA_{pq}^2}\left(1+\frac{12}{\gamma^2}\right) \tag{4.46}$$

4.1.4.2 全极化处理条件下幅度、相位的极限估计精度

由式（4.31）抽取对应的极化通道可得

$$\mathbf{CRB}(\mathrm{Re}(s_{pq})\vdots\mathrm{Im}(s_{pq}))=\frac{\sigma_{pq}^2}{2N}\boldsymbol{I}_2+\frac{6}{\gamma^2N\boldsymbol{s}^{\mathrm{H}}\boldsymbol{C}^{-1}\boldsymbol{s}}\begin{bmatrix}\mathrm{Im}(s_{pq})\mathrm{Im}(s_{pq}) & -\mathrm{Im}(s_{pq})\mathrm{Re}(s_{pq})\\ -\mathrm{Im}(s_{pq})\mathrm{Re}(s_{pq}) & \mathrm{Re}(s_{pq})\mathrm{Re}(s_{pq})\end{bmatrix} \tag{4.47}$$

类似于上面的推导，可得全极化条件下对任意 pq 极化的散射系数的幅度 A_{pq} 和相位 ϕ_{pq} 的极限估计精度分别为

$$\mathbf{CRB}(A_{pq})=\frac{\sigma_{pq}^2}{2N} \tag{4.48}$$

$$\mathbf{CRB}(\phi_{pq})=\frac{1}{2N\boldsymbol{s}^{\mathrm{H}}\boldsymbol{C}^{-1}\boldsymbol{s}}\left(1+\frac{12}{\gamma^2}\right) \tag{4.49}$$

4.1.4.3 相干极化相位差极限估计精度

雷达目标的极化散射矩阵本质上是一个二阶相干复矩阵，散射矩阵各元

素的相位尤其是不同极化通道间的相干极化相位差（以下简称相位差）是准确反映目标极化特性的重要信息（如球和二面角的散射矩阵差异就体现在共极化相位差上），散射矩阵估计中相干性保证不可或缺。在互易性条件下，相干极化散射矩阵共包括：$\phi_{\text{VV-HH}}$、$\phi_{\text{HV-HH}}$、$\phi_{\text{HV-VV}}$三个相对相位（其中，$\phi_{\text{VV-HH}}=\arg(s_{\text{VV}}s_{\text{HH}}^{*})$为散射矩阵元素 s_{VV} 和 s_{HH} 的相干相位差）。全极化处理条件下，相干极化相位差的极限估计精度如下（详细推导请参见附录 3）：

$$\mathbf{CRB}(\phi_{\text{VV-HH}})=\frac{1}{2N}\frac{\begin{vmatrix}C_{11} & C_{13}\\ C_{31} & C_{33}\end{vmatrix}}{A_{\text{VV}}^{2}A_{\text{HH}}^{2}}\begin{bmatrix}s_{\text{HH}}\\ s_{\text{VV}}\end{bmatrix}^{\text{H}}\begin{bmatrix}C_{11} & C_{13}\\ C_{31} & C_{33}\end{bmatrix}^{-1}\begin{bmatrix}s_{\text{HH}}\\ s_{\text{VV}}\end{bmatrix} \tag{4.50}$$

$$\mathbf{CRB}(\phi_{\text{HV-HH}})=\frac{1}{2N}\frac{\begin{vmatrix}C_{11} & C_{12}\\ C_{21} & C_{22}\end{vmatrix}}{A_{\text{HV}}^{2}A_{\text{HH}}^{2}}\begin{bmatrix}s_{\text{HH}}\\ s_{\text{HV}}\end{bmatrix}^{\text{H}}\begin{bmatrix}C_{11} & C_{12}\\ C_{21} & C_{22}\end{bmatrix}^{-1}\begin{bmatrix}s_{\text{HH}}\\ s_{\text{HV}}\end{bmatrix} \tag{4.51}$$

$$\mathbf{CRB}(\phi_{\text{HV-VV}})=\frac{1}{2N}\frac{\begin{vmatrix}C_{22} & C_{23}\\ C_{32} & C_{33}\end{vmatrix}}{A_{\text{VV}}^{2}A_{\text{HV}}^{2}}\begin{bmatrix}s_{\text{HV}}\\ s_{\text{VV}}\end{bmatrix}^{\text{H}}\begin{bmatrix}C_{22} & C_{23}\\ C_{32} & C_{33}\end{bmatrix}^{-1}\begin{bmatrix}s_{\text{HV}}\\ s_{\text{VV}}\end{bmatrix} \tag{4.52}$$

特别需要指出的是，将式（4.14）杂波极化协方差矩阵的一般形式代入式（4.50）~式（4.52），可得

$$\mathbf{CRB}(\phi_{\text{VV-HH}})=\frac{1}{2}\left(\frac{1}{\mathbf{SCR}_{\text{HH}}}+\frac{1}{\mathbf{SCR}_{\text{VV}}}-\frac{2\sigma_{\text{HH}}^{2}\text{Re}(\rho^{*}\sqrt{\gamma}s_{\text{HH}}s_{\text{VV}}^{*})}{NA_{\text{HH}}^{2}A_{\text{VV}}^{2}}\right) \tag{4.53}$$

$$\mathbf{CRB}(\phi_{\text{HV-HH}})=\frac{1}{2}\left(\frac{1}{\mathbf{SCR}_{\text{HV}}}+\frac{1}{\mathbf{SCR}_{\text{HH}}}\right) \tag{4.54}$$

$$\mathbf{CRB}(\phi_{\text{HV-VV}})=\frac{1}{2}\left(\frac{1}{\mathbf{SCR}_{\text{HV}}}+\frac{1}{\mathbf{SCR}_{\text{VV}}}\right) \tag{4.55}$$

显然，式（4.53）~式（4.55）明确地说明了各因素对全极化散射中心相干相位估计精度的影响：交叉极化通道 HV 和共极化通道 HH（或 VV）杂波不相关，其相干相位差估计精度仅取决于两者各自的信噪比；共极化通道 HH 和 VV 之间的相干相位差估计精度不仅取决于两个通道各自的信噪比，而且还取决于两通道杂波的相关系数。

4.2 全极化处理的最优性证明

表 4.1 综合 4.1 节中推导结果给出了单极化和全极化散射中心特征参数估计的极限精度对比。通过表 4.1 的对比分析，可以将全极化处理相较于单

极化处理的优势归纳为三个方面。

表 4.1　单极化和全极化极限性能对比

性能	单极化	全极化
位置参数	$\mathbf{CRB}(r)=\dfrac{\sigma_{pq}^2}{N\|s_{pq}\|^2}\cdot\dfrac{3\delta_r^2}{2\pi^2}$	$\mathbf{CRB}(r)=\dfrac{1}{N\boldsymbol{s}^{\mathrm{H}}\boldsymbol{C}^{-1}\boldsymbol{s}}\cdot\dfrac{3\delta_r^2}{2\pi^2}$
散射系数	$\mathbf{CRB}(\mathrm{Re}(s_{pq})\vdots\mathrm{Im}(s_{pq}))=\dfrac{\sigma_{pq}^2}{2N}\boldsymbol{I}_2+\dfrac{6\sigma_{pq}^2}{N\gamma^2\|s_{pq}\|^2}\cdot\begin{bmatrix}\mathrm{Im}(s_{pq})\mathrm{Im}(s_{pq}) & -\mathrm{Im}(s_{pq})\mathrm{Re}(s_{pq})\\-\mathrm{Im}(s_{pq})\mathrm{Re}(s_{pq}) & \mathrm{Re}(s_{pq})\mathrm{Re}(s_{pq})\end{bmatrix}$	$\mathbf{CRB}(\mathrm{Re}(s_{pq})\vdots\mathrm{Im}(s_{pq}))=\dfrac{\sigma_{pq}^2}{2N}\boldsymbol{I}_2+\dfrac{6}{\gamma^2N\boldsymbol{s}^{\mathrm{H}}\boldsymbol{C}^{-1}\boldsymbol{s}}\cdot\begin{bmatrix}\mathrm{Im}(s_{pq})\mathrm{Im}(s_{pq}) & -\mathrm{Im}(s_{pq})\mathrm{Re}(s_{pq})\\-\mathrm{Im}(s_{pq})\mathrm{Re}(s_{pq}) & \mathrm{Re}(s_{pq})\mathrm{Re}(s_{pq})\end{bmatrix}$
散射系数幅度	$\mathbf{CRB}(A_{pq})=\dfrac{\sigma_{pq}^2}{2N}$	$\mathbf{CRB}(A_{pq})=\dfrac{\sigma_{pq}^2}{2N}$
散射系数相位	$\mathbf{CRB}(A_{pq})=\dfrac{\sigma_{pq}^2}{2NA_{pq}^2}\left(1+\dfrac{12}{\gamma^2}\right)$	$\mathbf{CRB}(A_{pq})=\dfrac{1}{2N\boldsymbol{s}^{\mathrm{H}}\boldsymbol{C}^{-1}\boldsymbol{s}}\left(1+\dfrac{12}{\gamma^2}\right)$
散射矩阵	无法获得	可以获得
相干极化相位信息	无法获得	$\mathbf{CRB}(\phi_{\mathrm{VV-HH}})=\dfrac{1}{2}\left[\dfrac{1}{\mathbf{SCR}_{\mathrm{HH}}}+\dfrac{1}{\mathbf{SCR}_{\mathrm{VV}}}-\dfrac{2\sigma_{\mathrm{HH}}^2\mathrm{Re}(\rho^*\sqrt{\gamma}S_{\mathrm{HH}}S_{\mathrm{VV}}^*)}{NA_{\mathrm{HH}}^2A_{\mathrm{VV}}^2}\right]$ $\mathbf{CRB}(\varphi_{\mathrm{HV-HH}})=\dfrac{1}{2}\left(\dfrac{1}{\mathbf{SCR}_{\mathrm{HV}}}+\dfrac{1}{\mathbf{SCR}_{\mathrm{HH}}}\right)$ $\mathbf{CRB}(\varphi_{\mathrm{HV-VV}})=\dfrac{1}{2}\left(\dfrac{1}{\mathbf{SCR}_{\mathrm{HV}}}+\dfrac{1}{\mathbf{SCR}_{\mathrm{VV}}}\right)$

(1) 信息优势：全极化处理的信息优势是明显的，单极化只能估计出位置参数和给定极化通道的散射系数，而全极化不仅能给出位置参数，还能给出每个散射点的散射矩阵；4.1.4 节针对全极化处理给出了相干极化相位差的估计精度极限性能，而单极化条件下估计各极化通道间的相干信息显然无从谈起。

(2) 性能优势：相对于任意单极化或多极化分通道处理而言，基于相干极化散射中心模型的全极化处理具有最好的性能；而且，全极化处理有一些单极化难以获得的性能，如获得相干极化相位差信息等。这里全极化的性能优势，意义更广一些，其性能优势不仅体现在上述方面，在对单极化和全极化都能实现的散射中心位置、幅度等参数的估计方面，利用全极化处理也会达到最佳的效果。

(3) 处理优势：相较于多极化分通道单独处理之后再关联融合的常规处理方法而言，全极化处理能保证极化散射矩阵估计的相干性，并且可以避免各通道散射中心关联等操作。此外，本书还将在后续章节中提出评估估计性能好坏标准的相干性指标，并结合仿真实验给予证明。

对于第（2）点中全极化具有最佳估计性能，下面将给出详细证明。

从表 4.1 对比结果，可以发现单极化和全极化的关键区别在于系数项：$\dfrac{\sigma_{pq}^2}{N|s_{pq}|^2}$和$\dfrac{1}{N\boldsymbol{s}^{\mathrm{H}}\boldsymbol{C}^{-1}\boldsymbol{s}}$，实际上前者的倒数对应着 pq 极化条件下的峰值信噪比，即 $\mathbf{SCR}_{pq}=\dfrac{N|s_{pq}|^2}{\sigma_{pq}^2}$。不妨将后者的倒数定义为全极化条件下的峰值信噪比，记为 $\mathbf{SCR}_{\mathrm{Pol}}$，即

$$\mathbf{SCR}_{\mathrm{Pol}}=N\boldsymbol{s}^{\mathrm{H}}\boldsymbol{C}^{-1}\boldsymbol{s} \tag{4.56}$$

显然，要证明全极化处理具有最佳估计性能，只需要证明全极化信噪比大于任意单极化信噪比即可。为简便计，以下分析证明中略去公共因子项——峰值积累增益 N。

不妨设任意单极化状态为 pq，目标在 pq 极化下的散射系数为 s_{pq}，杂波在 pq 极化下的散射系数为 c_{pq}，根据极化散射的线性特性和极化基的变换原理，二者都可以被(H,V)极化基下目标和杂波的散射矢量线性表示，不妨设为

$$s_{pq}=\boldsymbol{a}^{\mathrm{H}}\boldsymbol{s},\quad c_{pq}=\boldsymbol{a}^{\mathrm{H}}\boldsymbol{c} \tag{4.57}$$

式中：$\boldsymbol{s}=[s_{\mathrm{HH}}\quad s_{\mathrm{HV}}\quad s_{\mathrm{VV}}]^{\mathrm{T}}$ 为信号散射矢量；$\boldsymbol{c}=[c_{\mathrm{HH}}\quad c_{\mathrm{HV}}\quad c_{\mathrm{VV}}]^{\mathrm{T}}$ 为杂波的散射矢量；$\boldsymbol{a}$ 为极化基变换矢量，则目标在 pq 极化下的信噪比为

$$\mathbf{SCR}_{pq}=\frac{|s_{pq}|^2}{\sigma_{pq}^2}=\mathrm{E}\left[\frac{\boldsymbol{a}^{\mathrm{H}}\boldsymbol{s}\boldsymbol{s}^{\mathrm{H}}\boldsymbol{a}}{\boldsymbol{a}^{\mathrm{H}}\boldsymbol{c}\boldsymbol{c}^{\mathrm{H}}\boldsymbol{a}}\right]=\frac{\boldsymbol{a}^{\mathrm{H}}\boldsymbol{s}\boldsymbol{s}^{\mathrm{H}}\boldsymbol{a}}{\boldsymbol{a}^{\mathrm{H}}\boldsymbol{C}\boldsymbol{a}} \tag{4.58}$$

为证明 $\forall pq,\mathbf{SCR}_{\mathrm{Pol}}\geqslant\mathbf{SCR}_{pq}$，这里换一种思路，首先求取任意单极化信噪比的最大值，然后与 $\mathbf{SCR}_{\mathrm{Pol}}$ 比较。求取任意单极化信噪比的最大值问题等效为如下优化问题，即

$$\boldsymbol{a}=\arg\max_{\boldsymbol{a}}\frac{\boldsymbol{a}^{\mathrm{H}}\boldsymbol{s}\boldsymbol{s}^{\mathrm{H}}\boldsymbol{a}}{\boldsymbol{a}^{\mathrm{H}}\boldsymbol{C}\boldsymbol{a}} \tag{4.59}$$

应用拉格朗日乘子法，设 $\boldsymbol{a}^{\mathrm{H}}\boldsymbol{C}\boldsymbol{a}=1$，则

$$f(\boldsymbol{a})=\boldsymbol{a}^{\mathrm{H}}\boldsymbol{s}\boldsymbol{s}^{\mathrm{H}}\boldsymbol{a}-\lambda(\boldsymbol{a}^{\mathrm{H}}\boldsymbol{C}\boldsymbol{a}-1) \tag{4.60}$$

将式（4.60）对 $\boldsymbol{a}$ 求导，得

$$f'(\boldsymbol{a})=2\boldsymbol{s}\boldsymbol{s}^{\mathrm{H}}\boldsymbol{a}-2\lambda\boldsymbol{C}\boldsymbol{a}=\boldsymbol{0}^{\mathrm{T}} \tag{4.61}$$

即

$$C^{-1}ss^{\mathrm{H}}a=\lambda a \tag{4.62}$$

式（4.62）表明：当且仅当 λ 为 $C^{-1}ss^{\mathrm{H}}$ 特征值，a 为对应的特征矢量时，$f(a)$ 才可能取得极值。将式（4.62）两边同时左乘 a^{H} 得

$$a^{\mathrm{H}}ss^{\mathrm{H}}a-\lambda a^{\mathrm{H}}Ca=0 \quad \Rightarrow \quad \frac{a^{\mathrm{H}}ss^{\mathrm{H}}a}{a^{\mathrm{H}}Ca}=\lambda \tag{4.63}$$

即单极化信噪比的极值等于特征值 λ，所以 $\frac{a^{\mathrm{H}}ss^{\mathrm{H}}a}{a^{\mathrm{H}}Ca}$ 的最大值就是 $C^{-1}ss^{\mathrm{H}}$ 的最大特征值，$C^{-1}ss^{\mathrm{H}}$ 最大特征值对应的特征矢量就是所要求的最佳极化基变换矢量 a。下面证明

$$\lambda_{\max}=s^{\mathrm{H}}C^{-1}s=\mathbf{SCR}_{\mathrm{Pol}} \tag{4.64}$$

由乘积矩阵迹的性质可知

$$\mathrm{tr}(C^{-1}ss^{\mathrm{H}})=\sum\lambda_i \tag{4.65}$$

$$\mathrm{tr}(C^{-1}ss^{\mathrm{H}})=\mathrm{tr}(ss^{\mathrm{H}}C^{-1})=\mathrm{tr}(s^{\mathrm{H}}C^{-1}s)=s^{\mathrm{H}}C^{-1}s \tag{4.66}$$

故

$$\sum\lambda_i=s^{\mathrm{H}}C^{-1}s \tag{4.67}$$

又因为 $C^{-1}ss^{\mathrm{H}}$ 秩为 1，所以 0 必然为它的二重特征根，故

$$\lambda_{\max}=\sum\lambda_i=s^{\mathrm{H}}C^{-1}s=\mathbf{SCR}_{\mathrm{Pol}} \tag{4.68}$$

综上所述，即证明了

$$\forall pq, \mathbf{SCR}_{\mathrm{Pol}}\geqslant\mathbf{SCR}_{pq} \tag{4.69}$$

至此，证明了相对于任意单极化处理，全极化处理在散射中心参数估计极限精度方面具有最好的性能，也即本书所论述的全极化处理的性能优势。

必须指出的是，上述性能优势是从极限估计精度方面来讲的，极限估计精度是独立于算法的。对于具体估计算法而言，不一定能达到这个最优的极限估计精度。理论上，用最大似然估计可得到各个待估计参量的值，而且可以达到理论上的极限估计精度。然而，实际上运用最大似然估计方法处理时，不仅大量的待定参量使得最大似然估计方法的多维搜索运算量巨大，而且任意微小的扰动也会引起其估计精度明显下降。因此，迫切需要寻求具体高效的全极化散射中心特征参数估计方法。针对这种背景，4.3 节、4.4 节提出了两种适用于全极化散射中心提取与参数估计方法，分别称为 P-MUSIC 方法和 P-ESPRIT 方法，在 4.5 节，用子空间原理解释了两种算法的原理本质，并通过与极限性能的比较，证明了它们具有“准最优性”。

4.3　全极化散射中心参数估计的 P-MUSIC 方法

多重信号分类（MUSIC）方法最初主要用于阵列信号处理中的空间到达

角估计，它具有很高的分辨率、估计精度，并且具有很好的稳定性。MUSIC方法的主要思路是：首先对接收数据的协方差矩阵进行特征分解，分别得到信号子空间和噪声子空间，利用二者近似正交的性质，定义信号的 MUSIC 谱为信号导向矢量在噪声子空间投影长度平方的倒数，通过谱峰搜索的办法可估计出信号参数。

本节将在 4.1 节的相干极化散射中心模型的基础上，定义目标的全极化 MUSIC 谱（P-MUSIC 谱），进而提出一种新的全极化散射中心参数估计方法（P-MUSIC 方法）[18]，该方法可以实现对各极化通道散射中心的数目、位置、强度以及归一化相干极化散射矩阵的同时估计。最后，还将结合仿真数据实验来分析 P-MUSIC 方法的性能。

4.3.1 P-MUSIC 方法原理

为表述方便，将相干极化散射中心目标信号模型重新表述如下：

$$x_{pq}(n) = \sum_{m=1}^{d} s_{m,pq} \mathrm{e}^{-\mathrm{j}\frac{4\pi r_m}{c} f_n} + u_{pq}(n), \quad n = 1,2,\cdots,N \tag{4.70}$$

将式（4.70）写成如下矩阵的形式：

$$\boldsymbol{z}=\boldsymbol{A}\boldsymbol{s}+\boldsymbol{u} \tag{4.71}$$

式中：$\boldsymbol{z}$ 为 $N\times3$ 维矩阵，对应全极化测量信息；$\boldsymbol{s}$ 为 $d\times3$ 维矩阵，对应目标散射中心的极化散射矩阵信息；$\boldsymbol{A}$ 为 $N\times d$ 维导向矢量矩阵，对应目标散射中心的位置信息；$\boldsymbol{u}$ 为 $N\times3$ 维测量噪声矩阵。它们具体表示形式如下：

$$\boldsymbol{z}=[\boldsymbol{x}_{\mathrm{HH}} \quad \boldsymbol{x}_{\mathrm{HV}} \quad \boldsymbol{x}_{\mathrm{VV}}] \tag{4.72}$$

$$\boldsymbol{A}=[\boldsymbol{a}(r_1) \quad \boldsymbol{a}(r_2) \quad \cdots \quad \boldsymbol{a}(r_d)] \tag{4.73}$$

$$\boldsymbol{s}=[\boldsymbol{s}_{\mathrm{HH}} \quad \boldsymbol{s}_{\mathrm{HV}} \quad \boldsymbol{s}_{\mathrm{VV}}] \tag{4.74}$$

$$\boldsymbol{u}=[\boldsymbol{u}_{\mathrm{HH}} \quad \boldsymbol{u}_{\mathrm{HV}} \quad \boldsymbol{u}_{\mathrm{VV}}] \tag{4.75}$$

式中：$\boldsymbol{x}_{pq}=[x_{pq}(1) \quad x_{pq}(2) \quad \cdots \quad x_{pq}(N)]^{\mathrm{T}}$、$\boldsymbol{s}_{pq}=[s_{1,pq} \quad s_{2,pq} \quad \cdots \quad \boldsymbol{s}_{d,pq}]^{\mathrm{T}}$、$\boldsymbol{u}_{pq}=[u_{pq}(1) \quad u_{pq}(2) \quad \cdots \quad u_{pq}(N)]^{\mathrm{T}}$ 分别对应 pq 极化下的测量信息、目标散射信息和测量噪声；$\boldsymbol{a}(r_m)=[\mathrm{e}^{-\mathrm{j}\frac{4\pi f_1 r_m}{c}} \quad \mathrm{e}^{-\mathrm{j}\frac{4\pi f_2 r_m}{c}} \quad \cdots \quad \mathrm{e}^{-\mathrm{j}\frac{4\pi f_N r_m}{c}}]^{\mathrm{T}}$ 为第 m 个散射中心对应的导向矢量。

设极化协方差矩阵 $\boldsymbol{R}_{zz}=E(\boldsymbol{z}\boldsymbol{z}^{\mathrm{H}})$ 和散射中心数目 d 已知，对 $\boldsymbol{R}_{zz}$ 进行特征分解，则

$$\boldsymbol{R}_{zz} = \sum_{k=1}^{N} \lambda_k \boldsymbol{e}_k \boldsymbol{e}_k^{\mathrm{H}} \tag{4.76}$$

将特征值按降序排列，即 $\lambda_1 \geqslant \lambda_2 \geqslant \cdots \geqslant \lambda_N$，那么前 d 个特征值对应的特征矢量就组成了信号子空间 $\boldsymbol{E}_{\mathrm{S}}=\mathrm{span}\{\boldsymbol{e}_1,\boldsymbol{e}_2,\cdots,\boldsymbol{e}_d\}$，其余特征矢量则张成噪

声子空间 $\boldsymbol{E}_\mathrm{N}=\mathrm{span}\{\boldsymbol{e}_{d+1},\boldsymbol{e}_{d+2},\cdots,\boldsymbol{e}_N\}$。

定义目标的 P-MUSIC 谱为

$$\boldsymbol{P}_{\text{P-MUSIC}}(r)=\frac{\boldsymbol{a}(r)^\mathrm{H}\boldsymbol{a}(r)}{\boldsymbol{a}(r)^\mathrm{H}\boldsymbol{E}_\mathrm{N}\boldsymbol{E}_N^\mathrm{H}\boldsymbol{a}(r)} \tag{4.77}$$

通过谱峰搜索方法，即可得到全极化条件下散射中心位置的估计，并将其作为各个极化通道散射中心位置的共同估计。这样做的好处是：①各个通道的散射中心数目和位置是一致的，避免了后续散射中心属性判定以及目标识别应用中的各极化通道间的配对过程；②与单极化不同的是，这里信号子空间和噪声子空间都是利用了全极化信息得到的，有助于提高估计精度。

对于全极化散射中心提取而言，不仅要估计出每个散射中心的位置，还要估计出该散射中心的强度、归一化极化散射矩阵。在得到散射中心位置估计之后，就可以根据式（4.73）构造出导向矢量矩阵的估计$\hat{\boldsymbol{A}}$，进而由式（4.71）得到各散射中心的极化散射矩阵的最小二乘解为

$$\hat{\boldsymbol{s}}=(\hat{\boldsymbol{A}}^\mathrm{H}\hat{\boldsymbol{A}})^{-1}\hat{\boldsymbol{A}}\boldsymbol{z} \tag{4.78}$$

显然根据上述矩阵，可以得到每一个散射中心的散射矩阵的估计$\hat{\boldsymbol{S}}_m=\begin{bmatrix}\hat{s}_{m,\mathrm{HH}} & \hat{s}_{m,\mathrm{HV}}\\ \hat{s}_{m,\mathrm{VH}} & \hat{s}_{m,\mathrm{VV}}\end{bmatrix}$。在此基础上，通过简单的计算即可得到各散射中心的强度 $\mathrm{span}(\hat{\boldsymbol{S}}_m)$ 以及归一化极化散射矩阵的估计$\hat{\bar{\boldsymbol{S}}}_m$，即

$$\mathrm{span}(\hat{\boldsymbol{S}}_m)=|\hat{s}_{m,\mathrm{HH}}|^2+|\hat{s}_{m,\mathrm{HV}}|^2+|\hat{s}_{m,\mathrm{VH}}|^2+|\hat{s}_{m,\mathrm{VV}}|^2 \tag{4.79}$$

$$\hat{\bar{\boldsymbol{S}}}_m=\frac{\hat{\boldsymbol{S}}_m\exp(-\mathrm{j}\arg(\hat{s}_{m,\mathrm{HH}}))}{\sqrt{\mathrm{span}(\hat{\boldsymbol{S}}_m)}} \tag{4.80}$$

式中：$\arg(\cdot)$代表求取复数的相位角，这里归一化极化散射矩阵的强度为 1，且首项元素为实数，其优点是有利于各散射中心属性的判断。

4.3.2 全极化条件下散射中心数目的估计

4.3.1 节假设散射中心数目 d 是已知的，实际测量中散射中心数目是未知的，对散射中心数目的估计是一个关键问题。若 d 取值过小，将会丢失一些散射中心；相反，若 d 取值过大，将会把噪声误认为散射中心，造成散射中心估计出现误差甚至错误。当信噪比较高时，通常可以通过观察 $\boldsymbol{R}_{zz}$ 特征值的办法大致估计出散射中心数目，即前面较大的非零特征值数目就是散射中心数目，但是该方法带有明显的主观性。实际上，散射中心数目的估计与阵列信号处理中的信源数估计类似。工程中，散射中心数目的估计通常取决于下

列因素：

(1) 成像目标的复杂性。

(2) 测量信号条件（带宽、分辨率、信噪比等）。

(3) 要提取的散射机理类型。

(4) 建模要求的准确性。

(5) 散射中心提取和参数估计算法。

目前，阵列信号处理中常用的信源数估计方法有假设检验法、基于信息论准则的方法、广义似然比方法、盖氏圆盘方法以及最大后验概率方法等。其中，基于信息论准则的方法和盖氏圆盘方法是两种比较合适的方法。基于信息论准则的方法是 Wax M 和 Kailath T 提出的，包括 Akaike 信息论（AIC）准则、最小描述长度（MDL）准则等方法，它们有一个统一的表达式，即

$$\hat{d}=\arg\min_{k}\{L(k)+p(k)\} \tag{4.81}$$

式中：$L(k)$为对数似然函数；$p(k)$为罚函数。目标函数中第一项为数据项，它取决于观测数据中不能用假定阶数的模型描述的那部分能量大小；第二项为罚项，它取决于模型的简约度。阶数越高的模型对数据的逼近程度越高，数据项越小，但罚项越大，定阶结果使两项之和达到最小。对$L(k)$、$p(k)$的不同选择就对应着不同的准则，即

$$\hat{d}_{\mathrm{AIC}}=\arg\min_{k}\left\{-N(L-k)\ln\left[\frac{\alpha_L(k)}{\beta_L(k)}\right]+k(2L-k)\right\} \tag{4.82}$$

$$\hat{d}_{\mathrm{MDL}}=\arg\min_{k}\left\{-N(L-k)\ln\left[\frac{\alpha_L(k)}{\beta_L(k)}\right]+\frac{k(2L-k)\ln N}{2}\right\} \tag{4.83}$$

式中：$\alpha_L(k)=\left(\prod_{i=k+1}^{L}\lambda_i\right)^{\frac{1}{L-k}}$；$\beta_L(k)=\frac{1}{L-k}\sum_{i=k+1}^{L}\lambda_i$。

基于信息论准则的方法是建立在$\boldsymbol{R}_{zz}$特征值的某种度量准则之上的，需要准确地求取$\boldsymbol{R}_{zz}$的特征值，然而实际中由于噪声等非理想因素的存在，致使$\boldsymbol{R}_{zz}$的特征分解出现误差，使得这些方法在较低信噪比下不再适用。

本书采用空间谱估计中常用的盖氏圆盘方法[19]。它是一种不需要具体知道特征值数值的信号源数估计方法，它利用盖氏圆盘定理，估计出各特征值的位置，进而估计出信号源。这里先介绍盖氏圆盘定理。

盖氏圆盘定理：设有一 $p\times p$ 维矩阵 $\boldsymbol{R}$，其第 i 行第 j 列的元素为 r_{ij}，令

$$r_i=\sum_{j=1,j\neq i}^{p}|r_{ij}|,\quad i=1,2,\cdots,p \tag{4.84}$$

定义第 i 个盖氏圆盘 O_i 上的点在复平面上的集合表示为

$$|z-r_{ii}|<r_i \tag{4.85}$$

式中：圆盘的中心位于 r_{ii} 处，半径为 r_i（盖氏半径），则矩阵 $\boldsymbol{R}$ 的特征值包含在圆盘 O_i 的并区间内。

盖氏圆盘方法的思想是基于信号的圆盘半径较大，而噪声的圆盘半径较小。然而直接采用盖氏圆盘定理估计散射点数目时，常会出现信号和噪声的盖氏圆盘严重重叠的情况，使得该方法失效。Wu 等提出先对信号的协方差矩阵 $\boldsymbol{R}$ 进行酉变换，该方法能将信号和噪声的圆盘分得更开，达到更好的估计效果。先将 $\boldsymbol{R}$ 进行分块

$$\boldsymbol{R}=\begin{bmatrix}\boldsymbol{R}_1 & \boldsymbol{r}\\ \boldsymbol{r}^{\mathrm{H}} & r_{pp}\end{bmatrix} \tag{4.86}$$

式中：r_{pp} 为 $\boldsymbol{R}$ 中最后一行最后一列元素；$\boldsymbol{r}$ 和 $\boldsymbol{r}^{\mathrm{H}}$ 分别为列矢量和行矢量；$\boldsymbol{R}_1$ 为子矩阵。对 $\boldsymbol{R}_1$ 进行特征分解后，构造酉变换矩阵为

$$\boldsymbol{U}=\begin{bmatrix}\boldsymbol{U}_1 & \boldsymbol{0}\\ \boldsymbol{0}^{\mathrm{H}} & 1\end{bmatrix} \tag{4.87}$$

式中：$\boldsymbol{U}_1$ 为 $\boldsymbol{R}_1$ 的特征矢量矩阵。进行酉变换 $\boldsymbol{R}_T=\boldsymbol{U}^{\mathrm{H}}\boldsymbol{R}\boldsymbol{U}$，可得

$$\boldsymbol{R}_T=\begin{bmatrix}\lambda_1' & 0 & 0 & \cdots & 0 & \rho_1\\ 0 & \lambda_2' & 0 & \cdots & 0 & \rho_2\\ 0 & 0 & \lambda_3' & \cdots & 0 & \rho_3\\ \vdots & \vdots & \vdots & & \vdots & \vdots\\ 0 & 0 & 0 & \cdots & \lambda_{p-1}' & \rho_{p-1}\\ \rho_1^* & \rho_2^* & \rho_3^* & \cdots & \rho_{p-1}^* & r_{pp}\end{bmatrix} \tag{4.88}$$

式中：$\lambda_1'\geqslant\lambda_2'\geqslant\cdots\geqslant\lambda_{p-1}'$ 为 $\boldsymbol{R}_1$ 的特征值。根据盖氏圆盘定理，可知 $r_i=|\rho_i|$。理想情况下，噪声的盖氏半径为零，而信号的盖氏半径大于零，这样就可以得到散射点数目的盖氏盘方法的估计准则

$$\mathrm{GDE}(k)=r_k-\frac{D(N)}{p-1}\sum_{i=1}^{p-1}r_i \tag{4.89}$$

式中：k 在 1 到 $p-1$ 范围内变化；$D(N)$ 为与样本数有关的调节因子，在 0~1 取值。当 $N\to\infty$ 时，$D(N)\to 0$。对于距离像而言，由于目标距离像分辨单元一般不多，$D(N)$ 的取值以取接近 1 为宜。当 k 由小变大，当 $k=k_0$ 时 $\mathrm{GDE}(k)$ 第一次出现非正值，则散射点数目的估计为 $\hat{d}=k_0-1$。

为评估上述几类散射中心数目估计算法的性能，设定如下仿真实验。设定两个左旋螺旋体目标，散射矩阵均为 $\boldsymbol{S}=\begin{bmatrix}1 & \mathrm{j}\\ \mathrm{j} & -1\end{bmatrix}$，分别位于 0m、1m 处。仿真起始频率为 8.75GHz，频率步进为 5MHz，频点数为 100，$p=10$，仿真次

数为100，信噪比为20dB，其中信噪比定义为目标强度与噪声强度之比，即$\mathrm{SNR}=10\lg\left(\frac{\mathrm{span}\{\boldsymbol{S}\}}{4\times\sigma^2}\right)$。

图4.1~图4.3分别给出了盖氏圆盘方法、AIC方法以及MDL方法对于散射中心数目的估计性能随信噪比、极化的变化关系。从三幅图中可看出，无论是哪种方法，采用全极化信息的散射中心数目估计方法总比单极化性能要好。

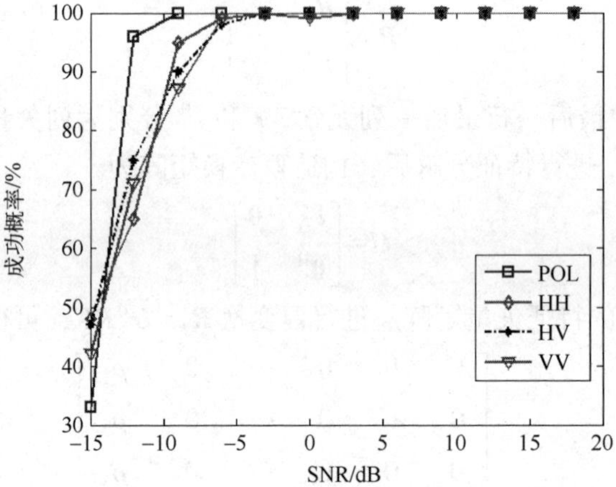

图4.1　盖氏圆盘方法的性能随SNR、极化的变化关系

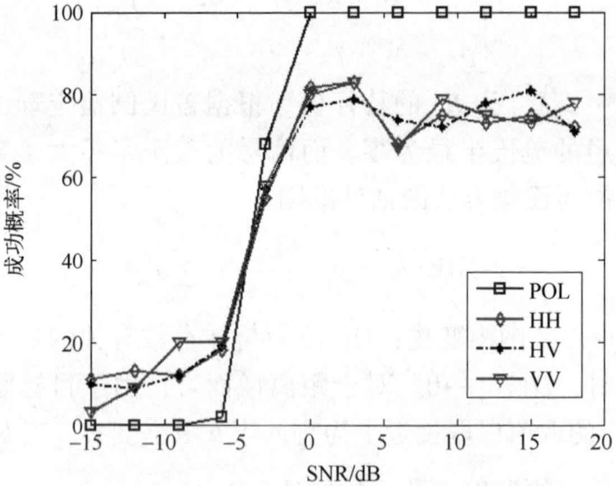

图4.2　AIC方法的性能随SNR、极化的变化关系

图4.4给出了在全极化条件下，三种方法对于散射中心数目估计的比较结果。从图中可以发现，在较低信噪比条件下盖氏圆盘方法具有显著优势，具有对信噪比不太敏感等特点，这也是本书选取盖氏圆盘方法估计散射中心

数目的原因。

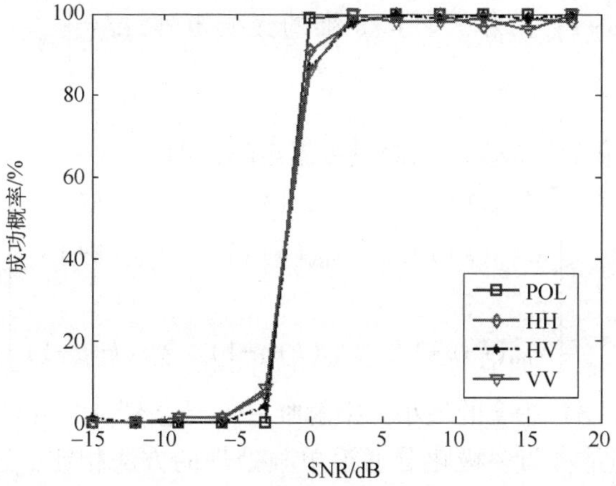

图 4.3　MDL 方法的性能随 SNR、极化的变化关系

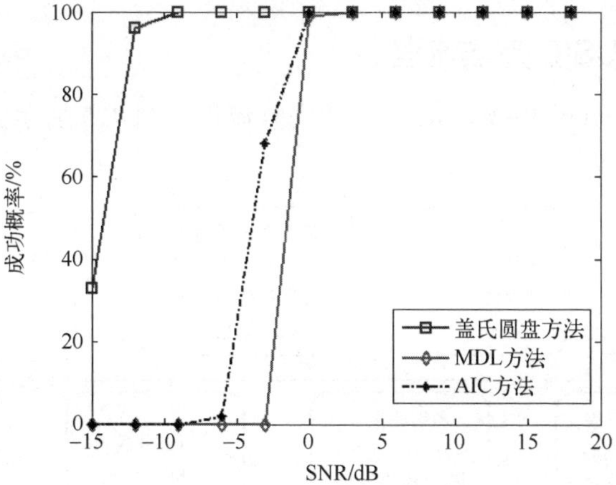

图 4.4　全极化条件下的盖氏圆盘方法、MDL 方法、AIC 方法的估计性能比较

4.3.3 极化协方差矩阵的平滑处理

上述讨论的另一个假设是 $\boldsymbol{R}_{zz}$ 已知，实际上 $\boldsymbol{R}_{zz}$ 也要通过估计的办法得到。本书借鉴阵列信号处理中常用的空间平滑处理方法（SSP）[20]，为最大限度利用观测数据，采用的是改进的空间平滑处理方法（也称双向空间平滑处理，MSSP），即

$$\hat{\boldsymbol{R}}_{zz} = \frac{1}{2N_{\mathrm{BP}}}\sum_{k=1}^{N_{\mathrm{BP}}}(\hat{\boldsymbol{R}}_k + \boldsymbol{J}\hat{\boldsymbol{R}}_k^* \boldsymbol{J}) \tag{4.90}$$

式中：$N_{\mathrm{BP}}=N-p+1$；$\boldsymbol{J}$ 为一个 $p\times p$ 维的交换矩阵，$\boldsymbol{J}=\begin{bmatrix}0 & \cdots & 0 & 1\\0 & \cdots & 1 & 0\\\vdots & \vdots & \vdots & \vdots\\1 & 0 & \cdots & 0\end{bmatrix}$；

$\hat{\boldsymbol{R}}_k=\boldsymbol{z}_k\boldsymbol{z}_k^{\mathrm{H}}$，$\boldsymbol{z}_k$ 是第 k 个 $p\times 3$ 维的测量数据矩阵，即

$$z_k=\begin{bmatrix}x_{\mathrm{HH}}(k) & x_{\mathrm{HV}}(k) & x_{\mathrm{VV}}(k)\\x_{\mathrm{HH}}(k+1) & x_{\mathrm{HV}}(k+1) & x_{\mathrm{VV}}(k+1)\\\vdots & \vdots & \vdots\\x_{\mathrm{HH}}(k+p-1) & x_{\mathrm{HV}}(k+p-1) & x_{\mathrm{VV}}(k+p-1)\end{bmatrix}\tag{4.91}$$

为使式（4.78）中 $\hat{\boldsymbol{s}}$ 的最小二乘解唯一，要求$\hat{\boldsymbol{A}}^{\mathrm{H}}\hat{\boldsymbol{A}}$非奇异，即要求 $p>d$。

值得指出的是，与多极化分通道单独处理的方法相比，这里只涉及估计一个全极化的协方差矩阵，只作一次矩阵分解，相较于多极化分通道单独处理情形，处理速度更快，算法效率更高。

4.3.4 P-MUSIC 方法流程

综上所述，可得 P-MUSIC 方法的完整流程如图 4.5 所示，归纳起来，可分为 6 步：

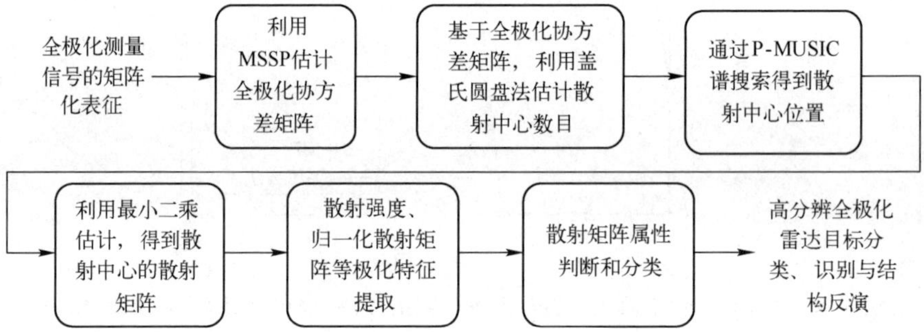

图 4.5　P-MUSIC 方法实现流程

（1）根据式（4.90）估计全极化协方差矩阵。

（2）对全极化协方差矩阵进行特征分解，利用盖氏圆盘方法估计散射中心数目。

（3）对式（4.77）所定义的 P-MUSIC 谱进行搜索，得到散射中心位置的估计值。

（4）根据式（4.78）得到各散射中心的散射矩阵估计。

（5）根据式（4.79）、式（4.80）得到各散射中心的强度以及归一化极化散射矩阵的估计。

（6）根据各点归一化散射矩阵对各散射中心的属性进行判断，并应用于目标识别。

4.3.5 性能分析与实验验证

为比较 P-MUSIC 方法与常规的多极化分通道单独处理方法的性能，设定如下一个具有 5 个散射中心的目标，各散射中心参数如表 4.2 所示（目标满足互易性，即 $\boldsymbol{s}_{HV}=\boldsymbol{s}_{VH}$；$\alpha$ 为目标姿态角）。仿真起始频率为 8.75GHz，频率步进为 5MHz，频点数为 100，$p=20$，仿真次数为 100，信噪比为 20dB，其中信噪比定义为目标强度与噪声强度之比，即 $\mathrm{SNR}=10\lg\left(\frac{\mathrm{span}\{\boldsymbol{S}\}}{4\times\sigma^2}\right)$。

表 4.2　P-MUSIC 方法仿真实验的散射中心设置

序号	r_k	$\mathrm{span}(\hat{\boldsymbol{S}}_m)$	$\boldsymbol{s}_{HH}$	$\boldsymbol{s}_{HV}$	$\boldsymbol{s}_{VV}$	对应的物理模型
1	-2.5	1	0.7071	0	0.7071	球
2	-1.5	1	0.5000	0.5	0.5000	$\alpha=45°$传导线
3	0	1	0.7500	0.433	0.2500	$\alpha=30°$传导线
4	0.5	1	0.5000	-0.5i	-0.5000	右旋螺旋线
5	1.2	1	0.7071	0	-0.7071	二面角 $\alpha=0°$

图 4.6 给出了 P-MUSIC 方法的全极化散射中心特征提取结果。其中，实线是常规 FFT 处理的一维距离像（由于分辨率的限制，从 FFT 处理的一维距离像峰值提取散射中心，显然会出现误差），“△”代表本书方法估计值，“○”为设定值。表 4.3 给出了各散射中心参数估计的详细结果，其中估计误差方差定义为 $\boldsymbol{E}=(\boldsymbol{I}_{MN}-\boldsymbol{A}(\boldsymbol{A}^{\mathrm{H}}\boldsymbol{A})^{-1}\boldsymbol{A}^{\mathrm{H}})$，其余参量的估计误差方差定义是类似的，不再赘述。从图 4.6 和表 4.3 的结果中可以看出，本书方法的估计精度是很高的。

表 4.3　P-MUSIC 方法特征提取结果

特征量	$\hat{r}_k$	$\mathrm{span}\{[\boldsymbol{S}]\}$	$\hat{\boldsymbol{s}}_{HH}$	$\hat{\boldsymbol{s}}_{HV}$	$\hat{\boldsymbol{s}}_{VV}$
特征量估计值	-2.5	0.9817	0.7060+0.0015i	-0.0009-0.0056i	0.6997-0.0000i
	-1.5152	0.9862	0.5010-0.0023i	0.4979-0.0019i	0.4932-0.0032i
	0	1.0256	0.7496-0.0016i	0.4403-0.0037i	0.2556-0.0027i
	0.4924	0.9938	0.4998+0.0007i	0.0047-0.5027i	0.4925-0.0053i
	1.2121	0.9907	0.7053-0.0015i	0.0032+0.0018i	0.7040+0.0043i
估计误差方差	0.0101	0.0118	0.0019	0.0056	0.0091

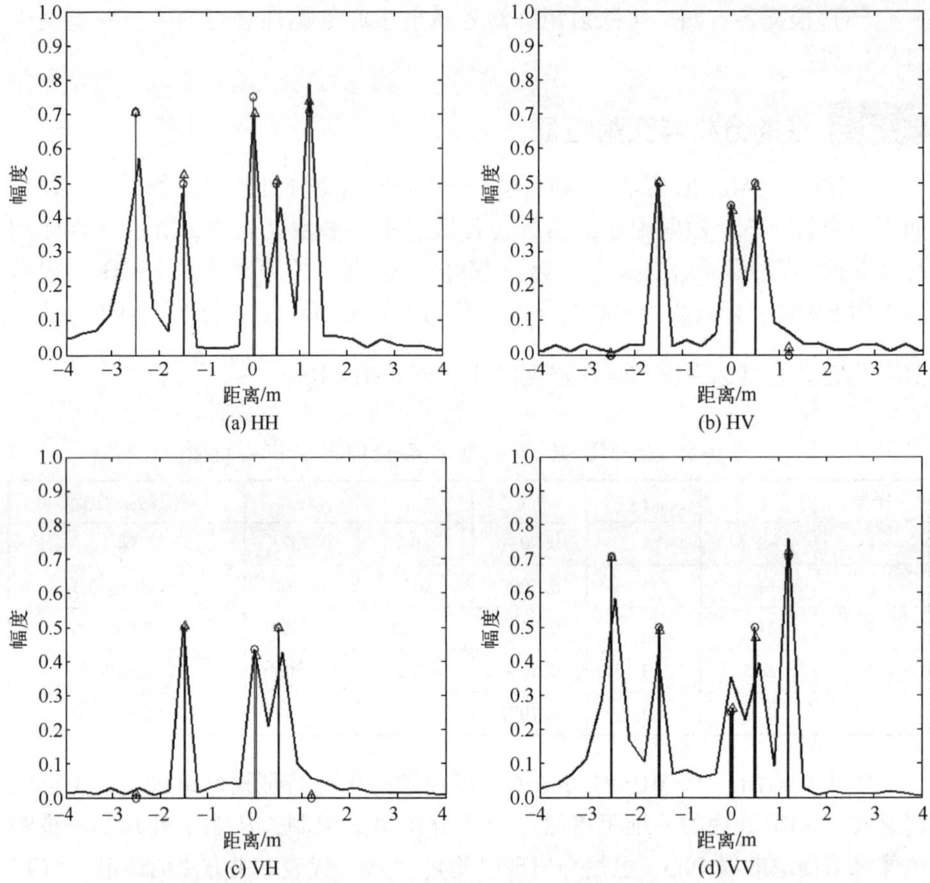

图 4.6 P-MUSIC 方法特征提取结果

表 4.4 给出了各极化通道单独进行散射中心提取时的实验结果（假设在各通道分别处理时，散射中心数目都能正确估计）。显然，即使各通道都能够正确估计散射中心数目，P-MUSIC 方法仍然比分通道单独处理的参数估计要准确方便得多。这是因为 P-MUSIC 方法在估计协方差矩阵时，同时用到了所有通道的信息，提高了信噪比，并且不需要再进行各通道散射中心的配对处理和融合处理。

图 4.7 给出了 P-MUSIC 方法和各个极化通道单极化方法的协方差矩阵的特征值分布。从图中可以看出 P-MUSIC 方法的信号特征值显然大于任何一个单极化通道的信号特征值，这从一个侧面反映了全极化信息的利用对于信噪比的改善情况。而信噪比的改善，显然更有利于散射中心数目、位置以及散射矩阵的估计，也是 P-MUSIC 方法能提高估计性能的原因所在。

表 4.4　各通道分别进行 MUSIC 处理时散射中心提取结果

通道	HH 通道		HV 通道		VV 通道	
	$\hat{r}_k$	$\hat{s}_{HH}$	$\hat{r}_k$	$\hat{s}_{HV}$	$\hat{r}_k$	$\hat{s}_{VV}$
特征量估计值	-2.5000	0.7035-0.0078i			-2.5000	0.7212-0.0109i
	-1.5152	0.5022+0.0032i	-1.5152	0.4997+0.0059i	-1.4773	0.5159-0.0033i
	0	0.8037-0.0296i	0	0.4304-0.0105i	0.3409	0.5828-0.0076i
	0.0758	-0.1552+0.0232i	0.4924	0.0078-0.5045	0.4167	1.0032-0.0023i
	1.2121	0.7633-0.0061i			1.2121	0.6727+0.0118i
误差方差	0.1896	0.3070	0.0076	0.0099	0.1633	0.3015

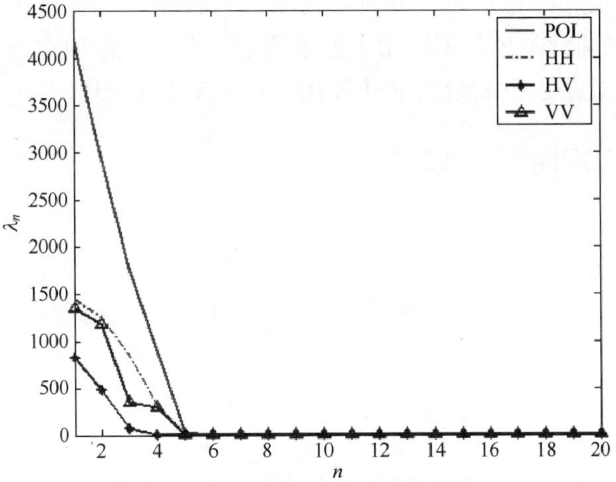

图 4.7　测量信号协方差矩阵特征值分布

本节提出了一种新的目标全极化散射中心参数估计方法：P-MUSIC。该方法对常规标量 MUSIC 方法进行改进，拓广用于矢量情形的全极化散射中心参数估计，定义了 P-MUSIC 谱，并结合双向空间平滑、盖氏圆盘方法、最小二乘估计等处理方法实现了对不同极化通道的散射中心数目、位置、强度以及归一化极化散射矩阵的同时估计。

实际上，本节所提出的 P-MUSIC 方法同样适用于单极化测量雷达或双极化测量雷达，单极化和双极化情形分别相当于 P-MUSIC 的某种简化，即 P-MUSIC 方法具有向下兼容性。总体而言，P-MUSIC 方法的好处在于：①各个通道的散射中心数目和位置是一致的，避免了后续散射中心属性判定以及目标识别应用中的配对和融合过程。②定义了 P-MUSIC 谱，同时利用了所有极化通道的信息，提高了信噪比，使得散射中心数目、位置、强度以及归一化极化散射矩阵等参数的估计更为准确。③只涉及估计一个全极化的协方差矩阵，只作一次矩阵分解，相较于常规多极化分通道单独进行散射中心提取方法，速度显然要更快一些，算法效率更高。

4.4 全极化散射中心参数估计的 P-ESPRIT 方法

旋转不变子空间（ESPRIT）算法[21]最初也主要用于阵列信号处理中的到达角估计问题，其基本思想是利用信号子空间的旋转不变特性，通过构造两个完全相同的信号子阵模型，通过特征分解、最小二乘等方法，估计出两子阵之间的旋转算符，进而得到对信号方向的直接估计，它具有很高的分辨率、估计精度，有很好的稳定性，并且不需要进行搜索。本节首次将常规的标量 ESPRIT 空间谱估计的思想拓广用于矢量情形下全极化散射中心特征参数估计（P-ESPRIT）方法。下面给出 P-ESPRIT 方法具体的原理[22]。

4.4.1 P-ESPRIT 方法原理

令

$$\boldsymbol{z}=\begin{bmatrix} \boldsymbol{z}_1 \\ \text{最后一行} \end{bmatrix}=\begin{bmatrix} \text{第一行} \\ \boldsymbol{z}_2 \end{bmatrix} \tag{4.92}$$

相应地

$$\boldsymbol{A}=\begin{bmatrix} \boldsymbol{A}_1 \\ \text{最后一行} \end{bmatrix}=\begin{bmatrix} \text{第一行} \\ \boldsymbol{A}_2 \end{bmatrix} \tag{4.93}$$

从而构造出两个具有相同结构的全极化信号子阵模型

$$\boldsymbol{z}_1=\boldsymbol{A}_1\boldsymbol{s}+\boldsymbol{u}_1 \tag{4.94}$$

$$\boldsymbol{z}_2=\boldsymbol{A}_2\boldsymbol{s}+\boldsymbol{u}_2=\boldsymbol{A}_1\boldsymbol{\Phi}\boldsymbol{s}+\boldsymbol{u}_2 \tag{4.95}$$

式中：$\boldsymbol{\Phi}=\mathrm{diag}\{\mathrm{e}^{-\mathrm{j}\frac{4\pi r_1\Delta f}{c}} \quad \mathrm{e}^{-\mathrm{j}\frac{4\pi r_2\Delta f}{c}} \quad \cdots \quad \mathrm{e}^{-\mathrm{j}\frac{4\pi r_d\Delta f}{c}}\}$ 称为旋转算符矩阵。

设全极化测量信号的协方差矩阵 $\boldsymbol{R}_{zz}=E(\boldsymbol{z}\boldsymbol{z}^{\mathrm{H}})$ 和散射中心数目 d 均已知，对 $\boldsymbol{R}_{zz}$ 进行特征分解，分别得到信号子空间和噪声子空间为

$$\begin{aligned}\boldsymbol{R}_{zz}&=\boldsymbol{A}\boldsymbol{P}\boldsymbol{A}^{\mathrm{H}}+\sigma^2\boldsymbol{I}\\&=[\boldsymbol{E}_{\mathrm{s}} \quad \boldsymbol{E}_{\mathrm{n}}]\begin{bmatrix}\boldsymbol{\Sigma}_{\mathrm{s}} & \boldsymbol{0}\\ \boldsymbol{0} & \sigma^2\boldsymbol{I}\end{bmatrix}\begin{bmatrix}\boldsymbol{E}_{\mathrm{s}}^{\mathrm{H}}\\ \boldsymbol{E}_{\mathrm{n}}^{\mathrm{H}}\end{bmatrix}\\&=\boldsymbol{E}_{\mathrm{s}}\boldsymbol{\Sigma}_{\mathrm{s}}\boldsymbol{E}_{\mathrm{s}}^{\mathrm{H}}+\sigma^2\boldsymbol{E}_{\mathrm{n}}\boldsymbol{E}_{\mathrm{n}}^{\mathrm{H}}\end{aligned} \tag{4.96}$$

移项得

$$\boldsymbol{A}\boldsymbol{P}\boldsymbol{A}^{\mathrm{H}}=\boldsymbol{E}_{\mathrm{s}}\boldsymbol{\Sigma}_{\mathrm{s}}\boldsymbol{E}_{\mathrm{s}}^{\mathrm{H}}+\sigma^2\boldsymbol{E}_{\mathrm{n}}\boldsymbol{E}_{\mathrm{n}}^{\mathrm{H}}-\sigma^2\boldsymbol{I} \tag{4.97}$$

两边同时右乘以矩阵 $\boldsymbol{E}_{\mathrm{s}}$，即

$$\boldsymbol{APA}^{\mathrm{H}}\boldsymbol{E}_{\mathrm{s}}=\boldsymbol{E}_{\mathrm{s}}\boldsymbol{\Sigma}_{\mathrm{s}}\boldsymbol{E}_{\mathrm{s}}^{\mathrm{H}}\boldsymbol{E}_{\mathrm{s}}+\sigma^2\boldsymbol{E}_{\mathrm{n}}\boldsymbol{E}_{\mathrm{n}}^{\mathrm{H}}\boldsymbol{E}_{\mathrm{s}}-\sigma^2\boldsymbol{E}_{\mathrm{s}} \tag{4.98}$$

根据子空间分解的性质，$\boldsymbol{E}_{\mathrm{n}}\boldsymbol{E}_{\mathrm{n}}^{\mathrm{H}}+\boldsymbol{E}_{\mathrm{s}}\boldsymbol{E}_{\mathrm{s}}^{\mathrm{H}}=\boldsymbol{I}$，$\boldsymbol{E}_{\mathrm{s}}^{\mathrm{H}}\boldsymbol{E}_{\mathrm{s}}=\boldsymbol{I}$，代入式（4.98）可得

$$\boldsymbol{E}_{\mathrm{s}}=\boldsymbol{AT} \tag{4.99}$$

其中，

$$\boldsymbol{T}=\boldsymbol{PA}^{\mathrm{H}}\boldsymbol{E}_{\mathrm{s}}(\boldsymbol{\Sigma}_{\mathrm{s}}-\sigma^2\boldsymbol{I})^{-1} \tag{4.100}$$

虽然 $\boldsymbol{T}$ 是一个未知的矩阵，但它具有非奇异性，下面分析只用到它的非奇异性。用 $\boldsymbol{T}$ 右乘式（4.93），则有

$$\boldsymbol{AT}=\begin{bmatrix}\boldsymbol{A}_1\boldsymbol{T}\\ \text{最后一行}\end{bmatrix}=\begin{bmatrix}\text{第一行}\\ \boldsymbol{A}_2\boldsymbol{T}\end{bmatrix} \tag{4.101}$$

由于 $\boldsymbol{E}_{\mathrm{s}}$ 张成的信号子空间与导向矢量张成的子空间相等，即 $\mathbf{span}\{\boldsymbol{A}\}=\mathbf{span}\{\boldsymbol{E}_{\mathrm{s}}\}$，故可对 $\boldsymbol{E}_{\mathrm{s}}$ 采取同样的分块，即

$$\boldsymbol{E}_{\mathrm{s}}=\begin{bmatrix}\boldsymbol{E}_1\\ \text{最后一行}\end{bmatrix}=\begin{bmatrix}\text{第一行}\\ \boldsymbol{E}_2\end{bmatrix} \tag{4.102}$$

由式（4.99）、式（4.101）、式（4.102）可知

$$\boldsymbol{E}_1\boldsymbol{T}^{-1}\boldsymbol{\Phi}\boldsymbol{T}=\boldsymbol{E}_2 \tag{4.103}$$

定义 $\boldsymbol{\psi}=\boldsymbol{T}^{-1}\boldsymbol{\Phi}\boldsymbol{T}$，其显然是 $\boldsymbol{\Phi}$ 的相似变换，因此具有相同的特征值。那么估计出 $\boldsymbol{\psi}$ 后，进行特征分解，其所有特征值组成的对角矩阵，即为所要求的旋转算符矩阵 $\boldsymbol{\Phi}$。前面通过式（4.96）已经得到信号子空间 $\hat{\boldsymbol{E}}_{\mathrm{s}}$，那么根据式（4.102）抽取 $\hat{\boldsymbol{E}}_{\mathrm{s}}$ 的前 $N-1$ 行组成矩阵 $\hat{\boldsymbol{E}}_1$，后 $N-1$ 行组成矩阵 $\hat{\boldsymbol{E}}_2$，由式（4.103）可得

$$\hat{\boldsymbol{\psi}}=(\hat{\boldsymbol{E}}_1^{\mathrm{H}}\hat{\boldsymbol{E}}_1)^{-1}\hat{\boldsymbol{E}}_1^{\mathrm{H}}\hat{\boldsymbol{E}}_2 \tag{4.104}$$

对 $\hat{\boldsymbol{\psi}}$ 值进行特征分解，即可求得各极化通道散射中心位置的共同估计为

$$\hat{r}_m=\frac{-\arg[\lambda_m(\hat{\boldsymbol{\psi}})]\times c}{4\pi\Delta f} \tag{4.105}$$

式中：$\lambda_m(\cdot)$ 表示第 m 个特征值；$\arg(\cdot)$ 为取复数相位。

在得到对全极化条件下每个散射中心的位置之后，后面的散射矩阵估计等操作就可以采取和 4.3 节 P-MUSIC 方法相同的操作，这里巧妙地将基本 ESPRIT 方法拓广用于全极化散射中心估计情形；当然，也可考虑精度更高的总体最小二乘 ESPRIT（TLS-ESPRIT）方法，推导是类似的，不再赘述。综上所述，可得 P-ESPRIT 方法的实现流程如下：

（1）根据式（4.90）估计协方差矩阵 $\hat{\boldsymbol{R}}_{zz}$。

（2）对协方差矩阵进行特征分解，利用盖氏圆盘方法估计散射中心数目$\hat{d}$。

（3）根据式（4.96）对$\hat{\boldsymbol{R}}_{zz}$进行特征分解，得到信号子空间$\hat{\boldsymbol{E}}_s$。

（4）根据式（4.102）抽取$\hat{\boldsymbol{E}}_s$ 的前 $N-1$ 行组成矩阵$\hat{\boldsymbol{E}}_1$，后 $N-1$ 行组成矩阵$\hat{\boldsymbol{E}}_2$，并根据式（4.104）得到$\hat{\boldsymbol{\psi}}$。

（5）根据式（4.105）得到散射中心位置的估计值。

（6）根据式（4.78）得到各散射中心的散射矩阵估计。

（7）根据式（4.79）、式（4.80）得到各散射中心的强度以及归一化极化散射矩阵的估计。

（8）根据各点归一化散射矩阵对各散射中心的属性进行判断，并应用于目标识别。

4.4.2 性能分析与实验验证

由上述流程可知，全极化散射中心提取的精度主要取决于对位置参数估计的准确程度。有关 ESPRIT 谱估计方法的性能已有很多文献进行过较为详细的分析，不过分析过程都比较复杂，这里给出结合仿真数据和实测数据的分析验证结果。为评价本书方法的性能，选取各个极化通道单独处理作为对照。设定如下一个具有两个散射中心的目标，各散射中心参数如表 4.5 所示（目标满足互易性，即 $\boldsymbol{s}_{\mathrm{HV}}=\boldsymbol{s}_{\mathrm{VH}}$）。仿真起始频率为 8.75GHz，频率步进为 5MHz，频点数为 100，$p=10$，仿真次数为 100，信噪比为 20dB，其中信噪比定义为目标强度与噪声强度之比，即 $\mathrm{SNR}=10\log10\left(\dfrac{\mathrm{span}\{\boldsymbol{S}\}}{4\times\sigma^2}\right)$。

表 4.5　P-ESPRIT 方法仿真实验中的散射中心设置与估计结果

特征量		r_k	$\mathrm{span}(\hat{\boldsymbol{S}}_m)$	$\boldsymbol{s}_{\mathrm{HH}}$	$\boldsymbol{s}_{\mathrm{HV}}$	$\boldsymbol{s}_{\mathrm{VV}}$
设定真值		-1.5	1	3/4	0.433	1/4
		0.5	1	1/2	1/2i	-1/2i
各通道分别估计	估计均值	—	—	0.7496-0.0016i	0.4303-0.0029i	0.2513-0.0031i
		—	—	0.5010-0.0023i	0.0019+0.4979i	-0.0053-0.4925i
	均方误差	—	—	0.0136	0.0099	0.00135
P-ESPRIT 估计	估计均值	-1.4967	0.9953	0.7496-0.0016i	0.4303-0.0029i	0.2513-0.0031i
		0.4924	1.0152	0.5010-0.0023i	0.0019+0.4979i	-0.0053-0.4925i
	均方误差	0.0101	0.0118	0.0019	0.0026	0.0031

表 4.5 给出了各散射中心参数估计的详细结果，其中估计误差方差定义同 4.4.1 节，其余参量的估计误差方差定义是类似的，不再赘述。从表 4.5 的结果中可以看出，P-ESPRIT 方法的估计精度显然要高于各通道单独处理。另外，多极化分通道单独处理的另一个不便之处在于各通道散射中心位置估计是不重合的，这样即使各通道都能够正确估计散射中心数目，还必须再对各通道的散射中心作关联和配对处理。显然，P-ESPRIT 方法比分通道单独处理的参数估计要准确方便得多。这是因为 P-ESPRIT 方法在估计协方差矩阵时，同时用到了所有通道的信息，提高了信噪比，这对于准确估计散射点数目是有益的；其次，全极化信息的利用提高了对散射中心位置估计的精确程度，进而提高了散射矩阵各元素的估计精度；另外，只涉及估计一个全极化的协方差矩阵，只作一次矩阵分解，因此其特征提取的速度较各通道单独处理时要快，效率更高。

图 4.10 给出了 P-ESPRIT 方法的暗室实测数据的全极化散射中心提取结果。目标是某弹头模型，其照片如图 4.8 所示，几何尺寸如图 4.9 所示，测量起始频率为 8.75GHz，频率步进为 20MHz，频点数为 101，俯仰角是 15°，方位角是 0°，$p=20$。提取后的前后散射中心之间的距离与实际模型的长度相符，从图中可以看出，该弹头目标一共存在 5 个散射中心，头部（弹头鼻锥）一个、中部两个、尾部两个，其中鼻锥处的归一化散射矩阵与理想导体球的归一化散射矩阵$\frac{1}{\sqrt{2}}\begin{bmatrix}1 & 0\\0 & 1\end{bmatrix}$相符，其与实际目标模型的结构特性吻合得很好，其结果也进一步印证了 P-ESPRIT 方法在雷达目标识别领域的重要应用价值。

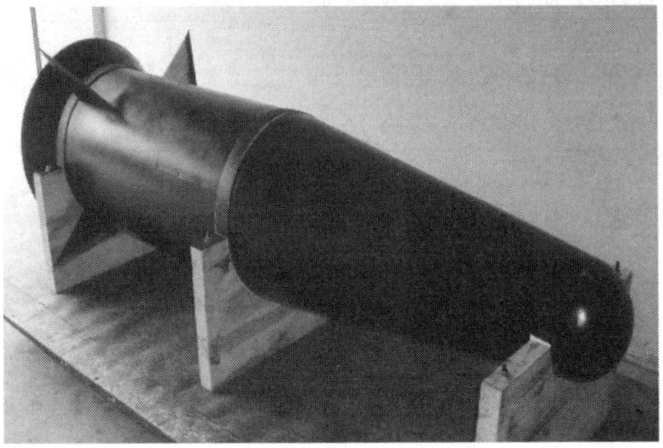

图 4.8　某弹头模型照片

本节提出了一种新的全极化散射中心提取和参数估计方法：P-ESPRIT。该方法几乎具有 4.3 节 P-MUSIC 的所有优点，与极大似然估计、P-MUSIC 等超分辨方法相比，P-ESPRIT 方法不需要进行搜索，进一步节省了处理时间，提高了散射中心提取和参数估计的实时性。

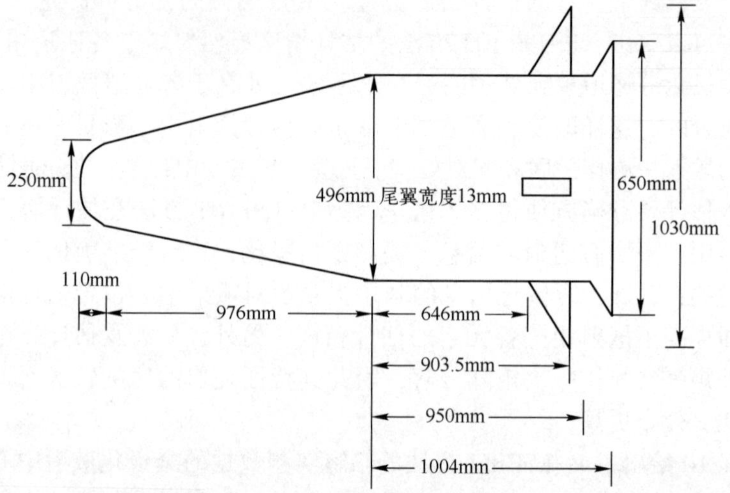

图 4.9 某弹头模型的几何尺寸

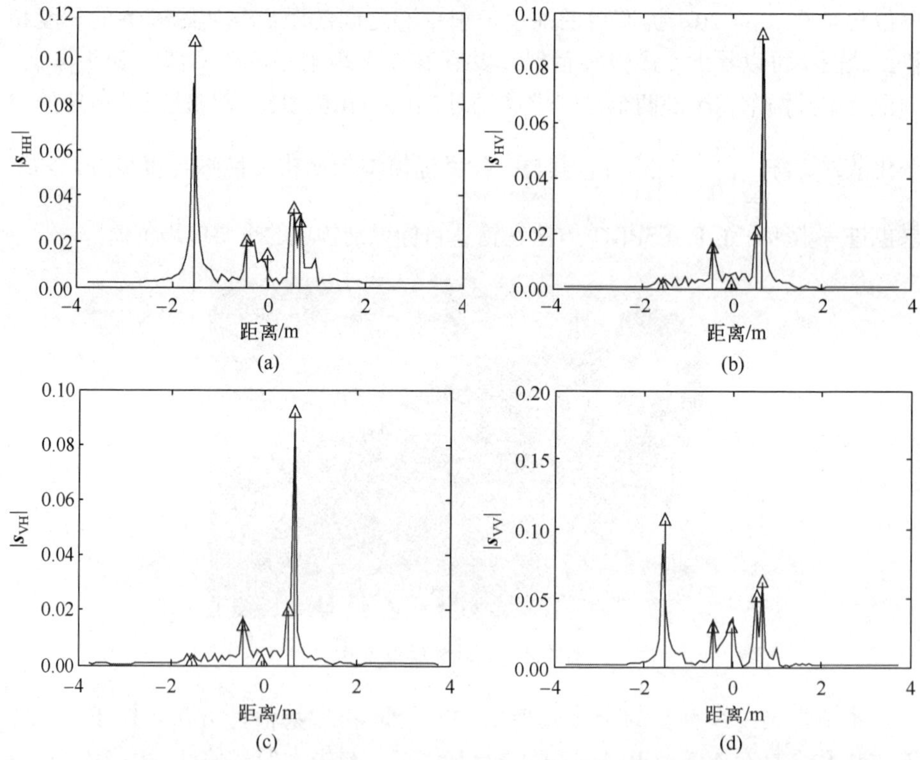

图 4.10 基于 P-ESPRIT 方法提取的某弹头全极化散射中心结果

4.5 P-MUSIC/P-ESPRIT 的子空间解释及其准最优性

前面几节中，推导得到了极化点散射中心模型参数的极限性能，提出了 P-MUSIC 和 P-ESPRIT 两种全极化处理方法。下面以极限性能为参照，对比分析以上两种方法的估计性能。以下讨论中，只针对极化白噪声条件，考虑散射中心距离参数的估计性能的比较。这样做只是为了分析的简便，因为无论是 P-MUSIC 还是 P-ESPRIT，散射中心距离参数的估计都是最基础的；实际中遇到极化色噪声情形，可以通过对测量数据进行白化预处理转化到极化白噪声情形。

4.5.1 全极化与单极化方法差异的子空间解释

从前面两节的分析可以看出，P-MUSIC 和 P-ESPRIT 方法与标量单极化方法都是基于信号子空间类方法，其不同之处主要在于它们巧妙利用了全极化条件下的矢量信号模型，根本区别体现在它们对信号空间和噪声空间的构建方法上。

P-MUSIC 和 P-ESPRIT 方法利用全极化的信息得到协方差阵的估计，即

$$\boldsymbol{R}_{zz} = \sum_{l=1}^{L} \boldsymbol{A}\boldsymbol{P}_{\mathrm{s}}\boldsymbol{A}^{\mathrm{H}} + \left(\sum_{l=1}^{L} \sigma_l^2\right)\boldsymbol{I} = \sum_{l=1}^{L} \boldsymbol{R}_l \tag{4.106}$$

式中：$\boldsymbol{R}_l$ 为单极化标量条件下的协方差阵，$\boldsymbol{R}_l=\boldsymbol{A}\boldsymbol{P}_{\mathrm{s}}\boldsymbol{A}^{\mathrm{H}}+\sigma^2\boldsymbol{I}$；$L$ 为总的极化通道数。

对全极化和单极化分别做特征分解，则有

$$\boldsymbol{R}_{zz} = \sum_{k=1}^{N} \lambda_k \boldsymbol{u}_k \boldsymbol{u}_k^{\mathrm{H}} \tag{4.107}$$

$$\boldsymbol{R}_l = \sum_{k=1}^{N} \lambda_{lk} \boldsymbol{u}_{lk} \boldsymbol{u}_{lk}^{\mathrm{H}} \tag{4.108}$$

分别得到各自的信号子空间如下：

$$[\boldsymbol{S}_{\mathrm{Pol}}] = [\boldsymbol{u}_{\mathrm{Pol},1} \quad \boldsymbol{u}_{\mathrm{Pol},2} \quad \cdots \quad \boldsymbol{u}_{\mathrm{Pol},d}] \tag{4.109}$$

$$[\boldsymbol{S}_{pq}] = [\boldsymbol{u}_{pq,1} \quad \boldsymbol{u}_{pq,2} \quad \cdots \quad \boldsymbol{u}_{pq,d}] \tag{4.110}$$

本质上，P-MUSIC 和 P-ESPRIT 方法是利用全极化信息得到一个综合的信号子空间，在此基础上再进行散射中心位置、散射矩阵等参数的估计。因此，理论上讲，比较全极化和任意单极化条件下散射中心距离参数的估计性能，只需对比它们各自利用的信号子空间和噪声子空间即可。直观上解释，综合利用全极化得到的信号子空间和噪声子空间，会比单极化条件下得到的子空间更稳健、更接近相应的真实子空间。

4.5.2 P-MUSIC/P-ESPRIT 的性能与全极化极限性能的对比分析

图 4.11 给出了 P-MUSIC/P-ESPRIT 的性能与全极化极限性能的对比。仿真实验中设定参数为：设定一个具有一个散射中心的目标，散射矩阵为 $\begin{bmatrix} 1 & i \\ i & 1 \end{bmatrix}$。仿真起始频率为 8.75GHz，频率步进为 20MHz，频点数为 20，$p=5$，仿真次数为 500，仿真信噪比从-15dB 到 35dB，其中信噪比定义为目标强度与噪声强度之比，即 $\mathrm{SNR}=10\log10\left(\frac{\mathrm{span}\{\boldsymbol{S}\}}{4\times\sigma^2}\right)$。

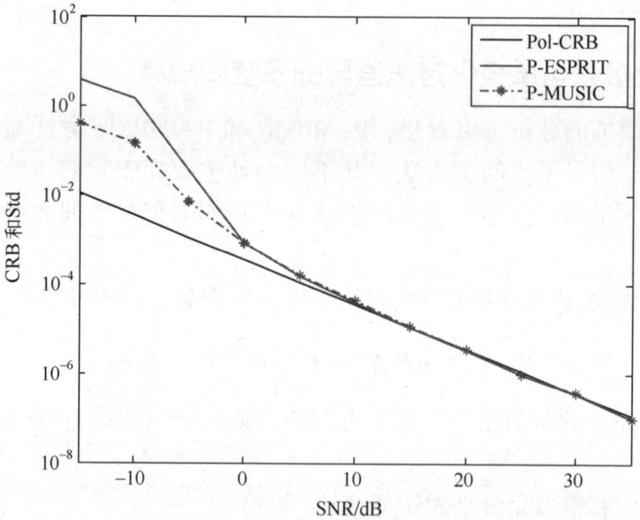

图 4.11 P-MUSIC/P-ESPRIT 的性能与全极化极限性能的对比

通过仿真实验，可以得出如下结论：①两种算法都是有效的，在大多数情况下，二者的性能相当；②在较低信噪比下，P-MUSIC 的估计精度稍微优于 P-ESPRIT，这与文献［4］的结论是一致的；③当信噪比大于 5dB 时，P-MUSIC 与 P-ESPRIT 的性能与全极化 CRB 已经很接近了，根据 2.2 节的证明，可以认为 P-MUSIC 与 P-ESPRIT 就是全极化条件下的最优处理方法，即 P-MUSIC 与 P-ESPRIT 是两种具有“准最优性”的全极化散射中心参数估计方法。

本章小结

本章首先建立了高分辨雷达目标的相干极化散射中心模型，给出了全极化散射中心参数估计的极限性能分析解析表达式，并得出了散射中心位置、散射矩阵、散射矩阵元素的幅度、相位、相位差估计的极限精度与信噪比、带宽、相对带宽、目标极化、杂波极化等之间的约束关系；通过单极化和全极化散射中心特征参数估计的极限精度对比，从信息量的大小、估计性能的好坏、极化相干信息的保持与否、处理工作量的大小等几个方面阐述了全极化处理的优点，并首次从理论上证明了相对于任意单极化处理，全极化处理在散射中心参数估计的极限精度方面具有最佳性能；分别提出了目标全极化散射中心特征参数估计的极化多重信号分类（P-MUSIC）方法和极化旋转不变子空间（P-ESPRIT）方法，通过理论分析、仿真数据实验和实测数据实验等手段，分析比较了它们的性能，验证了它们的优越性。值得指出的是，本章提出的 P-MUSIC 和 P-ESPRIT 方法，虽然只考虑了极化白噪声情形，但只需要通过对测量数据进行白化预处理就可使之适用于极化色噪声杂波情形(详见第 5 章)。对于色散型散射中心特征参数估计与性能分析，将在第 6 章加以研究。

参 考 文 献

[1] 周剑雄. 光学区雷达目标三维散射中心重构理论与技术 [D]. 长沙：国防科学技术大学，2006.

[2] STOICA P, NEHORAI A. MUSIC, maximum likelihood, and Cramer-Rao bound [J]. IEEE Transactions on Acoustics, Speech, and Signal Processing, 1989, 37 (5): 720-741.

[3] STOICA P, NEHORAI A. MUSIC, maximum likelihood, and Cramer-Rao bound: further results and comparisons [J]. IEEE Transactions on Acoustics, Speech, and Signal Processing, 1990, 38 (12): 2140-2150.

[4] STOICA P, NEHORAI A. Performance comparison of subspace rotation and MUSIC methods for direction estimation [J]. IEEE Transactions on Signal Processing, 1991, 39 (2): 446-453.

[5] STOICA P, SODERSTROM T. Statistical analysis of MUSIC and subspace rotation estimates of sinusoidal frequencies [J]. IEEE Transactions on Signal Processing, 1991, 39 (8): 1836-1847.

[6] SINCLAIR G. The transmission and reception of elliptically polarized waves [J]. Proceedings of IRE, 1950, 38 (2): 148-151.

[7] CAMERON W L, LEUNG K. Feature motivated polarization scattering matrix decomposition [C]//Proceeding of the IEEE International Conference on Radar. 1990: 549-557.

[8] 王雪松，肖顺平，陶华敏，等. 论目标互易性 Cameron 修正法的最优性 [J]. 电子学报，1999，27 (6): 33-35.

[9] 黄培康，殷红成，许小剑．雷达目标特性［M］．北京：电子工业出版社，2005.

[10] STEEDLY W M, MOSES R L. High resolution exponential modeling of fully polarized radar returns [J]. IEEE Transactions on Aerospace and Electronic Systems, 1991, 27 (3): 459-469.

[11] POTTER L C, CHIANG D M, CARRIERE R, et al. A GTD-based parametric model for radar scattering [J]. IEEE Transactions on Antennas and Propagation, 1995, 43 (10): 1058-1067.

[12] NOVAK L M, SECHTIN M B, CARDULLO M J. Studies of target detection algorithms that use polarimetric radar data [J]. IEEE Transactions on Aerospace and Electronic Systems, 1989, 25 (2): 150-165.

[13] NOVAK L M, BURL M C, IRVING W W. Optimal polarimetric processing for enhanced target detection [J]. IEEE Transactions on Aerospace and Electronic Systems, 1993, 29 (1): 234-244.

[14] LIU G Q, HUANG S J, TORRE A, et al. The multilook polarimetric whitening filter (MPWP) for intensity speckle reduction in polarimetric SAR images [J]. IEEE Transactions on GRS, 1998, 36 (3): 1016-1020.

[15] POTTIER E, SAILLARD J. Optimal polarimetric detection of radar target in a slowly fluctuating environment of clutter [J]. IEEE Aerospace and Electronic Systems Magazine, 1990, 5 (11): 4-9.

[16] 张贤达．信号处理中的线性代数［M］．北京：科学出版社，1997.

[17] 刘福声，罗鹏飞．统计信号处理［M］．长沙：国防科技大学出版社，1999.

[18] 代大海，王雪松，肖顺平，等．全极化散射中心提取与参数估计：P-MUSIC 方法［J］．信号处理，2007，23（6）：818-822.

[19] WU H T, YANG J F, CHEN F K. Source number estimators using transformed Gerschgorin radii [J]. IEEE Transactions on Signal Processing, 1995, 43 (6): 1325-1333.

[20] SHAN T J, WAX M, KAILATH T. On spatial smoothing for direction-of-arrival estimation of coherent signals [J]. IEEE Transactions on Acoustics, Speech, and Signal Processing, 1985, 33 (4): 806-811.

[21] ROY R, KAILATH T. ESPRIT-estimation of signal parameters via rotational invariance techniques [J]. IEEE Transactions on Acoustics, Speech, and Signal Processing, 1989, 37 (7): 984-995.

[22] 代大海，王雪松，邢世其，等．全极化散射中心提取与参数估计：P-ESPRIT 方法［J］．电子与信息学报，2008，30（8）：1963-1967.

第 5 章

色散条件下目标全极化散射中心特征参数估计与性能分析

为了突出强调全极化处理在散射中心特征提取中的特点和优势，第 4 章建立了相干极化点散射模型，推导得到了其极限性能，提出了 P-MUSIC 和 P-ESPRIT 两种新的全极化散射中心参数估计方法。然而，理想点散射中心模型对于某些散射中心机理而言有些过于简化。实际上，很多研究已经发现制约目标散射中心建模工作的瓶颈已不再是算法本身的性能，而是所选取的参数模型的逼真度，即模型是否真实地反映了待建目标的散射机理。Moghaddar 等[1]、Odendaal 和 Jaarsveld[2]、McClure 等[3]、Li 等[4]和 Lee 等[5]的工作从不同侧面反映了对这一瓶颈的共识。Moghaddar 等的工作首先意识散射中心的频率色散特性，因此他们引入了频率依赖关系 f^{α}，这里 α 值由对应的几种典型散射机理（如镜面、边缘、尖顶等）及其多重绕射所决定，并结合导体平板的紧缩场数据进行了研究；Odendaal 和 Jaarsveld 用矩阵束法也做了类似的工作；Li 等则结合遗传算法（Genetic Algorithm，GA），在时域中对诸如 B-52、B-58 等缩比飞机模型的实验数据进行了实验，成功用于雷达目标分类；McClure 等的研究涉及了一类比较复杂的散射——爬行波机理，并发现它也是频率色散的。1995 年，Lee 等在几何绕射理论的基础上提出了雷达目标散射的一维几何绕射理论（GTD）模型[5]，其研究认为在高频光学区，目标散射中心幅度具有明显的频率依赖性，而理想点散射中心模型、DE 模型[6]往往会与目标实际散射行为失配。

相对于理想点散射中心模型、DE 模型，虽然 GTD 模型的表达形式较为复杂，但是它不仅能提供散射中心位置、强度信息，还能够提取散射中心的类型因子，该类型因子考虑了频率色散所引起的目标散射特性变化，可以反映散射中心的几何特征[7-8]。因此，GTD 模型更接近于实际的散射机理，是对光学区雷达目标散射中心更为精确更为全面的描述。已有的 GTD 模型，对单极化条件下的高分辨雷达目标散射建模已经较为成熟，但是随着极化测量雷达的发展，已有方法遇到了诸多根本性的困难和矛盾，最突出的矛盾就是多极化条件下各通道散射中心估计结果之间不匹配，从而难以提取散射中心的相干极化特性信息，这就严重限制了目标高分辨极化特性的应用。常规GTD方法的思路是将多极化分通道分别进行散射中心提取，然而这种方法会导致一个极化通道估计出的散射中心数目多[9]，而另一个极化通道估计出的散射中心数目少的结果；即便各通道散射中心数目一样，各通道对应散射中心的位置估计也并不一致，因此需要额外的散射中心关联和配准等处理；另外，由于各通道散射中心的散射系数只有在同一位置上才是相干的，所以各通道散射中心位置估计不一致，直接导致多极化关联后的散射中心散射矩阵的相干性无法保证，严重限制了目标高分辨极化特性的应用。

本章针对上述背景，着重研究了色散条件下目标全极化散射中心特征参数估计与性能分析问题。5.1 节首先提出了适用于全极化条件下的相干极化GTD（CP-GTD）模型，理论上讲，CP-GTD模型既可以给出散射中心的频率依赖特性，又能给出表征散射中心极化特性的散射矩阵，二者相互结合、互为补充，能最完整地给出雷达目标的高分辨极化散射特性；提出了基于CP-GTD模型的色散条件下雷达目标散射中心特征参数估计方法[10]，为评估CP-GTD模型方法的精度，提出了非相干性和相干性两类评估指标，并结合仿真和实测数据实验，详细验证了CP-GTD模型方法的优越性。5.2 节推导给出了CP-GTD模型参数估计的极限性能，分析各类参数估计性能与雷达参数、目标极化、杂波极化等因素的关系，这对于算法性能评价、指导系统参数设计、目标极化特征测量以及目标散射机理的进一步揭示，都有着重要的理论意义和实际价值。5.3 节结合弹道导弹防御背景，通过本章研究了全极化散射中心提取在弹道导弹目标识别中的应用，给出了极化散射中心提取在目标观测长度、进动频率等特征分析方面的应用。

5.1　目标CP-GTD模型及其特征参数估计方法

5.1.1　雷达目标CP-GTD模型

仍以步进频全极化测量雷达为例，假设有 N 个在频域上等间隔采样的全极化雷达回波测量数据，根据几何绕射理论，可建立雷达目标的CP-GTD模型如下：

$$x_l(n)=\sum_{m=1}^{d}s_{m,l}\left(\mathrm{j}\frac{f_n}{f_c}\right)^{\alpha_m}\mathrm{e}^{-\mathrm{j}\frac{4\pi r_m}{c}f_n}+u_l(n),\quad n=1,2,\cdots,N \tag{5.1}$$

其中，$l=1,2,\cdots,L$ 代表极化通道（$l=1,2,3,4$ 分别代表全极化测量条件下 4 种极化收发状态，不妨设为 HH,HV,VH,VV。以下讨论中，若无特殊说明，均假设互易性成立，取 $L=3$ 即代表全极化测量情形）。幂指数 α 为类型因子，也称为类型参数或频率依赖因子，其值通常是 0.5 的整数倍，它与典型散射结构的对应关系如表 5.1 所示。

表 5.1　典型散射结构对应的类型因子

类型因子 α	对应的典型散射结构
-1	尖顶绕射
-0.5	边缘绕射
0	点散射中心、双曲面散射或直接边缘反射
0.5	单曲面散射
1	平板法向反射，两面角、三面角散射

必须指出的是，CP-GTD 模型并非常规 GTD 模型的简单拓展，其与既有模型不同之处在于其认为每个散射中心具有唯一的相干极化散射矩阵，并将全极化散射作为一个整体进行建模。它的优点在于能够精确描述雷达目标的高频电磁极化散射机理，结合 GTD 和相干极化散射两者的优点，能够更加完整地描述雷达目标的高分辨极化散射特性，这些将在下面分析中得到证实。

5.1.2 基于 CP-GTD 模型的全极化散射中心参数估计

在建立了上述 CP-GTD 模型之后，全极化散射中心提取问题也就转化为非线性规划问题。理论上，将单极化条件下最大似然方法加以拓展，即可得到基于 CP-GTD 模型的全极化散射中心提取的最大似然估计方法，其基本思想概括起来就是使得式（5.2）中的代价函数最小。

$$J(s,\alpha,r)=\sum_{l=1}^{L}\sum_{n=1}^{N}\left|x_l(n)-\sum_{m=1}^{d}s_{m,l}\left(\mathrm{j}\frac{f_n}{f_c}\right)^{\alpha_m}\mathrm{e}^{-\mathrm{j}\frac{4\pi r_m}{c}f_n}\right|^2 \tag{5.2}$$

显然，上述最优化问题实际上是一个多参数的非线性优化问题，待估计的参数包括目标散射中心数目、位置、类型、散射矩阵。在实际求解中，可采用共轭梯度法进行迭代求解。但该方法存在以下两个方面的问题：①估计参数众多，计算复杂性很大。②代价函数在位置参数上存在许多局部极值点。若初值选取不当，很容易导致错误估计。

本节提出两种途径进行 CP-GTD 模型参数估计方法（简称 CP-GTD 方法）：一是采用改进的 P-MUSIC 算法对 CP-GTD 模型参数进行估计，以下将其简称为 MP-MUSIC 方法；二是根据散射中心的类型估计偏差对散射中心位置估计的影响可忽略这一结论，提出基于 P-ESPRIT 和 MP-MUSIC 的综合方法。

5.1.2.1 CP-GTD 信号模型的矩阵化表征

将式（5.1）写成矩阵的形式，即

$$z=As+u \tag{5.3}$$

式中：z 为 $N\times3$ 维矩阵，对应全极化测量信息；s 为 $d\times3$ 维矩阵，对应目标散射中心的极化散射矩阵信息；A 为 $N\times d$ 维导向矢量矩阵，对应目标散射中心的类型和位置信息；u 为 $N\times3$ 维测量噪声矩阵。它们具体表示形式如下：

$$z=[\boldsymbol{x}_{\mathrm{HH}} \quad \boldsymbol{x}_{\mathrm{HV}} \quad \boldsymbol{x}_{\mathrm{VV}}] \tag{5.4}$$

$$A=[\boldsymbol{a}(\alpha_1,r_1) \quad \boldsymbol{a}(\alpha_2,r_2) \quad \cdots \quad \boldsymbol{a}(\alpha_d,r_d)] \tag{5.5}$$

$$s=[\boldsymbol{s}_{\mathrm{HH}} \quad \boldsymbol{s}_{\mathrm{HV}} \quad \boldsymbol{s}_{\mathrm{VV}}] \tag{5.6}$$

$$u=[\boldsymbol{u}_{\mathrm{HH}} \quad \boldsymbol{u}_{\mathrm{HV}} \quad \boldsymbol{u}_{\mathrm{VV}}] \tag{5.7}$$

式中：$\boldsymbol{x}_{pq}$、$\boldsymbol{s}_{pq}$、$\boldsymbol{u}_{pq}$ 的形式与第 4 章相同；$\boldsymbol{a}(\alpha_m,r_m)$ 为第 m 个散射中心对应的导向矢量：

$$\boldsymbol{a}(\alpha_m,r_m)=\begin{bmatrix} \left(\mathrm{j}\dfrac{f_1}{f_c}\right)^{\alpha_m} & 0 & \cdots & 0 \\ 0 & \left(\mathrm{j}\dfrac{f_2}{f_c}\right)^{\alpha_m} & \cdots & 0 \\ \vdots & \vdots & & \vdots \\ 0 & 0 & \cdots & \left(\mathrm{j}\dfrac{f_N}{f_c}\right)^{\alpha_m} \end{bmatrix} \begin{bmatrix} \mathrm{e}^{-\mathrm{j}\frac{4\pi f_1 r_m}{c}} \\ \mathrm{e}^{-\mathrm{j}\frac{4\pi f_2 r_m}{c}} \\ \vdots \\ \mathrm{e}^{-\mathrm{j}\frac{4\pi f_N r_m}{c}} \end{bmatrix} \hat{=} \boldsymbol{G}(\alpha_m)\boldsymbol{a}(r_m) \tag{5.8}$$

5.1.2.2 位置和类型因子的估计

设全极化测量信号的协方差矩阵 $\boldsymbol{R}_{zz}=E(zz^{\mathrm{H}})$，则对 $\boldsymbol{R}_{zz}$ 进行特征分解，有

$$\boldsymbol{R}_{zz}=\sum_{k=1}^{N}\lambda_k\boldsymbol{e}_k\boldsymbol{e}_k^{\mathrm{H}} \tag{5.9}$$

将特征值按降序排列，即 $\lambda_1\geqslant\lambda_2\geqslant\cdots\geqslant\lambda_N$，那么前 d 个特征值对应的特征矢量就组成了信号子空间 $\boldsymbol{E}_{\mathrm{S}}=\mathrm{span}\{\boldsymbol{e}_1,\boldsymbol{e}_2,\cdots,\boldsymbol{e}_d\}$，其余特征矢量则张成噪声子空间 $\boldsymbol{E}_N=\mathrm{span}\{\boldsymbol{e}_{d+1},\boldsymbol{e}_{M+2},\cdots,\boldsymbol{e}_N\}$。

定义目标的改进的 P-MUSIC 谱（简称 MP-MUSIC 谱）为

$$\begin{aligned} P_{\mathrm{MP-MUSIC}}(\alpha,r) &= \frac{\boldsymbol{a}(\alpha,r)^{\mathrm{H}}\boldsymbol{a}(\alpha,r)}{\boldsymbol{a}(\alpha,r)^{\mathrm{H}}\boldsymbol{U}_N\boldsymbol{U}_N^{\mathrm{H}}\boldsymbol{a}(\alpha,r)} \\ &= \frac{\boldsymbol{a}^{\mathrm{H}}(r)\boldsymbol{G}^{\mathrm{H}}(\alpha)\boldsymbol{G}(\alpha)\boldsymbol{a}(r)}{\boldsymbol{a}^{\mathrm{H}}(r)\boldsymbol{G}^{\mathrm{H}}(\alpha)\boldsymbol{U}_N\boldsymbol{U}_N^{\mathrm{H}}\boldsymbol{G}(\alpha)\boldsymbol{a}(r)} \end{aligned} \tag{5.10}$$

通过二维谱峰搜索，即可得到全极化条件下散射中心位置 r 和类型 α 的精确估计。显然，与单极化处理不同的是这里信号子空间和噪声子空间都是利用了全极化信息得到的，各个极化通道关于散射中心数目、位置和类型也是基于全极化 MUSIC 谱搜索得到的，因此其估计结果是一致的，避免了后续多极化散射中心关联和配准过程。考虑实际中，二维搜索的计算量还是偏大，可采用以下两种简化方法。

1. 基于 MP-MUSIC 的分步变步长搜索方法

大量仿真结果表明，散射中心的类型估计偏差对散射中心位置估计的影响可以忽略，这与文献［11］结论是一致的。因此，可以先确定散射中心位置参数，即

$$P(r)=\frac{\boldsymbol{a}^{\mathrm{H}}(r)\boldsymbol{a}(r)}{\boldsymbol{a}^{\mathrm{H}}(r)\boldsymbol{U}_N\boldsymbol{U}_N^{\mathrm{H}}\boldsymbol{a}(r)} \tag{5.11}$$

在搜索 r 时，可采取先粗搜，得到散射中心粗略位置之后，而后根据此位置进行局部搜索，得到散射中心位置的精确估计。r 确定后，再对类型参数的离散取值进行搜索。当 α 估计与位置为 r 处的散射中心一致时，信号模式矢量与在噪声子空间上投影的倒数最大，由此可判断当前散射中心的类型，即

$$P(\alpha\mid r)=\frac{\boldsymbol{a}^{\mathrm{H}}(r)\boldsymbol{G}^{\mathrm{H}}(\alpha)\boldsymbol{G}(\alpha)\boldsymbol{a}(r)}{\boldsymbol{a}^{\mathrm{H}}(r)\boldsymbol{G}^{\mathrm{H}}(\alpha)\boldsymbol{U}_N\boldsymbol{U}_N^{\mathrm{H}}\boldsymbol{G}(\alpha)\boldsymbol{a}(r)} \tag{5.12}$$

2. 基于 P-ESPRIT 和 MP-MUSIC 的综合方法

由于散射中心的类型估计偏差对散射中心位置估计的影响可以忽略，因此可采取分步估计的办法得到 r 和 α 的值：首先基于相干极化理想点散射中心模型，利用第 4 章所提出的 P-ESPRIT 方法估计位置参数 r，r 确定后，再对类型参数的离散取值进行搜索。当然，也可以用 P-ESPRIT 方法估计得到的位置参数 r 作为初值，对此位置进行局部搜索，得到散射中心位置的更精确估计。比较而言，综合方法大大减小了搜索的区间范围，因此具有更高的计算效率。

5.1.2.3　全极化协方差矩阵的估计

全极化协方差 $\boldsymbol{R}_{zz}$ 也要通过估计的办法得到。其估计方法与 2.4.3 节基本相同，所不同的是，在第 4 章 P-MUSIC 和 P-ESPRIT 方法中，为最大限度地利用观测数据获得最大的解相关特性，采取了双向空间平滑处理（MSSP），然而，这里考虑 CP-GTD 模型的频率色散特征，MSSP 会消除散射中心类型对信号模式的影响，结合仿真实验性能，这里选取后向平滑算法，考虑后向平滑算法对信号模式的影响，对最终散射中心类型估计还需要进行取反的修正处理。

$$\hat{\boldsymbol{R}}_{zz}=\frac{1}{N_{\mathrm{BP}}}\sum_{k=1}^{N_{\mathrm{BP}}}(\boldsymbol{J}\hat{\boldsymbol{R}}_k^{*}\boldsymbol{J}) \tag{5.13}$$

另外，关于散射中心数目的估计处理参见 2.3.2 节。在得到对全极化条件下每个散射中心的位置和类型因子之后，后面的散射矩阵估计等操作就可以采取和 P-MUSIC 方法一样的操作，所不同的只是这里需要根据式（5.5）来构造出导向矢量矩阵的估计$\hat{\boldsymbol{A}}$，不再赘述。

综上所述，可得基于 CP-GTD 模型的综合方法完整流程，如图 5.1 所示。

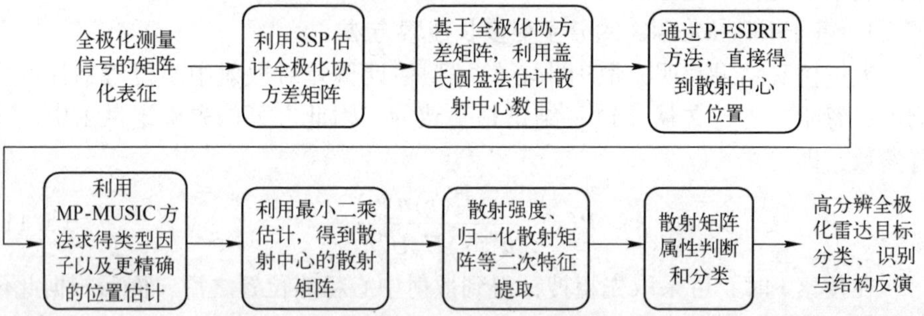

图 5.1　CP-GTD 方法的实现流程

5.1.3 非相干性和相干性评估指标

为评估本书所提出的 CP-GTD 模型方法的性能，选取的评估指标分为非相干性评估指标和相干性评估指标两类。

5.1.3.1　非相干性评估指标是指非相干特征参数的估计精度

非相干参数，包括散射中心数目、位置、类型、散射强度。这里假设常规 GTD 方法和 CP-GTD 方法对散射点数目都能估计正确的情况下，选取后三个参数的估计误差均方根值作为非相干参数的估计精度的评估指标。其定义分别为

$$\sigma(r)=\sqrt{E[(r-\hat{r})^2]} \tag{5.14}$$

$$\sigma(\alpha)=\sqrt{E[(\alpha-\hat{\alpha})^2]} \tag{5.15}$$

$$\sigma(I)=\sqrt{E[(I-\hat{I})^2]} \tag{5.16}$$

式中，$I=\mathrm{span}(\boldsymbol{S})$；$r$ 为位置真值；$\hat{r}$为位置估计值；$E[\cdot]$为求集合平均，其余参量定义类似。

5.1.3.2　相干性评估指标是指相干特征参数的估计精度

众所周知，雷达目标的极化散射矩阵本质上是一个二阶相干复矩阵，散射矩阵各元素的相位尤其是相对相位差是准确反映目标极化特性的重要信息（如球和二面角的散射矩阵差异就体现在共极化相位差上），散射矩阵估计中相干性保证不可或缺。在互易性条件下，相干极化散射矩阵共包括 $\phi_{\mathrm{VV-HH}}$、

$\phi_{\text{HV-HH}}$和 $\phi_{\text{HV-VV}}$三个相对相位（其中，$\phi_{\text{VV-HH}}=\arg(s_{\text{VV}}s_{\text{HH}}^*)$为散射矩阵元素 s_{VV}和 s_{HH}的相干相位差）。综合考虑，可以选取上述三个相干相位差的估计误差均方根值作为相干参数估计精度的评估指标，即

$$\sigma(\phi_{\text{VV-HH}})=\sqrt{E[(\phi_{\text{VV-HH}}-\hat{\phi}_{\text{VV-HH}})^2]} \tag{5.17}$$

$\sigma(\phi_{\text{HV-HH}})$、$\sigma(\phi_{\text{HV-VV}})$也依此原则定义。

5.1.4 仿真实验及性能评估

为评估本书所提出的 CP-GTD 模型方法的性能，选取传统 FFT 方法和常规 GTD 方法为参照，这两种方法都是先在每个极化通道单独进行散射中心提取，之后进行多极化散射中心关联，将关联后的各通道散射系数集合在一起作为该散射中心的极化散射矩阵估计。

设定一个具有两个散射中心的目标（参数见表 5.2）。仿真起始频率为 8.75GHz，频率步进为 5MHz，频点数为 100，$p=10$，仿真次数为 1000，信噪比为 25dB，其中，信噪比定义为目标强度与噪声强度之比，即 $\text{SNR}=10\lg\left(\dfrac{\text{span}\{\boldsymbol{S}\}}{4\times\sigma^2}\right)$。

表 5.2　CP-GTD 方法仿真实验散射中心设置

散射中心	r_m	α_m	$\text{span}(\hat{\boldsymbol{S}}_m)$	归一化散射矩阵
1	0	0.5	1	$\frac{1}{4}\begin{bmatrix}3 & \sqrt{3}\text{i}\\ \sqrt{3}\text{i} & 1\end{bmatrix}$
2	0.2	-1	1	$\frac{1}{2}\begin{bmatrix}1 & -\text{i}\\ -\text{i} & -1\end{bmatrix}$

图 5.2 给出了本书方法和传统 FFT 方法的比较结果。其中实线是常规 FFT 处理的一维距离像，“△”代表本书方法估计值，“○”为设定值。从图 5.2 结果可以看出，常规 FFT 处理的一维距离像峰值，与设定的散射中心位置往往出现偏差，由于分辨率的限制，两个散射中心无法分辨，以此为基础提取的散射中心的散射矩阵显然不能正确反映目标的极化信息，而且常规 FFT 处理也无法实现对 GTD 模型中对散射中心类型的估计。而本书方法在散射中心位置和强度估计方面都有很高的精度。

表 5.3 和表 5.4 分别给出了 CP-GTD 方法和常规 GTD 方法散射中心提取的详细结果。从表中的结果可以看出，相比于常规 FFT 处理，CP-GTD 和常规 GTD 方法均能较好地实现散射中心的超分辨。所不同的是，在同等条件下，CP-GTD 方法对于各通道散射中心位置、类型的估计是一致的，而且能估计

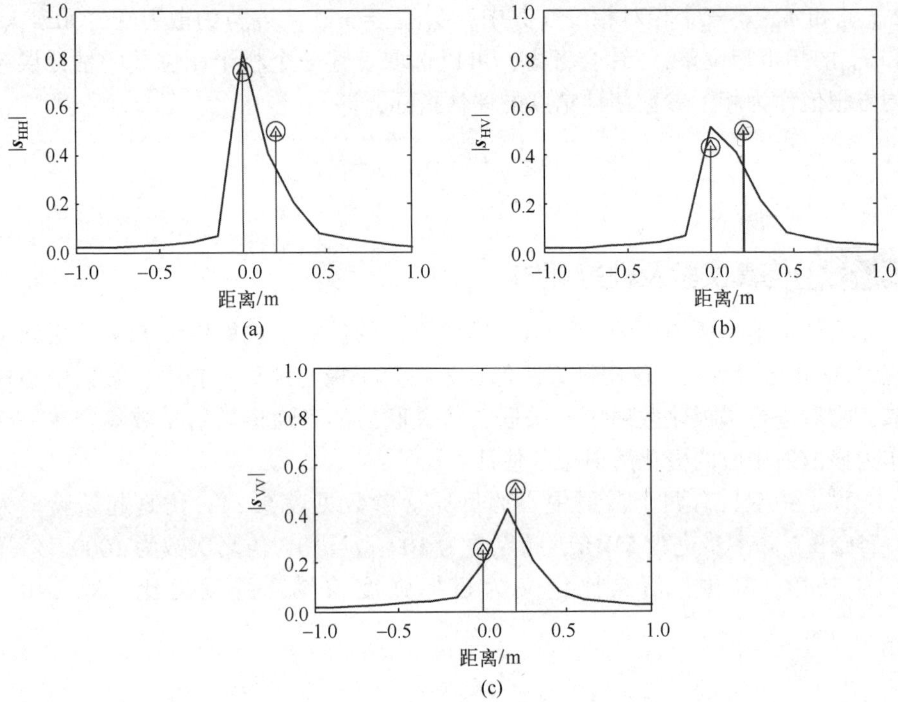

图 5.2　CP-GTD 方法特征提取结果

出散射中心的相干极化散射矩阵。而常规 GTD 方法估计出来的每个通道散射中心位置、类型并不完全一致，而且关联后散射矩阵的相关性难以保证。

表 5.3　CP-GTD 方法散射中心提取结果

特征值	$\hat{r}_m$	$\hat{\alpha}_m$	$\mathrm{span}(\hat{S}_m)$	归一化散射矩阵
估计值均值	**0**	**0.501**	**1.0010**	$\begin{bmatrix} 0.7497 & 0.0001+0.4351i \\ 0.0001+0.4351i & 0.2500-0.0002i \end{bmatrix}$
	0.1999	**−1.07**	**0.9989**	$\begin{bmatrix} 0.4989 & 0.5001i \\ 0.5001i & -0.5010+0.0049i \end{bmatrix}$
σ	**8.01×10^{-4}**	**0.0325**	**0.0044**	**0.0025**

表 5.4　常规 GTD 散射中心提取结果

通道	HH 通道			HV 通道			VV 通道		
	$\hat{r}_m$	$\hat{\alpha}_m$	$\hat{s}_{HH}$	$\hat{r}_m$	$\hat{\alpha}_m$	$\hat{s}_{HV}$	$\hat{r}_m$	$\hat{\alpha}_m$	$\hat{s}_{VV}$
估计值均值	**0**	**0.499**	**0.74798**	**0.0001**	**0.501**	**0.0019+0.4361i**	**0.0001**	**0.501**	**0.0008+0.2499i**
	0.1998	**−0.993**	**0.45443**	**0.1988**	**−1.07**	**0.4679+0.1779i**	**0.1987**	**−1.07**	**−0.4558+0.2097i**
σ	**8.03×10^{-4}**	**0.0750**	**0.0092**	**8.03×10^{-4}**	**0.0663**	**0.0082**	**0.001**	**0.2213**	**0.01**

图5.3给出了在上述仿真条件下，两种方法的共极化相位差的估计误差随仿真次数变化（取前100次仿真结果），其中实线是常规GTD方法结果，虚线是CP-GTD方法结果。从图中结果可以看出，CP-GTD方法的共极化通道相位差的估计误差很小，基本上稳定地维持在±2°范围之内；而常规GTD方法给出的共极化通道相位差的估计误差起伏很大，在±50°范围内快速变化，个别值甚至达到了100°，这么大的相位估计误差，在目标高分辨极化特性的提取或应用场合都是难以容忍的。可见，常规GTD方法估计出的散射矩阵的相关性遭到了严重破坏，这表明即便在其他非相干参数估计较准确的情况下，应用常规GTD模型以及由此得到的极化散射矩阵估计仍然是不可用的。

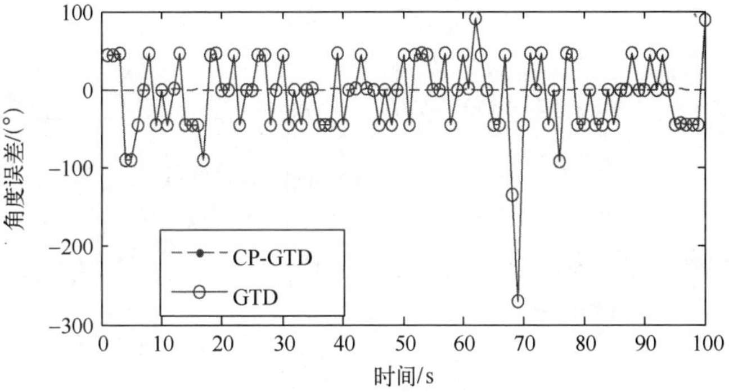

图5.3　共极化通道相位估计误差随仿真次数变化

值得说明的是，在其他参数估计精度方面，CP-GTD方法也要比常规GTD方法准确。这是因为，CP-GTD方法本质上是一种高分辨和极化的联合处理，在估计协方差矩阵时，同时用到了所有通道的极化信息，提高了信噪比，这对于准确估计散射点数目、位置以及后续参数都是有益的；此外，CP-GTD方法只涉及一个全极化的协方差矩阵，只作一次矩阵分解，因此其特征提取的速度较各通道单独处理时要快，效率更高。

图5.4和图5.5分别给出了CP-GTD和常规GTD方法在非相关性指标和相关性指标在不同信噪比下的评估结果对比。从图中可以得出如下结论：①无论是在非相干性指标方面还是相干性指标方面，CP-GTD方法均优于常规GTD方法。在相干性指标方面，CP-GTD方法远远优于常规GTD方法。②准确估计散射中心位置、类型、散射强度等参数所需要的信噪比是不一样的。总体而言，要估计散射中心类型所需要的信噪比更高。③一般而言，常规GTD方法要实现准确估计相干极化散射矩阵，信噪比至少要达到35dB，而应用CP-GTD方法，即使在信噪比下降至10dB，估计出的散射矩阵相关性依然能得到保证。④常规GTD方法，各极化通道对于位置、类型等参数估计也不一致，

这与各极化通道各自的信噪比有关。从图 5.4（a）、（b）可以看出，VV-GTD 对位置、类型的估计要差一些，这是由于散射中心设置中 VV 极化幅度相对最弱的缘故，这也是导致 VV 极化与其余两个极化通道的相对相位估计误差迟迟不能收敛到零的原因（参见图 5.5）。这些结果进一步证明了 CP-GTD 模型并非对单极化条件下 GTD 模型的简单拓展，基于 CP-GTD 的散射中心提取方法本质上是一种高分辨和极化的联合处理，它避免了对多个极化通道分别应用常规 GTD 方法进行参数估计时的散射中心不能配准，从而导致不能准确估计散射中心相干散射矩阵的缺陷。同时，CP-GTD 还具有精度更高、速度更快的优点。

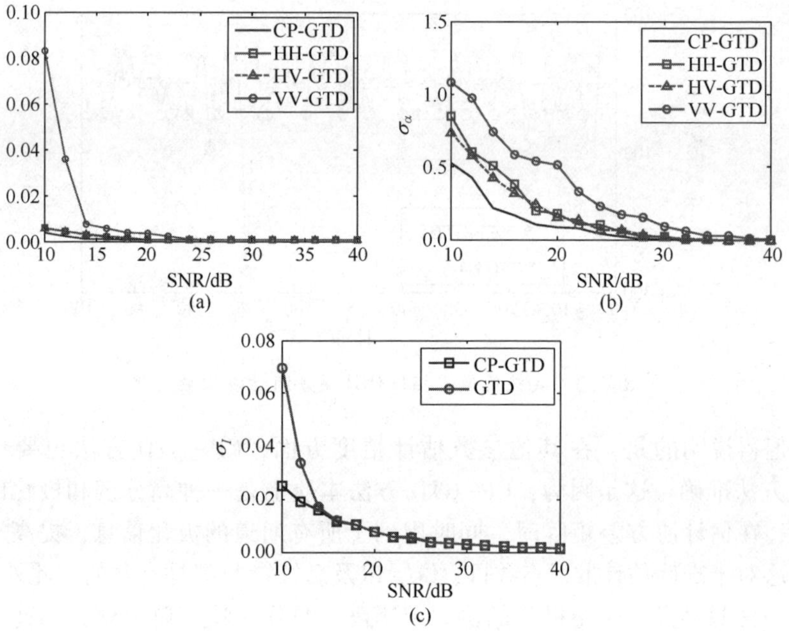

图 5.4 非相关性指标评估结果对比

针对高分辨极化测量雷达体制，本节建立了能够精确描述雷达目标高频电磁极化散射的 CP-GTD 模型；以此为基础，通过对第 4 章 P-MUSIC 方法的改进，并结合 P-ESPRIT 方法提出一种能对散射中心数目、位置、类型、散射强度及相干极化散射矩阵同时估计的全极化散射中心参数估计方法。理论分析与实验结果表明，CP-GTD 模型并非对单极化条件下常规 GTD 模型的简单拓展，其与既有模型不同之处主要在于其认为每个散射中心具有唯一的极化散射矩阵，其突出优点在于它不需进行散射中心关联，并且能准确保持散射中心的相干散射信息。基于 CP-GTD 模型的全极化散射中心提取本质上是

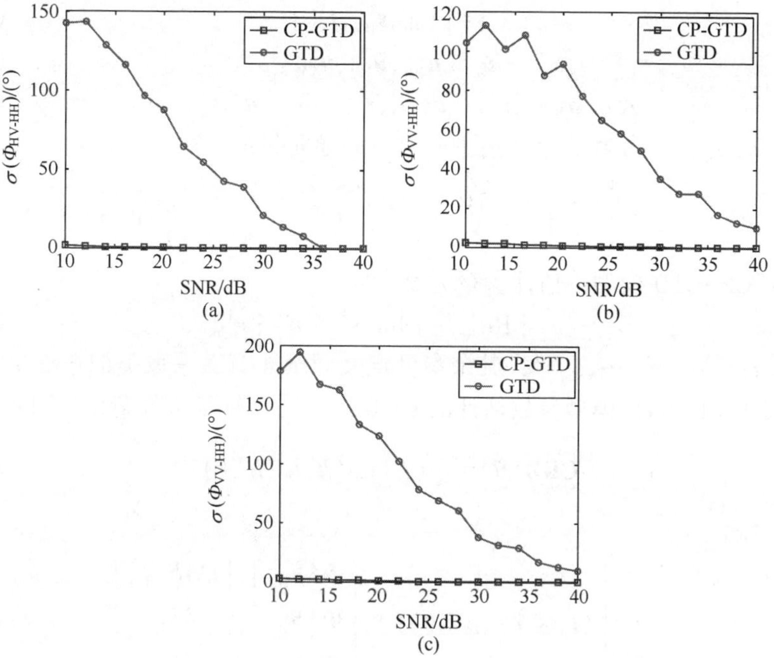

图 5.5　相关性指标评估结果对比

一种极化和超分辨联合处理，而不是二者简单的串联或组合，极化信息的利用既解决了上述各极化通道的不能配准以及相干散射矩阵估计的难题，同时又提高了散射中心提取的速度以及参数估计的精度。

5.2　目标 CP-GTD 模型方法的极限性能分析

5.1 节中建立了能够精确描述光学区雷达目标极化散射机理的 CP-GTD 模型，提出了相应的 CP-GTD 模型参数估计方法。本节将通过理论推导，给出 CP-GTD 模型参数估计的极限性能的解析表达式，即求解基于该模型的所有无偏估计算法的方差下限，特别有针对性地分析 CP-GTD 模型特征参数估计的极限精度与极化方式、目标散射机理、杂波极化参数等因素之间的关系，揭示了目标和杂波极化散射机理对于上述特征参数估计精度的影响。

5.2.1　CP-GTD 模型参数估计的 CRB

将式（5.1）所示的 CP-GTD 模型重排为如下矢量形式：

$$\boldsymbol{x}=(\boldsymbol{I}_3\otimes\boldsymbol{A})\boldsymbol{s}+\boldsymbol{u} \tag{5.18}$$

$$\boldsymbol{x}=[\boldsymbol{x}_{HH}^{T},\boldsymbol{x}_{HV}^{T},\boldsymbol{x}_{VV}^{T}]^{T} \tag{5.19}$$

$$\boldsymbol{s}=[\boldsymbol{s}_{\mathrm{HH}}^{\mathrm{T}},\boldsymbol{s}_{\mathrm{HV}}^{\mathrm{T}},\boldsymbol{s}_{\mathrm{VV}}^{\mathrm{T}}]^{\mathrm{T}} \tag{5.20}$$

$$\boldsymbol{u}=[\boldsymbol{u}_{\mathrm{HH}}^{\mathrm{T}},\boldsymbol{u}_{\mathrm{HV}}^{\mathrm{T}},\boldsymbol{u}_{\mathrm{VV}}^{\mathrm{T}}]^{\mathrm{T}} \tag{5.21}$$

$$\boldsymbol{A}=[\boldsymbol{a}(\alpha_1,r_1)\quad \boldsymbol{a}(\alpha_2,r_2)\quad \cdots \quad \boldsymbol{a}(\alpha_M,r_M)] \tag{5.22}$$

式中：$\boldsymbol{a}(\alpha_m,r_m)$为第 m 个散射中心对应的导向矢量，即

$$\boldsymbol{a}(\alpha_m,r_m)=\left[\left(\frac{f_1}{f_c}\right)^{\alpha_m}\mathrm{e}^{-\mathrm{j}\frac{4\pi f_1 r_m}{c}}\quad \left(\frac{f_2}{f_c}\right)^{\alpha_m}\mathrm{e}^{-\mathrm{j}\frac{4\pi f_2 r_m}{c}}\quad \cdots \quad \left(\frac{f_N}{f_c}\right)^{\alpha_m}\mathrm{e}^{-\mathrm{j}\frac{4\pi f_N r_m}{c}}\right]^{\mathrm{T}} \tag{5.23}$$

记 CP-GTD 模型待估计参量为 $\boldsymbol{\theta}$，即

$$\boldsymbol{\theta}=[\mathrm{Re}\{\boldsymbol{s}^{\mathrm{T}}\}\vdots \mathrm{Im}\{\boldsymbol{s}^{\mathrm{T}}\}\vdots \boldsymbol{\alpha}^{\mathrm{T}}\vdots \boldsymbol{r}^{\mathrm{T}}]^{\mathrm{T}} \tag{5.24}$$

式中：$\boldsymbol{\alpha}=[\alpha_1,\alpha_2,\cdots,\alpha_d]^{\mathrm{T}}$，其余参量定义同第 4 章。采取类似于 2.1 节的推导，可得 CP-GTD 模型参数估计的 **CRB** 矩阵为（详细推导请参见附录 4）

$$\mathbf{CRB}(\boldsymbol{\theta})=\frac{1}{2}(E\{\mathrm{Re}(\boldsymbol{h}^{\mathrm{H}}\boldsymbol{R}^{-1}\boldsymbol{h})\})^{-1} \tag{5.25}$$

式中：

$$\boldsymbol{h}=\left[(\boldsymbol{I}_3\otimes\boldsymbol{A}),\mathrm{j}(\boldsymbol{I}_3\otimes\boldsymbol{A}),\begin{bmatrix}\boldsymbol{\Phi AS}_{\mathrm{HH}}\\ \boldsymbol{\Phi AS}_{\mathrm{HV}}\\ \boldsymbol{\Phi AS}_{\mathrm{VV}}\end{bmatrix},\begin{bmatrix}\boldsymbol{DAS}_{\mathrm{HH}}\\ \boldsymbol{DAS}_{\mathrm{HV}}\\ \boldsymbol{DAS}_{\mathrm{VV}}\end{bmatrix}\right] \tag{5.26}$$

式中：$\boldsymbol{S}_{pq}=\mathrm{diag}\{s_{1,pq}\quad s_{2,pq}\quad \cdots \quad s_{d,pq}\}$；$\boldsymbol{D}=\mathrm{diag}\left\{-\mathrm{j}\frac{4\pi f_1}{c}\quad -\mathrm{j}\frac{4\pi f_2}{c}\quad \cdots \quad -\mathrm{j}\frac{4\pi f_N}{c}\right\}$；

$\boldsymbol{\Phi}=\mathrm{diag}\left\{\ln\left(\frac{f_1}{f_c}\right)\quad \ln\left(\frac{f_2}{f_c}\right)\quad \cdots \quad \ln\left(\frac{f_N}{f_c}\right)\right\}$。

特别对于单极化情形，待估计参量的 **CRB** 矩阵如下：

$$\mathbf{CRB}(\boldsymbol{\theta})=\frac{\sigma_{pq}^2}{2}(E\{\mathrm{Re}(\boldsymbol{h}_{pq}^{\mathrm{H}}\boldsymbol{h}_{pq})\})^{-1} \tag{5.27}$$

式中：$\boldsymbol{\theta}=[\mathrm{Re}\{\boldsymbol{s}_{pq}^{\mathrm{T}}\}\vdots \mathrm{Im}\{\boldsymbol{s}_{pq}^{\mathrm{T}}\}\vdots \alpha^{\mathrm{T}}\vdots \boldsymbol{r}^{\mathrm{T}}]^{\mathrm{T}}$。这与文献［9］和文献［12］的结论是一致的，说明本书推导具备了向下兼容性，即全极化情形的推导结果兼容了单极化情形，这也从一个侧面印证了本书推导的正确性。

5.2.2 极化色杂波条件下的单点 CP-GTD 模型的 CRB 矩阵简化分析

对于单点 CP-GTD 模型，经过复杂的推导（详细推导请参见附录 4），可得

（1）类型参数估计的 **CRB** 矩阵为

$$\mathbf{CRB}(\alpha)=\frac{6}{\gamma^2}\cdot\frac{1}{N\boldsymbol{s}^{\mathrm{H}}\boldsymbol{C}^{-1}\boldsymbol{s}} \tag{5.28}$$

（2）位置参数估计的 **CRB** 为

$$\mathbf{CRB}(r)=\frac{1}{N\boldsymbol{s}^{\mathrm{H}}\boldsymbol{C}^{-1}\boldsymbol{s}}\cdot\frac{3\delta_r^2}{2\pi^2} \tag{5.29}$$

（3）散射矢量参数估计的 **CRB** 矩阵为

$$\mathbf{CRB}(\mathrm{Re}(\boldsymbol{s})\vdots\mathrm{Im}(\boldsymbol{s}))=\frac{1}{2N}\begin{bmatrix}\mathrm{Re}\{\boldsymbol{C}\} & -\mathrm{Im}\{\boldsymbol{C}\}\\ \mathrm{Im}\{\boldsymbol{C}\} & \mathrm{Re}\{\boldsymbol{C}\}\end{bmatrix}+\frac{1}{N\boldsymbol{s}^{\mathrm{H}}\boldsymbol{C}^{-1}\boldsymbol{s}}\cdot\frac{6}{\gamma^2}\begin{bmatrix}\mathrm{Im}(\boldsymbol{s})\mathrm{Im}(\boldsymbol{s}^{\mathrm{T}}) & -\mathrm{Im}(\boldsymbol{s})\mathrm{Re}(\boldsymbol{s}^{\mathrm{T}})\\ -\mathrm{Re}(\boldsymbol{s})\mathrm{Im}(\boldsymbol{s}^{\mathrm{T}}) & \mathrm{Re}(\boldsymbol{s})\mathrm{Re}(\boldsymbol{s}^{\mathrm{T}})\end{bmatrix} \tag{5.30}$$

式（5.28）~式（5.30）分别给出了极化色杂波单点情况下 CP-GTD 模型类型参数、位置参数和散射矢量参数估计的 CRB 显式表达式，其结果表明：

① 类型参数的极限估计精度与全极化信噪比成反比，与相对带宽的平方成反比。

② 位置参数的极限估计精度与距离分辨率成正比，与全极化信噪比成反比。

③ 散射矢量参数的极限精度取决于两项：第一项完全由杂波的极化协方差矩阵决定，类似于单通道噪声中信号复幅度参数的估计；第二项取决于具体的目标散射矢量，而且也与全极化信噪比成反比；此外，第二项还有一个特殊的性质，即与信号的相对带宽的平方成反比。

特别需要指出的是，单点 CP-GTD 模型位置参数估计的极限精度与第 2 章中单点相干极化点散射模型位置参数估计的极限精度是一样的，这也解释了 4.1 节 CP-GTD 算法中“散射中心的类型估计偏差对散射中心位置估计的影响可以忽略”成立的原因。在全极化散射中心特征提取时，显然可以利用这一结论，并采取第 2 章中的模型方法进行粗略的位置估计；如果需要，再用本章的 CP-GTD 方法，进行更完整的特征提取。此外，单点 CP-GTD 模型的散射矢量估计的极限精度也与单点相干极化点散射模型估计的极限精度相同，这进一步说明了上述结论的正确性，同时也表明相干极化点散射模型是 CP-GTD 模型的合理近似。

5.2.3 实验结果分析

根据上面的推导结果，下面具体将雷达参数、杂波参数、目标参数等与 CP-GTD 模型参数估计联系起来，分别分析各因素对 CP-GTD 模型参数估计的极限性能，一方面能较为系统全面地反映各参数之间的约束关系，另一方面也能定量地评估 CP-GTD 模型所带来的优越性。

5.2.3.1　单个散射中心极化白噪声情形

设定具有一个散射中心的目标：散射矩阵为 $\begin{bmatrix}1 & 0.5\mathrm{i}\\ 0.5\mathrm{i} & 0.8\end{bmatrix}$，类型因子为 0，

处在极化白噪声的背景当中，即 $\boldsymbol{C}=\boldsymbol{I}_3$；仿真中心频率为 9GHz，频率步进为 10MHz，带宽 0.5GHz，信噪比为 10~45dB，其中信噪比定义为 HH 极化通道的目标强度与噪声强度之比，即 $\mathrm{SCR}=10\lg\left(\frac{|s_{\mathrm{HH}}|^2}{\sigma_{\mathrm{HH}}^2}\right)$。

图 5.6 给出了该散射中心参数估计的极限性能分析结果。其中，图（a）和图（b）分别给出了采用 CP-GTD 方法和常规单极化 GTD 方法对于类型估计参数和位置估计参数的极限性能比较，图（c）~（e）分别给出了采用 CP-GTD 方法和常规单极化 GTD 方法对于各通道散射系数的极限性能比较。从图中的结果可以看出，在对类型参数和位置参数的估计方面，CP-GTD 的方法明显要好于单通道 GTD 方法；另外，从图（c）~（e）的结果可以看出，CP-GTD 方法对于散射系数的估计精度也要高于其他任意单通道的方法；对比图（a）和图（b）结果可以看出，CP-GTD 方法对于位置参数的估计精度和类型参数的估计精度之间存在着一致性，即如果其对位置估计精度性能提高越大，那么其对类型参数的估计精度性能提高也越大。同样，再对照图（c）~图（e）可以看出，对位置的估计精度也与对散射系数估计精度存在正相关的关系。CP-GTD 方法比 HV 通道方法性能高出 10~12dB，比 VV 通道的方法要高出 5~6dB，比 HH 通道方法要高出 3~4dB。这些结果与 4.1.4 节中的通过仿真实验得到的结论是一致的，至此从理论上进一步证明了 CP-GTD 模型的优越性：首先它采用了更精确的散射模型，能够准确估计散射中心的相干散射矩阵和类型；其次，极化信息的利用，使得它能实现散射中心位置、类型和散射矩阵的同时估计，避免了各极化单独处理时的散射中心关联；最后，极化信息的利用，使得其对散射中心位置估计精度更高，超分辨效果更好，换句话说，极化信息的引入增加了超分辨处理的分辨能力。

上面给出了 CP-GTD 模型与单极化 GTD 模型的极限性能对比分析，从理论上证明了采用 CP-GTD 模型的优越性。下面以结合具体算例的形式，着重分析杂波极化特性、目标极化散射机理等因素对 CP-GTD 模型参数估计极限性能的影响。

5.2.3.2 不同杂波散射机理的影响

设定某目标具有一个散射中心，分别处在三种典型的极化色噪声杂波背景当中，杂波极化协方差矩阵参数如表 5.5 所示，其余参数同上。限于篇幅，图 5.7 只给出了位置参数和类型参数的估计精度比较结果。从图中可以看出，不同的极化杂波背景对于目标 CP-GTD 参数估计性能的影响是不同的：海洋杂波背景下估计性能最好，草地次之，公园杂波背景中参数估计性能最差。这很好地解释了极化雷达成像处理中的实际情况：实际上海平面的极化散射

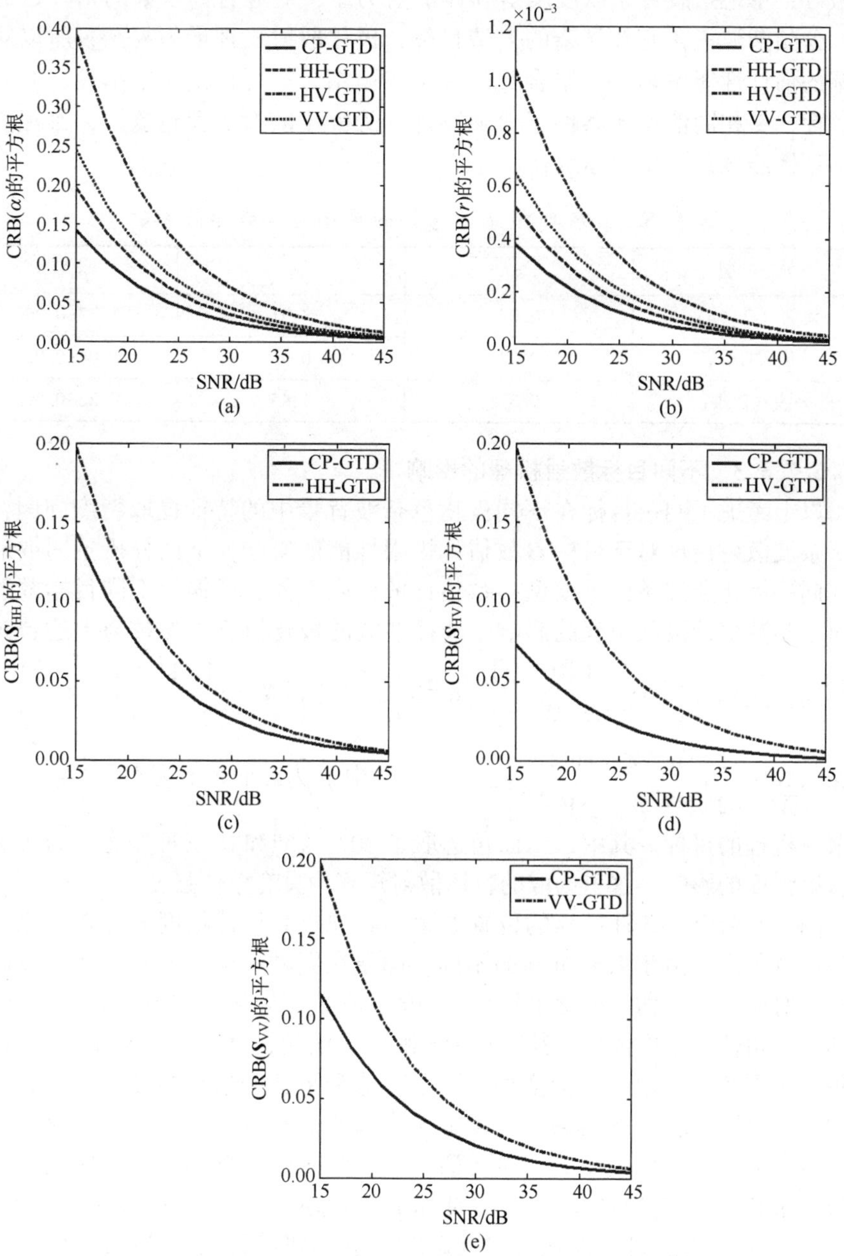

图 5.6　GP-GTD 模型与单极化 GTD 模型的极限性能对比分析结果

以单次极化散射为主，极化散射机理较为单一，所以对应目标参数的估计性能最好；草地杂波背景以漫反射和体散射为主，对应目标参数的估计性能居中；公园杂波里含有较复杂的人造目标，极化散射机理最为复杂，所以对应目标的估计性能也最差。结合其他多次实验结果，可得出一个结论，对于相同目标，在相同信噪比条件下，杂波背景的极化散射机理越复杂，目标参数的估计性能越差，反之亦然。

表 5.5 三种典型杂波背景的极化协方差矩阵参数

参　数	ε	γ	$\rho\sqrt{\gamma}$
海面（Ocean）	0.04	3.51	1.77−0.26i
草地（Grass）	0.07	0.96	0.04−0.07i
公园（Park）	0.37	1.45	0.22−0.09i

5.2.3.3 不同目标散射机理的影响

以上考虑了同一目标在不同极化色杂波背景中的特征提取精度问题，揭示了杂波散射机理对于目标参数估计极限性能的影响。下面分析不同散射中心在同一极化杂波条件下模型参数估计的极限性能，以揭示不同目标散射机理对于参数估计极限精度的影响。选择杂波的极化协方差参数与上述公园参数相同，选择球$\left([\boldsymbol{S}]=\frac{1}{\sqrt{2}}\begin{bmatrix}1 & 0\\0 & 1\end{bmatrix},\ \alpha=0\right)$、平板$\left([\boldsymbol{S}]=\frac{1}{\sqrt{2}}\begin{bmatrix}1 & 0\\0 & 1\end{bmatrix},\ \alpha=1\right)$、二面角$\left([\boldsymbol{S}]=\frac{1}{\sqrt{2}}\begin{bmatrix}\cos2\psi & \sin2\psi\\ \sin2\psi & -\cos2\psi\end{bmatrix},\ \alpha=1，其中\ \psi\ 为二面角的姿态角\right)$等具有简单散射机理的目标。其中，二面角选取了30°、15°和0°三种姿态，为避免目标散射强度的影响，这里选取的目标散射矩阵均具有单位强度。

图 5.8 给出了 5 种目标的位置参数和类型参数估计精度的比较结果。从图中可以看出，由于散射机理的不同，即便在同种极化杂波背景下，不同散射中心对应参数的估计精度也是有区别的：在公园极化杂波中，首先是30°姿态的二面角估计精度最高，其次是15°和0°二面角，最后是球和平板。其中，几种姿态下的二面角估计精度相差不远，球和平板的估计精度几乎一致。对比图 5.7 可以发现以下结论，相较于极化杂波的影响而言，目标散射机理不同所带来的影响是比较小的，换句话说，目标极化信息和杂波的极化信息对于极化散射中心提取的影响是不对称的。有趣的是，早在 1989 年，Novak 等[13-14]在研究雷达目标极化检测问题时，也得到过类似的结论，该文指出，对于极化检测器性能而言，只利用杂波的极化统计特性就可以显著提高检测性能，而利用目标极化信息只能给检测性能带来少许改善。这种不对称性对于指导优化极化高分辨雷达测量系统，开展干扰杂波背景下目标极化特性测

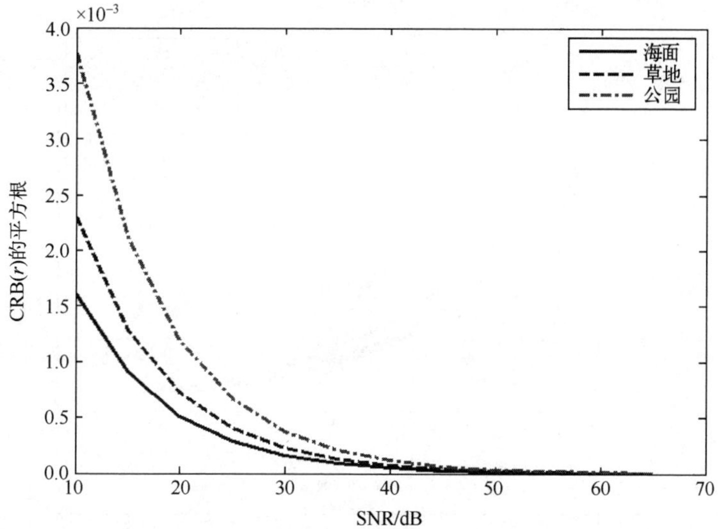

(a) 位置参数估计的极限性能

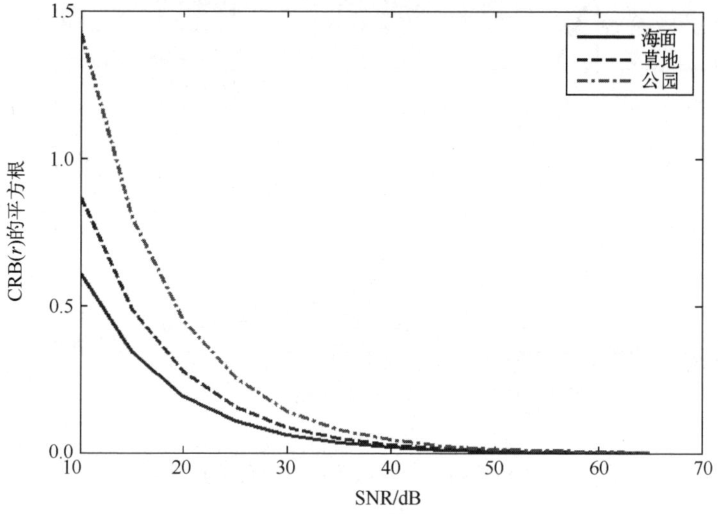

(b) 类型参数估计的极限性能

图 5.7　单个散射中心在不同极化色杂波中的估计性能比较

量等都有指导意义。

本节通过严格的理论推导，得出了基于 CP-GTD 模型的参数估计的 CRB，即给出了基于 CP-GTD 模型的所有无偏估计算法的方差下限，得到了独立于算法的分辨率极限，并得到它与雷达参数的关系。本节的结果，对于算法性能评价、指导系统参数设计、目标极化特征测量以及目标散射机理的进一步揭示，都有重要的理论意义和实际价值。

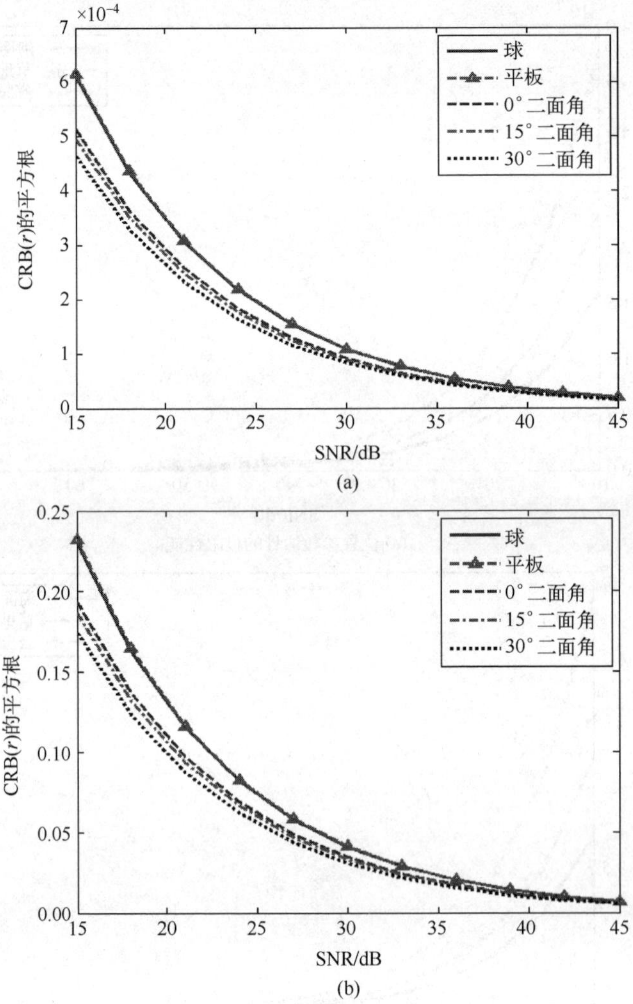

图 5.8 不同散射中心在极化杂波中的估计性能比较

5.3 基于 CP-GTD 方法的弹道中段目标特征提取

目前，导弹攻防对抗成为国内外研究的热点问题。对于中远程导弹来说，中段是整个弹道飞行时间最长的阶段，占 80%~90%，中段目标识别成功与否在一定程度上决定了防御系统拦截的成败，因此弹道中段是导弹防御的关键阶段。中段目标主要有弹头、碎片和各种诱饵[15]，如何从这些目标中识别出真正的弹头目标是攻防对抗双方均十分关注的关键技术，其难点主要在于有效特征的提取。进攻方通过雷达散射截面积（RCS）缩减、有源干扰等手段[16-17]，使得提取有效的目标特征变得更为困难。在中段目标识别中发挥核心作用的地基防御雷达（GBR），是一种正在研制的雷达，其技术手段不断更新，再加上其特殊的军事背景，因此有关它采取的具体识别手段、识别能力尚未有确定性的结论[18-20]。目前比较一致的看法是：除采用窄带 RCS 信息外，GBR 还采用了成像和极化识别方法，它对处于中段弹道导弹目标的跟踪和识别具有至关重要的作用。

国内外相关领域的研究学者已经为弹道中段雷达目标特征提取与识别提出了很多办法。由于在识别中先验知识相对缺乏，因此要求提取的特征不但具有良好的可分性，而且具有清晰的物理意义，所提取的特征应能反映真假目标的本质属性，包括散射特征、结构特征、运动特征等。总体而言，弹道中段目标特征提取方法可以分为如下几类：①利用窄带测量条件下的 RCS 时间序列及其统计特性进行识别[21-22]；②利用高分辨距离像或 ISAR 等成像手段提取目标长度、尺度等结构特征，从而进行识别[23-24]；③提取目标特有的运动特征，尤其是进动、振动、转动等微运动特征，进而进行识别。

美国海军研究实验室的 Chen 等将最早目标除质心平动以外的振动、转动等微小运动称为目标微运动[25-27]；研究证明，雷达目标的微运动目标电磁响应中包含了精细的微多普勒特征信息，具有独一无二的表现形式，从雷达特征信号中可推断出微运动目标特有的属性；此外，基于微运动特征的识别不像基于非运动特征的识别那样对先验信息要求高；加之，近年来雷达测量技术的飞速发展等原因，有关目标微运动特性的研究引起了国内外雷达目标识别领域研究学者的极大关注[28-30]。然而，由于弹道目标特性数据获取的困难，大多数研究者采用的是仿真数据或微波暗室数据，现有文献中所提出的识别方法普遍没有考虑实际攻防背景，使得这些方法的有效性、可靠性受到广泛质疑。

针对上述背景，在 5.2 节提出的 CP-GTD 方法的基础上，本节结合弹道导弹攻防的实际战情，提出一种新的弹道中段雷达目标结构和微动特征提取方法：提取的特征既包括各散射中心的数目、位置、散射矩阵、类型因子等，还包括目标观测长度以及弹道目标特有的目标进动频率特征。利用室内模型静态测量数据，实现了极化动态数据仿真，在极化动态数据仿真的基础上，验证了 CP-GTD 方法用于弹道中段雷达目标的结构特征、进动特征提取的优越性。

5.3.1 目标观测长度特征提取方法

目标的长度信息是真假目标识别最直观、最重要依据之一。对于弹道中段目标而言，真假目标的长度存在较大的差别：真目标一般有一定的范围(大多在 1~3m)，而假目标的长度与之有一定的差别（母舱的长度要大于弹头，而有源诱饵的距离像长度很小，碎片的长度一般也小于弹头长度)。另外，采用长度信息鉴别转发式有源干扰也十分有效。因此，采用长度信息识别中段目标是国内外研究者公认的一种有效手段[29]。

在实际中，由于噪声和其他因素的影响，要获取目标的长度信息并非易事：目标只占据距离像中的一部分，而雷达通常难以区分目标和噪声的分界点。另外，目标的长度与其姿态密切相关，而估计目标姿态是一件困难的事情。Hussain 提出的目标观测长度计算公式为

$$L_s=[\max(l|H(l)>q)-\min(l|H(l)>q)]\Delta r,\quad l=1,2,\cdots,N \tag{5.31}$$

式中：$H(l)$为距离像；q 为门限阈值，它与噪声电平有关；Δr 为距离分辨单元大小。

式（5.31）中阈值 q 的确定是个关键问题，阈值过大或太小都将造成长度估计的失真。在实际中往往先对目标距离像进行归一化，需要根据经验值确定归一化后的阈值，对于不同类型的目标或不同应用背景而言，归一化后的阈值选取不一，一般情况下取 $q\in[0.1,0.4]$。综合多个极化通道的数据显然可以提高目标观测长度特征的稳健性，然而，Hussain 方法没有考虑全极化测量情形，而且现有多极化分通道单独处理的常规方法导致利用不同极化通道数据求取的目标观测长度不一致，需要额外的融合处理。

5.3.2 目标进动频率特征提取方法

运动特征也是导弹目标识别所依据的主要特征之一，特别是弹头类目标的进动特征，由于其具有独一无二的表现形式，已成为区分弹道中段目标真假的重要特征。进动产生的原因是：为了保持弹头在大气层外飞行的稳定性和提高命中精度，需要通过自旋稳定来对中段弹头进行姿态控制。在弹头与母舱的分离过程中，弹头会受到冲击力矩的作用，力矩消失后极轴在平衡位置做频率为 ω 的椭圆锥运动，即称为进动，如图 5.9 所示，弹头的进动频率一般为几个赫兹的量级。对于诱饵和其他碎片，一般没有采取姿态控制方式，目标会呈现翻滚等随机的运动方式。

有关弹道中段目标进动特征提取的研究刚刚起步，文献［31］提出了基于窄带 RCS 序列的周期特性的进动频率估计方法；文献［29］研究建立了锥形弹道目标的进动模型，并提出了基于 RCS 调制的进动参数估计方法；针对一般弹头均具有旋转对称特性，文献［28］研究提出了基于窄带全极化调制

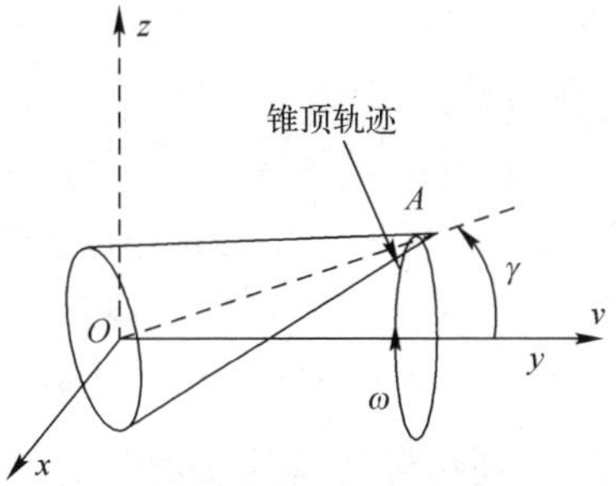

图 5.9　弹道中段雷达目标进动示意图

信息的进动频率估计方法。对高分辨极化雷达而言，综合利用极化信息和高分辨信息无疑会提高对目标结构特征描述的完整性和精确性，再利用时间观测序列提取目标的微运动特征，显然能进一步增加弹道中段真假弹头识别的可靠性和稳健性。

5.3.3 高分辨全极化条件下的弹道中段目标特征提取新方法

考虑在 5.1 节建立的 CP-GTD 模型，能很好地表征雷达目标光学区相干极化散射特性，既可以给出散射中心的频率依赖特性，又能表征散射中心极化特性的散射矩阵，二者相互结合、互为补充，能完整地给出雷达目标的高分辨极化散射特性。因此，将之用于高分辨全极化条件下的弹道中段雷达目标提取，具体步骤如下：

1. 运用 CP-GTD 模型方法估计得到雷达目标的全极化散射中心特征

CP-GTD 模型方法估计出的全极化散射中心参数不仅包括散射中心数目、位置，还包括各散射中心的散射矩阵、类型因子等。显然用 CP-GTD 模型表征的结构特征比单极化一维像所描述的结构特征要更为完整，由各散射中心的分布情况、各散射中心散射矩阵以及类型因子可较为详细地推断出该目标的结构特征。

2. 根据全极化散射中心特征，求取全极化条件下目标的观测长度估计

$$\hat{L}=\max_{m=1,2,\cdots,d}\{\hat{r}_m\}-\min_{m=1,2,\cdots,d}\{\hat{r}_m\} \tag{5.32}$$

式中：$\hat{r}_m$ 为估计的第 m 个全极化散射中心的位置参数。相比于 Hussain 提出的目标观测长度估计方法而言，本方法有两个优点：一是避免了门限设定的随意性；二是综合运用了全极化高分辨信息。由于位置参数估计过程中，综合用到了全极化信息，所以其估计出的目标长度要比单极化估计结果精确；此外，这种方法还避免了各极化通道分别估计观测长度之后还需要进行融合

取舍的问题。

3. 估计进动频率

在观测时间较长时，对观测长度估计序列进行 FFT 变换，估计出目标的进动频率；在观测时间较短时，可采取平均角速度方法估计进动频率。

弹道中段的弹头目标可以看作一个转动刚体目标，由于高分辨距离像反映了目标径向尺寸，因此可以由很小的时间间隔内的距离像的变化估计目标的瞬时进动频率。设在 t_1 时刻目标的观测长度为$\hat{L}_1$，在 t_2 时刻目标的观测长度为$\hat{L}_2$，不妨设$\hat{L}_1>\hat{L}_2$，目标在 $\Delta t=t_2-t_1$ 时间内转动的角度为 $\Delta\theta$，则

$$\hat{f}=\frac{\Delta\theta}{2\pi\cdot\Delta t}=\frac{\arccos\left(\dfrac{\hat{L}_2}{\hat{L}_1}\right)}{2\pi\cdot\Delta t} \tag{5.33}$$

当然，如果有多个观测时刻观测值，也可以采取先估计后平均的处理模式，这里不再赘述。

5.3.4 静态实测数据实验与结果分析

表 5.6 给出了利用 4.1 节提出的 CP-GTD 方法对暗室实测数据的全极化散射中心提取结果。目标仍是某弹头模型，其照片、几何尺寸参见第 3 章。CP-GTD 方法提取的前后散射中心之间的距离与实际模型的理论观测长度相符，从表 5.6 中可以看出，该弹头目标一共存在 5 个散射中心，头部（弹头鼻锥）一个、中部两个、尾部两个。这些结果与实际目标模型的结构特性吻合得很好，其中，头部的球形散射机理和尾部的绕射机理都与实际目标几何形状吻合得很好，这些结果也进一步印证了 CP-GTD 方法在雷达目标识别领域的应用价值。

表 5.6 基于 CP-GTD 方法的某弹头的全极化散射中心提取与参数估计结果

特征量	$\hat{r}_k$	$\hat{\alpha}_m$	span{[**S**]}	$\hat{s}_{HH}$	$\hat{s}_{HV}$	$\hat{s}_{VV}$
特征量估计值	1.5375	0	0.0227	0.7085	0.0077 − 0.0036i	0.6483 − 0.2784i
	−0.4500	1	0.0016	0.4979	0.1677 + 0.3202i	0.1585 − 0.6823i
	0.012	0.5	0.0010	0.4515	0.0141 + 0.0482i	0.8789 − 0.1364i
	0.5344	1	0.0045	0.5081	−0.2408 + 0.1715i	0.7480 − 0.0869i
	0.6563	−1	0.0214	0.1926	−0.4008 − 0.4836i	0.2729 + 0.3150i

5.3.5 动态数据仿真实验与结果分析

由于导弹攻防对抗的特殊性，通过仿真对导弹攻防对抗效果进行评估便成为国内外研究导弹攻防对抗的主要手段，关于导弹攻防对抗仿真建模的研究不断见诸报道。鉴于目前已有的弹道中段雷达目标识别方法大多没有与实际战情相结合这一缺点，文献［32］和文献［33］提出了基于暗室测量数据和目标宏观弹道特性的准动态数据仿真实现方案，文献［34］进一步考虑了包含目标微观进动特性的仿真方法，文献［35］进一步研究了全极化一维像的动态仿真实现方法。综合上述方法，本书首先根据弹道中段目标的运动学特性（包括宏观弹道特性和微观进动特性）仿真生成任意时刻目标相对雷达视角随时间变化序列，再通过对暗室实测数据进行插值，获得了任意时刻、任意姿态下弹头的全极化一维像，而后利用 4.3.4 节提出的特征提取方法估计动态目标的结构和微动特征。

动态仿真实验主要参数设置如下：地球半径 6371km，关机高度 100km，关机速度 3000m/s，选取最小能量弹道发射倾角，仿真的弹道如图 5.10 所示，弹头落点为中段的自然延伸与地球表面的交点。设地基成像雷达位于弹道平面，在发射点与落点之间，距离落点 100km，A、B 为弹道上两点，分别为雷达跟踪目标并获取其宽带回波的起点和终点。其中，A 点对应为关机点后 100s，B 点对应为关机点后 150s。用来仿真的暗室实测数据仍为某弹头模型的测量数据，起始频率为 8.75GHz，频率步进为 20MHz，频点数为 101，方位角以 0.2°为步进范围从 0°到 180°。

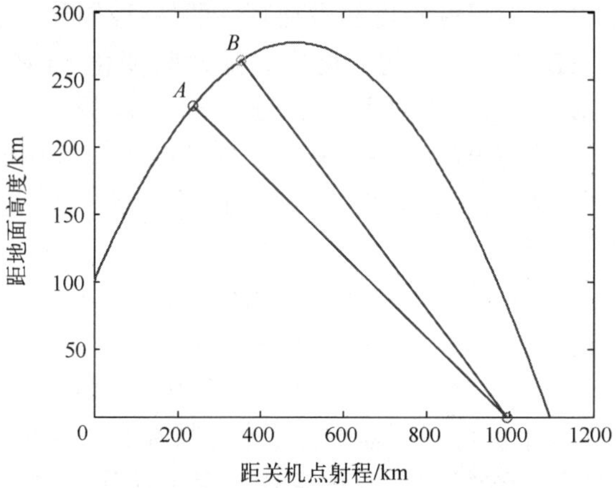

图 5.10　某最小能量弹道仿真示意图

设在弹道 A 点处，弹头角动量与雷达视线交角为 30°，弹头进动角大小设为 10°，进动频率为 0.5Hz。当在 AB 之间弹头不进行调姿时，弹头的章动可忽略不计，弹头角动量与雷达视线之间的夹角会随着弹头的轨道运动以及弹头本身的进动而不断变化，根据雷达与 A、B 点的几何关系以及进动的原理可求出弹头轴线与雷达视线之间的夹角随时间的变化情况，仿真结果如图 5.11 所示。从图中可以看出，弹头对称轴与雷达视线夹角的变化为由弹头轨道运动引起的角度慢变化与由弹头进动引起的快变化的叠加，与理论预期一致。

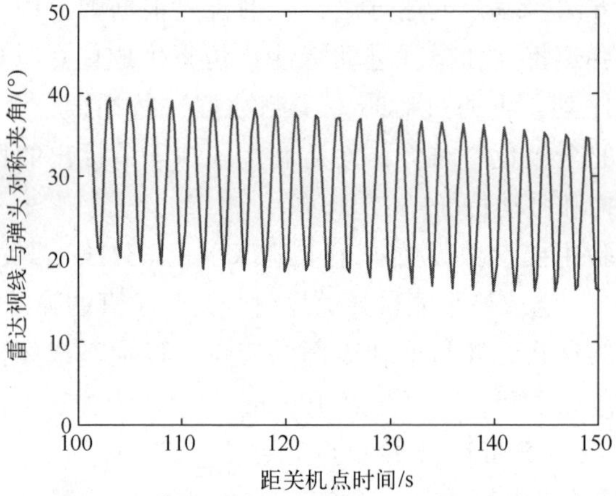

图 5.11 由弹道运动和进动引起的目标对雷达视角随时间变化示意图

图 5.12 和图 5.13 分别给出了基于 RCS 序列的频谱估计出的进动频率估计和由 Hussain 方法对目标长度和进动频率的估计结果。图 5.14~图 5.16 分别给出了 CP-GTD 方法估计的长度序列随时间变化、CP-GTD 方法估计的散射中心数目随时间变化以及由长度序列估计的进动频率估计。从图 5.14 中可看出本节提出的 CP-GTD 方法估计的长度序列很好地反映了弹道中段弹头目标的结构特征，长度序列的周期性变化很好地反映了弹头目标的轨道运动以及进动特征，图 5.16 精准地提取的目标进动频率也进一步说明了这一点。图 5.15 给出了动态仿真条件下，CP-GTD 方法估计的散射中心数目随时间变化，可以看出，由于目标进动所带来的姿态角变化，导致了雷达在每次动态测量过程中所提取的散射中心数目并不一致，但是总体而言，变化不大，本次仿真过程中，基本保持在 5 个或 6 个散射中心，这也说明本书提出的基于全极化信息的盖氏圆盘方法用来估计散射中心数目是实用且有效的。

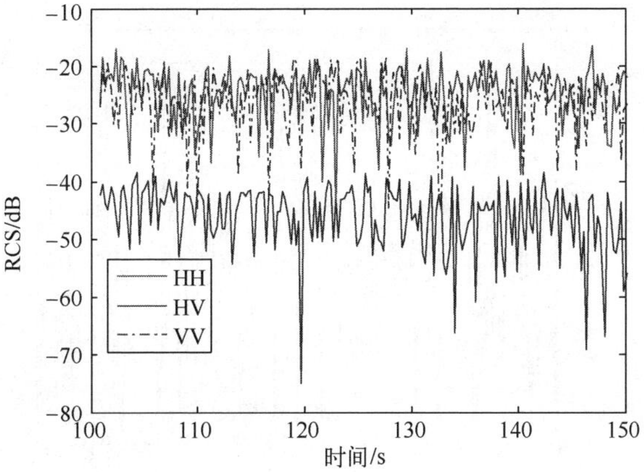

(a)

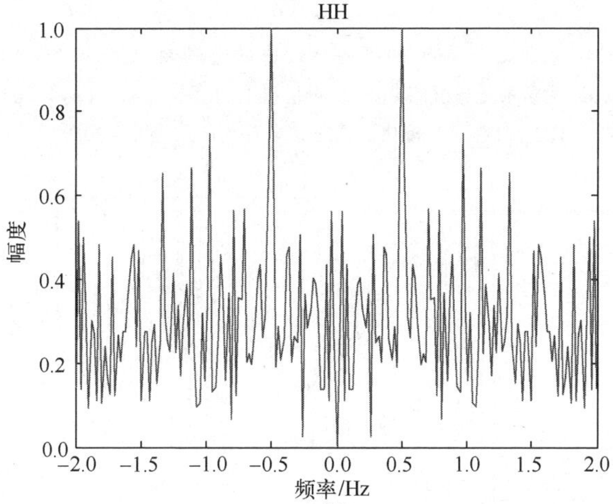

(b)

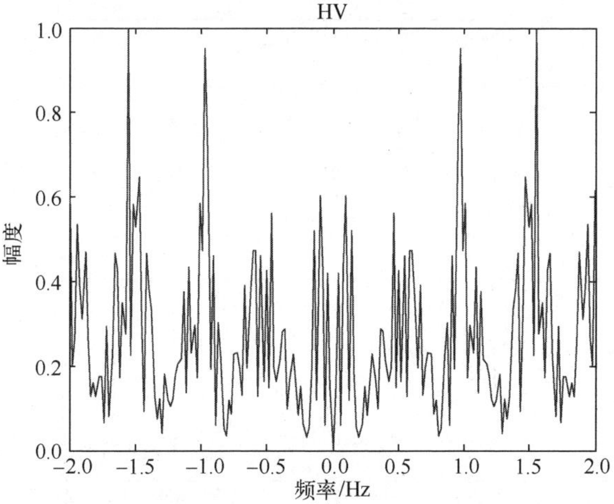

(c)

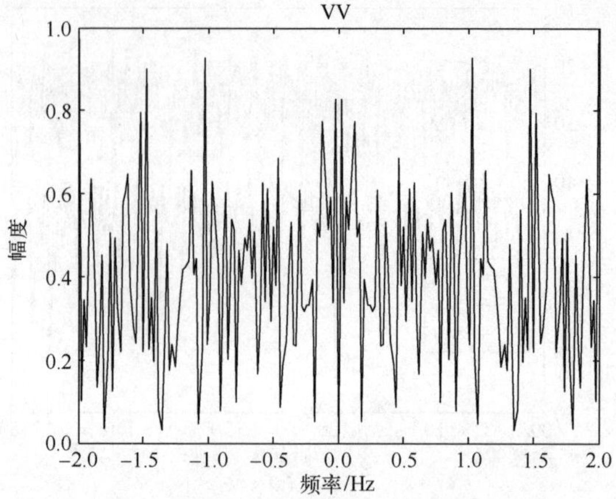

(d)

图 5.12 基于 RCS 序列的频谱估计出的进动频率估计（f=10GHz）
（其中，（a）为各极化通道的 RCS 序列随时间变化图；（b）、（c）、（d）分别为 HH、HV、VV 极化通道的 RCS 序列的傅里叶变换图）

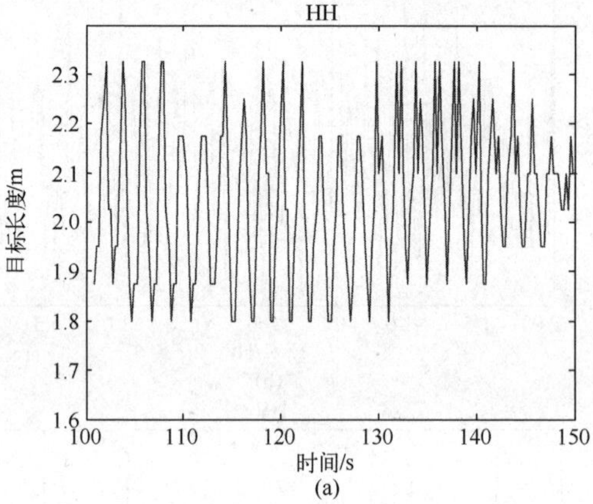

(a)

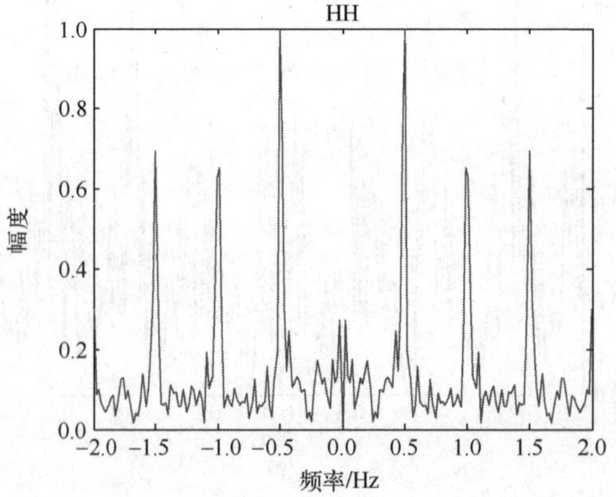

(b)

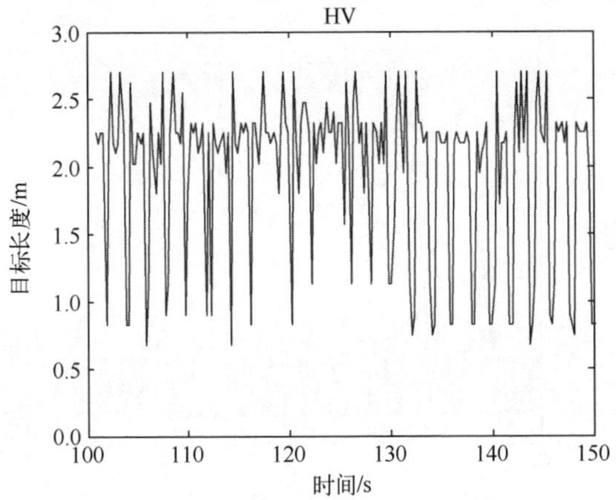
HV
3.0
2.5
2.0
1.5
1.0
0.5
0.0
目标长度/m
100
110
120
130
140
150
时间/s
(c)

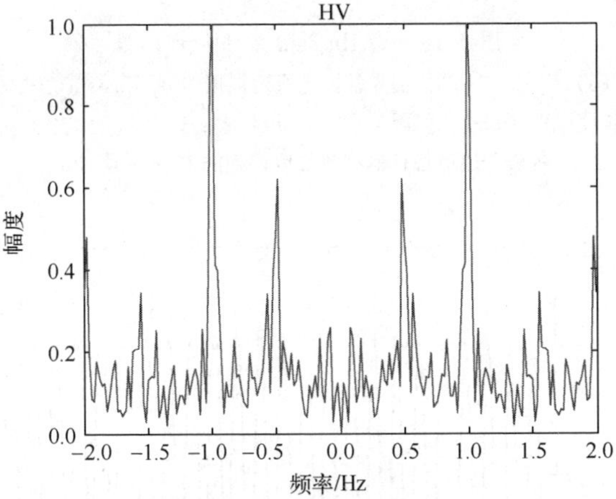
HV
1.0
0.8
0.6
0.4
0.2
0.0
幅度
−2.0
−1.5
−1.0
−0.5
0.0
0.5
1.0
1.5
2.0
频率/Hz
(d)

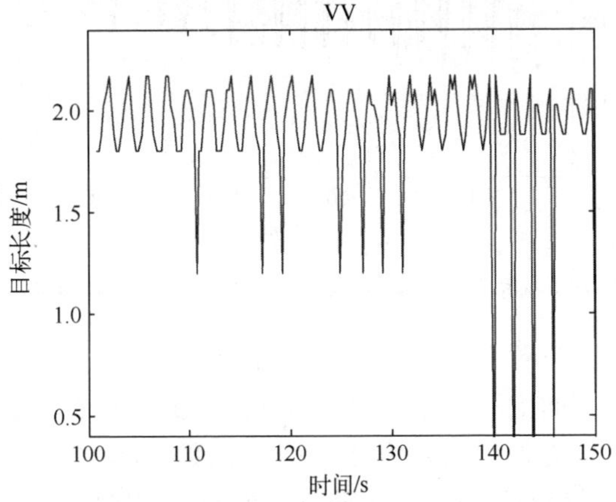
VV
2.0
1.5
1.0
0.5
目标长度/m
100
110
120
130
140
150
时间/s
(e)

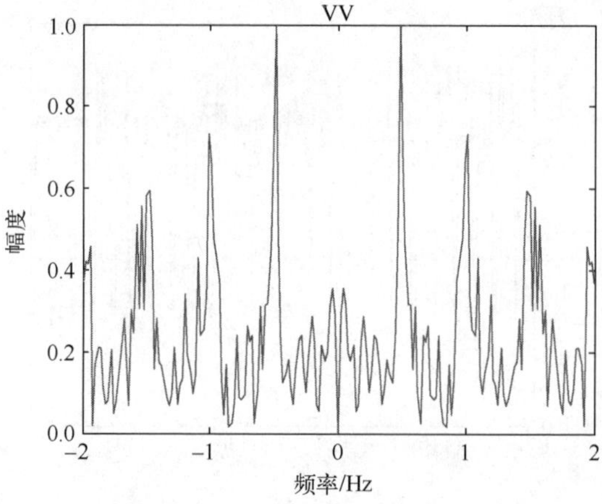

(f)

图 5.13 由 Hussain 方法估计结果

（其中，(a)、(c)、(e) 分别为各极化通道根据 M. A. Hussain 方法估计出的观测长度序列，归一化门限值设定为 $q=0.25$；(b)、(d)、(f) 分别为各极化通道估计的观测长度序列的 Fourier 频谱）

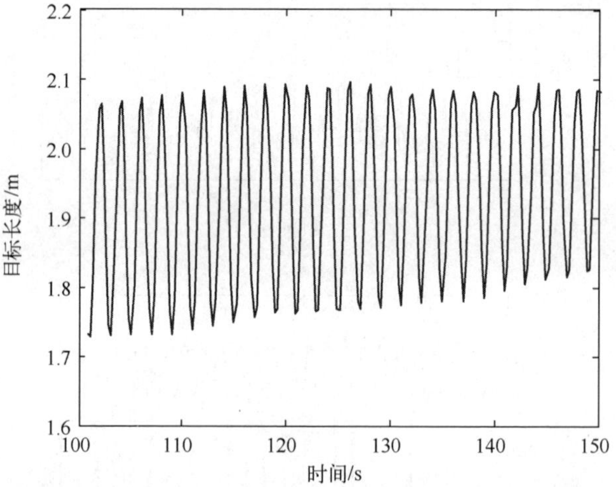

图 5.14 由 CP-GTD 方法估计的长度序列随时间变化

结合弹道导弹防御背景，本节研究了全极化散射中心提取在弹道导弹目标结构和微动特征方面中的应用。CP-GTD 方法的优点在于其物理意义明确、实现简单；避免了常规长度估计方法中门限设置的随意性，以及窄带情况下基于 RCS 序列估计进动频率时 RCS 随机剧烈起伏的影响；而且综合利用了全极化信息，提高了对长度以及进动特征估计的稳健性。此外，该方法还能给

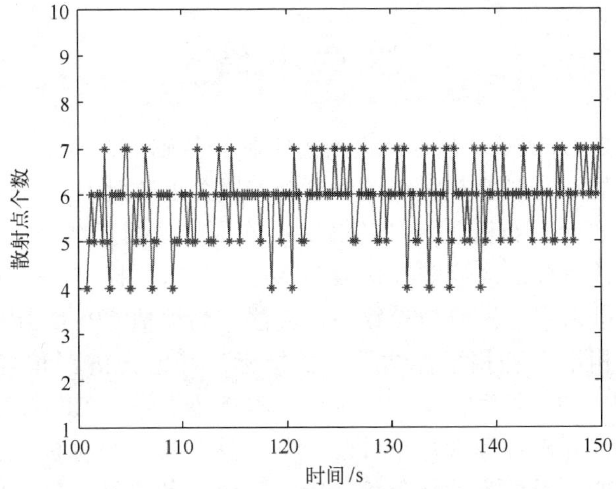

图 5.15　由 CP-GTD 方法估计的散射中心数目随时间的变化关系

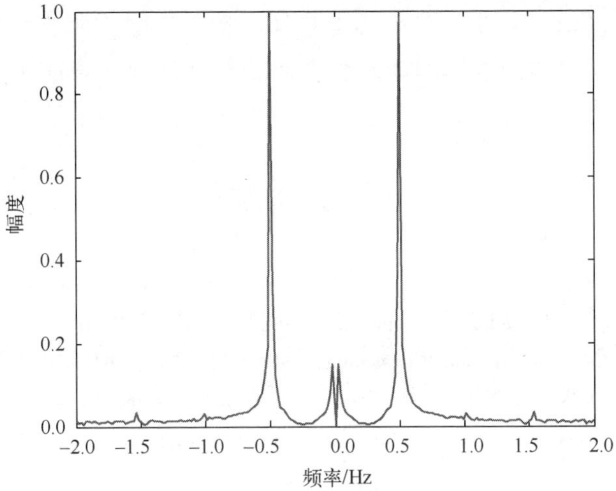

图 5.16　由 CP-GTD 方法估计的进动频率估计

出目标各个散射中心的极化散射特性以及类型因子，据此可以为解决弹道中段雷达目标的真假识别问题，提供更多的有用特征。

值得指出的是，在提取进动频率之后，可根据弹头目标的进动参数，选取合理的成像窗口，从而实现二维常规 ISAR 成像；也可直接进行全极化 ISAR 超分辨成像或在常规 ISAR 成像的基础上，实现全极化 ISAR 超分辨成像和特征提取，详见第 6 章内容。

本章小结

在综合考虑GTD模型和全极化测量体制的基础上，本章首先提出了适用于全极化条件的CP-GTD模型，该模型既可以给出散射中心的频率依赖特性，又能给出表征散射中心极化特性的散射矩阵，二者相互结合、互为补充，能完整地给出雷达目标的高分辨极化散射特性；其次，提出了基于CP-GTD模型的雷达目标散射中心提取与参数估计方法，为评估CP-GTD模型方法的精度，提出了非相干性和相干性两类评估指标，并结合仿真和实测数据实验，详细验证了CP-GTD模型方法的优越性。本章还推导了CP-GTD模型参数估计的极限性能，分析各类参数估计性能与雷达参数、目标极化、杂波极化等因素的关系，这对于算法性能评价、指导系统参数设计、目标极化特征测量以及目标散射机理的进一步揭示，都有重要的理论意义和实际价值。最后，结合弹道导弹防御背景，本章研究了全极化散射中心提取在弹道导弹目标识别中的应用，给出了极化散射中心在目标结构、长度、进动频率等特征提取方面的应用，结合实测数据的动态仿真实验及其处理结果证实了高分辨极化矢量处理的优点。

参考文献

[1] MOGHADDAR A, OGAWA Y, WALTON E K. Estimating the time-delay and frequency decay parameter of scattering components using a modified MUSIC algorithm [J]. IEEE Transactions on Antennas and Propagation, 1994, 42 (10): 1412-1418.

[2] ODENDAAL J W, VAN JAARSVELD P A. Parameter estimation of frequency-dependent scatterers using superresolution techniques [J]. Microwave and Optical Technology Letters, 1995, 10 (2): 71-74.

[3] MCCLURE M, QIU R C, CARIN L. On the superresolution identification of observables from swept-frequency scattering data [J]. IEEE Transactions on Antennas and Propagation, 1997, 45 (4): 631-641.

[4] LI Q, ROTHWELL E J, CHEN K M, et al. Scattering center analysis of radar targets using fitting scheme and genetic algorithm [J]. IEEE Transactions on Antennas and Propagation, 1996, 44 (2): 198-207.

[5] POTTER L C, CHIANG D M, CARRIERE R, et al. A GTD-based parametric model for radar scattering [J]. IEEE Transactions on Antennas and Propagation, 1995, 43 (10): 1058-1067.

[6] STEEDLY W M, MOSES R L. High resolution exponential modeling of fully polarized radar re-

turns [J]. IEEE Transactions on Aerospace and Electronic Systems, 1991, 27 (3): 459-469.

[7] 张枸. 雷达目标的高分辨参数建模及其在自动目标识别中的应用 [D]. 长沙: 国防科学技术大学, 1997.

[8] 金东兴. 雷达目标散射中心的提取和应用 [D]. 南京: 东南大学, 1997.

[9] 周剑雄. 光学区雷达目标三维散射中心重构理论与技术 [D]. 长沙: 国防科学技术大学, 2006.

[10] 代大海, 王雪松, 肖顺平. 基于相干极化 GTD 模型的散射中心提取新方法 [J]. 系统工程与电子技术, 2007, 29 (7): 1057-1061.

[11] 贺治华, 张旭峰, 黎湘, 等. 一种 GTD 模型参数估计的新方法 [J]. 电子学报, 2005, 33 (9): 1679-1682.

[12] ZHOU J X, ZHAO H Z, SHI Z G, et al. Analytic performance bounds on estimates of scattering center parameters [J]. IEEE Transactions on Aerospace and Electronic Systems, 2007, 43 (2): 813-826.

[13] NOVAK L M, SECHTIN M B, CARDULLO M J. Studies of target detection algorithms that use polarimetric radar data [J]. IEEE Transactions on Aerospace and Electronic Systems, 1989, 25 (2): 150-165.

[14] NOVAK L M, BURL M C, IRVING W W. Optimal polarimetric processing for enhanced target detection [J]. IEEE Transactions on Aerospace and Electronic Systems, 1993, 29 (1): 234-244.

[15] 陈坚, 等. 图说美国弹道导弹防御 [M]. 北京: 解放军出版社, 2001.

[16] SESSLER A M, CORNWALL J M, DIETZ B, et al. Countermeasures: a technical evaluation of the operational effectiveness of the planned US national missile defense system [R]. Union of Concerned Scientist, 2000.

[17] 王菁华, 李漫红. 用有源假目标挫败战区导弹防御雷达 (连载 I) [J]. 863 先进防御技术通讯: A 类, 1997 (10): 25-26.

[18] 刘永祥. 导弹防御系统中雷达目标综合识别研究 [D]. 长沙: 国防科学技术大学, 2004.

[19] LEMNIOS W Z, GROMETSTEIN A A. Overview of the Lincoln laboratory ballistic missile defense program [J]. Lincoln Laboratory Journal, 2002, 13 (1): 9-32.

[20] 马骏声. 目标识别与 GBR 地基成像雷达 [J]. 航天电子对抗, 1996 (4): 1-5.

[21] FOSTER T. Application of pattern recognition techniques for early warning radar: ADA299735 [R]. USA, 1995.

[22] XU X J, HUANG P K. A new RCS statistical model of radar targets [J]. IEEE Transactions on Aerospace and Electronic Systems, 1997, 33 (2): 710-714.

[23] 黄培康, 闫锦. 弹道导弹 (BM) 对抗中的识别与反识别技术 [J]. 航天电子对抗, 2005, 21 (3): 1-3.

[24] HUSSAIN M A. HRR length and velocity decision regions for rapid target identification [C]//Proceedings of the Radar Processing, Technology, and Applications IV. SPIE,

1999, 3810: 40-52.

[25] CHEN V C, LI F, HO S S, et al. Micro-Doppler effect in radar: phenomenon, model, and simulation study [J]. IEEE Transactions on Aerospace and Electronic Systems, 2006, 42 (1): 2-21.

[26] CHEN V C. Micro-Doppler effect of micromotion dynamics: a review [J]//Proceedings of the Independent Component Analyses, Wavelets, and Neural Networks, 2003, 5102: 240-249.

[27] CHEN V C, LI F, HO S S, et al. Analysis of micro-Doppler signatures [J]. IEE Proceedings-Radar, Sonar and Navigation, 2003, 150 (4): 271-276.

[28] 王涛. 弹道中段目标极化域特征提取与识别 [D]. 长沙: 国防科学技术大学, 2006.

[29] 陈行勇. 微动目标雷达特征提取技术研究 [D]. 长沙: 国防科学技术大学, 2006.

[30] INY D, MORICI M M. Quantitative analysis of HRR NCTR performance drivers [C] // Radar Sensor Technology. SPIE, 1996, 2747: 144-152.

[31] 冯德军. 弹道中段目标雷达识别与评估研究 [D]. 长沙: 国防科学技术大学, 2006.

[32] 罗宏. 动态雷达目标的建模与识别研究 [D]. 北京: 中国航天科工集团公司第二研究院, 2000.

[33] 张居凤. 弹道导弹目标动态雷达特性仿真与识别研究 [D]. 长沙: 国防科学技术大学, 2004.

[34] 魏建功. 弹道中段目标 ISAR 成像与特征提取研究 [D]. 长沙: 国防科学技术大学, 2006.

[35] 施龙飞, 李盾, 王雪松, 等. 弹道导弹动态全极化一维像仿真研究 [J]. 宇航学报, 2005, 26 (3): 344-348, 372.

第 6 章

极化 SAR 图像目标对比增强与人造目标提取

随着极化测量技术的迅猛发展，利用感兴趣目标与环境杂波极化散射特性的差异进行极化对比增强引起了学者们的广泛关注[1-2]。极化 SAR 图像目标对比增强与人造目标提取通常可作为极化 SAR 图像目标检测及提取的预处理，通过改善极化 SAR 图像中感兴趣目标与环境杂波间的对比度，提高检测及提取性能[1,3]。极化 SAR 图像目标对比增强问题可表述为：对于极化 SAR 图像中极化特性不同的目标和杂波，通过寻找一组最优的收、发天线极化状态，实现二者对比度的最大化，有效提高信噪比[1]。

坦克、装甲车等军用车辆及敌方指挥中心、机场导航台等建筑物均属于典型人造目标，快速而准确地提取上述感兴趣人造目标，可为情报分析及实施精确打击等作战任务提供强有力的技术支持，具有重要的军事意义，也是极化 SAR 图像解译的热点问题。需要说明的是与军用车辆目标相比，包含建筑物的典型极化 SAR 数据源更易获取。而且，建筑物与军用车辆都含有较多的强散射结构，成像结果都表现为强散射像素点集。更为重要的是，二者的散射机理具有一定相似性，如都含有较多偶次散射机理等。因此，在缺少含有军用车辆目标的典型数据源的情况下，研究极化 SAR 图像建筑物的提取方法，研究成果在一定程度上可推广应用于军用车辆的提取。目前，极化 SAR 图像人造目标提取研究也多以建筑物为对象。基于上述考虑，本章着重研究极化 SAR 图像目标对比增强与人造目标提取。

6.1 极化 SAR 图像目标对比增强方法

本节主要针对增强过程中人工划分样本像素的筛选及高分辨极化 SAR 人造目标对比增强等问题进行深入研究。6.1.1 节对已有典型极化对比增强方法进行分类，并指出各自的应用场合及增强性能，为后续增强方法中优化模型的选择提供依据；6.1.2 节针对待增强目标或待抑制杂波为极化特性非均匀区域的情况，提出一种基于样本像素筛选的增强方法；6.1.3 节特别针对高分辨极化 SAR 图像中的人造目标，提出一种基于改善极化相似性的增强方法。

6.1.1 典型极化对比增强方法的分类及对比

早在 1979 年，Ioannidis 和 Hammers 即建立了极化对比增强的优化模型，验证了极化对比增强可提高对箔条云中确定性目标的检测性能[4]。这一研究推动了极化对比增强技术的发展，在此之后，涌现出众多的增强方法[1]。极化 SAR 图像目标对比增强问题在数学上可抽象为带约束的最优化问题，无论何种对比增强方法，其本质上都是基于待增强目标与待抑制杂波极化散射特性的差异，通过求解特定的最优化问题而实现增强。因此，本节根据采用优化模型的不同，将已有的众多极化对比增强方法进行归类，分析各自的应用场合及性能，为本章后续增强方法中优化模型的选择提供依据。具体而言，根据优化模型的描述形式及求解策略的不同，已有典型的极化 SAR 图像目标对比增强方法可大致归为三类——基于 Kennaugh 矩阵的直接增强、基于协方差矩阵的加权优化增强、基于 Graves 功率矩阵的解耦增强。

6.1.1.1 基于 Kennaugh 矩阵的直接增强

此类方法利用 Kennaugh 矩阵表征待增强目标及待抑制杂波的极化特性，极化对比增强的优化函数可统一表述为

$$\mathrm{SCR}=\frac{P_{\mathrm{S}}}{P_{\mathrm{C}}}=\frac{\boldsymbol{h}^{\mathrm{T}}\boldsymbol{K}_{\mathrm{S}}\boldsymbol{g}}{\boldsymbol{h}^{\mathrm{T}}\boldsymbol{K}_{\mathrm{C}}\boldsymbol{g}} \tag{6.1}$$

式中：SCR 为目标与杂波接收功率比；P_{S} 和 P_{C} 分别代表目标和杂波的接收功率；$\boldsymbol{K}_{\mathrm{S}}$ 和 $\boldsymbol{K}_{\mathrm{C}}$ 分别为目标和杂波的 Kennaugh 矩阵；$\boldsymbol{h}$ 和 $\boldsymbol{g}$ 分别为发射极化和接收极化的归一化 Stokes 矢量[5]，$\boldsymbol{h}=[1,h_1,h_2,h_3]^{\mathrm{T}}$，$\boldsymbol{g}=[1,g_1,g_2,g_3]^{\mathrm{T}}$ 通常满足“单位增益-完全极化”的约束条件[1,5]。此类方法的优化模型可具体表述为

$$\begin{gathered}\max\ \mathrm{SCR}=\frac{\boldsymbol{h}^{\mathrm{T}}\boldsymbol{K}_{\mathrm{S}}\boldsymbol{g}}{\boldsymbol{h}^{\mathrm{T}}\boldsymbol{K}_{\mathrm{C}}\boldsymbol{g}}\\ \text{s. t.}\begin{cases}g_1^2+g_2^2+g_3^2=1\\ h_1^2+h_2^2+h_3^2=1\end{cases}\end{gathered} \tag{6.2}$$

对于式（6.2）所示的优化模型，此类方法通过直接获得 $\boldsymbol{h}$ 和 $\boldsymbol{g}$ 的最优解，实现 SCR 的最大化。在具体的求解方法中，Ioannidis 等最早提出了基于拉格朗日乘子法的最优化求解思路，但求解过程较为复杂。Yang 等针对相干情况和非相干情况，讨论了式（6.2）所示模型的最优化求解问题。对于非相干情况，提出了利用“匹配极化通道最优解”进行交叉迭代的求解思路[6]。

对于相干情况，将式（6.2）进一步转化为

$$\max \boldsymbol{h}^{\mathrm{T}}\boldsymbol{K}_{\mathrm{S}}\boldsymbol{g}$$
$$\text{s.t.}\begin{cases}\boldsymbol{h}^{\mathrm{T}}\boldsymbol{K}_{\mathrm{C}}\boldsymbol{g}=0\\ g_1^2+g_2^2+g_3^2=1\\ h_1^2+h_2^2+h_3^2=1\end{cases}\tag{6.3}$$

式（6.3）的求解可采用基于序贯去约束最小化（SUMT）的数值解法[6]。

6.1.1.2　基于协方差矩阵的加权优化增强

此类方法利用统计协方差矩阵来表征不同类型地物的极化特性，即

$$\boldsymbol{C}=E[\boldsymbol{k}\cdot\boldsymbol{k}^{\mathrm{H}}]\tag{6.4}$$

式中：$\boldsymbol{k}$ 为目标极化散射矢量，$\boldsymbol{k}=[S_{\mathrm{HH}}S_{\mathrm{HV}}S_{\mathrm{VV}}]^{\mathrm{T}}$；$E[\cdot]$表示统计平均；上标 H 为共轭转置。此类方法构建的对比增强优化模型为[2,7]

$$\max R_{ab}\tag{6.5}$$

式中：R_{ab}为目标与杂波间的对比度，其可表示为

$$R_{ab}=\max\left(\frac{\boldsymbol{w}^{\mathrm{H}}\boldsymbol{C}_a\boldsymbol{w}}{\boldsymbol{w}^{\mathrm{H}}\boldsymbol{C}_b\boldsymbol{w}},\frac{\boldsymbol{w}^{\mathrm{H}}\boldsymbol{C}_b\boldsymbol{w}}{\boldsymbol{w}^{\mathrm{H}}\boldsymbol{C}_a\boldsymbol{w}}\right)\tag{6.6}$$

式中：$\boldsymbol{C}_a$、$\boldsymbol{C}_b$ 分别为目标与杂波的统计协方差矩阵；函数 $\max(a,b)$表示取 a 和 b 中的较大值；$\boldsymbol{w}$ 为待优化的权矢量。

此类方法通过寻找最优的 $\boldsymbol{w}$ 值实现目标对比增强。鉴于本书后续提出增强新方法将选择此类方法，故在此处简要介绍其最优化求解的过程。不妨假设式（6.6）中的 $R_{ab}=\dfrac{\boldsymbol{w}^{\mathrm{H}}\boldsymbol{C}_a\boldsymbol{w}}{\boldsymbol{w}^{\mathrm{H}}\boldsymbol{C}_b\boldsymbol{w}}$，则式（6.5）所示的最优化问题可进一步转化为

$$\begin{cases}\max\ \boldsymbol{w}^{\mathrm{H}}\boldsymbol{C}_a\boldsymbol{w}\\ \text{s.t.}\ \boldsymbol{w}^{\mathrm{H}}\boldsymbol{C}_b\boldsymbol{w}=1\end{cases}\tag{6.7}$$

对于式（6.7），可以借鉴拉格朗日乘子法进行求解。令拉格朗日函数为

$$f(\boldsymbol{w})=\boldsymbol{w}^{\mathrm{H}}\boldsymbol{C}_a\boldsymbol{w}+\lambda(1-\boldsymbol{w}^{\mathrm{H}}\boldsymbol{C}_b\boldsymbol{w})\tag{6.8}$$

式中：λ 为拉格朗日乘子。将$f(\boldsymbol{w})$对 $\boldsymbol{w}$ 求导数，得到特征值等式为

$$\boldsymbol{C}_a\boldsymbol{w}=\lambda\boldsymbol{C}_b\boldsymbol{w}\tag{6.9}$$

则最大的广义特征值 $\lambda_{\max}$ 即为对比度的最优值，$\lambda_{\max}$ 对应的特征矢量即为最优的权矢量 $\boldsymbol{w}_{\max}$。对于此类加权优化方法，也称最优极化匹配滤波方法[2,7]。为叙述方便，后文都将此类增强方法称为最优极化匹配滤波方法。

6.1.1.3　基于 Graves 功率矩阵的解耦增强

此类方法不再同时优化收、发天线的极化状态，而是通过解耦处理分别对二者进行优化，其处理思想可概括为[5,8]：首先，基于目标和杂波散射功率比最大化准则对发射天线极化进行优化，获得最优发射极化；其次，利用极化散射方程，求出最优发射极化下目标及杂波散射波的极化；最后，根据接收极化与目标散射波极化相匹配的准则对接收极化进行优化。实质上，此处理流程可视为经典极化学中"雷达接收功率优化三步法"思想扩展至两种目标的情况。对于此类增强方法，发射极化的优化是其中的关键步骤，其对应的优化模型可表述为[5]

$$\begin{cases}\max X=\dfrac{\boldsymbol{E}_{\mathrm{t}}^{\mathrm{T}}\boldsymbol{G}_{\mathrm{S}}\boldsymbol{E}_{\mathrm{t}}}{\boldsymbol{E}_{\mathrm{t}}^{\mathrm{T}}\boldsymbol{G}_{\mathrm{C}}E_{\mathrm{t}}}\\ \mathrm{s.t.}\ \|\boldsymbol{E}_{\mathrm{t}}\|=1\end{cases}\tag{6.10}$$

式中：X 为优化函数；$\boldsymbol{E}_{\mathrm{t}}$为发射极化的 Jones 矢量；$\boldsymbol{G}_{\mathrm{S}}$ 和 $\boldsymbol{G}_{\mathrm{C}}$ 分别为目标和杂波的 Graves 功率矩阵。令目标在最优发射极化下的散射波极化为 $\boldsymbol{E}_{\mathrm{s}}$，则接收极化的优化过程可描述为

$$\boldsymbol{E}_{\mathrm{r}}^{\mathrm{opt}}=\frac{\boldsymbol{E}_{\mathrm{s}}^{*}}{\|\boldsymbol{E}_{\mathrm{s}}\|}\tag{6.11}$$

式中：$\boldsymbol{E}_{\mathrm{r}}^{\mathrm{opt}}$ 为最优接收极化的 Jones 矢量。

6.1.1.4　增强方法对比

以上给出三种典型的极化 SAR 图像目标对比增强方法，对于已有的绝大多数极化对比增强方法，都可归为以上三类中的某一类。结合已有研究结论，下面从最优化问题的求解策略、应用场合、算法性能等方面对比上述三种方法，结果如表 6.1 所示。

表 6.1　极化 SAR 图像目标对比增强方法对比

方　法	最优化问题求解策略	应用场合	算法性能
直接增强方法	收、发极化同时优化	相干、非相干	好
最优极化匹配滤波	收、发极化同时优化	非相干	好
解耦增强方法	收、发极化解耦优化	相干、非相干	劣于其他两种方法

需要说明的是，通常情况下的极化对比增强问题考虑的是两类地物之间对比度的优化。当处理对象不再是两类目标时，则可视为一类特殊的极化对比增强问题。例如，当仅考虑增强目标接收功率，而不关心是否抑制杂波时，可采用"三步法"进行优化；当考虑同时抑制两种不同类型杂波时，可基于极化共零点理论进行优化[5]。上述特殊的增强问题不在本书讨论范围之内。

6.1.2 基于样本像素筛选的极化 SAR 图像目标对比增强

目前，绝大多数极化 SAR 图像目标对比增强都采用人工划分来选取待增强目标及待抑制杂波的训练样本，利用训练样本估计目标及杂波的极化特性，在此基础上选择适当的增强方法实现最终的对比增强。在实际应用中，尤其是当待增强目标或待抑制杂波为极化特性非均匀区域时，直接基于人工划分样本进行增强难以取得理想的增强效果。针对此问题，本节提出一种基于样本像素筛选的极化 SAR 图像目标对比增强方法，结合“基于极化分解的初步筛选”及“基于统计检验的最终筛选”等方法[9]，以提高极化 SAR 图像目标对比增强性能。

6.1.2.1 增强原理

在极化 SAR 图像目标对比增强的实际应用中，人工划分样本通常基于散射强度相近原则——操作人员通过对极化 SAR 图像（总功率图或单通道功率图）的判读，选取与散射强度相近的局部像素点集作为目标及杂波的训练样本。这一处理策略存在值得商榷之处：当目标或杂波为极化特性非均匀区域时（可能含有两种或两种以上的异质成分），区域内部像素点的极化特性不尽相同，散射强度相近的像素点的极化特性未必接近，以散射强度为选取准则的样本选取结果较为粗糙，极有可能将极化特性不同的像素点共同作为目标或杂波样本点。此时，直接利用训练样本像素点难以准确估计目标及杂波的真实特性，将影响最终的对比增强性能。因此，有必要通过处理筛选出可以更好地满足增强需求的样本点，提高对比增强性能。为阐述方便，将基于散射强度相近准则进行人工划分获得的初始样本区域称为样本候选区。

首先，可基于散射机理类型的不同对目标及杂波的样本像素点进行初选。利用极化分解方法获得目标或杂波样本候选区内像素点的散射机理类型，根据一定的类型选择准则，从目标及杂波候选区中筛选出具有不同散射机理类型的两类像素点，分别作为目标和杂波的初步筛选样本点集，得到样本像素的初步筛选结果。通过初选处理，可增大目标样本点集与杂波样本点集在极化特性上的差异，鉴于极化对比增强在本质上是基于目标与杂波极化特性的不同[10]，差异越大，对比增强效果通常越好。因此，样本像素类型初选将有利于目标对比增强性能的改善。

其次，引入极化统计特性分析可进一步指导样本像素的筛选。由于极化分解对目标散射机理的分析较为粗糙，仅能将像素点散射机理分为较少几类。在实际的极化 SAR 图像处理应用中，通常在极化分解处理后结合其他信息对目标散射特性做进一步分析[11]。为此，本节将极化统计特性分析引入样本像素筛选过程中。复 Wishart 分布是描述极化 SAR 图像分布式地物协方差矩阵统计特性的经典模型，可用于判别不同的协方差矩阵是否满足相同的统计分布[11-12]。有鉴于此，通过“基于复 Wishart 分布的统计检验”从初步筛选样本点集中选取极化统计特性更为接近的像素点，同类区域内部像素点间的极化特性更为接近，而目标区域与杂波区域的极化特性差异更大，可进一步改善目标对比增强性能。

利用最终筛选获得的像素点，可以更为准确地估计目标及杂波的真实特性。对于极化特性非均匀的目标或杂波区域，结合上述的样本初步筛选及最终筛选两阶段处理，将改善基于人工划分样本直接进行增强方法的增强性能。

6.1.2.2 样本像素初步筛选

1. 极化分解方法选择

极化分解方法有利于揭示目标的散射机理，已有对极化 SAR 目标散射机理类型的分类多是通过极化分解来实现的[13]。极化分解方法可大致分为：相干分解和非相干分解两类。相干分解主要适用于相干目标（目标的极化特性可由散射矩阵完全表征），对于极化 SAR 图像人造目标体上的一些强散射结构，可利用相干分解分析其散射机理。非相干分解主要适用于分布式目标（目标极化特性通常需采用协方差矩阵等二阶统计量表征）。实际上，由于受邻近像素点极化散射及相干斑噪声等因素的影响，除少数确定性散射结构外，极化 SAR 实测数据中的大多数目标都更适合用非相干分解进行分析。

在非相干极化分解方法中，Freeman 和 Durden 提出的基于物理散射模型的分解方法（以下简称 Freeman 分解[14]）及 Cloude 和 Pottier 提出的基于特征值分析的分解方法[15]（以下简称 H/α 分解）是应用最多的两种方法。利用二者可对目标的散射机理进行分类。其中，基于 H/α 分解的分类将目标散射机理类型分为基本的 8 类，在引入反熵等参数后还可进一步细分，但不同类型散射机理的划分准则较为随意，更多地依靠经验选取。基于 Freeman 分解的分类方法基于对真实物理散射模型的分析进行分类，散射机理类型的物理意义更明确，且不同类型散射机理的划分准则也更容易界定，适应性更好[16]。

对于本节研究的样本像素初步筛选，人工划分获得样本候选区内像素点的散射机理类型不会太多，无须像地物分类等处理那样对像素点的散射机理进行细分。此时，基于 Freeman 分解的分类处理已经可以很好地体现目标与杂波散射机理的差异，能够为样本像素初步筛选提供判别依据，且其实现简单，分类划分准则更容易界定。为此，本节基于 Freeman 分解对像素点散射机理进行分类。

2. 基于 Freeman 分解的散射机理分类

Freeman 分解基于三种典型散射机理模型对目标进行分解，其可表述为

$$
\begin{aligned}
\boldsymbol{C} &= f_s\boldsymbol{C}_s + f_d\boldsymbol{C}_d + f_v\boldsymbol{C}_v \\
&= f_s\begin{bmatrix} |\beta|^2 & 0 & \beta \\ 0 & 0 & 0 \\ \beta^* & 0 & 1 \end{bmatrix} + f_d\begin{bmatrix} |\alpha|^2 & 0 & \alpha \\ 0 & 0 & 0 \\ \alpha^* & 0 & 1 \end{bmatrix} + f_v\begin{bmatrix} 1 & 0 & 1/3 \\ 0 & 2/3 & 0 \\ 1/3 & 0 & 1 \end{bmatrix}
\end{aligned}
\tag{6.12}
$$

式中：$\boldsymbol{C}$ 为待分析目标的协方差矩阵；$\boldsymbol{C}_s$、$\boldsymbol{C}_d$ 及 $\boldsymbol{C}_v$ 分别为表面散射模型、二次散射模型及体散射模型的协方差矩阵；f_s、f_d 和 f_v 分别表示表面散射、二次散射及体散射三种分量对目标 VV 通道极化散射的贡献；α 和 β 分别为表征二次散射及表面散射的参数。基于式（6.12）可以建立方程组求解出 f_s、f_d、f_v、α 及 β 等参数[14]，在此基础上，可由式（6.13）计算三种基本散射机理类型的散射功率，即

$$
\begin{cases}
P_s = f_s(1+|\beta|^2) \\
P_d = f_d(1+|\alpha|^2) \\
P_v = 8f_v/3
\end{cases}
\tag{6.13}
$$

式中：P_s、P_d 和 P_v 分别为表面散射、二次散射及体散射分量的散射功率。Freeman 分解将表面散射作为一种基本的散射机理类型来描述目标的散射特性，但其在实质上属于典型的单次散射。由于三次散射和单次散射等奇次散射类型在散射矩阵表述上的等价性[17]，P_s 实际上代表了所有奇次散射分量对目标总散射的贡献，P_d 可视为所有偶次散射分量对目标总散射的贡献。

通过比较三种基本散射机理类型对目标散射的贡献，将其中占主体地位的散射机理作为目标的散射机理类型，即可实现散射机理分类。定义 Freeman 分解系数为

$$
k_s = \frac{P_s}{P_s+P_d+P_v},\ k_d = \frac{P_d}{P_s+P_d+P_v},\ k_v = \frac{P_v}{P_s+P_d+P_v}
\tag{6.14}
$$

式中：k_s、k_d 及 k_v 分别定义为奇次散射系数、偶次散射系数及体散射系数。则基于 Freeman 分解的散射机理分类可表述为[8]

$$
p \in \begin{cases}
G_{odd}, & k_s = \max\{k_s, k_d, k_v\}, k_s > \eta \\
G_{even}, & k_d = \max\{k_s, k_d, k_v\}, k_d > \eta \\
G_{vol}, & k_v = \max\{k_s, k_d, k_v\}, k_v > \eta \\
G_n, & \max\{k_s, k_d, k_v\} \leqslant \eta
\end{cases}
\tag{6.15}
$$

式中：p 为待分类像素点；η 为判决门限；G_{odd}、G_{even}、G_{vol} 和 G_n 分别表示奇次散射类、偶次散射类、体散射类及无显著散射机理类。对于 G_n 类中的像素点，其三种基本分量或其中的两种可能具有相近的散射功率，不存在明显的主散射机理。

式（6.15）所示的分类准则可概述为：当三种基本散射分量中散射最强分量占像素点总散射的比例超过一定门限时，则认为像素点存在主散射机理，并将散射最强分量对应的散射机理作为该像素点的散射机理类型；否则，认为像素点散射机理类型不明显。当散射最强分量的散射功率超过总散射的50%时，假设像素点存在主散射机理是完全合理的，取式（6.15）中的$\boldsymbol{\eta}=0.5$。

3. 样本像素初步筛选

基于式（6.15）获得目标样本候选区内每一像素点的散射机理类型，统计该区域内奇次、偶次及体散射像素点数目，分别记为N_{odd}、N_{even}及N_{vol}。定义该区域内三种散射机理类型的比例系数为

$$\eta_i=\frac{N_i}{N},\quad i=\mathrm{odd},\mathrm{even}\text{ 或 }\mathrm{vol} \tag{6.16}$$

式中：N为目标样本候选区内的像素点总数。对三个比例系数进行降序排列，构建矢量$\boldsymbol{\eta}_{\mathrm{T}}$为

$$\boldsymbol{\eta}_{\mathrm{T}}=[\eta_{i1}\ \eta_{i2}\ \eta_{i3}]^{\mathrm{T}},\quad \eta_{i1}\geqslant\eta_{i2}\geqslant\eta_{i3},\quad i_1,i_2,i_3=\mathrm{odd},\mathrm{even}\text{ 或 }\mathrm{vol} \tag{6.17}$$

定义式（6.17）中i_1和i_2对应的散射机理类型为目标样本候选区的主要和次要散射机理类型。同理，对于杂波样本候选区，采用相同处理构建矢量$\boldsymbol{\eta}_{\mathrm{C}}$为

$$\boldsymbol{\eta}_{\mathrm{C}}=[\eta_{j1}\ \eta_{j2}\ \eta_{j3}]^{\mathrm{T}},\quad \eta_{j1}\geqslant\eta_{j2}\geqslant\eta_{j3},\quad j_1,j_2,j_3=\mathrm{odd},\mathrm{even}\text{ 或 }\mathrm{vol} \tag{6.18}$$

定义式（6.18）中j_1和j_2对应的散射机理类型为杂波样本候选区的主要和次要散射机理类型。

不失一般性，首先考虑$\eta_{i1}>\eta_{j1}$的情况，此时目标样本候选区存在的主要散射机理类型更明显，则可选择该区域内散射机理类型为i_1的像素点集（记为$\boldsymbol{G}_{\mathrm{T}}^{i1}$）作为目标的初步筛选样本，即$\boldsymbol{G}_{\mathrm{T}}^{0}=\boldsymbol{G}_{\mathrm{T}}^{i1}$。鉴于目标样本和杂波样本的散射机理类型差异越大，越有利于提高对比增强性能，可确定杂波候选区样本初步筛选准则为

$$\boldsymbol{G}_{\mathrm{C}}^{0}=\begin{cases}\boldsymbol{G}_{\mathrm{C}}^{j1}, & j_1\neq i_1\\ \boldsymbol{G}_{\mathrm{C}}^{j2}, & \text{其他}\end{cases} \tag{6.19}$$

式（6.19）的含义为：若目标和杂波样本候选区的主要散射机理类型不同（$j_1\neq i_1$），则可筛选出各自候选区内对应主要散射机理类型的像素点作为样本初步筛选结果；若二者的主要散射机理类型相同，则选择杂波样本候选区中对应次要散射机理类型的像素点作为样本初步筛选结果。同理，对于$\eta_{i1}\leqslant\eta_{j1}$的情况，可采用类似的处理策略，只是此时需先确定$\boldsymbol{G}_{\mathrm{C}}^{0}$，在此基础上进一步确定$\boldsymbol{G}_{\mathrm{T}}^{0}$。

需要特别指出的是，对于某些具体的应用场合，可简化样本像素初步筛

选过程。例如，对海上舰船目标进行对比增强时，舰船与海面之间会形成强的二面角散射，而海面则主要为表面散射。此时，可直接选择偶次散射点作为初步筛选的目标样本点集，选择奇次散射点作为初步筛选的杂波样本点集。

6.1.2.3　样本像素最终筛选

由于极化分解对目标散射机理的分析较为粗糙，仅能将像素点散射机理分为较少几类。因此，在基于极化分解进行样本像素初步筛选后，目标及杂波样本点集中的多数像素点的极化特性将较为接近，但仍可能存在少数样本像素点，它们的极化特性与多数样本像素点极化特性的差异相对较大，下面引入极化统计特性分析进一步剔除上述样本像素点。

1. 基于复 Wishart 分布的统计检验

对于中低分辨率极化 SAR 图像中的均匀地物，像素点极化散射矩阵各元素将服从零均值高斯分布，对应的协方差矩阵将服从复 Wishart 分布，即

$$p^{(L)}(\boldsymbol{C}|\boldsymbol{V})=\frac{L^{qL}|\boldsymbol{C}|^{L-q}\exp\{-L\mathrm{tr}(\boldsymbol{V}^{-1}\boldsymbol{C})\}}{K(L,q)|\boldsymbol{V}|^{L}} \tag{6.20}$$

式中：$\boldsymbol{C}$ 为协方差矩阵；$\boldsymbol{V}=E[\boldsymbol{C}]$；$L$ 为计算 $\boldsymbol{C}$ 所采用的多视处理视数；q 为 $\boldsymbol{C}$ 的维数，在互易条件下 $q=3$，$|\cdot|$和 $\mathrm{tr}(\cdot)$分别为矩阵行列式和迹。函数 $K(L,q)$的表达式为

$$K(L,q)=\pi^{\frac{1}{2}q(q-1)}\Gamma(L)\cdots\Gamma(L-q+1) \tag{6.21}$$

其中，$\Gamma(\cdot)$为伽马函数。为表述方便，通常将概率密度函数如式（6.20）所示的复 Wishart 分布记作 $W_C(q,L,V)$。

根据 Conradsen 等提出的基于复 Wishart 分布的统计检验方法，可判决不同的协方差矩阵是否服从相同的复 Wishart 分布。对于待分析的两个协方差矩阵 $\boldsymbol{C}_1$ 和 $\boldsymbol{C}_2$，令各自服从的复 Wishart 分布分别为 $W_{C_1}(q,n,\boldsymbol{V}_1)$和 $W_{C_2}(q,m,\boldsymbol{V}_2)$，可构建似然比检验的判决表达式为[19]

$$-2\rho\log Q\underset{H_0}{\overset{H_1}{\lessgtr}}T_{\mathrm{f}} \tag{6.22}$$

式中：T_{f} 为判决门限，假设条件为

$$\begin{aligned}H_0&:\boldsymbol{V}_1=\boldsymbol{V}_2\\H_1&:\boldsymbol{V}_1\neq\boldsymbol{V}_2\end{aligned} \tag{6.23}$$

当 H_0 假设成立时，即可认为 $\boldsymbol{C}_1$ 和 $\boldsymbol{C}_2$ 服从同一复 Wishart 分布。参数 Q、ρ 可表述为

$$\begin{aligned}Q&=\frac{(n+m)^{q(n+m)}}{n^{qn}m^{qm}}\cdot\frac{|\boldsymbol{C}_1|^{n}\,|\boldsymbol{C}_2|^{m}}{|\boldsymbol{C}_1+\boldsymbol{C}_2|^{n+m}}\\\rho&=1-\frac{2q^2-1}{6q}\left(\frac{1}{n}+\frac{1}{m}-\frac{1}{n+m}\right)\end{aligned} \tag{6.24}$$

此处 n 和 m 分别对应 $\boldsymbol{C}_1$ 和 $\boldsymbol{C}_2$ 的视数，q 的定义同式（6.20）。式（6.22）所示统计判决量 $-2\rho\log Q$ 的渐近统计分布可表示为

$$P\{-2\rho\log Q\leqslant z\}\approx P\{\chi^2(f)\leqslant z\}+\varpi_2[P\{\chi^2(f+4)\leqslant z\}-P\{\chi^2(f)\leqslant z\}] \tag{6.25}$$

式中：

$$f=q^2$$
$$\varpi_2=-\frac{f}{4}\left(1-\frac{1}{\rho}\right)^2+\frac{f(f-1)}{24}\cdot\left(\frac{1}{n^2}+\frac{1}{m^2}-\frac{1}{(n+m)^2}\right)\frac{1}{\rho^2} \tag{6.26}$$

经推导可得[12,19]

$$-2\rho\log Q\in[0,\infty) \tag{6.27}$$

当 $m=n$ 且 $\boldsymbol{C}_1=\boldsymbol{C}_2$ 时，有 $-2\rho\log Q=0$。设置虚警率为 P_{fa}，则判决门限 T_{f} 可由式（6.28）确定，即

$$P\{-2\rho\log Q\leqslant T_{\mathrm{f}}\}=1-P_{\mathrm{fa}} \tag{6.28}$$

将设定的 P_{fa} 值代入式（6.28）计算获得 T_{f}，在此基础上即可基于式（6.22）判别 $\boldsymbol{C}_1$ 和 $\boldsymbol{C}_2$ 是否服从同一复 Wishart 分布。

2. 样本像素最终筛选

对于目标及杂波的初步筛选样本点集，协方差矩阵可有效表征各像素点的极化特性。因此，通过上述“基于复 Wishart 分布的统计检验”，即可分析像素点间极化特性的差异。

具体而言，若两个协方差矩阵判为服从同一复 Wishart 分布，则二者具有相似的极化特性（如极化 SAR 图像中均匀同质区域内部各像素点的协方差矩阵即服从同一复 Wishart 分布）。因此，以目标初步筛选样本点集 $\boldsymbol{G}_{\mathrm{T}}^0$ 为例，统计 $\boldsymbol{G}_{\mathrm{T}}^0$ 中所有像素点的平均协方差矩阵，记为 $\boldsymbol{C}_{\mathrm{T}}^0$。虽然经初步筛选处理后，$\boldsymbol{C}_{\mathrm{T}}^0$ 可有效表征 $\boldsymbol{G}_{\mathrm{T}}^0$ 中大多数像素点的极化特性，但仍可能存在少数像素点，它们与其他多数样本点极化特性的差异相对较大。有鉴于此，对于 $\forall p_{ij}\in\boldsymbol{G}_{\mathrm{T}}^0$，令其协方差矩阵为 $\boldsymbol{C}_{ij}$，基于式（6.22）~式（6.28）的基于复 Wishart 分布的统计检验流程，对 $\boldsymbol{C}_{ij}$ 与 $\boldsymbol{C}_{\mathrm{T}}^0$ 极化特性的相似性进行判别，选择与 $\boldsymbol{C}_{\mathrm{T}}^0$ 极化特性相似的像素点作为最终筛选获得的目标样本像素点集。同理，对杂波初步筛选样本点集 $\boldsymbol{G}_{\mathrm{C}}^0$ 进行类似处理，获得最终筛选的杂波样本像素点集。

6.1.2.4 算法流程

基于样本像素筛选的极化 SAR 图像目标对比增强流程如图 6.1 所示。较之传统的增强处理流程，新方法在人工划分样本后引入了图 6.1 中虚框部分所示的样本像素筛选处理，以实现更好的增强效果。算法流程可概述如下：

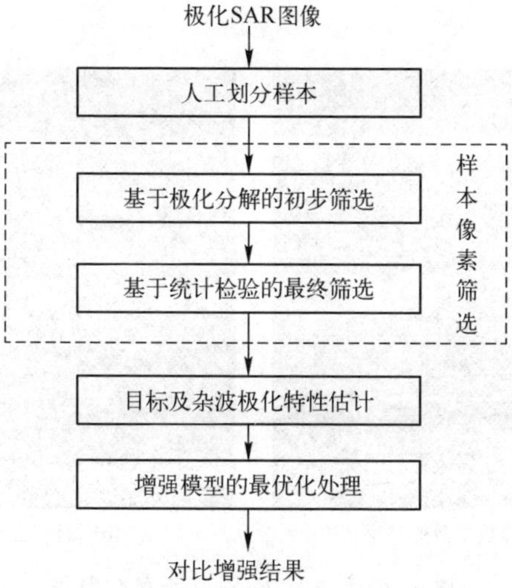

图 6.1　基于样本像素筛选的极化 SAR 图像目标对比增强流程

（1）令人工划分的目标及杂波样本候选区为 $\boldsymbol{G}_{\mathrm{T}}$ 和 $\boldsymbol{G}_{\mathrm{C}}$。对于 $\boldsymbol{G}_{\mathrm{T}}$ 和 $\boldsymbol{G}_{\mathrm{C}}$ 内的所有像素点，基于极化分解获得其主散射机理类型。根据 2.3.2 节所述的“使目标区域与杂波区域样本的主要散射机理类型不同”的准则，将散射机理类型不同的类像素点分别作为目标和杂波的初步筛选样本点集，分别记为 $\boldsymbol{G}_{\mathrm{T}}^{0}$ 和 $\boldsymbol{C}_{\mathrm{C}}^{0}$。

（2）统计 $\boldsymbol{G}_{\mathrm{T}}^{0}$ 的平均协方差矩阵，记为 $\boldsymbol{C}_{\mathrm{T}}^{0}$。对于 $\forall p(i,j)\in\boldsymbol{G}_{\mathrm{T}}^{0}$，根据 2.3.3 节所述的“基于复 Wishart 分布的统计检验”方法，选择与 $\boldsymbol{C}_{\mathrm{T}}^{0}$ 极化特性相近的像素点作为目标区域的最终筛选样本点集，记为 $\boldsymbol{G}_{\mathrm{T}}^{\mathrm{new}}$。

（3）同理，对于 $\forall p_{ij}\in\boldsymbol{G}_{\mathrm{C}}$，采用与（2）类似的处理获得杂波区域的最终筛选样本点集，记为 $\boldsymbol{G}_{\mathrm{C}}^{\mathrm{new}}$。

（4）基于 $\boldsymbol{G}_{\mathrm{T}}^{\mathrm{new}}$ 和 $\boldsymbol{G}_{\mathrm{C}}^{\mathrm{new}}$ 统计获得目标及杂波区域的平均协方差矩阵，分别记为 $\boldsymbol{C}_{\mathrm{T}}^{\mathrm{new}}$ 和 $\boldsymbol{C}_{\mathrm{C}}^{\mathrm{new}}$。

（5）基于 $\boldsymbol{C}_{\mathrm{T}}^{\mathrm{new}}$ 和 $\boldsymbol{C}_{\mathrm{C}}^{\mathrm{new}}$，选择适当的对比增强优化模型，计算在最优收、发极化下极化 SAR 图像中每一像素点的接收功率，实现对比增强。

6.1.2.5　实验结果及分析

本节以德国宇航中心（DLR）的 E-SAR 机载全极化 SAR 实测数据为例，验证样本像素筛选对提高目标对比增强性能的有效性。所选数据的成像场景为德国 Oberpfaffenhofen 地区，该数据的极化散射总功率如图 6.2（a）所示，图像大小为 2816 像素×1540 像素。截取如图中矩形框所示区域作为对比增强实验对象，其极化散射总功率如图 6.2（b）所示，图像大小为 550 像素×500

像素。

(a) 大场景实验数据散射功率　　(b) 目标及杂波样本候选区

图 6.2　L 波段 E-SAR 全极化数据

基于散射强度相近准则进行样本区域的人工划分，不失一般性，以图 6.2（b）中 A、B 矩形框所示区域分别作为目标及杂波的样本候选区。从视觉效果上看，A、B 区域内部像素点的散射强度较为接近，满足人工划分的要求。由于 B 区域整体散射更弱，不失一般性，本实验将其视为待抑制杂波，而将 A 区域视为待增强目标。当然，这一指定也是相对的，对于其他应用场合，二者可能都被视为杂波。

1. 传统方法的增强结果

传统对比增强方法在人工划分样本的基础上，不经样本筛选而直接估计目标及杂波的极化特性，在此基础上选择适当的对比增强优化模型实现增强。根据 5.1.1 节对典型增强方法的对比可知，极化匹配滤波方法更为适合本实验所讨论的增强问题。为此，此处选择式（6.5）所示的增强优化模型，根据 A、B 区域内的像素点分别计算目标及杂波样本候选区的平均协方差矩阵，分别记为 $\boldsymbol{C}_a$ 和 $\boldsymbol{C}_b$。将 $\boldsymbol{C}_a$ 和 $\boldsymbol{C}_b$ 代入式（6.9），求得最优权矢量，计算图像中每一像素点在最优权矢量下的接收功率，实现对比增强，增强结果如图 6.3（a）所示。

对比图 6.3（a）和图 6.2（b）易知：虽然经传统对比增强处理后，目标和杂波的对比度获得了一定改善，但增强效果并不明显。特别地，虽然增强前 A 区域内像素点的散射强度较为接近，但增强后像素点散射强度则表现出一定的差异（区域左侧较其右侧散射强度更大）。根据极化对比增强原理，有理由认为 A 区域为极化特性非均匀区域，其内部像素点的散射机理存在差异。

2. 基于样本像素筛选的增强结果

由图 6.3（a）可知，对于极化特性非均匀区域（如图 6.2（b）中的 A 区域)，传统方法的增强效果并不理想。作为对比，下面给出基于样本像素筛选的增强处理结果。首先，图 6.3（b）所示为基于 Freeman 分解对 A、B 区域进行散射机理分类的结果，其中蓝色、红色及绿色像素点分别代表奇次、偶次及体散射点，而少量灰色像素点则代表无显著散射机理点。由图 6.3（b）易知：A 区域像素点的散射机理类型存在较大差异，B 区域像素点类型差异相对较小。计算获得目标及杂波样本候选区的散射机理类型矢量（式（6.17）中的 $\boldsymbol{\eta}_{\mathrm{T}}$ 及式（6.18）中的 $\boldsymbol{\eta}_{\mathrm{C}}$）为

$$\begin{cases}\boldsymbol{\eta}_{\mathrm{T}}=[\eta_{\mathrm{vol}}\ \ \eta_{\mathrm{odd}}\ \ \eta_{\mathrm{even}}]^{\mathrm{T}}=[0.39\ \ 0.28\ \ 0.22]^{\mathrm{T}}\\ \boldsymbol{\eta}_{\mathrm{C}}=[\eta_{\mathrm{odd}}\ \ \eta_{\mathrm{vol}}\ \ \eta_{\mathrm{even}}]^{\mathrm{T}}=[0.69\ \ 0.13\ \ 0.08]^{\mathrm{T}}\end{cases}\tag{6.29}$$

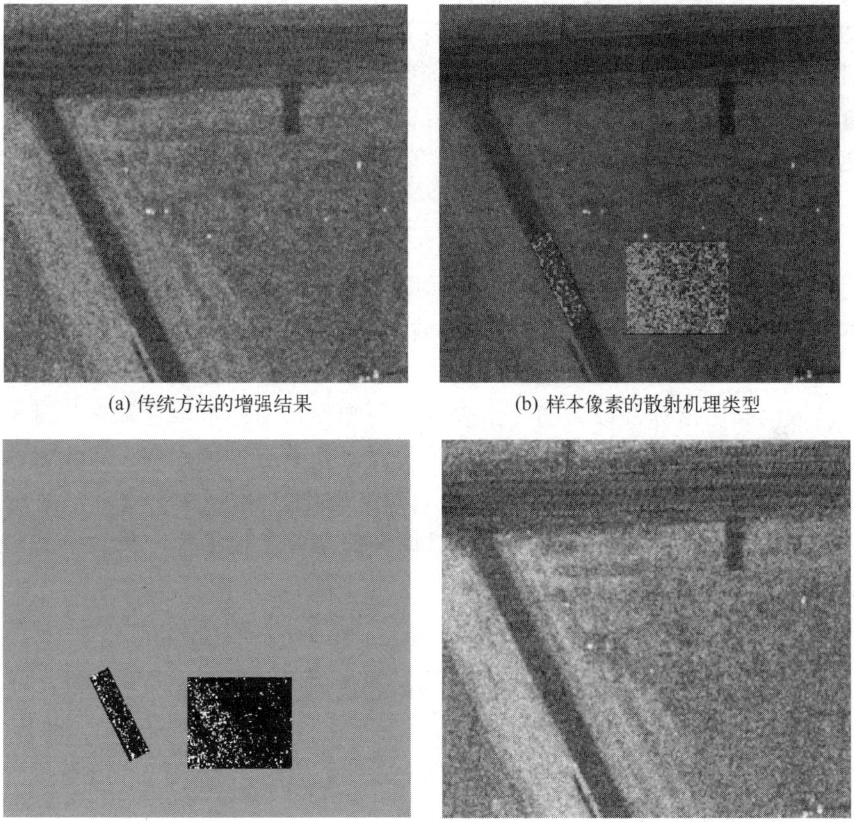

(a) 传统方法的增强结果　(b) 样本像素的散射机理类型

(c) 最终筛选样本点集　(d) 基于样本像素筛选的增强结果

图 6.3　极化 SAR 图像目标对比增强结果（实验 1）（见彩图）

由式（6.29）可知，目标样本候选区的主要散射机理类型为体散射，而杂波样本候选区的主要散射机理类型为奇次散射。根据 6.1.2 节的选取准则，

选择 A 中的体散射点作为目标样本初步筛选结果，选择 B 中的奇次散射点作为杂波样本初步筛选结果。在初步筛选后，基于式（6.22）~式（6.28）进行样本像素的最终筛选，以式（6.28）中的虚警率 $P_{fa}=0.1$ 进行说明。对于此实验数据，当 P_{fa} 在一定范围内取值时，对比增强效果会略有差异。但较之传统增强方法，经样本筛选处理后的增强效果都有明显改善。当 $P_{fa}=0.1$ 时，获得最终筛选的目标及杂波样本点集如图 6.3（c）所示，各自区域内的白色像素点即为筛选获得的最终样本点集。

在此基础上，估计目标及杂波的平均协方差矩阵，选择适当的优化模型实现增强。为使对比具有同等条件，采用与图 6.3（a）相同的极化匹配滤波方法进行最优化处理，最终的增强结果如图 6.3（d）所示。对比图 6.3（a）和图 6.3（d）易知：较之未采用样本筛选的直接增强方法，引入样本筛选可明显改善目标与杂波间的对比度。目标区域整体被更好的增强，同时，在紧邻 B 区域所代表的杂波区域的两侧，目标区域被增强的效果更为明显，这无疑更有利于后续的目标检测、地物分类等处理。

3. 基于区域信噪比指标的定量对比

为定量对比传统方法和本节所提新方法的增强性能，定义区域信噪比指标，其为目标与杂波区域像素点平均极化散射功率之比。为此，选择图 6.2（b）中样本候选区 A、B 内所有像素点计算区域信噪比指标。表 6.2 给出增强前、新方法（采用样本像素筛选）增强后及传统方法（未采用样本像素筛选）增强后的区域信噪比指标及改善值。由表 6.2 易知，采用样本像素筛选处理的区域信噪比指标改善更为明显，较之未采用样本像素筛选的增强，采用筛选处理后的信噪比改善值进一步提升了 3.1344dB。通过对增强视觉效果（图 6.3）及性能评估指标（表 6.2）等方面的对比，都充分验证了样本像素点筛选对于改善极化对比增强性能的有效性。

表 6.2　不同方法的增强性能对比（实验 1）

筛选处理方式	未采用样本像素筛选处理	采用样本像素筛选处理
增强前区域信噪比/dB	3.0146	
增强后区域信噪比/dB	6.8975	10.0319
区域信噪比改善值/dB	3.8829	7.0173

4. 针对不同样本候选区的增强实验

由本节提出的极化 SAR 图像目标对比增强的算法流程易知，样本像素筛选处理是在人工划分样本候选区的基础上进行的，下面讨论样本候选区划分对增强结果的影响。仍以图 6.2（b）所示的 E-SAR 数据为例，但有别于

图6.2（b）中A、B区域的人工划分样本方法，基于散射强度相近准则选择其他区域作为样本候选区，如图6.4（a）所示。对于图6.2（b）中B代表的弱散射斜条带区域，区域内部像素点极化特性的差异较其周围区域要小，斜条带内其他区域的散射特性与B区域相差不大。为此，本实验仍选择图6.2（b）中B区域作为杂波样本候选区，而重新选择目标样本候选区如图6.4（a）中的A区域所示。从视觉效果上看，A区域内部像素点的散射强度同样较为相近，满足人工划分样本的需求。

(a) 目标及杂波样本候选区　(b) 传统方法的增强结果

(c) 最终筛选样本点集　(d) 基于样本像素筛选的增强结果

图6.4　极化SAR图像目标对比增强结果（实验2）

根据与图6.3实验相同的处理流程，分析样本像素筛选对增强性能的影响。类似于图6.3，给出传统方法及基于样本像素筛选方法的增强处理结果，如图6.4（b）~（d）所示。表6.3进一步给出采用样本筛选和未采用样本筛选两种条件下，增强处理前后的区域信噪比指标。通过对比图6.4（b）和图6.4（d）及表6.3的结果易知：对于此实验中人工划分的样本候选区，采用样本像素筛选后，对比增强的效果同样获得了明显改善。图 6.4 所示的实验结果验证了对于不同的人工划分样本候选区，样本像素点筛选对于改善极化对比增强性能同样有效。

表 6.3 不同方法的增强性能对比（实验 2）

筛选处理方式	未采用样本像素筛选处理	采用样本像素筛选处理
增强前区域信噪比/dB	5.6303	
增强后区域信噪比/dB	10.2863	13.7204
区域信噪比提升值/dB	4.6560	8.0901

限于篇幅，难以穷举不同的人工划分样本情况下的增强结果。但是通过增强原理和对样本像素筛选具体过程的阐述，可以预期：当人工划分样本候选区为极化特性非均匀区域时，采用样本像素筛选都将提高传统方法的增强性能。

5. 基于样本像素筛选的增强方法的适用场合分析

上述实验利用 E-SAR 全极化实测数据，验证了本节提出的基于样本像素筛选的增强新方法对于改善传统方法增强性能的有效性。下面分析新方法的适用场合。

首先，鉴于极化 SAR 图像目标对比增强的针对性较强，除非增强的任务需求特别明确（如指定了待增强目标的散射矩阵或协方差矩阵值），否则其实现过程通常都要人工选取样本候选区，此时即可采用本节提出的新方法。对于增强任务需求极为明确的情况，无须进行人工划分，也无须进行样本像素筛选处理。

其次，新方法主要针对目标或杂波为极化特性非均匀区域的情况。为了更好地说明新方法的适用场合，类似于单极化 SAR 图像中对不同地物 RCS 起伏特性的分类方法[20]，本书也将极化 SAR 图像区域分为极化特性均匀、一般非均匀及极不均匀区域。此处的均匀区域表示区域内部像素点的极化特性相同或极为相近，主要对应同种地物；一般非均匀区域则表示区域内大多数像素点的极化特性较为相似，但混有一定的异质成分，异质成分像素点的极化特性与区域内大多数像素点的极化特性不同；极不均匀区域则表示区域内各像素点间的极化特性相差都较大，不存在比例占优且极化特性相似的像素点集。

针对上述定义，则新方法主要适用于一般非均匀区域。一方面，对于均匀区域，无须引入样本像素筛选处理。另一方面，对于极不均匀区域（如高分辨极化 SAR 图像中的军用目标区域），像素点的极化特性各异，此时新方法对传统方法增强性能的改善也较为有限，甚至有可能降低增强性能。因此，在对高分辨极化 SAR 图像中军用目标等进行对比增强时，需要引入更为有效的处理策略，6.1.3 节即将讨论此问题。

6.1.3 基于改善极化相似性的高分辨极化 SAR 人造目标对比增强

已有极化 SAR 图像目标对比增强对象多为中、低分辨率图像中的自然杂波，较少涉及高分辨极化 SAR 图像中的人造目标。对高分辨极化 SAR 图像中诸如坦克、装甲车等人造目标进行极化对比增强，有利于提高后续的目标检测、辨别及识别性能，军事应用前景非常广阔。

传统的对比增强方法在实际应用中具有如下的共性特点：通常假设极化 SAR 图像中同类目标区域内部像素点的极化特性较为一致，可用某一确定的协方差矩阵等来表征区域内所有像素点的极化特性。但遗憾的是，上述假设在高分辨条件下存在一定问题。首先，高分辨极化 SAR 图像中人造目标的电磁散射是局部位置上强散射结构的合成[21]，不同散射结构的散射机理各异，导致目标成像区域内部像素点的极化特性差异较大。此外，受随机矢量散射效应及相干斑噪声等影响，同类目标或杂波区域内部像素点的极化特性也会出现起伏。因此，目标或杂波像素点的极化特性难以用确定的协方差矩阵表征，传统增强方法难以适用。同时，对于高分辨极化 SAR 图像中的人造目标成像区域，可视为极化特性极不均匀区域。对于此类目标，基于样本像素筛选也难以有效改善增强性能。

为此，本节特别针对高分辨极化 SAR 图像人造目标的对比增强问题，提出一种基于改善极化相似性的增强新方法[22]。综合利用 Huynen 分解、极化方位角提取及方位角归零化等处理，实现了对目标整体区域的有效增强。首先给出两种有效的极化相似性测度。在此基础上，对新方法的原理、流程及实验结果进行详细阐述。

6.1.3.1　极化相似性测度

通过分析增强处理前、后目标及杂波区域内部像素点极化相似性的变化，可有效阐述新方法的增强原理。在对新方法展开具体论述前，首先根据多元统计分析及模式识别理论引入两种极化相似性测度，以衡量同类区域内部极化特性的相似性。

1. 相似系数测度

像素点的相对散射矩阵与单视协方差矩阵相对应，反映了像素点的极化特性。令像素点的单视协方差矩阵为

$$C=\begin{bmatrix} C_{11} & m_{12}e^{j\phi_{12}} & m_{13}e^{j\phi_{13}} \\ m_{12}e^{-j\phi_{12}} & C_{22} & m_{23}e^{j(\phi_{13}-\phi_{12})} \\ m_{13}e^{-j\phi_{13}} & m_{23}e^{-j(\phi_{13}-\phi_{12})} & C_{33} \end{bmatrix} \tag{6.30}$$

式中：$m_{ij}=\sqrt{C_{ii}C_{jj}}$，则相对散射矩阵 S^{rel} 可表示为

$$S^{\mathrm{rel}}=\begin{bmatrix} S_{\mathrm{HH}}^{\mathrm{rel}} & S_{\mathrm{HV}}^{\mathrm{rel}} \\ S_{\mathrm{HV}}^{\mathrm{rel}} & S_{\mathrm{VV}}^{\mathrm{rel}} \end{bmatrix}=\begin{bmatrix} \sqrt{C_{11}} & \sqrt{C_{22}/2}\,e^{-j\phi_{12}} \\ \sqrt{C_{22}/2}\,e^{-j\phi_{12}} & \sqrt{C_{33}}\,e^{-j\phi_{13}} \end{bmatrix} \tag{6.31}$$

散射矩阵矢量化通常更利于极化特性的分析与描述，根据互易条件下散射矩阵的矢量表示方法，将 S^{rel} 在(H,V)极化基上直序展开获得的散射矢量称为相对散射矢量，即

$$k^{\mathrm{rel}}=[S_{\mathrm{HH}}^{\mathrm{rel}}\quad \sqrt{2}S_{\mathrm{HV}}^{\mathrm{rel}}\quad S_{\mathrm{VV}}^{\mathrm{rel}}]^{\mathrm{T}} \tag{6.32}$$

令区域像素点相对散射矢量集为 $\{k_1^{\mathrm{rel}},k_2^{\mathrm{rel}},\cdots,k_m^{\mathrm{rel}}\}$，其中 m 为像素点数目，其均值为 $\bar{k}^{\mathrm{rel}}$。根据模式识别及多元统计分析理论中相关系数的概念，相对散射矢量 k_i^{rel} 与其均值 $\bar{k}^{\mathrm{rel}}$ 之间的相似系数测度定义为

$$q(k_i^{\mathrm{rel}},\bar{k}^{\mathrm{rel}})=\frac{|(k_i^{\mathrm{rel}})^{\mathrm{H}}\bar{k}^{\mathrm{rel}}|}{\|k_i^{\mathrm{rel}}\|\|\bar{k}^{\mathrm{rel}}\|} \tag{6.33}$$

式中：上标 H 表示共轭转置；$\|\cdot\|$ 表示矢量元素模的平方和。显然，$0\leqslant q\leqslant 1$，q 值越大表明矢量间的极化特性越接近。利用式（6.33）计算区域内每一像素点散射矢量与均值矢量之间的相似系数测度，通过分析相似系数测度的统计直方图分布即可描述区域内部像素点的极化相似性。类似于式（6.33）的相似系数测度，清华大学杨健给出了目标相似性参数的概念，其散射矢量为 Pauli 基展开形式，二者在本质上都对应模式识别及多元统计分析中相关系数的概念。

2. 统计距离测度

令区域像素点散射矩阵集为 $\{S_1,S_2,\cdots,S_m\}$，其中 m 为像素点数目。对应的散射矢量集为 $\{k_1,k_2,\cdots,k_m\}$，散射矢量均值为 $\bar{k}$。根据多元统计分析理论，k_i 与 $\bar{k}$ 间的统计距离测度定义为

$$d_i=\sqrt{(k_i-\bar{k})^{\mathrm{H}}C^{-1}(k_i-\bar{k})} \tag{6.34}$$

式中：C 为区域协方差矩阵的统计平均，$C=\langle(k_i-\bar{k})(k_i-\bar{k})^{\mathrm{H}}\rangle$。$d_i$ 值越小表明 k_i 对应像素点的极化特性与区域平均极化特性越相似，通过分析统计距离直方图分布也可有效描述区域内部极化特性的相似程度。式（6.34）定义的统计距离与模式识别中马氏距离的概念基本一致，它们都充分利用了样本集协方差矩阵所包含的信息，是一种理想的相似性距离测度。定义零均值散射

矢量集 $\boldsymbol{k}_i'=\boldsymbol{k}_i-\bar{\boldsymbol{k}}(i=1,2,\cdots,m)$，根据式（6.34）及矩阵理论可以获得统计距离测度的另一种表示形式，即

$$d_i=\sqrt{(\boldsymbol{k}_i')^{\mathrm{H}}\boldsymbol{C}^{-1}\boldsymbol{k}_i'}=\sqrt{\mathrm{tr}((\boldsymbol{k}_i')^{\mathrm{H}}\boldsymbol{C}^{-1}\boldsymbol{k}_i')}=\sqrt{\mathrm{tr}(\boldsymbol{C}^{-1}\boldsymbol{k}_i'(\boldsymbol{k}_i')^{\mathrm{H}})}=\sqrt{\mathrm{tr}(\boldsymbol{C}^{-1}\boldsymbol{C}_i)} \tag{6.35}$$

式中：$\mathrm{tr}(\boldsymbol{A})$为矩阵 $\boldsymbol{A}$ 的迹；$\boldsymbol{C}_i$ 为 $\boldsymbol{k}_i$ 对应的单视协方差矩阵，$\boldsymbol{C}_i=\boldsymbol{k}_i'(\boldsymbol{k}_i')^{\mathrm{H}}=(\boldsymbol{k}_i-\bar{\boldsymbol{k}})(\boldsymbol{k}_i-\bar{\boldsymbol{k}})^{\mathrm{H}}$。类似于式（6.35）的相似性测度也应用于经典的极化 SAR 图像分类中，这也进一步说明了本节提出统计距离测度的有效性。

6.1.3.2　增强原理

高分辨极化 SAR 图像同类区域内部像素点极化特性存在较大差异，传统增强方法难以对区域内不同像素点同时进行增强。因此，自然想到的一种解决途径为：通过处理使同类区域内部像素点的极化特性更为相似，区域平均极化特性可有效表征区域内大多数像素点的极化特性，有望获得更为理想的增强效果。

根据极化分解理论，目标散射中通常存在主散射分量，反映了目标的主散射机理。高分辨极化 SAR 图像中感兴趣目标的材质、形状结构等决定了目标体上许多强散射结构的主散射机理可能非常相近（如研究表明，军用车辆目标体上许多强散射结构的主散射机理都为偶次散射），但由于随机矢量散射效应及相干斑噪声等影响，极化测量获得的同种散射机理目标的极化特性可能并不相同。因此，利用极化分解获得像素点的主散射分量，可剔除散射扰动分量等对像素点真实极化特性的影响，使同类区域内部像素点的极化特性更为相似。

雷达目标的极化特性除与材质、形状结构等属性有关外，还与其空间取向密切相关。目标的散射矩阵通常会随空间取向的变化而变化。人造目标外形的复杂性导致了同种散射机理的散射结构相对于 SAR 传感器具有不同的空间取向和不同的散射矩阵值；高分辨条件下地物杂波分辨单元内强散射体数目明显减少，不同分辨单元因所含强散射体取向不同也可能表现出不同的极化特性。若将目标在不同空间取向下的散射矩阵变换到同一取向，此时散射机理相同、空间取向不同的目标的散射矩阵将变为相同，目标区域内部像素点间的极化特性将更为接近，区域平均极化特性可有效表征区域内大多数像素点的极化特性。对于杂波区域也是如此。鉴于极化方位角特征是描述目标空间取向的有效特征，可以在提取极化 SAR 图像像素点的极化方位角的基础上，辅以一定的处理将像素点散射矩阵变换到同一方位角下（如 0°方位角）。此时，再统计目标及杂波区域的平均极化特性，采用恰当的对比增强优化模型即有望获得更为理想的增强效果。

基于上述分析，本节提出了基于改善极化相似性的高分辨极化 SAR 人造目标对比增强方法。通过像素点主散射分量提取、极化方位角提取及方位角归零化等处理，实现对人造目标区域的整体增强。

6.1.3.3 像素点主散射分量提取

为更好地实现高分辨极化 SAR 人造目标对比增强，提取的主散射分量需能消除随机扰动分量及相干斑噪声等对像素点真实极化特性的影响，以改善同类区域内部像素点间的极化相似性，Huynen 分解方法可以较好地满足此任务需求。

1. Huynen 分解原理

Huynen 分解采用“二分法”思想，将任意目标分解成一个稳态目标与一个残留项之和，其数学表述为

$$<\boldsymbol{K}>=\boldsymbol{K}_{\mathrm{S}}+<\boldsymbol{K}_{\mathrm{N}}> \tag{6.36}$$

式中：$\langle\cdot\rangle$表示集合平均；$<\boldsymbol{K}>$为目标的 Kennaugh 矩阵；$\boldsymbol{K}_{\mathrm{S}}$ 及$<\boldsymbol{K}_{\mathrm{N}}>$分别为稳态目标和残留项的 Kennaugh 矩阵。根据 Huynen 分解原理，$\boldsymbol{K}_{\mathrm{S}}$ 对应某一确定的散射矩阵，该部分称为“纯目标”；而$<\boldsymbol{K}_{\mathrm{N}}>$则对应“N-目标”。鉴于相干矩阵在表述 Huynen 分解思想上较 Kennaugh 矩阵更为直观，Huynen 分解通常还表述为

$$\langle\boldsymbol{T}\rangle=\boldsymbol{T}_{\mathrm{S}}+\langle\boldsymbol{T}_{\mathrm{N}}\rangle \tag{6.37}$$

式中：$\langle\boldsymbol{T}\rangle$为目标相干矩阵；$\boldsymbol{T}_{\mathrm{S}}$ 为纯目标的相干矩阵，$\langle\boldsymbol{T}_{\mathrm{N}}\rangle$为残留项的相干矩阵。经推导，$\langle\boldsymbol{T}\rangle$、$\boldsymbol{T}_{\mathrm{S}}$ 和$\langle\boldsymbol{T}_{\mathrm{N}}\rangle$分别满足如下形式：

$$\langle\boldsymbol{T}\rangle=\begin{bmatrix}2A_0 & C+\mathrm{j}D & H-\mathrm{j}G\\ C-\mathrm{j}D & B_0+B & E-\mathrm{j}F\\ H+\mathrm{j}G & E+\mathrm{j}F & B_0-B\end{bmatrix} \tag{6.38}$$

$$\boldsymbol{T}_{\mathrm{S}}=\begin{bmatrix}2A_0 & C+\mathrm{j}D & H-\mathrm{j}G\\ C-\mathrm{j}D & B_0^{\mathrm{S}}+B^{\mathrm{S}} & E^{\mathrm{S}}-\mathrm{j}F^{\mathrm{S}}\\ H+\mathrm{j}G & E^{\mathrm{S}}+\mathrm{j}F^{\mathrm{S}} & B_0^{\mathrm{S}}-B^{\mathrm{S}}\end{bmatrix} \tag{6.39}$$

$$\langle T_{\mathrm{N}}\rangle=\langle\boldsymbol{T}\rangle-\boldsymbol{T}_{\mathrm{S}}\triangleq\begin{bmatrix}0 & 0 & 0\\ 0 & \mathrm{B}_0^{\mathrm{N}}+B_{\psi}^{\mathrm{N}} & E^{\mathrm{N}}-\mathrm{j}F^{\mathrm{N}}\\ 0 & E^{\mathrm{N}}+\mathrm{j}F^{\mathrm{N}} & B_0^{\mathrm{N}}+B_{\psi}^{\mathrm{N}}\end{bmatrix} \tag{6.40}$$

Huynen 分解的关键在于确定式（6.39）中 B_0^{S}、B^{S}、E^{S} 及 F^{S} 等未知参数。根据 $\boldsymbol{T}_{\mathrm{S}}$ 秩为 1 的条件约束，可得

$$\begin{cases}2A_0(B_0^{\mathrm{S}}+B^{\mathrm{S}})=C^2+D^2\\ 2A_0(B_0^{\mathrm{S}}-B^{\mathrm{S}})=H^2+G^2\\ 2A_0(E^{\mathrm{S}}-\mathrm{j}F^{\mathrm{S}})=(C-\mathrm{j}D)(H-\mathrm{j}G)\end{cases} \tag{6.41}$$

根据式（6.41）即可方便求出式（6.39）中的未知参数，在此基础上获得 $\boldsymbol{T}_S$ 和 $\langle \boldsymbol{T}_N \rangle$ 的具体表达式，即实现了 Huynen 分解。

2. 基于 Huynen 分解提取像素点主散射分量

极化分解方法不同，获得的目标主散射分量也有所不同。对于 H/α 分解[15]及 Freeman 分解[14]，主散射分量通常定义为对目标散射贡献最大的基本散射类型。而由 Huynen 分解原理易知，分解获得的残留项可视为噪声干扰项，分解对应的稳态目标项具有非时变的特征，反映了目标的主散射机理。Huynen 分解获得的稳态目标项实际上即对应了目标的主散射分量，有效反映了目标的主散射机理。

为此，令像素点的 Kennaugh 矩阵为 $\boldsymbol{T}(i,j)(1 \leqslant i \leqslant M, 1 \leqslant j \leqslant N)$，其中 (i,j) 为像素点在极化 SAR 图像中的坐标，M、N 为图像长和宽。基于式（6.41）求解像素点主散射分量对应的协方差矩阵，记为 $\boldsymbol{T}_{\text{det}}(i,j)$。$\boldsymbol{T}_{\text{det}}(i,j)$ 对应某一确定的散射矩阵，令其为 $\boldsymbol{S}_{\text{det}}(i,j)$。经此处理后，用主散射分量 $\boldsymbol{S}_{\text{det}}(i,j)$ 来表征像素点的极化特性，则可剔除扰动分量及相干斑噪声等对像素点极化特性的影响。同时，扰动分量的剔除还有利于后续极化方位角特征的准确提取。

6.1.3.4　极化方位角提取及归零化处理

1. 极化方位角

Huynen 在其博士论文中，最先提出了用于描述目标极化特性的 5 个独立参数，即目标幅度、极化方位角、跳跃角、螺旋角及特征角。其中，极化方位角正是表征目标空间取向的重要参数，其定义为目标围绕雷达视线的方位度量，目标绕雷达视线的旋转对应极化方位角的相应变化，也等效于极化基绕视线的旋转变化。因此，目标极化散射与极化方位角密切相关。以偶极子为例，令其在水平放置时的极化方位角为 0°，此时的散射矩阵为

$$\boldsymbol{S}_0 = \sqrt{\sigma}\begin{bmatrix} 1 & 0 \\ 0 & 0 \end{bmatrix} \tag{6.42}$$

式中：σ 为雷达散射截面积，则极化方位角为 β 时的散射矩阵可表示为[23]

$$\boldsymbol{S}_\beta = \sqrt{\sigma}\begin{bmatrix} \cos^2\beta & \dfrac{1}{2}\sin 2\beta \\ \dfrac{1}{2}\sin 2\beta & \sin^2\beta \end{bmatrix} \tag{6.43}$$

极化方位角特征广泛用于地形坡度测量、极化 SAR 数据补偿及地物分类等领域，典型的极化方位角特征提取方法有基于共极化特征图的提取、圆极化方法、基于非相干分解的提取方法等。其中，以 Lee 等提出的圆极化方法最为经典，该方法提取精度较高，且计算简单。

2. 基于圆极化法的极化方位角提取及归零化处理

本节将极化方位角特征应用于极化 SAR 图像人造目标的对比增强中，通过极化方位角提取及归零化处理消除取向对目标极化特性的影响，凸显目标的本质属性。选择圆极化法提取像素点的极化方位角特征，提取公式可表述为[24]

$$\begin{cases}\theta=\left[\arctan\left(\dfrac{-4\mathrm{Re}(<(S_{\mathrm{HH}}-S_{\mathrm{VV}})S_{\mathrm{HV}}^{*}>)}{-<|S_{\mathrm{HH}}-S_{\mathrm{VV}}|^{2}>+4<|S_{\mathrm{HV}}|^{2}>}\right)+\pi\right]\Big/4\\ \theta=\theta-\dfrac{\pi}{2},\quad \theta>\dfrac{\pi}{4}\end{cases} \tag{6.44}$$

式中：θ 为提取获得的像素点的极化方位角特征；$<\cdot>$表示集合平均；$\mathrm{Re}(A)$表示取 A 的实部；θ 的取值范围为$\left[-\dfrac{\pi}{4},\dfrac{\pi}{4}\right]$。

在提取极化方位角的基础上，通过极化方位角归零化处理，可以消除取向不同对同类目标像素点极化特性的影响。同类目标在不同极化方位角下通常具有不同的散射矩阵值，但若将同类目标在不同方位角下的散射矩阵变换到同一方位角下（如 0°方位角），则散射矩阵值将变为相同。根据极化方位角旋转与极化基旋转的等效性，此思想可描述为

$$\boldsymbol{S}(0)=\boldsymbol{R}(-\theta_1)^{\mathrm{T}}\boldsymbol{S}(\theta_1)\boldsymbol{R}(-\theta_1)=\boldsymbol{R}(-\theta_2)^{\mathrm{T}}\boldsymbol{S}(\theta_2)\boldsymbol{R}(-\theta_2) \tag{6.45}$$

式中：$\boldsymbol{R}(\theta)$为旋转矩阵；$\boldsymbol{R}(\theta)=\begin{bmatrix}\cos\theta & -\sin\theta\\ \sin\theta & \cos\theta\end{bmatrix}$；$\boldsymbol{S}(0)$、$\boldsymbol{S}(\theta_1)$、$\boldsymbol{S}(\theta_2)$分别表示同种散射机理目标在极化方位角分别为 0°、θ_1 和 θ_2 时的散射矩阵。基于此思想，在提取获得像素点极化方位角特征的基础上，经极化基变换将像素点的散射矩阵旋转到 0°方位角下，本书称此处理过程为“极化方位角归零化”。对于高分辨极化 SAR 图像中每一像素点 $p(i,j)(1\leqslant i\leqslant M,1\leqslant j\leqslant N)$，令主散射分量对应的散射矩阵为 $\boldsymbol{S}_{\mathrm{det}}(i,j)$，将 $\boldsymbol{S}_{\mathrm{det}}(i,j)$代入式（6.44），计算获得像素点的极化方位角为 $\theta(i,j)$，则极化方位角归零化处理可表示为

$$\boldsymbol{\Lambda}(i,j)=\boldsymbol{R}(-\theta(i,j))^{\mathrm{T}}\boldsymbol{S}_{\mathrm{det}}(i,j)\boldsymbol{R}(-\theta(i,j)) \tag{6.46}$$

式中：$\boldsymbol{\Lambda}(i,j)$为归零化处理后像素点的散射矩阵。归零化处理后，像素点的极化特性由 $\boldsymbol{\Lambda}(i,j)$来表征，则散射机理相同、方位角不同的像素点将具有相同的散射矩阵值。较之极化方位角归零化处理前，处理后目标及杂波区域内部像素点间的极化特性更为接近，区域平均极化特性可表征区域内大多数像素点的极化特性。在此基础上，估计目标及杂波的平均协方差矩阵，利用传统的对比增强优化模型即可实现对高分辨极化 SAR 图像人造目标整体区域的有效增强。

6.1.3.5　算法流程

基于改善极化相似性的高分辨极化 SAR 图像人造目标对比增强流程如图 6.5 所示。其可概述如下：

（1）利用 Huynen 分解提取高分辨极化 SAR 图像像素点的主散射分量，将其对应的散射矩阵记为 $\boldsymbol{S}_{\text{det}}(i,j)(1\leqslant i\leqslant M,1\leqslant j\leqslant N)$，其中$(i,j)$为像素点坐标，$M$、$N$ 为图像长和宽。

（2）提取 $\boldsymbol{S}_{\text{det}}(i,j)$ 的极化方位角特征，通过方位角归零化获得各像素点在零度极化方位角下的散射矩阵 $\boldsymbol{\Lambda}(i,j)$，以 $\boldsymbol{\Lambda}(i,j)$ 表征像素点的极化散射特性。

（3）选取一定区域作为目标及杂波样本区域，估计获得目标及杂波的平均协方差矩阵，分别记为 $\boldsymbol{C}_{\text{T}}$、$\boldsymbol{C}_{\text{C}}$。

（4）根据 $\boldsymbol{C}_{\text{T}}$、$\boldsymbol{C}_{\text{C}}$，选择适当的对比增强优化模型，计算在最优收、发极化下极化 SAR 图像中每一像素点的接收功率，实现对比增强。

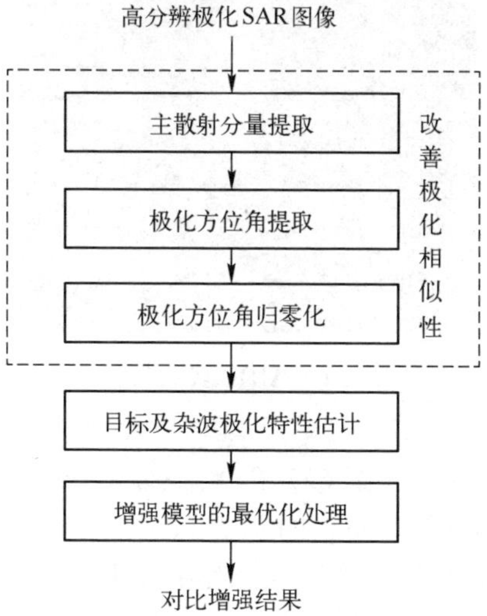

图 6.5　基于改善极化相似性的高分辨极化 SAR 图像人造目标对比增强流程

6.1.3.6　实验结果及分析

本节以 MIT Lincdn 公开的 ADTS（Advanced Detection Technology Sensor）全极化 SAR 实测数据为例，验证基于改善极化相似性的人造目标对比增强方法的有效性。ADTS 数据为林肯实验室机载毫米波全极化 SAR 数据，工作波段为 Ka 波段，载频为 33GHz，方位向及距离向分辨率皆为 0.3m。

1. 极化相似性改善效果分析

为表述方便，将新方法采用的主散射分量提取、极化方位角提取及方位角归零化等一系列算法统称为"改善极化相似性处理"。通过对比该处理前后目标及杂波区域内部像素点的极化相似性，可有效阐述新方法的增强原理。选取的实验数据为 ADTS 公开数据中某军用车辆目标经 ROI 获取后的切片，图 6.6 所示为切片的极化散射总功率图（取 dB 值），图像尺寸为 128 像素×128 像素。背景为草地杂波，目标为草地上停放的军用车辆目标。选择图 6.6 中矩形框外部 A 区域作为杂波训练样本点集，选择矩形框内部 B 区域中散射强度最大的前 150 个像素点作为目标样本点集。令每一像素点的原始散射矩阵为 $\boldsymbol{S}(i,j)$，经过改善极化相似性处理后，新的散射矩阵为 $\boldsymbol{\Lambda}(i,j)$。根据极化相似性测度的相关内容，分别利用 $\boldsymbol{S}(i,j)$ 及 $\boldsymbol{\Lambda}(i,j)$ 计算处理前、后目标及杂波区域内部像素点的极化相似性测度。

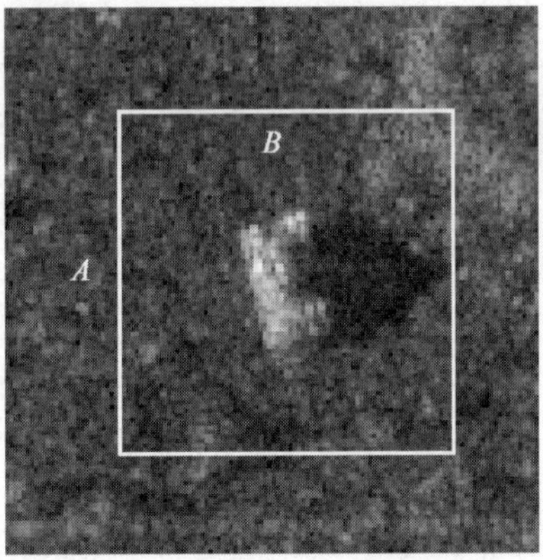

图 6.6　ADTS 实测数据

首先考虑相似系数测度，图 6.7（a）、（b）分别为处理前、后目标区域像素点相似系数统计直方图分布；图 6.7（c）、（d）分别为处理前、后杂波区域像素点相似系数统计直方图分布。对比处理前后的结果可知，处理后目标及杂波区域像素点相似系数测度的分布更趋近于 1，表 6.4 给出目标及杂波区域相似系数直方图分布的均值。分析图 6.7 及表 6.4 结果可知，改善极化相似性处理确实使同类区域像素点的极化特性更为接近，区域内部的极化相似性获得了有效改善。

表 6.4　改善极化相似性处理前、后目标及杂波区域相似系数均值

方　式	目标区域相似系数均值	杂波区域相似系数均值
处理前	0.6355	0.7367
处理后	0.8291	0.9334

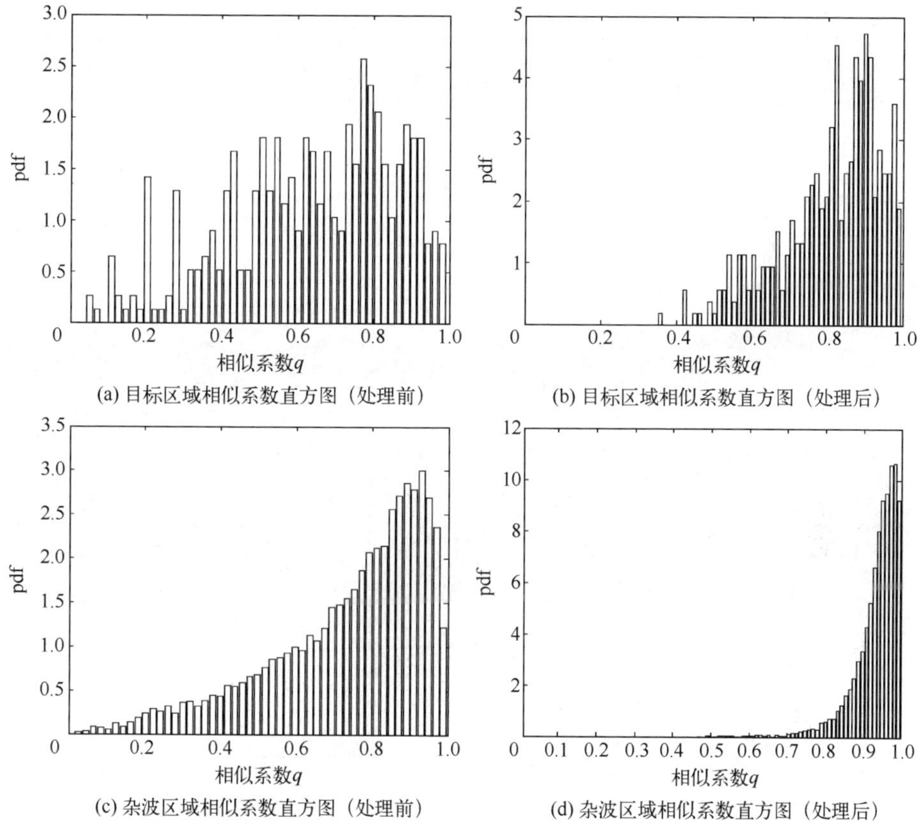

(a) 目标区域相似系数直方图（处理前）　(b) 目标区域相似系数直方图（处理后）
(c) 杂波区域相似系数直方图（处理前）　(d) 杂波区域相似系数直方图（处理后）

图 6.7　改善极化相似性处理前、后目标及杂波区域相似系数直方图分布

同理，图 6.8 给出对统计距离测度的分析结果。图 6.8（a）、（b）分别为处理前、后目标区域像素点统计距离测度的直方图分布；图 6.8（c）、（d）分别为杂波区域像素点统计距离测度的直方图分布。对比易知：处理后目标及杂波区域像素点统计距离的分布更加趋近于 0，表 6.5 给出目标及杂波区域统计距离直方图分布的均值。分析图 6.8 及表 6.5 结果同样可知，新方法确实改善了同类区域内部极化特性的相似性。

表 6.5　改善极化相似性处理前、后目标及杂波区域统计距离均值

方　式	目标区域统计距离均值	杂波区域统计距离均值
增强前	0.6220	0.9468
增强后	0.4007	0.4965

2. 新方法与传统方法增强结果对比及性能分析

由前述改善极化相似性的对比增强算法流程可知，新方法引入主散射分

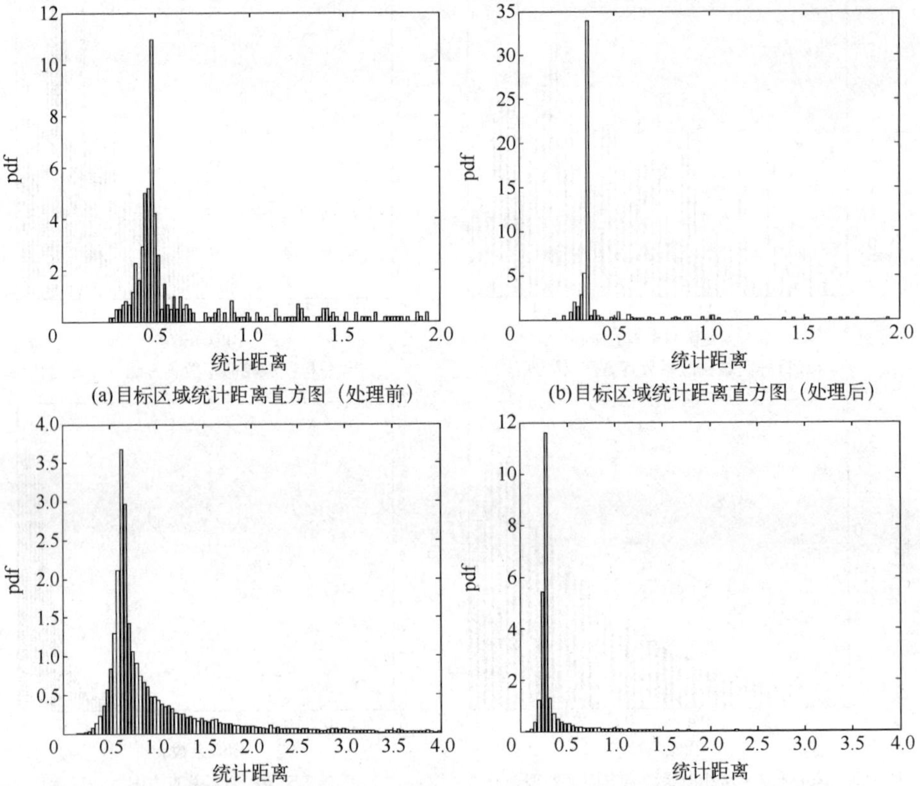

(a) 目标区域统计距离直方图（处理前） (b) 目标区域统计距离直方图（处理后）

(c) 杂波区域统计距离直方图（处理前） (d) 杂波区域统计距离直方图（处理后）

图 6.8 改善极化相似性处理前、后目标及杂波区域统计距离直方图分布

量提取、极化方位角提取及归零化处理来同类区域内部的极化相似性，在此基础上再进行传统的最优化处理。下面通过与传统方法的对比验证新方法的有效性。传统方法基于像素点散射矩阵直接估计目标及杂波区域的平均协方差矩阵，而新方法基于改善相似性处理后的新的散射矩阵估计目标及杂波区域的平均协方差矩阵。为使对比具有同等条件，在协方差矩阵估计之后，最优化的实现都采用相同的极化匹配滤波方法。

下面仍以图 6.6 所示的 ADTS 数据为例，为便于对比，将其重新显示为图 6.9（a）。采用传统方法和新方法对图 6.9（a）中的军用车辆进行极化对比增强，增强结果分别如图 6.9（b）和（c）所示。通过视觉效果上的对比易知，传统增强的效果并不明显，目标与杂波的对比度改善不大，许多杂波像素点未被抑制；而新方法增强后，绝大多数杂波像素点被有效抑制，更多车体上的强散射点被凸显出来，目标与杂波的对比度明显提高，增强效果明显优于传统方法。分析主要原因为：ADTS 高分辨极化 SAR 数据中同类区域内部像素点的极化特性存在较大差异（尤其是人造目标区域），导致传统方法增强效果不够理想；而新方法通过极化分解、极化方位角提取及归零化等处理，有效抑制了随机矢量散射效应、相干斑噪声及极化取向等因素对像素点极化特性的影响，区域内部像素点的极化相似性得到明显改善，并取得了更为理想的增强结果。

取其他的 ADTS 公开数据进行实验，图 6.9（d）所示同样为某军用车辆 ROI 切片的极化散射总功率（取 dB 值），此目标具有不同于图 6.9（a）中目标的成像姿态。类似对图 6.9（a）的处理过程，图 6.9（e）和（f）分别给出传统方法和新方法对图 6.9（d）中的车辆目标进行极化对比增强的结果。对比易知：新方法的增强效果同样明显优于传统方法。选取更多不同的 ADTS 数据进行实验可以获得相同结论，实验结果进一步验证了新方法的优良性能。

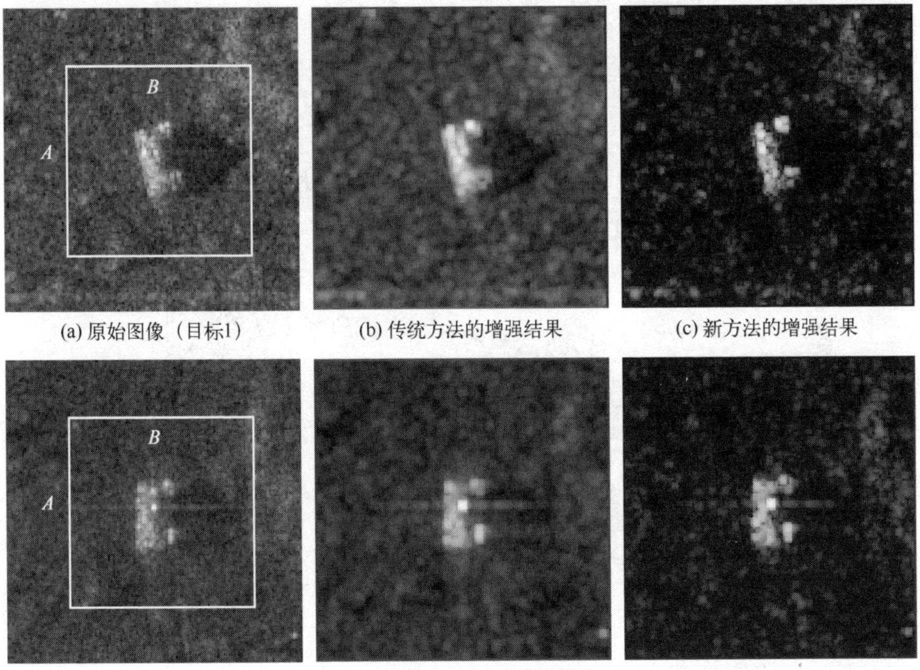

(a) 原始图像（目标1）　(b) 传统方法的增强结果　(c) 新方法的增强结果

(d) 原始图像（目标2）　(e) 传统方法的增强结果　(f) 新方法的增强结果

图 6.9　不同增强方法增强结果对比

为定量对比传统方法和基于改善极化相似性的新方法的增强性能，同样采用 2.3.5 节定义的区域信噪比指标进行对比。选取 200 个 ADTS 实测数据作为增强实验样本，采用图 6.9 所示实验的处理流程，分别对 200 个 ADTS 实测数据中的军用车辆目标进行极化对比增强。对于每一个样本数据，分别统计增强处理前、传统方法增强后及新方法增强后的区域信噪比指标。对于本实验选用的 ADTS 切片数据，车辆目标的位置基本位于图像中部，可采用与图 6.9（a）相同的处理方法选择每一样本数据中的目标及杂波样本像素点集。图 6.10 给出增强前及不同方法增强后区域信噪比指标的变化曲线，其中横轴为实验样本的序号，纵轴为对每一实验样本进行增强处理后计算获得的区域信噪比指标值。统计增强前及不同方法增强后 200 个实验样本对应区域信噪比指标的均值，结果如表 6.6 所示。分析图 6.10 曲线及表 6.6 结果可知：对于所选的 ADTS 实测数据，新方法的增强性能明显优于传统的增强方法。较之增强处理前，新方法增强后信噪比均值的改善达到 23.6053dB，而传统增强方法仅有不足 4dB 的改善。定量对比的结果也进一步验证了新方法具有优良的增强性能。

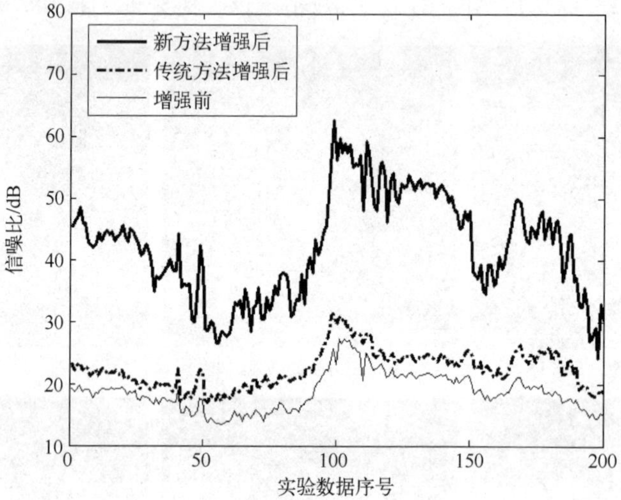

图 6.10 增强前及不同方法增强后区域信噪比曲线

表 6.6 增强前及不同方法增强后区域信噪比均值

方 法	传统方法	新 方 法
增强前区域信噪比均值/dB	18.8051	
增强后区域信噪比均值/dB	22.5279	42.4104
区域信噪比提升均值/dB	3.7228	23.6053

3. 增强对提高目标检测性能的有效性分析

军用车辆等人造目标 ROI 获取是 SAR ATR 的重要组成部分，由检测及鉴别两部分构成，检测是其中的前提基础。在已有 SAR 目标检测方法中，基于对比度特征的检测是最为常用的一种方法。对于此种方法，检测性能在很大程度上取决于目标与杂波间的信噪比。极化对比增强利用目标与杂波极化特性的差异提高目标与杂波间的信噪比，有利于目标检测等处理。下面通过实验验证基于改善极化相似性的增强新方法对于提高目标检测及提取性能的有效性。

CFAR 方法是 SAR 图像目标检测领域研究最为广泛，同时也是最为实用的一类方法。借鉴双参数 CFAR 检测的思想，构建检测判决准则为

$$\frac{X_t-\hat{\mu}_c}{\hat{\sigma}_c}\underset{H_0}{\overset{H_1}{\lessgtr}}K_{CFAR} \tag{6.47}$$

式中：X_t 表示当前像素点的幅度值；$\hat{\mu}_c$ 和 $\hat{\sigma}_c$ 分别为背景窗口内杂波像素点的幅度均值及均方差；K_{CFAR} 为判决门限，其对应检测的虚警率。二元假设检验为：H_1 表示当前像素为目标点，H_0 则表示当前像素为杂波点。

仍以图 6.9 中的 ADTS 数据为例，为对比方便，将图 6.9（a）重新显示为图 6.11（a）。对于图 6.11（a）这种背景杂波分布较为均匀的成像数据，为提高 CFAR 检测效率，可采用全局 CFAR 检测策略。为此，选择图 6.11（a）中矩形框外部 A 区域作为杂波参考单元估计式（6.47）中的 $\hat{\mu}_c$ 和 $\hat{\sigma}_c$，设置一定的 K_{CFAR} 值（可由虚警率推得）对图 6.9（b）（传统方法增强结果）及图 6.9（c）（新方法增强结果）进行恒虚警检测。图 6.11（b）和（c）分别给出 $K_{CFAR}=20$ 时的检测结果，对比检测结果可知：在同样的虚警率下（K_{CFAR} 相同），经传统方法增强后，目标与杂波对比度的改善并不明显，导致检测结果中目标轮廓损失严重，无法体现目标的完整信息。而经新方法增强后，绝大多数强散射目标点相对于杂波明显增强，目标与杂波的对比度获得了明显改善。更多的目标像素点成功检测，使得目标轮廓更为完整，目标完整信息的有效保持更有利于对图像中真正的目标 ROI 的提取。同理，类似于上述处理过程，分别对图 6.9（e）和（f）进行 CFAR 检测，检测结果如图 6.12（b）和（c）所示。对比检测结果可知：在同样的虚警率下，经新方法增强处理后，有更多的目标像素点检测出来，目标轮廓更为完整和准确，更有利于目标 ROI 的有效提取。

总而言之，上述实验结果与极化对比增强的目的是相吻合的，也说明了新方法对于提高极化 SAR 图像目标检测性能的有效性。由于目标检测结果很大程度上取决于信噪比，信噪比的提高将使检测算法更轻松地检测到目标。而通过上述实验结果可知：较之传统增强方法，新方法确实明显地提高了信噪比，更有利于目标检测及 ROI 提取等后续处理。

本节研究了极化 SAR 图像目标对比增强问题，针对已有增强方法存在的

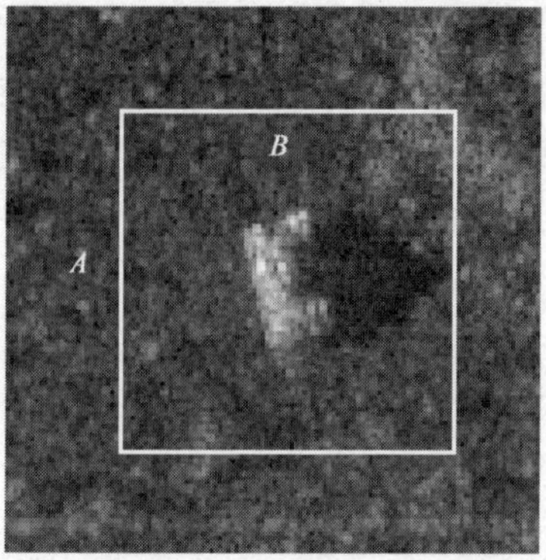

(a) 原始图像

(b) 传统方法增强后的检测结果（$K_{\mathrm{CFAR}}=20$）

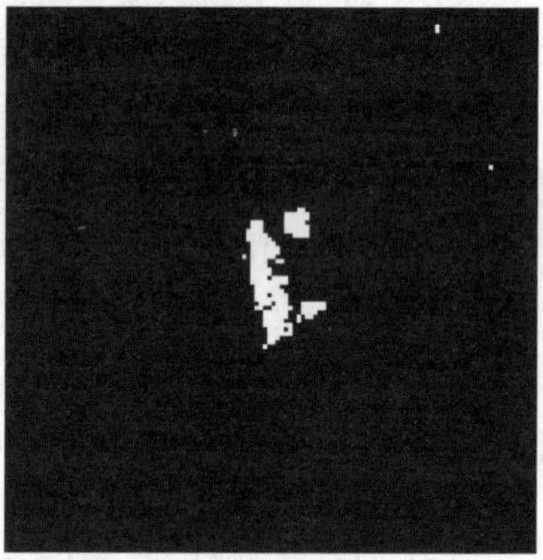

(c) 新方法增强后的检测结果（$K_{\mathrm{CFAR}}=20$）

图 6.11　ADTS 数据中军用车辆的检测结果（目标 1）

典型问题进行了深入分析，并提出了相应的解决方法。

首先，传统增强方法通常基于人工划分样本直接进行对比增强处理，当待增强目标或待抑制杂波为极化特性非均匀区域时，传统方法的对比增强效果较差。针对这一不足，提出了基于样本像素筛选的目标对比增强策略，结合基于极化分解的初步筛选及基于统计检验的最终筛选策略，选择人工划分样本中更能体现目标与杂波极化特性差异的像素点进行增强，改善了传统方法的增强性能。

特别地，针对高分辨极化 SAR 图像人造目标的对比增强问题，本节提出了一种基于改善极化相似性的增强方法。该方法综合利用 Huynen 分解、极化方位角提取及方位角归零化等处理手段，克服了传统增强方法难以对高分辨极化 SAR 图像人造目标进行增强的局限性，增强结果更有利于后续的人造目标检测及提取等处理。

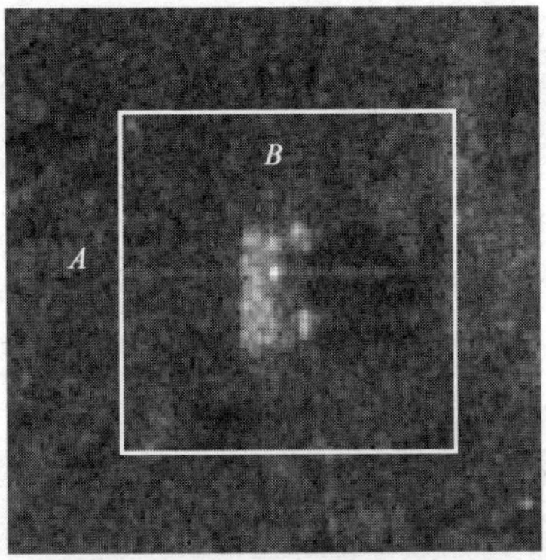

(a) 原始图像

(b) 传统方法增强后的检测结果 ($K_{CFAR}=20$)

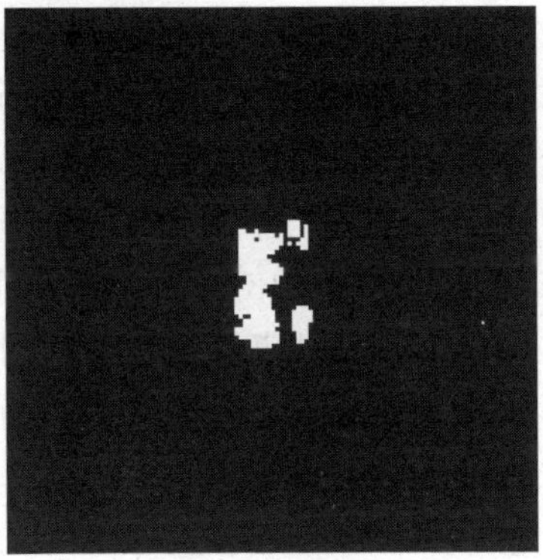

(c) 新方法增强后的检测结果 ($K_{CFAR}=20$)

图 6.12　ADTS 数据中军用车辆的检测结果（目标 2）

6.2　极化 SAR 图像人造目标提取

本节研究了散射机理特征、频谱相干性特征及极化通道相关性等特征对极化 SAR 图像人造目标提取的有效性。6.2.1 节利用典型极化分解方法分析了人造目标与自然杂波散射机理的异同，指出传统基于散射机理分类的方法在提取完整性及准确性等方面的不足。在此基础上，尝试引入新的有效特征指导人造目标的提取，提出了两种新的提取方法——6.2.2 节通过引入频谱相干性特征，提出一种基于散射机理分类与频谱相干性分析的提取方法；6.2.3 节引入极化通道相关性特征，提出一种基于散射机理分类与方位对称性判决的提取方法。基于全极化 SAR 实测数据验证了上述方法的有效性，并对两种方法的优缺点及适用性进行了说明。

6.2.1 传统的极化 SAR 图像人造目标提取方法

6.2.1.1 提取原理及实验结果分析

基于散射机理分类进行人造目标提取是传统人造目标提取的主要策略，其思想可概括为：基于极化分解等方法对极化 SAR 图像像素点进行散射机理分类，鉴于人造目标区域中偶次散射机理所占比重较大，将分类结果中的偶次散射点集作为人造目标点，实现人造目标的提取。

极化分解是分析极化 SAR 图像目标散射机理的最为有效的方法，并获得了广泛应用。除少数人造目标体上的确定性散射结构外，极化 SAR 实测数据中的大多数目标都更适合用非相干分解方法进行分析。在已有的基于极化分解的散射机理分类方法中，H/α 分类及基于 Freeman 分解的分类是最有代表性的两种。此处以 H/α 分类为例进行说明，H/α 分类通过对目标相干矩阵进行特征值分解，提取极化熵（H）、极化特征角（α）等特征参数，利用上述参数构建 $H-\alpha$ 平面，平面中的不同区域即对应不同类型的散射机理。$H-\alpha$ 平面的经典划分如图 6.13 所示，其将目标散射机理分为图 6.13 中①~⑧所标记的 8 类，它们依次对应低熵表面散射、低熵偶极子散射、低熵多次散射、中熵表面散射、中熵偶极子散射、中熵多次散射、高熵偶极子散射和高熵多次散射。在 H/α 分类的基础上，引入反熵（A）进行 $H/\alpha/A$ 分类，可将散射机理类型进一步细分为 16 类。对于 H/α 分类结果中的第 I（$I=1,2,\cdots,8$）类散射机理，经 $H/\alpha/A$ 分类后划为第 I'（$I'=1,2,\cdots,16$）类，二者之间的对应关系可表述为

$$I'=\begin{cases} I, & A<0.5 \\ I+8, & A\geqslant 0.5 \end{cases} \tag{6.48}$$

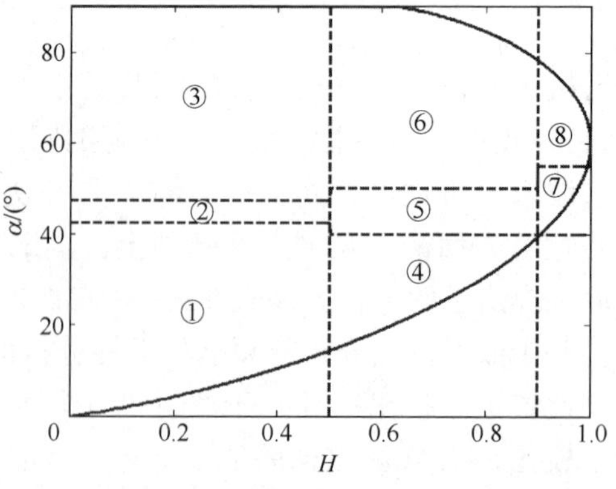

图 6.13 $H-\alpha$ 平面经典划分

实际上，无论是 H/α 分类还是 $H/\alpha/A$ 分类，散射机理类型主要取决于 α 参数，通过 α 将散射机理分为：表面散射、多次散射和偶极子散射三大类。H/α 分类获得的 8 类及 $H/\alpha/A$ 分类获得的 16 类都是引入其他特征而进一步细分的结果。从极化特性表征形式上看，表面散射、多次散射及偶极子散射分别对应通常意义上的奇次、偶次及体散射。为了表述上的统一，本书以下将 H/α 分类获得的基本散射机理类型称为奇次、偶次及体散射，特此声明。限于篇幅，对 H/α 及 $H/\alpha/A$ 分类的具体实现过程不再赘述，详见文献［25］和文献［26］。

选择 NASA/JPL 的 4 视 AIRSAR 全极化数据，成像场景为美国旧金山地区，图像尺寸为 900 像素×1024 像素。成像场景的极化散射总功率如图 6.14（a）所示，其中的典型地物类型包括城区建筑物（图中标记为 A）、森林及植被区（图中标记为 B）和海洋（图中标记为 C）。图 6.14（b）和（c）为对图 6.14（a）进行 H/α 分类及 $H/\alpha/A$ 分类的结果，其中 $H/\alpha/A$ 分类结果中散射机理类型序号同式。分析二图易知：城区建筑物主要表现为中熵偶次散射，主要是因为建筑物中含有较多二面角结构；海域主要体现为低熵奇次散射，这与海面为典型的表面散射机理相吻合；森林及植被区则多为体散射。图 6.14（d）所示为根据传统方法的处理策略，选择偶次散射点而获得的人造目标提取结果，图中的红色像素点即为人造目标点。对比图 6.14（a）和（d）易知，建筑物目标获得了较好的提取结果。

6.2.1.2　传统方法提取性能的不足

当对极化 SAR 图像人造目标提取精度的要求不高（如图 6.14 实验中对低分辨极化 SAR 图像中整个城区的提取）时，传统提取方法尚可满足需求。但对于分辨率较高的极化 SAR 图像，对人造目标提取精度的要求也将随之提高（如战场侦察应用中需对目标精细结构进行描述，为目标识别等服务），此时传统的提取策略难以适用。以下将分析传统方法在提取准确性及完整性等方面存在的不足，为后续改进方法的提出提供切入点。

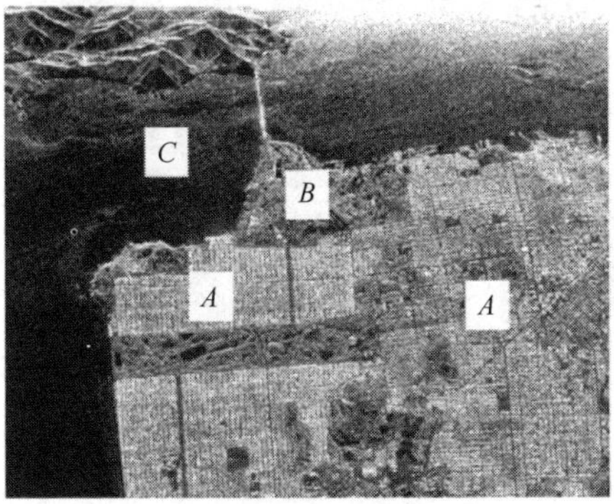

(a) 极化散射总功率（取dB值）

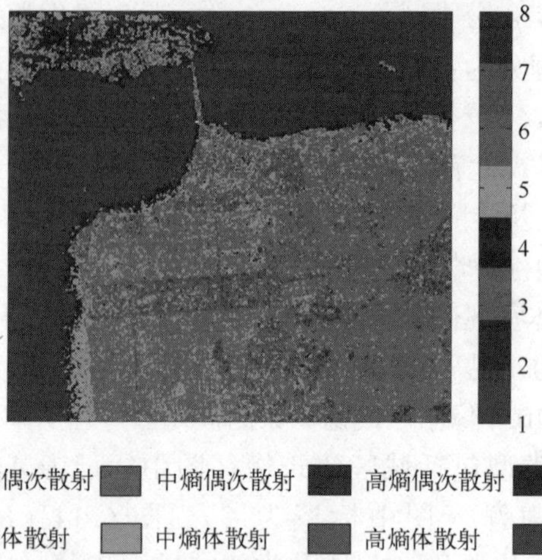

(b) H/α 分类结果

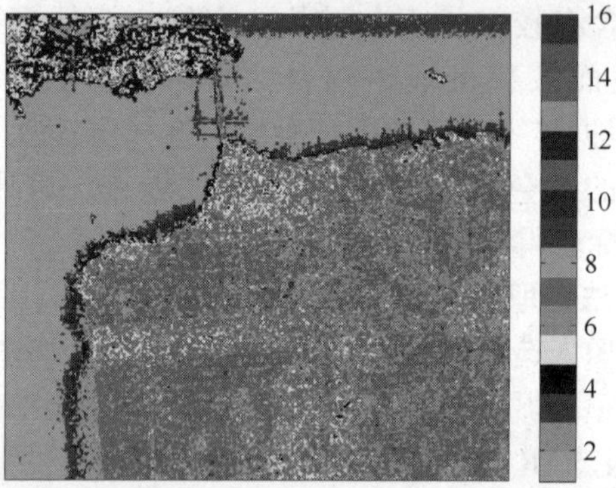

(c) $H/\alpha/A$ 分类结果

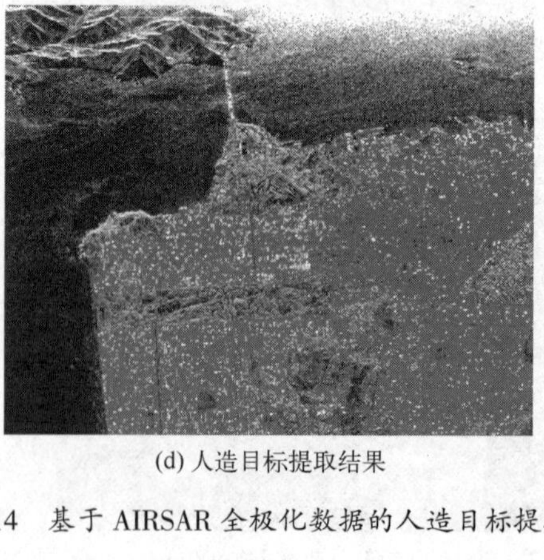

(d) 人造目标提取结果

图 6.14　基于 AIRSAR 全极化数据的人造目标提取（见彩图）

在分析传统方法存在的不足之前，首先分析人造目标与自然杂波在散射机理类型上的异同。已有研究表明：极化 SAR 图像人造目标的散射机理类型主要为单次、偶次及三次散射。其中，单次散射主要对应墙体及车体上的金属平板等；偶次散射主要对应车体上的二面角、建筑物垂直墙体与地面形成的二面角等；三次散射主要对应车体上的三面角或“墙体–地面–墙体”形成的三面角等。对于自然杂波，其散射机理类型主要为体散射及表面散射。体散射在自然杂波中最为常见，对应森林及农作物等区域；表面散射主要对应海面、树冠等；偶次散射在自然杂波中较为少见，但在森林区域可能会存在树干与地面形成的二面角结构[18]，将产生偶次散射。虽然自然杂波中的表面散射与人造目标中的单次及三次散射的形成机制不同，但具有相似的极化特性表述形式，已有极化分解方法将上述地物统一归类为奇次散射。总结人造目标与自然杂波散射机理的异同，如表 6.7 所示。

表 6.7　人造目标与自然杂波散射机理类型对比

散射类型	偶次散射	奇次散射	体散射
人造目标	较多，主要对应二面角	三面角、平板、屋顶等	极为少见
自然杂波	较少，可能存在于森林	树冠、海面、裸露地表等	较多，森林、植被

表 6.7 揭示了人造目标与自然杂波在散射机理类型上的异同，由此可分析传统基于散射机理分类的提取方法存在的不足：首先，当需对人造目标的精细结构进行描述时，三面角及平板等也是人造目标体上的主要散射结构。上述结构表现为明显的奇次散射类型，而传统方法仅仅提取偶次散射点作为人造目标点，提取结果无法完整地表征人造目标。其次，在散射机理分类过程中，自然杂波中的表面散射与三面角及平板等散射结构将统一归类为奇次散射。因此，即便在提取过程中考虑了三面角、平板等典型散射结构，基于传统的散射机理分类也难以剔除杂波虚警，影响了提取结果的准确性。

下面以 MIT Lincdn 的 ADTS 数据为例验证上述结论，对 ADTS 数据的具体说明可参见 6.1.3 节。图 6.15（a）所示为某 ADTS 切片的极化散射总功率，场景主要包括中部的军用车辆及周围的草地杂波。对于军用车辆目标体上的强散射结构，可近似视为确定性散射结构，采用相干极化分解方法较为适合。实验选择 SDH 分解对目标体上散射结构的散射机理进行分析。SDH 分解将目标散射分解为三种基本散射——球（三面角或平板）、二面角及螺旋体的相干合成。限于篇幅，对 SDH 分解的实现过程不再赘述，详见相关文献。对图 6.15（a）中矩形框内部的车辆目标进行 SDH 分解，并对分解结果进行伪彩色合成处理，合成结果如图 6.15（b）所示。合成原理为：令 SDH 分解获得像素点对应的球、二面角及螺旋体散射分量的散射功率分别为 k_s、k_d 和 k_h，此处的 k_s 和 k_d 实际上表征了目标总散射中奇次及偶次散射的贡献。将 k_s、k_d 及 k_h 分别作为伪彩色合成图中像素点颜色矢量中的蓝色、红色及绿色分量，即可实现伪彩色合成。合成结果中像素点的明暗代表散射强度，而三种基本散射分量所占比重的不同则决定了像素点的颜色。由图 6.15 易知：车辆目标体上的强散射结构主要呈现红色和蓝色，表明奇次和偶次散射是目标体上的主要散射机理类型。特别地，图 6.15（a）目标体上的 A、B 两处散射结构的极化散射很强，通常也是目标精细结构描述及目标识别重点关注的。二者在图 6.15（b）中皆呈现蓝色，表明其散射机理为奇次散射，可能对应目标体上的三面角或平板结构。对于此类人造目标，仅仅提取偶次散射点将无法完整地表征其精细结构特征，影响了传统方法的提取性能。

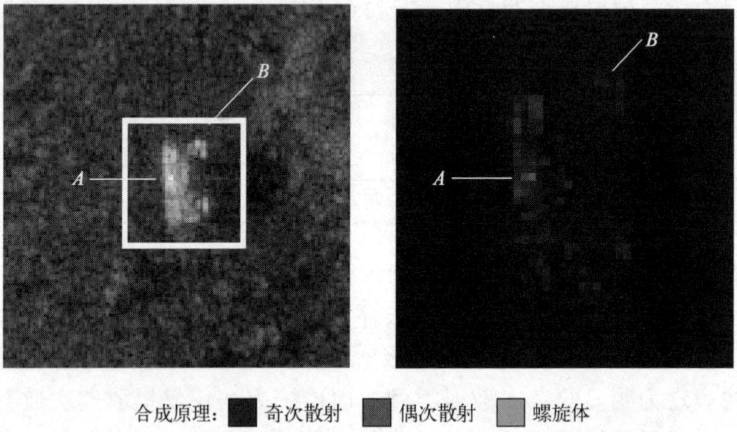

(a) 极化散射总功率 (b) SDH 分解伪彩色合成

图 6.15 典型军用车辆目标的散射机理（见彩图）

以上实验表明：传统提取方法因难以提取三面角及平板等结构，影响了提取的准确性和完整性。除此之外，人造目标自身散射的复杂性也会影响传统方法的提取性能。例如，人造目标的极化散射与目标姿态密切相关，散射机理相同而空间姿态不同的散射结构，在极化 SAR 图像中表现出不同的极化特征。以建筑物目标为例，偶次散射是建筑物散射中最为典型的散射机理之一，主要对应建筑物墙体与地面形成的二面角。当建筑物墙体的整体取向与 SAR 平台飞行方向近似平行时，“墙体-地面”二面角极化散射的交叉极化分量极其微弱，基于极化分解的散射机理分类会将其判为偶次散射类型，进而提取为人造目标结构；而当墙体的整体取向与 SAR 平台飞行方向成一定角度时，会产生一定的交叉极化分量，表现为类似体散射的极化特征，基于散射机理分类会将其误判为体散射而与自然杂波相混淆，无法成功提取。此外，对于形状结构较为复杂的建筑物，也可能产生交叉极化分量，基于散射机理分类方法同样难以将其与杂波区分，影响了提取的准确性。

下面以 DLR 的 L 波段 E-SAR 实测数据为例进行说明。图 6.16（a）所示为所选实验数据的极化散射总功率，图像大小为 1400 像素×1100 像素，成像场景为德国 Oberpfaffenhofen 地区，主要包括机场及附近植被（图像中下方）、森林（图像左上方）及建筑物目标。由该场景对应光学图像（利用 GoogleEarth 软件可获得）提供的地物类型信息可知：图中标记为 $A \sim D$ 的区域为含有建筑物的典型区域。图 6.16（b）为利用 Freeman 分解对图 6.16（a）进行散射机理分类的结果，对 Freeman 分解的具体实现过程不再赘述，可参考 6.1.2 节内容及文献［14］。

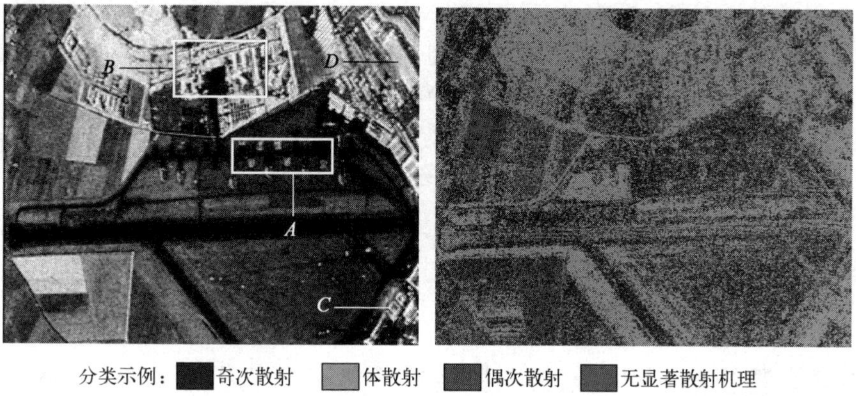

(a) 极化散射总功率　　(b) 基于 Freeman 分解的散射机理分类

图 6.16　典型建筑物目标极化散射复杂性分析（见彩图）

对比图 6.16（a）和（b）易知，机场跑道及裸露地表等都表现为典型的奇次散射，森林区域主要表现为体散射，建筑物的散射则较为复杂。图 6.16（a）中 A、B 区域内建筑物（图 6.16（b）中对应位置处的红色像素点）归为偶次散射点，而图 6.16（a）中 C、D 处的建筑物则归类为体散射点（图 6.16（b）中对应位置处的绿色像素点）。实际上，上述建筑物的结构并未有过多差异，主要是整体取向有所不同。B 区域内建筑物的取向与 SAR 飞行方向基本平行，而 C、D 区域内建筑物取向与 SAR 飞行方向成一定角度。根据以上分析可知，这一差异造成了 B 区域内建筑物被有效提取，而 C、D 区域内建筑物则因与自然杂波相混淆而无法提取。因此，实验结果表明，传统的人造目标提取方法难以完整地提取复杂场景中具有不同空间取向的人造目标，影响了传统方法的提取性能。

本节分析了传统基于散射机理分类的人造目标提取方法存在的不足，并通过图 6.15 及图 6.16 的实验进行了验证。总结相关结论如下：

（1）传统人造目标提取方法仅将偶次散射点作为人造目标点。鉴于人造目标体上的许多散射结构具有奇次散射机理，当对人造目标提取精度要求较高时，基于传统方法的提取策略难以提取目标体上的三面角及平板等典型散射结构，影响了提取结果的完整性。

（2）对于人造目标体上的三面角及平板等结构，其极化特征与自然杂波中的某些奇次散射（如散射较强的树冠）相近，传统提取方法利用极化分解等处理将上述人造目标和自然杂波都归类为奇次散射。因此，即便考虑了对三面角及平板等结构的提取，仅仅基于散射机理分类仍难以准确将以上人造目标结构与杂波相区分，影响了提取结果的准确性。

（3）对于人造目标中具有特定姿态取向的二面角及形状复杂的散射结构，会表现出类似于体散射的极化特征，基于散射机理分类会将其误判为体散射点，也会与自然杂波相混淆，难以准确提取。

针对传统基于散射机理分类的提取方法所存在的上述不足，本章在后续部分引入新的有效特征，提出新的方法提高传统方法的提取性能。6.2.2 节引入频谱相干性特征，提出一种基于散射机理分类与频谱相干性分析的人造目标提取新方法。6.2.3 节引入极化通道相关性特征，提出一种基于散射机理分类与方位对称性判决的提取方法。

6.2.2 基于散射机理分类与频谱相干性分析的极化 SAR 人造目标提取

6.2.2.1　算法原理及流程

由 6.2.1 节分析易知，人造目标与自然杂波在散射机理上存在一定差异。例如，偶次散射是人造目标的主要散射机理类型，但在自然杂波中较为少见；体散射是自然杂波的主要散射机理类型，但在人造目标中极少出现。因此，基于散射机理分类的提取策略是传统极化 SAR 图像人造目标提取的主要途径。但遗憾的是，该提取方法在提取准确性及完整性等方面存在不足。为提高提取性能，在基于散射机理分类进行提取的基础上，需从其他角度着手，引入更多可体现目标与杂波散射特性差异的有效特征，提高提取结果的准确性及完整性。

幸运的是，人造目标与自然杂波在频谱相干性上的差异为提高人造目标提取性能提供了一条有效途径。人造目标与自然杂波散射特性的不同决定了二者的频谱相干性存在差异：人造目标体上的强散射结构可由确定性的点散射模型来描述，许多二面角及三面角结构也具有类似的“准确定性”，这种确定性表现为极化散射在整个距离向频谱或方位向频谱上的高度相干；与之相反的是，自然杂波的极化散射通常具有一定随机性，使得距离向或方位向频谱的相干性较弱。这就启发我们可以引入频谱相干性特征指导人造目标的有效提取。因此，在散射机理分类的基础上，通过一定策略分析每一像素点的频谱相干性。对于某些既可能为人造目标也可能为自然杂波的像素点，将其中频谱相干性较强的像素点作为人造目标候选点，提取结果将更为完整和准确。

基于上述分析，本节提出了基于散射机理分类与频谱相干性分析的极化 SAR 图像人造目标提取策略，利用散射机理类型与频谱相干性两种有效特征指导人造目标的提取[27]。对于基于散射机理分类难以有效区分的像素点，利用频谱相干性分析进一步加以区分，提高了传统方法的提取性能。算法流程如图 6.17 所示，其可概述如下：

（1）基于极化分解进行散射机理分类，对于分类结果中的偶次散射点集，将其中散射随机程度较小的像素点作为一部分人造目标点，记为“第一类人造目标点”。

（2）对于分类结果中的奇次散射和体散射点集，对其频谱相干性进行分析，将其中频谱相干性较强的像素点作为另一部分人造目标点，记为“第二类人造目标点”。

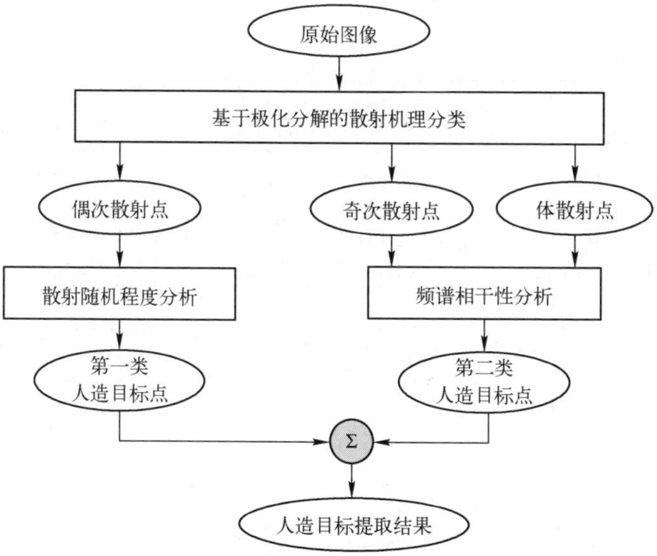

图 6.17　基于散射机理分类与频谱相干性分析的人造目标提取流程

(3) 对第一类人造目标点及第二类人造目标点取并集融合处理，获得最终的人造目标提取结果。

由图 6.17 易知，算法流程主要包括第一类、第二类人造目标点提取两部分处理，而频谱相干性分析则是算法的关键技术。以下从频谱相干性分析、第一类人造目标点提取及第二类人造目标点提取等方面对算法流程进行详细阐述。

6.2.2.2 极化 SAR 图像频谱相干性分析

SAR 的二维成像过程可获得地物散射的方位向和距离向频谱，频谱相干性分析是 SAR 图像信息处理领域的热点问题。为分析 SAR 图像频谱相干性，需要获得用于相干运算的图像对，一般可通过子视分割处理获得。在获得子视图像后，即可通过相干运算来反映不同类型地物频谱相干性的强弱。下面根据已有的研究结论[28-29]，结合全极化处理的需求，阐述极化 SAR 图像频谱相干性分析的具体策略，为后续人造目标提取新方法的设计提供依据。

图 6.18 所示为极化 SAR 图像频谱相干性分析的具体流程，可表述为：首先，对每一极化通道的观测数据（在满足互易性条件下仅考虑 HH、HV 及 VV），分别沿距离向和方位向进行频谱相干性特征提取，综合利用不同极化通道的距离向及方位向频谱相干性特征，分析不同类型地物的频谱相干性。频谱相干性特征提取是其中的关键步骤，其实现过程如图 6.19 所示。首先，对复图像数据进行快速傅里叶变换（FFT），获得距离向（或方位向）频谱；其次，结合相应的预处理，通过子视分割获得子视频谱，对子视频谱进行快

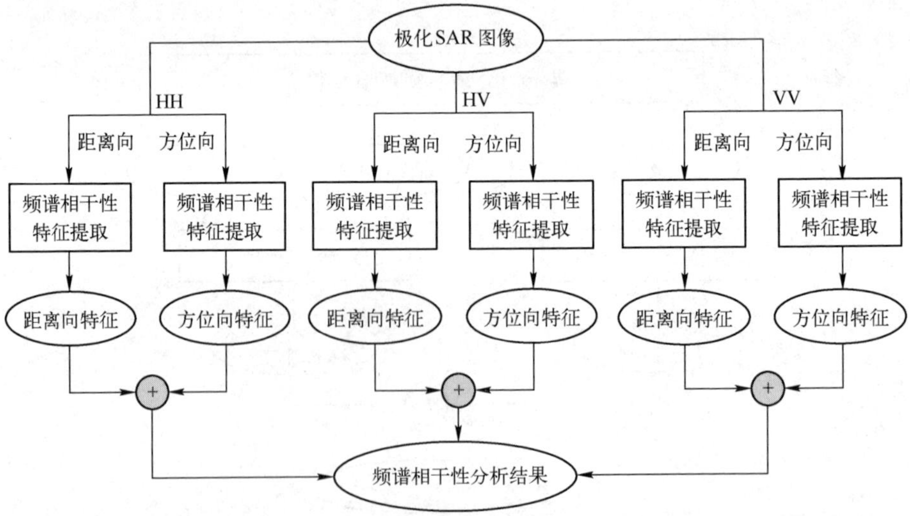

图 6.18 极化 SAR 图像频谱相干性分析流程

速傅里叶逆变换（IFFT）获得子视复图像；最后，基于子视复图像提取有效的频谱相干性特征。下面对频谱相干性特征提取过程中的主要步骤进行简要介绍。

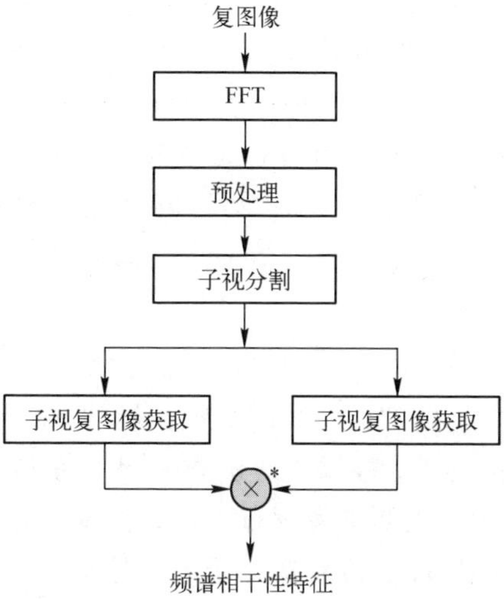

图 6.19　频谱相干性特征提取流程

1. 预处理

在子视分割前，通常需采取相应的预处理，以消除天线方向图及成像过程中窗函数等对目标真实频谱特性的调制作用，更为准确地分析不同类型目标的频谱相干性。当天线方向图或窗函数形式已知时，预处理较为简单，将 FFT 处理获得的距离向（方位向）频谱除以相应的窗函数即可；当窗函数形式未知时，可通过反卷积处理消除权重函数的影响。对于本章实验选用的 E-SAR 数据，成像过程中的窗函数为 Hamming 窗，可采用第一种方法直接消除窗函数的影响。

2. 子视分割及子视复图像获取

在对方位向和距离向频谱进行消除权重的预处理之后，即可通过子视分割获得方位向及距离向的子视频谱。其中，子视分割数目可根据频谱相干性分析的具体需求而定。例如，当利用“子视相干系数”参数进行分析时，仅需将频谱分为前视频谱和后视频谱两部分；当利用“子视熵”参数进行分析时，则需获得更多的子视频谱。其中，子视相干系数、子视熵等的定义及提取过程将在下文阐述。

对子视频谱进行 IFFT 处理即可获得子视复图像。需要说明的是，鉴于不同的子视频谱具有不同的多普勒中心频率，在频谱相干性分析前，通常还需将子视频谱进行频移、重叠等处理，基于重叠后的子视频谱提取频谱相干性特征参数，以消除线性相位项对特征参数提取结果的影响。

3. 典型频谱相干性特征的提取

通过提取有效的频谱相干性特征，可以揭示不同类型目标频谱相干性的差异，以指导人造目标提取等处理任务。典型的频谱相干性特征参数主要有“子视相干系数”及“子视熵”两种。下面以方位向频谱相干性特征的提取为例进行说明，对距离向可采用相同的处理策略。令方位向子视分割获得了“前视”和“后视”两部分频谱，二者对应的子视复图像分别为 X_1、X_2，则子视相干系数定义为[29]

$$\rho_{\mathrm{sl}}=\frac{|\langle X_1X_2^*\rangle|}{\sqrt{|\langle X_1X_1^*\rangle||\langle X_2X_2^*\rangle|}} \tag{6.49}$$

式中：$\langle\cdot\rangle$为取集合平均处理；$*$为取共轭，易知 $0\leqslant\rho_{\mathrm{sl}}\leqslant1$。对于极化 SAR 图像中的任意像素点 $p(i,j)$，根据式（6.49）计算获得其对应的子视相干系数 $\rho_{\mathrm{sl}}(i,j)$。$\rho_{\mathrm{sl}}(i,j)$越大，表明该像素点子视频谱间的相干性越强，越有可能属于人造目标；相反，若 $\rho_{\mathrm{sl}}(i,j)$越接近于 0，则表明子视频谱间的相干性越弱，该像素点越有可能属于自然杂波。

令经方位向子视分割共获得 N 个子视频谱，各子视频谱经 IFFT 后对应的子视复图像为 X_i（$i=1,2,\cdots,N$），可定义子视复图像的协方差矩阵为[29]

$$\boldsymbol{C}=\begin{bmatrix}\langle X_1X_1^*\rangle & \langle X_1X_2^*\rangle & \cdots & \langle X_1X_N^*\rangle\\ \langle X_2X_1^*\rangle & \cdots & & \cdots\\ \cdots & & \cdots & \\ \langle X_NX_1^*\rangle & & & \langle X_NX_N^*\rangle\end{bmatrix} \tag{6.50}$$

令 $\lambda_i(i=1,2,\cdots,N)$为 $\boldsymbol{C}$ 的 N 个特征值，则子视熵特征 H_{sl}可定义为

$$H_{\mathrm{sl}}=-\sum_{i=1}^{N}p_i\log_N p_i \tag{6.51}$$

式中：

$$p_i=\frac{\lambda_i}{\sum_{j=1}^{N}\lambda_j} \tag{6.52}$$

同样易知 $0\leqslant H_{\mathrm{sl}}\leqslant1$。对于极化 SAR 图像中的任意像素点 $p(i,j)$，根据式（6.51）计算其子视熵 $H_{\mathrm{sl}}(i,j)$。$H_{\mathrm{sl}}(i,j)$越小，表明该像素点子视频谱间的相干性越强，反之越弱。

H_{sl}和 ρ_{sl}都可作为有效的特征来描述像素点的频谱相干性。实际上，当子视分割获得的 N 个子视复图像的平均功率相同时，H_{sl}将取决于不同子视复图

像间的ρ_{sl}值。当不同子视复图像间的ρ_{sl}都为1时（完全相关），H_{sl}为0；相反，当ρ_{sl}都为0时（完全不相关），H_{sl}为1。因此，当对频谱相干性分析要求不是过高时，可仅将频谱分割为前视和后视两部分，二者间的子视相干系数即可有效表征像素点的频谱相干性。

6.2.2.3　第一类人造目标点提取

1. 提取准则

鉴于偶次散射机理在人造目标中最为常见，基于散射机理分类与频谱相干性分析方法将满足一定条件的偶次散射点作为“第一类人造目标点”。前已述及，自然杂波中也存在一定数量的偶次散射。分析可知，人造目标的偶次散射多源于金属二面角或“墙体-地面”结构，散射通常较强。对于此类散射结构，偶次散射是目标总散射中最为显著的散射机理，其他类型散射机理所占比重相对较小，偶次散射的随机程度很低。相反，对于森林等杂波区域的偶次散射点，其通常会伴有体散射及奇次散射等散射成分，影响了偶次散射的“纯度”，致使偶次散射的随机程度较高。因此，需选择散射随机程度较低的偶次散射点作为第一类人造目标点。

对于H/α分类，熵值H即表征了目标散射的随机程度[15]。对于低熵目标，其散射存在主散射分量，该分量的散射要明显强于其他的散射分量，随机程度很小。相反，高熵目标散射的去极化效应明显，目标极化散射不存在明显的主散射机理，随机程度较大。可选择H/α分类结果中的低熵偶次散射点作为第一类人造目标点。

对于基于Freeman分解的分类，可选择分类结果中偶次散射明显占优的像素点作为第一类人造目标点[14]。根据Freeman分解原理（详见6.1.2节），令分解获得像素点的偶次散射系数为$k_d(0\leqslant k_d\leqslant 1)$，$k_d$越接近于1，表明极化散射中偶次分量越明显，散射随机程度越低。选择散射随机程度较小的偶次散射点作第一类人造目标像素点，提取准则可表示为

$$p\in\begin{cases}\boldsymbol{C}^{1}_{\text{man-made}}, & k_d>\text{Th}_i^n\\ \boldsymbol{C}_{\text{clutter}}, & \text{其他}\end{cases}\tag{6.53}$$

式中：p为待分析像素点；$\boldsymbol{C}^{1}_{\text{man-made}}$代表第一类人造目标点；$\boldsymbol{C}_{\text{clutter}}$表示杂波类像素点；$k_d$为$p$的偶次散射系数，$\text{Th}_1$为偶次散射系数门限（$0.5\leqslant\text{Th}_1\leqslant 1$），其取值可根据任务需求及成像场景进行设置，相关内容将在后文详细阐述。

2. 实验分析

下面分析人造目标与自然杂波中偶次散射点散射随机程度的差异。选择典型的E-SAR数据，其成像场景的散射总功率如图6.20（a）所示。根据该场景地物类型的先验信息，选择图6.20（a）中A区域所代表的森林及草地

作为杂波样本，选择 B 区域所代表的建筑物作为目标样本。以基于 Freeman 分解的分类方法为例，图 6.20（b）所示为分类结果。分析 A、B 区域内偶次散射点对应偶次散射系数的直方图，分别如图 6.20（c）和（d）所示。对比易知，自然杂波的偶次散射系数相对较低，绝大多数分布于 0.5~0.7 之间；而人造目标的偶次散射系数相对较高，许多都接近于 1。实验结果有效验证了基于式（6.53）提取第一类人造目标点的合理性。

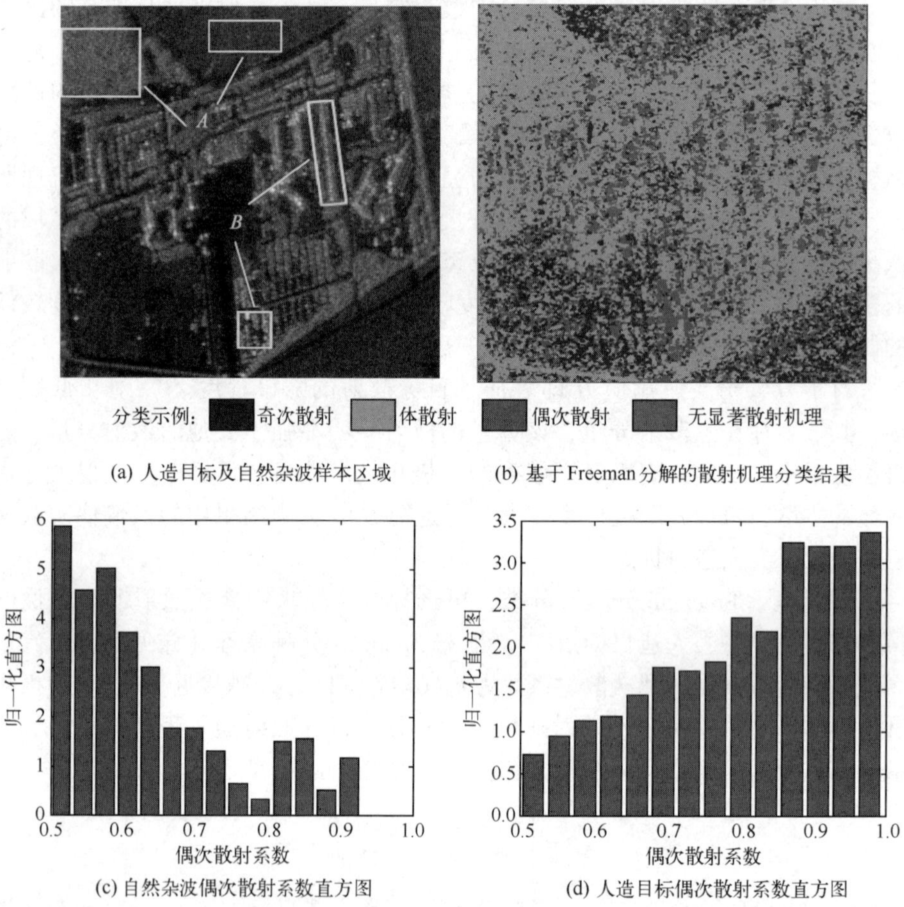

(a) 人造目标及自然杂波样本区域

(b) 基于Freeman分解的散射机理分类结果

(c) 自然杂波偶次散射系数直方图

(d) 人造目标偶次散射系数直方图

图 6.20　人造目标及自然杂波散射随机程度对比（见彩图）

6.2.2.4　第二类人造目标点提取

鉴于人造目标极化散射的复杂性，散射机理分类结果中的奇次散射和体散射点集中也可能存在人造目标。较之传统提取方法，基于散射机理分类与频谱相干性分析方法不仅提取偶次散射点，还进一步提取频谱相干性较强的奇次散射及体散射像素点，可以获得更为准确和完整的提取结果。

鉴于子视相干系数与子视熵存在一定的对应关系，二者的人造目标提取性能相当，此处采用子视相干系数进行频谱相干性分析。则第二类人造目标点提取准则可表述为

$$p \in \begin{cases} \boldsymbol{C}_{\text{man-made}}^{2}, & p \in \boldsymbol{C}_{\text{vol}} \cup \boldsymbol{C}_{\text{odd}}, \rho_{\text{full}} > \text{Th}_2 \\ \boldsymbol{C}_{\text{cluter}}, & \text{其他} \end{cases} \tag{6.54}$$

式中：p 为待分析像素点；$\boldsymbol{C}_{\text{man-made}}^{2}$ 表示第二类人造目标点集；$\boldsymbol{C}_{\text{cluter}}$ 表示杂波类；$\boldsymbol{C}_{\text{vol}}$ 和 $\boldsymbol{C}_{\text{odd}}$ 分别为散射机理分类结果中的体散射和奇次散射点集；Th_2 为频谱相干性判决门限（$0 \leqslant \text{Th}_2 \leqslant 1$）；为综合考虑不同极化通道的频谱相干性指导人造目标的提取，ρ_{full} 应定义为

$$\rho_{\text{full}} = f(\rho_{pq}^{azi}, \rho_{pq}^{rng}), \quad pq = \text{HH}, \text{HV}, \text{VV} \tag{6.55}$$

式中：ρ_{pq}^{azi} 和 ρ_{pq}^{rng} 分别为像素点在 pq 通道中的方位向和距离向子视相干系数。ρ_{full} 可根据具体应用构建。不失一般性，此处将所有极化通道对应方位向和距离向子视相干系数的均值作为 ρ_{full}，即

$$\rho_{\text{full}} = \text{mean}_{pq}(\rho_{pq}^{azi}, \rho_{pq}^{rng}), \quad pq = \text{HH}, \text{HV}, \text{VV} \tag{6.56}$$

式中：mean(·)为取均值运算。

6.2.2.5　实验结果及分析

1. 极化 SAR 图像人造目标提取需求及相应提取策略

除散射机理分类方法的选择外，第一类及第二类人造目标点提取中相关门限的设置（式（6.53）中的 Th_1、式（6.54）中的 Th_2）也将决定最终的提取结果，这也是所有非监督方法难以回避的问题。人造目标提取的训练样本通常难以获得，且实际应用对人造目标提取的智能性和自动化程度要求较高，必须进行非监督的提取。为此，下面针对人造目标提取任务关注侧重点的不同，制定相应的门限设置及分类方法选取策略。

1）人造目标 ROI 获取需求

如果提取任务更关注“人造目标 ROI 获取”，则要求人造目标提取结果为具有一定像素规模的闭合区域，以准确提供目标 ROI 的中心位置、面积、几何形状等信息。为此，散射机理分类方法可选择 H/α/Wishart 迭代分类方法[11]。该方法在 H/α 分类的基础上，结合基于复 Wishart 分布的最大似然迭代分类获得更为准确的分类结果。较之 H/α 分类，H/α/Wishart 迭代分类通过引入迭代处理，对不同类型地物的区分效果明显改善[11]。更为重要的是，引入 Wishart 迭代处理后，分类结果中同类散射点更为聚集和连通，在局部位置处更易形成具有一定像素规模的闭合区域，更有利于人造目标 ROI 的获取。

鉴于此时的散射机理分类选择 H/α/Wishart 方法，选择分类结果中的低熵偶次点作为第一类人造目标点。此外，人造目标 ROI 获取更为关注目标区域

的聚类中心、面积等整体特征，对人造目标直接解译的要求不高，因此在第二类人造目标点提取时，可设置较低的频谱相干性判决门限，以使 ROI 区域具有一定的像素规模，保证其具有更好的完整性和连通性。

2）人造目标像素点直接解译需求

鉴于全极化 SAR 数据在揭示目标散射机理方面的显著优势，人造目标提取任务可能更为关注“人造目标像素点的直接解译”，即对散射确定性较强的人造目标，判断其结构类型，并提取空间取向等特征。此时，需在散射机理分类过程中尽可能保留像素点的散射机理信息。为此，散射机理分类方法选择基于 Freeman 分解的方法，而不再引入迭代分类处理。这一选择主要出于以下考虑：基于 Wishart 分布的迭代分类与基于统计特性指导分类，分类结果中同类像素点的散射机理不再一致，难以实现对同类区域内所有像素点的准确解译。而在不引入迭代处理的情况下，Freeman 分解在散射机理类型划分、算法实现等方面较 H/α 分解更有优势。

鉴于此时的散射机理分类选择基于 Freeman 分解的分类方法，需基于式（6.53）提取第一类人造目标点。为了更好地满足人造目标像素点直接解译的需求，应设置较高的偶次散射系数门限（式（6.53）中的 Th_1）。同样地，在提取第二类人造目标点时，应设置较高的频谱相干性判决门限（式（6.54）中的 Th_2），以保证人造目标点极化散射具有较强的确定性，可对其进行直接解译。

总结以上分析结果，可制定人造目标 ROI 获取及人造目标像素点直接解译两种任务需求下的提取策略，如表 6.8 所示。

表 6.8 人造目标提取任务需求及处理策略对比

任务需求	提取策略		
	散射机理分类方法	第一类目标点提取	第二类目标点提取
人造目标 ROI 获取	H/α/Wishart 分类	低熵偶次散射点	低频谱相干性判决门限
像素点直接解译	基于 Freeman 分解分类	高偶次散射系数门限	高频谱相干性判决门限

2. 人造目标 ROI 获取实验

本实验根据表 6.8 所示的处理策略，基于全极化 SAR 实测数据验证本节提出的基于散射机理分类与频谱相干性分析的提取方法的有效性。仍以图 6.20（a）所示含有典型建筑物目标的 E-SAR 数据为例，为便于比较，将其重新显示为图 6.21（a），图像大小为 500 像素×400 像素，图像的纵向为 SAR 平台的飞行方向，横向为距离向。成像场景为德国 Oberpfaffenhofen 地区的德国宇航中心（DLR）所在地及附近区域。图6.21（b）所示为利用Google Earth软件获取的实验场景的光学图像（其中光学图像和SAR图像未经配准，仅为提供地物类型信息之用），由图6.21（b）可知实验场景的地物类型信息：矩形框及多边形所围成的区域为典型建筑物目标，为描述方便，仅在其中面积较大的区域内标注*A*字样，泛指所有标注的建筑物；标注为*B*、*C*和*D*的区域分别为森林、草地和停车场，其中的建筑物及停车场中的人造设施等即为人造目标提取的对象。

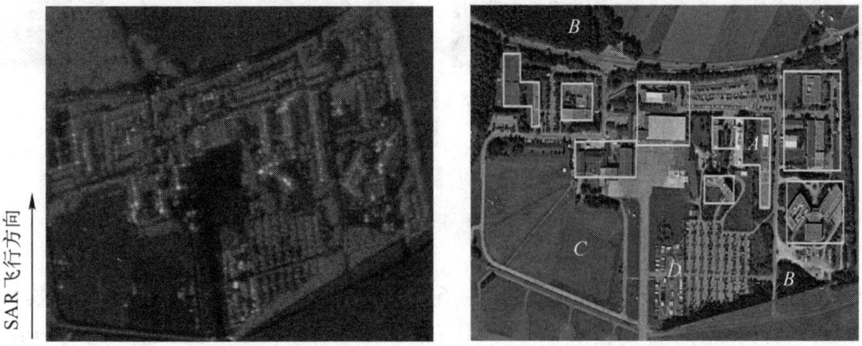

(a) 实验场景极化散射总功率 (dB)　　(b) 实验场景地物类型信息

图6.21　人造目标提取实验数据（E-SAR全极化数据）

1）第一类人造目标点提取

根据图6.22所示的处理策略，首先利用$H/\alpha/$Wishart迭代分类方法进行散射机理分类。通常情况下，$H/\alpha/$Wishart迭代分类的收敛性较好，可选择迭代次数作为迭代终止条件[11]。图6.22（a）所示为$H/\alpha/$Wishart迭代5次后的分类结果，已基本稳定。在此基础上，提取“低熵偶次点”作为第一类人造目标点，提取结果如图6.22（b）所示。由图易知，虽然许多建筑物及停车场中的人造设施被提取为第一类人造目标点，但对比图6.21（b）和图6.22（b）易知，对于图6.21（b）中部分标注为建筑物的区域，仍未被成功提取为人造目标。

2）第二类人造目标点提取

对于图6.22（a）中被判为奇次散射或体散射的像素点，利用频谱相干性分析提取其中的第二类人造目标点。图6.23（a）所示为综合各极化通道内的距离向及方位向子视相干系数，计算获得式（6.56）中的ρ_{full}值。对比图6.23（a）和图6.21（b）可知：整体而言，人造目标的子视相干系数明显大于杂波的子视相干系数。图6.23（b）所示为第二类人造目标点提取曲线，

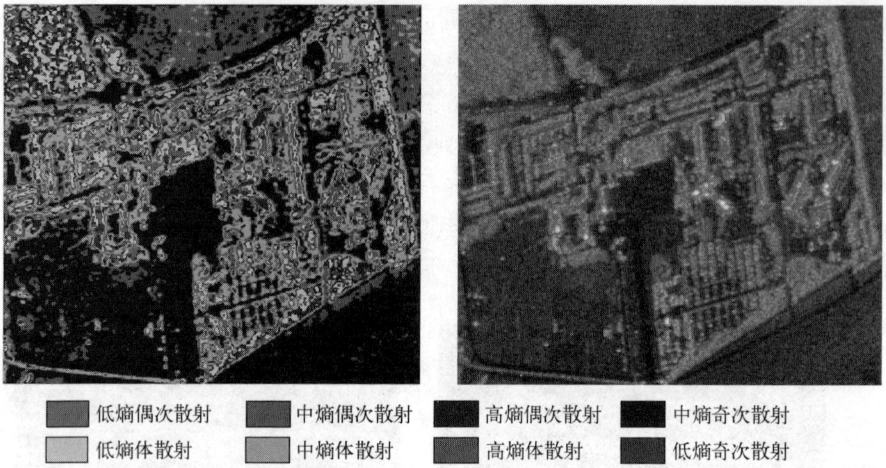

(a) H/α/Wishart 迭代分类结果　　(b) 第一类人造目标点提取结果（红色像素点）

图 6.22　第一类人造目标点提取结果（见彩图）

其横轴为频谱相干性判决门限（式（6.54）中的 Th_2），纵轴表示奇次散射和体散射点集中被判为人造目标点的比例。由图 6.23（b）易知，随着判决门限的升高，提取的人造目标点比例也相应减少。前已述及，对于人造目标 ROI 获取任务，需设置较低的判决门限。为此，以 $Th_2=0.5$ 为例提取第二类人造目标点，提取结果如图 6.23（c）所示，其中蓝色和绿色点分别对应奇次散射和体散射点。由图 6.23（c）易知，此时在所有的奇次散射和体散射点集中，大约有 70%的像素点被判为人造目标。对比图 6.23（c）和图 6.22（b）易知，对于某些利用第一类人造目标点提取无法成功的人造目标点，可被成功提取为第二类人造目标点。

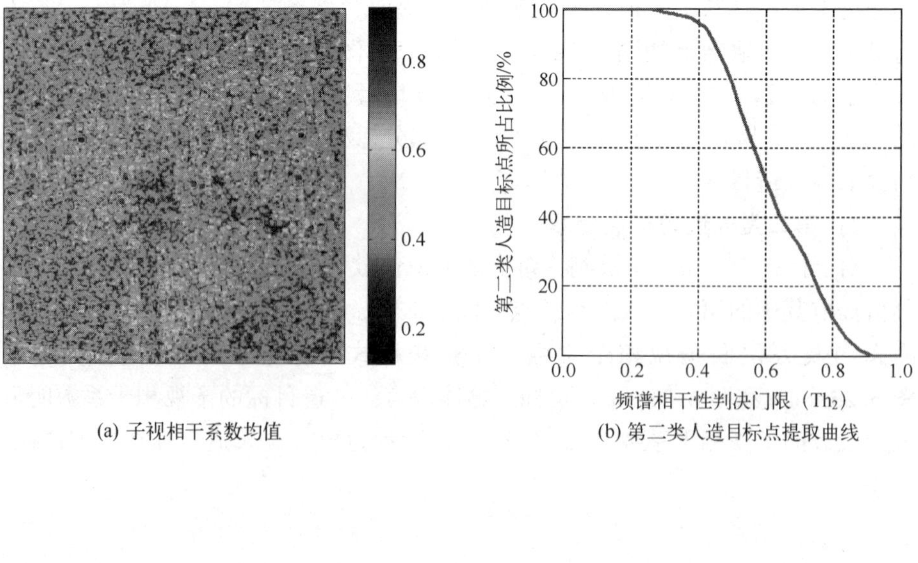

(a) 子视相干系数均值　　(b) 第二类人造目标点提取曲线

(c) 第二类人造目标点提取成像结果（Th_2= 0.5）

图 6.23　第二类人造目标点提取结果（见彩图）

3）人造目标 ROI 获取结果

对第一类人造目标点和第二类人造目标点取“并集”的融合处理，即可获得最终的人造目标点集，如图 6.24（a）中红色像素点所示。对于图 6.22（b）所示的第一类人造目标点，其在实质上即为传统方法的提取结果。为对比本节提出的基于散射机理分类与频谱相干性分析的新方法与传统方法的提取性能，将图 6.22（b）重新显示为图 6.24（b），其中的红色像素点即为传统方法的提取结果。对比图 6.24（a）和（b）易知：较之传统方法，新方法通过引入频谱相干性特征，可以提取更多的人造目标点，且并未明显引入杂波虚警，对比实验充分验证了新方法的有效性。

为获取更为完整和准确的人造目标 ROI，结合中值滤波[30]及形态学[31]做进一步处理。首先，利用中值滤波剔除少量杂波虚警（如左上角森林区域）。在此基础上，借鉴形态学经典方法做进一步处理。此处选择最具代表性的“开启”和“闭合”运算，利用开启运算滤掉比结构元素小的突刺，利用闭合运算搭接短的间断而起到区域连通作用，结合开启和闭合可去除比结构元素小的图像细节，并保证不产生全局的几何失真[32]。利用开启和闭合运算，可使人造目标 ROI 更为完整和连通，准确地提供目标位置、面积及几何形状等信息。为保证不损失过多图像细节，中值滤波窗口及形态学结构元素都选择 3×3 的矩形窗口。对图 6.24（a）和（b）进行上述处理，获得各自的 ROI 分别如图 6.24（c）和（d）所示。对比可知：新方法获取的 ROI 更为完整和连通，提取性能更优。

鉴于人造目标 ROI 获取通常为后续的目标分类及判读等提供依据，为减轻计算负担及突出重点目标，选择面积较大的 ROI 作为最终的人造目标 ROI 获取结果，如图 6.24（e）所示。对比图 6.21（b）和图 6.24（e）易知，人造目标 ROI 获取结果与真实场景中的建筑物及停车场中的人工设施非常吻合，验证了新方法的优良性能。

(a) 人造目标点（新方法提取）

(b) 人造目标点（传统方法提取）

(c) 人造目标ROI（新方法提取）

(d) 人造目标ROI（传统方法提取）

(e) 面积较大的人造目标ROI（新方法提取）

图 6.24　人造目标 ROI 获取结果（见彩图）

3. 人造目标像素点直接解译实验

引入频谱相干性分析除可提高传统提取方法的提取性能外，还可方便地实现人造目标像素点的直接解译。频谱相干性较强的像素点主要源于人造目标体上的确定性散射结构，其极化散射受多次散射效应及相干斑影响较小，可由散射矩阵直接表征其极化特性。对于确定性的人造目标点，可不经过统计平均而直接基于散射矩阵进行结构类型判别及几何参数提取等解译处理，以避免邻近像素点对待分析像素点真实属性的影响（利用协方差矩阵等二阶统计量解译时会遇到此问题），提高解译的准确性。以下即阐述人造目标像素点直接解译的处理过程。

1）第一类人造目标点提取

实验数据仍选择图6.21所示的E-SAR全极化数据。根据表6.8所示的处理策略，首先基于Freeman分解进行散射机理分类，分类结果如图6.25（a）所示。在此基础上，基于式（6.53）提取第一类人造目标点，图6.25（b）所示为第一类人造目标点提取曲线，其横轴为偶次散射系数门限（式（6.53）中的Th_1），纵轴表示第一类人造目标点在偶次散射点集中所占的比例。前已述及，对于"人造目标像素点直接解译"的任务需求，需在式（6.53）中设置较高的门限。为此，以$Th_1=0.85$为例（此时仅有不足20%的偶次散射点被成功判为人造目标点），其对应的第一类人造目标点提取结果如图6.25（c）所示，其中的红色像素点即为人造目标点。对比图6.23（c）和图6.21（b）易知，第一类人造目标点主要分布在场景中的建筑物及停车场等区域，在左下角草地内也有少量人造目标点，它们有可能对应草地中放置的二面角反射器等结构，在森林等杂波区域内仅存在极少的虚警。

需要说明的是，在基于Freeman分解进行散射机理分类时，并未考虑像素点的强度特征。鉴于人造目标通常具有较强的散射，在提取前通过检测预处理率先滤除弱散射点，可进一步减少提取结果中的杂波虚警。鉴于本书研究重点不在于此，对此不再赘述。其中，检测预处理方法可以选择极化CFAR、极化白化滤波器等方法，详见文献［32-33］。

2）第二类人造目标点提取

极化SAR图像中的强散射点通常对应典型的人造目标结构，是图像解译的关注重点。对于图像中某些明显的散射强点（如图6.25（c）中圆形选区所示），其对应典型的人造目标结构，由图6.21（b）提供的地物类型信息也可验证这一点。但经第一类人造目标点提取后未被成功提取。实际上，散射机理分类并未将此类像素点判为偶次点，无论式（6.53）中Th_1取何值都无法将此类像素点判为人造目标。

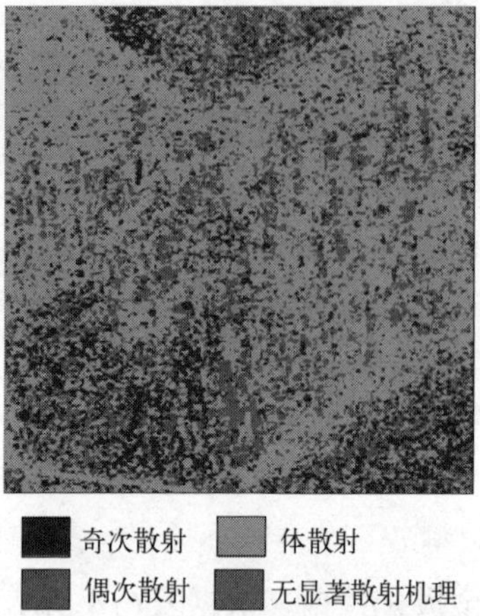

(a) 基于Freeman分解的散射机理分类

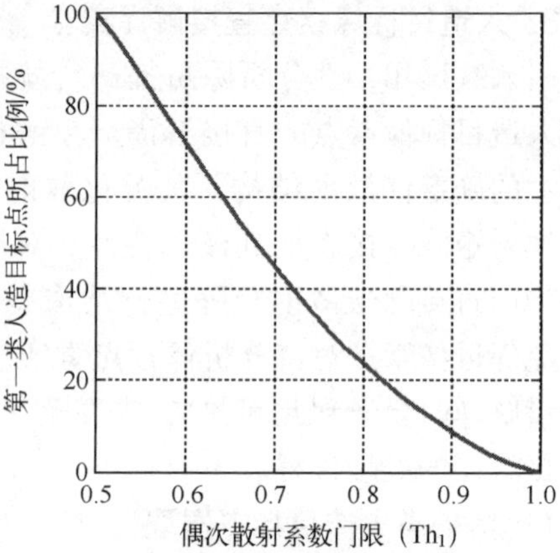

(b) 第一类人造目标点提取曲线

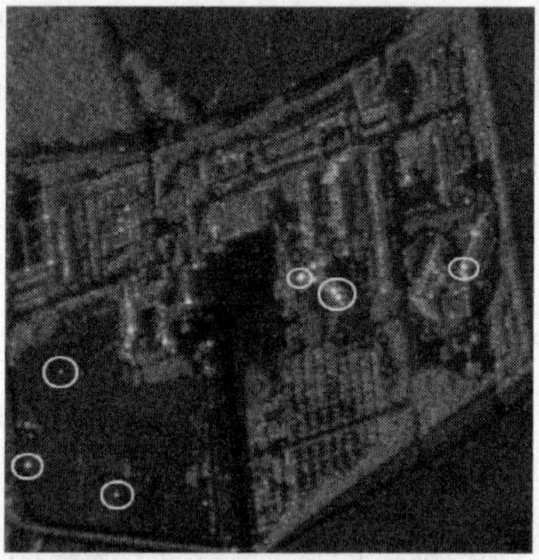

(c) 第一类人造目标点（Th_1=0.85）

(d) 第二类人造目标点（Th_2=0.75）

(e) 人造目标点提取结果

(f) 中值滤波后的最终提取结果

图 6.25 确定性人造目标像素点提取结果（见彩图）

为此，基于式（6.54）提取第二类人造目标点。根据表 6.8 的处理策略，此时需设置较高的频谱相干性判决门限（式（6.54）中的 Th_2）。以 $Th_2=0.75$ 为例，其对应的第二类人造目标点提取结果如图 6.25（d）所示，其中蓝色及绿色像素点分别代表奇次散射和体散射点。对比图 6.25（d）和图 6.21（b）易知，对于第一类人造目标点提取遗漏的人造目标点（图 6.25（c）中圆形选区所示），经此处理后已被成功提取。

3）确定性人造目标点的最终提取结果

融合第一类和第二类人造目标点的提取结果，如图 6.25（e）所示。同样地，基于中值滤波技术对图 6.25（e）做进一步处理，以剔除孤立的、空间分散的虚警点，获得确定性人造目标像素点的最终提取结果，如图 6.25（f）所示，其中的红色、蓝色、绿色像素点分别代表偶次、奇次及体散射类的人造目标点。

4）确定性人造目标像素点的直接解译

对于图 6.25（f）所示的确定性人造目标像素点，其极化散射受多次散射效应及相干斑影响较小，可直接基于散射矩阵对其散射类型及结构特征进行解译，避免相邻像素点对揭示其本质属性的影响，提高人造目标解译的精度。

首先，可利用极化相似性参数对确定性人造目标点的结构类型进行判别。为消除极化取向对目标真实散射特性的影响，利用 6.1.3 节所述的极化方位角提取及归零化处理方法，获得待分析像素点在 0°极化方位角下的散射矢量，记为 $\boldsymbol{k}^0=[S_{\mathrm{HH}}^0\quad\sqrt{2}S_{\mathrm{HV}}^0\quad S_{\mathrm{VV}}^0]^{\mathrm{T}}$。定义像素点与基本结构类型的极化相似性参数为

$$Q_i=\frac{|(\boldsymbol{k}_i)^{\mathrm{H}}\boldsymbol{k}^0|}{\boldsymbol{k}_i\boldsymbol{k}^0},\quad i=1,2,\cdots,M \tag{6.57}$$

式中：H 表示共轭转置；$\|\cdot\|$表示矢量元素模的平方和；M 为典型结构类型的数目；$\boldsymbol{k}_i$ 为第 i 类基本结构类型的散射矢量。例如，对于二面角，有 $\boldsymbol{k}_{\mathrm{dihedral}}=[1\quad 0\quad -1]^{\mathrm{T}}$。易知 $0\leqslant Q_i\leqslant 1$，$Q_i$ 越接近于 1，表明待分析像素点与第 i 类结构类型的极化特性越相似。

一般而言，确定性的人造目标点主要对应如下几类结构类型：对于偶次散射的人造目标点，主要对应车体上的二面角、“墙体-地面”形成的二面角等[17]；对于奇次散射的人造目标点，主要对应屋顶、墙体及垂直于雷达入射方向的平板等[17]；对于体散射的人造目标点，其极化散射相对复杂，可能对应不同散射机理的合成。但对于某些体散射人造目标点，也可能对应形状复杂的人造目标或特定空间取向的二面角[16]。为验证以上结论，基于式（6.57）统计确定性人造目标点中偶次散射点与二面角的相似性参数（记为 $\eta_{\text{even-di}}$）、奇次散射点与三面角（平板）的相似性参数（记为 $\eta_{\text{odd-tri}}$）、体散

射点与二面角的相似性参数（记为 $\eta_{\text{vol-di}}$），通过对相似性参数的分析，即可判别确定性人造目标点的结构类型。

上述参数的直方图分布如图 6.26（a）~（c）所示。由图易知：偶次散射点与二面角极为相似，绝大部分相似系数值都在 0.95 以上，都可判为二面角结构；奇次散射点与三面角（平板）也极为相似，可判为三面角或平板结构；体散射点与二面角的相似性参数的分布相对更宽，但仍有相当数量的体散射点具有与二面角相似的极化特性。特别地，相似系数在 1 附近出现峰值，表明某些体散射点确实对应确定性的二面角结构，只是由于空间取向不同而表现为体散射特征。实验结果表明：利用本节方法提取确定性的人造目标像素点，可不再采用任何后续处理，直接基于散射矩阵并对上述像素点进行结构类型的判别是完全可行的。

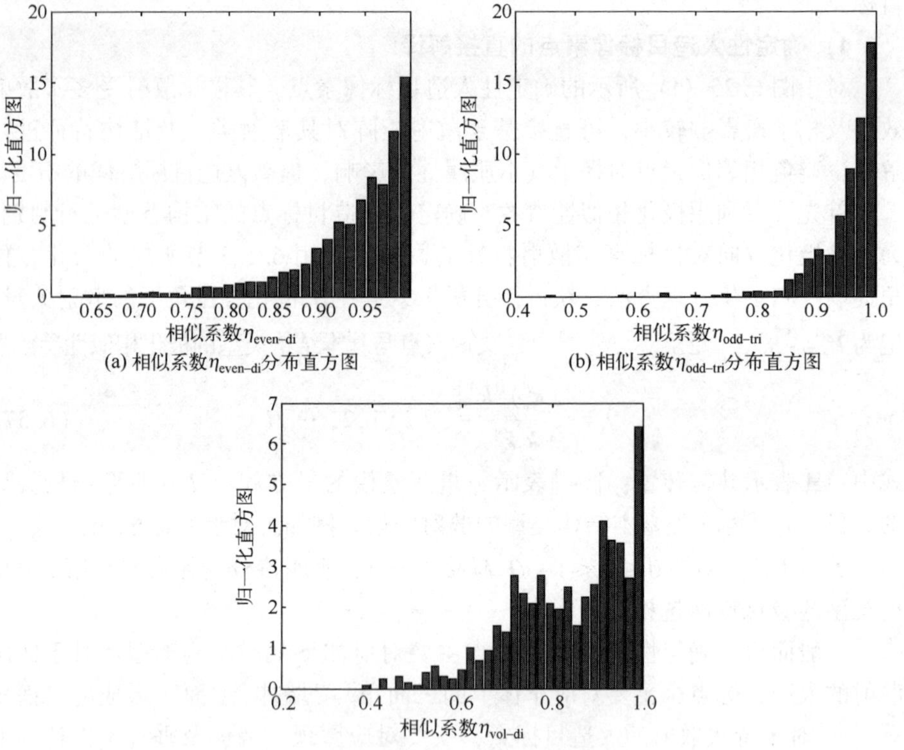

(c) 相似系数 $\eta_{\text{vol-di}}$ 分布直方图

图 6.26 确定性人造目标像素点的类型判别结果

在确定了人造目标的结构类型后，可进一步提取其对应的几何参数。正如 6.1.3 节所述，极化方位角是表征目标空间取向的重要参数，通过对确定性人造目标点极化方位角的提取，可有效反映其对应几何结构的姿态取向，揭示更多的目标信息。鉴于无法获得实验数据中每一散射结构姿态取向的真实值，此处仅考虑像素点空间姿态取向的整体分布，初步验证基于本节方法提取人造目标空间取向特征的可行性。

图 6.27（a）~（c）分别给出不同类型人造目标点对应极化方位角的直方图。由图易知：对于偶次散射点，极化方位角主要集中在 0°附近，考虑本实验场景中的多数偶次散射点来自地面和垂直墙体形成的二面角结构，这一结论是较为合理的；对于奇次散射点，其极化方位角分布也主要集中在 0°附近，但其分布范围较偶次散射点要大。考虑奇次散射点主要来自屋顶及墙体的表面散射等，其极化方位角取决于建筑物的取向，分布范围更大也是合理的；对于体散射点，极化方位角分布更为分散。但正如以上分析，对于那些确实对应二面角的体散射点（$\eta_{\text{vol-di}}$接近于 1），此时极化方位角恰恰可以反映二面角的姿态取向。例如，理想的倾斜 45°二面角的散射矩阵可表示为

$$\boldsymbol{S}_{\text{dihedral}}^{45}=a\begin{pmatrix}0 & 1\\ 1 & 0\end{pmatrix} \tag{6.58}$$

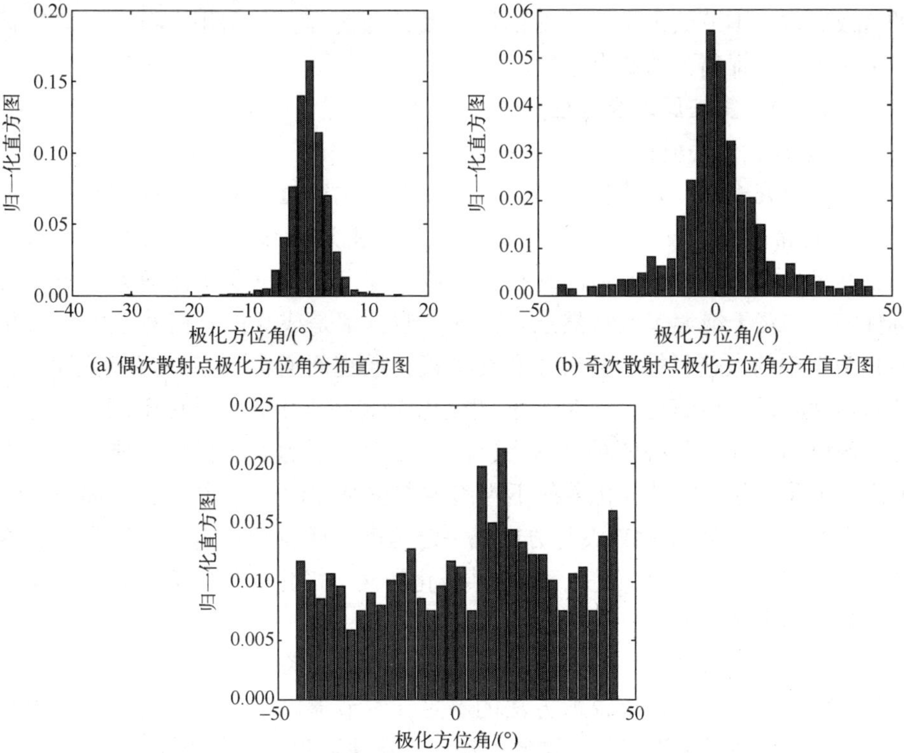

(a) 偶次散射点极化方位角分布直方图

(b) 奇次散射点极化方位角分布直方图

(c) 体散射点极化方位角分布直方图

图 6.27　确定性人造目标像素点的极化方位角特征提取结果

式中：a 为散射幅度。此时的二面角具有较强的交叉极化分量，将被判为体散射点。但是，基于式（6.57）计算可得其对应的相似系数 $\eta_{\text{vol-di}}=1$，表明其实际上为二面角结构。此时，利用 6.1.3 节方法提取其极化方位角数值为 45°，提取结果有效反映了该二面角的姿态取向信息。

6.2.3 基于散射机理分类与方位对称性判决的极化 SAR 人造目标提取

针对传统极化 SAR 图像人造目标提取方法在提取完整性及准确性等方面的不足，6.2.2 节引入频谱相干性特征，提出一种基于散射机理分类与频谱相干性分析的新方法。本节从另外的角度入手，引入极化通道相关性特征，利用极化通道相关性特征对像素点是否满足方位对称性进行判决，提出一种基于散射机理分类与方位对称性判决的提取新方法[34]。鉴于完整揭示目标散射机理是极化 SAR 的显著优势，新方法仍将采用与 6.2.2 节方法类似的提取策略——首先进行散射机理分类，在此基础上辅以新的判别信息指导人造目标的有效提取。本节给出了新方法的原理及处理流程，并利用全极化实测数据验证了本节所提新方法的有效性。

6.2.3.1 算法原理及流程

1. 原理及流程概述

已有研究表明，人造目标与自然杂波在极化通道相关性方面存在一定差异[17]。通常认为，自然杂波的散射在垂直于雷达视线平面内具有一个对称轴，共极化和交叉极化通道间的相关系数为零，这一重要特性即为“方位对称性”[13]。对于绝大多数自然杂波，这一假设都是成立的。但对于实测极化 SAR 数据中的人造目标，共极化和交叉极化通道间通常具有一定相关性，方位对称性假设不再满足[17]。对于实测极化 SAR 数据中人造目标不满足方位对称性假设的解释主要有两种：其一，某些形状复杂的人造目标可能产生较强的交叉极化分量，导致极化散射不再满足方位对称性[35]。其二，二面角在特定姿态取向下（如与 SAR 飞行方向成一定角度，或自身绕雷达视线有一个旋转），都将产生交叉极化分量，此时共极化和交叉极化通道间可能具有强相关性，从而不再满足方位对称性条件。

由上可知，共极化通道和交叉极化通道间的相关性也可作为人造目标提取的有效特征。针对传统提取方法的不足，本节提出了基于散射机理分类与方位对称性判决的人造目标提取新方法。其算法流程如图 6.28 所示。

算法流程可概述如下：

（1）基于极化分解进行散射机理分类，对于分类结果中的偶次散射点集，

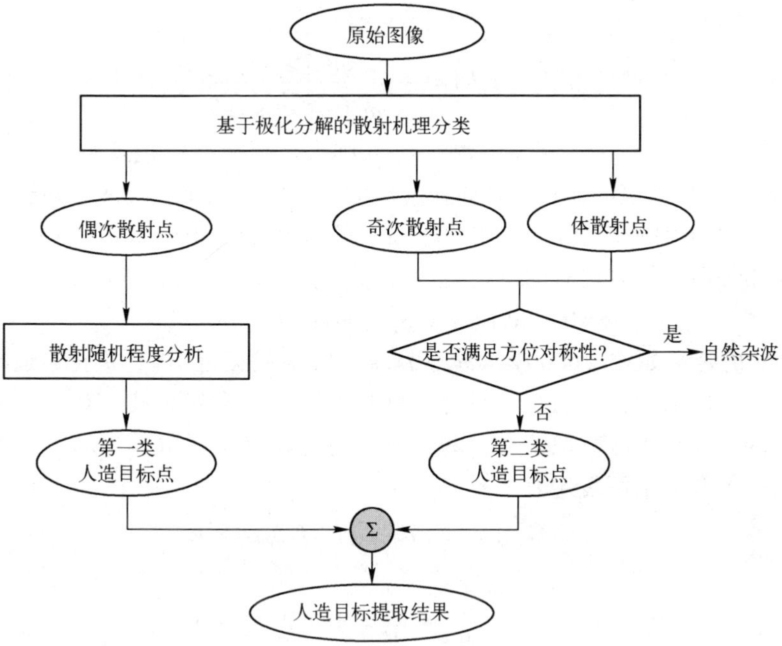

图 6.28　基于散射机理分类与方位对称性判决的人造目标提取流程

将其中散射随机程度较小的像素点作为一部分人造目标点，记为“第一类人造目标点”。

（2）对于分类结果中的奇次散射和体散射点集，继续进行方位对称性判决，将其中不满足方位对称性条件的像素点作为“第二类人造目标点”。

（3）对第一类人造目标点及第二类人造目标点取并集融合处理，获得最终的人造目标提取结果。

由算法流程易知，方位对称性判决是提取方法的关键部分。鉴于散射机理分类及第一类人造目标点提取的具体方法已在 6.2.2 节论述，下面将重点阐述基于方位对称性判决提取第二类人造目标点的处理过程。

2. 基于方位对称性判决的第二类人造目标点提取

极化 SAR 图像中杂波及人造目标在方位对称性上的差异可表述为

$$\begin{cases}\langle S_{\mathrm{HH}}S_{\mathrm{HV}}^{*}\rangle=\langle S_{\mathrm{VV}}S_{\mathrm{HV}}^{*}\rangle=0, & \text{自然杂波}\\ \langle S_{\mathrm{HH}}S_{\mathrm{HV}}^{*}\rangle\neq 0,\langle S_{\mathrm{VV}}S_{\mathrm{HV}}^{*}\rangle\neq 0, & \text{人造目标}\end{cases} \tag{6.59}$$

式中：S_{HH}、S_{HV}及S_{VV}为散射矩阵元素，考虑实际极化 SAR 成像通常满足互易性条件（$S_{\mathrm{HV}}=S_{\mathrm{VH}}$），故仅分析$S_{\mathrm{HV}}$即可；$\langle\cdot\rangle$表示取集合平均处理。由方位对称性的定义易知[13]，方位对称性判决即等价于共极化与交叉极化通道间极化散射相关性的判决。引入归一化极化相关系数来反映不同通道之间的极化

相关性，即

$$\mathrm{Cor}(a,b)=\frac{<ab^{*}>}{\sqrt{<aa^{*}>\cdot<bb^{*}>}} \tag{6.60}$$

式中：Cor 为归一化极化相关系数；a、b 则表示目标散射矩阵中 HH、HV 或 VV 等不同极化通道的元素。正如式（6.59）所示，人造目标两个共极化通道与交叉极化通道的相关性通常都比较强，可综合考虑 HH、HV 及 VV、HV 间的极化相关性进行方位对称性判决。为此，定义方位对称性判决量 ε 为

$$\varepsilon=0.5[\mathrm{Cor}(S_{\mathrm{HH}},S_{\mathrm{HV}})+\mathrm{Cor}(S_{\mathrm{HV}},S_{\mathrm{VV}})] \tag{6.61}$$

其中 Cor 的定义如式（6.60）。易知 $0\leqslant\varepsilon\leqslant1$，$\varepsilon$ 越接近于 1，极化通道相关性越强，越可能属于人造目标；反之，则越可能属于自然杂波。对于散射机理分类中的奇次及体散射像素点，基于方位对称性判决提取其中的第二类人造目标点，提取准则可表述为

$$p\in\begin{cases}\boldsymbol{C}_{\text{man-made}}^{2}, & p\in\boldsymbol{C}_{\text{vol}}\cup\boldsymbol{C}_{\text{odd}},\varepsilon>\mathrm{Th}_2\\ \boldsymbol{C}_{\text{cluter}}, & \text{其他}\end{cases} \tag{6.62}$$

式中：p 为待分析像素点；$\boldsymbol{C}_{\text{man-made}}^{2}$ 为第二类人造目标点；$\boldsymbol{C}_{\text{cluter}}$ 为杂波类像素点；$\boldsymbol{C}_{\text{vol}}$ 和 $\boldsymbol{C}_{\text{odd}}$ 分别为散射机理分类获得的体散射类和奇次散射类点集；Th_2 为方位对称性判决门限（$0\leqslant\mathrm{Th}_2\leqslant1$）。

6.2.3.2 实验结果及分析

下面利用全极化 SAR 实测数据验证基于散射机理分类与方位对称性判决的新方法的有效性。所选数据为日本 NASDA 的 Pi-SAR 数据，成像场景为新潟市的部分城区，场景的极化散射总功率如图 6.29（a）所示，实验选取场景的尺寸为 1500 像素×1500 像素。由该场景地物先验信息可知：A、B 两处为森林及平坦植被区，C、D 两处为代表性的建筑物，E 处为海域。以场景中的建筑物目标作为人造目标提取的对象，对新方法的有效性进行验证。

在进行人造目标提取前，首先利用 Pauli 基伪彩色合成简要分析建筑物极化散射的复杂性。Pauli 基伪彩色合成将 Pauli 基分解系数 $|s_{\mathrm{HH}}+s_{\mathrm{VV}}|^2$、$|s_{\mathrm{HH}}-s_{\mathrm{VV}}|^2$ 及 $|\sqrt{2}s_{\mathrm{HV}}|^2$ 分别作为伪彩色图中像素点颜色矢量中的蓝色、红色及绿色分量，实现极化 SAR 图像的伪彩色合成，合成结果如图 6.29（b）所示。C 处建筑物在合成图中主要呈现为红色或粉色，表现出典型的偶次散射特征。D 处建筑物在合成图中则主要呈现为绿色，表现出典型的体散射特征。实际上，D 处建筑物与 C 处建筑物并无明显差别，只是由于整体取向与 SAR 飞行方向具有一定角度（由图 6.29（b）可知，取向近似为图像的对角线方向）而呈现出类似于体散射的极化特征。正是由于人造目标极化散射的复杂性，使得传统方法在提取准确性及完整性方面存在不足，需要引入新的处理策略。

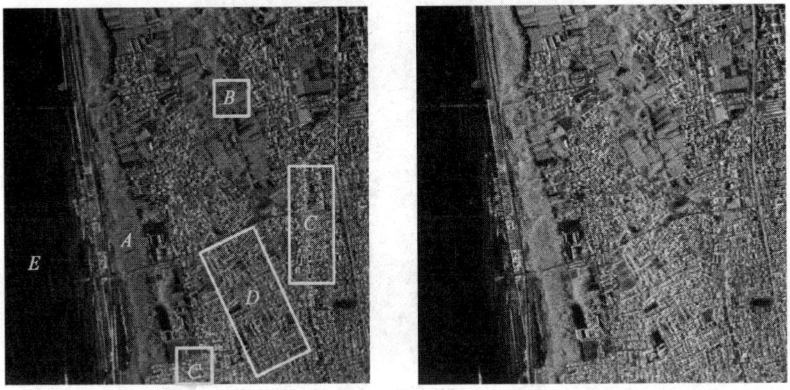

(a) 实验场景极化散射总功率(dB)　　(b) Pauli基伪彩色合成

图6.29　人造目标提取实验数据（Pi-SAR全极化数据）（见彩图）

需要说明的是，不同于频谱相干性特征，像素点是否满足方位对称性条件与其是否为确定性散射结构没有必然联系。例如，对于确定性的二面角结构（具有特定取向），以及极化散射随机性较强的复杂结构（多种散射的合成），二者极化散射的交叉极化分量都可能很强，从而不再满足方位对称性条件。因此，方位对称性判决难以满足人造目标像素点直接解译的任务需求，以下主要关注其对于人造目标ROI获取的有效性。

1. 第一类人造目标点提取

根据表6.8所示的处理策略，首先利用H/α/Wishart迭代分类方法进行散射机理分类，分类结果如图6.30（a）所示，迭代次数为5次，分类结果已基本稳定。由图6.30（a）易知，图6.29（a）中C处建筑物主要被判为低熵偶次散射，而D处建筑物的分类结果则相对复杂，如图6.30（b）所示。由图易知，D区域内像素点的散射机理类型主要为体散射机理。类似于6.2.2节的处理策略，提取散射机理分类结果中的低熵偶次点作为第一类人造目标点，提取结果如图6.30（c）所示，其中黄色点即为人造目标点。由图易知，人造目标提取结果很不理想，D处的绝大部分建筑物未被成功提取。已有研究也指出，由于H-α平面内散射机理类型划分的任意性，一些中熵偶次散射机理也可能对应城区中的建筑物[15]。作为对比，结合分类结果中的低熵偶次点和中熵偶次点，将二者一起作为第一类人造目标点，对应的提取结果如图6.30（d）所示。分析易知，即使放宽对第一类人造目标点提取的限制，D处的许多建筑物目标仍未被成功提取。

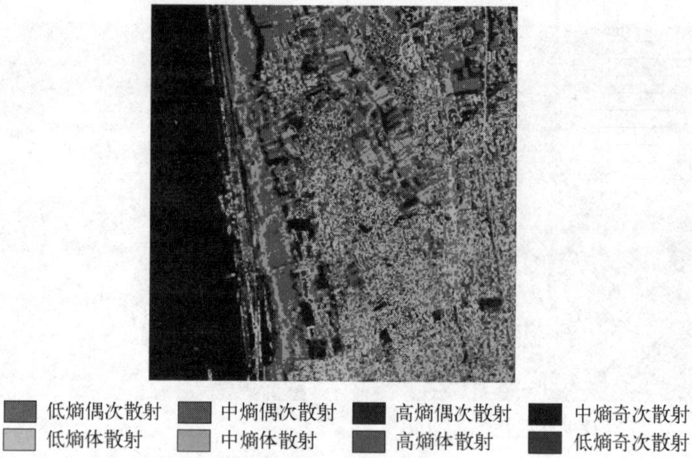

(a) H/α/Wishart 迭代分类结果

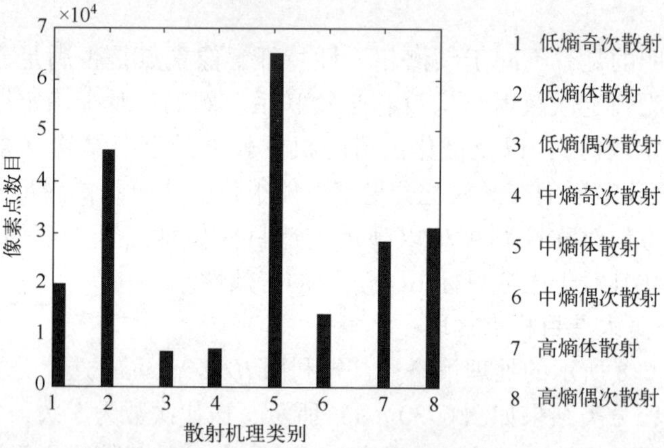

(b) 城区D内像素点散射机理类型

(c) 传统方法的提取结果1

(d) 传统方法的提取结果2

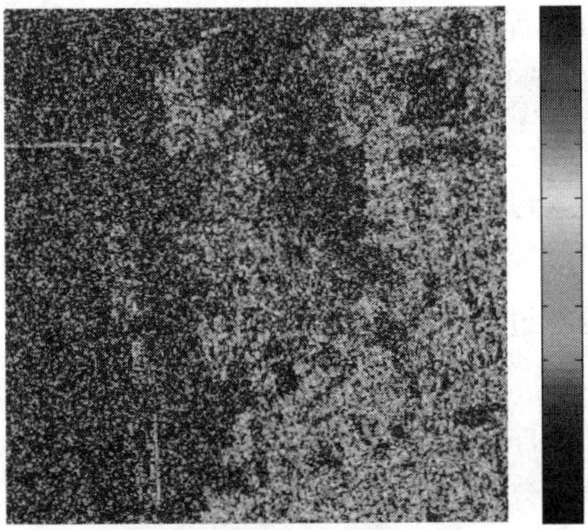

(e) 方位对称性判决量

(f) 最终提取结果 (Th_2=0.45)

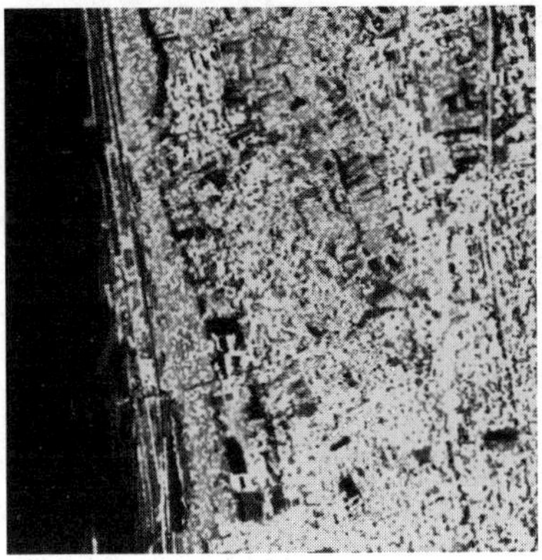

(g) 最终提取结果 (Th_2=0.2)

(h) 最终提取结果 (Th_2=0.7)

图 6.30　基于散射机理分类与方位对称性判决的人造目标提取结果（见彩图）

2. 引入方位对称性判决后的最终提取结果

以上结果表明：传统提取方法难以完整地提取出场景中的人造目标，下面引入方位对称性判决进行进一步的提取。基于式（6.61）计算图像中各像素点的方位对称性判决量，结果如图 6.30（e）所示，其中集平均窗口选择 7×7 的矩形窗。对比图 6.30（e）和图 6.29（a）易知：整体而言，无论姿态取向如何，建筑物方位对称性判决量的数值都较大，而自然杂波的数值较小。

根据图 6.28 所示的算法流程，基于式（6.62）提取第二类人造目标点，提取结果将依赖于式（6.62）中门限 Th_2 的取值。Th_2 越大，提取获得的人造目标点越少，反之亦然。同样地，作为非监督提取方法，此处门限的选取更多地依赖于具体的任务需求或经验选取。图 6.30（f）所示为当 $Th_2=0.45$ 时的人造目标提取结果。对比图 6.30（f）和（d）易知：较之传统方法，新方法同时提取出 C、D 两处代表性的建筑物目标，提取结果更为完整和准确。同时，新方法在提高传统方法提取性能的前提下，并未引入过多杂波虚警，实验结果充分验证了新方法的有效性。实验表明：对于本实验所选用的 Pi-SAR 数据，$Th_2=0.45$ 时的提取结果较为理想，绝大多数人造目标获得了有效提取，且杂波虚警极少。当门限选取过低或过高时，都难以取得同样理想的提取结果。作为对比，图 6.30（g）和（h）分别给出当 $Th_2=0.2$ 和 $Th_2=0.7$ 时的提取结果。由图易知，前者杂波虚警过多，后者人造目标提取结果不够完整。

在结束本章内容之前，对本章所提两种人造目标提取方法的优缺点及适用性进行简要分析。对于“基于散射机理分类与频谱相干性分析”方法，其不仅可弥补传统提取方法在提取完整性及准确性等方面的不足，还可提取确定性的人造目标点。对于此类像素点，可不经过统计平均而直接基于散射矩阵进行结构类型判别等解译处理，有效避免了邻近像素点对像素点真实属性的影响，提高了人造目标解译的准确性。但是，该方法在适用性等方面也存在不足，例如，当极化 SAR 成像系统的信号带宽或成像积累角较小时，人造目标与自然杂波散在距离维或方位维频谱相干特性上的差异难以体现，会影响该方法的提取性能。

对于“基于散射机理分类与方位对称性判决”方法，其同样可弥补传统方法的不足，且算法实现简单，实用性较好。但是，由于像素点是否满足方位对称性条件与其是否为确定性散射结构没有必然联系，该方法难以对人造目标提取结果进行直接解译。此外，上述两种新方法都属于非监督的处理方法，在实际应用中需要根据任务需求或经验对相关门限进行合理设置。

综上所述，本章所提两种方法都是针对传统方法的不足，在传统方法的基础上引入不同的判别特征。引入的判别特征可有效反映人造目标与自然杂波散射特性的差异，增加了判别信息量，取得了更为理想的人造目标提取结果。实际上，寻找能够反映人造目标与自然杂波散射特性差异的有效特征，将是解决极化 SAR 图像人造目标提取的主要技术途径。鉴于人造目标电磁散射的复杂性，这一问题的解决有赖于多种特征的联合使用。本章对此进行了有意义的尝试，引入了两种有效的判别特征进行人造目标提取，这为构建基于多特征联合的人造目标提取框架提供了重要参考。

极化 SAR 图像人造目标提取是极化 SAR 图像解译的前沿课题，具有重要的军事应用价值。本章对此进行了深入研究，主要工作总结如下：①阐述了传统基于散射机理分类的人造目标提取方法的处理策略，利用实测数据分析了其在提取准确性及完整性等方面存在的不足。②针对传统方法的不足，分别引入了频谱相干性和极化通道相关性特征指导人造目标的提取，提出了两种人造目标提取新方法——基于散射机理分类与频谱相干性分析的方法、基于散射机理分类与方位对称性判决的方法。利用全极化 SAR 实测数据的实验结果表明：利用两种方法都可以获得比传统方法更为完整和准确的人造目标 ROI 提取结果。③基于散射机理分类与频谱相干性分析提取出了确定性人造目标点。直接基于散射矩阵对此类像素点的结构类型进行判别，并提取其极化方位角参数，验证了基于散射机理分类与频谱相干性分析进行人造目标直接解译的可行性。

本章小结

本章首先研究了极化 SAR 图像目标对比增强问题。具体内容如下：①对于传统增强方法，通常基于人工划分样本直接进行对比增强处理，当待增强目标或待抑制杂波为极化特性非均匀区域时，传统方法的对比增强效果较差。针对这一不足，提出了基于样本像素筛选的目标对比增强策略，结合基于极化分解的初步筛选及基于统计检验的最终筛选策略，选择人工划分样本中更能体现目标与杂波极化特性差异的像素点进行增强，改善了传统方法的增强性能。②特别地，针对高分辨极化 SAR 图像人造目标的对比增强问题，提出了一种基于改善极化相似性的增强方法。该方法综合利用 Huynen 分解、极化方位角提取及方位角归零化等处理手段，克服了传统增强方法难以对高分辨极化 SAR 图像人造目标进行增强的局限性，增强结果更有利于后续的人造目标检测及提取等处理。

其次，研究了极化 SAR 图像人造目标提取问题，提出了相应的人造目标提取方法。具体内容如下：①阐述了传统基于散射机理分类的人造目标提取方法的处理策略，利用实测数据分析了其在提取准确性及完整性等方面存在的不足。②针对传统方法的不足，分别引入了频谱相干性和极化通道相关性特征指导人造目标的提取，提出了两种人造目标提取新方法——基于散射机理分类与频谱相干性分析的方法、基于散射机理分类与方位对称性判决的方法。利用全极化 SAR 实测数据的实验结果表明：利用两种方法都可以获得比传统方法更为完整和准确的人造目标 ROI 提取结果。③基于散射机理分类与频谱相干性分析提取出了确定性人造目标点。直接基于散射矩阵对此类像素点的结构类型进行判别，并提取其极化方位角参数，验证了基于散射机理分类与频谱相干性分析进行人造目标直接解译的可行性。

参考文献

[1] 杨健，彭应宁．相对最优极化的最新进展［J］．遥感技术与应用，2005，20（1）：38-41.

[2] 戴博伟．多极化合成孔径雷达系统与极化信息处理研究［D］．北京：中国科学院电子学研究所，2000.

[3] YANG J，DONG G W，PENG Y N，et al. Generalized optimization of polarimetric contrast enhancement［J］．IEEE Geoscience and Remote Sensing Letters，2004，1（3）：171-174.

[4] IOANNIDIS G，HAMMERS D. Optimum antenna polarizations for target discrimination in clutter［J］．IEEE Transactions on Antennas and Propagation，1979，27（3）：357-363.

[5] 庄钊文，肖顺平，王雪松．雷达极化信息处理及其应用［M］．北京：国防工业出版社，1999.

[6] YANG J，YAMAGUCHI Y，BOERNER W M，et al. Numerical methods for solving the optimal problem of contrast enhancement［J］．IEEE Transactions on Geoscience and Remote Sensing，2000，38（2）：965-971.

[7] SWARTZ A A，YUEH H A，KONG J A. Optimal polarizations for achieving maximum contrast in radar images［J］．Journal of Geophysical Research，1988，93（B12）：15252-15260.

[8] KOSTINSKI A B，BOERNER W M. On the polarimetric contrast optimization［J］．IEEE Transactions on Antennas and Propagation，1987，35（8）：988-991.

[9] 徐牧，肖顺平，王雪松．一种基于样本筛选的极化 SAR 图像目标对比增强新方法［J］．中国图象图形学报，2009，14（11）：2230-2236.

[10] 王雪松．宽带极化信息处理的研究［D］．长沙：国防科学技术大学，1999.

[11] LEE J S，GRUNES M R，AINSWORTH T L，et al. Unsupervised classification using polarimetric decomposition and the complex Wishart classifier［J］．IEEE Transactions on Geoscience and Remote Sensing，1999，37（5）：2249-2258.

[12] SCHOU J，SKRIVER H，NIELSEN A A，et al. CFAR edge detector for polarimetric SAR images［J］．IEEE Transactions on Geoscience and Remote Sensing，2003，41（1）：20-32.

[13] CLOUDE S R，POTTIER E. A review of target decomposition theorems in radar polarimetry［J］．IEEE Transactions on Geoscience and Remote Sensing，1996，34（2）：498-518.

[14] FREEMAN A，DURDEN S L. A three-component scattering model for polarimetric SAR data［J］．IEEE Transactions on Geoscience and Remote Sensing，1998，36（3）：963-973.

[15] CLOUDE S R，POTTIER E. An entropy based classification scheme for land applications of polarimetric SAR［J］．IEEE Transactions on Geoscience and Remote Sensing，1997，35（1）：68-78.

[16] LEE J S, GRUNES M R, POTTIER E, et al. Unsupervised terrain classification preserving polarimetric scattering characteristics [J]. IEEE Transactions on Geoscience and Remote Sensing, 2004, 42 (4): 722-731.

[17] MORIYAMA T, URATSUKA S, UMEHARA T, et al. A study on extraction of urban areas from polarimetric synthetic aperture radar image [C]//Proceedings of the 2004 IEEE International Geoscience and Remote Sensing Symposium (IGARSS 2004). 2004, 1: 703-706.

[18] VAN ZYL J J. Unsupervised classification of scattering behavior using radar polarimetry data [J]. IEEE Transactions on Geoscience and Remote Sensing, 1989, 27 (1): 36-45.

[19] CONRADSEN K, NIELSEN A, SCHOU J, et al. A test statistic in the complex Wishart distribution and its application to change detection in polarimetric SAR data [J]. IEEE Transactions on Geoscience and Remote Sensing, 2003, 41 (1): 4-19.

[20] 高贵. SAR 图像目标 ROI 自动获取技术研究 [D]. 长沙：国防科学技术大学，2007.

[21] 黄培康，殷红成，许小剑. 雷达目标特性 [M]. 北京：电子工业出版社，2005.

[22] 徐牧，王雪松，肖顺平. 基于改善极化相似性的极化 SAR 目标增强新方法 [J]. 电子与信息学报，2008，30 (5)：1047-1051.

[23] LEE J S, KROGAGER E, AINSWORTH T L, et al. Polarimetric analysis of radar signature of a manmade structure [J]. IEEE Geoscience and Remote Sensing Letters, 2006, 3 (4): 555-559.

[24] LEE J S, SCHULER D L, AINSWORTH T L. Polarimetric SAR data compensation for terrain azimuth slope variation [J]. IEEE Transactions on Geoscience and Remote Sensing, 2000, 38 (5): 2153-2163.

[25] POTTIER E, LEE J S. Unsupervised classification scheme of polar images based on the complex Wishart distribution and the H/A/α polarimetric decomposition theorem [C]// Proceedings of the EUSAR2000, Munich, Germany, 2000: 265-268.

[26] GUILLASO S, FERRO-FAMIL L, REIGBER A, et al. Building characterization using L-band polarimetric interferometric SAR data [J]. IEEE Geoscience and Remote Sensing Letters, 2005, 2 (3): 347-351.

[27] 徐牧，王雪松，肖顺平. 基于散射机理分类与频谱相关性分析的极化 SAR 人造目标鉴别 [J]. 信号处理，2009，25 (3)：412-417.

[28] SOUYRIS J C, HENRY C, ADRAGNA F. On the use of complex SAR image spectral analysis for target detection: assessment of polarimetry [J]. IEEE Transactions on Geoscience and Remote Sensing, 2003, 41 (12): 2725-2734.

[29] SCHNEIDER R Z, PAPATHANASSIOU K P, HAJNSEK I, et al. Polarimetric and interferometric characterization of coherent scatterers in urban areas [J]. IEEE Transactions on Geoscience and Remote Sensing, 2006, 44 (4): 971-984.

[30] 孙即祥. 数字图像处理 [M]. 石家庄：河北教育出版社，1993.

[31] 章毓晋. 图像工程（上册）：图像处理和分析 [M]. 北京：清华大学出版社，1999.

[32] NOVAK L M, HALVERSEN S D, OWIRAK G J, et al. Effects of polarization and resolution on the performance of a SAR automatic target recognition system [J]. Lincoln Laboratory Journal, 1995, 8 (1): 49-67.
[33] WANIELIK G, STOCK D J R. Measured scattering-matrix-data and a polarimetric CFAR-detector which works on this data [C]//Proceedings of the IEEE International Radar Conference, 1990: 514-519.
[34] 徐牧，王雪松，肖顺平，等. 基于散射机理分类与方位对称性判决的极化 SAR 人造目标提取 [J]. 国防科技大学学报，2008 (5): 68-72.
[35] YAMNAGUCHI Y, MORIYAMA T, ISHIDO M, et al. Four-component scattering model for polarimetric SAR image decomposition [J]. IEEE Transactions on Geoscience and Remote Sensing, 2005, 43 (8): 1699-1706.

第7章

极化雷达超分辨成像和目标几何特征反演

由第6章内容可知，极化SAR/ISAR图像经过极化对比增强和目标检测之后，可以大致获得感兴趣的目标区域即ROI。随着高分辨全极化雷达成像技术的发展和目标识别技术的发展，人们不仅要求获得ROI信息，而且要求能够在ROI的基础上进一步获得目标的更多细节：形状、轮廓、散射中心、极化细节等。几何结构作为雷达目标的本质属性之一，它对目标的描述更加贴近人类视觉系统的感知方式[1]。用熟知的几何形状表征目标体上的主要散射结构，并以此大致推测出目标的外形轮廓，有利于借助人的视觉生活经验对目标属性做出准确判别。雷达目标几何结构反演是雷达信息处理长期追求的目标，对于自动目标识别或目标解译都具有重要意义，是极具挑战性和实用性的前沿课题[2]。在此背景下，本章着重研究如下两个问题：一是极化SAR/ISAR超分辨成像与目标特征提取；一是基于极化空频特征的目标几何特征反演。

7.1 极化雷达超分辨成像与目标特征提取

第4章和第5章研究了雷达目标的一维全极化散射中心特征提取问题，一个自然的想法就是能不能把它们推广用于二维的极化SAR/ISAR超分辨成像与目标特征提取，答案是肯定的，但却不是那么显然。这是因为二维谱估计是一个正在起步的研究领域，尽管某些谱估计方法可以自然地扩展到二维，但很多方法是不行的[3]。其主要原因在于一维和二维的离散系统理论是有差别的，关键的差别是离散二维系统的数学描述远远不及一维系统那么完善；另一个差别是二维系统比一维系统有更多的自由度[4]。本章主要研究全极化SAR/ISAR的超分辨成像与目标二维散射中心特征提取。具体内容安排如下：

7.1.1节针对全极化ISAR体制，从原始数据域出发，首先建立能够精确描述光学区雷达目标极化散射的二维相干极化几何绕射理论（2D CP-GTD）

模型，提出基于2D CP-GTD模型的全极化ISAR超分辨成像方法，在此基础上实现了目标二维全极化散射中心特征提取，有效解决了多极化通道条件下难以提取散射中心的相干极化特性信息的难题。

7.1.2节从PolSAR复图像数据域出发，推导出基于二维相干极化散射中心模型的PolSAR超分辨成像及散射中心特征提取方法。该方法选择从感兴趣区域（ROI）检测之后的PolSAR复图像域出发，避开了PolSAR原始数据计算量大的困难，巧妙地将ESPRIT方法拓广用于极化雷达的超分辨成像，解决了二维散射中心位置关联、相干极化散射矩阵同时估计等一系列难题。以上两种方法都避免了常规多极化分通道处理方法中散射中心的数目、位置、极化等特征参数的关联和配准等操作，能实现相干极化散射矩阵元素的同时估计，有效解决了二维成像中多极化通道条件下高分辨相干极化特征的提取难题。利用仿真数据、暗室测量数据和实测PolSAR复图像数据的实验结果，验证了以上两种方法的正确性。此外，文中还考虑了极化色噪声情况，给出了对应的极化白化处理方案。

7.1.3节推导给出了全极化二维散射中心特征参数估计的极限性能分析，并分析了各类参数的估计性能与雷达参数、目标极化、杂波极化等因素之间的关系。

7.1.1 基于二维CP-GTD模型的极化ISAR超分辨成像与特征提取

7.1.1.1 极化ISAR成像的二维CP-GTD信号模型

不考虑目标平动的影响，ISAR的原始回波实际上可用“角度-频率域”二维信号来表征。极化ISAR是指进行正交双通道同时或分时发射，并且进行正交双通道同时接收的ISAR成像雷达系统。不失一般性，设正交极化分别为水平极化H和垂直极化V。考虑相干极化GTD模型，可知目标的散射回波可表征为

$$\boldsymbol{E}^{\mathrm{sc}} = \sum_{i=1}^{d} \exp(-\mathrm{j}2kr_i)\left(\mathrm{j}\frac{k}{k_{\mathrm{c}}}\right)^{\alpha_i} \boldsymbol{S}_i \boldsymbol{E}^{\mathrm{in}} \tag{7.1}$$

即

$$\begin{bmatrix} E_{\mathrm{H}}^{\mathrm{sc}}(f,\theta) \\ E_{\mathrm{V}}^{\mathrm{sc}}(f,\theta) \end{bmatrix} = \sum_{i=1}^{d} \left(\mathrm{j}\frac{k}{k_{\mathrm{c}}}\right)^{\alpha_i} \exp(-\mathrm{j}2kr_i) \begin{bmatrix} s_{i,\mathrm{HH}}(f,\theta) & s_{i,\mathrm{HV}}(f,\theta) \\ s_{i,\mathrm{VH}}(f,\theta) & s_{i,\mathrm{VV}}(f,\theta) \end{bmatrix} \begin{bmatrix} E_{\mathrm{H}}^{\mathrm{in}}(f,\theta) \\ E_{\mathrm{V}}^{\mathrm{in}}(f,\theta) \end{bmatrix} \tag{7.2}$$

其中：$\boldsymbol{E}^{\text{in}}$表示入射信号，$\boldsymbol{E}^{\text{in}}=\begin{bmatrix}E_{\text{H}}^{\text{in}}(f,\theta)\\E_{\text{V}}^{\text{in}}(f,\theta)\end{bmatrix}$；$E_{\text{H}}^{\text{in}}$、$E_{\text{V}}^{\text{in}}$ 分别为入射信号的水平极化分量、垂直极化分量；$\boldsymbol{E}^{\text{sc}}$为目标散射信号；$\boldsymbol{S}_i$ 为目标第 i 个散射中心的散射矩阵，$\boldsymbol{S}_i=\begin{bmatrix}s_{i,\text{HH}}(f,\theta) & s_{i,\text{HV}}(f,\theta)\\ s_{i,\text{VH}}(f,\theta) & s_{i,\text{VV}}(f,\theta)\end{bmatrix}$；$s_{i,pq}$为目标第 i 个散射中心在 q 发射极化 p 接收极化组态下的复散射系数；k 为波数，$k=\dfrac{2\pi}{\lambda}$，λ 为波长；k_{c} 为中心波数；d 为目标散射中心数目；f 为信号频率；θ 为目标相对于雷达的姿态角。

不难得出，全极化 ISAR 的各通道回波可表示为

$$x_{pq}(f,\theta)=\sum_{i=1}^{d}\left(\text{j}\frac{k}{k_{\text{c}}}\right)^{\alpha_i}s_{i,pq}(f,\theta)\exp(-\text{j}2k(x_i\cos\theta+y_i\sin\theta))+u_{pq}(f,\theta) \tag{7.3}$$

式中：$p,q=\text{H}$ 或 V；$u_{pq}(f,\theta)$表示在单极化条件下的测量噪声。

在较小转角目标成像条件下，可以忽略目标上各散射中心散射矩阵随雷达观测姿态的变化，即认为 $\boldsymbol{S}$ 在成像期间保持不变，式（7.3）简化为

$$x_{pq}(f,\theta)=\sum_{i=1}^{d}\left(\text{j}\frac{k}{k_{\text{c}}}\right)^{\alpha_i}s_{i,pq}\exp(-\text{j}2k(x_i\cos\theta+y_i\sin\theta))+u_{pq}(f,\theta) \tag{7.4}$$

经过 Stolt 插值处理[5]，Stolt 插值的实现过程如图 7.1 所示，将扇形采样数据变成矩形采样，即

$$k^x=k\cos\theta,\quad k^y=k\sin\theta \tag{7.5}$$

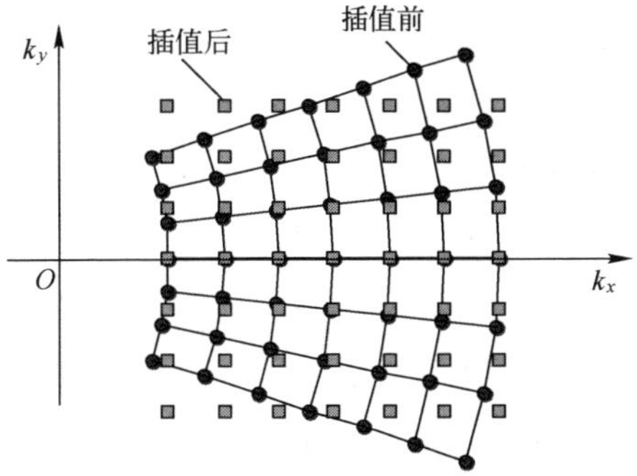

图 7.1　波数域 Stolt 插值示意图

可得到二维 CP-GTD 模型的波数域均匀采样为

$$x_{pq}(k_m^x,k_n^y)=\sum_{i=1}^{d}\left(\mathrm{j}\frac{k}{k_\mathrm{c}}\right)^{\alpha_i}S_{pq}^i\exp(-\mathrm{j}2(k_m^x x_k+k_n^y y_k))+u_{pq}(k_m^x,k_n^y) \tag{7.6}$$

$$m=1,2,\cdots,M;n=1,2,\cdots,N$$

将式（7.6）写成矩阵形式为

$$\boldsymbol{z}=\boldsymbol{A}\boldsymbol{s}+\boldsymbol{u} \tag{7.7}$$

式中：$\boldsymbol{z}$ 为 $MN\times3$ 维矩阵，对应全极化测量信息；$\boldsymbol{A}$ 为 $MN\times d$ 维导向矢量矩阵，对应目标散射中心的位置信息；$\boldsymbol{s}$ 为 $d\times3$ 维矩阵，对应目标散射中心的极化散射矩阵信息；$\boldsymbol{u}$ 为 $MN\times3$ 维测量噪声矩阵。它们具体表示形式如下：

$$\boldsymbol{z}=[\boldsymbol{x}_\mathrm{HH}\quad \boldsymbol{x}_\mathrm{HV}\quad \boldsymbol{x}_\mathrm{VV}] \tag{7.8}$$

$$\boldsymbol{A}=[\boldsymbol{a}(\alpha_1,x_1,y_1)\quad \boldsymbol{a}(\alpha_2,x_2,y_2)\quad \cdots\quad \boldsymbol{a}(\alpha_d,x_d,y_d)] \tag{7.9}$$

$$\boldsymbol{s}=[\boldsymbol{s}_\mathrm{HH}\quad \boldsymbol{s}_\mathrm{HV}\quad \boldsymbol{s}_\mathrm{VV}] \tag{7.10}$$

式中：$\boldsymbol{x}_{pq}$为单极化条件下的测量信息的矢量展开形式；$\boldsymbol{a}(\alpha_i,x_i,y_i)$为第 i 个散射中心对应的导向矢量；$\boldsymbol{s}_{pq}$为单极化条件下的目标散射信息。具体表示形式如下：

$$\boldsymbol{x}_{pq}=[x_{pq}(1,1),x_{pq}(2,1),\cdots,x_{pq}(M,1),x_{pq}(1,2),\cdots,x_{pq}(M,N)]^\mathrm{T} \tag{7.11}$$

$$\begin{aligned}\boldsymbol{a}(\alpha_i,x_i,y_i)=&\begin{bmatrix}\left(\frac{\mathrm{j}\sqrt{(k_1^x)^2+(k_1^y)^2}}{k_\mathrm{c}}\right)^{\alpha_i} & 0 & \cdots & 0\\ 0 & \left(\frac{\mathrm{j}\sqrt{(k_2^x)^2+(k_1^y)^2}}{k_\mathrm{c}}\right)^{\alpha_i} & \cdots & 0\\ \vdots & \vdots & & \vdots\\ 0 & 0 & \cdots & \left(\frac{\mathrm{j}\sqrt{(k_M^x)^2+(k_N^y)^2}}{k_\mathrm{c}}\right)^{\alpha_i}\end{bmatrix}\\ &\begin{bmatrix}\exp[-\mathrm{j}2(k_1^x x_i+k_1^y y_i)]\\ \exp[-\mathrm{j}2(k_2^x x_i+k_1^y y_i)]\\ \vdots\\ \exp[-\mathrm{j}2(k_M^x x_i+k_N^y y_i)]\end{bmatrix}\\ &\triangleq\boldsymbol{G}(\alpha_i)\boldsymbol{b}(x_i,y_i)\end{aligned} \tag{7.12}$$

$$\boldsymbol{s}_{pq}=[s_{1,pq}\quad s_{2,pq}\quad \cdots\quad s_{d,pq}]^\mathrm{T} \tag{7.13}$$

值得指出的是，2D CP-GTD 模型并非常规 GTD 模型的简单拓展，其与既有模型不同之处在于其认为每个散射中心具有唯一的相干极化散射矩阵，并将全极化散射作为一个整体进行建模，换言之，散射矩阵和位置、类型、强度等参数一样，自然地成为散射中心的固有特征参数，从而避免了对多个极化通道应用常规 GTD 方法进行参数估计时的散射中心不能配准，从而导致不能准确估计极化相干散射矩阵的缺陷。它的优点在于能够精确描述光学区雷达目标的极化散射机理，结合了 GTD 模型和相干极化散射模型的优点，能完整地给出雷达目标的高分辨极化散射特性，这一点将在下面两小节中得到证实。

7.1.1.2　基于 2D MP-MUSIC 方法的极化 ISAR 超分辨成像与特征提取方法

7.1.1.1 节建立了雷达目标的极化 ISAR 成像的二维 CP-GTD 信号模型，这里将第 6 章的一维改进的极化多重信号分类方法（MP-MUSIC）进行推广，得到基于二维 CP-GTD 模型的极化 ISAR 超分辨成像与特征提取（2D MP-MUSIC）方法，实现对各散射中心的数目、空间位置、类型因子、极化散射矩阵等特征的精确提取。下面给出具体的算法。

设全极化测量信号的协方差矩阵 $\boldsymbol{R}_{zz}=E(\boldsymbol{z}\boldsymbol{z}^{\mathrm{H}})$ 和散射中心数目 d 均已知，则对 $\boldsymbol{R}_{zz}$ 进行特征分解，有

$$\boldsymbol{R}_{zz}=\sum_{k=1}^{MN}\lambda_k\boldsymbol{u}_k\boldsymbol{u}_k^{\mathrm{H}} \tag{7.14}$$

将特征值按降序排列，即 $\lambda_1\geqslant\lambda_2\geqslant\cdots\geqslant\lambda_{MN}$，那么前 d 个特征值对应的特征矢量就组成了信号子空间，即 $\boldsymbol{U}_{\mathrm{S}}=\mathrm{span}\{\boldsymbol{u}_1,\boldsymbol{u}_1,\cdots,\boldsymbol{u}_d\}$，其余特征矢量则张成噪声子空间，即 $\boldsymbol{U}_N=\mathrm{span}\{\boldsymbol{u}_{d+1},\boldsymbol{u}_{M+2},\cdots,\boldsymbol{u}_{MN}\}$。

定义目标的 2D MP-MUSIC 谱为

$$P_{\mathrm{2D\ MP\text{-}MUSIC}}(\alpha,x,y)=\frac{\boldsymbol{a}(\alpha,x,y)^{\mathrm{H}}\boldsymbol{a}(\alpha,x,y)}{\boldsymbol{a}(\alpha,x,y)^{\mathrm{H}}\boldsymbol{U}_N\boldsymbol{U}_N^{\mathrm{H}}\boldsymbol{a}(\alpha,x,y)} \tag{7.15}$$

从理论上讲，通过三维谱峰搜索，可得到全极化条件下散射中心的二维位置 x、y 和类型因子 α 的精确估计，不过这样搜索的计算量会比较大。大量仿真结果表明，散射中心的类型因子的估计偏差对散射中心位置估计的影响可以忽略，值得指出的是这一结论和以前学者的研究结论是一致的。因此，可以先通过搜索 2D P-MUSIC 谱来确定散射中心位置参数，即

$$P_{\mathrm{2D\ P\text{-}MUSIC}}(x,y)=\frac{\boldsymbol{b}^{\mathrm{H}}(x,y)\boldsymbol{b}(x,y)}{\boldsymbol{b}^{\mathrm{H}}(x,y)\boldsymbol{U}_N\boldsymbol{U}_N^{\mathrm{H}}\boldsymbol{b}(x,y)} \tag{7.16}$$

在搜索 (x,y) 时，可采取先粗略搜索，得到散射中心大致位置之后，而后根据此位置进行局部精确搜索，得到散射中心位置的精确估计。确定 $(\hat{x},\hat{y})$

后，只需再对类型参数进行离散搜索即可。当 α 估计与位置为 $(\hat{x},\hat{y})$ 处的散射中心一致时，信号模式矢量在噪声子空间上投影的倒数最大，由此可判断当前散射中心的类型，即

$$P(\alpha|(\hat{x}_i,\hat{y}_i))=\frac{\boldsymbol{b}^{\mathrm{H}}(\hat{x}_i,\hat{y}_i)\boldsymbol{G}^{\mathrm{H}}(\alpha)\boldsymbol{G}(\alpha)\boldsymbol{b}(\hat{x}_i,\hat{y}_i)}{\boldsymbol{b}^{\mathrm{H}}(\hat{x}_i,\hat{y}_i)\boldsymbol{G}^{\mathrm{H}}(\alpha)\boldsymbol{U}_N\boldsymbol{U}_N^{\mathrm{H}}\boldsymbol{G}(\alpha)\boldsymbol{b}(\hat{x}_i,\hat{y}_i)} \tag{7.17}$$

在得到全极化条件下每个散射中心的位置和类型因子之后，后面的散射矩阵等特征参数的估计就可以采取和 2.3 节 P-MUSIC 方法一样的操作，所不同的只是这里需要式（7.12）和式（7.9）构造出导向矢量矩阵的估计 $\hat{\boldsymbol{A}}$，进而由式（7.7）得到各散射中心的极化散射矩阵的最小二乘解，即

$$\hat{\boldsymbol{s}}=(\hat{\boldsymbol{A}}^{\mathrm{H}}\hat{\boldsymbol{A}})^{-1}\hat{\boldsymbol{A}}\boldsymbol{z} \tag{7.18}$$

显然，上述方法中，散射中心数目和全极化协方差矩阵 $\boldsymbol{R}_{zz}$ 都需要估计。散射中心数目估计仍然采用常用的盖氏盘方法[6]，参见 4.3.2 节，不再赘述。为估计协方差矩阵，需要将全极化数据矩阵划分为若干子阵。值得注意的是，这里是对二维矩阵的分块平滑。划分方法如图 7.2 所示，图中每一项 $Y_{(i,j)}$ 代表全极化测量的一个三维矢量，$Y_{(i,j)}=[x_{\mathrm{HH}}(i,j)\quad x_{\mathrm{HV}}(i,j)\quad x_{\mathrm{VV}}(i,j)]$。

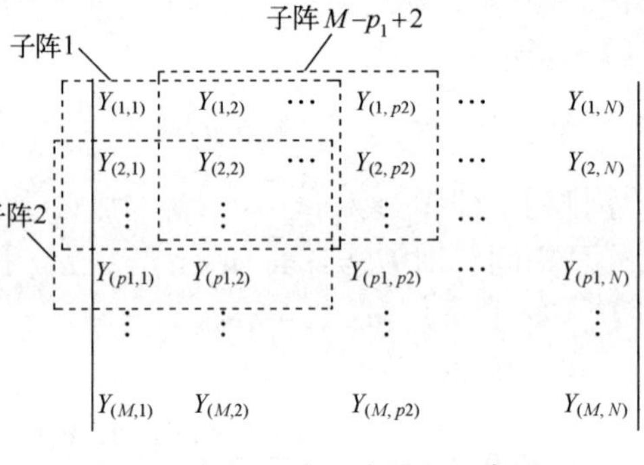

图 7.2 数据矩阵子阵划分示意图

对每一子阵数据进行列展开操作，并将展开后排成如下 $\boldsymbol{z}_k$ 的形式（以第一个子阵为例）：

$$\boldsymbol{z}_1=\begin{bmatrix} x_{\mathrm{HH}}(1,1) & x_{\mathrm{HH}}(2,1) & \cdots & x_{\mathrm{HH}}(p_1,1) & x_{\mathrm{HH}}(1,2) & \cdots & x_{\mathrm{HH}}(p_1,p_2) \\ x_{\mathrm{HV}}(1,1) & x_{\mathrm{HV}}(2,1) & \cdots & x_{\mathrm{HV}}(p_1,1) & x_{\mathrm{HV}}(1,2) & \cdots & x_{\mathrm{HV}}(p_1,p_2) \\ x_{\mathrm{VV}}(1,1) & x_{\mathrm{VV}}(2,1) & \cdots & x_{\mathrm{VV}}(p_1,1) & x_{\mathrm{VV}}(1,2) & \cdots & x_{\mathrm{VV}}(p_1,p_2) \end{bmatrix}^{\mathrm{T}} \tag{7.19}$$

考虑 CP-GTD 模型中导向矢量的色散特征，改进的空间平滑处理方法（MSSP）会消除散射中心类型对信号模式的影响，这里也选取单向的后向平

滑算法，并对最终散射中心类型估计进行取负号的修正处理。

$$\hat{\boldsymbol{R}}_{zz}=\frac{1}{N_{\mathrm{BP}}}\sum_{k=1}^{N_{\mathrm{BP}}}(\boldsymbol{J}\hat{\boldsymbol{R}}_k^*\boldsymbol{J}) \tag{7.20}$$

式中：$N_{\mathrm{BP}}=(M-p_1+1)\times(N-p_2+1)$，$\hat{\boldsymbol{R}}_k=\boldsymbol{z}_k\boldsymbol{z}_k^{\mathrm{H}}$，是图 7.2 所示的第 k 个 $p_1p_2\times3$ 维的测量数据矩阵。

值得指出的是，为了使散射系数矢量的最小二乘解唯一，要求$\hat{\boldsymbol{A}}^{\mathrm{H}}\hat{\boldsymbol{A}}$非奇异，即要求 $p_1p_2>d$。

7.1.1.3　实验结果与性能评估

为评估本书所提出的极化 ISAR 超分辨成像与特征提取算法的性能，选取传统 FFT 方法和常规 GTD 方法作为对照。后两种方法都是先在每个极化通道单独进行散射中心提取，之后进行多极化散射中心关联，将关联后的各通道散射系数集合在一起作为该散射中心的极化散射矩阵估计。依然选取非相干参数的估计精度和相干参数的估计精度作为评估指标，不过这里的位置参数变成了二维位置，即

$$\sigma(r)=\sqrt{E[(r-\hat{r})^2]}=\sqrt{E[(x-\hat{x})^2+(y-\hat{y})^2]} \tag{7.21}$$

其余评估指标定义与同 4.3 节类似，不再赘述。

1. 仿真实验与性能评估

设定一个具有 8 个散射中心的目标，散射结构如图 7.5 所示，目标尺寸为 6m×8m，仿真起始频率为 8.75GHz，频率步进为 10MHz，频点数为 32，即发射信号带宽 310MHz，成像期间目标相对雷达转角 1.97°，$p_1=5$，$p_2=5$，仿真次数为 1000，信噪比为 25dB，其中信噪比定义为目标强度与噪声强度之比，即 $\mathrm{SNR}=10\lg\left(\frac{\mathrm{span}\{\boldsymbol{S}\}}{4\times\sigma^2}\right)$。

图 7.3 给出了常规 FFT 方法的极化 ISAR 成像结果，图 7.4 给出了本书方法进行极化 ISAR 超分辨成像结果，图 7.5 给出了在极化超分辨基础上估计的散射中心位置与真值设置的对比情况。从图 7.3、图 7.4、图 7.5 的结果可以看出，常规 FFT 进行各极化通道的 ISAR 成像分辨率很差，成像结果中旁瓣效应很明显，以此为基础提取的散射中心的散射矩阵显然不能正确反映目标的极化特性，而且常规 FFT 处理也无法实现散射中心类型和相干极化散射矩阵的估计。而极化 ISAR 超分辨成像方法使得各极化通道均能达到很高的分辨率，并且能准确地估计出各散射中心的位置、类型以及相干极化散射矩阵等信息。

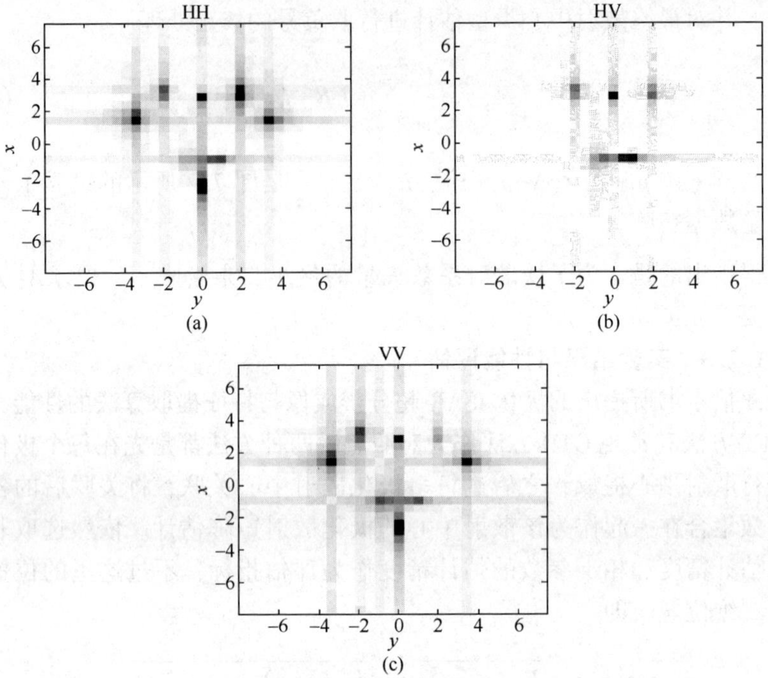

图 7.3　常规 FFT 方法的 ISAR 成像结果

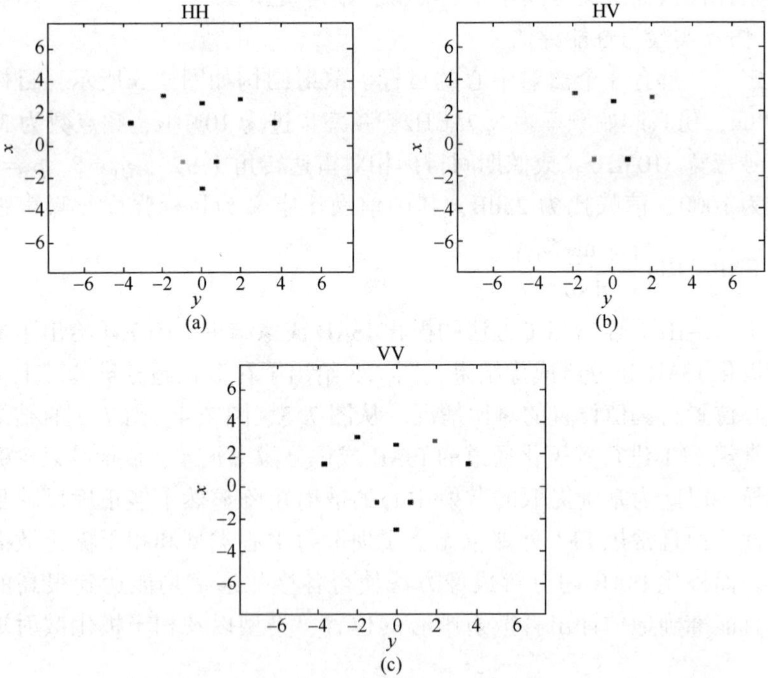

图 7.4　基于二维 CP-GTD 模型的全极化 ISAR 超分辨成像结果

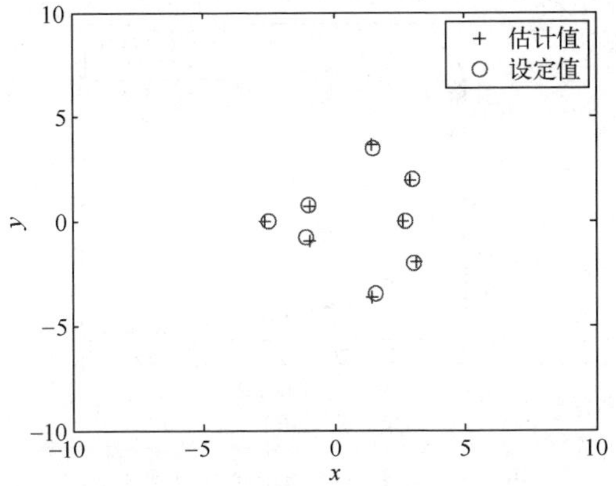

图 7.5　基于二维 CP-GTD 模型的全极化 ISAR 超分辨的散射点位置分布

图 7.6 和图 7.7 分别给出了本书的二维 CP-GTD 方法和常规 GTD 方法在非相关性指标和相关性指标在不同信噪比下的评估结果对比。从图中可以得出如下结论：①无论是在非相干性指标方面还是相干性指标方面，CP-GTD 方法均优于常规 GTD 方法。在相干性指标方面，CP-GTD 方法远远优于常规 GTD 方法。在 15dB 信噪比条件下，CP-GTD 方法的共极化通道相位差的估计误差很小，而常规 GTD 方法给出的共极化通道相位差的估计误差起伏很大。常规 GTD 方法要实现准确估计相干极化散射矩阵，信噪比至少要达到 35dB，而应用 CP-GTD 方法，即使在信噪比下降至 10dB 时，估计出的散射矩阵相关性依然能得到保证。可见，常规 GTD 方法估计出的散射矩阵的相关性遭到了严重破坏，这表明即便在其他非相干参数估计较准确的情况下，应用常规 GTD 模型以及由此得到的极化散射矩阵估计仍然是不可用的。②准确估计散射中心位置、类型、散射强度等参数所需要的信噪比是不一样的。总体而言，要估计散射中心类型所需要的信噪比更高。

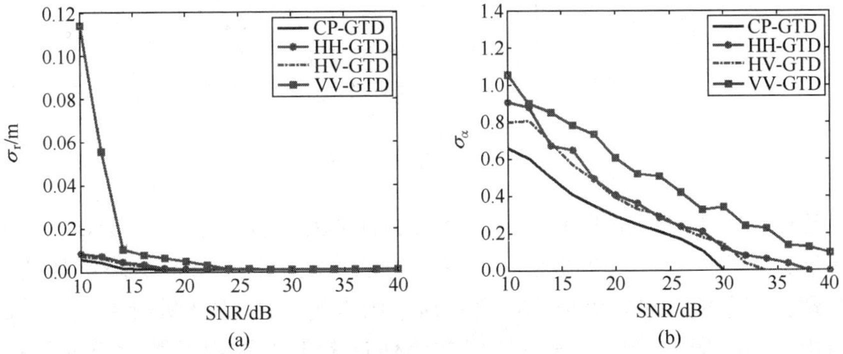

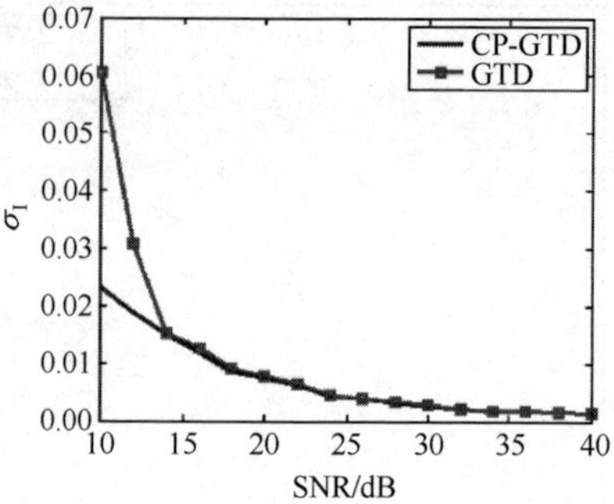

(c)

图 7.6　非相关性指标评估结果对比

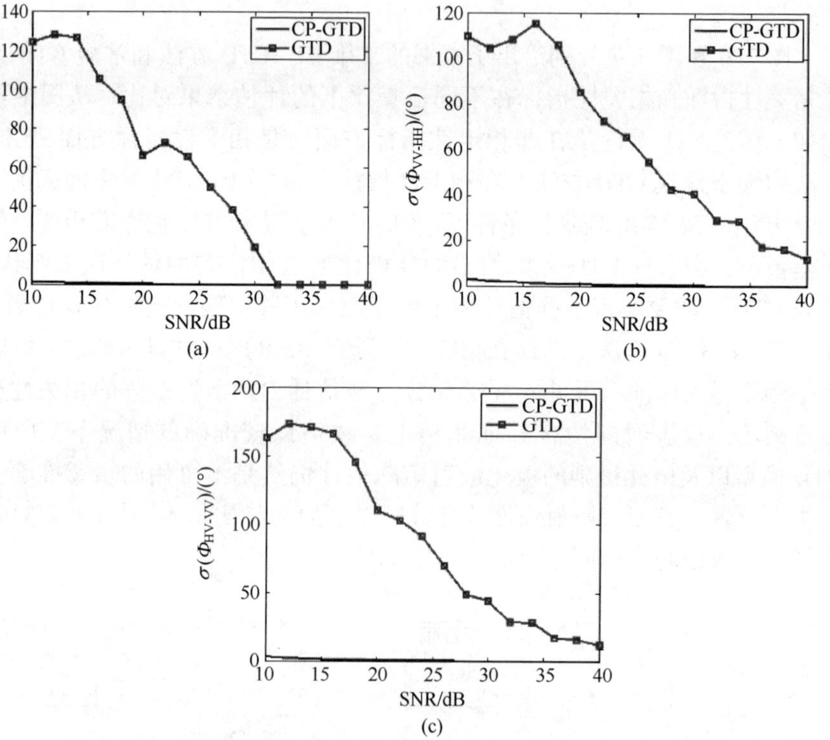

(c)

图 7.7　相关性指标评估结果对比

这些结果进一步证明了 CP-GTD 模型并非对单极化条件下 GTD 模型的简单拓展，基于 CP-GTD 的散射中心提取方法本质上是一种高分辨和极化的联合处理，它避免了对多个极化通道分别应用常规 GTD 方法进行参数估计时的散射中心不能配准，从而导致不能准确估计散射中心相干散射矩阵的缺陷。

需要指出的是，在 CP-GTD 方法估计协方差矩阵时，以及进行全极化二维 MUSIC 谱搜索时，都用到了全极化信息，提高了信噪比，这对于准确估计散射点数目、位置以及其他参数都是有益的；此外，CP-GTD 方法只涉及一个全极化的协方差矩阵，只作一次矩阵分解，因此其特征提取的速度较各通道单独处理时更快，效率更高。

2. 实测数据的超分辨和特征提取结果

图 7.8 给出了利用本书方法的暗室实测数据的全极化散射中心提取结果。目标是某弹头模型（模型照片、详细几何尺寸结构详见本书第 4 章），起始频率为 8.75GHz，频率步进为 20MHz，频点数为 101，俯仰角是 15°，方位转角是 0°，$p_1=5$，$p_2=5$。图 7.9 给出了该弹头的 2D P-MUSIC 谱，图 7.10 给出了该弹头的 2D CP-GTD 极化 ISAR 超分辨成像结果。从图中可以看出，极化 ISAR 超分辨成像结果可以准确反映目标的长度、宽度乃至外形几何结构：该弹头目标一共存在 8 个散射中心，即头部（弹头鼻锥）1 个、中部 4 个、尾部 3 个；提取的 GTD 类型因子，如头部的球形散射、中部的圆柱体散射以及尾

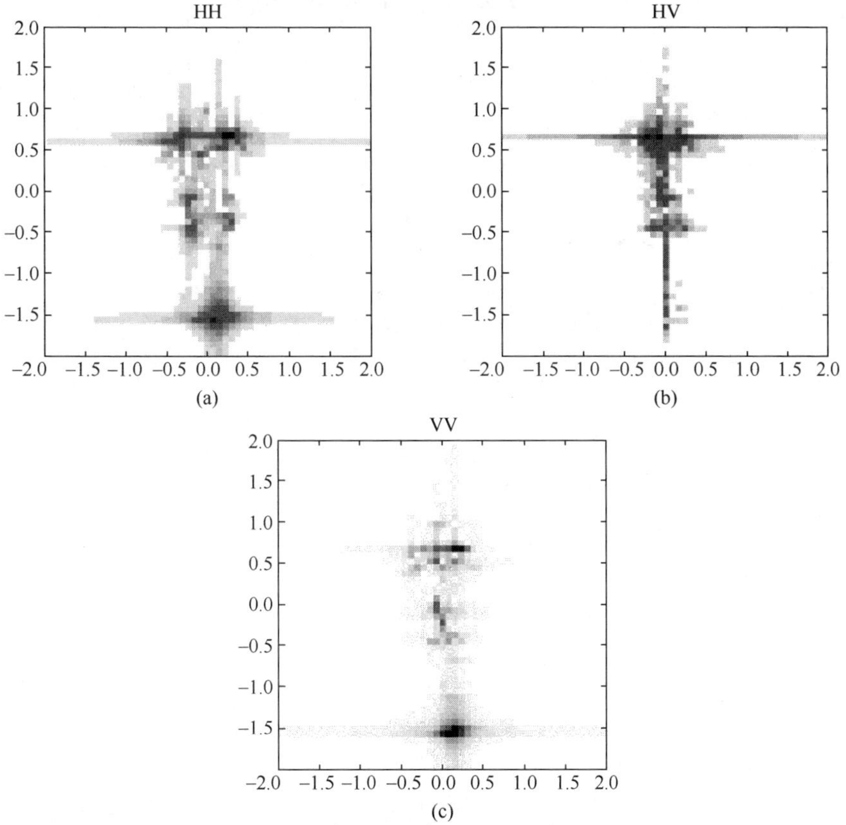

图 7.8　某弹头的常规 FFT 成像结果

部的角散射和边缘散射机理等，都与实际目标模型的结构特性吻合得很好。限于篇幅，这里不再给出每一个散射中心的散射矩阵和类型因子的详细结果。上述结果进一步验证了极化超分辨成像在雷达目标识别领域的应用价值[7]，也表明了根据极化超分辨特征提取进行目标几何结构反演的潜力。

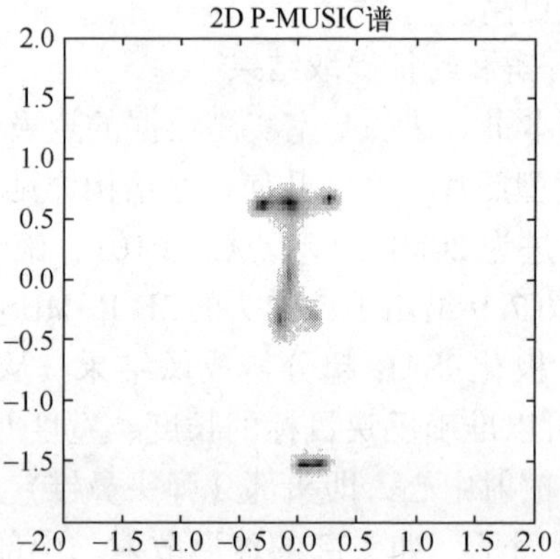

图 7.9　某弹头的 2D P-MUSIC 谱图

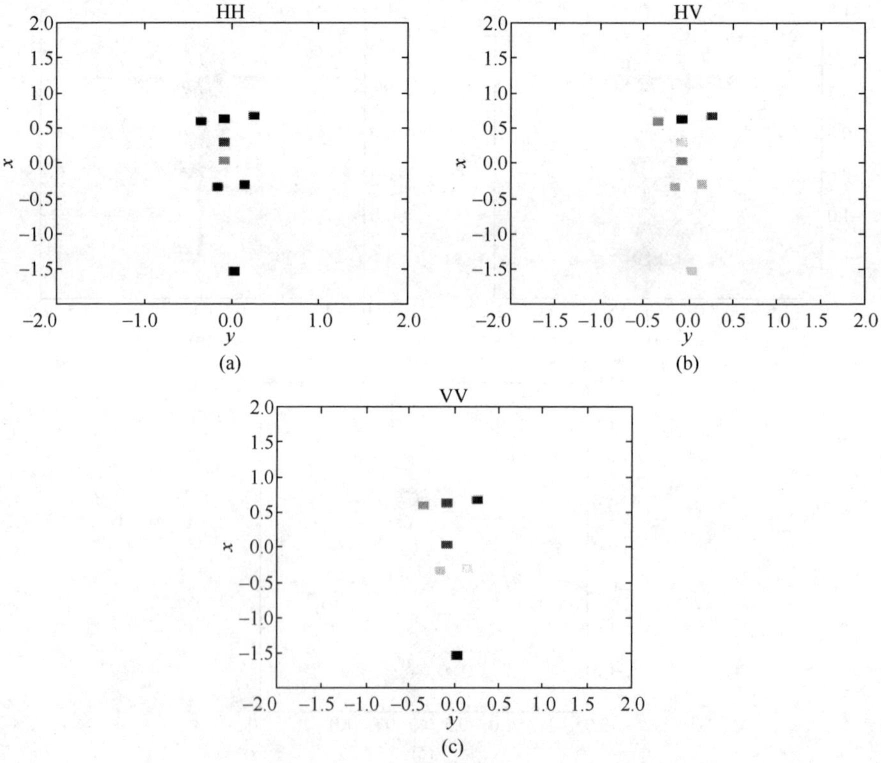

图 7.10　某弹头的极化 ISAR 超分辨结果

针对全极化 ISAR 成像雷达体制，本节建立了能够精确描述雷达目标高频电磁极化散射的二维 CP-GTD 散射模型，提出了基于二维 CP-GTD 模型的全极化 ISAR 超分辨成像，并在此基础上实现了 SAR/ISAR 目标全极化散射中心特征提取，有效解决了多极化通道条件下难以提取散射中心的相干极化特性信息的难题。与已有方法相比，二维 CP-GTD 方法的优点表现在如下几个方面：

（1）采用了更精确的散射模型，本质上是一种极化和高分辨联合处理，能够准确估计散射中心的相干散射矩阵，各个通道的散射中心数目和位置是一致的，保证了散射矩阵估计的相干性，避免了后续散射中心属性判定以及目标识别应用中的配对和融合过程。

（2）定义了 2D MP-MUSIC 谱，同时利用了所有极化通道的信息，提高了信噪比，使得散射中心数目、位置、类型、强度以及相干极化散射矩阵等参数的估计更为准确。

（3）只涉及估计一个全极化的协方差矩阵，只作一次矩阵分解，因此其特征提取的速度较各通道单独处理时更快，效率更高。

（4）该方法具有向下兼容性，即它同样适用于单极化测量雷达或双极化测量雷达，单极化情形、双极化情形分别相当于本方法的某种简化。

7.1.2 基于复图像数据的极化 SAR 超分辨成像与目标特征提取

从理论上讲，7.1.1 节提出的 2D CP-GTD 方法也能适用于 PolSAR 超分辨成像与目标特征提取，然而，实际上 PolSAR 在对地侦察的过程中，其获取的原始数据量往往相当巨大，直接从原始数据域出发的上述超分辨处理会碰到困难。

本节从复图像域出发，提出一种新的 PolSAR 超分辨成像与散射中心特征提取方法。该方法选择从感兴趣区域（ROI）检测之后的 PolSAR 复图像域出发，避开了 PolSAR 原始数据计算量大的困难，巧妙地将 ESPRIT 方法拓广用于极化雷达的超分辨成像，解决了二维散射中心位置关联、相干极化散射矩阵同时估计等一系列难题。

7.1.2.1　极化 SAR 复图像数据的二维空间频率域描述

对于某给定极化 SAR 复图像数据 $\boldsymbol{Z}_{pq}(x,y)$，设其维数为 $M\times N$，且(x,y)方向对应的像素分辨率分别为 δ_x、δ_y。其中，$p,q=\mathrm{H}$ 或 V 代表不同的极化收发状态。将其变换到二维空间频率域，得到 $M\times N$ 维矩阵 $\boldsymbol{z}_{pq}(f^x,f^y)$，由离散傅里叶变换（DFT）采样方程可知[5]：

$$\Delta f^x=\frac{1}{M\delta_x},\quad \Delta f^y=\frac{1}{N\delta_y} \tag{7.22}$$

由复图像数据和二维空间频率域的变换关系可知，二维空间频率域数据可用二维相干极化散射中心模型表示为

$$z_{pq}(f_m^x, f_n^y) = \sum_{i=1}^{d} s_{i,pq} \exp\{ j2\pi f_m^x x_i + j2\pi f_n^y y_i \} + u(f_m^x, f_n^y) \tag{7.23}$$

显然，可以将式（7.23）写成矩阵形式为

$$\boldsymbol{z} = \boldsymbol{A}\boldsymbol{s} + \boldsymbol{u} \tag{7.24}$$

式中：$\boldsymbol{z}$ 为 $MN\times3$ 维矩阵，对应全极化测量信息；$\boldsymbol{A}$ 为 $MN\times d$ 维导向矢量矩阵，对应目标散射中心的位置信息；$\boldsymbol{s}$ 为 $d\times3$ 维矩阵，对应目标散射中心的极化散射矩阵信息；$\boldsymbol{u}$ 为 $MN\times3$ 维测量噪声矩阵。它们具体表示形式如下：

$$\boldsymbol{z} = [\, z_{\mathrm{HH}} \quad z_{\mathrm{HV}} \quad z_{\mathrm{VV}} \,] \tag{7.25}$$

$$\boldsymbol{A} = [\, \boldsymbol{a}(x_1, y_1) \quad \boldsymbol{a}(x_2, y_2) \quad \cdots \quad \boldsymbol{a}(x_d, y_d) \,] \tag{7.26}$$

$$\boldsymbol{s} = [\, \boldsymbol{s}_{\mathrm{HH}} \quad \boldsymbol{s}_{\mathrm{HV}} \quad \boldsymbol{s}_{\mathrm{VV}} \,] \tag{7.27}$$

式中：$\boldsymbol{z}_{pq}$ 为单极化条件下的测量信息的矢量展开形式；$\boldsymbol{a}(x_i, y_i)$ 为第 i 个散射中心对应的导向矢量；$\boldsymbol{s}_{pq}$ 为单极化条件下的目标散射信息。具体表示形式如下：

$$\boldsymbol{z}_{pq} = [\, x_{pq}(1,1), x_{pq}(2,1), \cdots, x_{pq}(M,1), x_{pq}(1,2), \cdots x_{pq}(M,N) \,]^{\mathrm{T}} \tag{7.28}$$

$$\boldsymbol{a}(x_i, y_i) = [\, e^{j2\pi f_1^y y_i} \quad e^{j2\pi f_2^y y_i} \quad \cdots \quad e^{j2\pi f_N^y y_i} \,]^{\mathrm{T}} \otimes [\, e^{j2\pi f_1^x x_i} \quad e^{j2\pi f_2^x x_i} \quad \cdots \quad e^{j2\pi f_M^x x_i} \,]^{\mathrm{T}} \tag{7.29}$$

$$\boldsymbol{s}_{pq} = [\, s_{1,pq} \quad s_{2,pq} \quad \cdots \quad s_{d,pq} \,]^{\mathrm{T}} \tag{7.30}$$

显然，二维相干极化理想点散射中心模型可以看作简化的二维 CP-GTD 模型，当然可以采取 7.1.1 节提出的 2D MP-MUSIC 方法，还可以结合其不包含类型因子的特点对其进行简化。这里提出一种更为简便的方法，即将 4.4 节提出的一维 P-ESPRIT 方法进一步拓广到二维情形，提出了二维 P-ESPRIT 超分辨成像与特征提取（2D P-ESPRIT）方法，该方法不需要进行谱搜索处理。

事实上，Michael 曾于 2004 年提出过一种二维 ESPRIT 超分辨成像方法[8]，并对实测数据进行了成像，得到了很好的效果。不过，该方法只考虑了常规的单极化测量情形，不能适用于全极化测量情形。简单地将各极化通道分别处理，显然没有利用到全极化信息处理的优势，对目标描述的完整性受到影响，其估计性能也不能达到最优。

本节通过对目标全极化与超分辨信息的联合处理，解决了两维散射中心位置关联、极化相干散射矩阵同时估计等难题，成功实现了散射中心参数的准确估计，且不需要对信号空间进行高维搜索，是一种高效的极化 SAR 超分辨成像及目标特征参数提取方法。下面给出该方法的具体原理。

7.1.2.2　基于二维 P-ESPRIT 的极化 SAR 超分辨方法

首先按照 7.1.1 节中的方法，对样本数据进行分块操作，设分块子阵的大小为 $p_1 \times p_2$，划分方法如图 7.2 所示，则总的子阵数目为

$$N_{\mathrm{BP}} = (M-p_1+1)\times(N-p_2+1) \tag{7.31}$$

此时，图 7.2 中每一项 $Y_{(i,j)}$ 代表全极化测量矢量为 $Y_{(i,j)} = [z_{\mathrm{HH}}(i,j) \quad z_{\mathrm{HV}}(i,j) \quad z_{\mathrm{VV}}(i,j)]$。对每一子阵数据进行列展开操作，排成如下 $\boldsymbol{z}_k$ 的形式（以第一个子阵为例）：

$$\boldsymbol{z}_1 = \begin{bmatrix} z_{\mathrm{HH}}(1,1) & z_{\mathrm{HH}}(2,1) & \cdots & z_{\mathrm{HH}}(p_1,1) & z_{\mathrm{HH}}(1,2) & \cdots & z_{\mathrm{HH}}(p_1,p_2) \\ z_{\mathrm{HV}}(1,1) & z_{\mathrm{HV}}(2,1) & \cdots & z_{\mathrm{HV}}(p_1,1) & z_{\mathrm{HV}}(1,2) & \cdots & z_{\mathrm{HV}}(p_1,p_2) \\ z_{\mathrm{VV}}(1,1) & z_{\mathrm{VV}}(2,1) & \cdots & z_{\mathrm{VV}}(p_1,1) & z_{\mathrm{VV}}(1,2) & \cdots & z_{\mathrm{VV}}(p_1,p_2) \end{bmatrix}^{\mathrm{T}} \tag{7.32}$$

并记

$$\boldsymbol{X} = [\boldsymbol{z}_1 \quad \boldsymbol{z}_2 \quad \cdots \quad \boldsymbol{z}_{N_{\mathrm{BP}}}] \tag{7.33}$$

显然 $\boldsymbol{z}_k$ 是由各散射中心回波与噪声合成的，因此 $\boldsymbol{X}$ 可表示成

$$\boldsymbol{X} = \boldsymbol{A}_{\mathrm{sub}}\boldsymbol{T}+\boldsymbol{U} \tag{7.34}$$

其中，

$$\boldsymbol{A}_{\mathrm{sub}} = [\boldsymbol{a}_{\mathrm{sub},1} \quad \boldsymbol{a}_{\mathrm{sub},2} \quad \cdots \quad \boldsymbol{a}_{\mathrm{sub},d}] \tag{7.35}$$

$$\boldsymbol{a}_{\mathrm{sub}}(x_i,y_i) = [\mathrm{e}^{\mathrm{j}2\pi f_1^y y_i} \quad \mathrm{e}^{\mathrm{j}2\pi f_2^y y_i} \quad \cdots \quad \mathrm{e}^{\mathrm{j}2\pi f_{p2}^y y_i}]^{\mathrm{T}} \otimes [\mathrm{e}^{\mathrm{j}2\pi f_1^x x_i} \quad \mathrm{e}^{\mathrm{j}2\pi f_2^x x_i} \quad \cdots \quad \mathrm{e}^{\mathrm{j}2\pi f_{p1}^x x_i}]^{\mathrm{T}} \tag{7.36}$$

式中：$\boldsymbol{U}$ 为极化白化后的噪声矩阵；$\boldsymbol{T}$ 为行满秩矩阵；“$\otimes$”代表 Kronecker 积。注意为了保证 $\boldsymbol{T}$ 行满秩，要求 $p_1p_2>d$。

由于没有类型因子项，这里采用能最大限度利用数据的 MSSP 方法估计全极化数据的协方差矩阵，即

$$\hat{\boldsymbol{R}} = \frac{1}{2N_{\mathrm{BP}}}\sum_{k=1}^{N_{\mathrm{BP}}}(\hat{\boldsymbol{R}}_k + \boldsymbol{J}\hat{\boldsymbol{R}}_k^*\boldsymbol{J}) \tag{7.37}$$

式中：$\hat{\boldsymbol{R}}_k = \boldsymbol{z}_k\boldsymbol{z}_k^{\mathrm{H}}$。

对 $\hat{\boldsymbol{R}}$ 进行特征分解，取前面最大 d 个特征值对应特征矢量构成 $\boldsymbol{U}_d$ 张成了信号子空间，$\boldsymbol{A}_{\mathrm{sub}}$ 也张成信号子空间，故两者可以通过一个满秩矩阵 $\boldsymbol{B}$ 相互线性表示。

$$\boldsymbol{U}_d = \boldsymbol{A}_{\mathrm{sub}}\boldsymbol{B} \tag{7.38}$$

对 $\boldsymbol{U}_d$、$\boldsymbol{A}_{\mathrm{sub}}$ 进行抽取，抽取规则如下：

(1) 删去 $\boldsymbol{U}_d$、$\boldsymbol{A}_{\mathrm{sub}}$ 的第 $kp_1(k=1,2,\cdots)$ 行以及最后 p_1 行得到 $\boldsymbol{U}_0$、$\boldsymbol{A}_0$。

(2) 删去 $\boldsymbol{U}_d$、$\boldsymbol{A}_{\mathrm{sub}}$ 的第 $kp_1+1(k=0,1,\cdots)$ 行以及最后 p_1 行得到 $\boldsymbol{U}_t$、$\boldsymbol{A}_t$。

(3) 删去 $\boldsymbol{U}_d$、$\boldsymbol{A}_{\text{sub}}$ 的前 p_1 行以及第 $kp_1(k=1,2,\cdots)$ 行得到 $\boldsymbol{U}_f$、$\boldsymbol{A}_f$。此时有

$$\boldsymbol{A}_0=\boldsymbol{U}_0\boldsymbol{B},\quad \boldsymbol{A}_t=\boldsymbol{U}_t\boldsymbol{B},\quad \boldsymbol{A}_f=\boldsymbol{U}_f\boldsymbol{B} \tag{7.39}$$

$$\boldsymbol{A}_t=\boldsymbol{A}_0\boldsymbol{D}_t,\quad \boldsymbol{A}_f=\boldsymbol{A}_0\boldsymbol{D}_f \tag{7.40}$$

$$\boldsymbol{D}_t=\mathrm{diag}\{\mathrm{e}^{\mathrm{j}2\pi\Delta f^x x_1}\quad \mathrm{e}^{\mathrm{j}2\pi\Delta f^x x_2}\quad \cdots\quad \mathrm{e}^{\mathrm{j}2\pi\Delta f^x x_d}\} \tag{7.41}$$

$$\boldsymbol{D}_f=\mathrm{diag}\{\mathrm{e}^{\mathrm{j}2\pi\Delta f^y y_1}\quad \mathrm{e}^{\mathrm{j}2\pi\Delta f^y y_2}\quad \cdots\quad \mathrm{e}^{\mathrm{j}2\pi\Delta f^y y_d}\} \tag{7.42}$$

进一步，推导可得

$$\boldsymbol{U}_0\boldsymbol{B}\boldsymbol{D}_t=\boldsymbol{U}_t\boldsymbol{B}\Rightarrow\boldsymbol{R}_t\boldsymbol{B}=\boldsymbol{B}\boldsymbol{D}_t \tag{7.43}$$

$$\boldsymbol{U}_0\boldsymbol{B}\boldsymbol{D}_f=\boldsymbol{U}_f\boldsymbol{B}\Rightarrow\boldsymbol{R}_f\boldsymbol{B}=\boldsymbol{B}\boldsymbol{D}_f \tag{7.44}$$

式中：$\boldsymbol{R}_t=(\boldsymbol{U}_0^{\mathrm{H}}\boldsymbol{U}_0)^{-1}\boldsymbol{U}_0^{\mathrm{H}}\boldsymbol{U}_t$，$\boldsymbol{R}_f=(\boldsymbol{U}_0^{\mathrm{H}}\boldsymbol{U}_0)^{-1}\boldsymbol{U}_0^{\mathrm{H}}\boldsymbol{U}_f$。式（7.43）和式（7.44）的求解步骤如下：

① 对式（7.43）进行特征分解，先求得 $\boldsymbol{D}_t$ 和 $\boldsymbol{B}$。

② 将 $\boldsymbol{B}$ 代入式（7.44）求得 $\boldsymbol{D}_f=\boldsymbol{B}^{-1}\boldsymbol{R}_f\boldsymbol{B}$。

③ 利用 $\boldsymbol{D}_t$ 和 $\boldsymbol{D}_f$，求解得到 (x_i,y_i)，即

$$\begin{cases}\hat{x}_i=\dfrac{1}{2\pi\Delta f^x}\arg[D_t(i,i)]\\[2ex]\hat{y}_i=\dfrac{1}{2\pi\Delta f^y}\arg[D_f(i,i)]\end{cases} \tag{7.45}$$

值得指出的是，上述求解方法充分利用了 $\boldsymbol{R}_t$、$\boldsymbol{R}_f$ 具有相同的特征矢量这一特点，与独立求解式（7.43）、式（7.44）的方法相比，可以避免对求得的二维散射中心位置参数（即 $\{x_1\quad x_2\quad\cdots\quad x_d\}$、$\{y_1\quad y_2\quad\cdots\quad y_d\}$）的关联和配对处理，直接给出各散射中心的二维位置估计。

根据 $\{(\hat{x}_1,\hat{y}_1)\quad(\hat{x}_2,\hat{y}_2)\quad\cdots\quad(\hat{x}_d,\hat{y}_d)\}$，可以得到阵列流型 $\hat{\boldsymbol{A}}$。进而由式（7.24）得到各散射中心的极化散射矩阵的最小二乘解，即

$$\hat{\boldsymbol{s}}=(\hat{\boldsymbol{A}}^{\mathrm{H}}\hat{\boldsymbol{A}})^{-1}\hat{\boldsymbol{A}}\boldsymbol{z} \tag{7.46}$$

特别当各极化通道杂波相关时，需要进行极化白化滤波预处理。若极化噪声协方差阵为 $\boldsymbol{C}$，则 $\boldsymbol{C}$ 一般具有如下形式[9]：

$$\boldsymbol{C}=\sigma_{\mathrm{HH}}^2\begin{bmatrix}1 & 0 & \rho\sqrt{\gamma}\\ 0 & \varepsilon & 0\\ \rho^*\sqrt{\gamma} & 0 & \gamma\end{bmatrix} \tag{7.47}$$

式中：σ_{HH}^2 为 HH 通道杂波功率，应先选择极化白化滤波器（PWF）对测量数据进行白化预处理，即选择极化白化滤波器 $\boldsymbol{C}^{-1/2}$ 为

$$C^{-1/2} = V\Lambda^{-1/2}V^{H} \tag{7.48}$$

式中：$C=V\Lambda V^{H}$ 为杂波极化协方差矩阵的特征值分解，由于 C 是 Hermitian 矩阵，故 C 的所有特征值都是非负实数，Λ 是由 C 所有的特征值组成的对角矩阵，V 是对应的单位特征矢量组成的矩阵。

综上所述，可知二维 P-ESPRIT 超分辨成像及目标特征提取的实现流程如下：

（1）根据极化 SAR 复图像数据构建式（7.23）所示的二维空间频率域数据。

（2）根据式（7.48），选择极化白化滤波器对测量信号进行白化滤波。

（3）划分子阵，根据式（7.37）估计数据协方差阵列。

（4）对 $\hat{R}_{zz}$ 作特征值分解，利用盖氏圆盘法估计散射点数目，得到 U_L。

（5）对 U_L 和 A_{sub} 进行抽取，并计算 R_t 和 R_f。

（6）根据式（7.43）、式（7.44）计算 D_t 和 D_f，并利用式（7.45）估计散射点位置。

（7）根据散射点位置信息计算阵列流 $\hat{A}$。

（8）根据最小二乘方法估计各散射中心的散射矢量，得到其散射矩阵。

（9）利用散射矩阵进一步提取其他极化特征。

7.1.2.3　基于实测 PolSAR 复图像的超分辨处理结果

本小节选取的实测极化 SAR 复图像数据是 Lincoln 实验室的 ADTS 提供的公开数据。图 7.11 给出了某次实测成像结果进行 ROI 提取之后的一幅目标切片图，其数据大小为 128 像素×128 像素，背景是草地，目标为草地上停放的一辆军事车辆。其中，图 7.14（a）、（b）、（c）分别给出了 HH、HV 和 VV 通道的复图像功率，图 7.14（d）给出的是其经过极化白化滤波之后的效果。

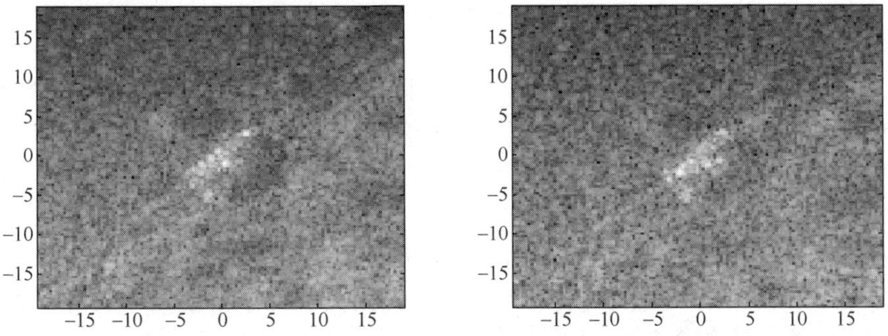

(a) HH　　(b) HV

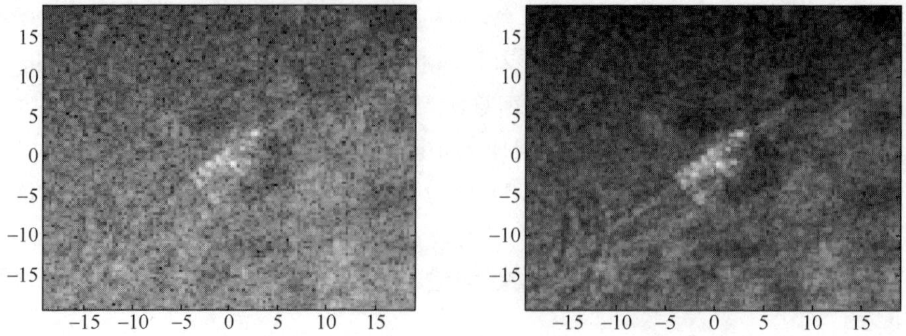

(c) VV　　(d) PWF

图 7.11　实测 ADTS 全极化数据图和 PWF 处理图

以 HH 通道的复图像变换为例，图 7.12 给出复图像变换到空间二维频率域数据的表现结果。其中，图 7.12（a）给出了直接进行傅里叶变换之后的二维频域结果，图 7.12（b）给出了通过预处理消除了补零和窗函数影响之后的空间二维频域结果。从图中可看出，直接变换得到的结果，明显存在补零和窗函数的加权效应，通过预处理可以消除这些影响。

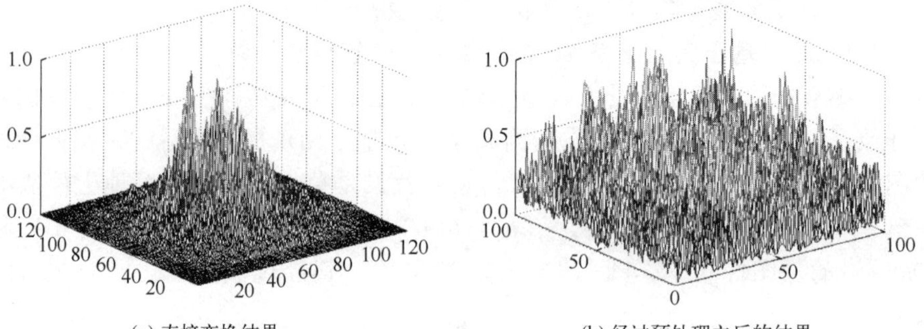

(a) 直接变换结果　　(b) 经过预处理之后的结果

图 7.12　复图像的空间二维频率域数据（以 HH 为例）

图 7.13 给出了 2D P-MUSIC 谱图和目标散射中心位置提取结果示意图。为便于表现，给出的是图像中间区域的局部放大图。从图 7.13（a）中结果可以看出，相较于原来的 HH、HV 和 VV 的复图像功率图而言，2D P-MUSIC 谱图很好地实现了目标增强。图 7.13（b）给出了全极化二维散射中心提取结果。从图中可以看出，盖氏盘方法估计得到的散射中心数目为 14 个，位置分布如图，图中的灰度值代表了总的散射强度大小，散射较强的散射中心分别是第 1 个、第 5 个和第 14 个散射中心。

图 7.14 进一步给出了基于该 ADTS 实测极化 SAR 数据的散射中心特征。

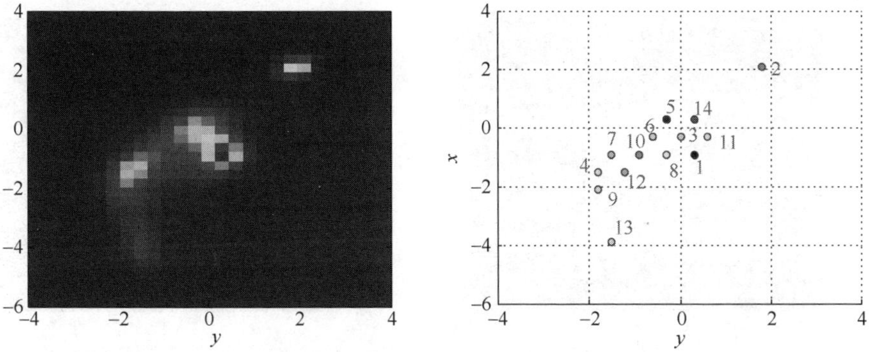

(a) 2D P-MUSIC 谱图　　(b) 二维散射中心位置提取结果

图 7.13　2D P-MUSIC 谱图和目标散射中心位置提取结果示意图

其中，图 7.14（a）、（b）、（c）分别给出了 HH、HV 和 VV 三个极化通道的超分辨结果，图 7.14（d）给出了全极化超分辨的 span 处理结果。表 7.1 给出了基于该 ADTS 实测复图像数据的极化 SAR 散射中心特征提取的详细结果。表中，$(\hat{x},\hat{y})$ 代表提取的散射中心的二维位置；$\hat{I}$ 表示散射中心散射强度；$\hat{\bar{s}}_{\mathrm{HH}}$、$\hat{\bar{s}}_{\mathrm{HV}}$、$\hat{\bar{s}}_{\mathrm{VV}}$ 分别为归一化相干散射矩阵 $\hat{\bar{\boldsymbol{S}}}$ 的对应元素；$\hat{\bar{k}}_{\mathrm{s}}$、$\hat{\bar{k}}_{\mathrm{d}}$、$\hat{\bar{k}}_{\mathrm{h}}$ 为基于 SDH 分解得到的相干极化分解特征，其定义分别为

$$\hat{\bar{k}}_{\mathrm{s}}=\frac{k_{\mathrm{s}}}{k_{\mathrm{s}}+k_{\mathrm{d}}+k_{\mathrm{h}}},\quad \hat{\bar{k}}_{\mathrm{d}}=\frac{k_{\mathrm{d}}}{k_{\mathrm{s}}+k_{\mathrm{d}}+k_{\mathrm{h}}},\quad \hat{\bar{k}}_{\mathrm{h}}=\frac{k_{\mathrm{h}}}{k_{\mathrm{s}}+k_{\mathrm{d}}+k_{\mathrm{h}}} \tag{7.49}$$

式中：k_{s}、k_{d} 和 k_{h} 分别为利用 SDH 分解获得的三面角、二面角和螺旋体三种散射结构对应的散射功率。

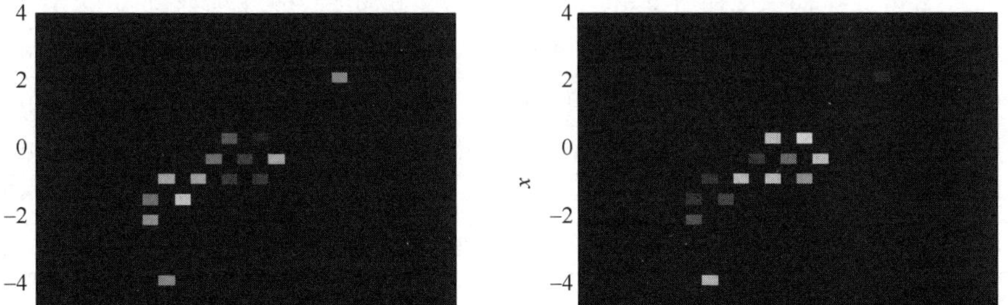

(a) HH　　(b) HV

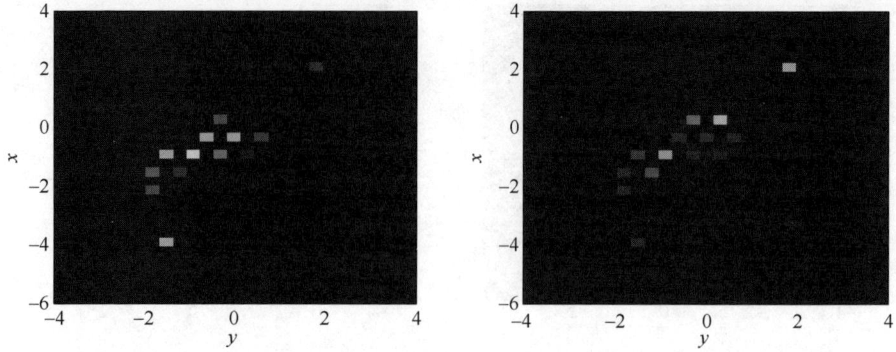

(c) VH　　(d) span

图 7.14 基于 ADTS 实测极化 SAR 数据实验结果（见彩图）

表 7.1 基于 ADTS 实测复图像数据的极化 SAR 散射中心特征提取结果

序号	位置		强度	归一化散射矩阵特征			SDH 分解特征		
	$\hat{x}$	$\hat{y}$	$\hat{I}$	$\hat{\bar{s}}_{HH}$	$\hat{\bar{s}}_{HV}$	$\hat{\bar{s}}_{VV}$	$\hat{\bar{k}}_s$	$\hat{\bar{k}}_d$	$\hat{\bar{k}}_h$
1	−0.90	0.30	22.50	0.677	0.113 ∠70°	0.7180 ∠−132°	0.28	**0.56**	0.16
2	2.10	1.80	7.83	0.902	0.265 ∠−155°	0.2106 ∠−2°	**0.52**	0.32	0.16
3	0.30	0	3.43	0.390	0.3135 ∠0°	0.8069 ∠177°	0.23	**0.75**	0.02
4	−1.50	−1.80	2.59	0.574	0.440 ∠102°	0.5303 ∠−40°	**0.47**	0.32	0.21
5	0.30	−0.30	17.75	0.681	0.097 ∠73°	0.7193 ∠−96°	0.44	**0.46**	0.10
6	−0.30	−0.60	3.07	0.544	0.084 ∠−23°	0.8305 ∠−78°	**0.50**	0.34	0.16
7	−0.90	−1.50	4.64	0.597	0.333 ∠48°	0.6494 ∠−19°	**0.59**	0.26	0.15
8	−0.90	−0.30	1.78	0.496	0.369 ∠27°	0.6928 ∠−128°	0.29	**0.67**	0.04
9	−2.10	−1.80	2.69	0.648	0.404 ∠−73°	0.5014 ∠−69°	**0.44**	0.17	0.39
10	−0.90	−0.90	7.24	0.604	0.181 ∠−97°	0.7538 ∠−79°	**0.49**	0.37	0.14
11	−0.30	0.60	2.63	0.821	0.259 ∠−150°	0.4373 ∠−162°	0.21	**0.58**	0.21
12	−1.50	−1.20	5.28	0.876	0.295 ∠54°	0.2391 ∠−7°	**0.49**	0.18	0.33
13	−3.90	−1.50	2.89	0.593	0.228 ∠39°	0.7373 ∠−108°	0.40	**0.59**	0.01
14	0.30	0.30	12.12	0.981	0.136 ∠75°	0.0193 ∠177°	**0.43**	0.33	0.24

从图 7.13、图 7.14 以及表 7.1 的结果可看出，基于复图像数据的极化 SAR 超分辨成像和目标特征提取是有效的。对于极为复杂的人造目标尤其是军事目标而言，可能存在多种散射结构类型，此时对其进行全极化超分辨成像和散射中心特征提取有利于实现对目标精细特征的描述。对于飞机、舰船、装甲车等多数军用目标而言，三面角和二面角是两种最为常见的强散射类型，

在雷达图像中强度通常明显高于目标体上的其他结构。利用目标的 SDH 极化分解方法进行散射类型的判别也是一种有效而实用的选择。SDH 极化分解[10]是 Krogager 等于 1990 年最早提出的，其基本思想是将目标散射矩阵分解为三种基本散射——球（三面角）、二面角及螺旋体的相干组合，特别适合用于目标的高分辨极化特征提取和特性分析[11]。对于三面角散射为主的结构，其$\hat{\bar{k}}_s$值大于另外两个分量；同理，对于二面角散射结构，其$\hat{\bar{k}}_d$值最大。通过分析目标体上三面角和二面角等散射结构的组成，即可快捷有效地对目标的几何结构进行反演和描述。表 7.1 的结果表明，对于军用车辆目标，其散射主要是二面角和三面角散射机理，而且特别强的散射一般都是以二面角散射机理为主的，如表 7.1 中给出的第 1 个、第 5 个和第 14 个散射中心。

针对极化 SAR 成像雷达体制，本节从极化复图像域出发，将 P-ESPRIT 方法拓广到二维情形，推导出基于极化复图像域的极化 SAR 超分辨成像与散射中心特征提取方法，解决了二维散射中心位置关联、极化相干散射矩阵同时估计等一系列难题；并利用实测极化 SAR 复图像数据验证了该方法的正确性和有效性。

值得指出的是，本节提出的从极化复图像域出发导出的极化 SAR 超分辨成像与散射中心特征提取方法，是在极化 SAR ROI 检测之后获取的极化 SAR 图像切片上进行的，这样就避免了从原始数据出发会碰到海量数据从而导致计算量很大的问题。另外，本节从极化复图像域出发，实现了高分辨雷达目标极化 SAR 相干极化散射中心特征的提取，无疑为进一步的雷达目标高分辨极化目标识别和结构反演打下了良好的基础。在此基础上，利用极化目标分解等理论，根据极化信息对目标各个部分的散射中心进行分类，大致推测出目标的几何形状，并根据不同种类的散射中心分布情况，推测雷达目标的空间分布姿态等特性，从而为更好地实现极化 SAR 图像解译和雷达目标的几何反演重构提供了一条可行的思路。

7.1.3 全极化二维散射中心特征参数估计的极限性能分析

为简便起见，这里只针对二维相干极化散射中心模型展开分析。将二维空间频率域数据的二维相干极化散射中心模型表示式（7.23）重写如下：

$$z_{pq}(f_m^x, f_n^y) = \sum_{i=1}^{d} s_{i,pq}\exp\{\mathrm{j}2\pi f_m^x x_i + \mathrm{j}2\pi f_n^y y_i\} + u(f_m^x, f_n^y) \tag{7.50}$$

显然，可以将式（7.50）写成矢量的形式，即

$$\boldsymbol{z} = (\boldsymbol{I}_3 \otimes \boldsymbol{A})\boldsymbol{s} + \boldsymbol{u} \tag{7.51}$$

式中：$\boldsymbol{z}$ 为 $3MN\times1$ 维矩阵，对应全极化测量信息；$\boldsymbol{A}$ 为 $MN\times d$ 维导向矢量矩

阵，对应目标散射中心的位置信息；$\boldsymbol{s}$ 为 $3d\times1$ 维矩阵，对应目标散射中心的极化散射矩阵信息；$\boldsymbol{u}$ 为 $3MN\times1$ 维测量噪声矩阵。它们具体表示形式如下：

$$\boldsymbol{z}=[\boldsymbol{z}_{\mathrm{HH}}^{\mathrm{T}},\boldsymbol{z}_{\mathrm{HV}}^{\mathrm{T}},\boldsymbol{z}_{\mathrm{VV}}^{\mathrm{T}}]^{\mathrm{T}} \tag{7.52}$$

$$\boldsymbol{s}=[\boldsymbol{s}_{\mathrm{HH}}^{\mathrm{T}},\boldsymbol{s}_{\mathrm{HV}}^{\mathrm{T}},\boldsymbol{s}_{\mathrm{VV}}^{\mathrm{T}}]^{\mathrm{T}} \tag{7.53}$$

$$\boldsymbol{u}=[\boldsymbol{u}_{\mathrm{HH}}^{\mathrm{T}},\boldsymbol{u}_{\mathrm{HV}}^{\mathrm{T}},\boldsymbol{u}_{\mathrm{VV}}^{\mathrm{T}}]^{\mathrm{T}} \tag{7.54}$$

式中：$\boldsymbol{x}_{pq}$ 为单极化条件下的测量信息的矢量展开形式；$\boldsymbol{a}(x_i,y_i)$ 为第 i 个散射中心对应的导向矢量；$\boldsymbol{s}_{pq}$ 为单极化条件下的目标散射信息。具体表示形式如下：

$$\boldsymbol{z}_{pq}=[z_{pq}(1,1),z_{pq}(2,1),\cdots,z_{pq}(M,1),z_{pq}(1,2),\cdots,z_{pq}(M,N)]^{\mathrm{T}} \tag{7.55}$$

$$\boldsymbol{a}(x_i,y_i)=[\mathrm{e}^{\mathrm{j}2\pi f_1^y y_i}\quad \mathrm{e}^{\mathrm{j}2\pi f_2^y y_i}\quad \cdots \quad \mathrm{e}^{\mathrm{j}2\pi f_N^y y_i}]^{\mathrm{T}}\otimes[\mathrm{e}^{\mathrm{j}2\pi f_1^x x_i}\quad \mathrm{e}^{\mathrm{j}2\pi f_2^x x_i}\quad \cdots \quad \mathrm{e}^{\mathrm{j}2\pi f_M^x x_i}]^{\mathrm{T}} \tag{7.56}$$

$$\boldsymbol{s}_{pq}=[s_{1,pq}\quad s_{2,pq}\quad \cdots \quad s_{d,pq}]^{\mathrm{T}} \tag{7.57}$$

将二维全极化散射中心待估计的参数记为 $\boldsymbol{\theta}$，即

$$\boldsymbol{\theta}=[\mathrm{Re}(\boldsymbol{s}^{\mathrm{T}})\quad \mathrm{Im}(\boldsymbol{s}^{\mathrm{T}})\quad \boldsymbol{x}^{\mathrm{T}}\quad \boldsymbol{y}^{\mathrm{T}}]^{\mathrm{T}} \tag{7.58}$$

根据复高斯极化杂波模型，可知：

$$p(\boldsymbol{z}|\boldsymbol{\theta})=\frac{1}{\pi^{3MN}|\boldsymbol{R}|}\exp\{-[\boldsymbol{z}-(\boldsymbol{I}_3\otimes\boldsymbol{A})\boldsymbol{s}]^{\mathrm{H}}\boldsymbol{R}^{-1}[\boldsymbol{z}-(\boldsymbol{I}_3\otimes\boldsymbol{A})\boldsymbol{s}]\} \tag{7.59}$$

式中：$\boldsymbol{R}=\boldsymbol{C}\otimes\boldsymbol{I}_{MN}$，$\boldsymbol{C}$ 为杂波极化协方差阵。

对数似然函数为

$$\ln p(\boldsymbol{x}|\boldsymbol{\theta})=-3MN\ln\pi-\ln(|\boldsymbol{R}|)-[\boldsymbol{x}-(\boldsymbol{I}_3\otimes\boldsymbol{A})\boldsymbol{s}]^{\mathrm{H}}\boldsymbol{R}^{-1}[\boldsymbol{x}-(\boldsymbol{I}_3\otimes\boldsymbol{A})\boldsymbol{s}] \tag{7.60}$$

根据矢量求导原理，有

$$\frac{\partial \ln p(\boldsymbol{z}|\boldsymbol{\theta})}{\partial(\mathrm{Re}\{\boldsymbol{s}\})}=2\mathrm{Re}\{(\boldsymbol{I}_3\otimes\boldsymbol{A})^{\mathrm{H}}\boldsymbol{R}^{-1}[\boldsymbol{z}-(\boldsymbol{I}_3\otimes\boldsymbol{A})\boldsymbol{s}]\} \tag{7.61}$$

$$\frac{\partial \ln p(\boldsymbol{z}|\boldsymbol{\theta})}{\partial(\mathrm{Im}\{\boldsymbol{s}\})}=2\mathrm{Im}\{(\boldsymbol{I}_3\otimes\boldsymbol{A})^{\mathrm{H}}\boldsymbol{R}^{-1}[\boldsymbol{z}-(\boldsymbol{I}_3\otimes\boldsymbol{A})\boldsymbol{s}]\} \tag{7.62}$$

$$\frac{\partial \ln p(\boldsymbol{z}|\boldsymbol{\theta})}{\partial \boldsymbol{x}}=2\mathrm{Re}\left\{\begin{bmatrix}\boldsymbol{DAS}_{\mathrm{HH}}\\ \boldsymbol{DAS}_{\mathrm{HV}}\\ \boldsymbol{DAS}_{\mathrm{VV}}\end{bmatrix}^{\mathrm{H}}\boldsymbol{R}^{-1}[\boldsymbol{z}-(\boldsymbol{I}_3\otimes\boldsymbol{A})\boldsymbol{s}]\right\} \tag{7.63}$$

$$\frac{\partial \ln p(\boldsymbol{z}|\boldsymbol{\theta})}{\partial \boldsymbol{y}}=2\mathrm{Re}\left\{\begin{bmatrix}\boldsymbol{\Phi AS}_{\mathrm{HH}}\\ \boldsymbol{\Phi AS}_{\mathrm{HV}}\\ \boldsymbol{\Phi AS}_{\mathrm{VV}}\end{bmatrix}^{\mathrm{H}}\boldsymbol{R}^{-1}[\boldsymbol{z}-(\boldsymbol{I}_3\otimes\boldsymbol{A})\boldsymbol{s}]\right\} \tag{7.64}$$

式中：$\boldsymbol{S}_{pq}=\mathrm{diag}\{s_{1,pq}\quad s_{2,pq}\quad \cdots \quad s_{d,pq}\}$；$\boldsymbol{D}=\boldsymbol{I}_N\otimes\mathrm{diag}\{\mathrm{j}2\pi f_1^x\quad \mathrm{j}2\pi f_2^x\quad \cdots \quad \mathrm{j}2\pi f_M^x\}$；

$\boldsymbol{\Phi}=\mathrm{diag}\{\mathrm{j}2\pi f_1^y \quad \mathrm{j}2\pi f_2^y \quad \cdots \quad \mathrm{j}2\pi f_N^y\}\otimes \boldsymbol{I}_M$。

据此可以计算 Fisher 矩阵，进而得到待估参数 **CRB** 矩阵为

$$\mathbf{CRB}(\boldsymbol{\theta})=\frac{1}{2}(E\{\mathrm{Re}(\boldsymbol{h}^{\mathrm{H}}\boldsymbol{R}^{-1}\boldsymbol{h})\})^{-1} \tag{7.65}$$

式中：$\boldsymbol{h}=\left[(\boldsymbol{I}_3\otimes\boldsymbol{A}),\mathrm{j}(\boldsymbol{I}_3\otimes\boldsymbol{A}),\begin{bmatrix}\boldsymbol{DAS}_{\mathrm{HH}}\\ \boldsymbol{DAS}_{\mathrm{HV}}\\ \boldsymbol{DAS}_{\mathrm{VV}}\end{bmatrix},\begin{bmatrix}\boldsymbol{\Phi AS}_{\mathrm{HH}}\\ \boldsymbol{\Phi AS}_{\mathrm{HV}}\\ \boldsymbol{\Phi AS}_{\mathrm{VV}}\end{bmatrix}\right]$。

式（7.65）得到的 **CRB** 矩阵，在形式上，与一维情形是一样的。然而，考虑二维全极化多分量模型参数众多，而且还涉及矩阵求逆操作，各待估参数的极限估计精度的简化形式很难得到。这里考虑一种较为简单的形式——当各散射点间隔远大于傅里叶分辨单元时，各散射点相互影响较小，对它们的估计可以认为是独立行为，此时各散射点参数估计的极限性能与理想单点散射情形时相近。下面分析理想单点散射模型中，各参数估计的极限性能。

7.1.3.1　散射中心位置参数估计的 CRB

考虑单点散射情形，利用矩阵求逆引理，将式（7.65）展开后，可以求得如下结果：

$$\mathbf{CRB}(x)=\frac{1}{2\boldsymbol{s}^{\mathrm{H}}\boldsymbol{C}^{-1}\boldsymbol{s}}\cdot\frac{1}{\boldsymbol{A}^{\mathrm{H}}\boldsymbol{D}^{\mathrm{H}}\boldsymbol{EDA}} \tag{7.66}$$

$$\mathbf{CRB}(y)=\frac{1}{2\boldsymbol{s}^{\mathrm{H}}\boldsymbol{C}^{-1}\boldsymbol{s}}\cdot\frac{1}{\boldsymbol{A}^{\mathrm{H}}\boldsymbol{\Phi}^{\mathrm{H}}\boldsymbol{E\Phi A}} \tag{7.67}$$

$$\mathbf{CRB}[\mathrm{Re}(\boldsymbol{s})\,\vdots\,\mathrm{Im}(\boldsymbol{s})]=\frac{1}{2MN}\begin{bmatrix}\mathrm{Re}(\boldsymbol{C}) & -\mathrm{Im}(\boldsymbol{C})\\ \mathrm{Im}(\boldsymbol{C}) & \mathrm{Re}(\boldsymbol{C})\end{bmatrix} +\mu\begin{bmatrix}\mathrm{Im}(\boldsymbol{s})\mathrm{Im}^{\mathrm{T}}(\boldsymbol{s}) & -\mathrm{Im}(\boldsymbol{s})\mathrm{Re}^{\mathrm{T}}(\boldsymbol{s})\\ -\mathrm{Re}(\boldsymbol{s})\mathrm{Im}^{\mathrm{T}}(\boldsymbol{s}) & \mathrm{Re}(\boldsymbol{s})\mathrm{Re}^{\mathrm{T}}(\boldsymbol{s})\end{bmatrix} \tag{7.68}$$

式中：$\boldsymbol{E}=\boldsymbol{I}_{MN}-\boldsymbol{A}(\boldsymbol{A}^{\mathrm{H}}\boldsymbol{A})^{-1}\boldsymbol{A}^{\mathrm{H}}$，$\mu=\frac{1}{2}\left(\frac{\boldsymbol{A}^{\mathrm{H}}\boldsymbol{\Phi}^{\mathrm{H}}\boldsymbol{AA}^{\mathrm{H}}\boldsymbol{\Phi A}}{\boldsymbol{A}^{\mathrm{H}}\boldsymbol{\Phi}^{\mathrm{H}}\boldsymbol{E\Phi A}}+\frac{\boldsymbol{A}^{\mathrm{H}}\boldsymbol{D}^{\mathrm{H}}\boldsymbol{AA}^{\mathrm{H}}\boldsymbol{DA}}{\boldsymbol{A}^{\mathrm{H}}\boldsymbol{D}^{\mathrm{H}}\boldsymbol{EDA}}\right)$。

化简后得

$$\mathbf{CRB}(x)=\frac{1}{MN\boldsymbol{s}^{\mathrm{H}}\boldsymbol{C}^{-1}\boldsymbol{s}}\cdot\frac{3\delta_x^2}{2\pi^2} \tag{7.69}$$

$$\mathbf{CRB}(y)=\frac{1}{MN\boldsymbol{s}^{\mathrm{H}}\boldsymbol{C}^{-1}\boldsymbol{s}}\cdot\frac{3\delta_y^2}{2\pi^2} \tag{7.70}$$

式（7.69）、式（7.70）给出了极化色杂波单点情况下全极化二维散射中心参数估计的极限精度更为显式的表达式，其结果表明：①位置参数的极限

估计精度与距离分辨率成正比，与全极化峰值信杂比成反比，同一维情况不同，这里全极化峰值信杂比定义为 $\mathbf{SCR}_{\text{Pol}}=MN\boldsymbol{s}^{\text{H}}\boldsymbol{C}^{-1}\boldsymbol{s}$；②散射矢量参数的极限精度取决于两项：第一项完全由杂波的极化协方差矩阵决定，类似于单通道噪声中信号复幅度参数的估计；第二项与具体的目标散射矢量等因素有关。

7.1.3.2 散射强度及相干相位估计的 CRB

极化雷达目标二维散射中心特征提取既包括对目标散射中心非相干参数的估计，又包括对目标相干参数的估计。非相干参数包括散射中心数目、位置、散射强度、各通道的散射幅度等。相干参数包括散射矩阵元素的相位，尤其是各元素间的相对相位差，这是准确描述目标极化特性的重要信息。推导散射强度和散射矩阵元素间相对相位的 CRB 对评价算法性能具有重要意义。根据矢量参数 CRB 变换法则，类似于前面两章的推导，可以求得散射强度及散射矩阵各元素相对相位差估计的 CRB 分别为

$$\mathbf{CRB}(A_{pq})=\frac{\sigma_{pq}^{2}}{2MN} \tag{7.71}$$

$$\mathbf{CRB}(\phi_{\text{HH-VV}})=\frac{1}{2MN}\cdot\frac{\begin{vmatrix}C_{11}&C_{13}\\C_{31}&C_{33}\end{vmatrix}}{A_{\text{VV}}^{2}A_{\text{HH}}^{2}}\begin{bmatrix}s_{\text{HH}}\\s_{\text{VV}}\end{bmatrix}^{\text{H}}\begin{bmatrix}C_{11}&C_{13}\\C_{31}&C_{33}\end{bmatrix}^{-1}\begin{bmatrix}s_{\text{HH}}\\s_{\text{VV}}\end{bmatrix} \tag{7.72}$$

$$\mathbf{CRB}(\phi_{\text{HH-HV}})=\frac{1}{2MN}\cdot\frac{\begin{vmatrix}C_{11}&C_{12}\\C_{21}&C_{22}\end{vmatrix}}{A_{\text{HV}}^{2}A_{\text{HH}}^{2}}\begin{bmatrix}s_{\text{HH}}\\s_{\text{HV}}\end{bmatrix}^{\text{H}}\begin{bmatrix}C_{11}&C_{12}\\C_{21}&C_{22}\end{bmatrix}^{-1}\begin{bmatrix}s_{\text{HH}}\\s_{\text{HV}}\end{bmatrix} \tag{7.73}$$

$$\mathbf{CRB}(\phi_{\text{HV-VV}})=\frac{1}{2MN}\cdot\frac{\begin{vmatrix}C_{22}&C_{23}\\C_{32}&C_{33}\end{vmatrix}}{A_{\text{VV}}^{2}A_{\text{HV}}^{2}}\begin{bmatrix}s_{\text{HV}}\\s_{\text{VV}}\end{bmatrix}^{\text{H}}\begin{bmatrix}C_{22}&C_{23}\\C_{32}&C_{33}\end{bmatrix}^{-1}\begin{bmatrix}s_{\text{HV}}\\s_{\text{VV}}\end{bmatrix} \tag{7.74}$$

同样将式（4.14）杂波极化协方差矩阵的一般形式代入式（7.72）~式（7.74）中，可得

$$\mathbf{CRB}(\phi_{\text{VV-HH}})=\frac{1}{2}\left(\frac{1}{\mathbf{SCR}_{\text{HH}}}+\frac{1}{\mathbf{SCR}_{\text{VV}}}-\frac{2\sigma_{\text{HH}}^{2}\text{Re}(\rho^{*}\sqrt{\gamma}s_{\text{HH}}s_{\text{VV}}^{*})}{MNA_{\text{HH}}^{2}A_{\text{VV}}^{2}}\right) \tag{7.75}$$

$$\mathbf{CRB}(\phi_{\text{HV-HH}})=\frac{1}{2}\left(\frac{1}{\mathbf{SCR}_{\text{HV}}}+\frac{1}{\mathbf{SCR}_{\text{HH}}}\right) \tag{7.76}$$

$$\mathbf{CRB}(\phi_{\text{HV-VV}})=\frac{1}{2}\left(\frac{1}{\mathbf{SCR}_{\text{HV}}}+\frac{1}{\mathbf{SCR}_{\text{VV}}}\right) \tag{7.77}$$

同一维情形类似，式（7.75）、式（7.76）、式（7.77）明确地说明了各因素对全极化散射中心相干相位估计精度的影响：交叉极化通道 HV 和共极

化通道 HH（或 VV）杂波不相关，其相干相位差估计精度仅取决于两者各自的信杂比；共极化通道 HH 和 VV 之间的相干相位差估计精度不仅取决于两个通道各自的信杂比，而且还取决于两通道杂波的相关系数。不同的是，这里的峰值信杂比应定义为 $\mathbf{SCR}_{pq}=\dfrac{MN\,|s_{pq}|^2}{\sigma_{pq}^2}$。

本节着重研究了全极化 SAR/ISAR 的超分辨成像与散射中心特征提取问题。首先针对全极化 ISAR 成像雷达体制，从原始数据域出发，建立了能够精确描述光学区雷达目标极化散射的二维 CP-GTD 模型，提出了基于二维 CP-GTD 模型的全极化 ISAR 超分辨成像，并在此基础上实现了 ISAR 目标全极化散射中心特征提取，有效解决了多极化通道条件下难以提取散射中心的相干极化特性信息的难题。考虑极化 SAR 原始数据量巨大的可能带来的计算困难问题，提出了基于 ROI 检测之后的复图像数据进行极化 SAR 超分辨成像与目标特征提取的新方法。该方法基于二维相干极化散射中心模型，巧妙地将 ESPRIT 方法拓广用于极化雷达的超分辨成像，解决了二维散射中心位置关联、相干极化散射矩阵同时估计等一系列难题。之所以这样安排，是基于实际所能达到的处理速度考虑的。通常极化 ISAR 的目标对象相对简单，一次获取的数据量相对较小，所以采取了较为精确的 CP-GTD 模型方法；而极化 SAR 对地侦察时，探测场景往往比较复杂，其获取的数据通常是海量的。通过仿真数据、暗室测量数据和实测极化 SAR 复图像数据的实验表明，上述超分辨成像与特征提取方法的正确性和有效性。本章还推导得到了全极化二维散射中心特征参数估计的极限估计精度的解析表达式，并分析了各类参数的估计性能与雷达参数、目标极化、杂波极化等因素的关系，其结果可用于指导极化雷达二维成像系统的参数设计、超分辨成像与特征提取的算法性能评价等方面。

7.2　基于极化空频特征的目标几何特征反演

雷达目标几何结构反演属于典型的“逆”问题，目标电磁散射的复杂性、雷达获取信息的局限性及环境因素的干扰都增大了反演难度。就目前的技术水平，实现完全的几何结构反演非常困难，已有方法只针对简单散射结构进行初步尝试。散射中心是雷达目标光学区散射的基本特征之一，可在一定程度上反映目标的物理结构[12]，已有的反演方法主要基于散射中心理论，可大致分为两类：一类基于属性散射中心等模型，利用 GTD 类型参数及方位散射依赖性等对散射中心的类型进行判别，实现目标几何结构的初步反演[13]；另一类分析散射中心的极化特性，将散射中心极化特征与基本结构类型的极化特征进行匹配，以实现目标几何结构的初步反演[14]。

上述方法在反演准确性及算法实现等方面都存在一些问题，尤以散射中心类型判别的模糊性最为突出。首先，属性散射中心模型中的 GTD 类型参数对几何结构类型的区分能力非常有限，反演的模糊性很大，如无法区分二面角和三面角两种基本散射结构（二者的类型参数皆为 1）。同时，该模型参数过多，估计过程较为复杂，在很多情况下存在收敛问题[15]，参数之间耦合也较为严重[16]。其次，已有基于极化特征的反演方法所用特征较为简单，难以区分极化特性相近的散射结构。例如，无法区分理想球体及平板结构（二者的散射矩阵皆为单位阵）。

目前，全极化与高分辨结合被认为是雷达目标识别最具应用前景的研究方向之一。充分挖掘高分辨极化 SAR 图像所蕴含的目标散射信息，可对目标进行全面和精确的描述。实际上，对于高分辨极化 SAR 图像中的二维散射中心，其极化散射除与自身属性密切相关外，还依赖于入射波频率及目标与 SAR 雷达之间的空间位置关系。对于极化 SAR 成像系统，这种位置关系可由成像的俯仰角及方位角等描述。极化 SAR 成像的俯仰角通常较为固定，散射中心极化散射随成像方位角的变化通常更为明显。通过分析散射中心极化散射的空域（此处特指成像方位角域）及频域特性，可以微观、动态地描述散射中心极化散射的细节特征，提供更多有价值的散射中心类型判别信息，无疑为雷达目标几何结构反演提供了一条新的技术途径。

在此背景下，针对高分辨极化 SAR 体制，本节深入研究了散射中心的空频域极化特性，提出了基于空频域极化特征的极化 SAR 图像人造目标几何结构反演方法。7.2.1 节以典型简单体（理想二面角、三面角、平板等）及组合体（如两个互相垂直的直导线）为例，利用电磁计算数据对上述散射结构的空频域极化特性进行分析，揭示了空频域极化特征在散射结构类型判别及目标几何结构反演等方面的应用潜力。7.2.2 节提出了基于二维 CP-GTD 模型与 STFT 处理的散射中心空域极化特性分析方法。7.2.3 节结合 7.2.2 节的分析方法及极化分类、频域色散特性判别等处理，提出了基于空频域极化特征的极化 SAR 图像人造目标几何结构反演新方法，基于电磁计算数据及实测数据验证了新方法的有效性和优越性。

7.2.1 典型散射结构的空频域极化特性

针对高分辨全极化 SAR 体制，本书将二维散射中心极化散射随成像方位角及频率的变化特性统称为散射中心的空频域极化特性。它包括空域极化特性和频域极化特性两方面内容。

二面角、三面角及平板等是军用车辆等人造目标体上的基本散射结构，对应目标体上的强散射中心。此外，考虑实际目标体上的许多散射结构并非对应上述简单体结构，其形状可能较为复杂，或者为多个基本散射结构组成的组合体，通常会表现出不同于简单体的散射特性。为此，本节对三面角、二面角、平板、球体等简单体及组合体（以两个互相垂直的直导线为例）的空频域极化特性进行分析，通过对上述散射结构空频域极化特性的对比，揭示空频域极化特征对于散射结构类型判别的有效性，为后续提出新的几何结构反演方法提供依据。需要特别指出的是，不同于已有一些散射中心空频域散射特性分析方法[17]，本节不仅关注散射中心单极化通道散射幅度的空变及频变特性，还特别关注共极化幅度比及相位差等极化特征量的空变及频变特性，以完整揭示散射中心散射矩阵各元素对成像方位角及频率的依赖关系。

本节采用 FEKO 高频电磁计算软件计算典型散射结构在不同频率及不同成像方位角下的极化散射数据，在此基础上分析其极化散射的空变及频变特性。FEKO 是针对 RCS 分析等问题而开发的专业电磁场分析软件，它从严格的电磁场积分方程出发，以经典的矩量法（Method of Moment，MOM）为基础，采用多层快速多级子（Multi-Level Fast Multipole Method，MLFMM）算法[18]，在保持精度的前提下大大提高了计算效率。本书即采用 FEKO 软件提供的 MLFMM 方法计算获得典型散射结构的极化散射数据，较之传统物理光学等方法，计算结果的准确度更高。

7.2.1.1　二面角空频域极化特性

为使后续极化特性分析的结论更为明确，给出二面角 SAR 成像示意图，如图 7.15 所示。以建筑物及车辆中常见的垂直放置的直二面角为例，图中直角坐标系的 xOy 平面代表地面，x 轴为 SAR 飞行方向。令成像过程中某时刻 SAR 雷达位于 S 处，S_0 为其在 xOy 平面上的投影。图 7.15 中的 θ 代表成像方位角，θ_0 代表二面角姿态角，通常可设定二者的取值范围为 $-90°\sim90°$[19]。其中，姿态角 θ_0 是表征二面角或平板等结构空间取向的重要参数，其定义为二面角自身取向与 SAR 飞行方向间的夹角（当二面角轴线平行于 SAR 飞行方向时，二面角姿态角为 0°）。由图 7.15 所示的几何关系易知：当成像方位角为二面角姿态角时，雷达入射方向恰与二面角轴线垂直。对于后续分析的平板结构，其姿态角定义与图 7.15 中的 θ_0 类似，当成像方位角为平板姿态角时，雷达入射方向恰与平板垂直。

计算条件设为：频率范围 9.75~10.25GHz，方位角范围 $-5°\sim5°$，俯仰角

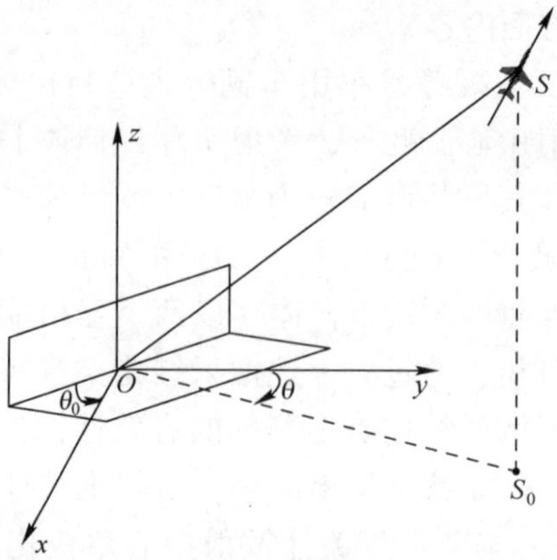

图 7.15　二面角 SAR 成像几何关系示意图

45°，二面角姿态角 0°，构成二面角每一平板尺寸为 0. 2m×0. 2m。基于 FEKO 计算获得此二面角在不同频率及不同成像方位角下的极化散射矩阵，在此基础上分析其空频域极化特性，分析结果如图 7.16 所示。

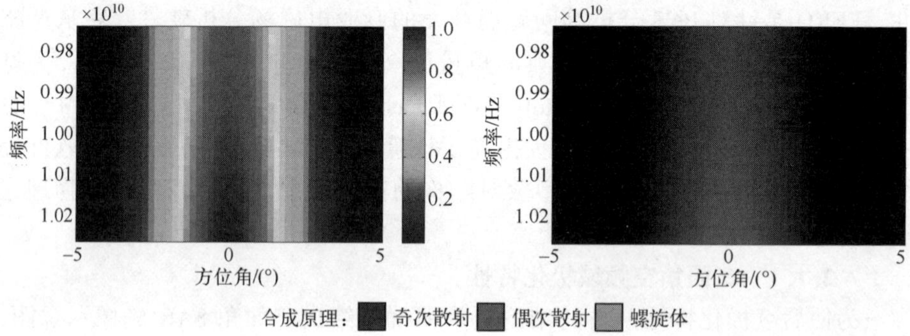

(a) 归一化极化散射总功率(见彩图)　　(b) SDH分解伪彩色合成图(见彩图)

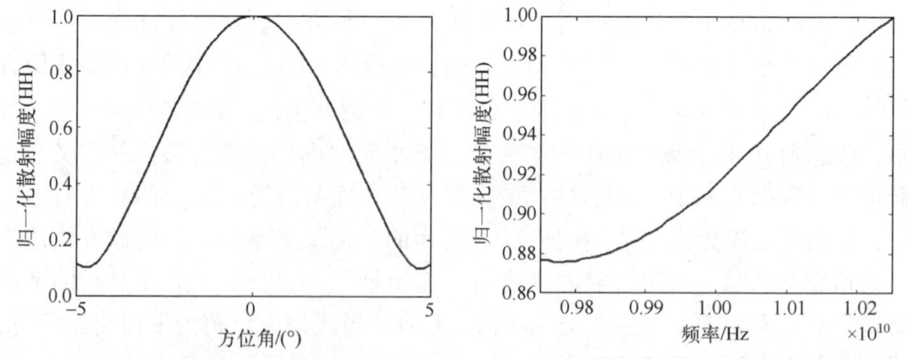

(c) HH通道散射幅度空变特性曲线(10GHz)　　(d) HH通道散射幅度频变特性曲线(0°)

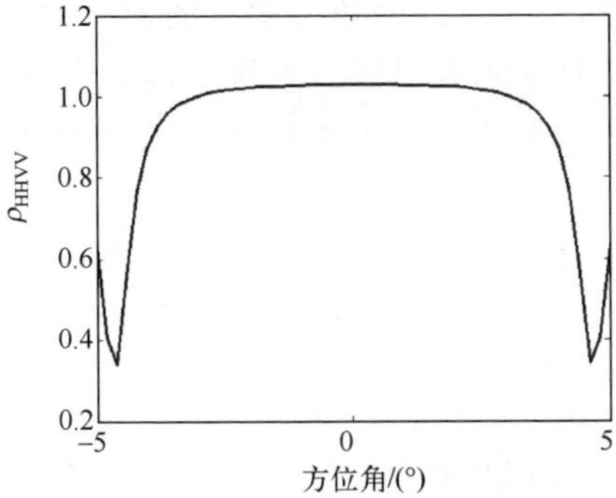

(e) 共极化幅度比空变特性曲线(10GHz)

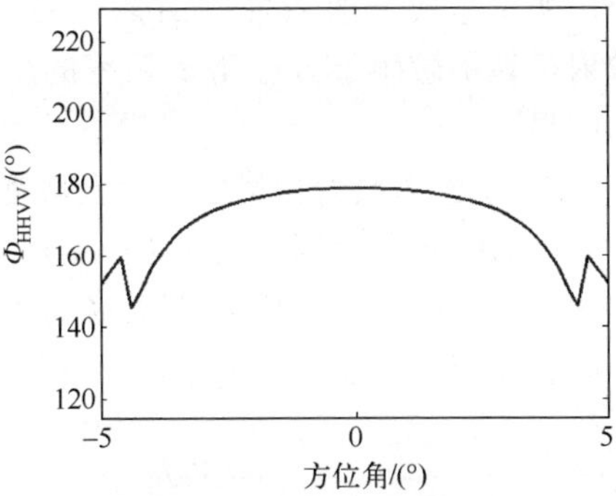

(f) 共极化相位差空变特性曲线(10GHz)

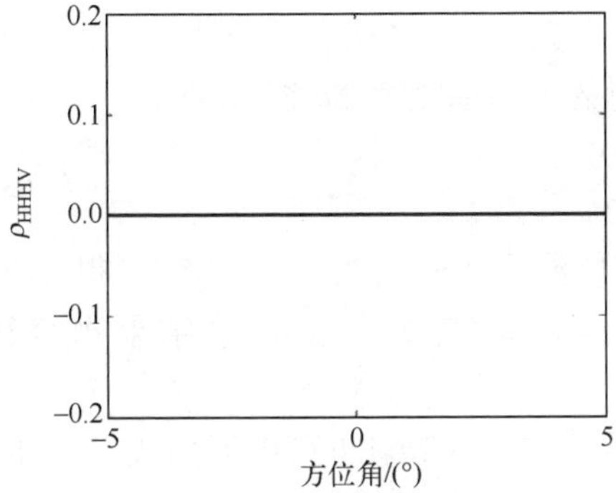

(g) 交叉极化幅度比空变特性曲线(ρ_{HHHV})

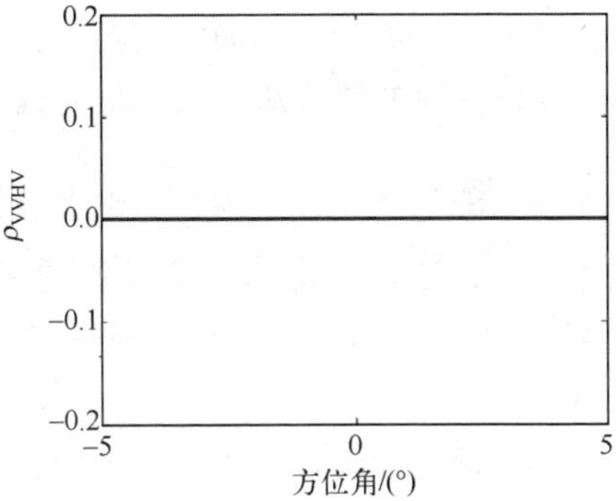

(h) 交叉极化幅度比空变特性曲线(ρ_{VVHV})

图7.16 二面角空频域极化特性图（二面角每一平板尺寸：0.2m×0.2m）

1. 空频域极化散射整体特性

图7.16（a）所示为二面角归一化极化散射总功率随频率及成像方位角的变化关系，横轴为成像方位角，纵轴为频率。则图7.16（a）中每一行对应固定频率处散射功率的空变特性。由图易知：在成像带宽内的任意频率处，二面角的空域散射表现为明显的非全向散射特征，空域散射集中在二面角姿态角（本例为0°）附近区域，在姿态角处出现峰值。图7.16（a）中每一列则对应固定成像方位角处散射功率的频变特性。由图易知：二面角频域散射表现为明显的色散特征，散射强度随频率增加而增大。对图7.16（a）的空频平面内每一空频点处的极化散射矩阵进行SDH分解[11]，较之Pauli基分解，SDH分解可以更为有效地揭示二面角及三面角等典型散射结构的散射机理。类似于Pauli基伪彩色合成的处理方法[20]，对SDH分解结果进行RGB伪彩色合成处理，合成结果如图7.16（b）所示。其中像素点颜色矢量中的蓝色、红色及绿色分量分别代表SDH分解获得的奇次、偶次及螺旋体散射分量，颜

色由明至暗代表散射强度由强至弱。由图易知：二面角为明显的偶次散射，散射机理不敏感于方位角及频率的变化，这一点在其强散射区域内表现得尤为明显。

2. 单通道散射幅度的空变及频变特性

以 HH 通道为例，图 7.16（c）所示为固定频点处二面角归一化散射幅度的空变特性曲线。其中频率选择为 10GHz，取其他频率可获得类似结论。已有研究表明，二面角单通道的空域散射可由 sinc 函数来近似，即

$$y(\theta,f_0)=b\mathrm{sinc}\left[\frac{2\pi f_0}{c}L\sin(\theta-\theta_0)\right] \tag{7.78}$$

式中：y 为空域散射幅度函数；θ 为成像方位角；L 和 θ_0 分别表征二面角的方位向长度和姿态角；f_0 为固定频率；b 为常数；c 为光速。结合式（7.78）及 sinc 函数特性推导易知，二面角空域散射的半功率宽度 $\Delta\theta$ 约为

$$\Delta\theta=\frac{\lambda}{2L} \tag{7.79}$$

式中：λ 为波长。将本实验设置的相关参数代入式（7.79）计算可得 $\Delta\theta=4.4°$，由图 7.16（c）实际提取的结果与式（7.79）的计算结果吻合得很好。

需要说明的是，对于平板结构，其单通道空域散射也可由形如式（7.78）的 sinc 函数来近似。因此，式（7.79）揭示了二面角及平板等结构的空域散射与自身几何尺寸间的关系，这为提取二面角及平板等结构的方位向长度及姿态角等提供了重要依据，本章后续几何结构反演方法的设计也将参考此结论。图 7.16（d）所示为固定方位角处二面角归一化散射幅度的频变特性曲线，其中方位角选择为 0°，取其他角度分析可获得类似结论。GTD 理论[13]认为，二面角频域散射幅度 A 与频率 f 之间满足 $A\propto f^1$ 的关系，这与图 7.16（d）所示的频变特性基本一致。限于篇幅，以上仅给出对 HH 通道的分析结果。实际上，利用计算获得的二面角 VV 通道数据进行分析，也可获得类似结论。由于本实验设置二面角的交叉极化极其微弱（理论值为 0），此处不再对交叉极化通道的空变及频变特性展开讨论。

3. 极化通道间幅度比及相位差的空变特性

下面重点分析二面角各极化通道间的幅度比及相位差等特征量的空变及频变特性。为阐述问题的方便，定义一些散射中心空频域极化特征量。令入射信号频率范围为 $\Omega_f=\left[f_c-\frac{B}{2},f_c+\frac{B}{2}\right]$，其中 B 为信号带宽，f_c 为中心频率。成像方位角范围为 $\Omega_\theta=\left[\theta_0-\frac{\Delta\theta}{2},\theta_0+\frac{\Delta\theta}{2}\right]$，其中 θ_0 为成像的中心方位角，$\Delta\theta$ 为

成像转角。定义散射中心空频域极化散射算子集 $\boldsymbol{G}_{\mathrm{SF}}$ 为

$$\boldsymbol{G}_{\mathrm{SF}}=\{\boldsymbol{S}(f,\theta),f\in\Omega_f,\theta\in\Omega_\theta\} \tag{7.80}$$

式中：$\boldsymbol{S}(f,\theta)$ 为散射中心在频率为 f、方位角为 θ 时的散射矩阵，即

$$\boldsymbol{S}(f,\theta)=\begin{pmatrix} S_{\mathrm{HH}}(f,\theta) & S_{\mathrm{HV}}(f,\theta) \\ S_{\mathrm{HV}}(f,\theta) & S_{\mathrm{VV}}(f,\theta) \end{pmatrix} \tag{7.81}$$

进一步定义频点 f_0 处散射中心的空域极化散射算子集为

$$\boldsymbol{G}_{\mathrm{S}f_0}=\{\boldsymbol{S}(f_0,\theta),\theta\in\Omega_\theta\} \tag{7.82}$$

则散射中心共极化幅度比及相位差的空域序列可表征为

$$\rho_{\mathrm{HHVV}}(f_0,\theta)=\left|\frac{S_{\mathrm{VV}}(f_0,\theta)}{S_{\mathrm{HH}}(f_0,\theta)}\right| \tag{7.83}$$

$$\phi_{\mathrm{HHVV}}(f_0,\theta)=\arg\left(\frac{S_{\mathrm{VV}}(f_0,\theta)}{S_{\mathrm{HH}}(f_0,\theta)}\right) \tag{7.84}$$

式中：$\arg(\cdot)$ 为取复数相位，取值范围为 $[-\pi,\pi]$。类似地，可定义交叉极化幅度比序列 $\rho_{\mathrm{HHHV}}(f_0,\theta)$、$\rho_{\mathrm{VVHV}}(f_0,\theta)$，交叉极化相位差序列 $\phi_{\mathrm{HHHV}}(f_0,\theta)$、$\phi_{\mathrm{VVHV}}(f_0,\theta)$ 等。

利用电磁计算数据获得二面角的空频域极化散射算子集，在此基础上，根据式（7.83）及式（7.84）计算二面角在固定频率处的共极化幅度比及相位差空域序列，分别如图 7.16（e）和（f）所示。其中频率选择为 10GHz，取其他频点分析可获得类似结论。由图易知：在二面角空域散射的第一零点波束宽度内，共极化幅度比和相位差基本保持恒定——前者集中在 1 附近，后者集中在 180°附近，二面角极化散射在此段区域内不敏感于成像方位角，表现出稳定的极化特征。图 7.16（g）和（h）分别给出交叉极化幅度比 ρ_{HHHV} 及 ρ_{VVHV} 的空域序列。由图可知：交叉极化幅度比始终接近于 0。由于太弱，对其相位差的分析没有意义，此处省略。

需要说明的是：一方面，绝大多数散射中心极化散射的频变特性不如空变特性明显；另一方面，如图 7.16（d）所示的单通道散射的频变特性曲线与 GTD 类型参数的理论值也是相吻合的。对于绝大多数散射中心，GTD 类型参数已经可以较好地表征散射中心的频域色散特性，可为雷达目标几何结构反演提供依据。因此，本书不再对幅度比及相位差等极化特征量的频变特性进行分析。

总结对本实验中典型二面角的空频域极化特性分析的相关结论如下：

（1）二面角的散射机理特征在其空域散射主瓣区域内非常稳定，表现为典型的偶次散射。

（2）在二面角散射较强的极化通道中（本例为共极化通道），空域散射

表现为典型的非全向散射，散射幅度对成像方位角的依赖关系可由 sinc 函数来近似。

（3）在二面角散射较强的极化通道中（本例为共极化通道），频域散射表现为典型的色散特性，散射幅度随频率增加而增大（GTD 类型参数理论值为 1）。

7.2.1.2 三面角空频域极化特性

类似于 5.2.1 节中对典型二面角的分析方法，从空频域极化散射整体特性、单通道散射幅度的空变及频变特性、极化通道间幅度比、相位差的空变及频变特性等方面，对三面角的空频域极化特性进行分析。以理想正方板三面角为例，令构成三面角的三个正方板尺寸皆为 0.2m×0.2m，获得的主要分析结果如图 7.17 所示。本实验设置三面角的交叉极化极其微弱（理论值为 0），交叉极化幅度比几乎为 0，因此不再给出交叉极化幅度比的空变特性曲线，也不对图 7.17 所示各图作过多赘述，直接给出空频域极化特性分析的结果。总结对三面角空频域极化特性分析的相关结论如下：

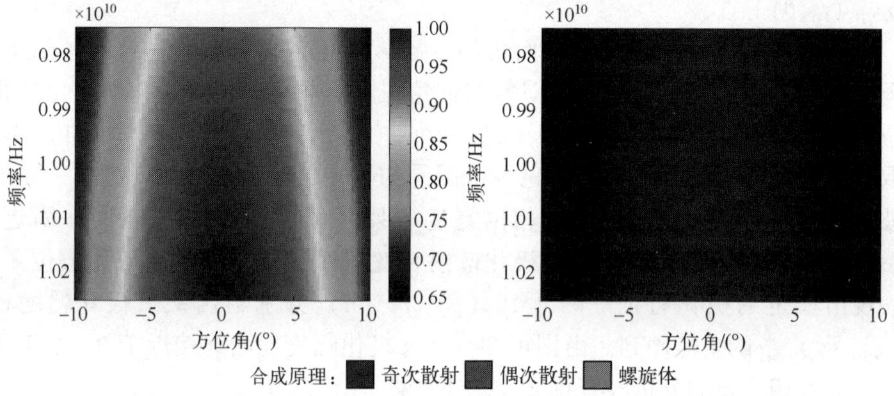

(a) 归一化极化散射总功率（见彩图） (b) SDH 分解伪彩色合成（见彩图）

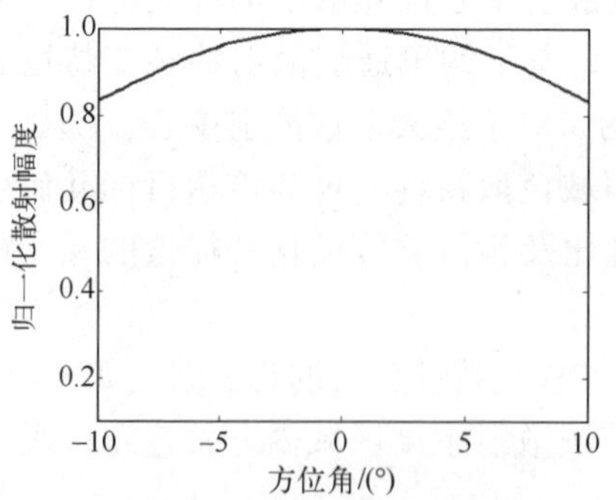

(c) HH 通道散射幅度空变特性曲线（10GHz）

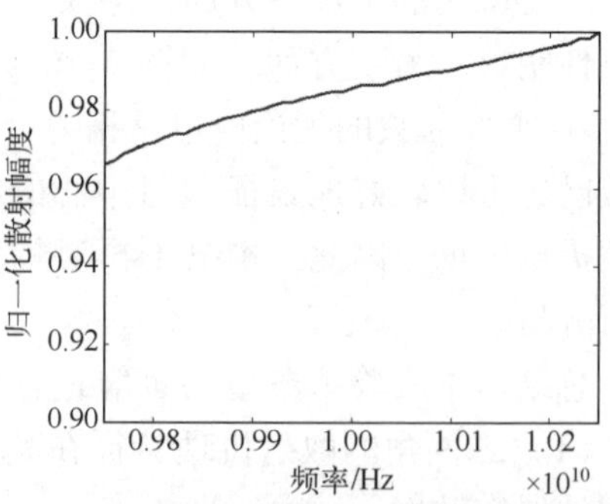

(d) HH 通道散射幅度频变特性曲线（0°）

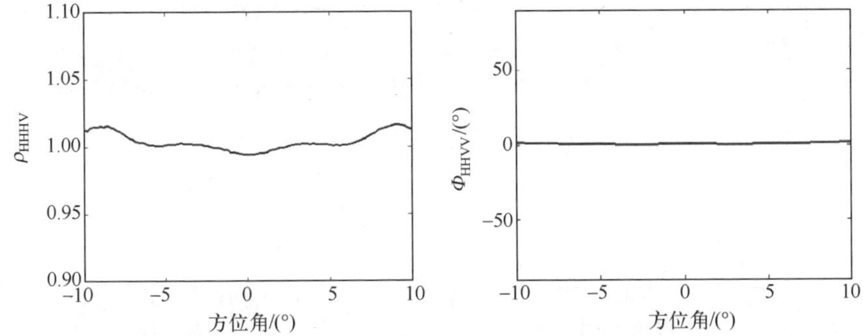

(e) 共极化幅度比空变特性曲线 (10GHz)　　(f) 共极化相位差空变特性曲线 (10GHz)

图 7.17　三面角空频域极化特性图（三面角每一平板尺寸：0.2m×0.2m）（见彩图）

（1）三面角空域极化散射方向图较宽[12]，在成像方位角不是太大的情况下（如小于三面角空域散射主瓣），散射机理特征非常稳定，表现为典型的奇次散射。

（2）三面角的散射幅度不敏感于方位角，在成像方位角不是太大的情况下，其空域散射近似满足全向散射。

（3）三面角的频域散射表现为典型的色散特征，散射幅度随频率增加而增大（GTD 类型参数理论值为 1）。

7.2.1.3 平板空频域极化特性

同样地，采用上两节的处理方法，对平板结构的空频域极化特性进行分析，主要的分析结果如图 7.18 所示，其中平板尺寸设为 0.3m×0.3m。对图 7.18 的分析过程不再赘述，直接总结对平板空频域极化特性分析的相关结论如下：

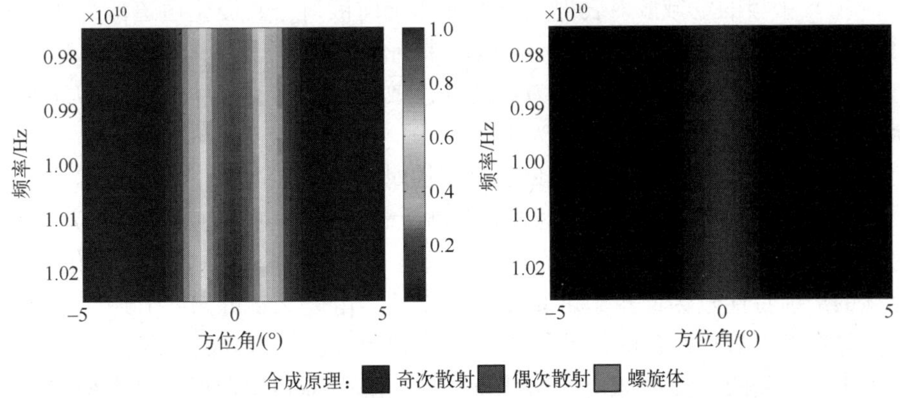

(a) 归一化极化散射总功率（见彩图）　　(b) SDH 分解伪彩色合成（见彩图）

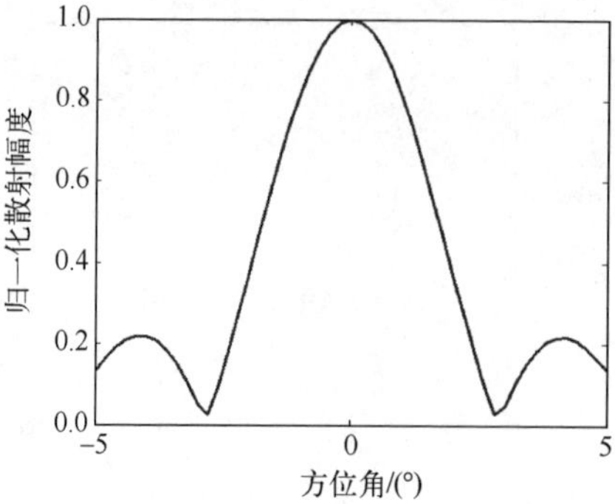

(c) HH通道散射幅度空变特性曲线 (10GHz)

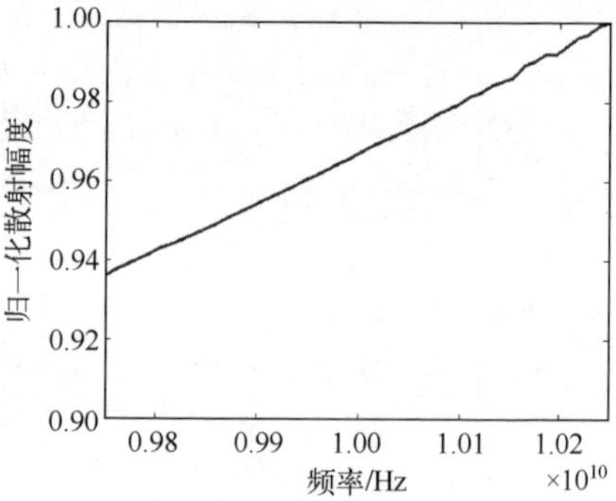

(d) HH通道散射幅度频变特性曲线 (0°)

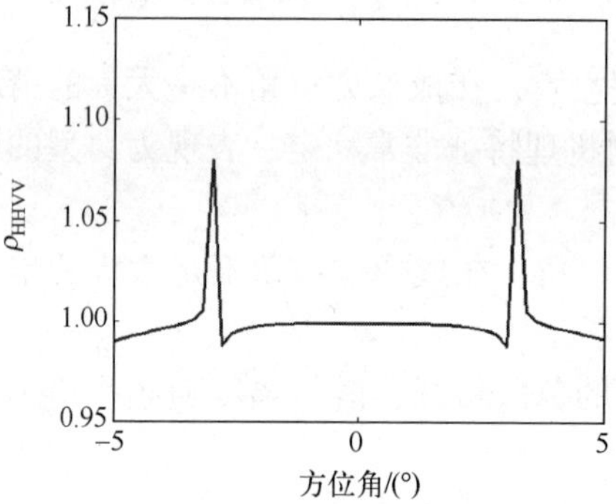

(e) 共极化幅度比空变特性曲线(10GHz)

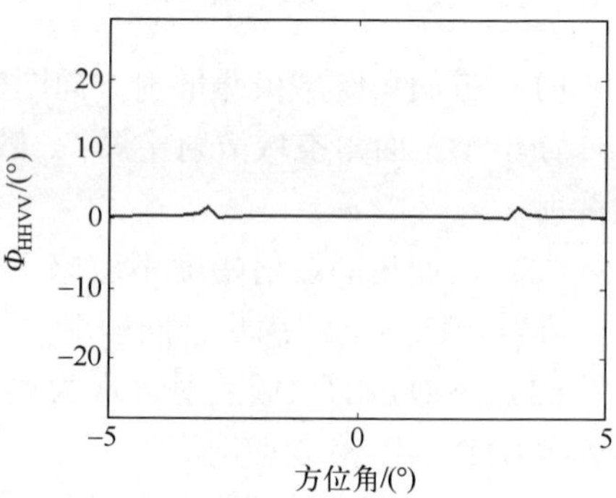

(f) 共极化相位差空变特性曲线 (10GHz)

图 7.18　平板空频域极化特性图 (平板尺寸：0.3m×0.3m)

(1) 平板的散射机理特征在其空域散射主瓣区域内非常稳定，表现为典型的奇次散射。

(2) 平板的空域散射表现为典型的非全向散射，共极化通道散射幅度对成像方位角的依赖关系也可由 sinc 函数来近似。

(3) 平板的频域散射表现为典型的色散特性，散射幅度随频率增加而增大（GTD 类型参数理论值同样为 1)。

7.2.1.4　典型简单体空频域极化特性对比

除上述典型散射结构外，球体在某些人造目标中也较为常见。作为对比，表 7.2 总结了本实验设置的三面角、二面角、平板及球体的空频域极化特性。球体的散射特性较为简单，可直接给出结论。由表 7.2 可知：上述 4 种典型简单体在散射机理及色散特性等方面存在相似性，这也导致了传统基于属性散射中心模型的反演[14]及基于极化特征的反演[21]难以对散射结构类型进行准确判别，会存在判别模糊问题。但是，若能综合利用散射中心的空频域极化特性，提取散射机理、空变及频变等多方面的有效特征，则对不同类型散射结构的区分能力更强，有望提高雷达目标几何结构反演的准确性，相关内容将在 7.2.3 节阐述。

表 7.2 典型简单体空频域极化特性对比

类型	散射机理	空变特性	频变特性	空域散射稳定性
三面角	奇次散射	全向散射	色散	稳定
二面角	偶次散射	非全向散射	色散	稳定
平板	奇次散射	非全向散射	色散	稳定
球体	奇次散射	全向散射	非色散	稳定

7.2.1.5 组合体空频域极化特性

由表 7.2 同样可知：不考虑极化散射绝对强度的变化，则简单体空域极化散射的稳定性很好，表现为极化通道间的幅度比及相位差等特征不敏感于成像方位角。但是，目标体上的许多强散射结构并非对应上述简单体。这些散射结构形状复杂，或为由多个散射结构组成的组合体，由于多个散射结构彼此间的相互影响，可以预期此类组合体极化散射将敏感于成像方位角或频率。而且，散射结构越复杂，这种依赖性通常会越强。仅以图 7.19（a）所示的简单组合体为例，其由两根间隔较近的互相垂直的直导线构成，一根水平放置，另一根垂直放置，两根直导线长度均为 10cm，半径为 1mm，间距 20cm。设成像平面为图 7.19（a）中的 xOy 平面，频率范围 9.75～10.25GHz，成像方位角范围为$-10°$～$10°$，当电波沿 x 轴入射时成像方位角为 0°。图 7.19（b）所示为该组合体的归一化极化散射总功率，图 7.19（c）所示为对图 7.19（b）进行 SDH 分解，在此基础上进行伪彩色合成的结果。由图易知：即便对于这种较为简单的组合体，其极化散射也将明显依赖于频率及成像方位角的变化，特别是敏感于成像方位角，其表现出来的散射机理随成像方位角呈周期性的变化。

进一步分析该组合体空域极化散射的稳定性。固定入射频率（选择为 10GHz），其共极化幅度比及相位差的空变特性曲线如图 7.19（d）和图 7.19（e）所示。由图易知：有别于二面角及三面角等简单体，该组合体空域极化散射对成像方位角的依赖非常明显。分析其主要原因为：组合体的极化特性不仅与两根直导线各自的特性有关，还与二者之间的相位差有关。当成像方位角变化时，二者之间的相位差也随之变化，其相干合成后的极化特性也自然地将敏感于成像方位角。

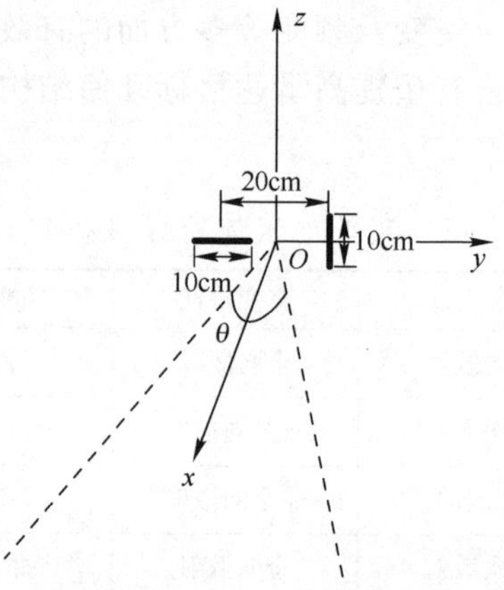

(a) 组合体示意图

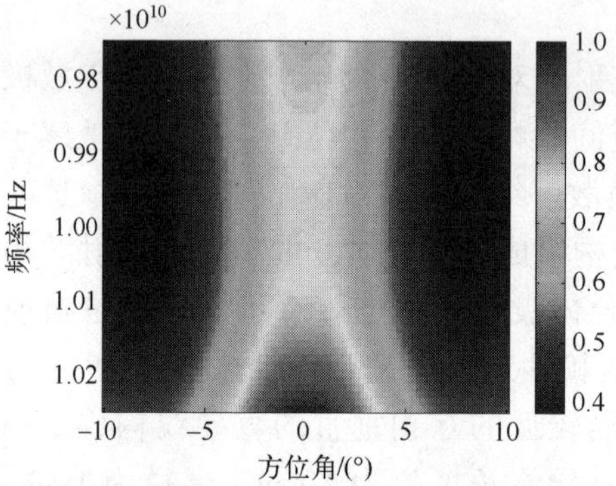

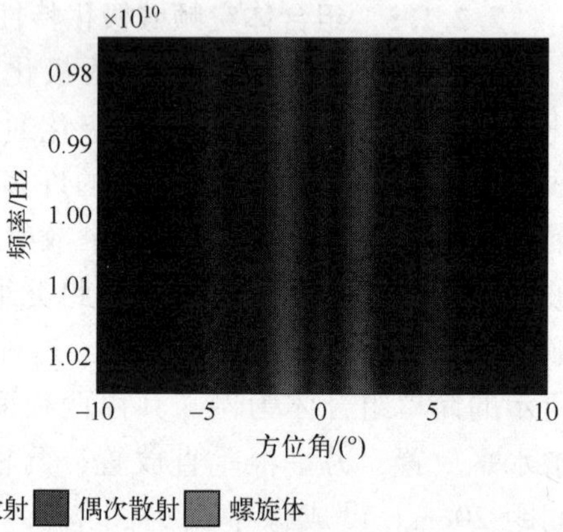

(b) 归一化极化散射总功率(见彩图)

(c) SDH 分解结果的 RGB 伪彩色合成(见彩图)

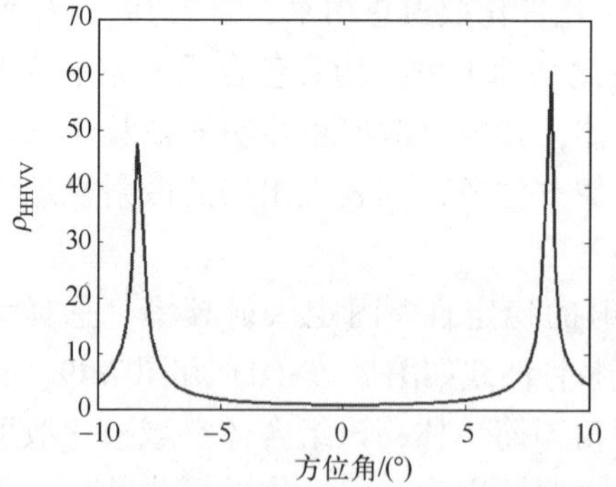

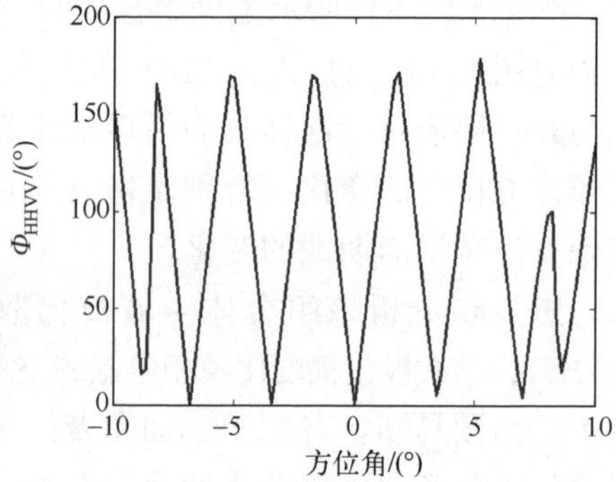

(d) 共极化幅度比空变特性曲线(10GHz)

(e) 共极化相位差空变特性曲线(10GHz)

图 7.19 组合体空域极化特性分析结果

实际上，对于目标体上的一些散射结构，其形状较为复杂，或者为更多个基本散射结构的合成，可以预期其极化特性对成像方位角的依赖将更为明显，本章后续部分对真实极化 SAR 图像中目标体上强散射结构极化特性的分析也验证了这一点。鉴于简单体的空域极化散射具有较好的稳定性，而对于复杂散射结构，其极化特性通常明显依赖于成像方位角的变化。因此，这启发我们在目标几何结构反演时可进一步引入如下策略：在综合利用空频域极化特征对散射中心类型进行判别的基础上，基于空域极化散射稳定性分析对散射中心的“结构复杂度”进行判别。对于空域极化散射稳定的散射中心，其极有可能对应简单体结构，否则可视为组合体或形状复杂结构。对于某些类型的简单体结构，可根据空域散射特性与几何参数间的关系反演其几何尺寸及姿态取向等特征，使反演更为彻底。

7.2.2 基于二维 CP-GTD 模型与 STFT 处理的空域极化特性分析

由 7.2.1 节内容可知，通过分析散射中心的空域极化特性，至少可从以下方面对目标几何结构反演提供支持：首先，通过分析空域极化散射稳定性，可以判别散射中心是否为简单体结构；其次，通过分析空域散射的方向性，可以提高散射中心类型区分能力；最后，根据二面角及平板等结构的空域散射与几何参数间的关系，可为反演此类结构的方位向长度及姿态角等提供依据。

为此，本节提出一种基于二维 CP-GTD 模型与 STFT 的全极化散射中心空域极化特性分析方法。该方法结合全极化散射中心提取及短时傅里叶变换（STFT）等处理，分析全极化散射中心极化散射的空变特性。在此基础上，可提取典型的空域极化特征，为散射中心类型的准确判别、目标几何尺寸等特征的提取等提供依据。其中，“基于二维 CP-GTD 模型的全极化散射中心提取”和“基于 STFT 的散射中心空域极化特性分析”是组成算法的两个关键步骤，下面对二者进行详细阐述。

7.2.2.1 基于二维 CP-GTD 模型的全极化散射中心提取

为分析散射中心的空域极化特性，必须选择合理的全极化散射中心模型及有效的参数提取方法。对于单极化测量条件，属性散射中心模型、GTD 模型等对散射中心的描述已经较为成熟。但是，已有散射中心模型较少考虑全极化测量条件。即使有所考虑，其处理过程也遇到了诸多根本性的困难。最突出的矛盾在于：已有方法在提取全极化散射中心参数时，通常采用各极化通道单独提取，之后进行散射中心关联处理[22]。这种处理策略未能很好地利用全极化信息的优势，而且会造成各极化通道中散射中心数目、位置等的不一致，导致关联后散射中心散射矩阵的相干性无法得到保证[23]。为克服上述存在的问题，本节引入 7.1 节提出的二维 CP-GTD 模型对散射中心的极化散射进行建模。

对于全极化 SAR 成像雷达体制，极化 SAR 回波数据经 Dechirp 处理后（或对极化 SAR 图像做二维傅里叶变换后）可用“角度-频率域”二维信号来表征，即

$$E_{pq}(f,\theta)=\sum_{i=1}^{d}s_{i,pq}(f,\theta)\exp\left[-\mathrm{j}\frac{4\pi f}{c}(x_i\cos\theta+y_i\sin\theta)\right]+n_{pq}(f,\theta) \tag{7.85}$$

式中：$E_{pq}(f,\theta)$即为二维信号，$p,q=\mathrm{H}$ 或 V 表示不同的极化通道；f 为信号频率；θ 为成像方位角；d 为散射中心数目，x_i、y_i 分别为第 i 个散射中心的距离向和方位向位置；$s_{i,pq}$为第 i 个散射中心在 pq 通道中的复散射系数，考虑 SAR 成像通常为单站情况，满足互异性，即 $s_{i,\mathrm{HV}}(f,\theta)=s_{i,\mathrm{VH}}(f,\theta)$；$n_{pq}(f,\theta)$为各极化通道的观测噪声。类似于单极化测量条件下 GTD 模型的表述形式，在式（7.85）中引入 GTD 类型参数，令 $s_{i,pq}(f,\theta)=s_{i,pq}^{\mathrm{GTD}}(\theta)\left(\mathrm{j}\frac{f}{f_\mathrm{c}}\right)^{\alpha_i}$，其中 $s_{i,pq}^{\mathrm{GTD}}(\theta)$表示去除频率依赖特性后散射中心的复散射系数，$f_\mathrm{c}$ 为中心频率，α_i 为 GTD 类型参数，则式（7.85）可进一步表述为

$$E_{pq}(f,\theta)=\sum_{i=1}^{d}s_{i,pq}^{\mathrm{GTD}}(\theta)\left(\mathrm{j}\frac{f}{f_\mathrm{c}}\right)^{\alpha_i}\exp\left[-\mathrm{j}\frac{4\pi f}{c}(x_i\cos\theta+y_i\sin\theta)\right]+n_{pq}(f,\theta) \tag{7.86}$$

式（7.86）即为二维相干极化几何绕射理论（二维 CP-GTD）模型的最终表述形式。需要说明的是，式（7.86）绝非单极化 GTD 模型的简单扩展。该模型认为每个散射中心具有唯一的相干散射矩阵，并将全极化散射作为一个整体进行建模。该模型保证了不同通道估计获得的散射中心数目及位置等参数的一致性，避免了传统处理因多通道关联而无法保证散射中心相干特性的缺点，无疑更有利于本章对散射中心空域极化特性的准确分析。

对于式（7.86）所示的二维 CP-GTD 模型，特征参数集为$\{d,\boldsymbol{S}_i,x_i,y_i,\alpha_i\}$。这里采取 2D P-MUSIC 方法。该方法将多重信号分类（MUSIC）方法进行扩展以进行全散射中心参数估计。散射中心数目确定（模型定阶）采用盖氏圆盘方法。限于篇幅，对基于二维 CP-GTD 模型的全极化散射中心提取的具体过程不再赘述，详见 7.1 节。

7.2.2.2 基于 STFT 的散射中心空域极化特性分析

1. 问题描述

在确定的成像方位角及频率下，散射中心的极化特性可由确定的复散射

矩阵完全表征。自然地，要分析散射中心的空域极化特性，需获得其在不同成像方位角下的散射矩阵值。为分析问题方便，暂不考虑噪声影响，则极化 SAR 回波数据经 Dechirp 处理后（或对极化 SAR 图像做二维傅里叶变换后）的“角度-频率域”二维信号可以表示为

$$E_{pq}(f,\theta) = \sum_{i=1}^{d} s_{i,pq}(f,\theta)\exp\left[-\mathrm{j}\frac{4\pi}{c}f(x_i\cos\theta + y_i\sin\theta)\right],\quad f\in\Omega_f,\theta\in\Omega_\theta \tag{7.87}$$

各参数的定义同式（7.85）。在小角度成像条件下，式（7.87）可近似为

$$E_{pq}(f,\theta) \approx \sum_{i=1}^{d} s_{i,pq}(f,\theta)\exp\left[-\mathrm{j}\frac{4\pi}{\lambda}y_i\theta - \mathrm{j}\frac{4\pi}{c}x_i f\right] \tag{7.88}$$

当成像方位角较大时，需通过插值将扇形采样数据变成矩形采样[5]，以降低这种近似对成像的影响，插值后的极化 SAR 回波也可等效为式（7.88）。令

$$\boldsymbol{S}_i(f,\theta)=\begin{pmatrix} s_{i,\mathrm{HH}}(f,\theta) & s_{i,\mathrm{HV}}(f,\theta) \\ s_{i,\mathrm{VH}}(f,\theta) & s_{i,\mathrm{VV}}(f,\theta)\end{pmatrix} \tag{7.89}$$

式中：$s_{i,pq}$为第 i 个散射中心在 pq 通道中的复散射系数，则 $\boldsymbol{S}_i(f,\theta)$ 即表示第 i 个散射中心在频率为 f、成像方位角为 θ 时的散射矩阵，即该散射中心的空频域极化散射算子集（如式（7.80）定义）。

类似于属性散射中心等已有模型的处理思想，可认为散射中心的空域与频域散射近似独立，通过分离变量将式（7.89）中散射矩阵元素 $s_{i,pq}(f,\theta)$ 的方位维与频率维进行解耦，即

$$s_{i,pq}(f,\theta)=B_{i,pq}(f)A_{i,pq}(\theta) \tag{7.90}$$

式中：$A_{i,pq}(\theta)$ 体现了第 i 个散射中心在 pq 通道中的空域特性，而 $B_{i,pq}(f)$ 则体现了该散射中心在 pq 通道中的频域特性，此时式（7.88）可进一步表示为

$$E_{pq}(f,\theta) \approx \sum_{i=1}^{d} B_{i,pq}(f)A_{i,pq}(\theta)\exp\left[-\mathrm{j}\frac{4\pi}{\lambda}y_i\theta - \mathrm{j}\frac{4\pi}{c}x_i f\right] \tag{7.91}$$

对于所有极化通道，提取式（7.91）中的 $A_{i,pq}(\theta)$，即可分析散射中心极化散射随成像方位角及频率的变化。因此，散射中心空域极化特性分析问题即转化为从式（7.91）中估计 $A_{i,pq}(\theta)$ 的问题。时频分析技术在处理非平稳时变信号时具有优越性，这启发人们可以借鉴时频分析思想分析散射中心的空域极化特性。

2. 时频分析方法选择

时频分析在诸如运动补偿及成像、雷达图像理解及微多普勒特征提取等雷达信号处理领域中均显示出一定的优越性。时频分析方法众多，大体可分为线性时频变换、双线性时频变换及参数化时频分布等几类。其中，线性时

频变换主要包括短时傅里叶变换（STFT）及小波变换等，它们满足线性原理，多个信号的时频变换是每个信号时频变换的线性组合；双线性时频变换分析信号能量在时频平面内的分布，典型方法如 Wigner-Ville 分布（WVD）等[24]；参数化时频分布通过构造与信号结构最佳匹配的信号模型实现时频分析，代表性方法为自适应高斯表示（AGR）[25]。

STFT、WVD 及小波变换是常用的时频分析方法。对于本书所关心的散射中心空域极化特性分析而言，需特别考虑极化通道间幅度比及相位差等极化特征量的空变及频变特性，才能完整地揭示散射中心的极化特性。WVD 等双线性时频变换无法保留信号的相位信息，难以满足需求。同时，小波分解系数难以直接与雷达目标电磁散射特性的物理解释相对应，通常需对分解系数进行再分析以获取典型特征。比较而言，STFT 不仅可保留信号的相位信息，而且算法实现简单，物理意义明确，可以满足散射中心空域极化特性分析的需求。综合上述考虑，本节选择 STFT 来分析散射中心的空频域极化特性。

3. 基于 STFT 的散射中心空域极化特性分析

类似于时频成像及 SAR 动目标检测等采用的策略[26]，对式（7.91）所示的回波数据进行距离向逆傅里叶变换，完成距离向成像，考虑散射中心的频域色散特性，距离向成像结果可表示为

$$s_{pq}(\tau,\theta) \approx \sum_{i=1}^{d} A_{i,pq}(\theta)\operatorname{sinc}[\pi B(\tau - 2x_i/c)]\exp\left(-\mathrm{j}\frac{4\pi}{\lambda}y_i\theta\right) \tag{7.92}$$

式中：$p,q=\mathrm{H}$ 或 V 表示不同的极化通道；τ 为距离向时延。利用 5.3.1 节所述的基于二维 CP-GTD 模型的全极化散射中心提取方法，获得目标体上每一散射中心的距离向及方位向位置坐标。对于第 i 个散射中心，选取其所在的距离分辨单元，沿方位向进行 STFT，结果可表述为

$$\mathrm{STFT}_{pq}(\theta,f_{azi};\tau_i) = \int s_{pq}(\tau_i,\theta_0)h^*(\theta_0-\theta)\exp(-\mathrm{j}2\pi f_{azi}\theta_0)\,\mathrm{d}\theta_0 \tag{7.93}$$

式中：θ 为成像方位角；f_{azi} 表示方位向频率，其与方位向位置存在对应关系；τ_i 表示第 i 个散射中心的回波时延，$\tau_i=\dfrac{2x_i}{c}$；$h(\theta)$ 为窗函数。在进行方位向 STFT 后，分析第 i 个散射中心对应的方位向频率 $f_{azi}^i=-\dfrac{2y_i}{\lambda}$，将 $f_{azi}=f_{azi}^i$ 代入式（7.93）可得

$$\mathrm{STFT}_{pq}(\theta,f_{azi}^i;\tau_i) \approx \int h^*(\theta_0-\theta)A_{i,pq}(\theta_0)\,\mathrm{d}\theta_0 + \sum_{j=1,2,\cdots,d,j\neq i} R_j \tag{7.94}$$

$\mathrm{STFT}_{pq}(\theta,f_{azi}^i;\tau_i)$ 代表了 (θ,f_{azi}) 平面内的固定一行，该行数据主要反映第 i 个散射中心在 pq 通道内的空域特性，如式（7.94）中“≈”右侧第一项所示。

“≈”右侧第二项则为由邻近的若干个散射中心造成的干扰项，其中

$$R_j = \text{sinc}[\pi 2B(x_i - x_j)/c] \cdot \int h^*(\theta_0 - \theta) A_{j,pq}(\theta_0) \exp\left[-\mathrm{j}\frac{4\pi}{\lambda}(y_i - y_j)\theta_0\right] \mathrm{d}\theta_0 \tag{7.95}$$

由式（7.95）可知，邻近散射中心对第 i 个散射中心真实空域特征的干扰与邻近散射中心强度、方位向位置及 STFT 窗口宽度等有关。当散射中心干扰较小而可近似忽略时（具体分析将在后文阐述），式（7.94）可简化为

$$\text{STFT}_{pq}(\theta, f_{azi}^i; \tau_i) \approx \int h^*(\theta_0 - \theta) A_{i,pq}(\theta_0) \mathrm{d}\theta_0 \tag{7.96}$$

式中：“≈”右侧的积分项可用于估计 $A_{i,pq}(\theta)$ 的真实值，即

$$\hat{A}_{i,pq}(\theta) = \int h^*(\theta_0 - \theta) A_{i,pq}(\theta_0) \mathrm{d}\theta_0 \tag{7.97}$$

以上处理过程主要包含两个环节，首先利用全极化散射中心提取方法估计散射中心的位置参数，在此基础上，基于 STFT 估计散射中心在每一极化通道内的空域散射函数，处理流程如图 7.20 所示。对于每一个极化通道，都采用图 7.20 所示的处理流程，获得散射中心的空域极化散射算子集的估计值 $\hat{\boldsymbol{A}}_i(\theta)$ 为

$$\hat{\boldsymbol{A}}_i(\theta) = \begin{pmatrix} \hat{A}_{i,\text{HH}}(\theta) & \hat{A}_{i,\text{HV}}(\theta) \\ \hat{A}_{i,\text{VH}}(\theta) & \hat{A}_{i,\text{VV}}(\theta) \end{pmatrix}, \quad \theta \in \Omega_\theta \tag{7.98}$$

式中：Ω_θ 为成像方位角范围；$\hat{\boldsymbol{A}}_i(\theta)$ 各元素都基于式（7.97）计算获得，基于 $\hat{\boldsymbol{A}}_i(\theta)$ 即可实现对第 i 个散射中心空域极化特性的分析。

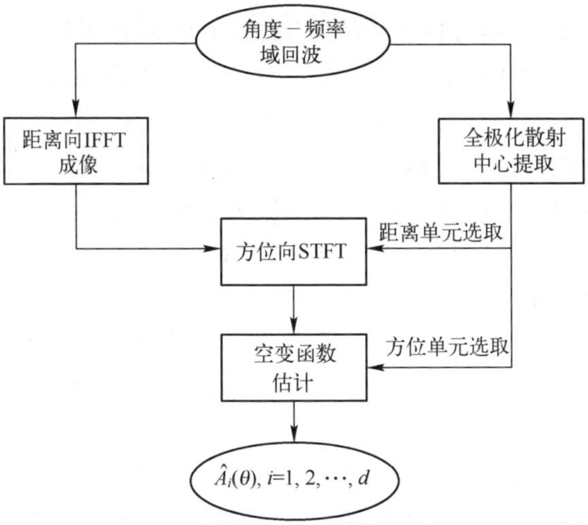

图 7.20　散射中心空域极化特性分析流程（单个极化通道）

4. 窗口宽度的影响分析

下面讨论式（7.97）中窗函数 $h(\theta)$ 对散射中心空域极化特性分析结果的影响。这种影响主要体现在以下两个方面：

一方面，若邻近散射中心与第 i 个散射中心处于不同的距离单元，则邻近散射中心的影响可以忽略。假设第 j 个散射中心与第 i 个散射中心处于相同的距离单元，令二者的方位向坐标分别为 y_j 和 y_i，pq 通道内的空域散射幅度序列分别为 $A_{j,pq}(\theta)$ 和 $A_{i,pq}(\theta)$。当 $A_{j,pq}(\theta)$ 与 $A_{i,pq}(\theta)$ 相比很小时，第 j 个散射中心对第 i 个散射中心的影响可以忽略。当第 j 个散射中心散射较强时，考虑式（7.95）积分项为复正弦信号的形式，其积分结果为振荡项，对 θ_0 的积分长度应尽可能长（即 $h(\theta)$ 的窗口应尽可能宽），以降低干扰项 R_j 对第 i 个散射中心空域散射特性的影响。因此，式（7.97）中窗函数的窗口越宽，干扰项的影响越小。窗口越窄，则邻近散射中心的影响越大，难以准确提取散射中心的真实空域散射特性。

另一方面，根据式（7.97）可知，当邻近散射中心的干扰可以忽略时，经图 7.20 所示流程提取的 $\hat{A}_{i,pq}(\theta)$ 实际上是 $A_{i,pq}(\theta_0)$ 与窗函数的卷积过程，窗函数 $h(\theta)$ 对 $A_{i,pq}(\theta_0)$ 具有平滑作用。窗口越宽，$A_{i,pq}(\theta_0)$ 被平滑得越明显，$\hat{A}_{i,pq}(\theta)$ 同样难以反映 $A_{i,pq}(\theta_0)$ 的真实值。

下面通过实验分析窗口宽度对分析结果的影响。假设散射中心 1 为理想二面角，其空域散射幅度函数为理想 sinc 函数，主瓣宽度为 4°。在其附近存在散射中心 2，其为与散射中心 1 完全相同的理想二面角。二者处在同一距离单元，方位向相隔 4 个分辨单元。为分析方便，取式（7.97）中的 $h(\theta)$ 为矩形窗，利用图 7.20 所示流程分析散射中心 1 的空域散射特性，图 7.21 给出不同窗口宽度下，提取获得的散射中心 1 在 HH 通道内的空域散射幅度函数序列。实验结果表明：当选取的窗口宽度较窄时（图 7.21（a）），散射中心 1 空域散射特性的估计结果受散射中心 2 的影响较为严重，估计获得的空变特性曲线与真实值（sinc 函数近似）差别很大，此时已无法用 sinc 函数很好地拟合空变特性曲线；当窗口宽度选择适中时（图 7.21（b）），估计获得散射中心 1 的空域散射主瓣宽度约为 4°，与真实值非常吻合，估计结果较为准确；当窗口宽度选择过宽时（图 7.21（c）），估计结果受窗函数的平滑作用比较明显，估计获得的二面角空域散射主瓣宽度为 5.6°，主瓣展宽较为严重，估计结果不够准确。

更进一步，分析窗口平滑效果随窗口宽度的变化趋势。假设场景中仅有一个二面角散射中心，其空域散射为理想的 sinc 函数，主瓣宽度为 5°。利用图 7.20 所示流程估计其空域散射主瓣宽度，主瓣宽度估计值随窗口宽度的变

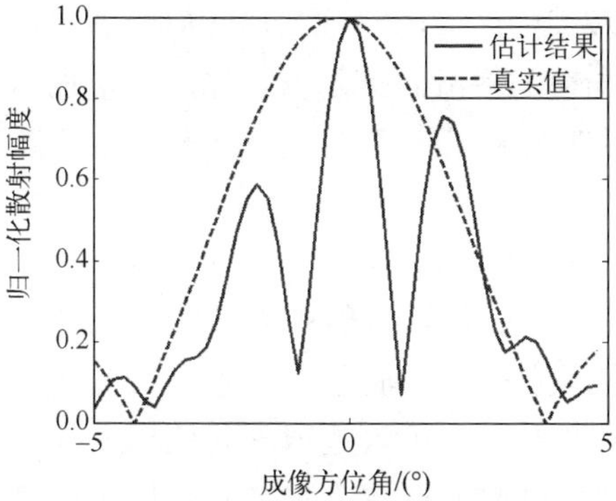

(a) 窗口宽度1°

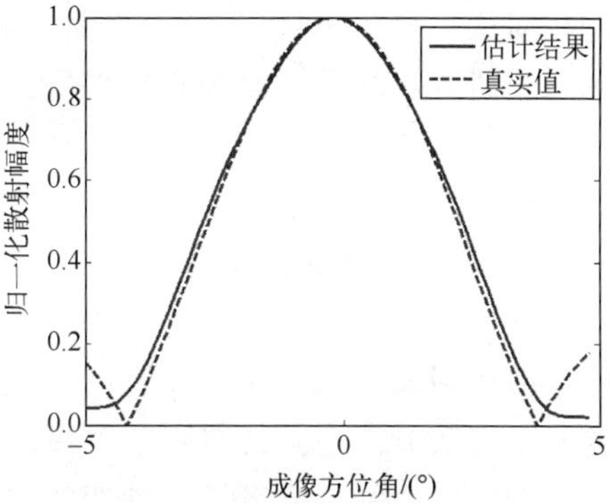

(b) 窗口宽度2.2°

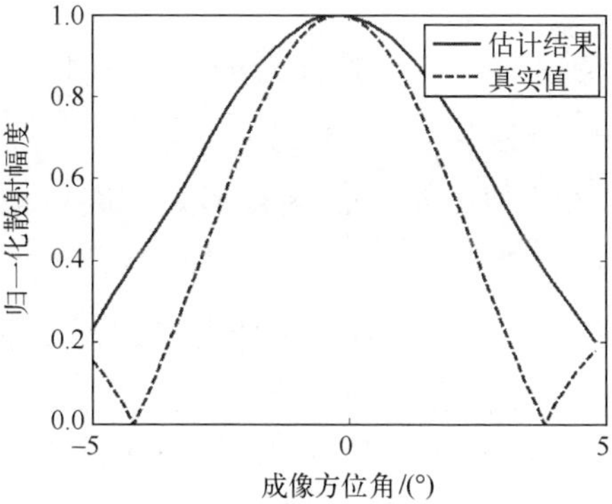

(c) 窗口宽度10°

图 7.21　窗口宽度对散射中心空域特性影响的实验分析

化曲线如图 7.22 所示。由图易知，在窗口宽度较小的区域内（如小于散射中心空域散射主瓣宽度)，曲线变化较为平缓，加窗的平滑效果并不明显，估计

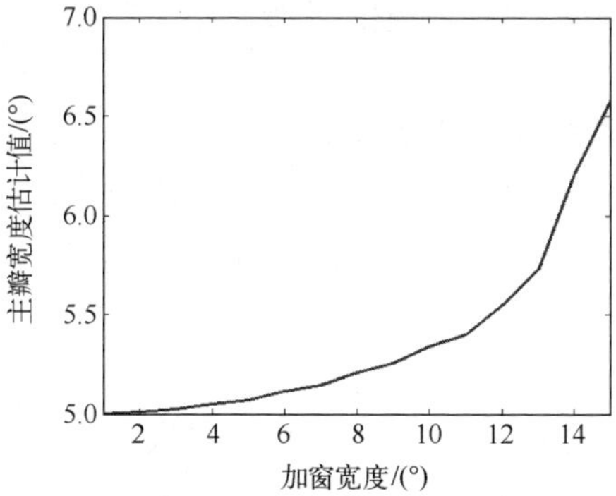

图 7.22　加窗对散射中心空域特性的平滑效果分析（主瓣宽度为 5°的二面角）

的相对误差都在5%以内。而在窗口宽度较大的区域内（如超出散射中心空域散射主瓣宽度的两倍），曲线斜率较大，加窗的平滑效果随窗口宽度的增加而越来越严重。总体而言，当窗口宽度不是明显超过散射中心空域散射主瓣宽度时，平滑的结果还是可以接受的。

5. 窗口宽度的选择

基于上述分析，在实际应用中，需综合考虑邻近散射中心的影响及加窗的平滑作用来合理选择窗口宽度。鉴于实际应用中二面角及平板等最为典型的非全向散射结构，其空域散射幅度函数可由 sinc 函数近似。此处以上述两种典型结构为例，给出了一种切实可行的窗口宽度选取方法，其处理步骤可概述如下：

首先，选择较窄的窗口，基于式（7.97）计算$\hat{A}_{i,pq}(\theta)$，并用 sinc 函数对其进行拟合，计算此时的拟合误差。由于选择窄窗时，邻近散射中心的影响较大，$\hat{A}_{i,pq}(\theta)$不再近似满足 sinc 函数形式，因此拟合误差会较大，正如图 7.21（a）所示。

其次，逐步增大窗口宽度，并对利用新窗口计算获得的$\hat{A}_{i,pq}(\theta)$进行 sinc 函数拟合，计算相应的拟合误差。随着窗口宽度的增加，邻近散射中心的影响变弱，估计获得散射中心空域散射幅度函数也更接近于真实的 sinc 函数形式，此时的拟合误差也将逐步降低。当窗口宽度增大到适当程度时，邻近散射中心的影响较为微弱，同时，窗口平滑的效果也不会特别明显，此时拟合误差随窗口宽度的增加将趋于稳定。

因此，可将拟合误差开始趋于稳定时的窗口宽度作为窗口宽度的合理取值。在此基础上，基于式（7.97）计算合理窗口宽度下的$\hat{A}_{i,pq}(\theta)$，可以较好地兼顾邻近散射中心的影响及加窗的平滑作用，对散射中心的真实空域特性进行有效估计。

最后，简要阐述散射中心频域极化特性的分析方法。类似于图 7.20 的处理流程，首先对回波数据进行方位向成像，在散射中心所在的方位单元进行距离向 STFT 处理，估计散射中心在每一极化通道内的频域散射函数，具体流程如图 7.23 所示。在此基础上，即可获得散射中心的频域极化散射算子集，实现频域极化特性的分析。但是，正如 5.2.1 节所述，散射中心极化散射的频变特性通常不如空变特性明显。特别地，全极化散射中心提取可以获得散射中心的 GTD 类型参数，该参数可有效揭示散射中心的频域色散特性。对于绝大多数散射中心，利用 GTD 类型参数已经可以对雷达目标几何结构反演等提供初步依据，无须再深入分析其频域极化特性。因此，本节主要关注散射中心空域极化特性的分析，在反演新方法的实现过程中，也更多地利用空域极化特征来为反演提供支持。

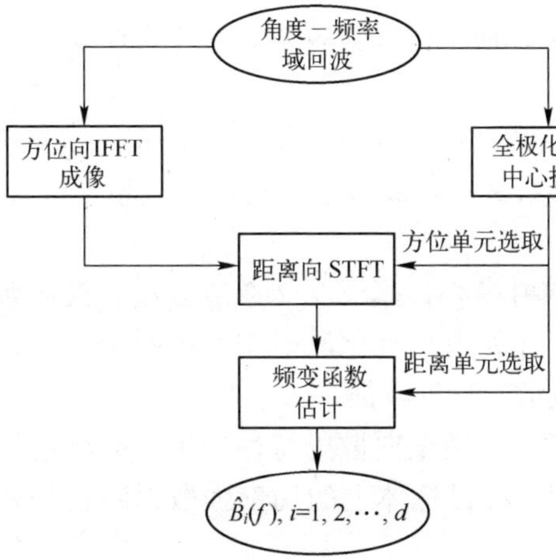

图 7.23　散射中心频域极化特性分析流程（单个极化通道）

7.2.3 基于空频域极化特征的极化 SAR 图像人造目标几何结构反演

7.2.1 节利用电磁计算数据分析了典型散射结构的空频域极化特性，揭示了空频域极化特征在目标几何结构反演中的应用潜力。特别地，7.2.2 节指出空域极化特征可为目标几何结构反演提供全面的支持，并提出了基于二维 CP-GTD 模型和 STFT 处理的散射中心空域极化特性分析方法。在此基础上，本节提出一种基于空频域极化特征的极化 SAR 图像人造目标几何结构反演方法。首先阐述了该方法的反演原理及流程，并对其中的散射结构类型判别及简单体几何参数提取等内容进行了重点介绍，利用电磁计算数据及实测数据验证了该方法的有效性和较之传统反演方法的优越性。

7.2.3.1　反演原理及流程

无论是利用属性散射中心模型的方法抑或基于极化分类的方法，传统几何结构反演在散射中心类型判别时都存在模糊性。由 7.2.1 节分析易知，一方面，通过对空域及频域极化特性的分析，可揭示散射中心在散射机理、空域散射方向性、频域色散特性等方面的差异，综合利用上述信息可以克服已有反演方法由于判别信息不足而造成的判别模糊，提高反演准确性。另一方面，通过提取典型特征来描述散射中心空域极化散射的稳定性，可以对散射中心是否为简单体进行判别。对于二面角或平板等简单体，可进一步反演其几何尺寸及姿态取向等特征，使反演更为彻底。

为此，本节结合 7.2.2 节所述的散射中心空域极化特性分析方法、传统的极化分类及频域色散特性判别等处理，提出了一种基于空频域极化特征的极化 SAR 图像人造目标几何结构反演策略。算法流程如图 7.24 所示，其可概述如下：

(1) 基于二维 CP-GTD 模型提取极化 SAR 图像人造目标体上的全极化散射中心，确定散射中心数目，各散射中心的位置、相干散射矩阵及 GTD 类型参数等特征参数。

(2) 对于每一个散射中心，基于 7.2.2 节方法，提取典型的空域极化特征，如极化空变度等；并利用全极化散射中心的提取结果，获得散射中心的散射机理类型、频域色散参数等特征。

(3) 结合极化分类、空域全向散射特性判别、频域色散特性判别等对散射中心的类型进行判别，将目标体上的局部强散射结构等效为某种基本的结构类型。

(4) 基于极化空变度特征判断散射中心是否对应简单体结构。对于二面角或平板等散射中心，进一步提取其方位向尺寸及姿态角等几何参数。

(5) 由目标体上各局部散射结构的几何形状及空间位置关系大致“拼接”出目标的整体结构，实现目标几何结构的初步反演。

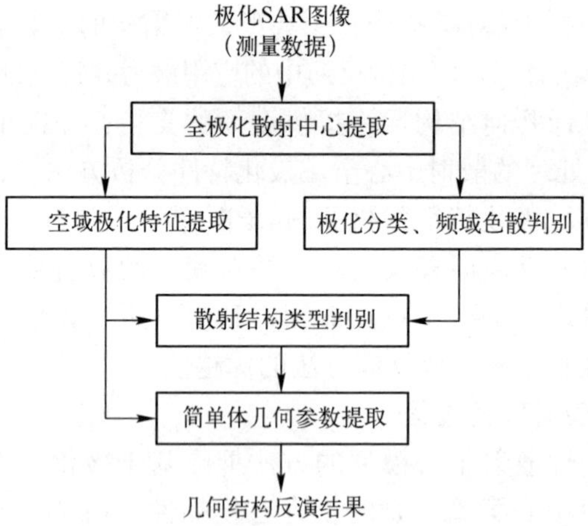

图 7.24 基于空频域极化特征的极化 SAR 图像人造目标几何结构反演流程

散射结构类型判别及简单体几何参数提取是反演的主要步骤，以下对二者进行详细阐述。

7.2.3.2　散射结构类型判别

对目标体上各局部散射结构类型的准确判别是成功实现反演的关键。本节提出一种基于树状分类器的散射结构类型判别策略，判别准则可概述为：首先，利用极化分类将待判别散射结构等效为与其极化散射机理最为相近的基本结构类型；其次，提取散射结构的空域特征，通过空变特性判别将其归类为全向散射结构或非全向散射结构；最后，对于利用上述方法仍存在判别模糊的情况，利用 GTD 类型参数进行频域色散特性判别，确定散射结构的类型。在树状分类器的设计中，按照“极化分类—全向散射判别—频域色散特性判别”的顺序，主要出于以下考虑：

首先，极化分类可以获得散射结构的散射机理类型，其与散射结构的结构、形状等本质属性密切相关。特别地，全极化散射中心提取结合了高分辨成像和极化信息处理二者的优势，散射中心极化分类的结果更为准确。因此，将极化分类作为判别的首选准则。

其次，雷达目标的电磁散射具有明显的方位依赖性，而这种依赖性可作为目标识别的重要依据[16]。因此，引入全向散射判别有助于消除利用极化分类进行反演的模糊性，提高类型判别的准确性。

最后，GTD 类型参数虽然可反映散射中心的频域色散特性，但其对散射结构类型的区分能力很有限。此外，GTD 类型参数的准确估计需要较高信噪比及相对测量带宽，实际测量条件往往会影响估计的准确性。因此，将频域色散特性判别放在判别准则的最后，在极化分类及全向散射判别无效时使用。

以二面角、平板、三面角及球体 4 种典型散射结构为例，对本节提出的散射结构类型判别准则进行阐述。对于上述 4 种结构，类型判别流程如图 7.25 所示。首先，由于二面角属于典型的偶次散射，而后三种属于典型的奇次散射，可利用极化分类将二面角与其他三者成功区分。对于平板、三面角及球体，经极化分类后将统一归类为三面角类，无法成功区分。其次，引入全向散射判别进一步区分同属于三面角类的三种散射结构。鉴于平板为非全向散射结构，而三面角和球体则为全向散射结构，经全向散射判别处理后，可成功判别出平板结构。最后，对于利用上述处理仍无法区分的三面角和球体，利用 GTD 类型参数进行频域色散特性判别，将二者成功区分（三面角 GTD 类型参数为 1，球为 0）。

实际上，鉴于本实验所选 4 种基本结构彼此间在散射机理类型、空域散射方向性及频域色散特性等方面的相似性，基于传统属性散射中心模型[13]或简单的极化分类[21]都难以将四者完整区分，而本节方法综合利用了散射结构的空频域极化特性，判别信息更为丰富，可以成功实现上述四者的有效区分。

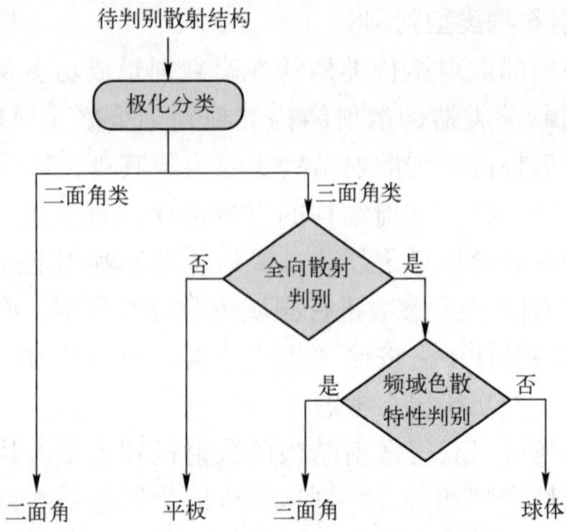

图 7.25 散射结构类型判别示例

下面简要介绍判别准则所使用到的关键技术。

1. 极化分类

已有研究提出了一些经典的极化分类方法，通过将待分类散射中心散射矩阵与基本结构类型散射矩阵进行匹配实现分类。此处借鉴经典的 Cameron 分解方法[27]。Cameron 分解对散射中心的散射互易性及对称性进行分析，对于非对称散射中心，直接将其归类为左旋螺旋体或右旋螺旋体结构；对于对称散射中心，令其极化散射矢量为 $\boldsymbol{S}_{\text{sym}}=[s_{\text{HH}}\quad s_{\text{HV}}\quad s_{\text{VH}}\quad s_{\text{VV}}]^{\text{T}}$，则 $\boldsymbol{S}_{\text{sym}}$ 将满足

$$\boldsymbol{S}_{\text{sym}}=a\text{e}^{\text{j}\rho}[\boldsymbol{R}(\psi)]\boldsymbol{\Lambda}_{\text{sym}} \tag{7.99}$$

式中：a 和 ρ 分别为幅度和绝对相位；$\boldsymbol{R}(\psi)$ 为旋转矩阵，ψ 为极化方位角；$\boldsymbol{\Lambda}_{\text{sym}}$ 为对角化散射矢量。Cameron 分解假设散射中心可分为 M 类基本结构类型，其中第 i 类基本结构类型对应的对角化散射矢量为 $\boldsymbol{\Lambda}_i$，则定义待分析散射中心与基本散射结构的极化相似性参数为

$$Q_i=\frac{|\boldsymbol{\Lambda}_i^{\text{H}}\boldsymbol{\Lambda}_{\text{sym}}|}{\|\boldsymbol{\Lambda}_i\|\cdot\|\boldsymbol{\Lambda}_{\text{sym}}\|},\quad i=1,2,\cdots,M \tag{7.100}$$

式中：H 表示共轭转置；$\|\cdot\|$表示矢量元素模的平方和。易知 $0\leqslant Q_i\leqslant1$，Q_i 越接近于 1，表明待分析散射中心与第 i 类基本散射结构的极化特性越接近，则极化分类准则可表述为

$$i^{\text{opt}}=\arg\max_{i=1,2,\cdots M}[Q_i] \tag{7.101}$$

式中：i^{opt} 为散射中心极化分类的结果。Cameron 分解设置 8 类基本散射结构类型（6 类对称散射体类型，以及左旋及右旋螺旋体结构）进行极化分类。对

于大多数人造目标体上的强散射结构，可进行等效，如坦克上的二面角结构，导弹发射车上的圆柱体结构等。对于结构更为复杂的目标，可增加更多的基本结构类型来指导极化分类。

2. 全向散射判别

理想球体的空域散射满足严格的全向散射。在成像方位角范围不是太大的情况下，三面角的空域散射也可近似视为全向散射。上述散射结构在单通道内的空域散射幅度可由常函数来近似，即

$$A_{\mathrm{iso}}(\theta)=C,\quad \theta\in\Omega_\theta \tag{7.102}$$

式中：C 为常数；Ω_θ 为成像方位角范围。由于非全向散射结构类型众多，形成机理各异，难以用统一的函数形式来描述所有非全向散射结构的空域散射特性[22]。作为一种普适的描述信号起伏特性的特征量，可将散射中心空域散射幅度序列的方差（或均方差等类似特征）作为空域全向散射判别特征，将特征值较大（方差较大）的散射结构判为非全向散射结构。特别地，对于实际目标体上较为常见的二面角及平板等展布式散射中心，其在单通道内的空域散射幅度可由 sinc 函数来近似。本书针对此类非全向散射结构，设计有效的全向散射判别准则。不妨令

$$A_{\mathrm{ani}}(\theta)=b\mathrm{sinc}[a(\theta-\theta_0)],\quad \theta\in\Omega_\theta \tag{7.103}$$

式中：b 为常数；a 及 θ_0 分别与散射中心的方位向长度及姿态角有关。因此，对比式（7.102）和式（7.103）易知，全向散射判别可归结为带未知参数的二元检测问题。具体而言：令提取获得散射中心在单通道内（可选择散射较强的极化通道）的空域散射幅度序列为 $A_{\mathrm{sc}}(\theta_i)$，其中 $\theta_i\in\Omega_\theta, i=1,2,\cdots,N$，$N$ 为方位向采样点数。则二元检测的假设条件可表述为

$$A_{\mathrm{sc}}(\theta_i)=\begin{cases} C+n_i, & H_0\\ b\mathrm{sinc}[a(\theta_i-\theta_0)]+n_i, & H_1\end{cases} \tag{7.104}$$

式中：C、b、a 及 θ_0 皆为未知参数；n_i 为零均值高斯白噪声。根据统计信号理论，对未知参数进行最小二乘估计，其中 C、b、a 及 θ_0 皆为未知参数，n_i 为零均值高斯白噪声。根据统计信号理论，对未知参数进行最小二乘估计

$$\sum_{i=1}^{N}(A_{\mathrm{sc}}(\theta_i)-\hat{C})^2-\sum_{i=1}^{N}(A_{\mathrm{sc}}(\theta_i)-\hat{b}\mathrm{sinc}[\hat{a}(\theta_i-\hat{\theta}_0)])^2\underset{H_0}{\overset{H_1}{\gtrless}}\eta \tag{7.105}$$

不失一般性，采用最小错误概率准则，且假设 H_0 和 H_1 的先验概率相同，此时有 $\eta=0$，则似然比检测表达式可进一步表示为

$$\sum_{i=1}^{N}(A_{\mathrm{sc}}(\theta_i)-\hat{C})^2\underset{H_0}{\overset{H_1}{\gtrless}}\sum_{i=1}^{N}(A_{\mathrm{sc}}(\theta_i)-\hat{b}\mathrm{sinc}[\hat{a}(\theta_i-\hat{\theta}_0)])^2 \tag{7.106}$$

基于式（7.106）进行二元检测，当 H_1 假设成立时，散射中心被判为非全向散射结构；当 H_0 假设成立时，散射中心被判为全向散射结构。

3. 频域色散特性判别

利用二维 CP-GTD 模型对全极化散射中心的极化散射进行建模，提取的 GTD 类型参数即可反映散射中心的频域色散特性。令提取获得全极化散射中心的 GTD 类型参数为 α，则根据 GTD 类型参数的取值范围，可设计频域色散特性判别准则为

$$i^{\mathrm{opt}}=\arg\min_{i=1,2,\cdots,5}|\alpha-\alpha_i|,\quad \alpha_i=\{-1,-0.5,0,0.5,1\} \tag{7.107}$$

式中：i^{opt} 为频域色散特性判别结果。当 $i^{\mathrm{opt}}=3$ 时，α 与 0 最为接近，可将散射中心判为非色散结构，否则将散射中心判为色散结构。当然，在利用极化分类及全向散射判别无法对散射中心类型进行判别时，也可采用传统反演方法，根据 α 取值与典型散射结构的对应关系实现散射结构类型判别。

7.2.3.3 简单体几何参数提取

1. 基于极化空变度的简单体散射中心判别

通过对目标体上局部强散射结构类型的判别，在一定程度上已经实现了目标整体几何结构的初步反演。如能进一步提取各散射结构的尺寸及姿态取向等几何参数，反演将更为彻底。对于二面角、平板等简单体，可根据空域极化特征进一步提取其方位向长度及姿态角等几何参数。但是，散射中心只是一个等效的概念，而且，散射结构类型判别也只是将散射结构等效为与其散射特性最为接近的结构类型。因此，即使某些散射结构被判为二面角或平板，但其并非真正对应上述简单体，难以反演其几何参数。即便可以反演，结果的可信度也值得商榷。因此，有必要对散射中心是否对应简单体进行判别，如对应简单体，则可进一步提取相应的几何参数。

为此，本节提出了基于极化空变度特征的简单体散射中心判别方法。由 7.2.1 节分析可知，二面角、三面角及平板等简单体的空域极化散射具有较好的稳定性；而复杂结构极化散射通常都明显依赖于成像方位角。首先定义“极化空变度”特征描述散射中心空域极化散射的稳定性。在不考虑极化散射绝对幅度的情况下，散射中心的极化特性可由归一化散射矩阵来表征。对于待分析散射中心，采用 7.2.2 节提出的基于二维 CP-GTD 模型与 STFT 处理的方法，提取其对应的空域极化散射算子集，记为

$$\hat{\boldsymbol{S}}(\theta)=\begin{pmatrix}\hat{s}_{\mathrm{HH}}(\theta) & \hat{s}_{\mathrm{HV}}(\theta)\\ \hat{s}_{\mathrm{VH}}(\theta) & \hat{s}_{\mathrm{VV}}(\theta)\end{pmatrix},\quad \theta\in\Omega_\theta \tag{7.108}$$

式中：$\hat{\boldsymbol{S}}(\theta)$ 为散射中心的空域极化散射算子集，其各元素为散射中心在单个

极化通道中的空域散射序列；Ω_θ 为成像方位角范围。令$\hat{\boldsymbol{S}}(\theta)$的极化散射总功率为

$$\text{span}(\theta)=|\hat{s}_{\text{HH}}(\theta)|^2+|\hat{s}_{\text{HV}}(\theta)|^2+|\hat{s}_{\text{VH}}(\theta)|^2+|\hat{s}_{\text{VV}}(\theta)|^2 \tag{7.109}$$

令$\hat{s}_{\text{HH}}(\theta)$的相位为$\hat{\phi}_{\text{HH}}(\theta)$，则归一化的空域极化散射算子集$\hat{\boldsymbol{S}}_{\text{unit}}(\theta)$可表示为

$$\hat{\boldsymbol{S}}_{\text{unit}}(\theta)=\frac{\hat{\boldsymbol{S}}(\theta)\exp(-\text{j}\hat{\phi}_{\text{HH}}(\theta))}{\sqrt{\text{span}(\theta)}} \tag{7.110}$$

令$\hat{\boldsymbol{S}}_{\text{unit}}(\theta)$对应的 Pauli 基矢量为$\hat{\boldsymbol{k}}_{\text{unit}}(\theta)$，定义变量 d_θ 为

$$d_\theta=\int_{\Omega_\theta}a(\theta)\ \|\ \hat{\boldsymbol{k}}_{\text{unit}}(\theta)-\hat{\boldsymbol{m}}_k\ \|^2\text{d}\theta \tag{7.111}$$

式中：‖·‖为取模值；$\hat{\boldsymbol{m}}_k$ 为$\hat{\boldsymbol{k}}_{\text{unit}}(\theta)$的加权平均值，即

$$\hat{\boldsymbol{m}}_k=\int_{\Omega_\theta}a(\theta)\ \hat{\boldsymbol{k}}_{\text{unit}}(\theta)\text{d}\theta \tag{7.112}$$

式（7.111）及式（7.112）中的$a(\theta)$为加权因子，可取$a(\theta)=\dfrac{1}{\int_{\Omega_\theta}1\cdot\text{d}\theta}$进行均匀加权。在此基础上，定义散射中心的极化空变度 D_θ 为

$$D_\theta=1-\exp(-d_\theta) \tag{7.113}$$

D_θ 反映了散射中心空域极化散射的稳定性，易知$0\leqslant D_\theta<1$。D_θ 越接近 1，表明散射中心空域极化散射对成像方位角的依赖越强，越有可能对应复杂散射结构；D_θ 越小，表明散射中心极化散射对成像方位角越不敏感，越有可能对应简单体散射结构。因此，可将极化空变度低于某一门限的散射中心判为简单体结构，并进行几何参数提取等进一步处理。

2. 几何参数提取

对于经散射结构类型判别及简单体散射判别后获得的二面角或平板散射中心，可利用空域极化特性进一步提取几何参数。式（7.78）给出了理想二面角及平板在单通道内的空域散射幅度函数。为叙述方便，将其重写为

$$y(\theta,f_0)=b\text{sinc}\left[\frac{2\pi f_0}{c}L\sin(\theta-\theta_0)\right] \tag{7.114}$$

式中：y 为空域散射幅度函数；θ 为成像方位角；L 和 θ_0 分别表征二面角的方位向长度和姿态角；f_0 为固定频率；b 为常数；c 为光速。

对于二面角或平板散射中心，基于 7.2.2 节的 STFT 处理方法提取其在单通道内（可选择散射较强的极化通道）的空域散射幅度序列 $A_{\text{sc}}(\theta_i)$。根据式（7.103）所示的函数形式对 $A_{\text{sc}}(\theta_i)$建模，为便于对比，将其重写为

$$A_{\text{sc}}(\theta)=b\text{sinc}[a(\theta-\theta_0)],\quad \theta\in\Omega_\theta \tag{7.115}$$

利用全向散射判别中的最小二乘估计，获得式（7.115）中参数 b、a 及 θ_0 的估计值，分别记为 $\hat{b}$、$\hat{a}$ 及 $\hat{\theta}_0$。在获得上述参数估计值的基础上，根据式（7.114）和式（7.115）的对应关系提取散射中心的姿态角及方位向长度。其中，$\hat{\theta}_0$ 可作为姿态角参数的反演值，而方位向长度提取值的确定公式为

$$\hat{L}=\frac{\lambda}{2\pi}\hat{a} \tag{7.116}$$

式中：λ 为波长。经几何参数反演后，$\hat{\theta}_0$ 和 $\hat{L}$ 提供了关于上述散射结构的更为丰富的形状信息，反演更为彻底，也为目标识别等提供了更为直观和有效的判别信息。

7.2.3.4 实验结果及分析

本节基于电磁计算数据及实测数据验证本章所提反演方法的有效性。鉴于实测数据中目标先验知识不足，首先利用电磁计算数据验证反演方法的准确性。在此基础上，选择典型的实测数据进一步验证反演方法的有效性。

1. 基于电磁计算数据的实验

根据本章所提反演方法的主要流程，下面分全极化散射中心提取、散射结构类型判别、简单体几何参数提取三部分给出相关的实验结果及结论。

1）全极化散射中心提取

首先，仍采用 FEKO 软件提供的 MLFMM 方法生成电磁计算数据，以模拟极化 SAR 对仿真场景的观测，仿真场景如图 7.26 所示。假设感兴趣目标主要由 4 部分散射结构构成：0°姿态角的直二面角（标注为 1）、3°姿态角的直二面角（标注为 2）、0°姿态角的平板（标注为 3）、正方板三面角（标注为 4）。其中，单个平板、构成二面角的每一平板及构成三面角每一平板的尺寸皆为 0.2m×0.2m。计算条件为：频率范围 9.75~10.25GHz，频率步进 10MHz，成像方位角范围 −10°~10°，方位角采样间隔 0.2°，俯仰角 45°。特别地，平板结构设置 45°的倾角，以保证在此俯仰角条件下具有较强的后向散射。

图 7.27（a）所示为仿真场景的二维成像结果，可以清晰地看到仿真设置的 4 个散射结构。基于二维 CP-GTD 模型对计算数据进行全极化散射中心提取，采用盖氏圆盘方法估计散射中心数目[6]，共提取出 4 个散射中心，各散射中心的位置、归一化散射矩阵及 GTD 类型参数的提取结果如表 7.3 所示。此处通过离散取值的 MUSIC 谱峰搜索方法估计类型参数 α[23]，估计结果为 $\{-1,-0.5,0,0.5,1\}$ 中的离散值。

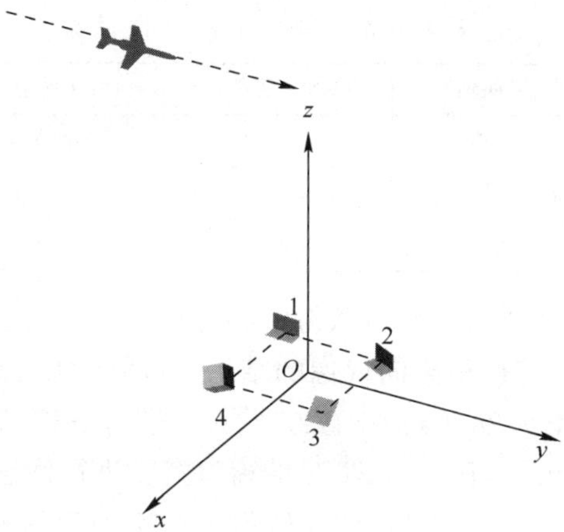

图 7.26　仿真场景示意图

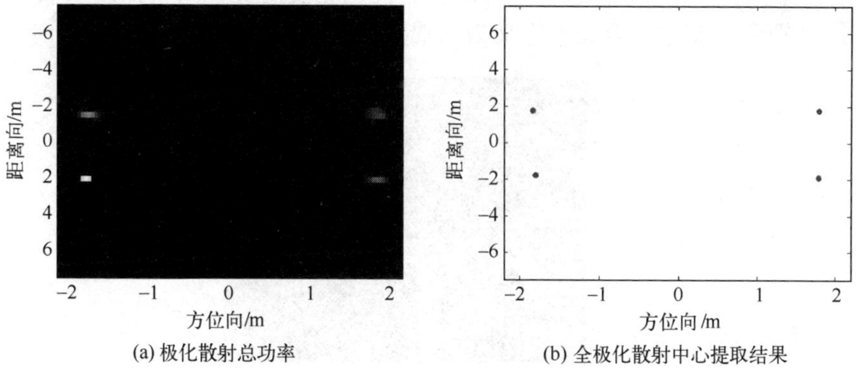

图 7.27　全极化散射中心提取结果

表 7.3　全极化散射中心参数提取结果

散射中心序号	位置坐标/m		归一化散射矩阵			α
	距离向	方位向	$\hat{s}_{HH}$	$\hat{s}_{HV}$	$\hat{s}_{VV}$	
1（二面角）	−1.765	−1.795	0.7148	0.0004 ∠−50.69°	0.6993 ∠−176.72°	1
2（二面角）	−1.902	1.790	0.7029	0.0876 ∠−178.13°	0.7004 ∠−176.16°	1
3（平板）	1.767	1.796	0.7183	0.0218 ∠123.16°	0.695 ∠3.215°	1
4（三面角）	1.763	−1.831	0.7079	0.05 ∠−172.86°	0.7026 ∠−0.66°	1

2）散射结构类型判别

首先，借鉴 Cameron 分解的处理思想进行极化分类[27]，分类结果如表 7.4 中第二行所示。其中，“三面角类”包括三面角、平板及球体等基本结构类型，因极化特性相近而归为一类。

表 7.4 散射结构类型判别结果

散射中心序号	1（二面角）	2（二面角）	3（平板）	4（三面角）
极化分类	二面角	二面角	三面角类	三面角类
全向散射判别	非全向散射	非全向散射	非全向散射	全向散射
类型判别结果	二面角	二面角	平板	三面角

其次，基于 STFT 处理分析各散射中心的空域极化特性。图 7.28（a）所示为对 HH 通道数据进行距离向成像的结果，以散射中心 1 为例，选择其所在的距离单元（如图 7.28（a）中虚线所示）进行方位向 STFT，根据 5.3.2 节所述的窗口宽度选择方法，对 STFT 的窗口宽度进行优选。为此，由窄至宽地选取窗函数，基于式（7.97）计算散射中心空域散射幅度序列的估计值。在此基础上，类似于文献［15］的处理策略，在空域散射主瓣内对空域散射幅度序列进行 sinc 函数拟合，拟合误差随窗口宽度的变化曲线如图 7.28（b）和（c）所示，其中拟合误差定义为二乘残差。由图易知，当窗口较窄时，拟

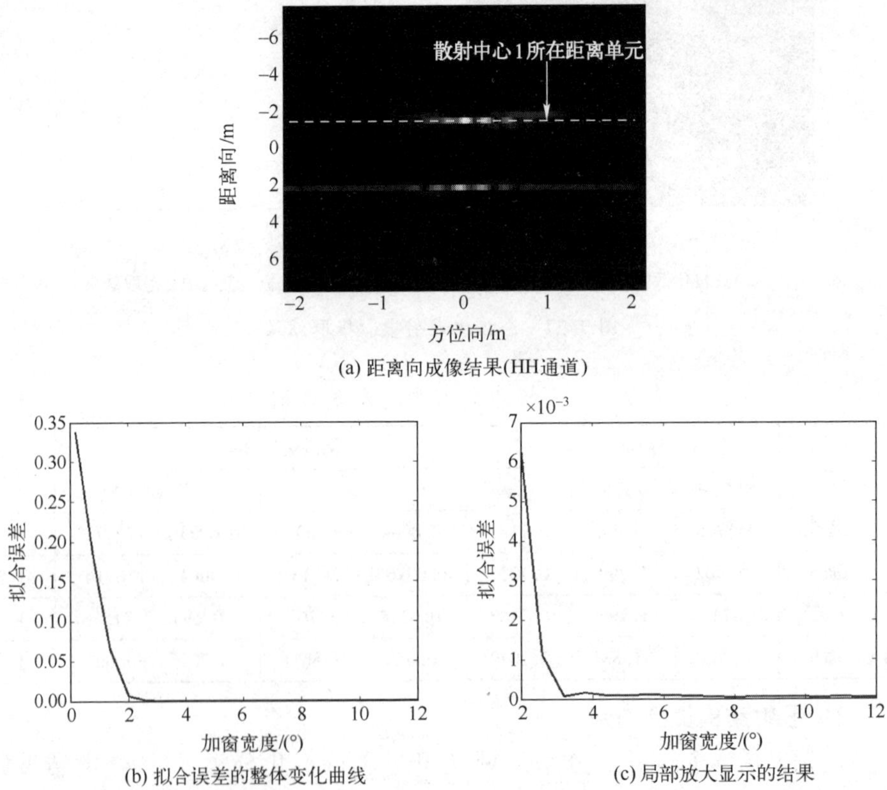

图 7.28 拟合误差随窗口宽度的变化曲线（散射中心 1）

合误差比较大，此时提取结果受邻近散射中心影响较为严重。当窗长加到4°左右时，拟合误差趋于稳定。根据7.2.2节给出的选取方法，本实验选择窗口宽度为4°进行STFT处理。实际上，在本实验条件下，散射结构1（方位向长度0.2m）的空域散射主瓣宽度约为4.8°，此时窗口宽度略小于散射中心空域散射的主瓣宽度，对其真实空域特性的平滑作用较小，可以获得较为准确的估计结果，后文对实验结果的对比分析也验证了窗口选取的合理性。

在合理选择窗口宽度的基础上，选取每一个散射中心所在的距离单元，将该行数据沿方位向做STFT以提取其单通道内散射幅度的空变特性，结果如图7.29所示。以散射中心1为例，其方位向STFT模值如图7.29（a）所示。选择散射中心1所在的方位分辨单元（如图7.29（a）中虚线所示），获得散射中心1空域散射幅度序列的估计值，如图7.29（b）所示。由图易知，该散射中心的空域散射表现出明显的非全向散射特征。对其空域散射幅度序列进行sinc函数拟合，结果如图7.29（b）所示，拟合结果非常理想。最后，根据式（7.106）所示的准则进行散射中心全向散射判别，可将散射中心1判为非全向散射结构。对VV通道数据的实验也可获得类似结论，在此不再赘述。对于本实验设置的典型散射结构，计算获得的交叉极化分量很小（理论值为0），省略对交叉极化通道的分析。

同理，分析散射中心2~4的空域极化特性，并进行全向散射判别。图7.29（c）~（h）分别给出散射中心2~4的HH通道空域散射幅度序列及sinc函数拟合曲线。其中，散射中心4表现为典型的全向散射特性，故未对其进行拟合。总结各散射中心全向散射判别结果，如表7.4中第三行所示。根据图7.25所示的基于树状分类器的判别准则，结合极化分类及全向散射判别，可以正确判别出散射中心1~3的结构类型。对于散射中心4，结合极化分类及全向散射判别仍无法确定其是三面角还是球体，此时辅以频域色散特性判别。

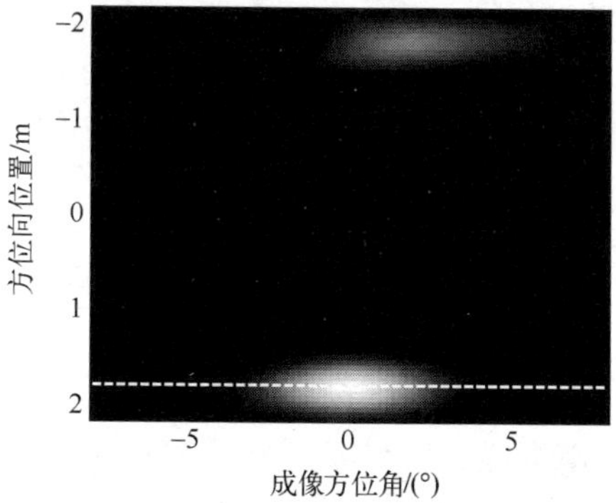

(a) 方位向STFT模值 (散射中心1)

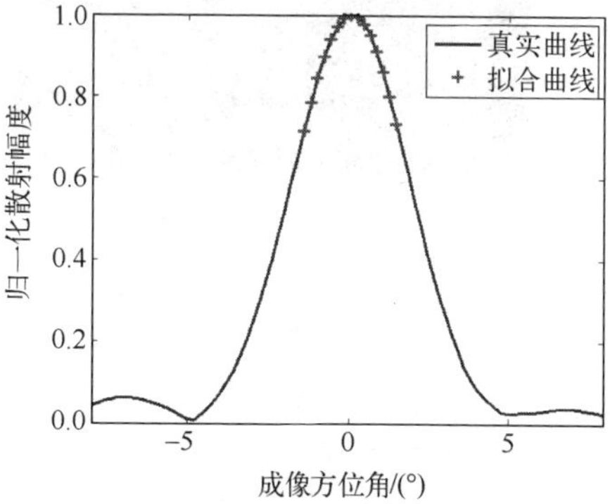

(b) 散射幅度空变特性及拟合曲线(散射中心1)

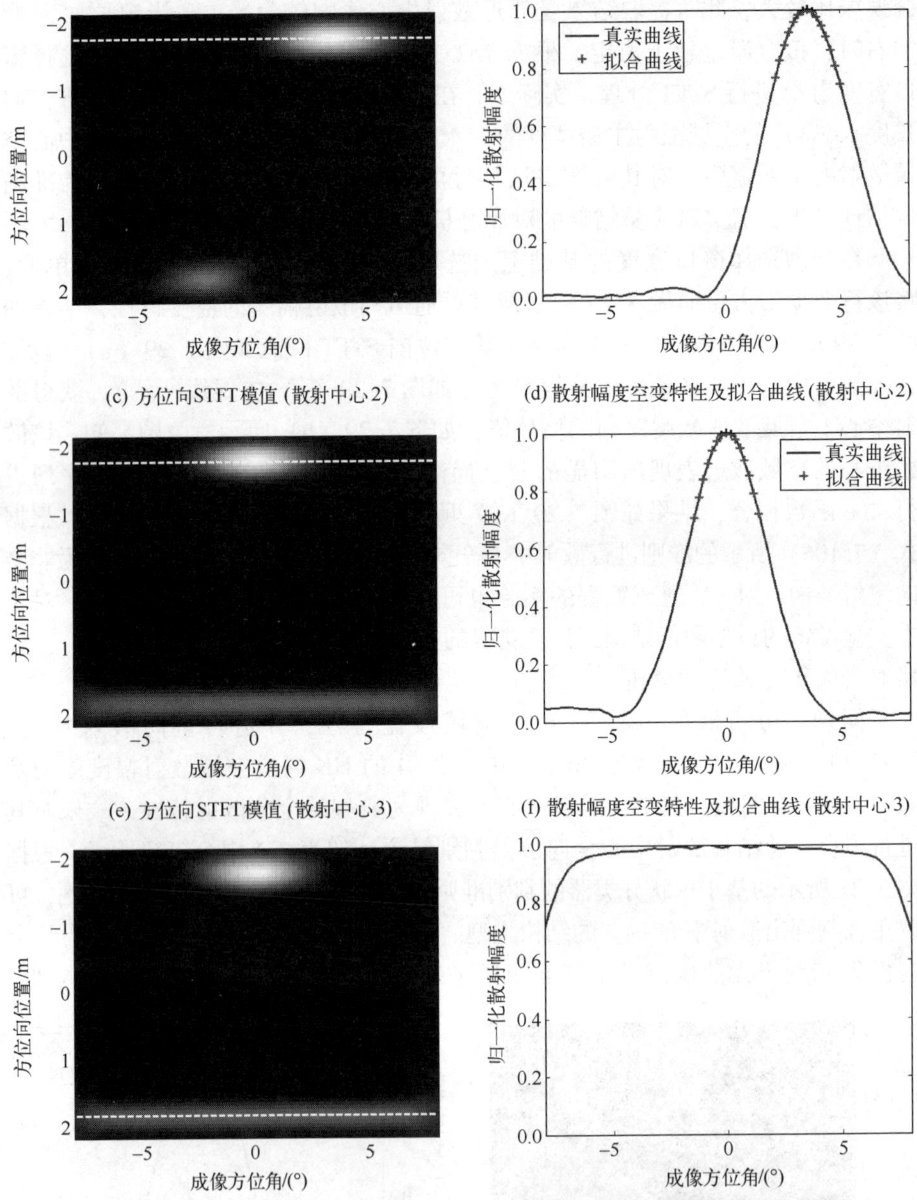

(c) 方位向STFT模值 (散射中心2)　(d) 散射幅度空变特性及拟合曲线(散射中心2)

(e) 方位向STFT模值 (散射中心3)　(f) 散射幅度空变特性及拟合曲线(散射中心3)

(g) 方位向STFT模值(散射中心4)　(h) 散射幅度空变特性曲线(散射中心4)

图 7.29　散射中心单通道散射幅度的空变特性分析结果

由表 7.3 可知，提取获得散射中心 4 的 GTD 类型参数为 1，属于频域色散结构，最终将其判为三面角。鉴于本实验利用电磁计算数据，较高的信噪比条件保证了基于 GTD 类型参数区分三面角及球体的有效性。

至此，基于图 7.25 所示的判别准则，对本实验设置的 4 个散射中心进行类型判别，最终结果如表 7.4 中第四行所示。通过对比仿真设置及类型判别结果可知，新方法对 4 个散射中心的结构类型都做出了正确判别，实验结果验证了基于空频域极化特征进行散射中心类型判别的有效性。

3）简单体几何参数提取

首先分析散射中心空域极化散射的稳定性。以散射中心 1 为例，图 7.30（a）和图 7.30（b）给出其共极化幅度比及相位差的空变特性曲线。由图易知，在其空域散射主瓣区域内，共极化幅度比及相位差等特征量较为稳定——幅度比基本为 1，相位差接近 180°。鉴于散射中心旁瓣区域的散射受噪声影响较为严重，因此主要通过分析其主瓣内的空变特性对其空域极化散射的稳定性进行判别。交叉极化幅度比基本为 0，此处不再进行相关的分析。由于散射中心 2~3 与散射中心 1 同为非全向散射结构，对二者的分析具有类似于图 7.30（a）和图 7.30（b）的结论。图 7.30（c）和图 7.30（d）给出散射中心 4 共极化幅度比及相位差的空变特性曲线。由图易知，散射中心 4 的极化散射在整个成像方位角范围内都较为稳定。

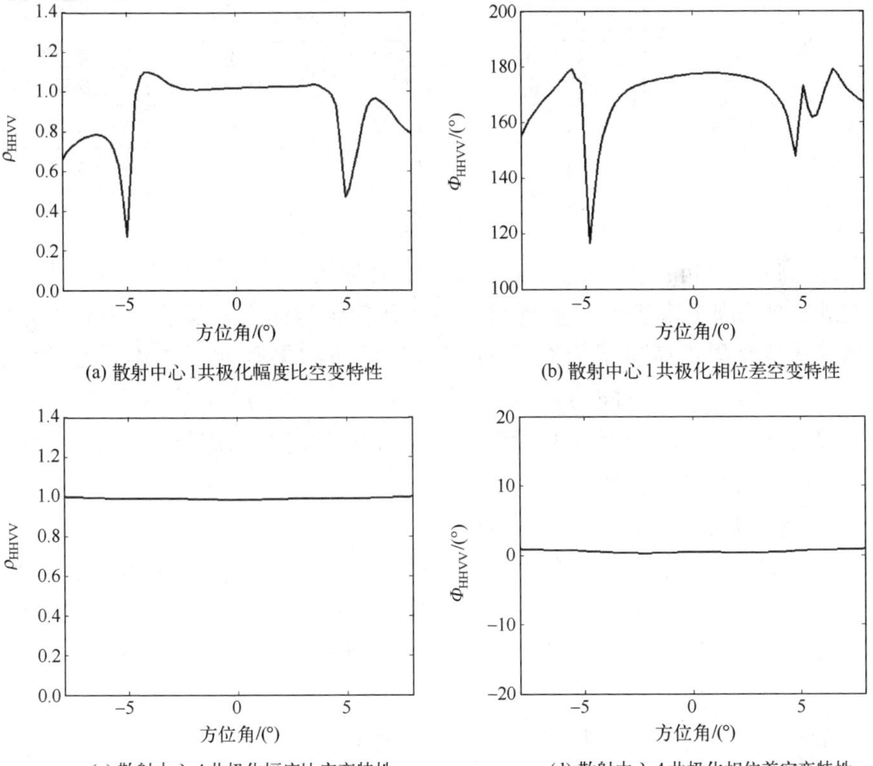

(a) 散射中心 1 共极化幅度比空变特性　(b) 散射中心 1 共极化相位差空变特性

(c) 散射中心 4 共极化幅度比空变特性　(d) 散射中心 4 共极化相位差空变特性

图 7.30　散射中心空域极化散射稳定性分析

在此基础上，基于式（7.113）计算各散射中心的极化空变度特征，计算结果如表7.5所示。分析易知，4个散射中心的极化空变度数值都非常小，说明其空域极化散射较为稳定，可视为简单体散射中心。对于被判为二面角或平板的散射中心1~3，采用5.4.3节所述方法反演各散射中心的方位向长度及姿态角等几何参数，参数反演结果及真实值如表7.6所示。对比易知，本书方法对姿态角参数的提取精度较高，对方位向长度的提取精度略有下降，但仍与真值相当接近，已经可以较为准确地反映散射结构的真实几何尺寸，从而验证了基于本章所提反演方法进行简单体几何参数提取的有效性和准确性。

表7.5 散射中心极化空变度特征提取结果

散射中心序号	1	2	3	4
极化空变度	6.1633×10^{-5}	1.3253×10^{-4}	1.0648×10^{-5}	1.7804×10^{-6}

表7.6 散射中心几何参数提取结果

散射中心	几何参数			
	方位向长度真值/m	方位向长度反演值/m	姿态角真值/(°)	姿态角反演值/(°)
散射中心1（二面角）	0.2	0.212	0	0.074
散射中心2（二面角）	0.2	0.234	3	3.176
散射中心3（平板）	0.2	0.228	0	0.021

综合以上分析，在仿真场景中目标体上各散射中心所在位置处标注出经反演获得的几何结构类型，实现目标整体几何结构的有效反演。为对比方便，将场景成像结果重新显示为图7.31（a），反演结果则如图7.31（b）所示，图中两个二面角具有不同的姿态角。结合表7.6和图7.31结果易知，利用本章所提反演方法成功地对实验设置的目标体的几何结构进行了反演，验证了该方法的有效性和优良性。

2. 基于MiniSAR数据的实验结果

上一实验基于电磁计算数据验证了本章所提反演方法的有效性，本实验及下一实验尝试将该方法应用于实测数据中典型人造目标几何结构的反演。因含有典型人造目标的高分辨SAR数据源非常有限，仅能选择MIT Lincdn的ADTS切片数据[28]及圣地亚实验室的MiniSAR数据进行实验。鉴于ADTS数据先验知识不足，为更好地验证反演方法的有效性，首先利用MiniSAR数据进行验证。MiniSAR为美国圣地亚实验室开发的小型SAR[29]，发布的公开数据对应的中心频率为16.8GHz，成像分辨率约为0.1m×0.1m，成像积累角约为

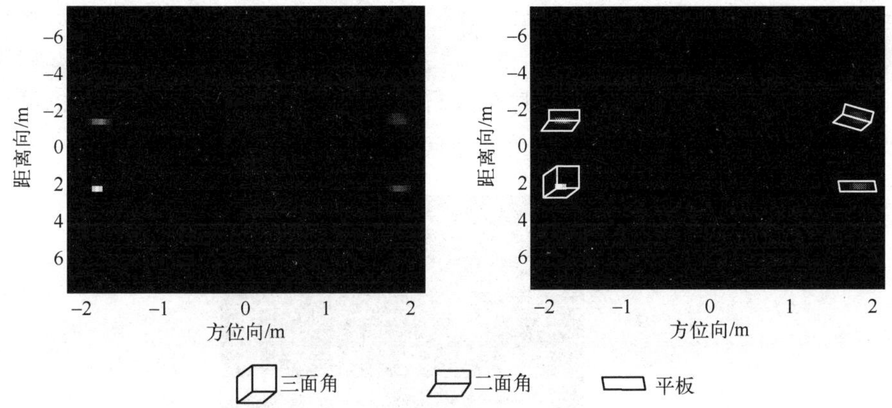

(a) 仿真场景成像结果　　(b) 几何结构反演结果

图 7.31　几何结构反演最终结果

6°。较之 ADTS 切片数据，MiniSAR 数据分辨率更高，目标先验知识更充足。虽然 MiniSAR 数据仅为单极化数据，无法验证本章反演方法全部流程的有效性，但可用于验证流程中“全向散射判别”这一关键步骤的有效性，这也是实现散射结构类型的准确判别及简单体几何参数提取的重要依据。

1）散射中心提取

图 7.32（a）所示为截取某 MiniSAR 公开数据中的一部分场景，图像尺寸为 710 像素×960 像素，方位向和距离向像素间隔皆为 0.0847m，场景主要包括定标体及军用车辆目标。根据先验知识，图 7.32（a）中箭头所示三个散射强度较大的结构为定标体，也是本实验主要关注的对象。首先，利用二维傅里叶变换，并辅以加窗、补零等预处理，将图 7.32（a）的复图像数据变换到频率域[15]。在此基础上，仍可基于二维 CP-GTD 模型进行散射中心提取[23]，此时仅需提取单个极化通道的散射中心，获得其复散射系数、位置坐标及 GTD 类型参数等。但是，由于实验场景太大，基于全部数据进行散射中心提取的计算量过大。鉴于本实验关注三个定标体的散射要远远强于其周围杂波，此时借鉴图像域散射中心提取的思想[29]，搜索三个散射中心所在局部区域的峰值点位置，此位置即可作为三个散射中心所在距离单元和方位单元的有效估计，而不再进行 MUSIC 谱峰搜索，大大减轻了运算负担。

2）全向散射判别及几何参数反演

根据图像域散射中心提取获得的散射中心位置参数，类似于上一实验的处理策略，基于 STFT 处理分析各散射中心的空域散射特性，并进行全向散射判别，图 7.32（b）~（g）即为三个散射中心空域散射特性的分析结果。由图易知：散射中心 1 为典型的全向散射结构，空域散射幅度序列在成像方位角范围内变化不大。基于式（7.106）对散射中心 1 进行全向散射判别，可将其判为全向散射结构。散射中心 2 和 3 则表现为典型的非全向散射结构，利用 sinc 函数可以对其空域散射幅度序列进行成功拟合，基于式（7.106）也可将散射中心 2 和散射中心 3 成功判为非全向散射结构。

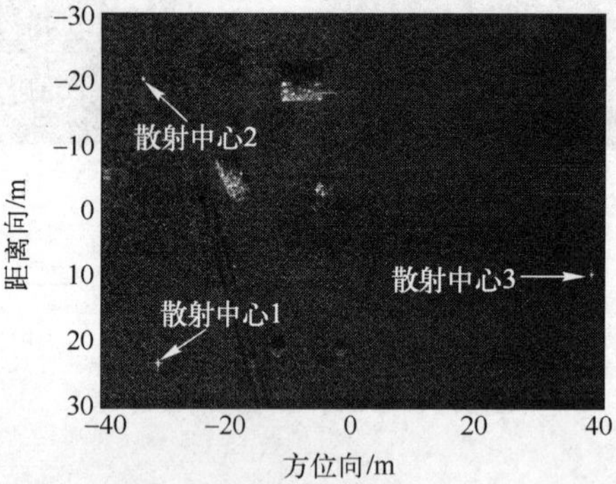

(a) MiniSAR原始数据

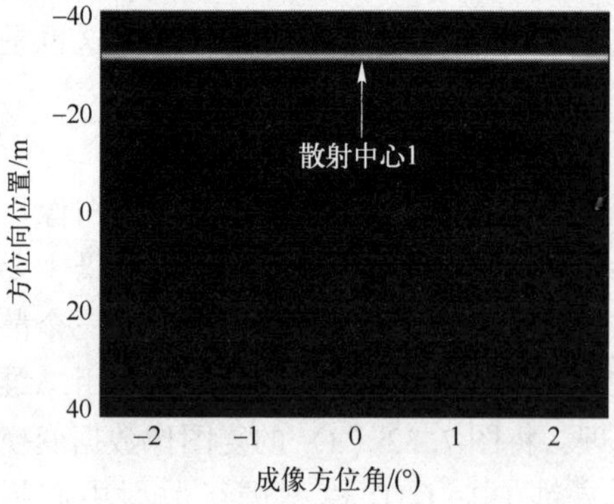

(b) STFT 模值图(散射中心 1)

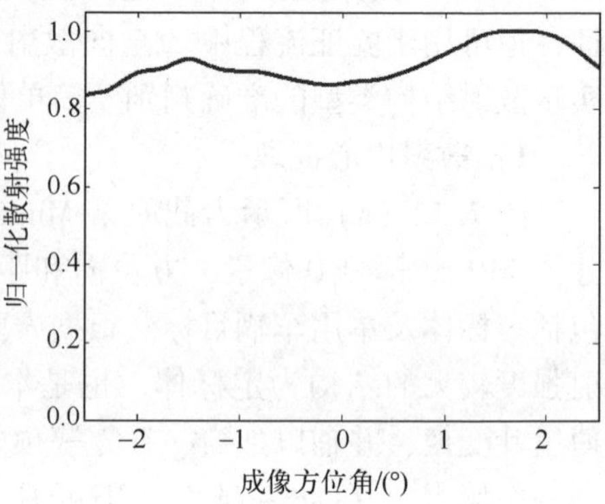

(c) 散射幅度空变特性曲线(散射中心1)

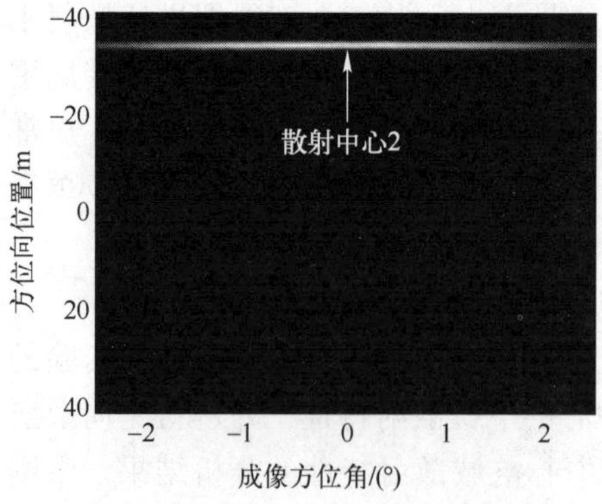

(d) STFT 模值图(散射中心 2)

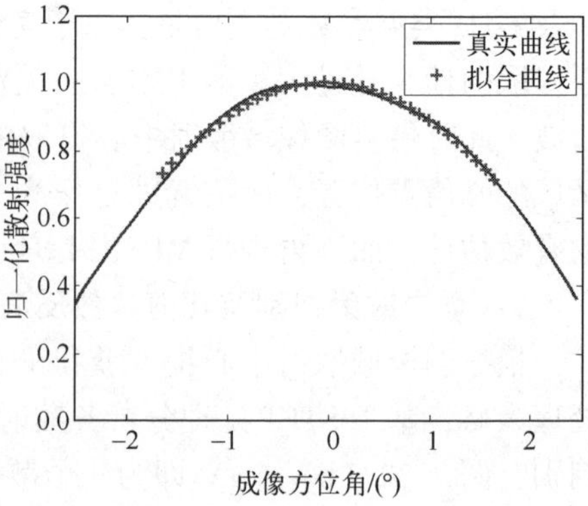

(e) 散射幅度空变特性及拟合曲线(散射中心 2)

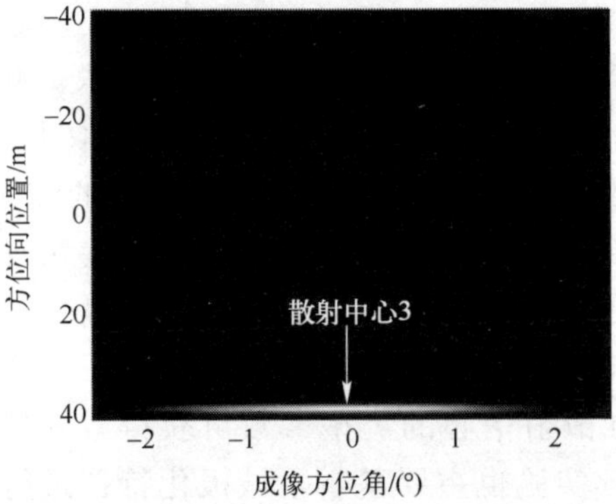

(f) STFT 模值图(散射中心3)

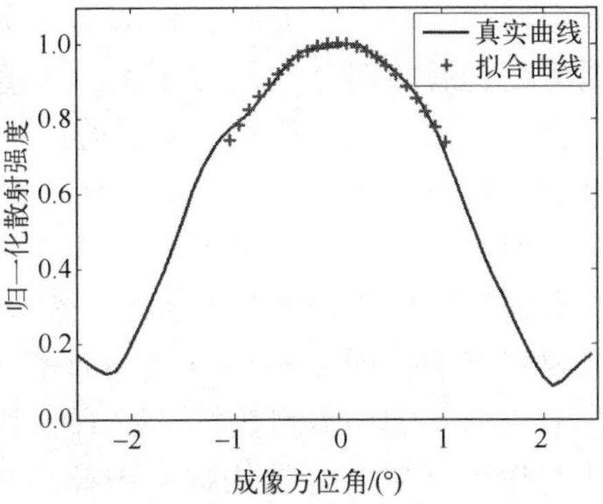

(g) 散射幅度空变特性及拟合曲线(散射中心3)

图 7.32　典型散射中心单通道散射幅度的空变特性分析结果

虽然 MiniSAR 数据先验知识中并未明确给出三个定标体所属类型，但考虑二面角和三面角是最为典型的定标体[12]，且散射中心 1 与三面角、散射中心 2 和 3 与二面角的空域散射特性非常吻合，可初步判定散射中心 1 为三面角反射器，而散射中心 2 和 3 则为二面角反射器。更进一步，对于散射中心 2 和 3，根据同样的方法，反演各自的方位向长度及姿态角等几何参数，反演结果如表 7.7 所示。实验结果充分验证了反演流程中“基于 STFT 的全向散射判别”及“简单体几何参数提取”的可行性。

表 7.7　散射中心几何参数提取结果

散射中心序号	1	2	3
空域特性	全向散射	非全向散射	非全向散射
结构类型	三面角	二面角	二面角
姿态角提取值/(°)	—	−0.0117	−0.0013
方位向长度提取值/m	—	0.1287	0.2153

3. 基于 ADTS 数据的实验结果

公开数据中军用车辆目标经 ROI 获取后的切片，其极化散射总功率如图 7.33（a）所示。图像大小为 128 像素×128 像素，背景为草地杂波，待反演的感兴趣目标为草地上停放的军用车辆。根据 5.4.1 节所述的反演流程，下面分全极化散射中心提取、散射结构类型判别、简单体几何参数提取三部分给出相关的实验结果及结论。

1）全极化散射中心提取

首先，利用二维傅里叶变换，并辅以加窗、补零等预处理，将图 7.33（a）所示的复图像数据变换到频率域。在此基础上，基于二维 CP-GTD 模型进行全极化散射中心提取，提取结果如图 7.33（b）所示。由于所选实验数据为处理后的切片，尺寸不大，可直接从频域数据进行散射中心提取，并不会有太大的处理负担。采用盖氏圆盘方法估计散射中心数目，共提取出 7 个散射中心。图 7.33（b）中标注的散射中心 1~4 为极化散射最强的前 4 个散射中心，以上述四者为例阐述反演方法的处理流程，各散射中心特征参数的提取结果如表 7.8 所示。需要说明的是，GTD 类型参数的准确估计需要很高的信噪比条件（电磁计算或暗室测量可能满足需求），对于本实验采用的 ADTS 实测数据，仅有少数强散射中心的类型参数可获得有效估计而作为反演的有效依据。因此，后续实验也主要基于空域极化特征进行反演。

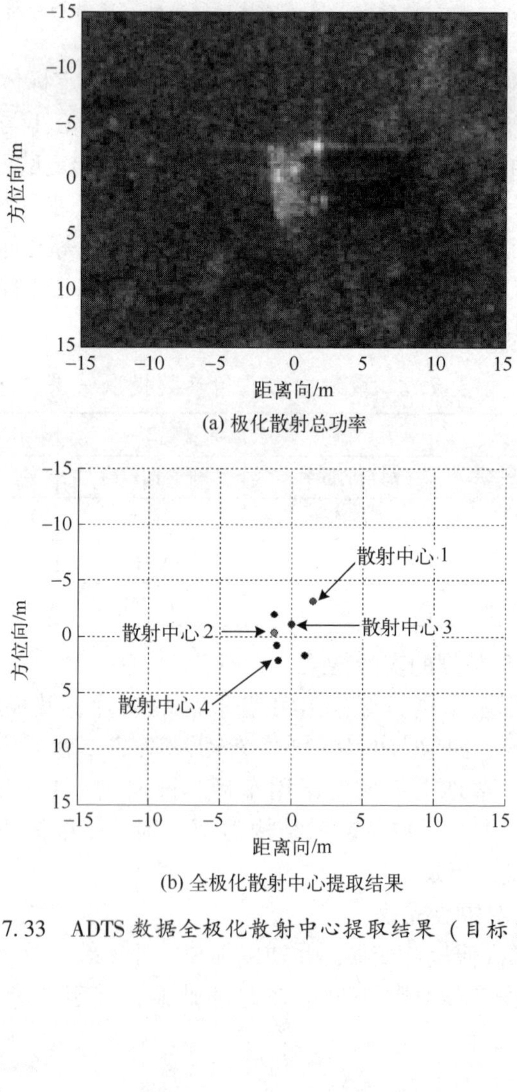

(a) 极化散射总功率

(b) 全极化散射中心提取结果

图 7.33　ADTS 数据全极化散射中心提取结果（目标 1）

表 7.8　全极化散射中心参数提取结果

序号	位置坐标/m		归一化散射矩阵			α
	距离向 x	方位向 y	$\hat{s}_{HH}$	$\hat{s}_{HV}$	$\hat{s}_{VV}$	
1	1.5	−3.15	0.675	0.278 ∠170.5°	0.625 ∠148.5°	1
2	−1.2	−0.3	0.642	0.0183 ∠−74.83°	0.766 ∠3.99°	0.5
3	0	−1.05	0.5168	0.1303 ∠−175.56°	0.830 ∠−175.05°	0
4	−0.9	2.1	0.7804	0.2009 ∠145.889°	0.5570 ∠58.7887°	0.5

2）散射结构类型判别

首先，借鉴 Cameron 分解的处理思想进行极化分类，分类结果如表 7.9 中第二行所示。同样地，分类结果中的三面角类可能对应三面角、平板及球体等基本结构类型。

表 7.9　散射结构类型判别结果

散射中心序号	1	2	3	4
极化分类	二面角	三面角类	二面角	圆柱体
全向散射判别	非全向散射	非全向散射	非全向散射	难以判别
类型判别结果	二面角	平板	二面角	圆柱体

其次，基于 STFT 处理分析各散射中心的空域极化特性。具体分析方法与图 7.29 所示对电磁计算数据的分析方法相类似，在此不再赘述。对散射中心 1~4 空域极化特性的分析结果如图 7.34 所示。在分析每一个散射中心的空域散射特性时，根据表 7.8 所示的散射矩阵判断其具有较强散射的极化通道，基于此通道数据获得散射中心方位向 STFT 模值（如图 7.34 中左侧各图所示，其中的虚线为散射中心所在的方位向分辨单元），空域散射幅度序列及 sinc 函数拟合结果（如图 7.34 中右侧各图所示）。分析图 7.34 各图易知，散射中心 1~3 都表现为明显的非全向散射特征，其空域散射幅度序列可由 sinc 函数很好地拟合，根据式（7.106）所示的全向散射判别准则也将三者成功判为非全向散射结构，判别结果如表 7.9 中第三行所示。

对于散射中心 4，虽经极化分类被判为圆柱体结构，但由图 7.34（g）及图 7.34（h）可知：该散射中心的空域散射较为复杂，在不同的成像方位角处都出现了散射峰值。分析主要原因为：散射中心 4 的散射强度已没有前三个散射中心强，由于信噪比较低，难以提取其真实的空域极化特性。此外，散射中心 4 对应的散射结构本身也可能较为复杂，或为多个散射结构的合成。对于此类散射结构，无论使用 sinc 函数还是常函数都无法对其成功拟合，难以对其空域特性进行判别。根据 5.4.2 节提出的基于树状分类器的判别准则，结合极化分类及全向散射判别，对散射中心 1~3 的结构类型做出更为准确的判别。而对于散射中心 4，只能根据极化分类结果初步确定其对应的几何结构类型，最终的散射结构类型判别结果如表 7.9 中第四行所示。

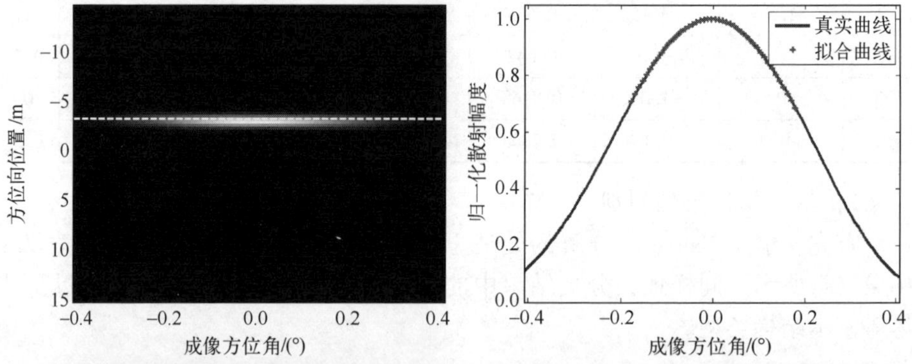

(a) 方位向STFT模值 (散射中心1) (b) 散射幅度空变特性及拟合曲线 (散射中心1)

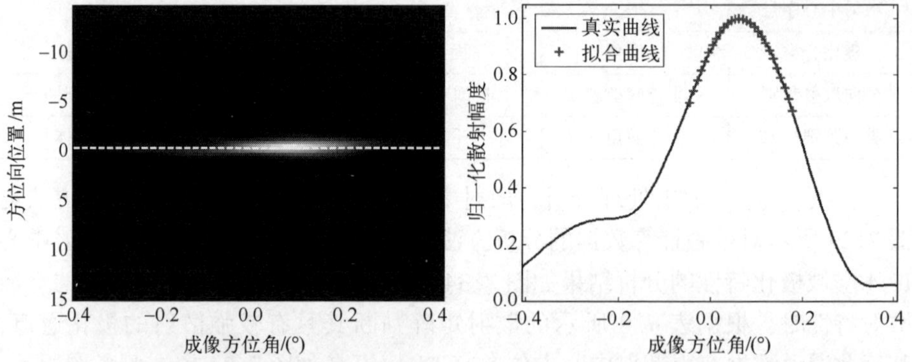

(c) 方位向STFT模值 (散射中心2) (d) 散射幅度空变特性及拟合曲线 (散射中心2)

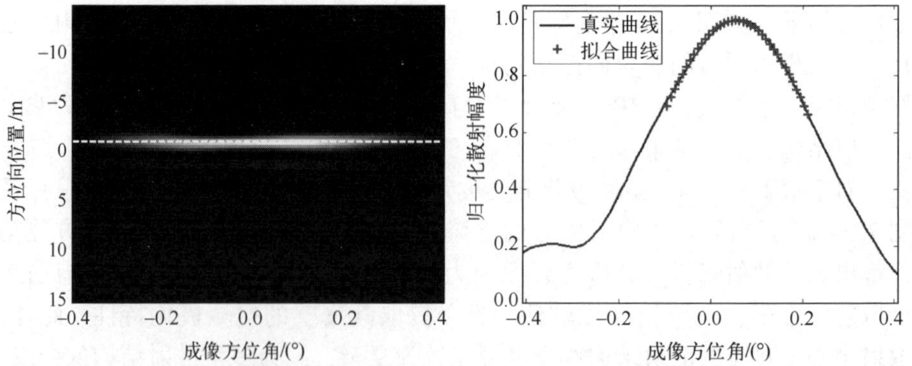

(e) 方位向STFT模值 (散射中心3) (f) 散射幅度空变特性及拟合曲线 (散射中心3)

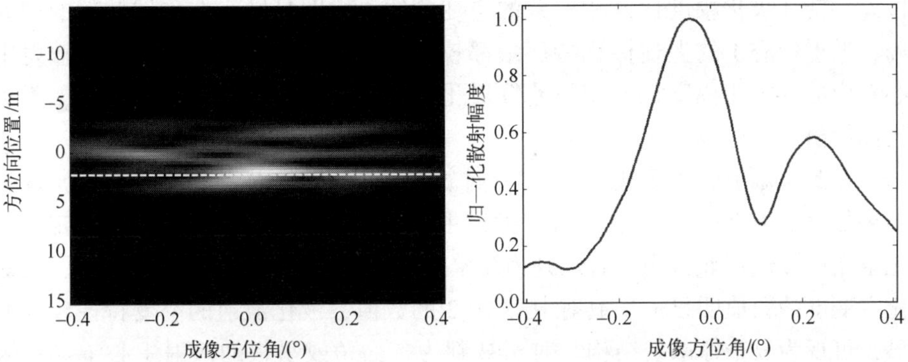

(g) 方位向STFT模值 (散射中心4)　　(h) 散射幅度空变特性曲线 (散射中心4)

图 7.34　散射中心单通道散射幅度的空变特性分析结果

3）简单体几何参数提取

首先，分析各散射中心空域极化散射的稳定度。以散射中心 1 为例，图 7.35（a）~（d）给出其在空域散射主瓣区域内的共极化幅度比、共极化相

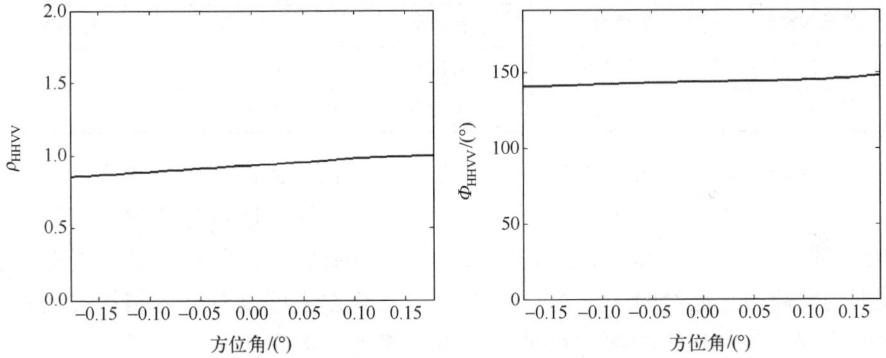

(a) 共极化幅度比空变特性曲线　　(b) 共极化相位差空变特性曲线

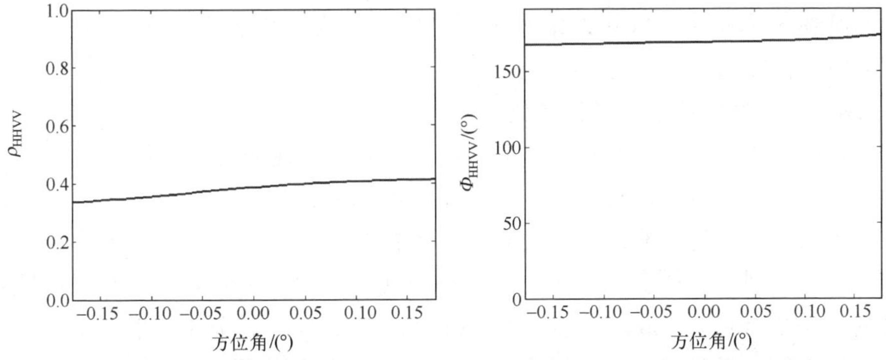

(c) 交叉极化幅度比空变特性曲线　　(d) 交叉极化相位差空变特性曲线

图 7.35　散射中心 1 空域极化散射稳定性分析

位差、交叉极化幅度比及相位差的空变曲线。由图易知，在空域散射的主瓣内，散射中心 1 的上述极化特征量都较为稳定。同理，分析其他三个散射中心对应的共极化幅度比及相位差等极化特征量的空变特性，限于篇幅，不再具体给出空变曲线图。

在此基础上，基于式（7.113）计算各散射中心的极化空变度特征，计算结果如表 7.10 所示。对比易知：散射中心 1~3 的空域极化散射较为稳定，极化空变度数值都非常小，可以判为简单体散射结构；而对于散射中心 4，其极化空变度的数值明显大于散射中心 1~3 的数值，极化散射的空变特性较为明显，可视为复杂体散射结构。对于被判为二面角或平板的散射中心 1~3，采用 5.4.3 节所述方法反演各散射中心的方位向长度及姿态角参数，反演结果如表 7.10 所示。

表 7.10 散射中心极化空变度特征及几何参数提取结果（目标 1）

散射中心序号	1	2	3	4
极化空变度	0.0176	0.0108	0.0934	0.2609
简单体判别	简单体	简单体	简单体	复杂体
方位向长度/m	0.62	1.0086	0.7441	—
姿态角/(°)	−0.021	0.0821	0.0754	—

需要说明的是，由于实测高分辨极化 SAR 数据源的限制，本实验仅以先验知识不足的 ADTS 数据为例，进行极化 SAR 图像人造目标几何结构反演的尝试，因此无法进一步验证几何参数提取的准确性。但是，在基于电磁计算数据的实验中，已经验证了本章提出的反演新方法可以对散射结构类型进行准确判别，并对几何参数进行准确提取。因此，本实验主要为了说明反演方法对实际极化 SAR 图像人造目标几何结构反演的可行性，旨在揭示空频域极化特征在图像解译及目标识别等方面的应用潜力。待实验条件更为成熟时，可对算法性能做进一步验证。

4）几何结构反演的最终结果

对于图 7.33（a）所示的军用车辆，目标体上最强的三个散射中心（散射中心 1~3）被判为简单体结构，在正确判别其结构类型的基础上，还可反演方位向长度等几何参数。而散射中心 4 被判为复杂体结构，仅能通过极化分类大致判别其结构类型，无法进一步反演几何参数。实际上，对于提取获得的目标体上的 7 个散射中心，除散射中心 1~3 外，其余 4 个散射中心的空域极化散射都不稳定，都应视为复杂结构。在反演流程的最后阶段，综合对所有散射中心类型判别及参数提取的结果，即可获得目标整体几何结构的初步反演结果，如图 7.36 所示，图下方的图例代表了不同类型的散射结构。目标体上标注为红色的局部散射结构对应简单体，标注长度的不同反映了其对应散射结构方位向尺寸的不同。目标体上标注为黄色的局部散射结构则对应复杂体。通过图 7.36 所示的目标几何结构特征的可视化处理，直观地再现了目标的整体轮廓特征，无疑可为图像解译及目标识别等提供重要的判别依据。

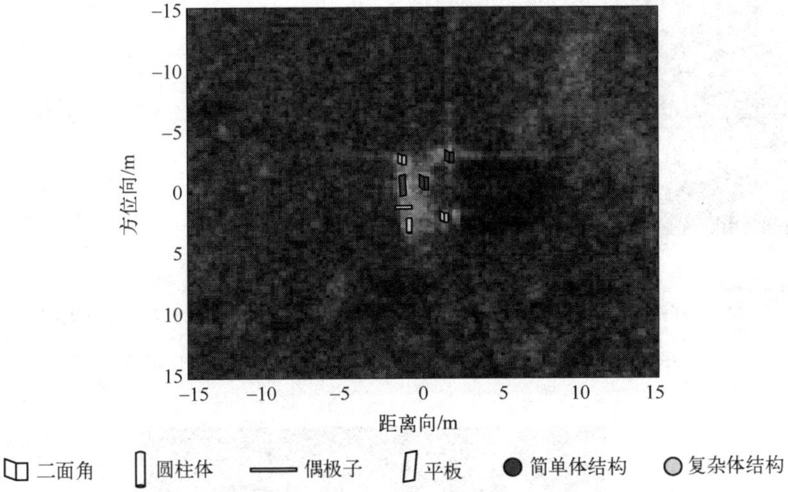

图 7.36　军用车辆目标几何结构初步反演结果（目标 1）（见彩图）

5）基于其他 ADTS 数据的反演实验及结果分析

选择 ADTS 数据中另一目标切片数据进行实验，该切片数据的极化散射总功率如图 7.37（a）所示。按照同样的处理流程，基于二维 CP-GTD 模型进行全极化散射中心提取，经盖氏圆盘方法共获得 7 个散射中心，如图 7.37（b）所示，图中特别标注的散射中心 1~3 即对应目标体上散射最强的三个散射中心，表 7.11 所示为三者的结构类型判别结果、极化空变度特征及几何参数反演结果。对于其他 4 个散射中心，则对应复杂体结构，仅能通过极化分类对其结构类型进行初步判别。综合对所有散射中心类型判别及参数提取的结果，即可获得目标整体几何结构的初步反演结果，如图 7.38 所示。此实验结果也同样验证了本章所提反演方法的有效性，揭示了其在极化 SAR 图像解译及目标识别等方面的应用潜力。

表 7.11　简单体散射中心极化空变度特征及几何参数提取结果（目标 2）

散射中心序号	1	2	3
极化分类	二面角	平板	平板

续表

极化空变度/(°)	0.0394	0.0299	0.1082
方位向长度/m	0.5641	0.8754	0.6478

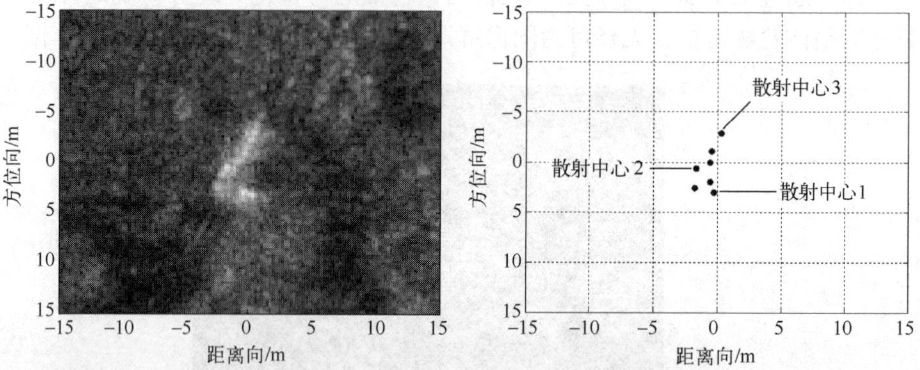

(a) 极化散射总功率　　(b) 全极化散射中心提取结果

图 7.37　ADTS 数据全极化散射中心提取结果（目标 2）

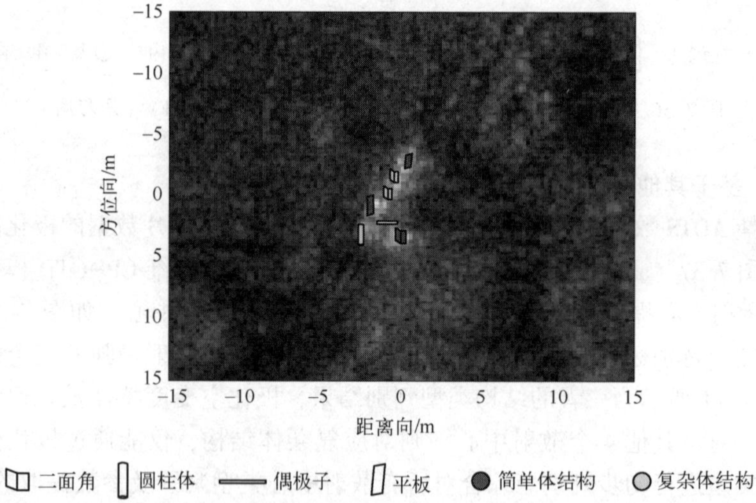

图 7.38　军用车辆目标几何结构初步反演结果图（目标 2）（见彩图）

7.2.3 节提出了基于空频域极化特征的极化 SAR 人造目标几何结构反演新方法，并利用电磁计算数据、MiniSAR 数据及 ADTS 数据验证了新方法的有效性。概括本节内容可知，较之传统反演方法，新方法主要存在以下优势：

（1）新方法通过空频域极化特征提取，揭示了不同类型散射结构在散射机理、空域散射方向性、频域色散特性等方面的差异，可以克服已有反演方法由于判别信息不足而造成的判别模糊问题，提高反演准确性。例如，对于图 7.31、图 7.36 及图 7.38 中反演获得的平板结构，利用传统反演方法无法将其与三面角等结构有效区分，难以正确判别其为平板结构，而利用新方法则可成功实现这一点。

（2）新方法基于极化空变度特征对散射中心是否对应简单体结构进行判别，对于被判为二面角或平板的简单体散射中心，利用新方法可以进一步反演其方位向长度及姿态角等几何参数，如图 7.36 及图 7.38 中红色标注的长度都指代了其对应散射结构的方位向长度，而这种定量化的标注结果是传统反演方法所无法实现的。

在结束本章内容之前，对本章提出几何结构反演方法的适用性进行分析。首先，雷达目标几何结构反演属于典型的“逆”问题，实现难度较大，已有研究未能给出解决此问题的有效途径。本章也是针对此问题进行了有意义的尝试，给出了一条切实可行的反演新方法，可以克服传统反演方法存在的判别模糊问题，实现了对目标整体几何结构的大致反演。但是，新的反演方法也仅仅实现了初步的几何结构反演，还有许多问题需要进一步完善。例如，新方法对于简单体的反演比较有效，但对于形状复杂的散射结构，无法提取其尺寸等详细信息，仅能对其结构类型做初步的判别。其次，与已有极化分类方法一样，新方法对散射结构的分类也较为有限，没有考虑更多的基本结构类型，对实际目标精细结构特征进行描述时略显粗糙。此外，反演流程中的一些处理步骤需要设置一定的门限，如极化散射稳定性判决中极化空变度特征的判决门限等。这些门限的选取更多地依靠先验知识及处理任务需求，难以实现自适应的门限选取。

虽然本章提出的反演新方法存在上述问题，但它为雷达目标几何结构反演提供了一条新的技术途径。通过空频域极化特征的有效提取，可以揭示雷达目标极化散射的细节特征，提供更为丰富的关于目标本质属性的有用信息。此外，由于认识水平的限制，本书在将空频域极化特征应用于几何结构反演时，仅仅利用了极化空变度、散射幅度空变序列、GTD 类型参数等简单特征，还没有完全挖掘空域极化特征的应用潜力。随着研究的深入，有望提取更多有效的空频域极化特征，以期获得更为理想的几何结构反演结果。

针对高分辨全极化 SAR 雷达体制，7.2 节主要研究了雷达目标几何结构反演这一前沿课题，主要工作总结如下：①以三面角、二面角、平板及互相垂直导线构成的简单组合体为例，利用电磁计算数据揭示了空频域极化特征在散射结构类型判别及目标几何结构反演等方面的应用潜力。②提出了结合二维 CP-GTD 建模及 STFT 处理的散射中心空域极化特性分析方法。该方法揭示了全极化散射中心极化散射对成像方位角的依赖关系，可为极化 SAR 图像人造目标几何结构反演的设计提供有效的判别依据。③利用空频域极化特征在全面揭示目标散射信息方面的优势，提出了一种基于空频域极化特征的极化 SAR 图像人造目标几何结构反演策略，基于实测数据和电磁计算数据验证了该方法的有效性，并对该方法的适用场合及局限性进行了说明。

本章小结

本章主要围绕极化雷达超分辨成像与目标特征提取和基于极化空频特征的目标几何特征反演两个问题展开研究。

对于极化雷达超分辨成像与目标特征提取问题，主要是研究全极化 SAR/ISAR 的超分辨成像与散射中心特征提取的问题。具体内容如下：①针对全极化 ISAR 成像雷达体制，从原始数据域出发，建立了能够精确描述光学区雷达目标极化散射的二维 CP-GTD 模型，提出了基于二维 CP-GTD 模型的全极化 ISAR 超分辨成像，并在此基础上实现了 ISAR 目标全极化散射中心特征提取，有效解决了多极化通道条件下难以提取散射中心的相干极化特性信息的难题。②考虑到极化 SAR 原始数据量巨大的可能带来的计算困难问题，提出了基于 ROI 检测之后的复图像数据进行极化 SAR 超分辨成像与目标特征提取的新方法。该方法基于二维相干极化散射中心模型，巧妙地将 ESPRIT 方法拓广用于极化雷达的超分辨成像，解决了两维散射中心位置关联、相干极化散射矩阵同时估计等一系列难题。之所以这样安排，是基于实际所能达到的处理速度考虑的。通常极化 ISAR 的目标对象相对简单，一次获取的数据量相对较小，所以采取了较为精确的 CP-GTD 模型方法；而极化 SAR 对地侦察时，探测场景往往比较复杂，其获取的数据通常是海量的。③通过仿真数据、暗室测量数据和实测极化 SAR 复图像数据的实验表明，上述超分辨成像与特征提取方法的正确性和有效性。本章还推导得到了全极化二维散射中心特征参数估计的极限估计精度的解析表达式，并分析了各类参数的估计性能与雷达参数、目标极化、杂波极化等因素的关系，其结果可用于指导极化雷达二维成像系统的参数设计、超分辨成像与特征提取的算法性能评价等方面。

对于基于极化空频特征的目标几何特征反演问题，主要研究高分辨全极化 SAR 雷达体制下的雷达目标几何结构反演问题。具体内容如下：①以三面角、二面角、平板及互相垂直导线构成的简单组合体为例，利用电磁计算数据揭示了空频域极化特征在散射结构类型判别及目标几何结构反演等方面的应用潜力。②提出了结合二维 CP-GTD 建模及 STFT 处理的散射中心空域极化特性分析方法。该方法揭示了全极化散射中心极化散射对成像方位角的依赖关系，可为极化 SAR 图像人造目标几何结构反演的设计提供有效的判别依据。③利用空频域极化特征在全面揭示目标散射信息方面的优势，提出一种基于空频域极化特征的极化 SAR 图像人造目标几何结构反演策略，基于实测数据和电磁计算数据验证了该方法的有效性，并对该方法的适用场合及局限性进行说明。

参 考 文 献

[1] 王润声．图像理解［M］．长沙：国防科技大学出版社，1995.

[2] 徐牧．极化 SAR 图像人造目标提取与几何结构反演研究［D］．长沙：国防科学技术大学，2008.

[3] S. M. 凯依．现代谱估计：原理与应用［M］．黄建国，武延祥，杨世兴，译．北京：科学出版社，1994.

[4] 代大海，极化雷达成像及目标特征提取研究［D］．长沙：国防科学技术大学，2008.

[5] SOUMEKH M. Synthetic aperture radar signal processing with MATLAB algorithms［M］. New York：Wiley，1999.

[6] WU H T，YANG J F，CHEN F K. Source number estimators using transformed Gerschgorin radii［J］. IEEE Transactions on Signal Processing，1995，43（6）：1325-1333.

[7] LEE J S，KROGAGER E，AINSWORTH T L，et al. Polarimetric analysis of radar signature of a manmade structure［J］. IEEE Geoscience and Remote Sensing Letters，2006，3（4）：555-559.

[8] BURROWS M L. Two-dimensional ESPRIT with tracking for radar imaging and feature extraction［J］. IEEE Transactions on Antennas and Propagation，2004，52（2）：524-532.

[9] LIU G Q，HUANG S J，TORRE A，et al. The multilook polarimetric whitening filter（MPWF）for intensity speckle reduction in polarimetric SAR images［J］. IEEE Transactions on Geoscience and Remote Sensing，1998，36（3）：1016-1020.

[10] KROGAGER E. New decomposition of the radar target scattering matrix［J］. Electronics Letters，1990，26（18）：1525-1527.

[11] ALBERGA V，KROGAGER E，CHANDRA M，Potential of coherent decompositions in SAR polarimetry and interferometry［C］//Proceedings of the 2004 IEEE International Geoscience and Remote Sensing Symposium（IGARSS 2004）. 2004：1792-1795.

[12] 黄培康，殷红成，许小剑．雷达目标特性［M］．北京：电子工业出版社，2005.

[13] POTTER L C，CHIANG D M，CARRIERE R，et al. A GTD-based parametric model for scattering［J］. IEEE Transactions on Antennas and Propagation，1995，43（10）：1058-1067.

[14] ERTIN E, POTTER L C. Polarimetric classification of scattering centers using M-ary Bayesian decision rules [J]. IEEE Transactions on Aerospace and Electronic Systems, 2000, 36 (3): 738-749.

[15] 计科峰. SAR 图像目标特征提取与分类方法研究 [D]. 长沙: 国防科学技术大学, 2003.

[16] 孙真真. 基于光学区雷达目标二维像的目标散射特征提取的理论及方法研究 [D]. 长沙: 国防科学技术大学, 2001.

[17] 贺思三. 雷达成像中的非理想散射现象分析 [D]. 长沙: 国防科学技术大学, 2005.

[18] SONG J M, LU C C, CHEW W C. Multilevel fast multipole algorithm for electromagnetic scattering by large complex objects [J]. IEEE Transactions on Antennas and Propagation, 1997, 45 (10): 1488-1493.

[19] 蒋咏梅. 叶簇穿透超宽带 SAR 目标检测方法研究 [D]. 长沙: 国防科学技术大学, 1999.

[20] LEDUCQ P, FERRO-FAMIL L, POTTIER E. Time-frequency analysis of Polarimetric SAR images [C]//Proceedings of the 2005 European Radar Conference. 2005: 125-128.

[21] CAMERON W L. YOUSSEF N N, LEUNG L K. Simulated polarimetric signatures of primitive geometrical shapes [J]. IEEE Transactions on Geoscience and Remote Sensing, 1996, 34 (3): 793-803.

[22] 周剑雄. 光学区雷达目标三维散射中心重构理论与技术 [D]. 长沙: 国防科学技术大学, 2006.

[23] 代大海, 王雪松, 肖顺平, 基于二维 CP-GTD 模型的全极化 ISAR 超分辨成像 [J]. 自然科学进展, 2007, 17 (10): 1439-1448.

[24] L. 科恩. 时-频分析: 理论与应用 [M]. 白居宪, 译. 西安: 西安交通大学出版社, 1998.

[25] QIAN S, CHEN D P. Signal representation using adaptive normalized Gaussian function [J]. Signal Processing, 1994, 6 (1): 1-11.

[26] PAN R H, LI G, ZHU X X. A research of moving targets detection and imaging by SAR [C]//Proceedings of the 1997 IEEE International Geoscience and Remote Sensing Symposium (IGARSS'97). 1997: 498-500.

[27] CAMERON W L, LEUNG L K. Feature motivated polarization scattering matrix decomposition [C] //Proceedings of the IEEE International Radar Conference, 1990: 549-557.

[28] Air Force Research Laboratory. Model based vision laboratory, sensor data management system adts Web page [R/OL]. http://www. mbvlab. af. mil/public/sdms/ datasets/adts.

[29] Sndia National Laboratories. Sandia MiniSAR-miniaturized synthetic aperture radar [EB/OL]. [2005-5-19] http://www. sandia. gov/RADAR/minisar. html.

第 8 章

人造目标几何结构反演和识别技术

目前常见的一类几何结构反演方法是通过对模型参数的估计，直接得到目标的几何参数。俄亥俄州立大学的 L. C. Potter 教授基于 GTD 模型，从平板的一维距离像中提取了 4 个顶点的位置和频率依赖因子，反演得到了顶点的结构类型。其研究初步验证了基于 GTD 模型的频率依赖因子反演几何结构的可行性[1]。Jackson 和 Moses[2] 建立了典型体散射中心模型，该模型精确描述了各散射中心的回波与结构尺寸、姿态角等参数的函数关系，通过参数的估计可得到典型结构相应的几何特征。但是，基于模型的参数估计，由于模型参数过多，参数之间耦合较为严重，加大了参数估计的难度，并且在很多情况下存在收敛问题，这都严重制约了反演方法的实用性。因此，本章从图像域的角度研究几何结构反演的方法，以期避免上述问题。在此背景下，本章着重研究如下两个问题：一是基于极化 SAR/ISAR 图像的目标几何结构反演；二是人造目标极化识别技术研究。

8.1 基于极化 SAR/ISAR 图像的目标几何结构反演

几何结构特征作为雷达目标的本质属性，它对目标的描述更加贴近人类视觉系统的感知方式[3]。用熟知的典型结构表征目标体上的主要散射结构，并以此大致推测出目标的外形轮廓，有利于借助人的视觉生活经验对目标属性做出准确判别。因此，目标几何结构反演对于自动目标识别或目标解译都具有重要意义。

目前常见的一类几何结构反演方法是通过对模型参数的估计，直接得到目标的几何参数。俄亥俄州立大学的 L. C. Potter 教授基于 GTD 模型，从平板的一维距离像中提取了 4 个顶点的位置和频率依赖因子，反演得到了顶点的结构类型。其研究初步验证了基于 GTD 模型的频率依赖因子反演几何结构的可行性[1,4]。Jackson 等建立了典型体散射中心模型，该模型精确描述了各散射中心的回波与结构尺寸、姿态角等参数的函数关系，通过参数的估计可得到典型结构相应的几何特征。但是，基于模型的参数估计，由于模型参数过多，参数之间耦合较为严重[5]，加大了参数估计的难度，并且在很多情况下存在收敛问题[6]，这都严重制约了反演方法的实用性。因此，本章从图像域的角度研究几何结构反演的方法，以期避免上述问题。

考虑分辨单元内存在多个结构时，会对散射中心类型判别造成不利影响，因此，本节首先研究如何判定散射中心仅包含单一典型结构的方法，即典型散射中心判定的方法，以提高散射中心类型判别的准确性。随后在 8.1.2 节中对散射中心类型判别的方法进行研究，根据参数提取方式的不同，分别研究基于模型参数估计的散射中心类型判别方法以及基于图像特征提取的散射中心类型判别方法，并对两种方法的优劣进行分析。8.1.3 节在散射中心类型判别的基础上，结合聚类算法，研究几何结构反演的方法，实现目标局部结构特征的提取。本节最后，通过实测数据的实验结果与分析，验证本节所提出的几何参数反演方法的有效性。

8.1.1 典型散射中心判定

在图像解译与目标识别时，研究散射中心的频率色散特性、极化散射特性等性质，可以对散射中心的结构类型进行判定，从而有助于对图像中关心的区域进行分析解译，并对目标进行分类识别。在散射中心类型判别时，如果分辨单元内包含多个典型结构，其散射特性必将有异于单个典型结构，从而对散射中心类型判别的准确性造成影响，降低图像解译与目标识别的正确率。因此，为提高散射中心类型判别的准确性，在类型判别前，需要对散射中心是否仅包含单个典型结构进行判定。本节称这类仅对应单个典型结构的散射中心为典型散射中心。本节在第 2 章研究的基础上，分别基于幅值稳定性和极化不变性两方面的特性，研究典型散射中心的判定方法。

8.1.1.1 散射中心幅值稳定特性分析

以球与三面角结构为例，方位角为 0°时，紧邻典型结构的回波随频率变化的规律如图 8.1 所示。

由图 8.1 清晰可见，两个典型结构的回波幅度随频率变化起伏剧烈，在某些频率下，幅值大幅降低，接近于 0。而单个典型结构的回波幅度则相对较为稳定。因此，当分辨单元内仅包含单个典型结构时，散射中心的回波幅度较稳定，其在不同频带的图像中能保持较为稳定的强散射点。而对于分辨单元内存在多个散射结构的情况，散射中心的回波幅度随频率有较大变化，其在不同频带的图像中，难以保持稳定的强散射点。

以不同频带下的 T-72 坦克的 ISAR 图像为例，分别以 9.27~9.6GHz 和

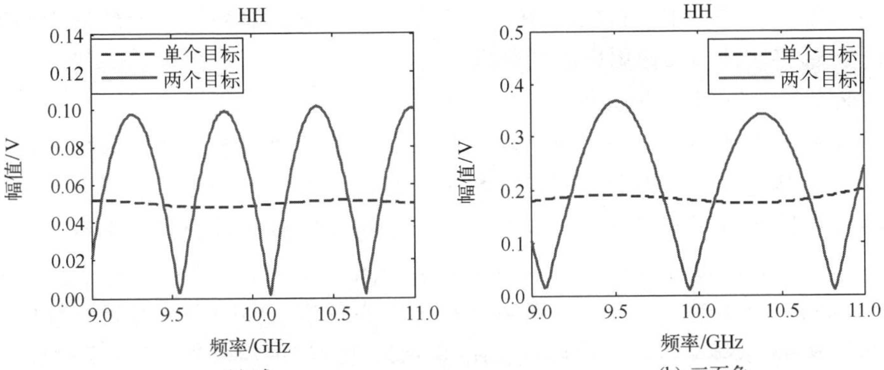

(a) 球 (b) 三面角

图 8.1 目标回波随频率变化曲线

9.6~9.93GHz 频段下的 T-72 坦克数据成像，结果如图 8.2 的（a）、（b）所示。可以看到，两频段下的图像中，存在一些幅值差异明显的散射点，如图中 *A*、*B* 两处。高频段图像中峰值较高的两个散射点，在低频段的图像中峰值却低于散射中心的检测门限，将不会被提取出来。这两处对应于坦克车身上复杂的外部结构。

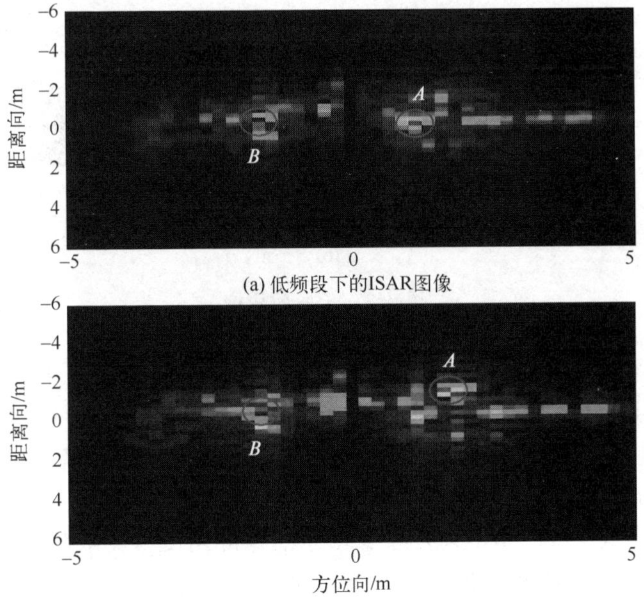

(b) 高频段下的ISAR图像

图 8.2 T-72 坦克不同频段下的 ISAR 图像（见彩图）

因此，在判定典型散射中心前，首先对散射中心的幅值特性进行分析。只有在不同频带的图像中稳定存在的散射中心，才可能是典型散射中心。在此基础上，再进一步分析散射中心的极化特性，通过对极化不变散射中心的判定，最终实现典型散射中心的判定。

8.1.1.2 子图的构建

为研究图像中散射中心幅值的稳定性，需要构建子图来对目标数据进行分析[7]。构建子图，即通过将目标数据的频谱或方位角分段形成图像，将一幅 SAR 图像分为多幅子图像。构建子图是通过牺牲图像的分辨率来得到在频率和方位向上的多样性。图 8.3 中展示了子图构建的一个例子，图中左图表示目标的频域数据，f_c 为中心频率，θ_c 为中心角度。中图表示对频域数据的选取，H_B 表示频率维度的窗函数，H_θ 表示角度维度的窗函数，而右图为频域数据经傅里叶变换所成的图像。图 8.3（b）中由子谱所成的子图像，相较于图 8.3（a）中的图像，降低了图像的分辨率。

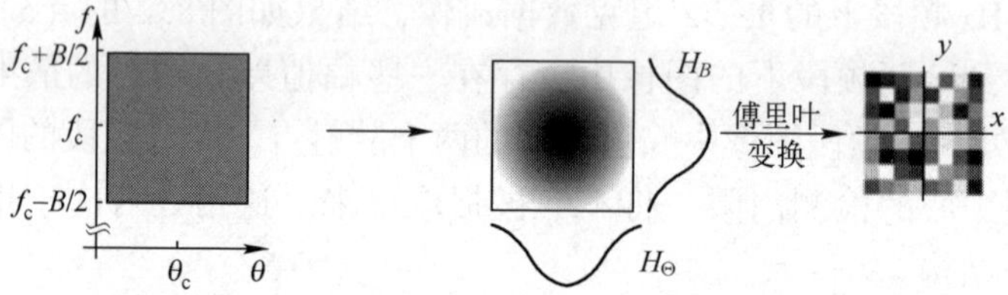

(a)

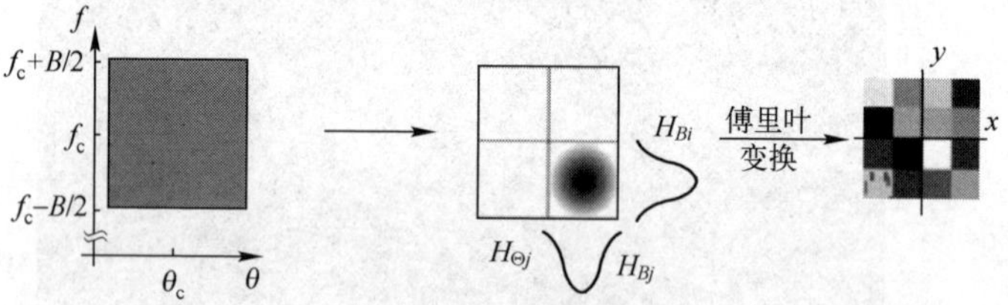

(b)

图 8.3 子图的构建

构建子图时，频谱被分为两段或多段等长度的子频谱，子频谱在频率上存在差异，由子频谱形成的图像展现了目标在频率上的差异性，可用于分析散射中心的频率色散等特性，代价是降低了距离维的分辨率。同样，方位角维度分段形成子图像，展现了目标在方位角度上的差异性，但是方位向的分辨率也相应降低。在一般的应用中，由于图像的角度带宽限制小于频率带宽，因此常构建为方位向的子图[7]。

8.1.1.3 基于极化不变散射特性的典型散射中心判定

本小节通过在方位向构建子图，并分析散射中心的极化特性，估计极化不变的散射中心，由此实现对典型散射中心的判定。

定义极化不变的散射中心为

$$d_g<D \quad 且 \quad d_p<K \tag{8.1}$$

式中：$d_p=\boldsymbol{P}_i(n)-\boldsymbol{P}_j(m)$ 与 $d_g=\boldsymbol{x}_i(n)-\boldsymbol{x}_j(m)$ 分别描述了第 n 副子图提取的第 i 个散射中心与第 m 副子图提取的第 j 个散射中心的极化特性的差异与几何坐标距离；K 与 D 为两个参数，分别为合适的门限值。当散射中心满足极化不变特性时，认为其仅对应单个散射结构，为典型散射中心。为提取极化不变的散射中心，采用极化不变散射中心跟踪算法[8-9]。

建立描述散射中心的参数模型：

$$\boldsymbol{y}_i(n)=[\boldsymbol{y}_{g,i}(n),\boldsymbol{y}_{p,i}(n)] \tag{8.2}$$

式中：$\boldsymbol{y}_{g,i}(n)$ 与 $\boldsymbol{y}_{p,i}(n)$ 分别为第 n 幅 SAR/ISAR 图像中，描述第 i 个散射中心的几何位置与极化特性的参数模型。设定参数 M 为模型包含的散射中心个数，K_n 为第 n 幅 SAR/ISAR 图像中提取的散射点个数。由于不同子图中目标的姿态角度发生变化，目标散射存在闪烁，因此不同子图中的散射点数量存在差异。从图像中提取的散射点的信息用参数 $\boldsymbol{W}$ 表示，即

$$\boldsymbol{W}=\begin{bmatrix} \boldsymbol{w}_1(1) & \boldsymbol{w}_1(2) & \cdots & \boldsymbol{w}_1(N) \\ \vdots & \vdots & \vdots & \\ \boldsymbol{w}_{K_1}(1) & \vdots & \vdots & \\ \text{NaN} & \vdots & \vdots & \boldsymbol{w}_{K_N}(N) \\ \text{NaN} & \boldsymbol{w}_{K_2}(2) & \vdots & \text{NaN} \end{bmatrix} \tag{8.3}$$

式中：$\boldsymbol{w}_k(n)$ 描述了散射点 k 的位置与极化特性，$\boldsymbol{w}_k(n)=[\boldsymbol{x}_k(n),\boldsymbol{p}_k(n)]$；NaN 表示散射中心缺失。

同时，待估计的散射中心的几何位置和极化特性可由参数 $\boldsymbol{Y}$ 表示：

$$\boldsymbol{Y}=\begin{bmatrix} \boldsymbol{y}_1(1) & \boldsymbol{y}_1(2) & \cdots & \boldsymbol{y}_1(N) \\ \boldsymbol{y}_2(1) & \boldsymbol{y}_2(2) & \cdots & \boldsymbol{y}_2(N) \\ \vdots & \vdots & & \vdots \\ \boldsymbol{y}_{M+1}(1) & \boldsymbol{y}_{M+1}(2) & \cdots & \boldsymbol{y}_{M+1}(N) \end{bmatrix} \tag{8.4}$$

其中，每行对应一个散射体，由参数模型 $\boldsymbol{y}_i(n)$ 描述。最后一行为一类特性未知的散射中心模型，即不关联于 M 个散射中心模型的散射点均被认为由未知特性的散射中心模型描述。

对极化不变散射中心的提取，需要实现对满足极化不变特性的散射中心模型参数的估计，即估计出模型 $y_i(n)$ 中的未知参数。令矢量 $\boldsymbol{\Phi}$ 包含每个散射中心的参数模型中的未知参数：

$$\boldsymbol{\Phi}=[\boldsymbol{\psi}_1 \quad \boldsymbol{\psi}_2 \quad \cdots \quad \boldsymbol{\psi}_M] \tag{8.5}$$

式中：$\boldsymbol{\psi}_i=[\psi_{i,1} \quad \psi_{i,2} \quad \cdots \quad \psi_{i,V}]$ 对应第 i 个散射中心的模型，V 为每个模型

中待估计参数的个数。对 $\boldsymbol{\Phi}$ 的估计采用概率最小二乘估计方法（PLS）[10]，即通过最小化代价函数估计参数。代价函数为

$$J(\boldsymbol{\varpi},\boldsymbol{\Phi})=\sum_{n=1}^{N}\sum_{i=1}^{M}\sum_{k=1}^{K}\varpi_{i,k}(n)\boldsymbol{\varepsilon}_{i,k}^{\mathrm{T}}(n)\boldsymbol{R}_{i,k}^{-1}(n)\boldsymbol{\varepsilon}_{i,k}(n)\,\varpi_{i,k}(n) \tag{8.6}$$

式中：$K=\max\{K_n\}$；$\boldsymbol{\varepsilon}_{i,k}(n)=\boldsymbol{w}_k(n)-\boldsymbol{y}_i(n)$；$\boldsymbol{R}_{i,k}(n)$ 为 $\boldsymbol{\varepsilon}_{i,k}(n)$ 的协方差矩阵，下文假设其不随 k 与 n 变化，即 $\boldsymbol{R}_{i,k}(n)=\boldsymbol{R}_i$，$\boldsymbol{\varpi}=[\boldsymbol{\varpi}(1)\quad\boldsymbol{\varpi}(2)\quad\cdots\quad\boldsymbol{\varpi}(N)]$

$$\boldsymbol{\varpi}(n)=\begin{bmatrix}\varpi_{1,1}(n) & \cdots & \varpi_{1,K}(n)\\ \vdots & \vdots & \vdots\\ \vdots & \varpi_{i,k}(n) & \vdots\\ \vdots & \vdots & \vdots\\ \varpi_{M+1,1}(n) & \cdots & \varpi_{M+1,K}(n)\end{bmatrix} \tag{8.7}$$

式中：$\varpi_{i,k}(n)$ 表示第 n 幅子图中的散射点 k 对应于散射中心 i 的概率。

参数估计问题归结为使代价函数最小，即

$$(\boldsymbol{\varpi},\boldsymbol{\Phi})=\arg\{\min\{J(\boldsymbol{\varpi},\boldsymbol{\Phi})\}\} \tag{8.8}$$

因此，PLS 方法归结为求解式（8.8），为估计参数 $\boldsymbol{\Phi}$，假设 $\boldsymbol{\varpi}$ 已知，对式（8.6）求偏导并使其等于 0，得到表达式为

$$\frac{\partial J(\boldsymbol{\varpi},\boldsymbol{\Phi})}{\partial\psi_{i,1}}=\frac{\partial J(\boldsymbol{\varpi},\boldsymbol{\Phi})}{\partial\psi_{i,2}}=\cdots=\frac{\partial J(\boldsymbol{\varpi},\boldsymbol{\Phi})}{\partial\psi_{i,V}}=0 \tag{8.9}$$

其解的具体表达式由参数 $\boldsymbol{\Phi}$ 决定。由于目标在不同子图中的姿态角度变化较小，本节设定同一散射中心在不同子图中产生的散射点几何位置不变。同时，作为极化不变散射中心，同一散射中心在不同子图中产生的散射点的极化特性不变。本节采用 Cameron 极化分解中的散射体类型参数 Z 作为极化特征量。因此，式（8.2）中的参数模型为

$$\begin{cases}\boldsymbol{y}_{g,i}(n)=[a_i,b_i]^{\mathrm{T}}\\ \boldsymbol{y}_{p,i}(n)=[c_{1,i},c_{2,i}]^{\mathrm{T}}\end{cases} \tag{8.10}$$

式中：a_i,b_i 分别为散射中心的距离向和方位向坐标；$c_{1,i}$ 为散射体类型参数 Z 的实部，$c_{2,i}$ 为 Z 的虚部。由此，模型的待估计参数为 $\boldsymbol{\psi}_i=[a_i\quad b_i\quad c_{1,i}\quad c_{2,i}]$，并得到式（8.9）的解为

$$\begin{cases}[a_i\quad b_i\quad c_{1,i}\quad c_{2,i}]=\begin{bmatrix}\dfrac{A_1}{B} & \dfrac{A_2}{B} & \dfrac{A_3}{B} & \dfrac{A_4}{B}\end{bmatrix}\\ A_l=\sum\limits_{k}\sum\limits_{n}\varpi_{i,k}^{2}(n)\boldsymbol{w}_{l,k}(n)\\ B=\sum\limits_{k}\sum\limits_{n}\varpi_{i,k}^{2}(n)\end{cases} \tag{8.11}$$

同样，为估计参数ϖ，假设 $\boldsymbol{\Phi}$ 已知，对式（8.6）求偏导并使其等于 0，同时满足如下约束：

$$\sum_{i=1}^{M} \varpi_{i,k}(n) = 1, \quad \forall n = 1,2,\cdots,N; \quad k = 1,2,\cdots,K \tag{8.12}$$

得到ϖ的解为

$$\varpi_{i,k}(n) = \frac{(\boldsymbol{\varepsilon}_{i,k}^{\mathrm{T}}(n)\boldsymbol{R}_{i,k}^{-1}(n)\boldsymbol{\varepsilon}_{i,k}(n))^{-1}}{\sum_{p=1}^{M}(\boldsymbol{\varepsilon}_{p,k}^{\mathrm{T}}(n)\boldsymbol{R}_{p,k}^{-1}(n)\boldsymbol{\varepsilon}_{p,k}(n))^{-1}} \tag{8.13}$$

由此，估计算法的具体步骤为：①初始化参数$\varpi^{(\mathrm{in})}$；②依据式（8.11）估计模型未知参数 $\boldsymbol{\Phi}$；③依据式（8.13）估计参数ϖ；④循环步骤②与③，直至满足终止条件。当终止条件满足时，估计得到的参数模型 $\boldsymbol{y}_i$，对应极化不变的散射中心，由此，达到对典型散射中心的判定。

8.1.2 散射中心类型判别

极化信息可以揭示目标的散射机理，而散射机理与目标的几何形状、姿态取向等属性密切相关。因此，分析利用极化信息，有助于对目标散射机理的理解，从而获得目标的几何特征。目前，常采用极化分解的方法，对目标的散射中心类型进行判别，从而分析目标的结构特征，为目标识别提供依据。针对人造目标，通常采用相干极化分解的方法，包括 Pauli 分解、Krogager 分解、Cameron 分解以及 Touzi 分解等。然而，仅依赖极化分解方法，对散射中心进行分类，仍存在不确定性[11]。而不同结构的散射体，其散射强度与频率存在一定的关系，依据其频率特性，可对散射体的结构类型进行区分。因此，为降低分类的不确定性，本节结合散射中心的极化特性以及频率特性，对散射中心的类型进行判别。根据频率特征参数，频率依赖因子估计方法的不同，本节分别研究了基于模型参数估计的散射中心类型判别方法，以及基于图像特征提取的散射中心类型判别方法。

8.1.2.1 基于模型参数估计的散射中心类型判别

1. 基于属性散射中心模型的频率依赖因子估计

雷达目标的属性散射中心模型为[3,12-15]

$$\begin{cases} E(f,\phi;\Theta) = \sum_{i=1}^{d} E_i(f,\phi;\theta_i) \\ E_i(f,\phi;\theta_i) = A_i\left(\mathrm{j}\dfrac{f}{f_{\mathrm{c}}}\right)^{\alpha_i}\exp\left(\dfrac{-\mathrm{j}4\pi f}{c}(x_i\cos\phi + y_i\sin\phi)\right)\cdot \\ \qquad \mathrm{sinc}\left(\dfrac{2\pi f}{c}L_i\sin(\phi - \bar{\phi}_i)\right)\exp(-2\pi f\gamma_i\sin\phi) \end{cases} \tag{8.14}$$

式中：$E(f,\phi;\Theta)$为目标总的散射场，等于各散射中心 i 的散射场的叠加。其中，$\Theta=\{\theta_i\}=[A_i,\alpha_i,x_i,y_i,L_i,\bar{\phi}_i,\gamma_i]$为散射中心的属性集。$A_i$ 为散射中心幅度，α_i 为频率依赖因子，x_i、y_i 为散射中心方位向、距离向的坐标，L_i 为散射中心长度，$\bar{\phi}_i$ 为散射中心方位角，γ_i 表示散射中心对方位角 ϕ 的方向依赖性。当 $L_i=\bar{\phi}_i=0$ 时，表示该散射中心是局部散射中心，典型的局部散射中心包括三面角、帽型、球体等；当 $L_i\neq 0$，$\gamma_i=0$ 时，表示该散射中心是分布散射中心，典型的分布散射中心包括平板、水平二面角、水平圆柱等。

频率的依赖因子 α_i，其值由对应典型结构形状的曲率决定，通常是 0.5 的整数倍。频率依赖因子与典型散射结构具有表 8.1 所示的对应关系[1,13]。

表 8.1 频率依赖因子与典型散射结构对应关系

频率依赖因子 α	对应的典型散射结构
1	平板、二面角、三面角散射
0.5	圆柱、帽型结构（或任何单曲面）散射
0	球（任何双曲面）散射或直边反射
-0.5	曲边绕射
-1	尖顶绕射

从表 8.1 可见，频率依赖因子反映了散射中心的几何结构特征，基于该特征参数，可对散射结构进行分类。而对散射中心的参数进行估计，常采用基于近似最大似然估计（Approximate Maximum Likelihood，AML）算法的散射中心提取方法[13,16-18]。该算法主要步骤如下：

(1) 图像分割：采用分水岭算法对 SAR/ISAR 图像进行分割，得到目标散射中心对应的高能量区域。

(2) 结构选择：判定高能区域对应的散射中心为分布散射中心或局部散射中心。

(3) 参数估计：采用近似最大似然估计算法，对散射中心相应的模型参数进行估计。

(4) 散射中心去除：根据估计的模型参数重构散射中心，并采用 CLEAN 算法[19]将重构散射中心从目标区域剔除。

(5) 算法终止：重复步骤（1）~（4），估计下一个散射中心直至残差达到下限或者散射中心数目达到上限[20]。

在步骤（3）的参数估计过程中，涉及参数初始化和优化问题，参数初始化是指根据规则化参数模型和 SAR/ISAR 图像特性进行参数初始化；而参数优化是指利用优化算法（如牛顿迭代法[21]）搜寻最佳参数，具体步骤详见文献［18］，这里不再赘述。

2. 结合频率和极化特性的散射中心类型判别

上文介绍了基于模型的频率依赖因子的估计方法，其对散射中心的结构类型有一定的指示作用，而 Krogager 分解方法，将散射矩阵表示为球散射、二面角散射和螺旋体散射的组合，并分别用 κ_o、κ_e 以及 κ_h 这三个参数表明三种散射机理在总散射中占的比例大小，而不同的散射中心均对应一种主要的散射机理。结合 Krogager 特征参数以及频率依赖因子形成新的特征矢量，为降低特征维数，Krogager 特征参数仅取 κ_o 和 κ_e，形成了$[\alpha \quad \kappa_o \quad \kappa_e]$三维特征矢量。表 8.2 中列出了各典型结构与特征矢量的对应关系，基于此可判定各散射中心的结构类型。

表 8.2 三维特征矢量与典型结构对应关系

典型散射结构	序号	α	κ_o	κ_e
三面角或平板	1	1	1	0
二面角	2	1	0	1
圆柱、圆锥	3	0.5	1	0
帽型结构	4	0.5	0	1
球、双曲面	5	0	1	0
直边反射	6	0	0.5	0.5
曲边绕射	7	−0.5	0.5	0.5
尖顶绕射	8	−1	0.5	0.5
螺旋	9	任何	0	0

由表 8.2 可见，根据三维特征矢量可对 9 类典型结构进行区分，降低了散射中心类型判别的不确定性。实际情况中，基于极化数据提取的特征值，与理论值存在一定差异。为判定散射中心类型，将实际值与理论值进行比较，选取相距最近的理论值，其对应的类型即为散射中心的类型，即

$$d = \arg\ \min \boldsymbol{w}_k - \boldsymbol{v}^2 \tag{8.15}$$

式中：$\boldsymbol{w}_k$ 为第 k 类典型结构对应的特征矢量的理论值；$\boldsymbol{v}$ 为特征矢量的实际值；d 则指示了使距离最小的理论值所对应的典型结构。

此外，由于频率依赖因子一般估计偏差较大，且敏感于模型误差、噪声和杂波，Krogager 特征参数相较而言更准确。因此，在基于上述三维特征矢量进行分类而存在模糊时，依据 Krogager 特征参数来解模糊[7]。例如，对于特

征矢量[-1,1,0]，其与曲边特征矢量[-0.5,0.5,0.5]以及球体特征矢量[0,1,0]均相距较近。但是，由于其Krogager特征参数与球的严格匹配，将其判定为球更为合适。由此进一步定义特征矢量[-0.5,1,0]、[-1,1,0]为球体特征矢量，[0,0,1]，[-0.5,0,1]，[-1,0,1]为帽型结构特征矢量。

基于以上设定，特征空间被划分为9个区域，分别对应9类典型结构，如图8.4所示。由散射中心提取的特征矢量，落于空间中某一区域，就将其判定为该区域对应的典型结构类型。

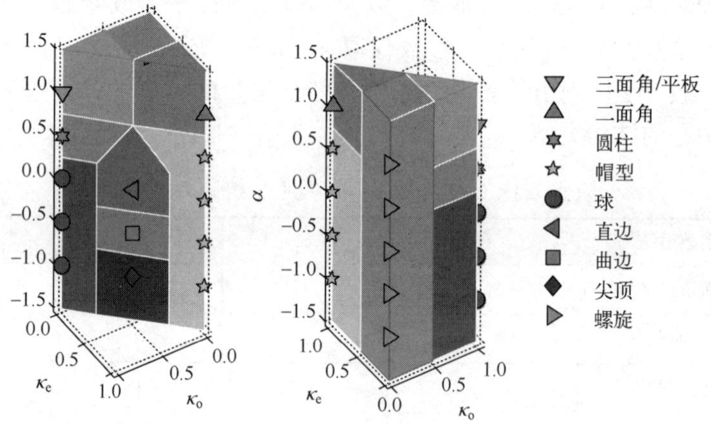

图8.4 典型结构在特征空间中的分布（见彩图）

8.1.2.2 基于图像特征提取的散射中心类型判别

上一节介绍了基于模型参数估计的散射中心类型判别方法，但是，在参数估计时存在两方面的困难制约着参数估计的精度。一方面，在SAR/ISAR图像中难以区分分布散射中心与局部散射中心。局部散射中心主要由垂直二面角（折边垂直于成像平面的二面角）、垂直圆柱体、二面角、三面角、帽型结构以及球体产生，这些结构的回波幅度随着方位角缓慢变化。分布散射中心主要由水平二面角（折边平行于成像平面的二面角）、水平圆柱以及平板产生，这些结构的回波幅度随着方位角呈sinc函数变化[12]。在SAR/ISAR图像中，局部散射中心表现为单个亮点，而分布散射中心为起伏的矩形函数，表现为一条亮线，包含数个亮点[22]。然而当多个局部散射中心相距较近时，与分布散射中心相似，难以将两类散射中心进行区分。同时，也为模型的定阶增大了难度。另一方面，由于属性散射中心特征维数高，使得参数估计的难度加大，参数间耦合严重，制约了参数估计的精度[18]。

考虑基于模型来估计参数存在以上问题，本小节研究从图像域提取特征，判别散射中心类型的方法，即将图像中各能量强点作为独立散射中心，认为其对应独立的散射结构。并基于各强点的幅度分析其频率特性以及极化特性，从而进行散射中心类型判别。基于图像的特征提取可以避免分布散射中心以及局部散射中心的判定，并且相较于基于模型的参数估计，大大降低了计算难度。

1. 基于图像的频率依赖因子估计

基于图像中强点的幅度，采用子图的方法估计频率依赖因子[23]，其具体方法如下：

$$\frac{|g_1(x_q,y_q)|^2}{|g_2(x_q,y_q)|^2}\approx\left(\frac{f_{c1}}{f_{c2}}\right)^{2\alpha} \tag{8.16}$$

式中：$g_i(x_q,y_q)$为第 i 幅子图(x_q,y_q)处的幅值；f_{ci}为第 i 幅子图的中心频率。式（8.16）中左边为子图采样点处的幅度比，右边为子图中心频率的比值，基于该式可估计得到对应散射中心的频率依赖因子 α。

此处构建子图时，采用原 SAR 图像带宽的一半作为子图的带宽。采用半频带构建子图主要是出于以下两方面原因[23]：一方面，选择半频带是为了平衡分辨率与频率差异性两个制约因素。具体来说，当成像带宽较低时，图像的分辨率严重受损，使邻近的散射中心混叠；而当成像带宽较大时，不同子图的中心频率的差异性则较低，导致式（8.16）右边的比值趋近于 1，从而降低频率依赖因子估计的精度[23]。另一方面，在实际应用中，一般构建原图像的数据的采样点数为 2 的指数倍，这是为了满足成像过程中对数据进行快速傅里叶变换的需求。因此，若构建子图时，带宽选为一半带宽，数据的采样点数仍为 2 的指数倍，依然满足快速傅里叶变换的需求。

在 SAR 图像中，由于分布散射中心的起伏表现为 Gibbs 效应，因此分布散射中心包含的多个强点具有相近的幅度[24]。将分布散射中心的每个强点作为独立的散射中心，这种等效称为“离散”处理。离散后的散射中心模型的幅度以及频率依赖因子需要进行相应的修正，以保证模型的准确。根据文献［22］的研究，当 SAR 图像中分布散射中心的强点离散时，对应的散射中心的幅度变为 $A'=\dfrac{Ac\hat{A}j}{2L\int H_{\Theta}(\phi-\phi_c)\,\mathrm{d}\phi}$，而频率依赖因子变为 $\alpha'=\alpha-1$。其中，A 与 α 分别为原分布散射中心模型的幅度与频率依赖因子。式中其余参数的定义详见文献［22］。由于散射中心类型判别是基于频率依赖因子，这里只关注离散对 α 的影响。离散分布散射中心后，各独立强点的频率依赖因子的值等于原分布散射中心的 α 值减 1。得到修正的频率依赖因子与典型结构对应关系如表 8.3 所示。

表 8.3　修正的频率依赖因子与典型结构对应关系

频率依赖因子 α'	对应的典型结构
1	垂直二面角、三面角散射
0.5	垂直圆柱、帽型结构
0	球散射、平板、垂直直边反射、水平二面角
−0.5	水平圆柱
−1	水平直边反射

将表 8.3 与表 8.1 对比可知，对于局部散射中心，频率依赖因子不变，而分布散射中心，如平板、水平二面角、水平圆柱，其频率依赖因子在离散后等于原值减 1。例如，对于水平二面角，其属性散射中心模型中的频率依赖因子值为 1，而其在图像中各个散射点的频率依赖因子值均为 0。值得注意的是，由于在 SAR 图像中，曲边绕射与尖顶绕射的散射强度相对较低[7]，因此，在本文后续对 SAR 图像的分析中，忽略曲边绕射与尖顶绕射两类散射机理。

2. 结合频率和极化特性的散射中心类型判别

结合 Krogager 特征参数以及修正的频率依赖因子构建新的特征矢量，形成了 $[\alpha' \quad \kappa_o \quad \kappa_e]$ 三维特征矢量。表 8.4 中列出了各典型结构与特征矢量的对应关系，基于此可判定各散射中心的结构类型。

表 8.4　三维特征矢量与典型结构对应关系

典型散射结构	序号	α'	κ_o	κ_e
三面角	1	1	1	0
垂直二面角	2	1	0	1
垂直圆柱	3	0.5	1	0
帽型结构	4	0.5	0	1
球、平板	5	0	1	0
垂直直边、线	6	0	0.5	0.5
水平二面角	7	0	0	1
水平圆柱	8	−0.5	1	0
水平直边、线	9	−1	0.5	0.5
螺旋	10	任何	0	0

由表 8.4 可见，根据三维特征矢量可对 10 类典型结构进行区分。基于表 8.4，采用如上节所述的最小二乘法，特征空间被划分为 10 个区域，分别对应 10 类典型结构，如图 8.5 所示。每一区域对应一类典型结构，从图像中

提取的每一个散射中心，根据其在特征空间的分布，可判定其类型。

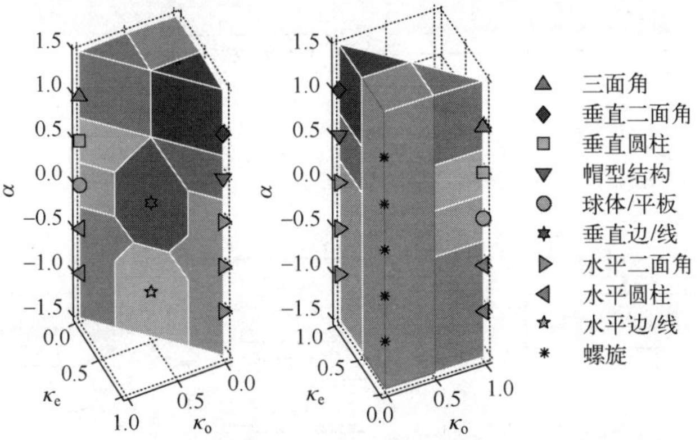

图 8.5　典型结构在特征空间中的分布（见彩图）

与上一小节的方法相比，本小节中的基于图像特征提取的散射中心类型判别方法，不仅避免了模型参数估计的一些难题，减少了参数估计时的计算量，同时，进一步实现了对局部与分布散射中心的有效区分。

3. Cameron 极化分解在散射中心类型判别中的应用

Cameron 极化分解从散射矩阵中提取出最大对称分量，并根据其判定散射中心为 6 类散射结构中一类：三面角、二面角、偶极子、圆柱、窄二面角以及 1/4 波器件。相对于 Krogager 分解方法，散射中心类型更为细化。但是，由于三面角与平板，二面角与帽型结构的散射矩阵相同，在判定结构类型时，仍存在不确定性。采用将频率特性与 Cameron 极化分解相结合的方法，对散射中心类型进行判别，使类型判别更为细化，其具体流程如图 8.6 所示。

值得注意的是，由于 Cameron 极化分解可得到散射体的旋转角度，这对于二面角与圆柱等典型结构，其是否为分布散射中心，可根据旋转角度判定其是否为水平放置而确定。

与上文介绍的由 Krogager 参数构成的三维矢量判定散射中心类型的方法相比，两种方法各有其优势：

（1）Krogager 极化分解虽然只能区分三种散射机理，但是在联合频率特性后，分类的不确定性大大降低，对人造目标中常见的几类典型结构（平板、二面角、三面角、圆柱、帽型以及边[25]）能准确地进行判别。并且，相较而言，Krogager 方法仅需要构建三维特征矢量就能实现类型判别，实现更简单。

（2）Cameron 方法能对散射中心进行更细致的类型划分，结合频率特性后，能进一步细化散射中心的类型。相较基于 Krogager 算法的判别方法，能判别窄二面角以及 1/4 波部件等结构。

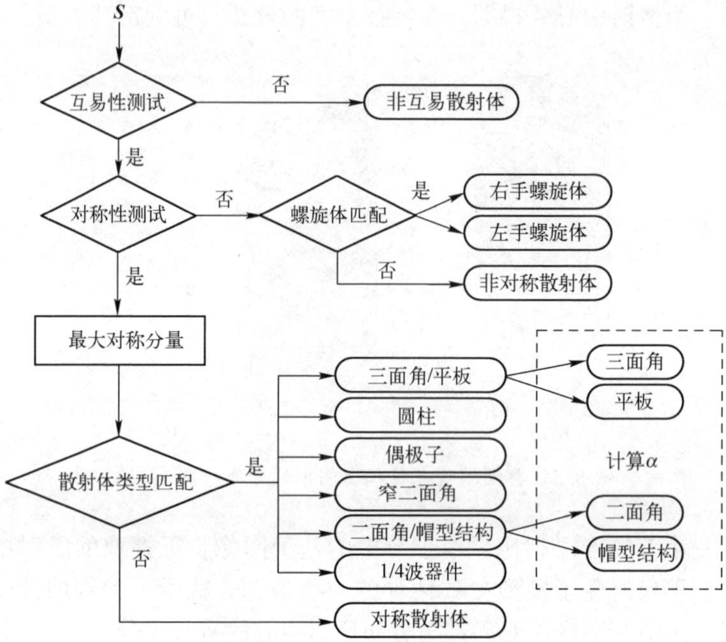

图 8.6 散射中心类型判别流程

(3) Cameron 方法本身存在限制：由于 SAR 成像时，较大孔径会降低目标对称性，因此 Cameron 极化分解算法为保证对称性需要限制孔径的大小[7]。另外，Cameron 极化分解算法更容易产生误判。例如，圆柱在长径比较低时，S_HH=S_VV[25]，此时，Cameron 极化分解算法会将其误判为三面角结构，而 Krogager 分解判定为奇次散射则是准确的。

8.1.2.3 实验结果分析

以 SLICY 模型的仿真数据，验证上文所述散射中心类型判别方法的正确性。仿真频率 8.5～11.5GHz，以沿 x 轴负方向为俯仰角 90°，方位角 0°，实验时设定俯仰角 15°，方位角 0°～18°。SLICY 模型的结构和尺寸参数，如图 8.7 与表 8.5 所示。

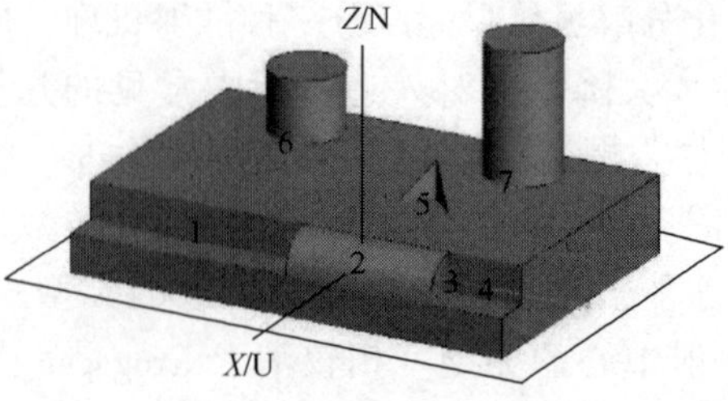

图 8.7 SLICY 模型

表 8.5　SLICY 模型参数

序号	散射结构	尺寸	序号	散射结构	尺寸
1	二面角	L:30	5	三面角	H:5
2	圆柱	r:10;L:20	6	帽型结构	r:5;H:5
3	三面角	H:10	7	帽型结构	r:5;H:10
4	二面角	L:10	L:边长；r:半径；H:高度（单位：cm）		

采用基于图像特征提取的散射中心类型判别方法得到的结果如图 8.8 所示。图中不同的图标表示散射中心不同的类别。由图 8.7 结果可见，SLICY 模型的 ISAR 图像中包含 17 个散射中心，主要为 4 类，分别为水平圆柱、水平二面角、三面角以及帽型结构。与 SLICY 模型对比可知，各散射中心的位置以及类型判别结果与实际情况相符合。

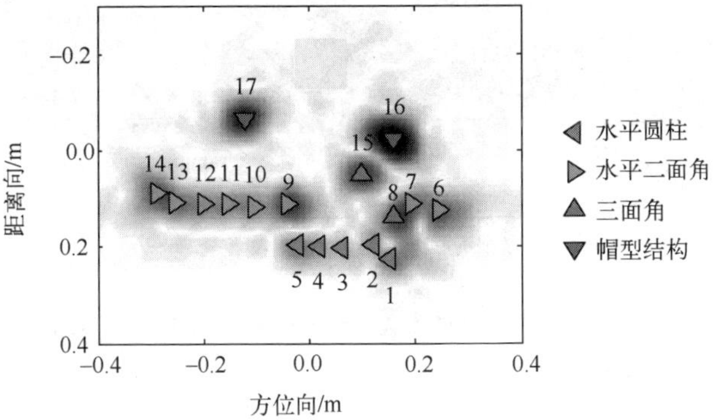

图 8.8　SLICY 模型的 ISAR 图像以及散射中心分类结果

随后采用基于 Cameron 极化分解算法的散射中心类型判别方法，对 SLICY 模型进行实验，结果列于表 8.6 中。表中列出了散射中心类型判别结果，以及典型结构的极化旋转角度。由表可见，圆柱旋转角度近似为 0°，圆柱水平放置。而对于二面角与帽型结构，三面角与平板结构，仅依靠 Cameron 极化分解方法不能有效区分。结合频率依赖因子后，散射中心类型判别结果如图 8.9 所示。结合表 8.6 与图 8.9 的结果可见，SLICY 模型中包含的结构有水平圆柱、水平二面角、三面角与帽型结构，与基于 Krogager 极化分解算法的类型判别方法结果一致。

表 8.6　SLICY 模型 Cameron 极化分解结果

散射中心	类　型	旋转角/(°)	散射中心	类　型	旋转角/(°)
1	圆柱	-3.3	3	圆柱	0
2	圆柱	0	4	圆柱	0

续表

散射中心	类　型	旋转角/(°)	散射中心	类　型	旋转角/(°)
5	圆柱	0	12	二面角/帽型结构	-0.5
6	二面角/帽型结构	-3.2	13	二面角/帽型结构	-0.6
7	二面角/帽型结构	0	14	二面角/帽型结构	-1.6
8	三面角/平板	9	15	三面角/平板	0.6
9	二面角/帽型结构	-1.3	16	二面角/帽型结构	-0.5
10	二面角/帽型结构	0.5	17	二面角/帽型结构	-0.1
11	二面角/帽型结构	-0.5			

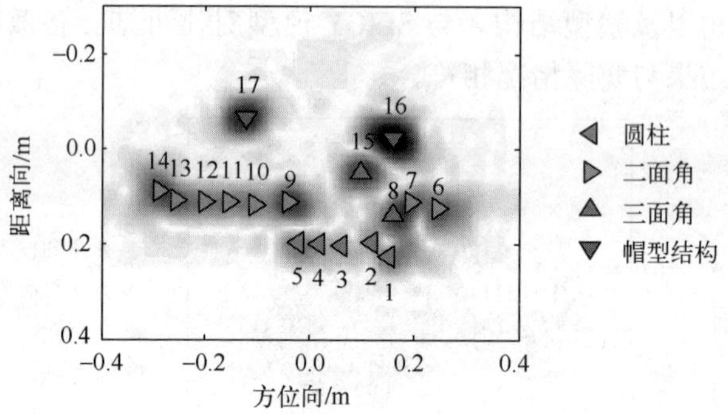

图 8.9　SLICY 模型的 ISAR 图像以及散射中心分类结果

8.1.3 目标几何结构反演技术研究

由于属性散射中心模型刻画了各散射中心的位置、强度、尺寸、旋转角度的特征，人造目标的几何结构反演往往采用基于属性散射中心模型的参数估计方法实现。在基于属性散射中心模型的参数估计以及几何结构反演方面已开展了许多研究[22,25-29]。但是，正如上一节介绍的，基于模型的参数估计存在一定的困难，包括难以区分局部与分布散射中心、难以确定模型阶数、参数间耦合严重、难以准确估计等。为避免这些困难，本节从图像域角度，研究几何结构反演的方法。

考虑位置相邻且同一类型的散射中心，可认为源于同一散射结构。因此，基于散射中心的位置与类型信息，对散射中心进行聚类，可在图像上划分不同散射结构的区域，从而反演散射结构的几何参数。聚类算法的选择对于目标散射结构的分析，具有重要意义。由于散射结构尺寸以及雷达带宽的限制，同一结构可能只包含少数几个散射中心，因此聚类算法需要具备对小数据量数据进行处理的能力；另外，由于同一散射结构在 SAR 图像中往往呈线状的强点，因此该聚类算法还需要能处理非圆形结构的类的划分问题。考虑散射结构划分对聚类算法的上述需求，本节设计采用快速密度搜索聚类算法[30]。该算法经多种分布数据集的实验验证，对不同形状、结构、密度的类别，均具较好的分类效果。该算法简单高效，在满足上述要求的同时，可自动判定类别数目，并且能有效区分出数据集中的孤立点，对于三面角等结构产生的局部散射中心有很好的指示作用。

8.1.3.1　快速密度搜索聚类算法

快速密度搜索聚类算法，依赖于数据点间的距离进行聚类操作，能自动判定类的数量，简单高效[30]。在快速密度搜索聚类算法中，对每个数据点 i 仅需要记录密度 ρ_i 和距离 δ_i 两个量，其中，密度描述了数据点 i 周围数据的密集程度，距离为数据点 i 与密度更高的数据点的距离中最近的距离。

密度 ρ_i 定义为

$$\rho_i = \sum_{j \in O, j \neq i} \exp(-(d_{ij}/d_c)^2) \tag{8.17}$$

式中：d_{ij}为数据点 i 与 j 在特征空间中的距离；d_c 为终止距离；O 表示数据点集。

δ_i 通过计算密度相较数据点 i 更大的点到 i 的距离，并取最小值得到，即

$$\delta_i = \min(d_{ij} \mid \rho_j > \rho_i, j \in O) \tag{8.18}$$

对于密度最大的数据点 i，直接定义其距离值为 $\delta_i = \max(d_{ij} \mid j \in O)$。由此可见，对于局部或者全局密度最大的数据点，其 δ_i 值将远大于与邻近数据点的距离。

该算法的关键为聚类中心的确定。聚类中心为密度的局部最大值点，即其周边的数据点密度值均相对较低，且任何密度高于该聚类中心的点都位于较远的位置，因此，聚类中心为 ρ_i 值与 δ_i 值均较大的点。相对地，孤立点为密度 ρ_i 较小但距离 δ_i 较大的点。这里以一个简单的例子具体说明聚类中心与孤立点的条件。图 8.10（a）中，展示了在二维空间中的 26 个数据点，从视觉上可以判断，该数据集可以划分为两类以及一个孤立点，其中数据点 6 与点 22 分别为类 1 与类 2 的中心。分别计算这 26 个点的密度与距离值，并在图 8.10（b）中展示。

图 8.10（b）展示了各数据点在密度、距离二维特征空间的分布情况，依据该分布可对数据进行聚类操作。作为聚类中心的数据点 6 与点 22，都同时拥有较高的密度值与距离值。与这两个数据点相比，数据点 9 虽然与点 22 拥有相同的密度值，但是距离上相差极大，数据点 9 属于类 1，其附近存在密度更高的数据点；而对于数据点 22，密度更高的数据点均位于类 1 中，与其相距较远，因此，两个数据点在聚类过程中作用不同。另外，数据点 26 具有

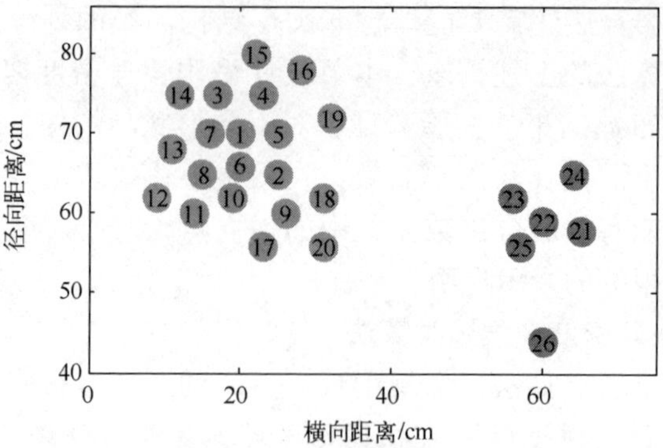

(a) 示例数据集

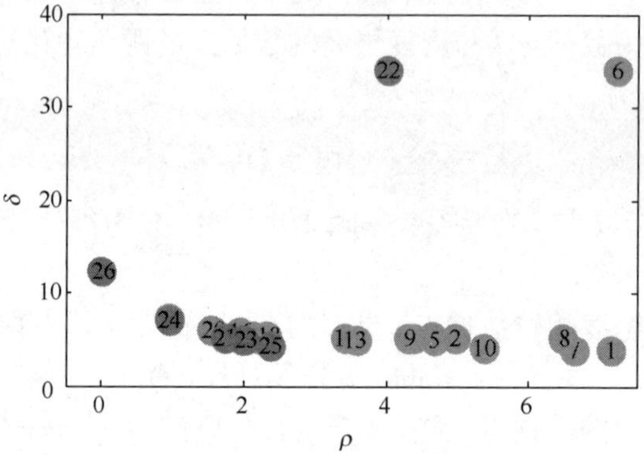

(b) 示例数据密度-距离分布

图 8.10 快速密度搜索聚类算法

相对较高的距离值，但是密度较低，说明该数据点为孤立点。因此，只有距离值高且同时拥有较高密度值的数据点才是聚类中心，距离值高但密度值较低的数据点为孤立点。

当聚类中心以及孤立点确定后，剩余的点依次进行类别划分，各点被判定为密度更大的点中，距离最近的点被判定为相同的类别。由此可见，快速密度搜索聚类算法，可自动判定类别数目，并且仅需一次遍历，就可实现数据点的类别划分，相较于其他需要迭代的聚类算法更为简单高效。

8.1.3.2 基于聚类算法的几何结构反演方法

1. 基于聚类算法的几何结构反演方法流程

为区分不同散射结构产生的散射中心，本节将散射中心的距离、方位上的坐标以及散射中心类型，组成三维特征矢量，构成聚类的三维特征空间。采用快速密度搜索聚类算法对散射中心进行划分，同一类的散射中心源自同一散射结构，结构类型即为散射中心的类型。并且根据同一类中散射中心的坐标信息，反演各结构的几何参数。基于快速密度搜索聚类算法反演目标几何结构的具体步骤如下[31]：

（1）采用峰值[32-33]检测的方法，提取 SAR 图像中的散射中心，并对典型散射中心进行判定。针对各典型散射中心，基于 Krogager 极化分解获得 Krogager 参数，并基于子图法得到频率依赖因子。

（2）结合 Krogager 参数与频率依赖因子，构建三维特征矢量 $\{\alpha', \kappa_o, \kappa_e\}$，判别各散射中心的类型。

（3）建立散射中心距离坐标–方位坐标–类型的三维空间，根据各散射中心在该空间中的分布，采用快速密度搜索聚类算法对散射中心进行聚类。

（4）聚类后，同一类的散射中心对应同一目标结构，该结构类型即为散射中心类型，而结构的尺寸、姿态角度由散射中心的坐标确定。

一般情况下，包含多个散射中心的类对应于分布散射结构，孤立的散射中心对应局部散射结构。因此，该方法能反演各典型结构的类型，且能反演分布散射结构的尺寸等参数。需要说明的是，由于典型结构的尺寸是依据散射中心峰值处的坐标计算得到的，而当图像的分辨率较低时，散射中心波瓣较宽，峰值偏离结构的轮廓位置，将导致计算得到的尺寸小于典型结构实际尺寸。因此，此时需要根据分辨单元的大小，对计算得到的尺寸进行补偿。

基于聚类算法的几何结构反演方法将 SAR 图像中的每个强点作为单独的散射中心，并基于强点的幅度估计散射中心的频率以及极化特征，以此对散射中心的类型进行判别。在散射中心类型已知的基础上，基于聚类算法反演典型结构的几何参数。相较于基于模型参数估计的反演方法，避免了对局部与分布散射中心的区分，同时，降低了参数估计的难度，减少了几何参数反演的计算量。

2. 几何结构反演方法关键参数设置

1）截断距离设置

从快速搜索聚类算法中密度参量的定义（即式（8.17））可以看到，截断距离 d_c 的选择直接影响密度 ρ_i 的取值，从而影响聚类算法的结果。由文献［30］可知，当待聚类的数据集较大时，聚类结果对截断距离的选择不敏感。而当数据集较小时，截断距离的选择对聚类结果影响较大。在本节中，截断距离依据所有散射中心的间距决定[34]，即

$$d_c = \frac{1}{r}\text{mean}(d_{ij}) \tag{8.19}$$

式中：d_{ij}为任意对散射中心的间距；r 为调节参数。因此，针对不同的数据集，修改调节参数可得到更适当的截断距离。

2）密度与距离门限的设置

在快速搜索聚类算法中，聚类中心与孤立点是根据密度与距离这两个量的大小来确定的。因此，对密度和距离设置合适的门限，有助于准确地选取聚类中心以及孤立点，从而得到正确的聚类结果。因此，此处对密度和距离的门限设定准则进行介绍。

首先说明如何设置门限来判定孤立点。孤立点为具有较低的密度以及较高的距离的散射中心。也可认为孤立点的邻域范围内没有其余散射中心存在，这自然导致了较大的距离值（距离值将大于邻域范围），因此孤立点主要依据散射中心的密度这一性质来判定。为了定量描述密度值低这一性质，定义参数ρ'为

$$\rho_i' = \sum_{j \in O} \chi(d_{ij} - d_c) \tag{8.20}$$

式中：d_{ij}为散射中心i与j的间距；$\chi(x)=\begin{cases}1, x<0\\0, \text{其他}\end{cases}$；$d_c$为截断距离。$\rho'$描述了在散射中心$i$的截断距离范围内的散射中心的个数。当$\rho_i'=0$时，表示任意散射中心到$i$点的间距均大于$d_c$，$i$点的密度值低，判定$i$为孤立点。因此，$\rho_i'=0$为判定孤立点的门限。

随后说明如何设置门限判定聚类中心。聚类中心为具有较高密度以及较大距离的散射中心。在判定聚类中心时，密度应大于孤立点的值，即满足$\rho_i'>0$。距离应大于截断距离，即满足$\delta_i>d_c$。而在实际应用中，一般选择距离值明显大于其余散射中心的点作为聚类中心。并且，为避免将不同类别散射中心分于同一类，以数量最大化的原则选择聚类中心。

8.1.3.3 实验结果分析

仍以上一节的SLICY模型为例，说明几何结构反演方法的有效性。基于散射中心在距离坐标-方位坐标-类型三维空间的分布，计算各散射中心的密度与距离值，密度-距离分布如图8.11（a）所示。由密度-距离分布可以清晰地判定出三个聚类中心，分别为散射中心4、7、11；同时，散射中心8、15、16、17具有低密度与高距离的特征，为孤立点；而其余点则被分为三类，聚类结果如图8.11（b）所示。图8.11（b）中，纵坐标为典型结构类型的序号，不同值代表的典型结构与表8.4中一致。因此，分类结果为：聚类1为水平圆柱，对应SLICY模型中的结构2，聚类2与3为水平二面角结构，分别对应SLICY模型中的结构4与1。而孤立点8、15、16、17分别为三面角与帽型结构，与实际情况相符。最后，根据三个聚类中散射中心的坐标得到三个对应结构的几何参数，如表8.7所列。可以看到，反演得到的几何参数与真实尺寸基本符合。

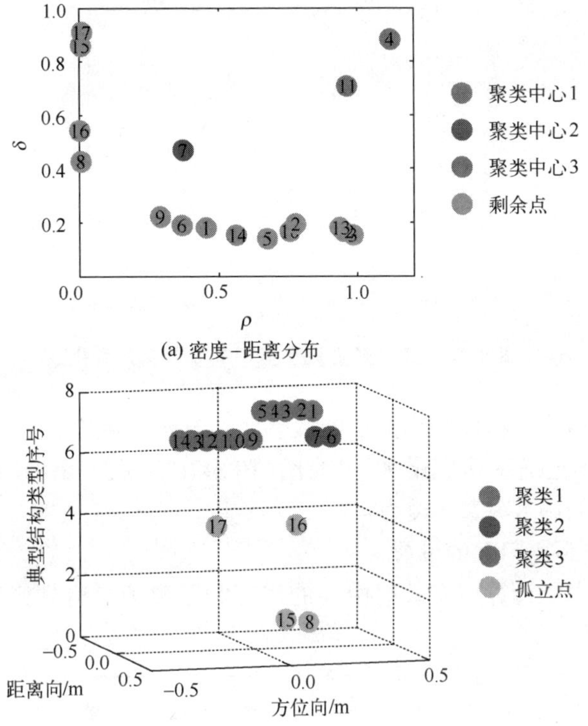

(a) 密度–距离分布

(b) 聚类结果

图 8.11　SLICY 模型聚类结果（见彩图）

表 8.7　SLICY 模型几何参数反演结果

聚类	典型结构	反演尺寸/cm	真实尺寸/cm	相对误差/%
1	圆柱	19.5	20	2.5
2	二面角	10.2	10	2
3	二面角	29.5	30	1.7

对于上一节中介绍的两个参数，在 SLICY 模型实验中的设置情况，下面进行详细介绍。

1. 截断距离设置

在本实验中，由于散射中心数量较少，截断距离的选择对聚类结果有较大的影响。下面以实验说明调节参数 r 的值并计算散射中心被正确聚类的概率，图 8.12 所示为结果曲线。

由图 8.12 可见，随着 r 值的增加，正确率首先递增，随后递减。这主要是因为当 r 较小时，截断距离较大，导致孤立点被划归入其他聚类中；而当 r 较大时，截断距离较小，导致处于聚类中的一些散射中心被判定为孤立点，这两种情况均降低了散射中心正确聚类的概率。由此说明在散射中心较小的

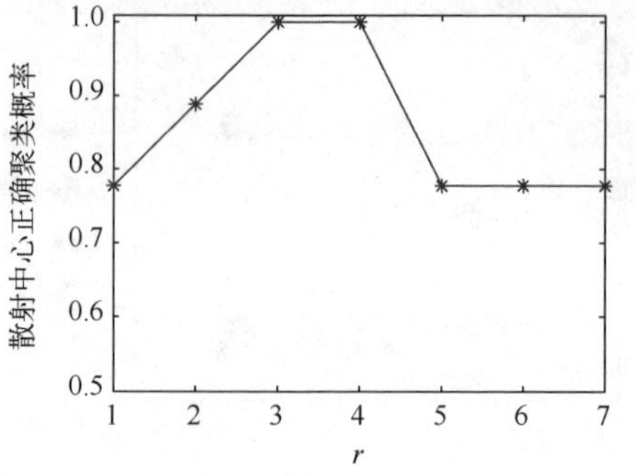

图 8.12 正确聚类概率随调节参数变化曲线

情况下，聚类结果对截断距离取值的敏感性。根据实验结果同样可知，当 r 为 3 或 4 时，聚类正确率达到最大。因此，在 SLICY 模型几何结构反演的实验中，截断距离的调节参数 r 设为 4。

2. 密度与距离门限的设置

在本实验中，计算所有散射中心的密度和距离值，得到密度-距离分布，如图 8.13 所示。

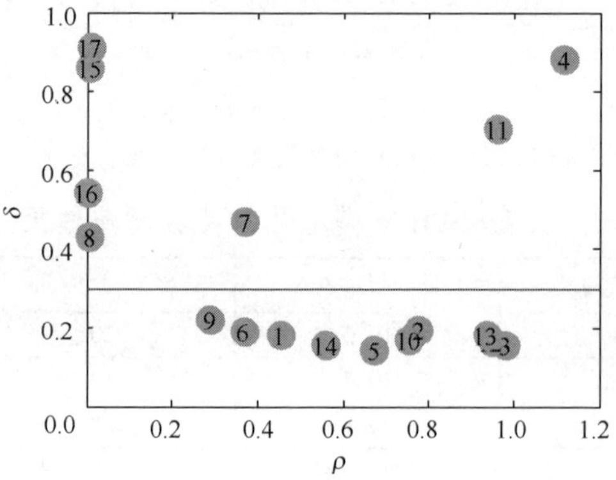

图 8.13 SLICY 模型密度-距离分布

图 8.13 中，散射中心 8、15、16、17 满足 $\rho'=0$，判定为孤立点。而散射中心 2、4、7、9 以及 11 满足 $\rho'>0$ 且 $\delta_i>d_c$。其中，散射中心 4、7、11 的距离值明显大于其余散射中心，并且基于聚类中心数量最大化原则，距离门限设为散射中心 7 与 9 之间，如图中直线所示，此时聚类中心确定为散射中心 4、7、11。假如不遵循聚类中心数量最大化原则，将距离门限设为 4 与 11 之间，聚类结果如图 8.14（a）所示，而将距离门限设为 11 与 7 之间，聚类结果如图 8.14（b）所示。两种处理方式均将不同类别的散射中心聚为同一类，导致错误的几何结构反演结果。

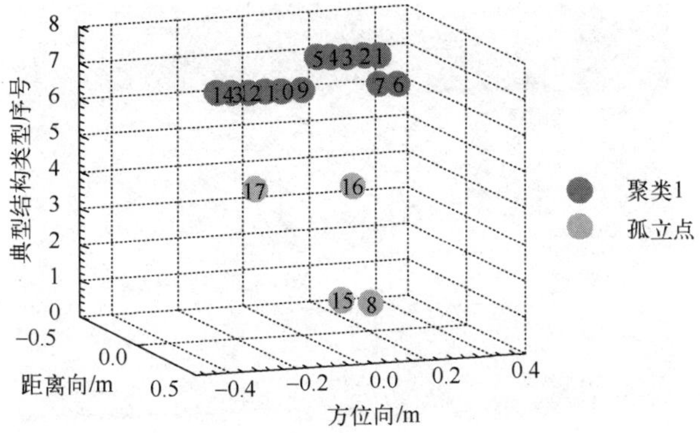

(a) 不同距离门限得到的聚类结果

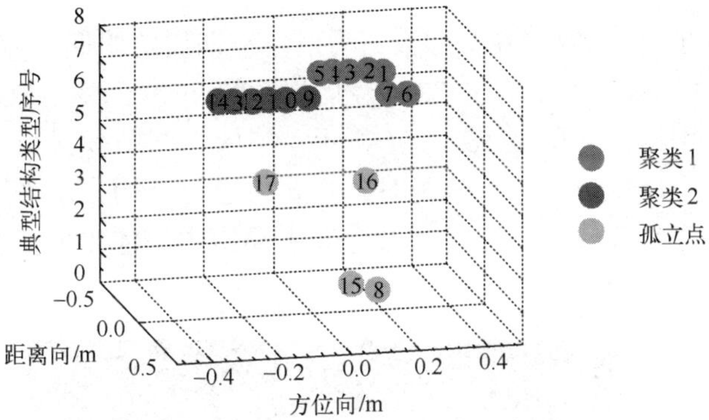

(b) 不同距离门限得到的聚类结果

图 8.14　聚类结果（见彩图）

8.1.4 实测数据实验结果与分析

为了验证所提出的方法对实测数据的适用性，本节以 T-72 坦克的实测数据为对象，分析方法的可行性与有效性。T-72 坦克的数据集为佐治亚理工学院 T-72 坦克全极化雷达实测数据[8,35-36]。T-72 坦克实物照片如图 8.15 所示，数据集的基本情况为：测量工具为 X 波段全极化雷达，发射波形为中心频率 f_c = 9.6GHz 的步进频脉冲信号，步进单元 221 个，步进间隔为 3MHz，故整个发射波形带宽为 660MHz。数据集覆盖的俯仰角范围为[28°, 32°]，角度间隔 0.14°，方位角范围为[0°, 360°]。对于每组数据，俯仰角固定，方位角发生变化。具体来说，数据库中每个数据文件包括 79 次雷达扫描，每次扫描之后，转台方位旋转 0.05°，因此，单个文件的方位角变化范围为 3.90°，与此同时，相邻数据文件中心方位角间相差 4.25°。这意味着，每 79 次扫描之后，存在 0.35°的方位角测量盲区。

图 8.15 T-72 坦克实物照片

本实验以 T-72 坦克侧视时的数据为对象，即设定俯仰角为 30°，方位角为 90°。图 8.16（a）所示为 T-72 坦克侧视时的 ISAR 图像。散射中心提取结果以及类型判别结果如图 8.16（b）所示，图中不同图标代表不同的散射中心类型。由图中可见，当坦克侧视时，主要的散射结构为水平圆柱以及水平二面角。这符合实际情况，即坦克的炮管主要由圆柱体组成，而坦克的炮塔与车身成二面角结构。

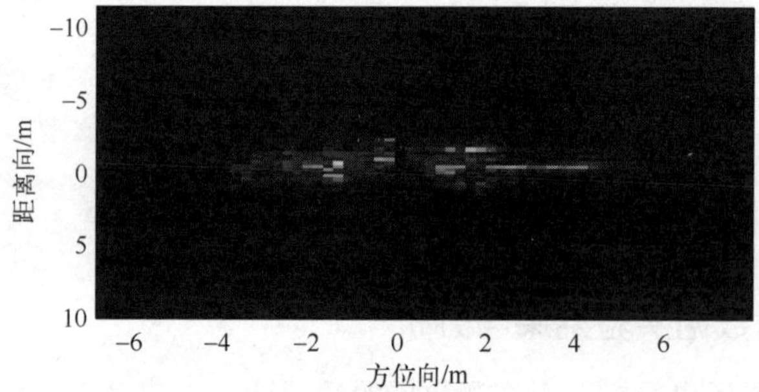

(a) T-72坦克ISAR图像

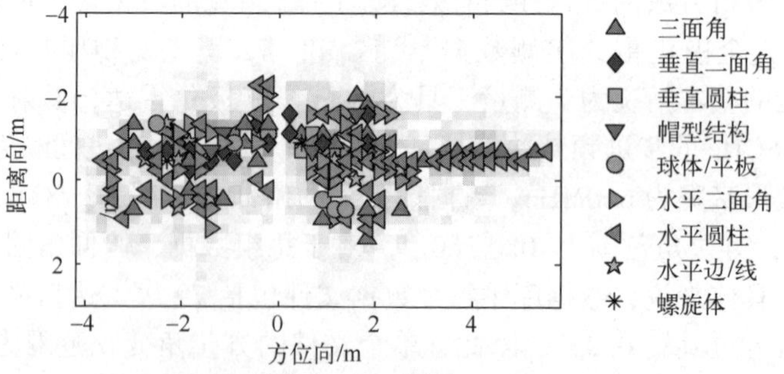

(b) 散射中心类型判别结果

图 8.16 T-72 坦克 ISAR 图像和散射中心类型判别结果（见彩图）

当散射中心类型确定后，可根据散射中心在距离坐标-方位坐标-类型三维空间的分布，计算各散射中心的密度与距离值，密度-距离分布如图 8.17（a）所示。计算密度时，由于本实验中的数据量大，聚类结果不敏感于截断距离 d_c，因此参数 r 设为经验值 10。图 8.17 中，16 个着色点为具有高密度以及大距离值的散射中心，判定为聚类中心。聚类结果如图 8.17（b）所示，图中除 16 类散射中心外，还有许多散射中心为孤立点。这是由于坦克的外形结构复杂，且包含大量散布的局部结构，如三面角等。因此，这些结构对应的散射中心被判定为孤立点。

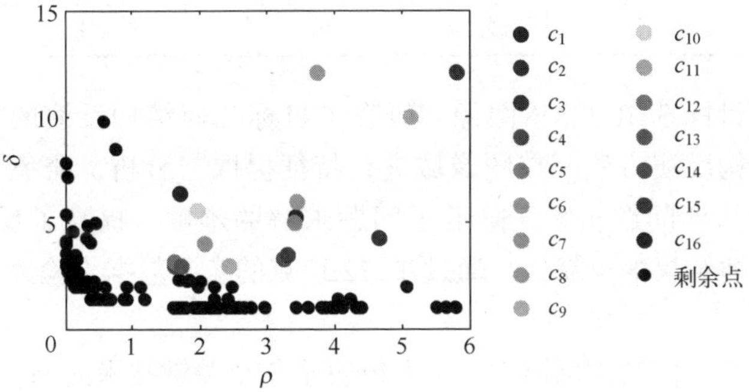

(a) 密度 – 距离分布

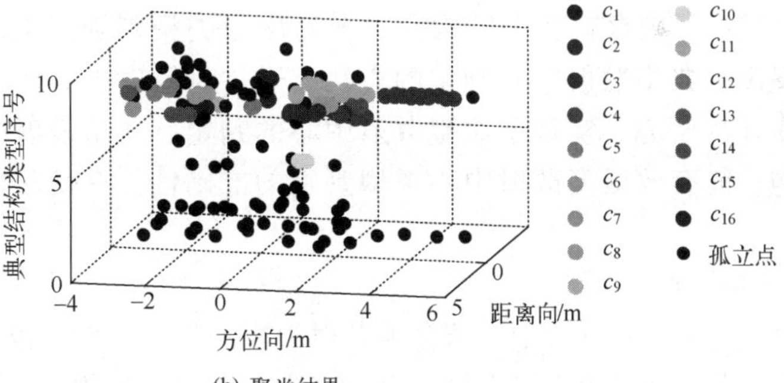

(b) 聚类结果

图 8.17　T-72 坦克聚类结果（见彩图）

聚类得到的 16 类对应的典型结构类型以及几何尺寸，如表 8.8 所列。根据表中结果可见，炮管分为几段水平圆柱结构，分析是由于炮管的连接部位呈现非圆柱结构导致。两段主要的水平圆柱分别为 1.8m 与 2.2m。根据典型结构的几何尺寸，可粗略估计出炮管的长度应大于 4m，这符合 T-72 坦克的真实情况。

表 8.8 T-72 坦克几何参数反演结果

聚 类	典型结构	尺寸/cm	聚 类	典型结构	尺寸/cm
1	水平二面角	45.4	9	水平二面角	22.9
2	水平二面角	139.3	10	平板	22.9
3	水平圆柱	183.2	11	水平圆柱	215.5
4	水平二面角	22.9	12	水平二面角	22.7
5	水平圆柱	50.8	13	水平圆柱	22.7
6	水平圆柱	22.9	14	水平二面角	45.8
7	水平圆柱	50.8	15	水平二面角	72.4
8	水平圆柱	22.9	16	水平圆柱	50.8

针对人造目标 SAR/ISAR 图像，研究了目标几何结构反演的方法。本章提出的几何结构反演方法，在图像域进行特征提取与分析，避免了传统方法中的模型参数估计问题，大大降低了问题求解的难度，提高了反演的效率，同时保证了反演结果的可靠性。通过 T-72 坦克的实测数据，验证了所提方法的有效性。

本节研究的几何结构反演方法主要解决了三个关键技术问题：

1. 典型散射中心的判定

针对分辨单元内存在多个结构会对散射中心类型判别产生影响这一问题，本节提出了典型散射中心判定的方法。通过对散射中心的幅值稳定性与极化不变性的研究，实现了典型散射中心的判定。典型散射中心对应单个典型结构，能有效提高散射中心类型判别的准确性，有助于分析目标的结构特征。

2. 散射中心类型判别

散射中心类型判别方法中，结合了散射中心的频率特性与极化特性进行分析，降低了类型判别的不确定性。由于基于模型的参数估计方法存在模型定阶难、参数耦合严重等问题，研究了基于图像强点的幅度估计频率与极化特征的方法，该方法将图像中的每个强点均作为单独的散射中心，避免了对分布散射中心与局部散射中心的区分，基于强点的幅度估计特征，大大降低了参数估计的难度。

3. 基于聚类算法的几何结构参数反演

在散射中心类型方法的基础上，提出了基于聚类算法的几何结构反演方法。该方法根据散射中心的类型与位置信息，采用快速密度搜索聚类算法，对散射中心进行聚类，同一类的散射中心对应目标的同一结构，结构的类型为散射中心类型，而结构的尺寸、姿态角度等几何结构参数根据散射中心的坐标计算得到。与基于模型参数估计的反演方法相比，该方法大大降低了计算复杂度，减少了计算量，提高了反演的效率。

8.2　人造目标极化识别技术研究

极化是雷达系统频率、幅度、相位之外的又一测量信息维度，极化信息与目标的形状、结构、尺度、取向和材料等物理属性存在着紧密的联系。相比于常规的雷达目标分类识别，雷达目标极化分类识别具有先天的理论优势。当前，随着众多的极化雷达系统问世并日趋成为主流，在目标环境日益复杂多样、雷达应用任务日益广泛的背景下，充分挖掘和有效利用极化信息可有效改善当前雷达目标分类识别系统性能不足的现状，极化分类识别已成为雷达目标分类识别中不可或缺的一部分，其应用领域已涉及雷达目标识别的各个领域。

从国内外相关应用理论研究现状来看，雷达目标极化分类识别理论研究的重要性逐渐得到公认，但是一些共性的瓶颈问题仍有待突破。这些问题主要包括：①现有的低维空间全极化雷达响应条件下的特征提取技术难以真正触及目标本质属性，提取的特征参量常常与目标姿态紧密相关，以此为基础构建的特征库异常庞大，且计算量大、识别精度低；②现有的样本训练规则难以保证分类识别器的泛化能力，数据训练难以揭示数据中隐含的真实规律，导致过训练现象，使得分类识别器过多强调了数据的非本质因素，分类识别性能难以得到保证。因此，为提高极化目标识别能力，需要从更好表征目标属性的特征提取，以及具有较强泛化能力的分类算法两方面展开研究。

本节在前文研究目标特征的基础上，提出两种高效的分类算法，以实现目标的极化识别。基于前文提取的目标极化特征，8.2.1 节首先设计可分性强、能表征目标结构特征的特征矢量，并结合高效的快速密度搜索聚类算法，实现人造目标高效的分类识别。而考虑模型匹配技术，可避免采用大量的样本数据来训练分类器，具有存储量小、计算快、适用范围广的优点；8.2.2 节对基于极化模型匹配技术的目标识别方法进行研究，并分析如何有效利用目标的几何结构特征进行预分类，以降低计算量，提高正确识别率。

8.2.1　基于快速密度搜索聚类算法的人造目标极化识别方法

目前，目标识别的方法主要分为模板匹配识别方法和基于特征的识别方法两大类。模板匹配的识别方法较为直接，其将待识别目标与模板库中的模板进行匹配，得到较高匹配度的模板判定为目标的类别。由于目标的散射特性敏感于目标姿态，为了充分描述不同条件、不同姿态下的目标，需要建立庞大的模板库，其给存储和计算都造成了巨大的负担[37-38]。基于特征的分类识别方法，则通过提取距离像中的特征，构建特征矢量，并采用模式识别的分类算法实现目标的分类。

前文对目标的几何结构特征进行了详细分析，并设计实现了目标几何结构反演的方法。基于前文所述，目标总的电磁散射等效于各散射中心电磁散射的合成，而散射中心主要产生于目标的边缘、棱角、尖端等曲率不连续点的部位。通过分析散射中心的散射特性，可对散射中心类型进行判别，从而得到目标的局部结构特征，为目标分类识别提供依据。前文已研究了基于散射中心的极化与频率特性的分析，判别散射中心类型的方法，而如何充分利用散射中心的类型信息，实现目标的分类识别是本节介绍的重点。本节分别针对全极化高分辨距离像（HRRP）和全极化 ISAR 图像，展开人造目标极化识别方法的研究[39]。

8.2.1.1 针对全极化 HRRP 的人造目标分类识别方法研究

1. 特征矢量构建与分类识别流程设计

对于全极化 HRRP，目标回波可由 CP-GTD 模型进行描述：

$$E_l(n) = \sum_{i=1}^{d} s_{i,l} \left(\mathrm{j} \frac{f_\mathrm{n}}{f_\mathrm{c}} \right)^{\alpha_i} \mathrm{e}^{-\mathrm{j}\frac{4\pi r_i}{c} f_\mathrm{c}} + u_l(n), \quad n = 1,2,\cdots,N \tag{8.21}$$

式中：$s_{i,l}$为 i 散射中心在 l 极化测量下的复散射系数，它对应着散射矩阵的一个元素；f_n为信号频率；f_c为载频；$u_l(n)$表示 l 极化测量下的第 n 个频点测量时的噪声；α 为频率依赖因子，与 8.1 节中定义相同，其值与典型散射结构的对应关系符合表 8.1 所列。基于 CP-GTD 模型，采用 P-MUSIC 估计算法，可对散射中心的位置、散射矩阵以及频率依赖因子进行精确估计[40]。该算法在 4.3 节已经进行阐述，这里不做赘述。

为了对散射中心类型进行精准的判别，结合频率依赖因子与 Krogager 特征参数，构建特征矢量。基于该特征矢量对全极化 HRRP 的散射中心进行类型判别，符合表 8.2 所列的对应关系。因此，同样采用最小二乘法，将特征空间划分为 9 个区域，分别对应 9 类典型结构，如图 8.18 所示。

当人造目标各散射中心的类型确定后，如何有效利用该信息，实现对目标的分类识别，是接下来需要研究的问题。本小节首先以车辆电磁仿真计算数据为例，通过研究几类车辆目标在特征上的差异性，来寻找可分性较好的特征以构建目标分类的特征矢量。电磁仿真计算数据包括三类汽车目标，分别为三菱轿车（Mitsubishi）、马自达商务车（MazdaMPV）以及丰田皮卡

(ToyotaTacoma)，汽车模型如图 8.19 所示。资料来自 AFRL 民用汽车数据集[41]，为中心频率 9.6GHz，带宽 5.35GHz，三类汽车在俯仰角 30°、全方位角条件下，全极化回波的电磁仿真计算数据。该数据集在汽车建模时区分了车身不同部位的材料，并采用高频电磁仿真计算方法，保证了数据源的可靠性。

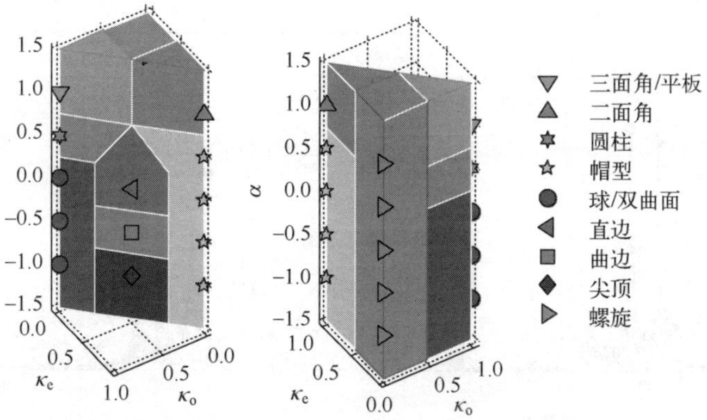

图 8.18　典型结构在特征空间中的分布（见彩图）

(a) 三菱轿车　(b) 马自达商务车　(c) 丰田皮卡

图 8.19　三类汽车模型

三类汽车在方位角 180°时的一维距离像，以及根据散射中心类型判别方法获得的各散射中心类型，如图 8.20 所示。图中各散射中心处的图标，指示了散射中心的类型，图标定义与图 8.18 中的一致。由结果可见，从车尾观测，轿车包含较多的尖顶散射结构，商务车包含大量的球（双曲面）以及平板散射结构，而皮卡车则包含了较多的帽型以及尖顶散射结构。统计距离像中各类型散射中心所占的比例，列于表 8.9 中。

表 8.9　三类汽车中各类型散射中心的含量

车　型	三菱轿车	马自达商务车	丰田皮卡
三面角/平板	26%	31%	0
圆柱/圆锥	3.7%	3.5%	0

续表

车　型	三 菱 轿 车	马自达商务车	丰 田 皮 卡
帽型	0	0	25%
双曲面/球	18.5%	55.2%	17%
直边	0	0	10%
尖顶	51.8%	10.3%	48%

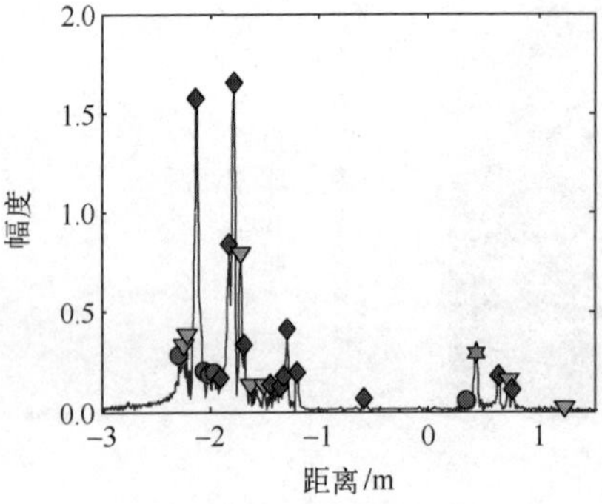

(a) 三菱轿车

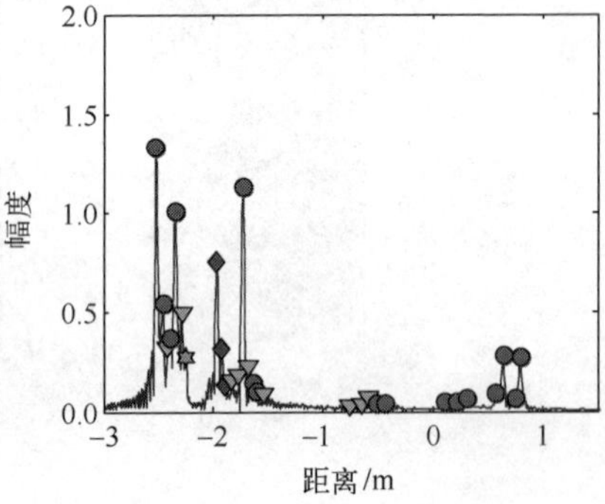

(b) 马自达商务车

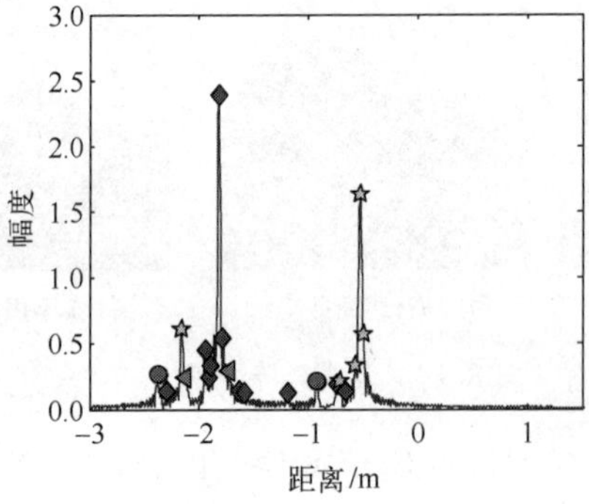

(c) 丰田皮卡

图 8.20　三类汽车 HH 极化距离像（见彩图）

表 8.9 中列出了三类车辆的各类型散射中心所占的比例，经过对车辆电磁仿真计算数据的分析，发现对于后视情况下车辆的全极化 HRRP，以平板/三面角、帽型结构、球/双曲面、尖顶 4 类散射中心的含量较高，且三类车辆间的差值较大。

人造目标的外形结构不同，其图像中各散射中心的类型将有较大差异，从而各类型散射中心的含量也将随之不同。各类型散射中心的含量表征了目标的结构特征，同时具有较强的可分性。因此，将其作为对目标进行分类识别的特征量。由前文分析可见，在 HRRP 中，散射中心可分为 9 个类型。但是一些结构在人造目标中存在较少，如螺旋体。因此，在构建特征矢量时，仅选择含量相对较多，且目标间含量差异较大，可分性较强的类型（如上例中的平板/三面角、球/双曲面等结构），以这些类散射中心的含量作为特征量，对目标进行分类识别。

特征矢量确定后，则需对分类器进行选择设计。前文介绍的快速密度搜索聚类算法，可自动判定类别数目，并且仅需一次遍历，就可实现数据点的类别划分，相较于其他需要迭代的聚类算法更为简单高效，并且对不同结构、形状、密度的类别，均具较好的分类效果。因此，本节基于快速密度搜索聚类算法实现人造目标的分类识别。

综上所述，针对全极化 HRRP，基于快速密度搜索聚类算法的人造目标分类识别方法的具体步骤如下：

（1）采用 P-MUSIC 估计方法提取全极化 HRRP 的散射中心，估计散射中心的频率依赖因子。通过 Krogager 极化分解得到 Krogager 特征参数，结合两参数判定散射中心的类型。

（2）选取可分性较强的散射中心类型，并以 HRRP 中该类型散射中心的含量作为目标分类识别的特征量。

（3）基于步骤（2）构建的特征矢量，采用快速密度搜索聚类算法实现目标的分类。

2. 实验结果与分析

1）识别算法有效性验证

仍以三类汽车目标为实验对象，以三类汽车在后视时，5°方位角范围（方位角为 178°~182 °）内的全极化 HRRP 进行目标分类实验。本节为使特征空间的展示性更强，选取三种类型的散射中心的含量作为特征量，分别为平板/三面角、球/双曲面与尖顶。目标样本特征提取后在特征空间的分布情况，如图 8.21 所示。

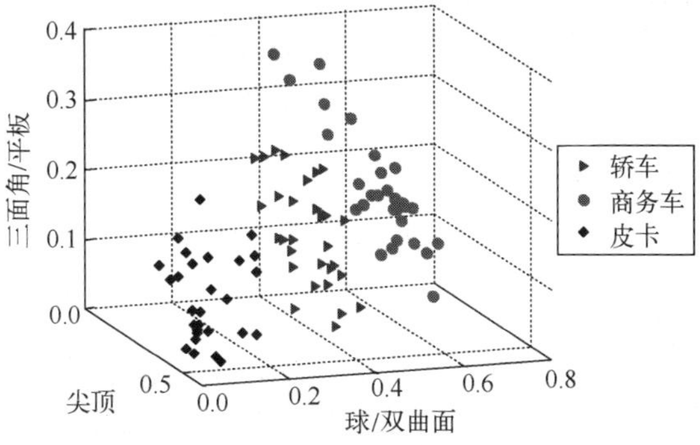

图 8.21　三类汽车特征参数提取结果

对三类汽车样本，采用快速密度搜索聚类算法进行分类，结果如图 8.22 所示。图 8.22（a）所示为各样本数据计算得到的密度与距离值，从图中可清晰地分辨出三个聚类中心。而算法最终的分类结果如图 8.22（b）所示，从图中可以看到，采用本节方法，可准确地区分三类汽车目标。

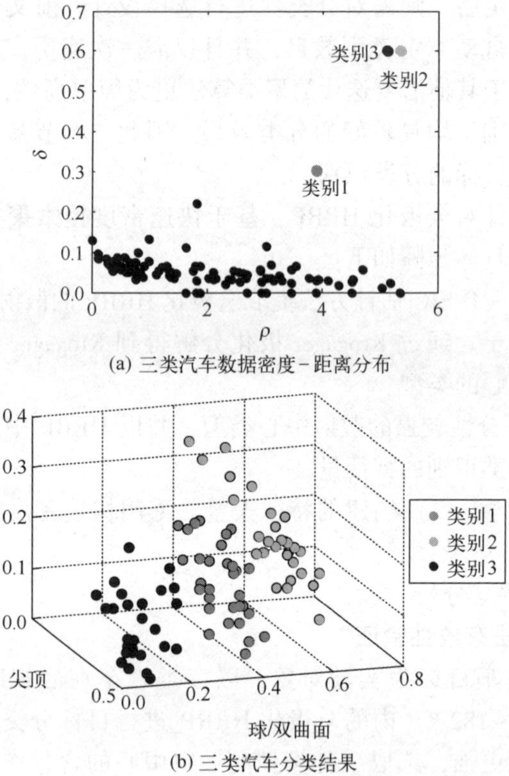

(a) 三类汽车数据密度-距离分布

(b) 三类汽车分类结果

图 8.22 实验结果（见彩图）

2）聚类算法性能分析

为验证本节中采用的快速密度搜索聚类算法的性能，将文献中常见的两类聚类方法，同样应用于三类汽车数据的分类中，与本节方法进行比较，结果如表 8.10 所示。

表 8.10 分类算法性能比较

识别方法	正确分类概率
K 均值算法	0.74
DBSCAN 算法	0.54
快速密度搜索算法	1

K 均值算法是一种迭代重分配聚类算法，需要事先确定类别数目，并且仅适合于球状类别的分类处理[42]。DBSCAN 算法也是一种基于密度的聚类算法，能处理任意形状的类，但是需要设置门限来判定噪声与类别数据，并且门限的设置直接影响分类的结果[42]。这两类聚类算法对处理密度相差较大的类别，效果均较差。由表 8.10 可以看出，与 K 均值算法和 DBSCAN 算法相比，本节方法的车辆分类正确率最高。

3）分类性能与目标方位角的关系

本实验旨在研究书中方法的分类性能与目标方位角度间的关系，实验中以三类汽车方位角 180°~250°范围内的全极化 HRRP 为样本，研究从 10°到 70°这 7 个不同大小的角域范围内目标正确分类的概率。实验中发现，三菱轿车与马自达商务车这两类汽车间，当角域范围增大到 10°时，正确分类概率已低于 70%。实际上，当方位角度的变化大于 5°时，两类汽车的散射中心类型参数特征趋于混叠，正确分类概率显著降低。而丰田皮卡与这两类汽车间，在较大角域范围内仍保持较高的正确分类概率，结果如图 8.23 所示。

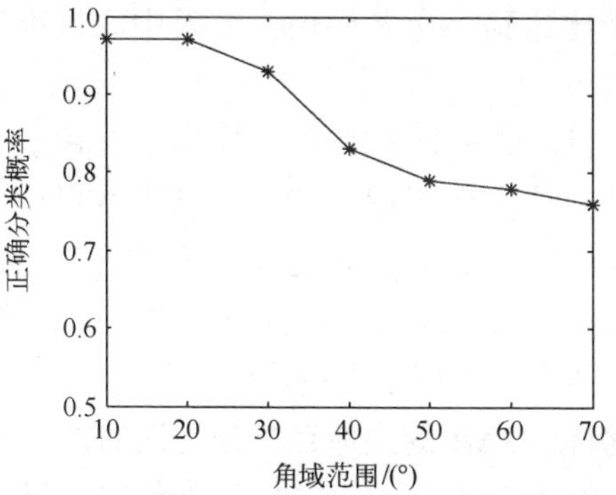

图 8.23 丰田皮卡与另两类汽车的正确分类概率随角域范围的变化曲线

由实验结果分析，由于一维距离像姿态敏感性较强，因此基于距离像提取的特征随目标方位角的改变而变化。后视时，三菱轿车与马自达商务车两类汽车结构差异性相对较小，因而当目标样本的方位角变化时，两类目标的特征很快趋于混叠，而丰田皮卡与另两类的结构差异相对较大，因此提取的特征在较大角域范围内仍可有效区分目标，分类正确率高。

4）分类性能与信噪比的关系

本实验旨在研究噪声对本节方法分类性能的影响。实验取三类汽车方位角 178°~182°范围内的仿真数据，加入高斯白噪声，定义信噪比为仿真回波信号功率与加入噪声方差的比，由此得到不同信噪比下的目标全极化 HRRP，以其为样本研究分类性能与信噪比的关系，结果如图 8.24 所示。

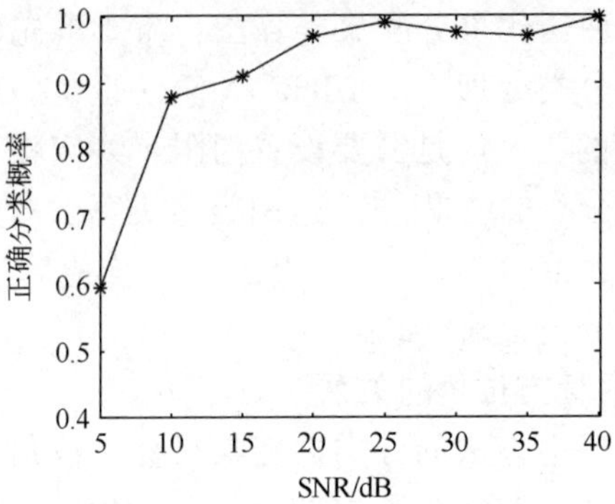

图 8.24　三类汽车的正确分类概率随 SNR 的变化曲线

从实验结果看，随着信噪比的提高，目标的正确分类概率提升，而当信噪比大于 20dB 后，信噪比变化对分类概率影响较小。噪声主要影响了散射中心参数估计的精度，尤其是频率依赖因子 α，在信噪比较低的情况下，误差较大。而参数估计的误差将导致散射中心类型判别不准，从而降低了目标正确分类的概率。当信噪比达到一定条件后，散射中心被准确估计，此时信噪比对分类概率的影响较小。

本小节针对人造目标的极化 HRRP ，提出了一种基于快速密度搜索聚类算法的分类识别方法。该方法提取的特征，基于散射中心分析，计算快，存储量小，且具有明确的物理意义，能更好地表征目标结构属性，具有较强的可分性。而采用的聚类算法实现简单，分类效果好，且具有较强的泛化能力。经实验验证，该方法能有效应用于人造目标的分类。

8.2.1.2　针对极化 ISAR 的人造目标分类识别方法研究

前文针对人造目标的全极化 HRRP，有效利用了目标结构不同将导致目标包含的各类型散射中心数量存在差异这一特性，设计实现了基于快速密度搜索聚类算法的分类识别方法，且具有优良的分类效果。该方法是否同样适用于极化 ISAR 图像，是本小节研究的主要内容。

对于极化 ISAR 图像，其包含了目标在二维平面上映射的信息，相较于一维距离像，散射中心能更准确地描述目标的结构，而散射中心的类型，对目标局部结构的几何特征也有更明确的指示作用，因此，以各类型散射中心的含量作为区分目标的特征量，对目标具有更好的可分析作用。同样，基于快速密度搜索聚类算法的分类识别方法，适用于极化 ISAR 图像，下文以实例进行验证。

1. 分类识别方法在极化 ISAR 图像中的适用性

以无人机暗室测量数据为例，分析基于快速密度搜索聚类算法的分类识别方法在极化 ISAR 图像中的适用性。考虑目标的散射特性严重依赖于目标的姿态角度，不同观测角度下目标的特性差异大，因此将不同观测角度下的无人机作为不同的目标来进行分类识别的实验，共三类，分别为：

T1：开拓者无人机正视时

T2：开拓者无人机侧视时

T3：开拓者无人机后视时

对于无人机暗室测量数据，散射中心基于 Cameron 极化分解方法，可分 11 类，其中 7 类为常见的典型结构类型。图 8.25 所示为无人机后视时（T3），方位角 180°下的 ISAR 图像，以及根据散射中心类型判别方法获得的各散射中心类型。三类目标包含的各类型散射中心所占的比例，则列于表 8.11。

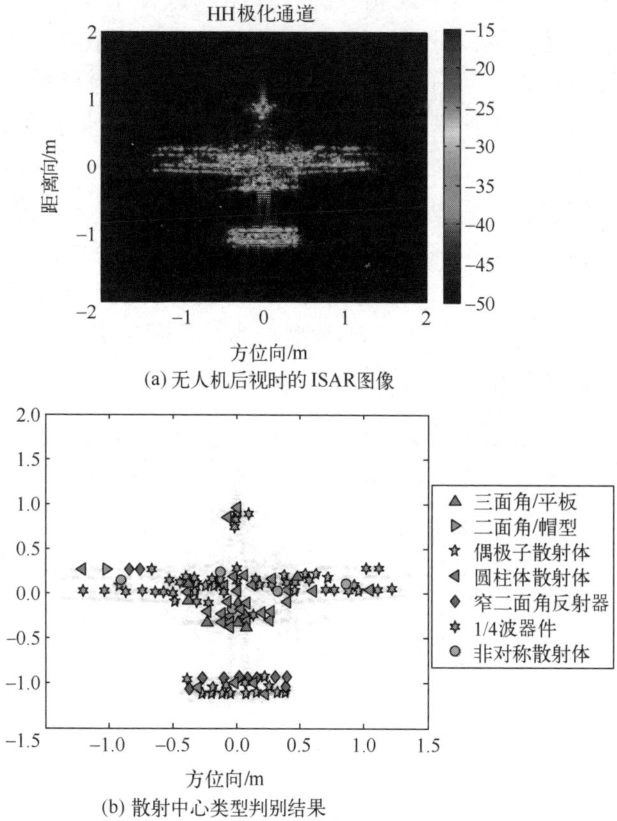

图 8.25 “开拓者”无人机后视时的 ISAR 图像以及散射中心类型判别结果（见彩图）

表 8.11 三类无人机目标所包含各类型散射中心的比例

散射类型	T1	T2	T3
三面角	7.9%	28.6%	6.4%
二面角	5.7%	1.4%	1.4%
偶极子	13.6%	10.7%	21.4%
圆柱体	20%	30.7%	25%
窄二面角	15.7%	10%	8.6%
1/4 波器件	31.4%	12.9%	33.6%
非对称散射体	5.7%	5.7%	3.6%

可以看到，对于不同目标，同一类型散射中心的含量有明显差异。其中，类型为三面角结构、偶极子结构、圆柱体结构以及 1/4 波器件的含量较高，且差异较大。由此可见，对于极化 ISAR 图像，各类型散射中心的含量这一特征对人造目标有较强的可分性。因此，该特征适合作为目标分类识别的特征矢量，而基于快速密度搜索聚类算法的分类识别方法，同样适用于极化 ISAR 图像。

以正视、侧视以及后视时，10°方位角范围内的无人机数据分别作为三类目标的样本，验证分类识别算法的有效性。以类别 T1 为例，即无人机方位角 -5°~5°范围内，以 0.2°为间隔的极化 ISAR 图像作为待识别目标进行实验。选取含量差异较大的三种散射中心类型作为特征量，分别为三面角、偶极子与窄二面角。三组数据进行特征提取，结果如图 8.26 所示。

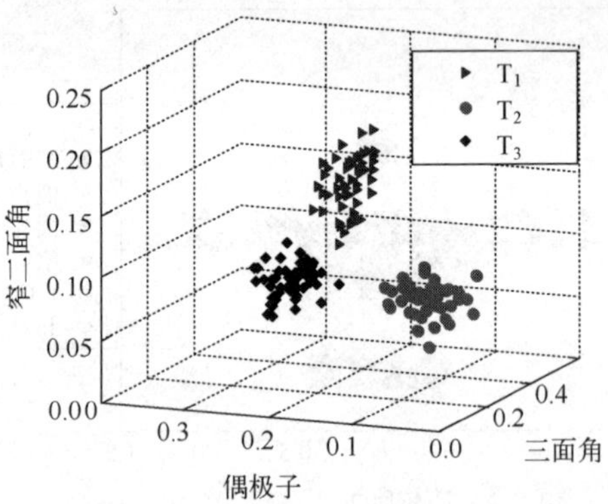

图 8.26 三类无人机目标特征参数提取结果

对三类目标的样本，采用快速密度搜索聚类算法进行分类，结果如图 8.27 所示。图 8.27（a）所示为各样本数据计算得到的密度与距离值，从图中可清晰地分辨出三个聚类中心。而算法最终的分类结果如图 8.27（b）所示，从图中可以看到，采用本节方法，可准确区分三类目标，分类正确率达到 100%。

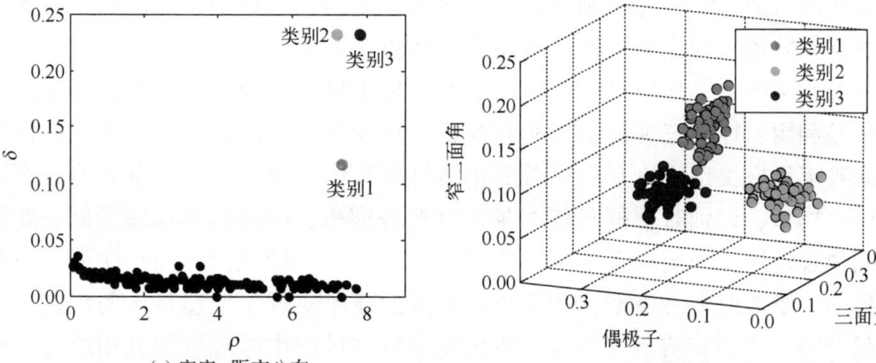

(a) 密度-距离分布　　(b) 聚类结果

图 8.27　三类无人机目标分类结果（见彩图）

2. 分类性能与目标方位角的关系

本实验旨在研究本节中方法的分类性能与目标方位角度间的关系，实验中，三类目标样本的方位角范围逐渐增大，研究其对正确分类概率的影响。方位角从 5°到 40°范围变化时，三类目标正确区分的概率，如图 8.28 所示。由图中结果可见，方位角在 20°范围内时，能准确地区分三类无人机目标，分类概率达到 100%。而方位角范围进一步增大时，正确分类概率降低。当方位角范围达到 40°时，正确分类概率低于 80%。此时，三类目标中方位角变化较大的样本，在特征空间中出现混叠，彼此难以区分，以致正确分类概率大大降低。

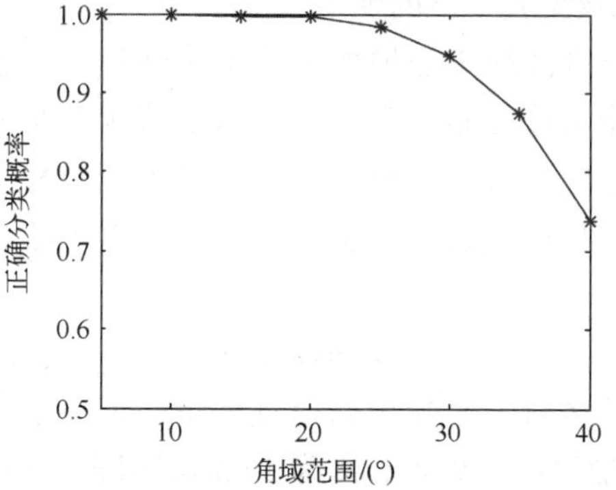

图 8.28　三类无人机目标正确分类概率随方位角范围的变化曲线

8.2.2 基于预分类的全极化模型匹配目标识别方法

上一节在散射中心类型判别的基础上，设计实现了基于快速密度搜索聚类算法的人造目标极化识别方法，但这类基于特征的识别方法，同样需要大量的样本数据来训练分类器，增加了存储和计算难度[43-44]。而近年来，在模板匹配的基础上，采用模型匹配技术的目标识别方法受到广泛关注。其基本思想是利用目标的三维模型来实时构造特征模板，通过与待识别数据进行比较来判定目标类型。该方法只需要存储目标实体模型或不同姿态下的三维散射中心模型，识别时根据具体场景实时构造模板，因此具有存储量低、处理时间快且适用于不同场景条件的优点[45]。文献［46］基于ISAR序列，构造目标的三维散射中心模型，并采用模型匹配技术实现了舰船目标的识别。而文献［47］在其研究的基础上，将极化信息与散射中心位置信息相结合，研究了针对全极化ISAR数据的模型匹配识别方法。而本节在现有研究的基础上，研究如何进一步有效利用目标的几何结构特征，提升识别性能。本节设计实现了基于预分类的目标模型匹配识别方法[48]，通过对散射中心的散射机理进行分析，反演目标几何结构特征，以实现目标的预分类，从而减小待匹配模型数量，达到提高识别效率与正确率的目的。

8.2.2.1 人造目标全极化 HRRP 的极化识别技术

1. 全极化 HRRP 模型匹配

针对全极化HRRP，仍采用CP-GTD模型对目标回波进行描述，并采用P-MUSIC估计方法对全极化HRRP中的散射中心进行提取。而提取的散射中心与模型生成的模板一一进行匹配，以识别目标类别。下面主要对模板的生成以及匹配算法进行具体介绍。

1）全极化三维模型到一维的映射

目标的全极化三维散射中心模型描述了雷达目标的空间几何以及极化特征。利用三维散射中心模型进行识别，先将三维模型进行投影，得到对应姿态角度下的一维散射中心特征模板，然后与待识别目标一维距离像所提取的散射中心进行匹配，从而判定目标类别。三维散射中心到一维散射中心的映射可通过下式完成：

$$\boldsymbol{Y}=\boldsymbol{QRX}+\boldsymbol{T} \tag{8.22}$$

式中：$\boldsymbol{X}$为目标三维散射中心模型的位置矢量，记录了各散射中心的位置为$3\times N_{\mathrm{T}}$阶矩阵，N_{T}为散射中心数目；$\boldsymbol{R}$为3×3阶矩阵，代表目标在雷达坐标系中的旋转；$\boldsymbol{Q}$代表目标在LOS上的投影，为1×3阶矩阵；$\boldsymbol{T}$为平移分量，代表目标投影在视线方向上的平移，为$1\times N_{\mathrm{T}}$阶矩阵；$\boldsymbol{Y}$为$1\times N_{\mathrm{T}}$阶矩阵，表示映射后获得的一维散射中心的几何矢量，将与 HRRP 中提取的散射中心进行比较。映射过程如图 8.29 所示。

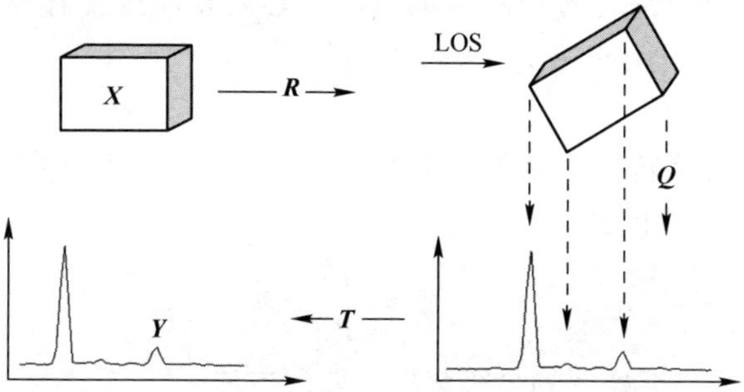

图 8.29　三维模型映射过程示意图

下面对映射模型中的参数进行具体分析：

（1）$\boldsymbol{X}$：三维散射中心位置矢量。全极化三维散射中心模型由位置矢量与极化矢量组成，可用以下矩阵进行表述：

$$\boldsymbol{Z}=\begin{bmatrix}\boldsymbol{X}\\ \boldsymbol{P}\end{bmatrix} \tag{8.23}$$

式中：$\boldsymbol{X}$ 描述各散射中心的位置；$\boldsymbol{P}$ 为极化矢量，由极化散射矩阵矢量化得到。$\boldsymbol{X}$ 与 $\boldsymbol{P}$ 均为 $3\times N_{\mathrm{T}}$ 阶矩阵，则模型 $\boldsymbol{Z}$ 为 $6\times N_{\mathrm{T}}$ 阶矩阵。考虑典型目标结构在小角度范围内变化时，散射矩阵的变化很小，可忽略不计[44]，因此本节假设目标投影映射仅对 $\boldsymbol{X}$ 产生影响，对 $\boldsymbol{P}$ 无影响。

（2）$\boldsymbol{R}$：目标三维散射中心模型投影映射时，首先需要将目标进行旋转变换，由旋转矩阵 $\boldsymbol{R}$ 来描述，$\boldsymbol{R}=\boldsymbol{R}_1(\phi)\boldsymbol{R}_2(\theta)\boldsymbol{R}_3(\varphi)$，$\phi$ 为方位角，θ 为俯仰角，φ 为目标绕入射方向旋转角度，$\boldsymbol{R}_1,\boldsymbol{R}_2,\boldsymbol{R}_3$ 分别表示为

$$\boldsymbol{R}_1(\phi)=\begin{bmatrix}\cos(\phi) & -\sin(\phi) & 0\\ \sin(\phi) & \cos(\phi) & 0\\ 0 & 0 & 1\end{bmatrix}$$

$$\boldsymbol{R}_2(\theta)=\begin{bmatrix}\cos(\theta) & 0 & \sin(\theta)\\ 0 & 1 & 0\\ -\sin(\theta) & 0 & \cos(\theta)\end{bmatrix}$$

$$\boldsymbol{R}_3(\varphi)=\begin{bmatrix}1 & 0 & 0\\ 0 & \cos(\varphi) & \sin(\varphi)\\ 0 & -\sin(\varphi) & \cos(\varphi)\end{bmatrix}$$

（3）$\boldsymbol{Q}$：经过坐标系旋转处理后，三维模型中的散射中心已转化为目标在雷达坐标系中的相应位置，将三维散射中心投影到雷达视线方向，即实现

了投影操作 $\boldsymbol{Q}$。一般认为，雷达视线方向是已知的，且为雷达坐标系的某一轴线。投影后，目标仅剩距离维信息，成为 $1\times N_{\mathrm{T}}$阶矩阵。

（4）$\boldsymbol{T}$：经过投影后的目标一维散射中心需要经过平移才能与 HRRP 提取的散射中心对准，因此 $\boldsymbol{T}$ 为 $1\times N_{\mathrm{T}}$阶矩阵，$\boldsymbol{T}=\boldsymbol{r}[1 \quad 1 \quad \cdots \quad 1]$，$r$ 为平移距离。

（5）$\boldsymbol{Y}$：经过旋转、投影和平移映射后的目标全极化一维散射中心模板可用以下的矩阵形式进行表述：

$$\boldsymbol{Z}'=\begin{bmatrix}\boldsymbol{Y}\\ \boldsymbol{P}\end{bmatrix} \tag{8.24}$$

2）基于混合高斯模型的全极化模型匹配方法

待识别距离像提取的散射中心，与三维模型映射所得的一维散射中心进行比较，当两相匹配时，可判定待识别目标的类别。因此，构造合适的匹配函数，将直接影响目标识别的结果。本节基于高斯混合模型，定义衡量两类集合匹配程度的全极化匹配函数为[46-47]

$$\begin{aligned}\mathrm{MS} &= \sum_{i=1}^{N_{\mathrm{p}}}\sum_{k=1}^{N_{\mathrm{H}}} W_k^i \ln \sum_{n=1}^{N_{\mathrm{T}}} G_n\\ G_n &= \frac{w_n^i}{\sqrt{2\pi}\sigma_n}\exp\left(-\frac{(x_k-\mu_n)^2}{2\sigma_n^2}\right)\end{aligned} \tag{8.25}$$

式中：N_{p}为极化通道数；N_{H}、x_k与 W_k^i分别为待识别距离像的散射中心数目、第 k 个散射中心的位置以及 i 极化通道的幅值；N_{T}、μ_n与 w_n^i分别为映射得到的模板包含的散射中心数目、第 n 个散射中心的位置以及 i 极化通道的幅值。

匹配值（Match Score，MS）计算过程中，待识别距离像散射中心幅度和位置 W_k^i、x_k由 P-MUSIC 参数估计方法获得，而 w_n^i、μ_n则分别对应式（8.24）中的 $\boldsymbol{P}$，$\boldsymbol{Y}$。此外，有几个参数值得注意，在三维模型映射时，平移分量 $\boldsymbol{T}$ 通过计算散射中心的质心得到：

$$\begin{cases}\boldsymbol{T}=r[1 \quad 1 \quad \cdots \quad 1]_{N_{\mathrm{T}}}\\ r=\mu_{\mathrm{c}}-x_{\mathrm{c}}\\ x_{\mathrm{c}}=\dfrac{\sum\limits_{k=1}^{N_{\mathrm{H}}} W_k x_k}{\sum\limits_{k=1}^{N_{\mathrm{H}}} W_k},\quad \mu_{\mathrm{c}}=\dfrac{\sum\limits_{n=1}^{N_{\mathrm{T}}} w_n\mu_n}{\sum\limits_{n=1}^{N_{\mathrm{T}}} w_n}\end{cases} \tag{8.26}$$

式中：x_{c}、μ_{c}分别为待识别距离像中散射中心对应的质心以及模型映射的一维散射中心对应的质心；r 为两质心间的距离。

此外，目标旋转角度 φ、θ、ϕ 中，由于旋转处理后，三维散射中心将在雷达视线方向上进行投影，因此可设 $\varphi=0$。而通常假定目标视线的方向已知，即 θ 已知，则未知量仅为目标的方位角 ϕ，该值可通过使匹配值 MS 最大化求得，即

$$\hat{\phi}=\operatorname{argmax}\{\mathrm{MS}(\hat{\phi})\} \tag{8.27}$$

匹配值 MS 与进行比较的模型类别密切相关，假设由 j 类目标模型计算得到的匹配值记为 $\mathrm{MS}_j=\mathrm{MS}(\hat{\phi})_j$，则待识别目标判定的类别为

$$j=\max_j\{\mathrm{MS}_j\} \tag{8.28}$$

由此可见，在确定目标类别的同时，可得到目标相较于模型方位角 ϕ 的估计。

2. 基于散射机理分析的目标预分类

目标模型匹配需要将 HRRP 提取的散射中心与目标模型在各方位角下生成的模板一一进行匹配，当待匹配模型较多时，计算量大。考虑各散射中心的结构类型反映了目标的局部结构特征，具有明确的物理含义，可用于目标识别。因此，在进行模型匹配前，对散射中心的散射机理进行分析，实现目标的预分类，可减少待匹配的模型数目。

目标极化分解能够揭示目标的散射机理，增强对目标散射特性的理解。基于目标极化分解的分类方法由于实现简单、物理意义明确，已广泛应用于目标识别。现有研究表明，将极化分解技术应用于 HRRP 的目标分类识别，将具有较高的分类正确率[43-44,49]。本节主要针对确定的人造目标进行分类识别，因此采用相干极化分解中的 Krogager 分解方法。

对三维模型的散射中心进行 Krogager 极化分解，可得到模型中各散射中心对应的散射机理。在三维模型映射过程中，存在散射中心位置重叠的情况。并且，分辨单元中存在多个二面角结构时可等价于螺旋体分量[50]。因此，目标的一维距离像包含的散射中心总数应小于模型所含散射中心总数，且距离像中所含的奇次散射与偶次散射的散射中心数量应分别不大于目标模型包含的该类散射中心的数量。由此，基于散射机理的预分类，以三类散射机理对应的散射中心数量作为特征矢量，根据待识别目标与模型在该特征矢量空间的分布进行判别。当模型的奇次与偶次散射机理对应的散射中心数量大于待识别目标时，该模型为预选出的类别。如图 8.30 中，x、y、z 坐标分别为以奇次散射、偶次散射和螺旋体散射为主要散射机理的散射中心的数量，位于阴影部分的模型在预分类处理中被保留。

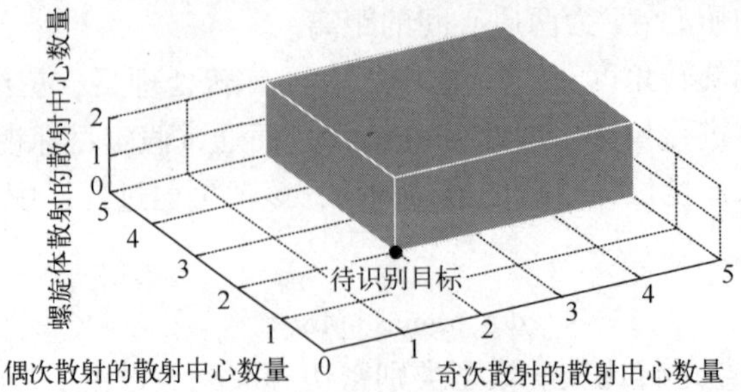

图 8.30 预分类示意图

因一种散射机理类型可能对应多种散射结构[51]，仅基于散射机理分析进行分类识别，存在不确定性。在预分类确定的类别中，还需进一步采用模型匹配技术对目标进行更加准确的判别。

3. 基于预分类的全极化 HRRP 模型匹配识别方法

基于预分类的全极化 HRRP 模型匹配目标识别方法，具体步骤如图 8.31 所示。对于待识别的目标一维距离像，首先基于 P-MUSIC 方法提取目标的全极化散射中心。其次采用 Krogager 极化分解技术，分析各散射中心的散射机理，并与模型库中各模型对应的散射机理进行比较，排除散射机理不符的模型。最后将模板库中的剩余模型进行投影映射，得到一维散射中心模板，并与待识别距离像的散射中心进行匹配，最高匹配值对应的模型类别即为目标类别，而匹配最大值所对应的模板方位角即为目标当前的姿态角。

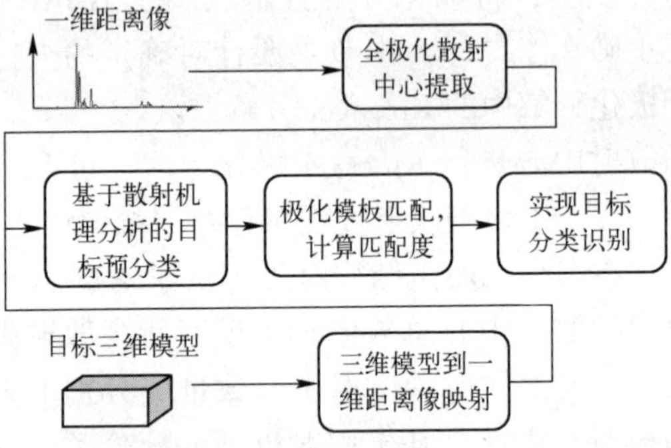

图 8.31 预分类的全极化 HRRP 模型匹配目标识别方法流程

这一分类识别流程通过散射机理分析实现了预分类，缩小了待匹配模型的范围，减少了计算量，提高了识别的效率。同时，在模型匹配时，充分利用了目标的几何信息以及极化信息，提高了目标正确识别率。

4. 三维模型的建立

散射中心模型简洁精炼地描述了雷达目标在光学区的电磁散射现象，在雷达数据压缩、散射特性分析、目标识别等领域都有广泛应用[52-53]。目标的三维散射中心模型描述了散射中心的三维位置坐标、结构类型、物理尺寸、姿态角等信息，是对目标散射特性的精确表征。因此，为目标构建三维散射中心模型对目标解译、目标识别都具有重要的意义[54]。构建目标的三维散射中心模型有两种途径[53]：一种是正方法，在已知目标几何体和材料特性的前提下，通过分析主要部件的散射特性，确定主要的散射源，从而建立整个目标的散射中心模型。这种方法需要目标特性方面深厚的专业知识和丰富经验，存在很大的灵活性和主观性，难以实现自动化。另一种是逆方法，也称为散射中心模型重构。它在高分辨率雷达测量数据的基础上提取散射中心的位置、强度、频率特性和方向特性等，类似于参数估计。

联合多幅低维雷达图像可以提取目标的三维散射中心模型[55-62]。针对 HRRP，本节采用基于一维-高维散射映射图（OSTM 图）的三维散射中心模型重构算法[45,53]。该方法实现了在相对较小的数据量下对大姿态范围的三维散射中心模型的重构，利用稳定散射中心一维投影位置在空间的球面分布规律和散射系数的缓变特性，通过关联不同姿态下的一维雷达图像重构三维散射中心模型。重构结果包括目标稳定点散射中心的空间位置、类型、散射系数等参数，可快速构造识别所需的模板。而对于后文的 ISAR 图像，本文采用基于因子分解法的目标三维散射中心重构方法[63-64]，该方法通过对二维逆合成孔径雷达（ISAR）图像序列分别进行方位向（横向）和距离向（纵向）定标，并引入因子分解法处理 ISAR 图像序列得到目标三维散射中心。

5. 实验结果与分析

1）实验设置

假定目标由不同散射机理的多类典型结构体组成，包括三面角（trihedral，TR）、平板（plate，PL）、二面角（dihedral，DI）。名称后紧跟数字表示目标的姿态角度，如二面角 45°摆放记为 DI45、30°摆放记为 DI30。结构体的尺寸分为 0.6m 和 1m 两种，用后缀表示。用以上结构体组合成 6 类目标，组合方式如表 8.12 所示，其中 $P_1 \sim P_6$ 表示 6 个位置的坐标，与目标的对应情况如图 8.32 所示。

表 8.12　6 类目标的组成

类目标组成	$P_1(2,0,0)$	$P_2(0,0,0)$	$P_3(0,1.5,0)$	$P_4(0,-1.5,0)$	$P_5(-2,0,0)$	$P_6(-4,0,0)$
T1	DI30_0.6	TR_0.6	PL_0.6	DI_0.6	DI45_1	PL_1
T2	DI45_1	PL_1			DI_0.6	TR_0.6
T3	PL_0.6	DI45_0.6			TR_0.6	DI30_0.6

续表

类目标组成	$P_1(2,0,0)$	$P_2(0,0,0)$	$P_3(0,1.5,0)$	$P_4(0,-1.5,0)$	$P_5(-2,0,0)$	$P_6(-4,0,0)$
T4	TR_0.6		DI45_1	PL_0.6		PL_1
T5	PL_1		TR_0.6	PL_0.6		DI45_1
T6	DI_0.6		DI45_1		DI30_0.6	TR_0.6

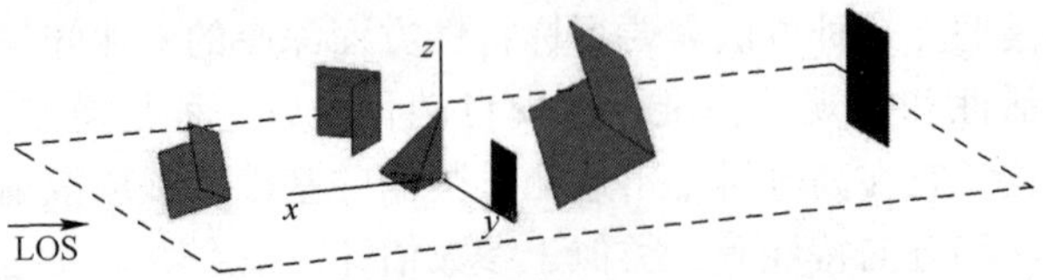

图 8.32 目标 T1 的结构

采用 FEKO 电磁计算软件对目标的全极化回波进行仿真，电磁计算的条件设为：频率范围 1~1.1GHz，目标姿态角 0°，对应雷达视线方向平行于 x 轴负向的情况，如图 8.32 所示。仿真数据加入高斯白噪声，信噪比定义为仿真回波信号功率与加入噪声方差的比，由此得到不同信噪比下的目标全极化 HRRP，以此作为测试样本。应用本节提出的方法，对 6 类目标的仿真数据进行分类识别实验。由于 6 类目标由典型结构摆放在确定位置组成，因此，模板库中的三维散射中心模型已知，即位置矢量为各典型结构的坐标，极化矢量为各典型结构对应的散射矩阵。

本节将在验证识别方法有效性的同时，从极化、匹配方法、信噪比等方面分析影响分类识别性能的因素。每类实验均进行蒙特卡洛仿真 100 次，正确识别率定义为正确识别目标类别的次数与仿真次数的比值。

2）结果分析

（1）算法的有效性以及与极化的关系。以信噪比 20dB 时，6 类目标 0°姿态角时的 HRRP 为测试样本。图 8.33 给出了该条件下目标 T1 的 HH 极化通道的一维距离像，以及采用 P-MUSIC 方法获得的散射中心。图 8.34 所示为 T1 对应的三维模型经投影映射得到的一维散射中心模板。

预分类处理时，6 类目标 HRRP 的散射机理分析结果如图 8.35 所示。T1~T6 为 6 类待识别目标 HRRP 的散射机理分析结果，M1~M6 为 6 类目标三维模型的散射机理分析结果。

在以三种散射机理对应的散射中心数量为特征的特征空间中，6 类目标分布于 3 个位置，T1、T2 以及 T3 具有相同的散射机理，而 T4 与 T5 也相同。由图 8.35 可见，待识别目标 T1/T2/T3 经预分类处理后，判定范围为类别 1、2、3 中的一类，T4/T5 为类别 1、2、3、4、5 中的一类，T6 则为类别 1、6 中一类。由此减小了待匹配模型的数量。

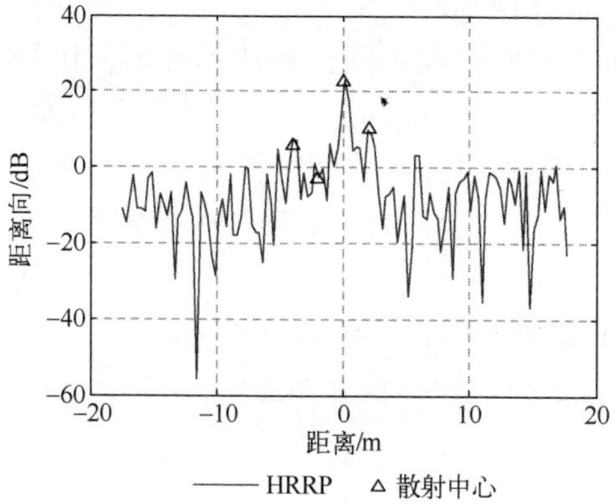

图 8.33　T1 的一维距离像以及散射中心

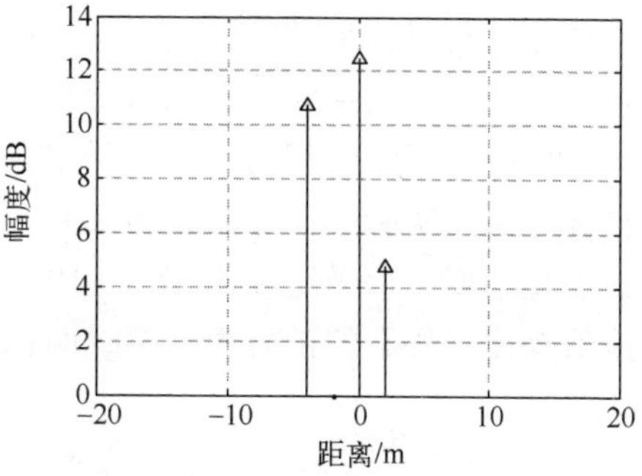

图 8.34　T1 模型映射的一维散射中心

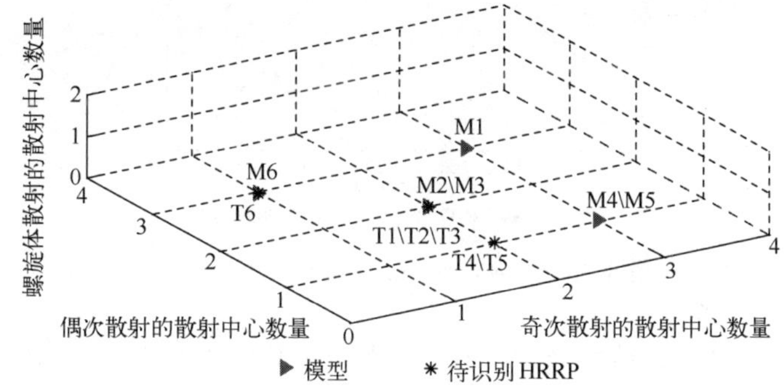

图 8.35　6 类目标散射机理分析

表 8.13 列出了应用本节方法，各类目标的正确识别概率。同时，为考察不同极化条件对本节识别算法性能的影响，对目标的单极化 HRRP 进行分类识别实验，仅采用各目标的 HH 通道数据，且不进行预分类处理，实验结果也列于表 8.13 中。

表 8.13　本节方法识别正确率

正确识别率	T1	T2	T3	T4	T5	T6
全极化	0.97	1	1	0.96	0.87	1
单极化	0	1	1	0	0.87	0

由表 8.13 可见，针对全极化 HRRP 数据，应用本节提出的识别方法可得到较高的正确识别率。而在单极化条件下，正确识别率较低，主要原因是单极化数据降低了对目标散射机理的描述能力，不能全面表征目标的特性。由

此可见，有效利用全极化信息将有利于对目标的分类判别。

（2）识别性能与匹配算法的关系。目标识别的结果不仅与目标本身的特性相关，也与匹配函数的计算方法有关。本实验在不同信噪比条件下，比较本节方法与目标识别领域常用的一种匹配方法：相关匹配法[65-66]的识别性能。相关匹配算法的主要思路为：分别计算待识别目标与待匹配模板的各极化通道散射中心幅值的相关函数，求和取最大值，其最大值对应的模板类别即为目标类别。实验中，除匹配函数的计算方法不同外，模型映射、预处理等其他步骤不变。信噪比设为 SNR = 10 ~ 40dB，将 6 类目标正确识别率的均值作为该信噪比条件下的正确识别率。两种方法的分类识别结果如图 8. 36 所示。

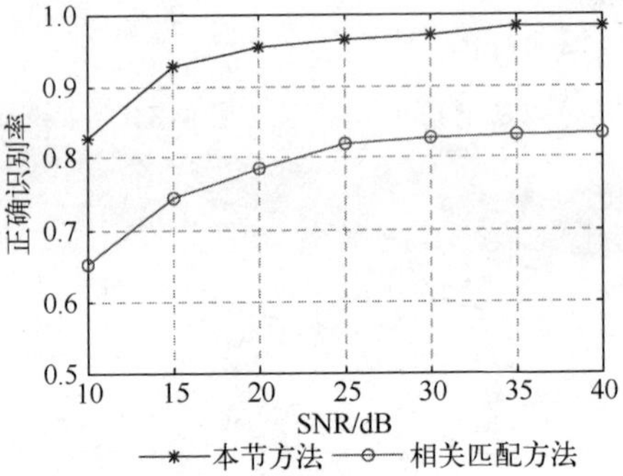

图 8. 36　两种匹配算法正确识别率的比较

由图 8. 36 可见，基于混合高斯模型的全极化匹配算法，具有较高的正确率。相对于相关匹配法，该方法利用目标极化信息的同时，还充分利用了各散射中心的位置信息，因此更适合于全极化数据的模型匹配处理。此外，实验结果也说明了随着 SNR 的增加，目标的正确识别率增加。这是由于信噪比的提高使目标检测概率相应提高，能更准确地估计出目标的位置与极化信息，进而提高识别的正确率。

（3）算法计算量分析。实验对本节方法与 HRRP 传统的模板匹配算法的计算量进行比较。考虑识别算法中，匹配函数的计算为最主要的计算消耗，此处以两种算法计算的匹配函数次数为判定依据。以信噪比 20dB 下，0°方位角下的 HRRP 为测试样本。模板匹配算法参考文献［37］中的设定，对 6 类目标在方位角 0° ~ 30°范围内，以 3°为间隔构造的一维距离像作为模板，通过计算测试样本与模板库中所有一维距离像模板的匹配函数，待识别目标判别为匹配函数最大的模板对应的目标类别。而模型匹配算法实验时，各模型同样以 3°为间隔，在方位角 0° ~ 30°范围内生成模板与待识别目标进行匹配。6 类目标在两种识别方法下，匹配函数的运算次数如图 8. 37 所示。

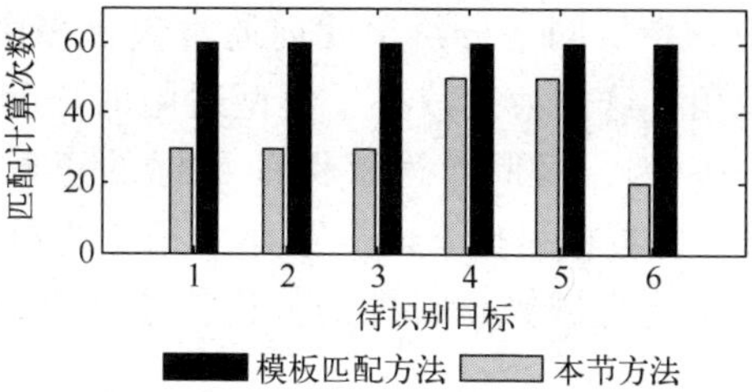

图 8.37　两种方法匹配运算次数的比较

传统模板匹配方法识别目标时，将 HRRP 与模板库中的模板一一匹配，模板库越丰富，计算量越大。而本节方法首先通过简单的散射机理分析，对模型进行预分类，降低待识别模型的数量，从而减少匹配次数，达到减少计算量的目的。

（4）识别性能与姿态角的关系。本实验分析识别算法的性能与目标方位角间的关系，研究目标模型适用的角度范围，仿真 6 类待识别目标以方位角 0°为中心，30°角度范围内的回波数据，生成 HRRP，分析不同角度范围内，识别算法的正确识别概率，结果如表 8.14 所示。实验中信噪比为 20dB。

表 8.14　不同方位角范围内的正确识别率

识别率	T1	T2	T3	T4	T5	T6
10°	0.99	1	0.98	1	0.83	1
20°	0.96	1	0.97	0.89	0.59	0.75
30°	0.68	1	0.92	0.88	0.4	0.55

由表 8.14 可见，随着方位角范围的增加，正确识别率逐渐降低。结合前文实验结果可知，在 0°附近的识别率高，随着待识别目标方位角的偏离，被正确识别的概率降低。因此，虽然相较于模板匹配方法中的模板，目标模型更为灵活且对目标的表征能力更强，但其描述目标特性的角度范围仍是有限的，同一模型并不能表征目标全姿态下的散射特性。这一结论由第 2 章的研究结果可以说明：典型结构的极化特性受姿态角影响，且变化规律复杂。而在基于模型匹配的识别方法中，三维模型的映射仅考虑了姿态变化对散射中心几何位置的影响，忽略了对各散射中心极化特性的影响。因此，当目标方位角变化较大时，目标与模型生成的模板就产生了较大的差异，从而导致正确识别率的降低。另外，对于 HRRP，模型映射时将目标三维空间中的结构

投影到了一个维度中，导致同一分辨单元内通常包含多个典型结构，其极化特性更加敏感于方位角，这也大大减小了模型适用的角度范围，T1、T5 识别率大大降低就是这一原因。因此，为了保证目标的正确识别率，针对极化 HRRP 建立模型库时，应根据目标不同姿态建立相应的模型。根据实验结果，并结合第 2 章对典型结构空域极化特性的分析，建立模型的角度间隔以小于 30°为宜。

本小节提出了一种针对全极化 HRRP 的目标识别方法，通过将基于散射机理分析的目标预分类与模型匹配相结合，充分利用了目标的几何结构信息和极化信息来判定目标的类别，有效降低了计算量和复杂度，同时提高了目标的正确识别率。通过对几类由典型结构组成的目标的仿真数据进行分类识别实验，验证了方法的有效性，表明该方法具有良好的目标识别性能。

8.2.2.2 人造目标极化 ISAR 的极化识别技术

上节基于散射机理分析以及全极化模型匹配技术，提出了一种针对全极化 HRRP 的目标识别方法。考虑模型匹配技术同样适用于极化 ISAR 图像，因此上节所研究的方法可迁移到对极化 ISAR 目标的识别问题中。随着识别对象的改变，算法本身需要进行相应的调整，算法修改主要集中在三维模型到模板的映射和目标预分类两部分，本节就从这两方面展开研究。

1. 全极化 ISAR 模型匹配

针对人造目标的极化 ISAR 图像，基于模型匹配的目标识别方法，首先要将三维模型映射到成像的二维平面。这一映射过程可描述为

$$\boldsymbol{Y}=\boldsymbol{QRX}+\boldsymbol{T} \tag{8.29}$$

与上一节中相同，式中：$\boldsymbol{X}$ 为目标三维散射中心模型的位置矢量；$\boldsymbol{R}$ 代表目标在雷达坐标系中的旋转，$\boldsymbol{R}=\boldsymbol{R}_1(\phi)\boldsymbol{R}_2(\theta)\boldsymbol{R}_3(\varphi)$。不同的是，$\boldsymbol{Q}$ 代表目标在成像平面上的投影，为 2×3 阶矩阵，由于 LOS 一般已知，而平面需由另一与 LOS 垂直的矢量决定，因此成像平面受旋转角度 β 约束，该角度表示垂直于 LOS 的矢量与水平面的夹角；平移分量 $\boldsymbol{T}$，代表目标投影在距离向以及方位向上的平移，为 $2\times N_{\mathrm{T}}$ 阶矩阵，$\boldsymbol{T}=\begin{bmatrix} t_{\mathrm{r}} & 0 \\ 0 & t_{\mathrm{c}} \end{bmatrix}\begin{bmatrix} 1 & 1 & \cdots & 1 \\ 1 & 1 & \cdots & 1 \end{bmatrix}$，其中 t_{r} 与 t_{c} 分别为距离向与方位向上的平移量；映射后获得的 $\boldsymbol{Y}$ 为二维散射中心的几何矢量，是 $2\times N_{\mathrm{T}}$ 阶矩阵。

待识别 ISAR 图像提取的散射中心，与三维模型所映射的二维散射中心进行匹配，采用基于高斯混合模型的，全极化匹配函数为

$$\mathrm{MS} = \sum_{i=1}^{N_{\mathrm{p}}} \sum_{k=1}^{N_{\mathrm{H}}} W_k^i \log \sum_{n=1}^{N_{\mathrm{T}}} G_n$$
$$G_n = \frac{w_n^j}{2\pi\sqrt{\boldsymbol{C}_n}} \exp\left(-\frac{1}{2}(\boldsymbol{x}_k - \boldsymbol{\mu}_n)^{\mathrm{T}} \boldsymbol{C}_n^{-1} (\boldsymbol{x}_k - \boldsymbol{\mu}_n)\right) \tag{8.30}$$

式中：N_{p}为极化通道数；N_{H}、$\boldsymbol{x}_k$与 W_k^i分别为待识别距离像的散射中心数目、第 k 个散射中心的位置以及 i 极化通道的幅值；N_{T}、$\boldsymbol{\mu}_n$与 w_n^i分别为映射得到的模板包含的散射中心数目、第 n 个散射中心的位置以及 i 极化通道的幅值。$\boldsymbol{C}_n$为协方差矩阵，决定了高斯函数 G_n的形状。$\boldsymbol{C}_n$一般设为对角矩阵，对角元素可用来衡量 ISAR 图像中的几何信息，在实际应用中，当几何信息真实可靠，即模型能映射出较准确的散射中心位置时，对角元素应选用较小的值。

匹配值提供了模型映射得到的散射中心与 ISAR 图像提取的散射中心比较匹配程度的指标。为求匹配值，在映射过程中，存在一些未知参数。只有准确地设置这些参数，才能将目标的模型准确地映射为二维散射中心，与对应的 ISAR 图像提取的散射中心有较高的匹配值，最终正确识别待识别目标。因此，对映射过程的求解，即找到使匹配值最大的参数 $\boldsymbol{\Psi}$。参数 $\boldsymbol{\Psi}=[\phi,\theta,\varphi,\beta,t_{\mathrm{r}},t_{\mathrm{c}}]$。

$$\hat{\boldsymbol{\Psi}} = \operatorname{argmax}\{\mathrm{MS}(\boldsymbol{\Psi})\} \tag{8.31}$$

采用数值方法求解最优化问题式（8.30），由于该最优化问题为非线性、非凸问题，因此为求得适当的数值解，需要对上述映射参数设定近似于全局最优解的初始值[47]。对于成像平面旋转角度 β，实际情况中，成像面中垂直于 LOS 的矢量通常是平行于水平面的，因此设为 0。而三维模型映射中的平移分量 $\boldsymbol{T}$ 的参数 t_{r}、t_{c}，同样通过计算散射中心的质心得到：

$$\begin{bmatrix} t_{\mathrm{r}} \\ t_{\mathrm{c}} \end{bmatrix} = \boldsymbol{\mu}_{\mathrm{c}} - \boldsymbol{x}_{\mathrm{c}}$$
$$\boldsymbol{x}_{\mathrm{c}} = \frac{\sum_{k=1}^{N_{\mathrm{H}}} W_k \boldsymbol{x}_k}{\sum_{k=1}^{N_{\mathrm{H}}} W_k},\quad \boldsymbol{\mu}_{\mathrm{c}} = \frac{\sum_{n=1}^{N_{\mathrm{T}}} w_n \boldsymbol{\mu}_n}{\sum_{n=1}^{N_{\mathrm{T}}} w_n} \tag{8.32}$$

对于姿态角度 ϕ、θ、φ 的估计，需要依赖目标跟踪系统提供。通常假定目标视线的方向已知，即 θ 已知。而对于地面、海面目标识别这些特殊情况，通常设定 $\varphi=0$，而方位角 ϕ 可通过使匹配值 MS 最大化求得，即

$$\hat{\phi}=\arg\max\{\mathrm{MS}(\boldsymbol{\Psi})\} \tag{8.33}$$

其中，$\widetilde{\boldsymbol{\Psi}}=[\phi,\widetilde{\theta},\widetilde{\varphi},\widetilde{\beta},\tilde{t}_{\mathrm{r}},\tilde{t}_{\mathrm{c}}]$，而$\widetilde{\theta},\widetilde{\varphi},\widetilde{\beta},\tilde{t}_{\mathrm{r}},\tilde{t}_{\mathrm{c}}$前文已估计得到。

通过对式（8.30）的最优值的求解，可得到对应的一类目标的匹配值MS。该值与其他类目标的匹配值进行比较，由其中的最大值确定待识别目标的类别。因此，设对应于模型类别j的匹配值为$\mathrm{MS}_j=\mathrm{MS}(\hat{\boldsymbol{\Psi}})_j$，而目标类别的确定为

$$j=\max_j\{\mathrm{MS}_j\} \tag{8.34}$$

2. 基于几何结构反演的目标预分类

由前文可以看到，基于模型匹配的目标识别算法，需要根据具体场景，将各类目标的模型映射为相应的模板与待识别目标进行匹配。映射过程中涉及最优化问题的数值求解，当模型的类别较多时，各模型的映射求解将带来较大的计算量，增加了识别算法的耗时。因此，为减小待匹配模型数量，加快识别算法处理速度，在模型匹配前，通过对目标几何结构的分析，实现目标的预分类。

对于极化ISAR图像，通过几何结构反演方法，能分析得到目标各结构的类型与尺寸。而对于人造目标而言，其主要部件的结构类型与尺寸（如无人机的单边翼展长度、坦克的炮管长度等）对目标有较好的指示作用。因此，基于目标主要结构的尺寸，对模型进行预分类，能有效降低待匹配的模型数量。

预分类时，对待识别目标的极化ISAR图像进行几何结构反演，并将反演得到的尺寸最长的结构作为该目标的突出结构。而该目标对应的模型，应包含该结构。考虑模型投影映射到成像平面时，各结构的有效长度为实际长度在成像平面上的投影，因此有效长度必不大于实际长度。由此，基于几何结构反演的预分类具体方法为：分别对待识别目标的ISAR图像与模型进行几何结构反演，由ISAR图像得到待识别目标的突出结构以及其尺寸，而当模型反演的结构中包含该结构，且尺寸相等或更大时，该模型为预选出的类别。

3. 基于预分类的极化ISAR模型匹配识别方法

基于预分类的极化ISAR模型匹配目标识别方法，其具体步骤如图8.38所示。对于待识别目标的ISAR图像，首先采用峰值检测的方法，提取ISAR图像中的散射中心；其次基于几何结构反演方法，分析目标主要结构的类型与尺寸。同时，模型库中各模型反演几何结构，排除未包含待识别目标主要结构的模型，实现预分类。随后将模型库中的剩余模型进行投影映射，得到二维散射中心模板，并与待识别ISAR图像的散射中心进行匹配，最高匹配值对应的模型类别即为目标类别。

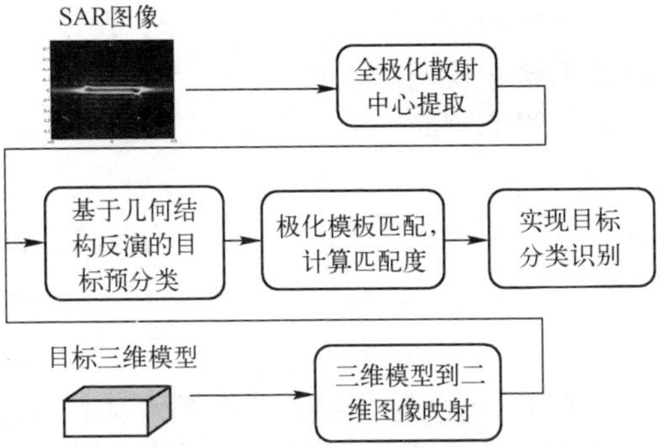

图 8.38　基于预分类的全极化 HRRP 模型匹配目标识别方法流程

这一分类识别流程通过目标的几何结构进行预分类，缩小了待匹配模型的范围，减少了计算量，提高了识别的效率。同时，在模型匹配时，充分利用了目标的几何信息以及极化信息，提高了目标正确识别率。

4. 实验结果与分析

1）实验设置

以无人机数据为例，分析预分类的极化 ISAR 模型匹配识别方法的识别性能。无人机由两组数据组成，包括“开拓者”无人机的暗室测量数据以及“捕食者”无人机的电磁仿真计算数据。“捕食者”无人机模型如图 8.39 所示，机头沿 x 轴方向放置，测试的频率 8~12GHz，频率间隔 20MHz；俯仰角 0°，方位角-15°~105°，角度间隔 0.2°；线性全极化（HH、HV、VH、VV）。考虑目标的散射特性严重依赖于目标的姿态角度，不同观测角度下目标的特性差异大，因此将不同观测角度下的无人机作为不同的目标来进行分类识别实验，共 5 类，分别为：

图 8.39　“捕食者”无人机模型

T1：“开拓者”无人机正视时

T2：“开拓者”无人机侧视时

T3："开拓者" 无人机后视时

T4："捕食者" 无人机正视时

T5："捕食者" 无人机侧视时

待识别样本为 5 类目标 10°方位角范围内的数据，以类别 T1 为例，即"开拓者" 无人机方位角−5°~5°范围内，以 0.2°为间隔的极化 ISAR 图像作为待识别目标进行实验。采用 8.2.1.1 节介绍的重构方法建立散射中心模型。由于数据的俯仰角度均为 0°，只能建立目标二维散射中心模型，其映射方法与三维散射中心模型类似。应用本节提出的识别方法，对 5 类目标进行分类识别实验，验证识别方法的有效性。正确识别率定义为正确识别的样本数占总数的比值。

2）结果分析

图 8.40 给出了"捕食者" 无人机方位角 0°时（目标 T4）的 ISAR 图像，

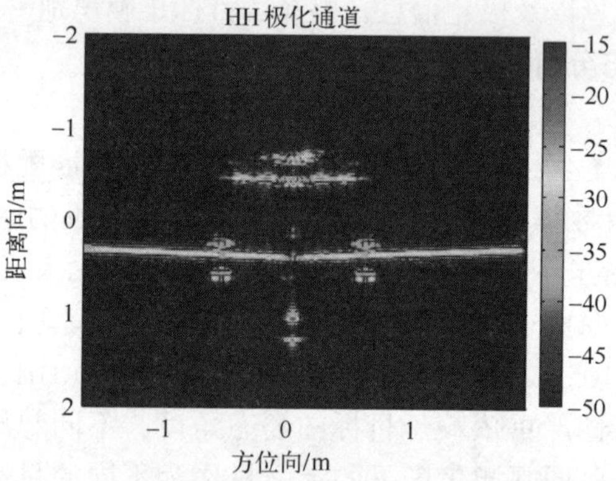

(a) T4的ISAR图像

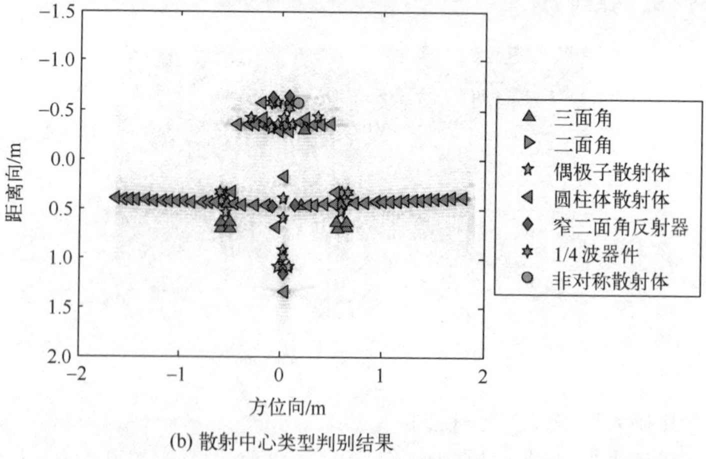

(b) 散射中心类型判别结果

图 8.40 T4 的 ISAR 图像以及散射中心类型判别结果（见彩图）

以及根据散射中心类型判别方法得到的散射中心类型。5 类目标的模型分别记为 M1~M5，经几何结构反演后，得到各模型的主要结构类型以及结构尺寸，列于表 8.15 中。

表 8.15 5 类模型包含的主要结构以及结构尺寸 （单位：m）

尺　寸	圆　柱	1/4 波器件	偶　极　子
M1	0.19	0.72	0.18
M2	0.87	0.4	0.14
M3	0.49	0.75	0.31
M4	1.54	0.1	0.22
M5	0.25	0.3	0.32

预分类时，待识别目标经几何结构反演算法，得到突出结构的类型和尺寸，并基于此对各模型进行筛选。针对各目标，满足预分类条件的模型如表 8.16 所列。表中列出了各目标突出结构的类型以及尺寸，并列出了包含该结构的模型。由表中结果可见，经过预分类，各目标待匹配的模型范围大大减小，待识别目标最多只需与两个模型进行匹配。而对于 T4 类目标，经过预处理即可判定目标类型。由此可见，预分类处理，减少了计算量，节约了时间成本，并且减小了目标判定的范围，也就相应地提高了正确识别的概率。

表 8.16 预分类结果

预分类结果	T1	T2	T3	T4	T5
突出结构的类型	1/4 波器件	圆柱	1/4 波器件	圆柱	偶极子
突出结构的尺寸范围/m	0.7~0.72	0.85~0.87	0.72~0.75	1.52~1.54	0.31~0.32
符合的模型	M1，M3	M2，M4	M1，M3	M4	M3，M5

预处理后，得到符合条件的模型投影映射，并与待识别目标提取的散射中心进行匹配，经匹配后，T1 ~ T5 类目标均能准确识别，正确识别率达到 100%。

对 5 类目标在更大方位角范围内的样本数据进行实验，研究方法的分类识别性能与目标方位角度间的关系。实验对各类目标从 10°到 60°方位角范围内的数据分别进行分析，10°方位角范围，是指中心角度正负各 5°方位角范围内的数据。而对于“捕食者”无人机，方位角范围大于 30°后，方位角范围增大，仅为方位角单边数据增加。正确识别率的变化曲线如图 8.41 所示。

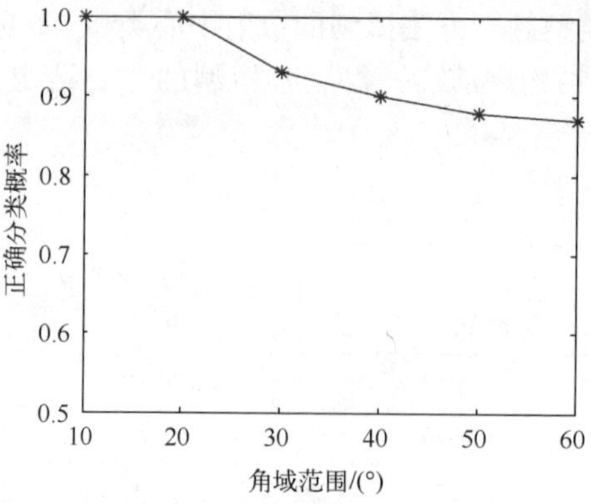

图 8.41　T4 重构的散射中心模型

可以看到，相较于一维距离像，模型的角度适用范围明显增加，这主要是由于 ISAR 图像提取的散射中心能更准确地表征目标的外形特征，而散射中心类型能更清晰地描述目标局部结构特征。因此，针对极化 ISAR 图像，虽然对应目标不同姿态仍需建立相应的模型，但相较于基于 HRRP 的目标识别，建模的角度间隔可大大增加。结合第 2 章与本节的分析，间隔设置以小于 60°为宜。

本节对识别技术进行了研究，提出了两种高效可行的人造目标极化识别的方法。两种识别方法均分别以极化 HRRP 和极化 ISAR 图像为对象进行了分析，并以实验验证了方法的有效性。

（1）本节提出了基于快速密度搜索聚类算法的人造目标极化识别方法。该方法以目标的各类型散射中心的含量作为目标识别的特征，反映了目标的结构属性，具有明确的物理意义和较强的可分性，并结合简单高效的聚类算法，达到了较好的分类识别效果。

（2）本节还提出了基于预分类的全极化模型匹配目标识别方法，该方法利用几何结构反演方法得到目标的结构特征，对模型进行预分类，减少待匹配模型的数量，有效降低了计算量，提高了正确识别率。模型匹配时充分利用了目标的几何信息和极化信息，确保了目标被正确识别的概率。模型匹配技术避免了采用大量样本数据来训练分类器，只需要存储目标实体模型或不同姿态下的三维散射中心模型，识别时根据具体场景实时构造模板，具有存储量小、计算快、适用范围广的优点。

本 章 小 结

本章从人造目标几何结构反演和识别技术两个方面开展研究。首先针对人造目标 SAR/ISAR 图像，研究了目标几何结构反演的方法。该反演方法在图像域进行特征提取与分析，避免了传统方法中的模型参数估计问题，大大降低了问题求解的难度，提高了反演的效率，同时保证了反演结果的可靠性。并通过 T-72 坦克的实测数据，验证了所提方法的有效性。其次针对目标识别技术进行研究，提出了两种高效可行的人造目标极化识别的方法，达到了较好的分类识别效果。并分别以极化 HRRP 以及极化 ISAR 图像为对象进行了分析，并以实验验证了两种方法的有效性。

参 考 文 献

[1] POTTER L C, CHIANG D M, CARRIERE R, et al. A GTD-based parametric model for radar scattering [J]. IEEE Transactions on Antennas and Propagation, 1995, 43 (10): 1058-1067.

[2] JACKSON J A, MOSES R L. Feature extraction algorithm for 3D scene modeling and visualization using monostatic SAR [C]//Proceedings of the SPIE 6237, Algorithms for Synthetic Aperture Radar Imagery XⅢ. 2006: 6237.

[3] 王润生. 图像理解 [M]. 长沙: 国防科技大学出版社, 1995.

[4] CARRIERE R, POTTER L C, MOSES R L, et al. Radar target modeling: a geometric theory of diffraction (GTD) -based approach [C]//Proceedings of the Automatic Object Recognition IV. SPIE, 1994, 2234: 67-78.

[5] 孙真真. 基于光学区雷达目标二维像的目标散射特征提取的理论及方法研究 [D]. 长沙: 国防科学技术大学, 2001.

[6] 计科峰. SAR 图像目标特征提取与分类方法研究 [D]. 长沙: 国防科学技术大学, 2003.

[7] FULLER D F. Phase history decomposition for efficient scatterer classification in SAR imagery [D]. Wright-Patterson Air Force Base: Air Force Institute of Technology, 2011.

[8] GIUSTI E, MARTORELLA M, CAPRIA A. Polarimetrically persistent scatterer based automatic target recognition [J]. IEEE Transactions on Geoscience and Remote Sensing, 2011, 49 (11): 4588-4599.

[9] GIUSTI E, MARTORELLA M. Polarimetric persistent scatterer tracking in ISAR image sequences [C]//Proceedings of the 8th European Conference on Synthetic Aperture Radar. VDE, 2010: 778-781.

[10] KRIEG M L, GRAY D A. Comparison of probabilistic least squares and probabilistic multi-hypothesis tracking algorithms for multi-sensor tracking [C]//Proceedings of the 1997 IEEE International Conference on Acoustics, Speech, and Signal Processing. IEEE, 1997, 1: 515-518.

[11] SAVILLE M A, JACKSON J A, FULLER D F. Rethinking vehicle classification with wide-

angle polarimetric SAR [J]. IEEE Aerospace and Electronic Systems Magazine, 2014, 29 (1): 41-49.

[12] POTTER L C, MOSES R L. Attributed scattering centers for SAR ATR [J]. IEEE Transactions on Image Processing, 1997, 6 (1): 79-91.

[13] GERRY M J, POTTER L C, GUPTA I J, et al. A parametric model for synthetic aperture radar measurements [J]. IEEE Transactions on Antennas and Propagation, 1999, 47 (7): 1179-1188.

[14] 段佳，邢孟道，张磊，等．联合属性散射中心的极化目标重构新方法 [J]. 西安电子科技大学学报（自然科学版），2014，41 (6): 18-24.

[15] 吴敏，张磊，段佳，等．基于属性散射中心模型的SAR超分辨成像算法 [J]. 宇航学报，2014，35 (9): 1058-1064.

[16] 张静克，计科峰，邢相薇．SAR目标属性散射中心特征提取与分析 [J]. 雷达科学与技术，2011，3 (9): 207-212, 218.

[17] 张爱兵．高分辨率SAR图像复杂目标属性散射中心特征提取 [D]. 长沙：国防科学技术大学，2009.

[18] Koets M A, Moses R L. Feature extraction using attributed scattering center models on SAR imagery [C]//Proceedings of the Algorithms for Synthetic Aperture Radar Imagery VI. SPIE, 1999, 3721: 104-115.

[19] CHEN J F, LI Y H, WANG J Q, et al. Adaptive CLEAN algorithm for millimeter wave synthetic aperture imaging [J]. IET Image Processing, 2015, 9 (3): 218-225.

[20] 丁柏圆，文贡坚，余连生，等．属性散射中心匹配及其在SAR目标识别中的应用 [J]. 雷达学报，2017，6 (2): 157-166.

[21] 马昌凤．最优化方法及其Matlab程序设计 [M]. 北京：科学出版社，2010.

[22] FULLER D F, SAVILLE M A. Classification of canonical scattering through sub-band analysis [C]//Proceedings of the SPIE Algorithms Synthetic Aperture Radar Imagery XVII. 2010, 7669.

[23] MORRISON N. Introduction to Fourier analysis [M]. Hoboken: John Wiley and Sons, 1994.

[24] FULLE D F, SAVILLE M A. A high-frequency multipeak model for wide-angle SAR imagery [J]. IEEE Transactions on Geoscience and Remote Sensing, 2013, 51 (7): 4279-4291.

[25] JACKSON J A, RIGLING B D, MOSES R L. Canonical scattering feature models for 3D and bistatic SAR [J]. IEEE Transactions on Aerospace and Electronic Systems, 2010, 46 (2): 525-541.

[26] LI Y C, JIN Y Q. Target decomposition and recognition from wide-angle SAR imaging based on a Gaussian amplitude-phase model [J]. Science China Information Sciences, 2017, 60: 062305.

[27] CHEN Q, JIANG Y M, ZHAO L J, et al. Polarimetric scattering similarity between a

random scatterer and a canonical scatterer [J]. IEEE Geoscience and Remote Sensing Letters, 2010, 7 (4): 866-869.

[28] MARGARIT G, MALLORQUÍ J J. FABREGAS X. Single-pass polarimetric SAR interferometry for vessel classification [J]. IEEE Transactions on Geoscience and Remote Sensing, 2007, 45 (11): 3494-3502.

[29] DUAN J, ZHANG L, XING M D, et al. Polarimetric target decomposition based on attributed scattering center model for synthetic aperture radar targets [J]. IEEE Geoscience and Remote Sensing Letters, 2014, 11 (12): 2095-2099.

[30] RODRIGUEZ A, LAIO A. Clustering by fast search and find of density peaks [J]. Science, 2014, 334 (6191): 1492-1496.

[31] WU J N, CHEN Y G, DAI D H, et al. Clustering-based geometrical structure retrieval of man-made target in SAR images [J]. IEEE Geoscience and Remote Sensing Letters, 2017, 14 (3): 279-283.

[32] FARMER J, SAVILLE M A. Effects of local peak detection on attributed scattering centre extraction in SAR [J]. Electronics Letters, 2015, 51 (8): 646-648.

[33] 李永祯，王雪松，徐振海，等．基于强散射点径向积累的高分辨极化目标检测研究 [J]. 电子学报, 2001, 29 (3): 307-310.

[34] SUN K, GENG X R, JI L Y. Exemplar component analysis: a fast band selection method for hyperspectral imagery [J]. IEEE Geoscience and Remote Sensing Letters, 2015, 12 (5): 998-1002.

[35] The sensor data management system, MSTAR public dataset [EB/OL]. [2009-04-04]. Https://www. sdms. afrl. af. mil/index. php?collection=mstar.

[36] 程旭．全极化雷达目标检测与参数估计方法研究 [D]. 长沙：国防科学技术大学, 2016.

[37] 付耀文，贾宇平，庄钊文．基于一维散射中心匹配的雷达目标识别 [J]. 电子学报, 2006, 34 (3): 404-408.

[38] 郭尊华，李达，张伯彦．雷达高距离分辨率一维像目标识别 [J]. 系统工程与电子技术, 2013, 35 (1): 53-60.

[39] 吴佳妮，陈永光，代大海，等．基于快速密度搜索聚类算法的极化 HRRP 分类方法 [J]. 电子与信息学报, 2016, 38 (10): 2461-2467.

[40] 代大海．极化雷达成像及目标特征提取研究 [D]. 长沙：国防科学技术大学, 2008.

[41] DUNGAN K E, AUSTIN C, NEHRBASS J, et al. Civilian vehicle radar data domes [C]// Proceedings of SPIE Algorithms for synthetic aperture radar Imagery XVII. SPIE, 2010, 7699: 76690P.

[42] 何虎翼．聚类算法及其应用研究 [D]. 上海：上海交通大学, 2007.

[43] 张玉玺，王晓丹，姚旭，等．基于 H/A/α 分解的全极化 HRRP 目标识别方法 [J]. 系统工程与电子技术, 2013, 35 (12): 2501-2506.

[44] 郭雷．宽带雷达目标极化特征提取与核方法识别研究 [D]. 长沙：国防科学技术大学, 2009.

[45] 付强，周剑雄，秦敬喜，等．雷达目标散射中心模型反演及其在识别中的应用［J］．系统工程与电子技术，2011，33（1）：48-52.

[46] COOKE T，MARTORELLA M，HAYWOOD B，et al. Use of 3D ship scatterer models from ISAR image sequences for target recognition［J］．Digital Signal Processing，2006，16（5）：523-532.

[47] MARTORELLA M，GIUSTI E，DEMI L，et al. Target recognition by means of polarimetric ISAR images［J］．IEEE Transactions on Aerospace and Electronic Systems，2011，47（1）：225-239.

[48] 吴佳妮，陈永光，冯德军，等．基于预分类的全极化 HRRP 模型匹配目标识别方法［J］．系统工程与电子技术，2016，38（9）：1969-1974.

[49] CLOUDE S R，POTTIER E. A review of target decomposition theorems in radar polarimetry［J］．IEEE Transactions on Geoscience and Remote Sensing，1996，34（2）：498-518.

[50] 常银磊．涂覆色散薄层介质目标的雷达散射截面预估计算［D］．南京：南京邮电大学，2014.

[51] 徐牧．极化 SAR 图像人造目标提取与几何结构反演研究［D］．长沙：国防科学技术大学，2008.

[52] 秦敬喜．基于散射中心模型的高分辨雷达目标识别方法研究［D］．长沙：国防科学技术大学，2008.

[53] 周剑雄．光学区雷达目标三维散射中心重构理论与技术［D］．长沙：国防科学技术大学，2006.

[54] 刘晓明，文贡坚，钟金荣．基于 SAR 数据的三维散射中心模型位置重构方法［J］．雷达学报，2013，2（2）：187-194.

[55] RIGLING B D，MOSES R L. Three-dimensional surface reconstruction from multistatic SAR images［C］//Proceeding of SPIE Algorithms for Synthetic Aperture Radar Imagery Ⅹ. 2003，5095：75-85.

[56] BRYANT M L，GOSTIN L L，SOUMEKH M. 3-D E-CSAR imaging of a T-72 tank and synthesis of its SAR reconstructions［J］．IEEE Transactions on Aerospace and Electronic Systems，2003，39（1）：211-227.

[57] Mayhan J T，Burrows M L，Cuomo K M，et al. High resolution 3D "snapshot" ISAR imaging and feature extraction［J］．IEEE Transactions on Aerospace and Electronic Systems，2001，37（2）：630-642.

[58] XU X J，NARAYANAN R M. Narayanan R M. Three-dimensional interferometric ISAR imaging for target scattering diagnosis and modeling［J］．IEEE Transactions on Image Processing，2001，10（7）：1094-1102.

[59] IWAMOTO M，KIRIMOTO T. A novel algorithm for reconstructing three-dimensional target shapes using sequential radar images［C］//Proceedings of the IEEE International Symposium on Geoscience and Remote Sensing，2001：1607-1609.

[60] WANG S X, HUANG Y, CHEN V C. Three-dimensional ground truth reconstruction using 2D ISAR imagery [C]//Proceedings of Algorithms for Synthetic Aperture Radar Imagery Ⅲ. SPIE, 1996, 2757: 104-112.

[61] WANG G Y, XIA X G, CHEN V C. Three-dimensional ISAR imaging of maneuvering targets using three receivers [J]. IEEE Transactions on Image Processing, 2001, 10 (3): 436-447.

[62] FAZIO S, HONG L. Using high-range resolution (HRR) radar data for reconstructing a rigid moving target's scattering centers [C]//Proceedings of the Algorithms for Synthetic Aperture Radar Imagery Ⅺ. SPIE, 2004, 5427: 62-73.

[63] 杨云川. 基于 ISAR 图像序列的目标三维重构 [D]. 哈尔滨: 哈尔滨工业大学, 2014.

[64] 何华兵, 谢松云, 许家栋, 等. 基于因子分解法的目标三维散射中心重构 [J]. 空间电子技术, 2014, 11 (2): 1-6.

[65] 何松华, 肖怀铁, 孙文峰, 等. 高距离分辨率极化雷达目标匹配识别研究 [J]. 电子学报, 1999, 27 (3): 110-112.

[66] 朱永松, 国澄明. 基于相关系数的相关匹配算法的研究 [J]. 信号处理, 2003, 19 (6): 531-534.

第9章

全极化单脉冲前视成像

对于常规SAR成像技术而言，当天线波束与运动路径重合时，由于多普勒频率的梯度在方位向维度上太小，方位分辨率会急剧下降，形成前视成像的盲区，极大制约了其在飞机辅助降落和导弹精确制导等领域中的应用。此时，经典SAR成像技术已不再适用，需要前视成像才能满足实际复杂需求。

前视成像填补了侧视SAR和前斜视SAR的成像盲区，具有重要的社会价值和军事应用价值。在飞机的起飞和降落阶段，在能见度较差的情况下辅助飞机着陆，在无人机、弹道导弹等武器系统中，如果能进行高分辨的前视成像，将极大提高目标检测、识别的精度。

与单极化成像雷达相比，极化雷达可以充分发掘利用目标的极化散射特性，对于提高测角和目标识别性能具有重要意义。极化信息的应用不是不同极化通道数据量的简单叠加，而是利用各个极化通道之间的相关特性为目标信息的发掘提供重要的理论依据。极化信息的引入，可以有效地扩展对于目标的认知，为目标的三维重构与反演以及目标特性的研究提供更多的信息参考。结合全极化信息，能够对目标三维精细的几何结构参数进行估计甚至对材料参数进行反演。结合目标的极化散射矩阵，除了能辅助飞机起飞降落，还具备前视区域目标几何结构识别的能力，有助于提高对前视区域目标的感知能力和辨别能力。

因此，本章着力对极化雷达单脉冲前视成像进行阐述，对雷达波束内单个目标、双目标和群目标进行分辨，同时还介绍了极化信息对单脉冲测角的作用。

9.1 单极化单脉冲前视成像

本节首先从简单的雷达波束内只存在单个目标的情形出发，分析单脉冲测角原理以及单脉冲前视成像的基本框架；其次对单脉冲测角的性能进行分析；最后仿真实现单目标单脉冲前视成像，并对成像结果进行细致的分析。

主要实现步骤是基于阵列天线形成和差天线方向图，利用单脉冲测角公式实现单脉冲测角，然后对实孔径成像结果中的目标进行方位向重定位，从而实现单脉冲前视成像。

进一步本节研究了双不可分辨目标的前视成像，此时传统单脉冲测角失效，前视成像质量严重下降，需要对双目标的角度进行准确估计，这成为单脉冲测角领域难以解决的难题。因此，本节提出了一种基于 Levenberg-Marquardt（LM）[1]优化的新型单脉冲前视成像算法实现雷达波束内双目标的分辨，对其性能进行全面的对比分析，并对成像结果进行分析总结。

9.1.1 单目标单脉冲前视成像

9.1.1.1 单脉冲测角原理

单脉冲测角利用天线系统形成的和差天线方向图对回波的振幅或者相位响应，只需要一个脉冲即可获取目标的到达方向（DOA）。

单脉冲主要分为比幅单脉冲和比相单脉冲，两者只是具体的实现方式有所不同。比幅单脉冲的原理是根据和差天线方向图接收同一相位中心信号的相对幅度来进行测角，而比相单脉冲则是根据多个天线接收同一幅度信号的相位差来获取目标角度信息的。

单脉冲测角按照天线扫描方式可分为机械扫描和相位扫描。机械扫描速度慢，同时控制精度低，而相位扫描快，一般采用阵列天线实现，是当下的主流应用方式。本节主要采用阵列天线实现比相单脉冲测量，将一维均匀线性阵列（Uniform Linear Array，ULA）分为两个天线子阵，从而得到和差天线方向图。

假设 N 为阵元数量，θ 为来波方位到达角，俯仰向角度设为 $\varphi=\pi/2$。阵元间距 $d=\lambda/2$，其中 λ 表示波长。阵列天线示意图如图 9.1 所示。

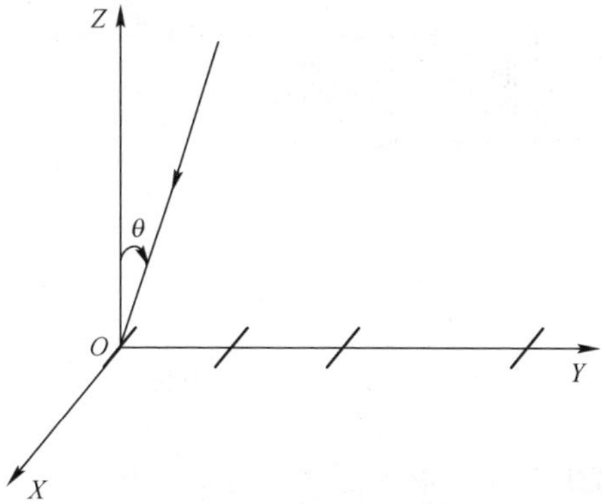

图 9.1　阵列天线示意图

和差波束幅度权矢量设置分别如下式所示，而和差波束相位加权即为阵列导向矢量，阵列中心位置一般设置为零相位点。

和波束幅度权矢量设置为

$$\boldsymbol{w}_{\mathrm{s}}=[1\cdots1\quad1\cdots1]^{\mathrm{T}} \tag{9.1}$$

差波束幅度权矢量设置为

$$\boldsymbol{w}_{\mathrm{d}}=[-1\cdots-1\quad1\cdots1]^{\mathrm{T}} \tag{9.2}$$

阵列导向矢量为

$$\boldsymbol{s}(u_i)=[\mathrm{e}^{-\mathrm{j}kd\frac{N-1}{2}u_i},\mathrm{e}^{-\mathrm{j}kd\frac{N-3}{2}u_i},\cdots,\mathrm{e}^{\mathrm{j}kd\frac{N-3}{2}u_i},\mathrm{e}^{\mathrm{j}kd\frac{N-1}{2}u_i}]^{\mathrm{T}} \tag{9.3}$$

式中：K 表示波数，$k=2\pi/\lambda$；u_i 为到达角的正弦表示，指向任意方向，$u_i=\sin\theta_i$；上标 T 表示矩阵转置。

基于上述和差幅度加权和相位加权，推导得到单脉冲差和比计算表达式为

$$\frac{\boldsymbol{\Delta}}{\boldsymbol{\Sigma}}=\frac{A[\boldsymbol{w}_{\mathrm{d}}\odot\boldsymbol{s}(u_0)]^{\mathrm{T}}\boldsymbol{s}(u_i)}{A[\boldsymbol{w}_{\mathrm{s}}\odot\boldsymbol{s}(u_0)]^{\mathrm{T}}\boldsymbol{s}(u_i)} \tag{9.4}$$

式中：Δ 表示差天线方向图响应；Σ 表示和天线方向图响应；A 表示信号复幅度；$\odot$表示 Hadamard 积；u_0为阵列天线初始化视轴指向方向，$u_0=\sin\theta_0$，这里设为 Z 轴方向。

设置阵元数 $N=100$，即 3dB 波束宽度为 $\theta_{3\mathrm{dB}}\approx1.0153°$，则其和差波束幅度权矢量分布图如图 9.2 所示。以幅度和 dB 为单位的和差天线方向图分别如图 9.3 和图 9.4 所示。

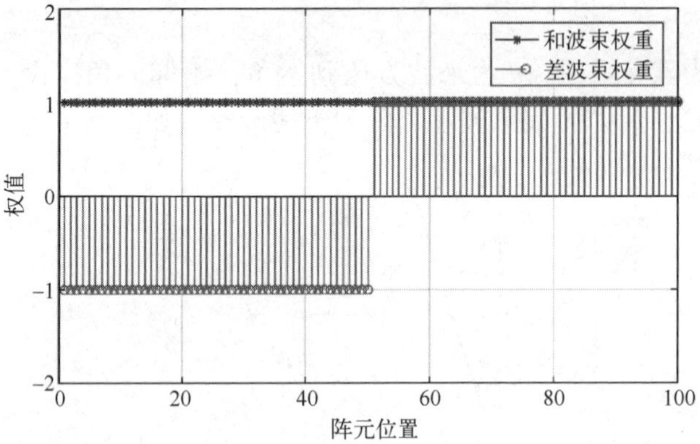

图 9.2 权矢量分布图

对差波束与和波束的比值取虚部即可得到单脉冲响应曲线：

$$R=\mathrm{Im}\left[\frac{\Delta}{\Sigma}\right] \tag{9.5}$$

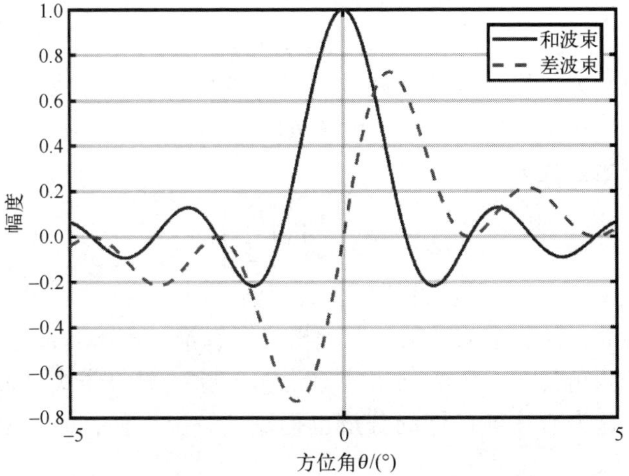

图 9.3　和差天线方向图（幅度）

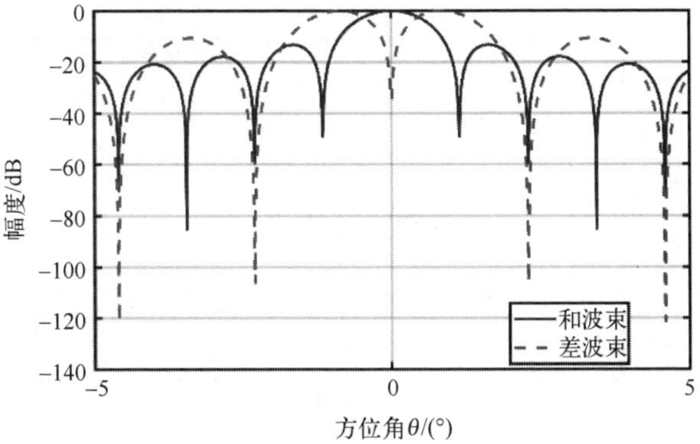

图 9.4　和差天线方向图（dB）

对于阵列信号而言，考虑使用 ULA，则接收到的包含目标角度信息的回波可表示为

$$\boldsymbol{x}=A_1\boldsymbol{s}(u_1)+\boldsymbol{n} \tag{9.6}$$

式中：A_1表示单个目标的复幅度；u_1表示目标方位角；$\boldsymbol{n}\in\mathbb{C}^{N\times 1}$表示服从均值为零、方差为$\boldsymbol{\sigma}^2\boldsymbol{I}$的复高斯白噪声。

通过单脉冲响应得到的鉴角曲线，则可以反推出目标的到达角，从而实现单脉冲测角。对于某一接收到的回波，可以得到其单脉冲响应为

$$z=\mathrm{Im}\left[\frac{[\boldsymbol{w}_{\mathrm{d}}\odot s(u_0)]^{\mathrm{T}}\boldsymbol{x}}{[\boldsymbol{w}_{\mathrm{s}}\odot s(u_0)]^{\mathrm{T}}\boldsymbol{x}}\right] \tag{9.7}$$

反向推导即可得到目标到达角为

$$u_i=R^{-1}(z) \tag{9.8}$$

一般而言，为了提高测角性能，可以对鉴角曲线进行线性拟合，得到拟合斜率，从而简化鉴角曲线求反的计算量。

单脉冲测角公式为

$$\hat{u}=u_0+\frac{1}{k}\mathrm{Im}\left[\frac{\Delta}{\Sigma}\right] \tag{9.9}$$

式中：k 表示拟合斜率。单脉冲测角公式简洁，但本质上也是基于阵列信号处理的原理实现的，从最大似然估计原理出发可以推导出单脉冲差波束权矢量，实现和单脉冲测角公式一致的结果[2]，说明单脉冲测角公式是最大似然估计的一种特例。这为后续群目标的分辨也提供了解决途径，而不必局限于单脉冲测角公式。

阵元数 $N=100$ 对应的鉴角曲线和拟合曲线如图 9.5 所示，拟合误差如图 9.6 所示。

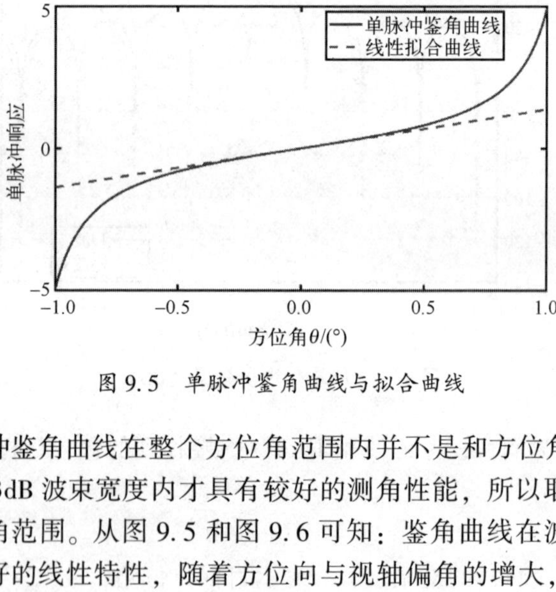

图 9.5　单脉冲鉴角曲线与拟合曲线

由于单脉冲鉴角曲线在整个方位角范围内并不是和方位角都有一一对应关系，只有在 3dB 波束宽度内才具有较好的测角性能，所以取两倍 3dB 波束宽度作为方位角范围。从图 9.5 和图 9.6 可知：鉴角曲线在波束指向中心位置附近具有较好的线性特性，随着方位向与视轴偏角的增大，测角误差逐渐增加。

9.1.1.2　单目标单脉冲前视成像模型

图 9.7 给出了前视成像区域示意图，前视区域正好填补了前斜视和侧视 SAR 的盲区。对于基于阵列扫描的雷达前视成像几何模型如图 9.8 所示。

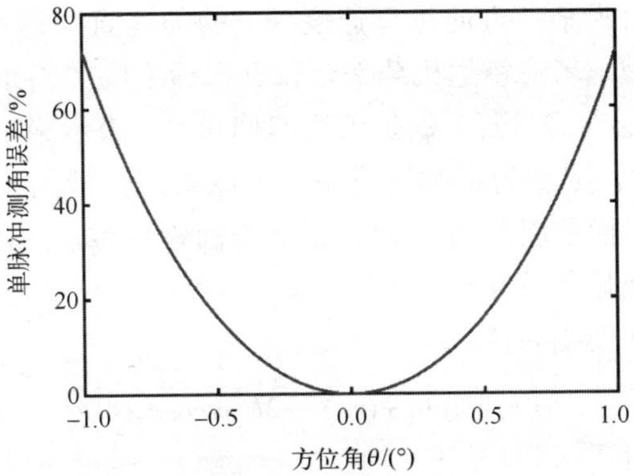

图 9.6　拟合误差

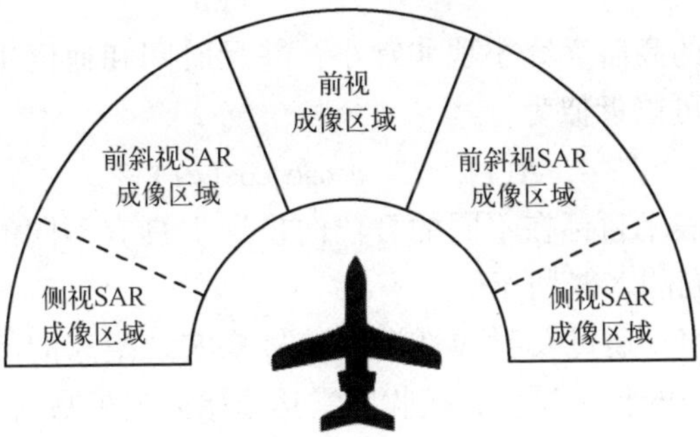

图 9.7　前视成像区域示意图

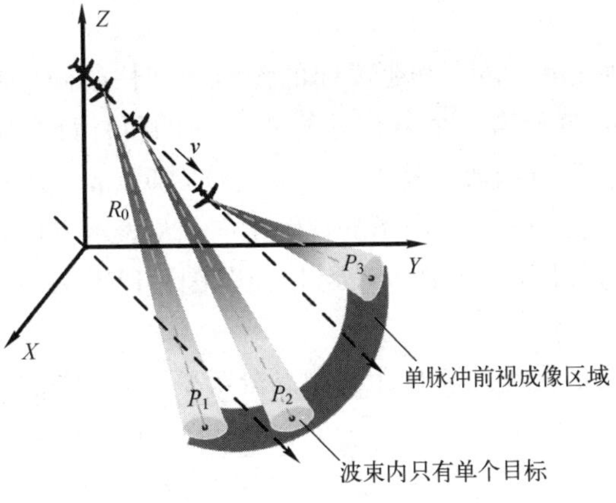

图 9.8　单目标单脉冲前视雷达成像几何模型

本节的单脉冲前视成像针对雷达波束内只存在单个目标的情况，结合单脉冲测角技术和阵列天线扫描，实现对指定区域的前视成像。

假设雷达平台沿某一方向进行速度为 v 的匀速直线运动，同时阵列天线扫过前视成像区域。考虑雷达机载平台和点目标之间的斜距 $R(t)$，最短斜距为 R_0，即波束中心对准目标。φ 是天线俯仰角，α_i 表示第 i 个目标的前斜角。当前斜角为 90°时，则变为正侧视成像，可以采用传统的 SAR 成像技术实现高方位向分辨率。而前斜角为 0°时，则成为前视成像。此时，多普勒带宽变得非常小，SAR 成像条件无法满足。

此时，目标和天线的斜距为

$$R(t)=\sqrt{R_0^2+(vt)^2-2R_0vt\cos\alpha_i\cos\varphi} \tag{9.10}$$

泰勒展开后为

$$R(t)=R_0-v\cos\alpha_i\cos(\varphi t)+\frac{v^2(1-\cos\alpha_i^2\cos\varphi^2)}{2R_0}t^2+O(t) \tag{9.11}$$

式（9.11）的高阶无穷小项非常小，并且时间和速度也远小于最短斜距 R_0，式（9.11）可以近似为

$$R(t)\approx R_0-v\cos\alpha_i\cos(\varphi t) \tag{9.12}$$

式（9.12）表示目标在不同的方位向位置上具有不同的斜距，这将对不同的目标添加不同的多普勒相位。

在前视成像中，通过发射线性调频信号来实现距离向的高分辨。对于远场前视成像区域中的相干目标，接收的雷达原始回波可写为

$$g(t,\tau)=\sum_{k=1}^{K}\sigma_k\boldsymbol{a}(\theta_k)\mathrm{rect}(t,\tau)\exp\left(-\mathrm{j}\frac{4\pi}{\lambda}R(t)+\mathrm{j}\pi K_r\left[\tau-\frac{2R(t)}{c}\right]^2\right) \tag{9.13}$$

式中：t 和 τ 分别表示方位向和距离向的慢时间和快时间；λ 表示波长；K_r 表示线性调频率；σ_k 表示第 k 个方位采样单元中的目标散射强度；$\mathrm{rect}(t,\tau)=(\tau-2R(t)/\mathrm{c})/T$ 表示窗函数，其中 T 表示信号周期；$\boldsymbol{a}()$ 表示由阵列天线形成的天线方向图；θ_k 表示天线方向图的视轴指向；K 表示方位向采样数，可以用 $K=\phi\cdot\mathrm{PRF}/\omega$ 计算得出，其中 ϕ 表示扫描范围，PRF 表示脉冲重复频率，ω 表示扫描角速度。

在距离向进行匹配滤波实现距离向高分辨率，匹配滤波后的信号表示为

$$g(t,\tau)=\sum_{k=1}^{K}\sigma_k\boldsymbol{a}(\theta_k)\mathrm{sinc}\left[B\left(\tau-\frac{2R(t)}{c}\right)\right]\exp\left(-\mathrm{j}\frac{4\pi}{\lambda}R(t)\right) \tag{9.14}$$

为了消除平台运动的影响，进行距离迁移校正后的回波信号可写为

$$g(t,\tau)=\sum_{k=1}^{K}\sigma_k\boldsymbol{a}(\theta_k)\mathrm{sinc}\left[B\left(\tau-\frac{2R_0}{c}\right)\right]\exp\left(-\mathrm{j}\frac{4\pi}{\lambda}R(t)\right) \tag{9.15}$$

式中：B 表示发送信号的带宽。

9.1.1.3　算法流程

单脉冲前视成像的距离向高分辨率由脉冲压缩实现，其具有成熟的应用基础，从而成为雷达成像领域中最为基础的方法之一，而方位向分辨率由单脉冲测角的精度决定。由于雷达波束内只存在单个目标，依靠和差天线波束接收回波的单脉冲比即可得到目标的到达角，因而此时只需通过阵列天线形成和差天线方向图，而无须涉及额外的阵列信号处理方法。

对于传统的实孔径前视成像系统而言，其距离向、方位向的分辨率分别为

$$\rho_{\mathrm{r}}=\frac{c}{2B} \tag{9.16}$$

$$\rho_{\mathrm{a}}=\theta_{3\mathrm{dB}} \tag{9.17}$$

式中：ρ_{r}和ρ_{a}分别代表距离向和方位向分辨率，天线 3dB 波束宽度决定了方位向分辨率。

图 9.9 给出了单目标单脉冲前视成像算法流程。整体而言，需要通过阵列扫描实现对前视成像区域的覆盖，然后结合和、差两路天线波束接收到的回波进行处理。首先是分别对两路回波进行距离向的脉冲压缩；其次，再利用传统和差波束单脉冲测角公式进行求解，得到目标准确的角度值；最后，通过在实孔径成像结果中进行方位向重定位，完成前视区域目标的分辨。

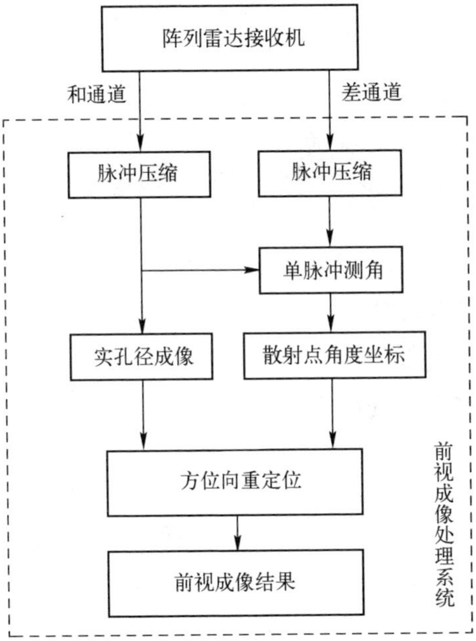

图 9.9　单目标单脉冲前视成像算法流程

其中，最为核心的问题是如何将单脉冲测角结果与图像进行融合，通过阵列扫描得到的方位向分辨率取决于天线波束宽度，由于需要同时考虑单脉冲测角精度远高于波束宽度和测量误差的随机性，这就涉及单脉冲前视成像算法中关键的步骤：方位向重定位。

单脉冲前视成像中方位向重定位的示意图如图 9.10 所示，主要步骤如下：

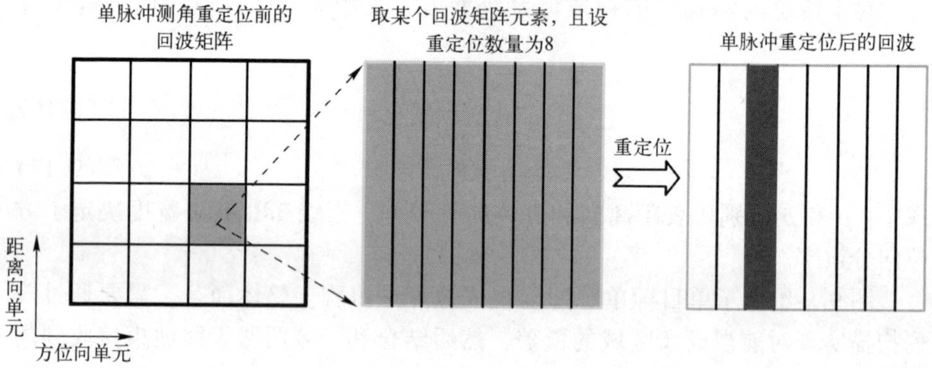

图 9.10 单脉冲方位向重定位示意图

（1）将和通道回波信号进行脉冲压缩，使得目标在距离向可以清晰地分辨开来，但此时方位向分辨率为天线波束宽度 θ_{3dB}。

（2）为了将单脉冲的高精度测角结果与只有波束宽度分辨率的实孔径成像结果进行融合，需设定重定位数 Q，从而将高精度测角结果重新定位到实孔径成像结果中，其设定需结合单脉冲测角精度与扫描过程中多次测角的稳定性来确定，保证多个测角值最终都重定位在尽可能少的分辨单元内。

（3）对于脉冲压缩后的回波矩阵，沿着方位向将方格单元以重定位数进行等间隔划分，即将回波矩阵在方位向拓展 Q 倍。

（4）计算单脉冲测角结果在拓展方格中对应的位置，同时将相应的实孔径成像结果重定位到拓展方格中。

9.1.1.4 性能分析与实验验证

首先通过蒙特卡洛实验对传统单脉冲测角性能进行仿真分析，其次再设置点目标场景仿真验证单目标单脉冲前视成像算法的成像效果。

对于测角性能评估而言，一般采用最小化平方损失（均方误差）的策略[3]，以衡量测角精度。为了保证测角精度单位统一，通常采用均方根误差（Root Mean Square Error）$\mathrm{RMSE}=\sqrt{E[(\hat{\theta}-\theta)^2]}$ 来衡量角度估计的性能。

1. 单目标单脉冲测角性能仿真分析

对于雷达波束内的单个目标，传统的和差波束单脉冲测角公式可应用于角度测量，其测量精度将受到信噪比的影响，同时由于单脉冲鉴角曲线通常是经过线性拟合得到的，这也将引起特定的角度测量误差。

仿真设置：阵元数 $\mathrm{RMSE}=\sqrt{E[(\hat{\theta}-\theta)^2]}$，$d=\lambda/2$，即天线波束宽度为 $\theta_{3\mathrm{dB}}\approx1.0153°$，波束指向 $\theta_0=0°$，蒙特卡洛实验次数 MC = 1000，原始回波信号增加噪声，以评估其测角性能。定义信噪比为 $\mathrm{SNR}=|A|^2/\sigma^2$。测角性能评估一般为 $\mathrm{RMSE}=\sqrt{\frac{1}{\mathrm{MC}}\sum_{i=1}^{\mathrm{MC}}[(\hat{\theta}-\theta)^2]}$，这里为了得到普遍性结论，用归一化的均方根误差（Normalized Root Mean Square Error，NRMSE）评估，即 $\mathrm{NRMSE}=\mathrm{RMSE}/\theta_{3\mathrm{dB}}$。

针对雷达波束内存在单个目标的情况，传统单脉冲技术的测角性能如图 9.11 所示，其中不同的线表示目标不同的视轴偏角。当目标离视轴角度为 $0.25\theta_{3\mathrm{dB}}$ 时，NRMSE 收敛到 0.01。为了保证足够的角度测量精度和较大的测角范围，当阵列天线扫描成像区域时，应该忽略超过 $0.25\theta_{3\mathrm{dB}}$ 的角度测量结果。

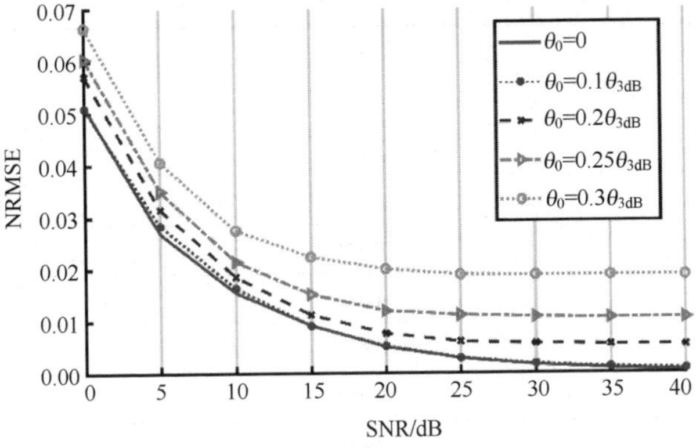

图 9.11　基于传统单脉冲技术的单目标测角性能（见彩图）

2. 单目标单脉冲成像仿真分析

单目标单脉冲前视成像的系统参数设置如表 9.1 所示。

表 9.1　单目标单脉冲前视成像仿真参数

参数列表	数　值	单　位
载频	9.6	GHz
带宽	50	MHz

续表

参数列表	数值	单位
波束宽度	1.0153	(°)
天线扫描速度	100	(°)/s
天线扫描区域	(-2, +2)	(°)
脉冲重复频率	1000	Hz
作用距离	4	km
重定位数量	5	—
SNR	30	dB

对于雷达波束内只存在单个目标的情况，可以采用单脉冲测角并重定位目标角度位置，然后结合和波束成像结果进行高分辨成像。在目标视轴偏角小于$0.25\theta_{3dB}$以及高信噪比的条件下，方位向分辨率理论上能够达到$0.01\theta_{3dB}$，但实际分辨率需要考虑成像的稳定性，可以通过设置合适的方位向重定位数Q以避免受到扫描体制的影响。单目标单脉冲前视成像仿真中点目标的距离和角度设置如表9.2所示。

表9.2 单目标单脉冲前视成像点目标参数

目标参数	距离/m	角度/(°)
目标1	4000	0
目标2	3900	-0.6
目标3	4100	-0.6
目标4	3800	-1.2
目标5	4200	-1.2
目标6	3900	0.6
目标7	4100	0.6
目标8	3800	1.2
目标9	4200	1.2

单目标和差波束接收到的原始回波如图9.12所示。

从距离向对和差波束原始回波进行距离向脉冲压缩，得到单目标和差波束实孔径成像结果如图9.13所示。可以看出，单目标和差波束实孔径成像结果的差异与和差天线方向图具有相似性，和波束实孔径成像结果表现为目标中心位置成像幅值高，而差波束目标中心的幅值正好相反，而且有凹陷的现象。同时，在实孔径成像结果中，处于不同距离向的目标可以被清晰地分辨开来。

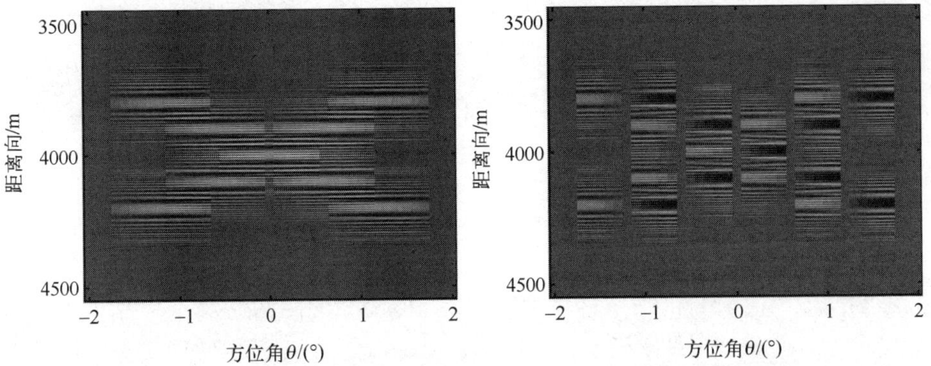

(a) 和波束　　(b) 差波束

图 9.12　单目标原始回波

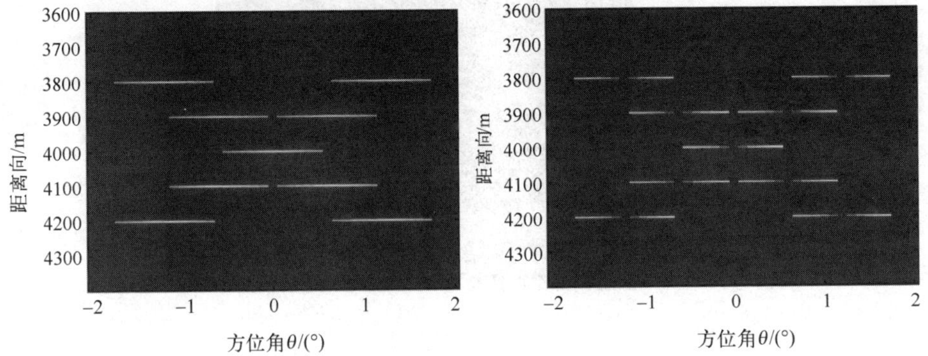

(a) 和波束　　(b) 差波束

图 9.13　单目标实孔径成像结果

为了更为细致地分析单目标和差波束实孔径成像结果，对其方位向和距离向的剖面图进行进一步分析。

图 9.14 给出了中心点（距离：4000m，角度：0°）处的目标和差波束实孔径成像剖面。对于和波束，距离向剖面是典型脉冲压缩后的信号，通过信号带宽的增加，还能继续提高其距离向分辨率。而方位向分辨取决于 3dB 波束宽度，远低于距离向分辨率，严重影响其方位向分辨能力。对于差波束，距离向的剖面图表示添加的复高斯噪声，方位向剖面图与差天线方向图保持一致。

通过对和波束实孔径成像结果中的目标进行方位向重定位，依靠单脉冲测角的极高精度可以得到高分辨率的单脉冲前视成像结果。图 9.15 给出了重定位后单目标单脉冲前视成像结果。对比实孔径前视成像结果，单个波束内的点目标被清晰地分辨开来，可以发现方位向分辨率和前视成像质量有大幅度提升。

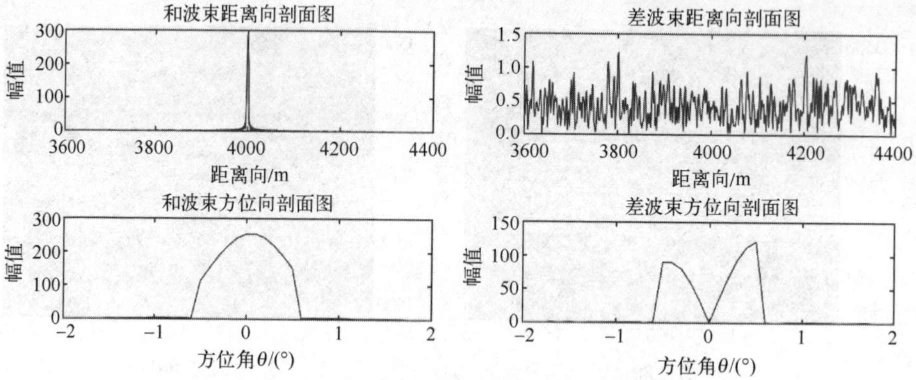

(a) 和波束　　(b) 差波束

图 9.14　单目标实孔径成像结果剖面

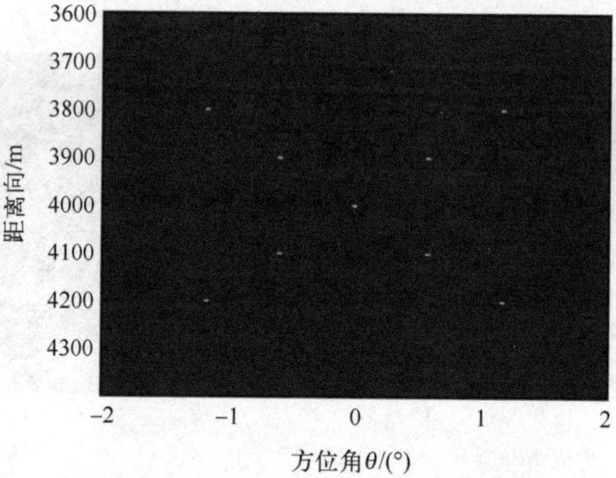

图 9.15　单目标单脉冲前视成像结果

为了更为细致地分析单脉冲成像质量，图 9.16 和图 9.17 分别给出了单目标单脉冲前视成像中心点距离向和方位向的剖面。可以看出：在 SNR＝30dB 的情况下，通过设置合适的方位向重定位数 Q，方位向分辨率能达到约 $0.06\theta_{3dB}$。此时方位向分辨率得到极大改善，单脉冲前视成像的优势得以体现。

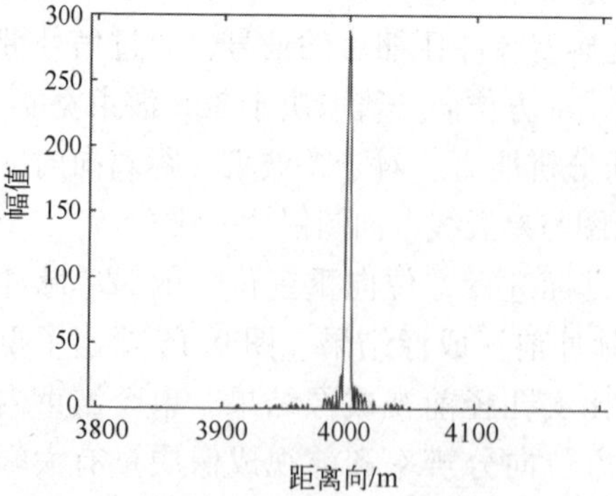

图 9.16　单目标单脉冲前视成像距离向剖面

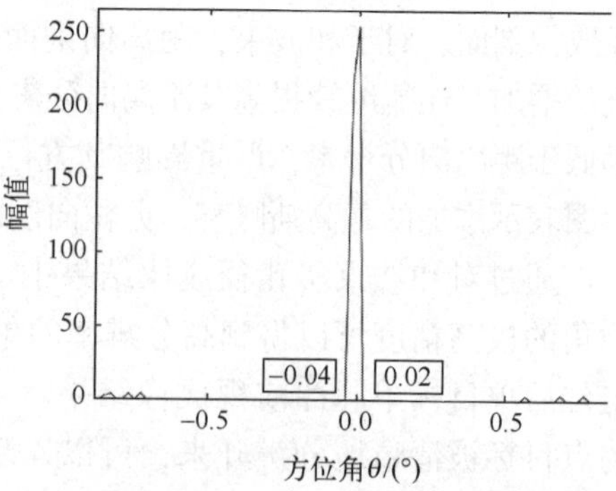

图 9.17　单目标单脉冲前视成像方位向剖面

9.1.2 双目标单脉冲前视成像

通过高精度、高稳定性的角度估计，雷达波束内单个目标的角度信息可以用传统单脉冲技术准确获得。但是，当雷达波束中存在多个目标时，由于角闪烁的原因很难实现目标分辨，只能得到多个目标的一个角度等效值。

由于阵列天线通过参数估计得到目标角度与普通的和差波束单脉冲测角公式得到的结果具有一致性[2]，因此可以通过参数估计，解决波束内多目标的分辨问题。本节介绍了一种基于 LM 优化的新型单脉冲前视成像算法[4]。该算法的核心思想是求解基于 LM 优化的最大似然估计（Maximum Likelihood，ML）问题（ML-LM），以获得不可分辨目标的 DOA 估计。本节首先建立阵列雷达波束内存在双目标的回波模型。其次，推导出双目标到达角的最大似然估计量。为了求解最大似然估计问题，给出 4 种优化求解方法——梯度法（Gradient Descent，GD）、共轭梯度法（Conjugate Gradient Descent，CGD）、双单脉冲法[5]（Dual Monopulse）及 LM 优化[1]方法。最后，基于一系列评估标准证明了 ML-LM 的优良性能，包括不同信噪比和角度间隔下的估计性能、计算效率等。仿真结果表明：利用该算法可以精确地分辨和重新定位前视成像中雷达波束内的两个目标。同时，通过与其他算法进行对比，ML-LM 方法具有较高的 DOA 估计精度、较低的计算复杂度和较广的角度适应范围。

9.1.2.1 双目标单脉冲前视成像模型

在阵列雷达相关的文献中，引入雷达数据立方块[6]来描述阵列天线接收的信号，其中三维数据用快时间、慢时间和天线相位中心的三个独立的坐标轴表示。为了简化双目标单脉冲前视成像的信号模型，本书将回波模型分为和天线方向图回波模型和阵列天线回波模型两部分，它们分别用于实孔径成像和波束内双目标 DOA 估计。

双目标单脉冲前视成像雷达几何模型如图 9.18 所示。它具有阵列天线快速扫描能力，以便提供及时准确的目标信息。

和天线方向图回波模型与式（9.13）中表示的信号模型一致，重写为

$$g(t,\tau)=\sum_{k=1}^{K}\sigma_k\boldsymbol{a}(\theta_k)\operatorname{sinc}\left[B\left(\tau-\frac{2R(t)}{c}\right)\right]\exp\left(-\mathrm{j}\frac{4\pi}{\lambda}R(t)\right) \tag{9.18}$$

阵列天线回波模型中，单脉冲前视成像雷达使用均匀线性阵列（ULA），雷达波束内双目标的阵列天线回波模型为

$$\boldsymbol{x}=A_1\boldsymbol{s}(u_1)+A_2\boldsymbol{s}(u_2)+\boldsymbol{n} \tag{9.19}$$

式中：$\boldsymbol{s}(u_i)$表示阵列导向矢量，$u_i=\sin\theta_i, i=1,2$。θ_1,θ_2和$A_1,A_2\in\mathbb{C}^{1\times1}$分别表示双目标离视轴中心的目标到达角和复幅度。特别地，如果只有单个目标位于雷达波束内，则A_2置为零。假设$\boldsymbol{n}\in\mathbb{C}^{N-1}$服从均值为零、方差为$\boldsymbol{\sigma}^2\boldsymbol{I}$的复高斯白噪声。

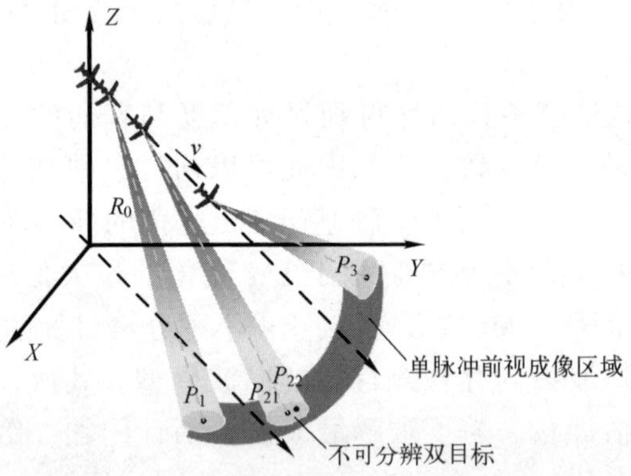

图 9.18 双目标单脉冲前视成像雷达几何模型

9.1.2.2 双目标最大似然 DOA 估计

由于噪声服从复高斯密度函数分布，阵列天线回波模型的概率密度函数可写为[7]

$$p(\boldsymbol{x},u,\boldsymbol{A})=[1/(2\pi\sigma^2)]^{N/2}\exp[-\|\boldsymbol{x}-\boldsymbol{A}\boldsymbol{s}\|^2/2\sigma^2] \tag{9.20}$$

式中：$\boldsymbol{A}=[A_1,A_2]$，$\boldsymbol{s}=[\boldsymbol{s}(u_1),\boldsymbol{s}(u_2)]^{\mathrm{T}}$。因此，DOA 估计问题可以等价于最大似然估计问题，并且可以最大化公式中给出的似然函数或者等效地最小化$Q=\boldsymbol{x}-\boldsymbol{A}\boldsymbol{s}^2$以估计两个不可分辨目标的 DOA。为了使结果具有普遍性，分别表示归一化接收信号$\bar{\boldsymbol{x}}$和归一化导向矢量$\bar{\boldsymbol{s}}$为$\bar{\boldsymbol{x}}=\boldsymbol{x}/\sqrt{N}=\boldsymbol{A}\bar{\boldsymbol{s}}+\bar{\boldsymbol{n}}$，$\bar{\boldsymbol{s}}=\boldsymbol{s}/\sqrt{N}=[\boldsymbol{s}_1,\boldsymbol{s}_2]$。在对目标函数 Q 求导数后，可以得

$$\partial Q/\partial A_1=-\boldsymbol{s}_1^{\mathrm{H}}\bar{\boldsymbol{x}}+A_1+A_2\boldsymbol{s}_1^{\mathrm{H}}\boldsymbol{s}_2=0 \tag{9.21}$$

$$\partial Q/\partial A_2=-\boldsymbol{s}_2^{\mathrm{H}}\bar{\boldsymbol{x}}+A_2+A_1\boldsymbol{s}_2^{\mathrm{H}}\boldsymbol{s}_1=0 \tag{9.22}$$

然后根据式（9.21）和式（9.22），能得到A_1,A_2的估计值，其中上标 H 表示共轭转置。

$$\hat{A}_1=\frac{\boldsymbol{s}_1^{\mathrm{H}}\bar{\boldsymbol{x}}-\boldsymbol{s}_2^{\mathrm{H}}\bar{\boldsymbol{x}}\boldsymbol{s}_1^{\mathrm{H}}\boldsymbol{s}_2}{1-\|\boldsymbol{s}_1^{\mathrm{H}}\boldsymbol{s}_2\|^2} \tag{9.23}$$

$$\hat{A}_2=\frac{\boldsymbol{s}_2^{\mathrm{H}}\bar{\boldsymbol{x}}-\boldsymbol{s}_1^{\mathrm{H}}\bar{\boldsymbol{x}}\boldsymbol{s}_2^{\mathrm{H}}\boldsymbol{s}_1}{1-\|\boldsymbol{s}_2^{\mathrm{H}}\boldsymbol{s}_1\|^2} \tag{9.24}$$

9.1.2.3 基于 LM 的最优化求解

最大似然估计的最优化求解可以表示为在满足一定的限制条件下，求解

使得目标函数最小的全局最优解：

$$\begin{cases}\min \boldsymbol{Q}(\boldsymbol{u})=\min\limits_{u_1,u_2} \boldsymbol{F}(\boldsymbol{u})^2=\min \bar{\boldsymbol{x}}-\boldsymbol{A}\bar{\boldsymbol{s}}^2 \\ \text{s. t. } u_1, u_2 \in \Omega\end{cases} \tag{9.25}$$

式中：Ω 表示可行域，对于测角问题，表示角度测量值应在天线 3dB 波束宽度内；$\boldsymbol{Q}(\boldsymbol{u})$表示待优化的目标函数。

对于雷达波束内的双目标，除了本节需要重点介绍的 LM 算法，还可以使用一般的无约束优化方法来求解目标函数。同时，通过形成两套单脉冲测角系统的双单脉冲算法也可以实现较高的测量精度。因此，为了证明所提方法的优越性，将所提出的 ML-LM 与梯度下降（Gradient Descent，ML-GD）、共轭梯度（Conjugate Gradient，ML-CGD）和双单脉冲（Dual-Monopulse）算法进行比较。评估标准包括 NRMSE 和 SNR 之间的关系曲线，计算量以及在不同角度间隔下的角度适应性能。

一般的优化求解算法都是基于迭代步骤实现的，而迭代过程中的关键步骤就是确定搜索步长。线性搜索方法的作用是在最优化迭代算法中确定下一步迭代的搜索点，包括常见的黄金分割法、割线法等。对于求解需要的相关信息一般包括目标函数值和一、二阶导数。对于本节需要求解的最优化问题，目标函数和一阶导数都可以根据公式推导出其表达式进行准确计算，二阶导数则比较复杂。

Armijo 搜索法就是一种简单但却很实用的非精确线性搜索方法，不同于需要计算很多函数值和梯度值，比较耗费计算资源的精确线性搜索。基本思想是从序列中选择一个能满足停止条件的最大值作为步长，保证步长 $\boldsymbol{\alpha}_k$ 不至太大或太小。

Armijo 搜索的过程是：给定参数 $\beta \in (0,1)$，$\delta \in (0,0.5)$，k 表示迭代次数，对于搜索位置 $m=0,1,\cdots$，若不等式

$$f(\boldsymbol{u}_k+\beta^m \boldsymbol{d}_k) \leqslant f(\boldsymbol{u}_k)+\delta\beta^m \boldsymbol{g}_k^{\mathrm{T}} \boldsymbol{d}_k \tag{9.26}$$

成立，则设置 $m_k := m, \boldsymbol{u}_{k+1} := \boldsymbol{u}_k+\beta^{m_k}\boldsymbol{d}_k$，第 k 步线搜索完成。可以看出，步长 $\boldsymbol{\alpha}_k=\beta^{m_k}$。

1. 梯度下降法

梯度下降法（简称梯度法）是最简单也是最为经典的优化求解方法，是优化求解的核心思想，许多新颖的优化方法都是基于梯度法。牛顿法和梯度法一样都是经典方法，且其具有收敛速度快和自适应强等优点而被广泛应用，但是因为其需要二阶导数、对目标函数的要求比较高、计算量大等不足，而未被用于本节中的最大似然问题求解。

梯度法的基本原理就是把搜索方向设为负梯度方向：

$$\boldsymbol{d}_k = -\nabla \boldsymbol{Q}(\boldsymbol{u}_k) \tag{9.27}$$

通过设定搜索步长 $\boldsymbol{\alpha}_k$ 即可通过迭代公式 $\boldsymbol{u}_{k+1} = \boldsymbol{u}_k + \boldsymbol{\alpha}_k \boldsymbol{d}_k$ 求解目标最优解。基于 ML-GD 的双目标 DOA 估计方法步骤如表 9.3 所示。

表 9.3 基于 ML-GD 的双目标 DOA 估计步骤

Input：原始含噪声阵列信号 $\bar{\boldsymbol{x}}$	
1.	设置 DOA 估计初始值 $\boldsymbol{u}_0 = [u_{10}, u_{20}]^{\mathrm{T}}$，初始化迭代计数器 $k=0$，最大迭代次数 K 和误差容限
2.	**repeat**：
3.	计算目标函数梯度 $\boldsymbol{g}_k = \nabla \boldsymbol{Q}(\boldsymbol{u}_k)$
4.	取搜索方向 $\boldsymbol{d}_k = -\boldsymbol{g}_k$，基于 Armijo 搜索准则确定步长 $\boldsymbol{\alpha}_k$
5.	通过 $\boldsymbol{u}_{k+1} = \boldsymbol{u}_k + \boldsymbol{\alpha}_k \boldsymbol{d}_k$ 更新 $\boldsymbol{u}_k$
6.	**until** $k>K$ 或者 $\Vert \boldsymbol{G}_k \Vert < \varepsilon$
7.	结果转换，由 $\hat{\boldsymbol{u}}$ 变为 $\hat{\boldsymbol{\theta}}$
Output：$\hat{\boldsymbol{\theta}} = \arcsin(\hat{\boldsymbol{u}}) = [\hat{\theta}_1, \hat{\theta}_2]^{\mathrm{T}}$	

2. 共轭梯度法

共轭梯度法是综合梯度法和牛顿法两者优点的一种优化求解算法，具有收敛速度快、简单实用的特点。与梯度法类似，不需要计算二阶导数，但性能更优。

共轭梯度法分为线性共轭梯度法和非线性共轭梯度法，这里采用非线性共轭梯度来求解最大似然估计问题。非线性共轭梯度法在每一步迭代时采用当前点的负梯度方向与算法前一个搜索方向的线性组合作为当前的搜索方向。

$$\boldsymbol{d}_{k+1} = -\boldsymbol{g}_{k+1} + \beta_k \boldsymbol{d}_k \tag{9.28}$$

β_k 有多种形式，这里给出 FR 公式：

$$\beta_k = \frac{\boldsymbol{g}_{k+1}^{\mathrm{T}} \boldsymbol{g}_{k+1}}{\boldsymbol{g}_k^{\mathrm{T}} \boldsymbol{g}_k} \tag{9.29}$$

基于 ML-CGD 的双目标 DOA 估计方法步骤如表 9.4 所示。

表 9.4 基于 ML-CGD 的双目标 DOA 估计步骤

Input：原始含噪声阵列信号 $\bar{\boldsymbol{x}}$
1. 设置 DOA 估计初始值 $\boldsymbol{u}_0 = [u_{10}, u_{20}]^{\mathrm{T}}$，初始化迭代计数器 $k=0$，最大迭代次数 K 和误差容限 ε，计算起始点梯度 $\boldsymbol{g}_0 = \nabla \boldsymbol{Q}(\boldsymbol{u}_0)$，则 $\boldsymbol{d}_0 = -\boldsymbol{g}_0$
2. **repeat**：

续表

3.	基于 Armijo 搜索准则确定步长 $\boldsymbol{\alpha}_k$，计算 $\boldsymbol{u}_{k+1}=\boldsymbol{u}_k+\boldsymbol{\alpha}_k\boldsymbol{d}_k$
4.	更新搜索方向 $\boldsymbol{d}_{k+1}=-\boldsymbol{g}_{k+1}+\beta_k\boldsymbol{d}_k$，其中 β_k 为 FR 公式
5.	**until** $k>K$ 或者 $\|\boldsymbol{G}_k\|<\varepsilon$
6.	结果转换，由 $\hat{\boldsymbol{u}}$ 变为 $\hat{\boldsymbol{\theta}}$
Output：	$\hat{\boldsymbol{\theta}}=\arcsin(\hat{\boldsymbol{u}})=[\hat{\theta}_1,\hat{\theta}_2]^{\mathrm{T}}$

3. ML-LM 法

LM 算法适用于解决非线性最小二乘（Least Square，LS）问题，它综合高斯-牛顿算法（Gauss-Newton Algorithm，GNA）和梯度下降法的优点，并且即使初始值远离最优解，它也足以收敛获得最优解。而最小二乘则是一种比较常见并且特殊的优化问题，适用于多种场合，且应用经验成熟。

目标函数可以看成误差的平方和，则优化问题转化为最小二乘问题，可以通过 LM 算法来解决 LS 问题。LM 算法也属于迭代算法，与其他数值最小化算法相比，它最大的区别在于如何计算梯度方向。基于 ML-LM 的双目标 DOA 估计步骤在表 9.5 中给出。其中，$\boldsymbol{F}(\boldsymbol{u})$ 的雅可比矩阵用 $\boldsymbol{J}(\boldsymbol{u})$ 表示，$\boldsymbol{Q}(\boldsymbol{u})$ 的梯度矩阵表示为 $\boldsymbol{G}(\boldsymbol{u})$，即

$$\boldsymbol{J}(\boldsymbol{u})=\boldsymbol{F}(\boldsymbol{u})=(\nabla\boldsymbol{F}_1(\boldsymbol{u}),\cdots,\nabla\boldsymbol{F}_N(\boldsymbol{u}))^{\mathrm{T}} \tag{9.30}$$

$$\boldsymbol{G}(\boldsymbol{u})=\nabla\boldsymbol{Q}(\boldsymbol{u})=\boldsymbol{J}(\boldsymbol{u})^{\mathrm{T}}\boldsymbol{F}(\boldsymbol{u}) \tag{9.31}$$

表 9.5　基于 ML-LM 的双目标 DOA 估计步骤

Input：	**原始含噪声阵列信号** $\bar{x}$
1.	设置 DOA 估计初始值 $\boldsymbol{u}_0=[u_{10},u_{20}]^{\mathrm{T}}$，初始化迭代计数器 $k=0$，最大迭代次数 K 和误差容限 ε
2.	**repeat**：
3.	计算得到雅可比矩阵 $\boldsymbol{J}_k$ 和目标函数梯度矩阵 $\boldsymbol{G}_k=\boldsymbol{J}_k^{\mathrm{T}}\boldsymbol{F}_k$
4.	计算搜索方向 $\boldsymbol{d}_k=-(\boldsymbol{J}_k^{\mathrm{T}}\boldsymbol{J}_k+\boldsymbol{u}_k\boldsymbol{I})^{-1}\boldsymbol{J}_k^{\mathrm{T}}\boldsymbol{F}_k$，基于 Armijo 搜索准则确定步长 $\boldsymbol{\alpha}_k$
5.	通过 $\boldsymbol{u}_{k+1}=\boldsymbol{u}_k+\boldsymbol{\alpha}_k\boldsymbol{d}_k$ 更新 $\boldsymbol{u}_k$
6.	**until** $k>K$ 或者 $\|\boldsymbol{G}_k\|<\varepsilon$
7.	结果转换，由 $\hat{\boldsymbol{u}}$ 变为 $\hat{\boldsymbol{\theta}}$
Output：	$\hat{\boldsymbol{\theta}}=\arcsin(\hat{\boldsymbol{u}})=[\hat{\theta}_1,\hat{\theta}_2]^{\mathrm{T}}$

9.1.2.4　性能分析与实验验证

为了证明所提算法的优势，本小节将通过与其他三种算法进行对比，并

用具有代表性的仿真结果进行说明。

假定双目标单脉冲前视成像系统采用阵元数 $N=100$ 的均匀线性阵列，设置阵元间距 $d=\lambda/2$，误差容限 $\varepsilon=10^{-8}$，最大迭代次数 $K=2000$，信噪比（SNR）表示为 $\mathrm{SNR}_i=|A_i|^2/\sigma^2$。为了体现结论的普遍性，关键性参数用 3dB 波束宽度进行归一化处理，归一化的视轴偏角为$\bar{\theta}_i=\theta_i/\theta_{3\mathrm{dB}}$，归一化的角度间隔为 $\Delta\bar{\theta}=|\theta_1-\theta_2|/\theta_{3\mathrm{dB}}$，同时采用归一化的均方根误差 $\mathrm{NRMSE}=\mathrm{RMSE}/\theta_{3\mathrm{dB}}$衡量 DOA 估计性能。为了评估算法的统计性能，蒙特卡洛仿真实验次数设为 500 次。

1. DOA 估计精度与 SNR 之间的关系

在该实验中，假设视轴指向为不可分辨双目标的中心位置，归一化角度的范围为[-0.5,0.5]。两个目标的归一化初始角度分别为 $\theta_{i1}=-0.25$，$\theta_{i2}=0.25$，相应地，归一化到达角度设置为 $\theta_1=-0.15$，$\theta_2=0.15$。

图 9.19 给出了雷达波束内双目标 4 种不同算法的 DOA 估计性能。可以看出：对于 4 种不同的算法，DOA 估计误差都随着 SNR 的增加而降低，同时 ML-LM 算法在整个 SNR 范围内都具有比其他方法更优异的性能。

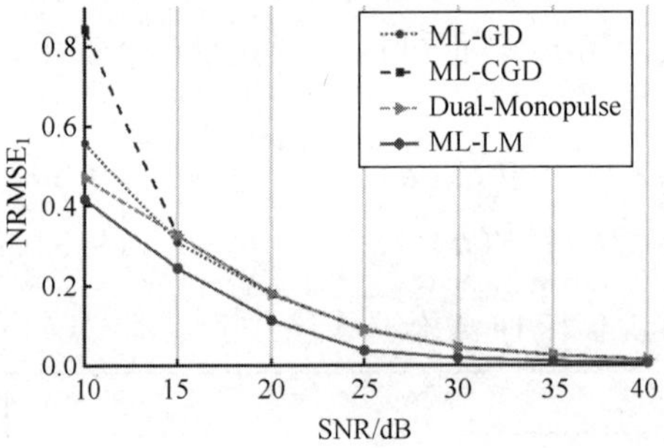

(a) 目标一

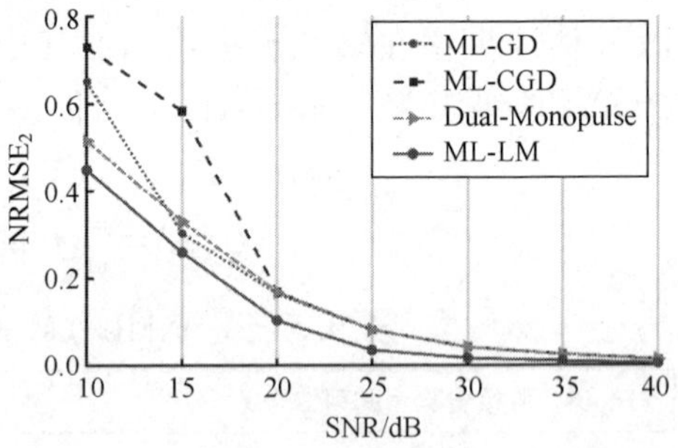

(b) 目标二

图 9.19 双目标不同 SNR 的 DOA 估计性能

2. DOA 估计精度与归一化角度间隔之间的关系

该实验的目的是确定所提出的算法是否可以适应雷达波束内双目标之间不同的角度间隔。本节设置双目标的信噪比均为 $\mathrm{SNR}_1=\mathrm{SNR}_2=30\mathrm{dB}$，双目标归一化初始角度分别设为 $\theta_{i1}=-0.25$，$\theta_{i2}=0.25$。

图 9.20 给出了具有不同角度间隔的双目标 4 种不同算法的 DOA 估计性能。可以看出，当归一化角度间隔大于 0.4 时，4 条性能曲线趋向一致，当归一化角度间隔小于 0.4 时，ML-LM 算法对于 DOA 估计相对其他方法而言估计更加准确，这意味着 ML-LM 算法比其他三种算法具有更好的角度间隔适应性，并且通过仿真实验也证明了 ML-LM 算法在不同的初始角度都具有稳健的

性能。

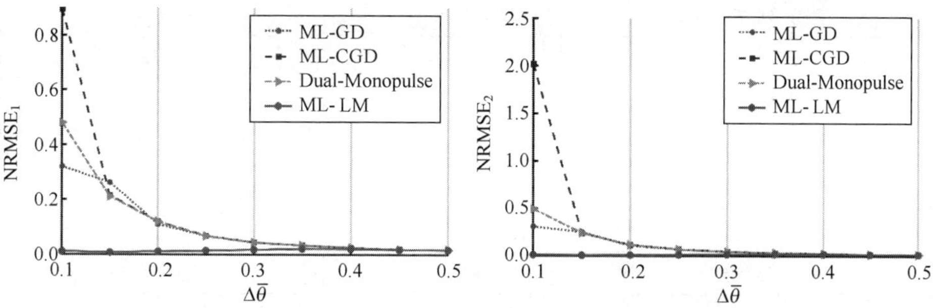

(a) 目标一 (b) 目标二

图9.20 双目标不同角度间隔的DOA估计性能

3. 不同算法的计算性能

对于成像算法，应该具备较高的算法效率，以保证成像的实时性。通常，迭代次数用来评估不同迭代算法的计算性能。但是，不同的算法在每次迭代中消耗不同的时间，因此根据500次蒙特卡洛重复试验所消耗的平均时间来评估计算量更为合理。实验参数与上小节中的相同，模拟实验采用的计算机具有3.2GHz Intel i5四核CPU和4GB内存。

图9.21显示了不同算法用于DOA估计所消耗的平均时间。可以看出：ML-LM算法和双单脉冲算法在计算上更有效率。相比之下，GD-ML和CGD-LM效率低，不适合实时成像。因此，以计算性能作为评价标准，ML-LM具备一定的优势。

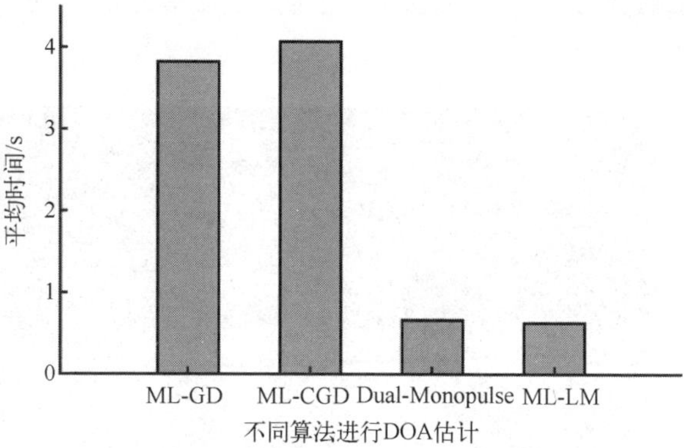

图9.21 不同算法平均计算时间比较

4. 双目标单脉冲前视成像结果

在本节中，仿真双目标单脉冲前视成像，仿真实验参数列于表9.6中。

表 9.6　双目标单脉冲前视成像仿真参数

参数列表	数　值	单　位
载频	9.6	GHz
带宽	50	MHz
波束宽度	1.0153	°
天线扫描速度	100	°/s
天线扫描区域	(-5, +5)	°
脉冲重复频率	1000	Hz
作用距离	4	km
重定位数量	5	—
信噪比	30	dB

为了评估成像算法的性能，仿真验证中设置 9 个点目标，其中单目标设置在成像区域的中心位置，4 对双目标分别设置不同的角度间隔，角度间隔分别为 3dB 波束宽度的 20%、40%、60%和 80%。本节假设平台是静止的，天线扫描过程中都已知雷达波束内的目标数量，并且所有点目标的 SNR 都设置为 30dB。特别地，当双目标的角度间隔较大时，在扫描成像体制下可以看成由间距较大的两个单目标组成，根据单目标测角原理得到更高的测角精度，从而将双目标分辨简化为单目标单脉冲前视成像。

对于接收到的和波束原始回波，通过距离向脉冲压缩和距离迁徙校正后，可以获得图 9.22 所示的实孔径成像结果。通过实孔径成像结果，可以轻易分辨不同距离单元的目标，但是无法分辨同一距离单元内，同个雷达波束的双目标。

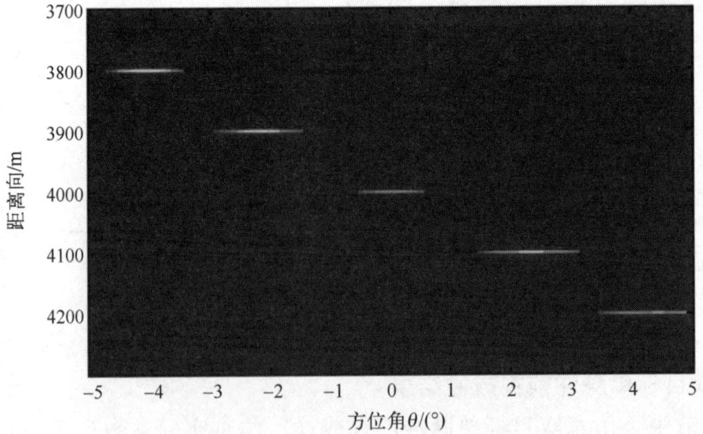

图 9.22　双目标实孔径成像结果

图 9. 23 给出了基于 ML-LM 的单脉冲前视成像结果。为了抑制旁瓣，在距离向匹配滤波中应用 Kaiser 窗函数（$\beta=2.5$）。结果表明：本节所提出的算法可以清楚地分辨 4 对双目标并对其成像，大大提高了当雷达波束内存在双目标的前视成像性能。

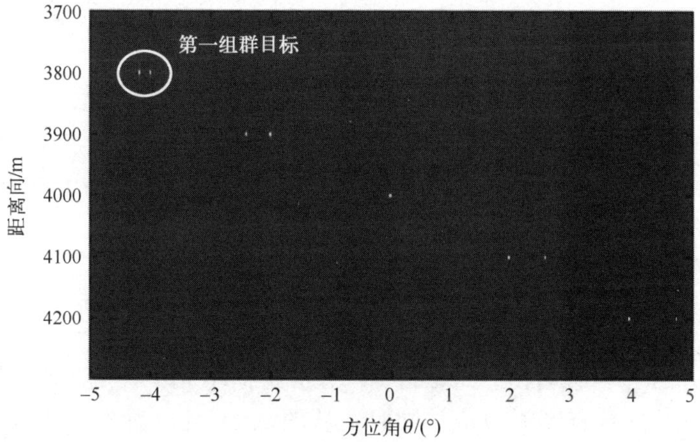

图 9. 23　基于 ML-LM 的双目标单脉冲前视成像

特别地，当双目标的角度间隔大于 $0.3\theta_{3dB}$时，由于扫描成像体制的特点，扫描过程中双目标中的第一个目标会先进入雷达波束，同理第一个目标也会先离开雷达波束，从而双目标单脉冲前视成像可以简化为单目标单脉冲成像，进一步提高成像质量。

为了进一步体现雷达波束内双目标的前视成像质量，选择了图 9. 23 中用红圈标记的双目标，图 9. 24 和图 9. 25 分别给出了放大的局部场景和方位向剖面。

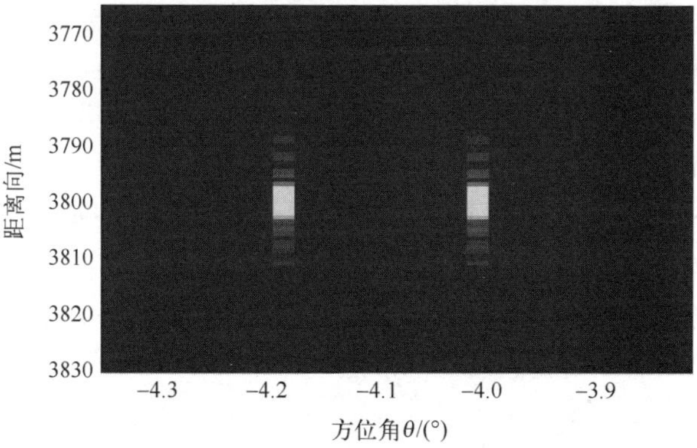

图 9. 24　第一组双目标的局部放大

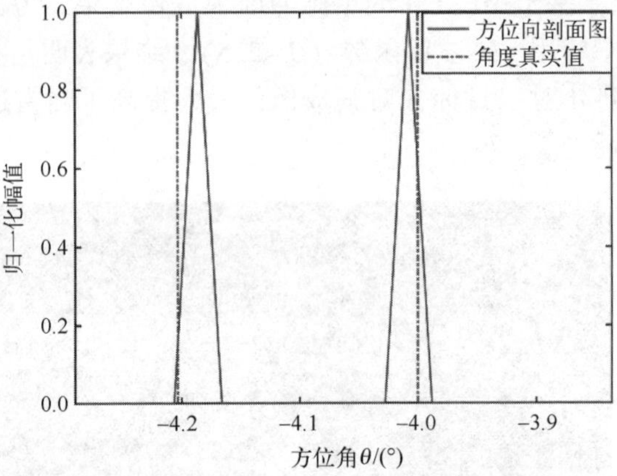

图 9.25 第一组双目标的方位向剖面和角度真实值

在图 9.24 中可以看出，每个目标都在方位向单元中被重新定位，成像结果在距离向上也具有旁瓣效应。同时，从图 9.25 可以看出，到达角的真值 $[-4-0.2\theta_{3dB},-4]$ 位于成像主瓣内，表明其对目标的定位精度极高。由于本节所提出的算法能得到高精度 DOA 估计，因此可以实现对雷达波束内存在的双目标进行高分辨成像。同时，通过反复实验得出结论：当两个目标的角度间隔大于 $0.2\theta_{3dB}$ 时，所提出的双目标单脉冲前视成像算法具有稳定的性能，没有冗余重定位结果。

本节针对阵列雷达的单脉冲前视成像进行研究。首先对单脉冲测角的原理进行了详细的推导和说明，并且分析不同视轴偏角的测角性能与信噪比的关系，从而为后续单脉冲成像提供评估依据。结合扫描阵列天线实孔径成像，可以将目标重定位到成像结果中，从而实现单脉冲高分辨前视成像。结果表明：单脉冲前视成像只需要一个阵列信号快拍即可对目标进行精确测角，同时本节提出的单脉冲前视成像算法在仿真中具备高分辨前视成像的能力。但是，雷达波束内的多目标始终是无法避免的难题，克服多目标的角闪烁是单脉冲成像中遇到的关键问题。

为了实现雷达波束内双目标的分辨，本节提出了一种基于 LM 优化的单脉冲前视成像算法。通过将最大似然估计问题转化为最小二乘问题并用 LM 优化求解，可以实现雷达波束内双目标的较高 DOA 估计精度和前视成像质量显著提高。通过 DOA 估计精度、角度间隔适应性和计算效率等实验，说明了较传统方法的优点。

9.2　全极化单脉冲前视成像

与单极化单脉冲前视成像相比，全极化单脉冲前视成像可以充分利用目标的极化散射特性，对于测角性能提升和目标识别具有重要意义。不同极化通道之间的相关性不仅仅是数据量的简单叠加，同时为目标电磁信息的解译提供重要的理论依据。本节涉及的全极化单脉冲有两层含义：一是通过极化通道之间的相关性提高单脉冲测角精度，进而提升成像质量；二是通过极化信息的获取实现对目标极化散射矩阵的估计，从而对目标进行分类识别。

9.2.1　基于极化匹配的单脉冲前视成像

对于某一极化状态的回波，可以通过极化敏感阵列正交的极化通道获取其全极化信息，实现极化匹配，从而提高回波的信噪比，提高后续单脉冲测角精度。本节将极化匹配的思想引入全极化单脉冲前视成像，在对回波进行处理前，先通过极化匹配实现信噪比的提升，为后续成像质量的提升提供实现途径。

极化信息的引入对于传统雷达信号处理在各个方面都有积极的作用，极化学作为一个覆盖范围广阔的研究领域已成为未来雷达应用中需要重点关注的内容。为了便于后续的讨论和研究，本节先简单梳理基本的极化概念，电磁波的极化表征方法，用于后续的全极化单脉冲前视成像。

9.2.1.1　单目标虚拟极化匹配

虚拟极化匹配[8]的前身是极化匹配，即通过调节发射和接收天线的极化，使接收到信号的信噪比提升，进而提高后续检测、识别的准确性。虚拟极化匹配的实现只需对接收到的正交极化通道信号进行适当的加权处理，同样可以达到最大接收功率的效果，提高信号的信噪比，进而提高测角精度。

为了获取目标回波的极化状态信息，需要考虑由极化阵元构成的极化敏感阵列，其中极化阵元一般由正交的基本电振子和基本磁振子组合而成，各个基本振子同时工作，分别发射或接收水平或者垂直的电场或磁场分量，从而获取目标回波的全极化信息。图 9.26 给出了极化敏感阵列结构示意图。

当天线波束内只存在单个目标时，极化敏感阵列中水平和垂直极化通道接收到的回波分别为

$$\begin{cases}\boldsymbol{x}_{\mathrm{H}}=E_{\mathrm{H}}\boldsymbol{s}(u)+\boldsymbol{n}_{\mathrm{H}}\\ \boldsymbol{x}_{\mathrm{V}}=E_{\mathrm{V}}\boldsymbol{s}(u)+\boldsymbol{n}_{\mathrm{V}}\end{cases}\tag{9.32}$$

式中：$\boldsymbol{s}(u)$表示阵列导向矢量；u是到达角的正弦表示，$u=\sin\theta$；$\boldsymbol{n}_{\mathrm{H}}$、$\boldsymbol{n}_{\mathrm{V}}\in\mathbb{C}^{N\times1}$分别表示水平和垂直极化通道的复高斯白噪声，一般假设噪声服从均值为零、方差为σ^2的复高斯分布$\mathbb{C}N(0,\sigma^2\boldsymbol{I})$；$E_{\mathrm{H}}$和$E_{\mathrm{V}}$分别为回波在水平和垂直方向上的复幅度，可由极化相位描述子(γ,η)表示，即$\begin{bmatrix}E_{\mathrm{H}}\\E_{\mathrm{V}}\end{bmatrix}=A\begin{bmatrix}\cos\gamma\\\sin\gamma\mathrm{e}^{\mathrm{j}\eta}\end{bmatrix}$。

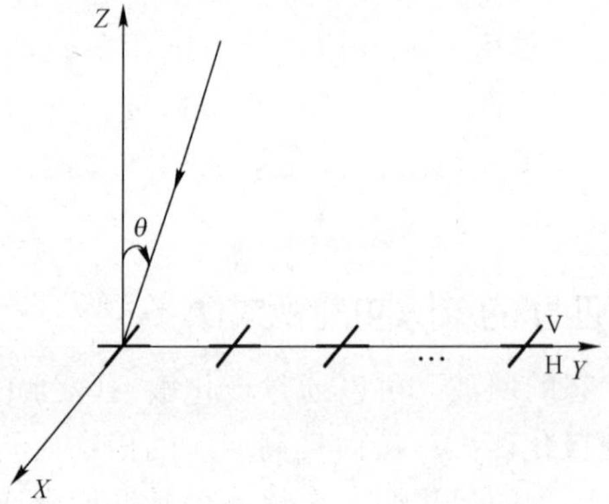

图 9.26 极化敏感阵列结构示意图

将水平和垂直极化通道接收的信号重新组合为矩阵形式，矩阵的列表示每个极化阵元接收到的信号回波为

$$\begin{aligned}\boldsymbol{X}&=\begin{bmatrix}\boldsymbol{x}_{\mathrm{H}}^{\mathrm{T}}\\\boldsymbol{x}_{\mathrm{V}}^{\mathrm{T}}\end{bmatrix}\\&\triangleq[\boldsymbol{x}_1\quad\boldsymbol{x}_2\quad\cdots\quad\boldsymbol{x}_N]\end{aligned}\tag{9.33}$$

原始回波的相关矩阵的估计可由其集合平均表示，即

$$\hat{\boldsymbol{C}}=\boldsymbol{X}\boldsymbol{X}^{\mathrm{H}}/N\tag{9.34}$$

为方便描述，将相关矩阵记为

$$\hat{\boldsymbol{C}}=\begin{bmatrix}C_{\mathrm{HH}}&C_{\mathrm{HV}}\\C_{\mathrm{VH}}&C_{\mathrm{VV}}\end{bmatrix}\tag{9.35}$$

将极化相关矩阵$\hat{\boldsymbol{C}}$进行特征分解，得到特征矢量，表示为

$$\begin{cases}\mathbf{vector}_1=\begin{bmatrix}2C_{\mathrm{HV}}\\C_{\mathrm{VV}}-C_{\mathrm{HH}}+\sqrt{(\mathrm{tr}(\hat{\boldsymbol{C}})-4\det(\hat{\boldsymbol{C}}))}\end{bmatrix}\\\mathbf{vector}_2=\begin{bmatrix}2C_{\mathrm{HV}}\\C_{\mathrm{VV}}-C_{\mathrm{HH}}-\sqrt{(\mathrm{tr}(\hat{\boldsymbol{C}})-4\det(\hat{\boldsymbol{C}}))}\end{bmatrix}\end{cases}\tag{9.36}$$

式中：tr 表示求矩阵的迹；det 表示求矩阵的行列式。

回波的极化状态估计可以取最大的特征值对应的特征矢量 $\mathbf{vector}_1$ 得到：

$$\hat{\boldsymbol{h}}=\begin{bmatrix}\cos\hat{\gamma}\\ \sin\hat{\gamma}\mathrm{e}^{\mathrm{j}\hat{\eta}}\end{bmatrix}=\mathbf{vector}_1 \tag{9.37}$$

对于水平极化通道接收的信号，权重为 $\cos\hat{\gamma}$，垂直极化通道接收的信号权重为 $\sin\hat{\gamma}\mathrm{e}^{-\mathrm{j}\hat{\eta}}$，通过极化匹配，则第 i 个极化阵元输出为

$$z_i=\hat{\boldsymbol{h}}^{\mathrm{H}}\boldsymbol{x}_i,\quad i=1,2,\cdots,N \tag{9.38}$$

展开后，有

$$z_i=\hat{A}\boldsymbol{s}(u)+n_{\mathrm{H}i}\cos\hat{\gamma}+n_{\mathrm{V}i}\sin\hat{\gamma}\mathrm{e}^{\mathrm{j}(-\hat{\eta})} \tag{9.39}$$

式中：

$$\begin{aligned}\hat{A}&=E_{\mathrm{H}}\cos\hat{\gamma}+E_{\mathrm{V}}\sin\hat{\gamma}\mathrm{e}^{\mathrm{j}(-\hat{\eta})}\\ &=A(\cos\gamma\cos\hat{\gamma}+\sin\gamma\sin\hat{\gamma}\mathrm{e}^{\mathrm{j}(\eta-\hat{\eta})})\end{aligned} \tag{9.40}$$

9.2.1.2　算法流程

图 9.27 给出了基于极化匹配的单脉冲前视成像算法流程。其主要步骤如下：

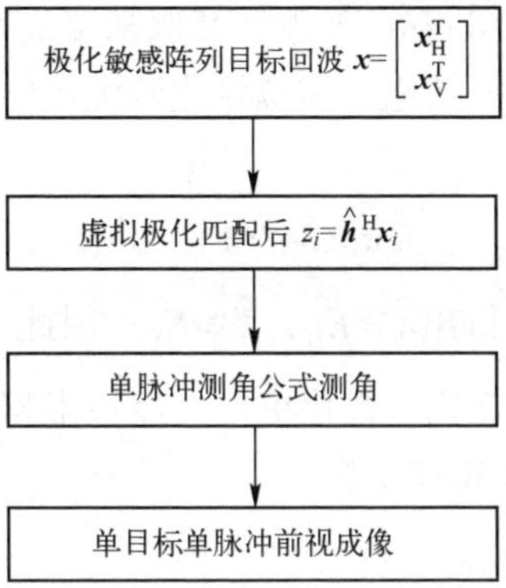

图 9.27　基于极化匹配的单脉冲前视成像算法流程

（1）采用极化敏感阵列接收回波，回波表示为正交极化通道组成的回波矩阵。

（2）通过对极化相干矩阵进行特征分解，最大特征值对应的特征矢量即为回波的极化状态估计，通过虚拟极化匹配对回波信号进行增强。

（3）采用传统单脉冲测角公式得到目标角度值。

（4）结合和波束实孔径成像结果，根据单目标的角度估计结果实现方位

向重定位，进而实现单目标单脉冲前视成像。

9.2.1.3 性能分析与实验验证

性能分析主要包括虚拟极化匹配后的单脉冲测角精度，由于单脉冲成像质量取决于测角精度，此节也将成像结果与单目标单脉冲前视成像算法进行对比分析。性能分析一般需要采用蒙特卡洛仿真实验来进行重复实验，从而保证统计结论的普遍性。由于大量的雷达参数并不都能通过重复实验得到良好的统计分析，所以理论性能分析成为性能评估最有力的工具。对于所有参数估计的性能度量，可以采用克拉美-罗下界（CRB）来衡量，它表示估计量性能的理论下界，即参数估计的极限性能。这里首先采用理论分析得出性能极限，其次再用仿真实验进行对比验证，最后对成像结果进行分析。

1. 理论性能分析

对于单脉冲测角公式，通过第 2 章中的分析，可以知道其本质是一种对 DOA 的最大似然估计，所以可以对估计量进行理论性能分析。

从式（9.39）可以得到角度估计的表达式为

$$z[n]=A\exp\left(\mathrm{j}2\pi n\frac{d}{\lambda}\sin\theta\right)+w[n],n=0,1,\cdots,N-1 \tag{9.41}$$

式中：$w[n]=n_{\mathrm{H}i}\cos\hat{\gamma}+n_{\mathrm{V}i}\sin\hat{\gamma}\mathrm{e}^{\mathrm{j}(-\hat{\eta})}$ 表示其服从复高斯分布。根据统计信号复高斯噪声下参数估计的相关结论，虚拟极化匹配单脉冲测角的 CRB 为

$$\mathrm{var}(\hat{\theta})\geqslant\frac{6\sigma^2}{(2\pi d\cos\theta/\lambda)^2|\hat{A}^2|N(N^2-1)} \tag{9.42}$$

从式（9.40）中可以得出$\hat{A}\geqslant E_{\mathrm{H}}$，$\hat{A}\geqslant E_{\mathrm{V}}$。因此，可以知道经过虚拟极化匹配后的单脉冲测角性能要比单极化更好。经过虚拟极化匹配，$\hat{A}$可以近似地用 A 表示，因此最终的 CRB 表示为

$$\begin{aligned}\mathrm{var}(\hat{\theta})&\geqslant\frac{6\sigma^2}{(2\pi d\cos\theta/\lambda)^2|A^2|N(N^2-1)}\\&=\frac{6}{\mathrm{SNR}(2\pi d\cos\theta/\lambda)^2N(N^2-1)}\end{aligned} \tag{9.43}$$

同时，从另外一个角度也可以得到理论性能，因为该方法将原始的极化敏感阵列回波进行虚拟极化匹配，然后进行传统单脉冲测角计算，其本质为传统单脉冲的性能分析，其性能与传统阵列雷达单脉冲测角精度保持一致。

$$\sigma_\theta^2=\frac{k_2\theta_{3\mathrm{dB}}^2}{\mathrm{SNR}} \tag{9.44}$$

式中：$k_2 \approx 0.19N/(N^2-1)$；SNR 表示极化匹配后的信噪比。

2. 实际性能分析

通过蒙特卡洛仿真实验分析算法性能，验证参考文献［8］中虚拟极化匹配单脉冲测角的性能，同时与 CRB 性能极限进行对比分析。仿真中主要涉及角度估计精度与 SNR、目标角度和回波极化角的关系。

仿真中重复实验次数 MC＝10000，阵元数 $N=16$，阵元间距为半波长，波束指向默认为 $\theta_0=0°$，波束宽度 $\theta_{3dB} \approx 6.3455°$，目标复幅度 $A=1$。上述为参数默认设置值，其余特殊参数另行说明。

1）测角精度与 SNR 的关系

图 9.28 给出了 4 种不同极化角的情况下，不同单脉冲测角方法的测角性能与 SNR 之间的关系曲线以及 CRB 的单脉冲测角性能极限。单脉冲测角方法包括全极化虚拟匹配单脉冲、H 单极化单脉冲和 V 单极化单脉冲，其中设置不同的极化相位描述子分别为 $(\gamma_1,\eta_1)=(30°,0°)$，$(\gamma_2,\eta_2)=(45°,0°)$，$(\gamma_3,\eta_3)=(60°,0°)$ 和 $(\gamma_4,\eta_4)=(75°,0°)$，目标角度为 $\theta=0°$。

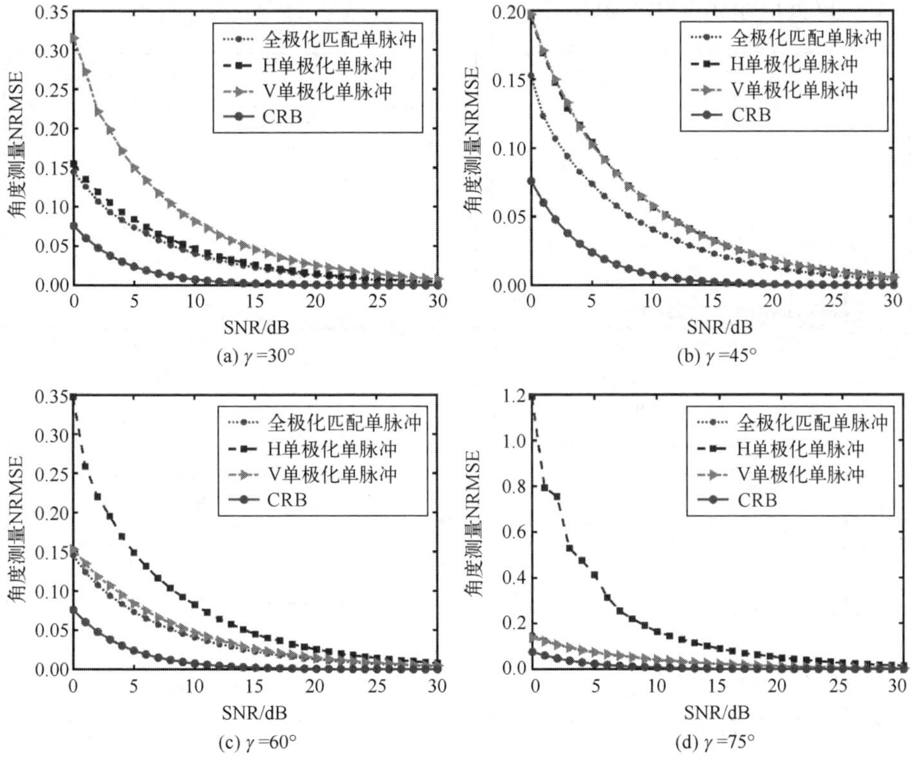

图 9.28　角度测量 NRMSE 与 SNR 的关系

从图 9.28 中可以看出，不同测角方法的测角性能总体都随着 SNR 的增大而提高，全极化虚拟匹配单脉冲的测角精度相比单极化单脉冲都有不同程度的提升。当 SNR 大于一定值时，全极化虚拟匹配单脉冲测角精度可以渐进 CRB，说明该方法得到的角度估计是渐进有效和渐进最优的。

同时，注意到三种单脉冲测角精度受极化角 γ 的影响比较大。当水平极化分量大时，即极化角 γ 较小时，H 单极化单脉冲测角精度优于 V 单极化单脉冲，并与全极化虚拟匹配单脉冲的性能比较接近。相反，当垂直极化分量大时，即极化角 γ 较大时，V 单极化单脉冲测角精度优于 H 单极化单脉冲，并与全极化虚拟匹配单脉冲的性能比较接近。这表明全极化能够克服单极化只有在某些特定极化状态下才能保证优异性能的缺点，相比单极化具有明显优势，而不仅仅是两个极化通道简单的性能叠加。

2）测角精度与目标角度的关系

图 9.29 给出了 4 种不同极化角的情况下，不同单脉冲测角方法的测角性能与目标真实角度之间的关系曲线。单脉冲测角方法和极化相位描述子设置同上，设置信噪比 SNR = 10dB。

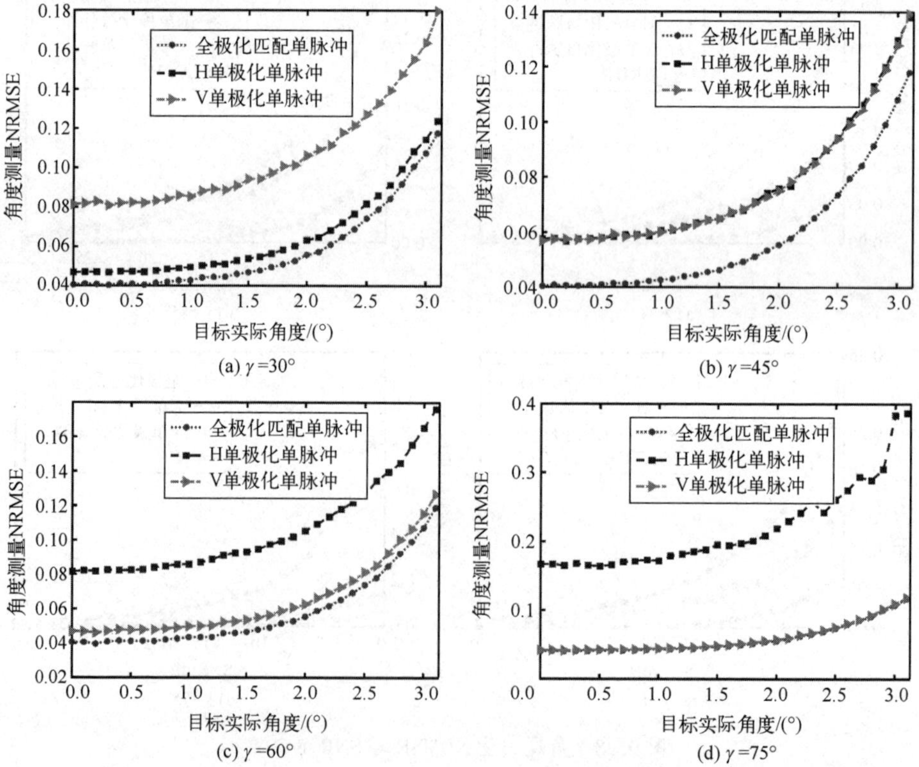

图 9.29 角度测量 NRMSE 与目标角度的关系

从图 9. 29 中可以看出，不同测角方法的测角性能总体都随着目标真实角度的增大而降低，这主要由于单脉冲测角的精度与单脉冲测角公式中直线拟合误差有关，离视轴中心越远，测角误差越大。全极化虚拟匹配单脉冲的测角精度均优于单极化单脉冲。同时，注意到三种单脉冲测角精度受极化角的影响比较大。当水平极化分量大时，即极化角 γ 较小时，H 单极化单脉冲测角精度优于 V 单极化单脉冲，这与测角精度和 SNR 关系中的极化角影响规律保持一致。

3）测角精度与极化相位描述子的关系

图 9. 30 给出了角度测量 NRMSE 与极化描述子 (γ,η) 的关系曲线。其中设置信噪比 SNR = 10dB，目标角度为 $\theta = 0°$。在图 9. 30（a）中极化角 $r = 0°$，图 9. 30（b）中极化角 $\gamma = 30°$。从图可以看出，全极化虚拟匹配单脉冲测角不受极化相位描述子的影响，保持着稳定的测角性能，且均优于单极化单脉冲测角性能，而单极化单脉冲则严重依赖合适的极化角 γ 才能保证较优的测角

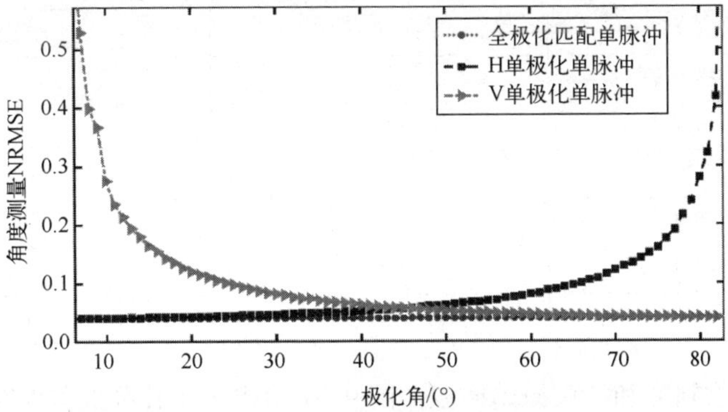

(a) 极化角 γ =0°

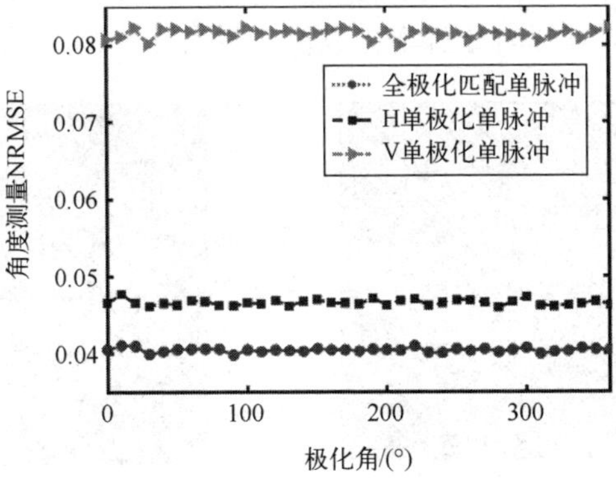

(b) 极化角 η =30°

图 9. 30　角度测量 NRMSE 与极化相位描述子的关系

精度，同时 H 单极化单脉冲适合极化角 γ 较小的场景，而 V 单极化单脉冲相反。这进一步说明全极化虚拟匹配单脉冲相对于单极化单脉冲有着更优良的测角性能以及极化适应性。

3. 基于极化匹配的单脉冲前视成像结果

基于极化匹配的单脉冲前视成像仿真参数如表 9.7 所示。同时，设置 5 个点目标的幅度均为单位幅值，距离分别为[3800m,3900m,4000m,4100m,4200m]，方位角分别为[$-2.5°$,$-1.2°$,$0°$,$1.2°$,$2.5°$]，回波的极化相位描述子均为$(\gamma,\eta)=(45°,0°)$，除了说明的参数，其余和性能分析中的参数保持一致。

表 9.7 基于极化匹配的单脉冲前视成像仿真参数

参数列表	数 值	单 位
载频	9.6	GHz
带宽	50	MHz
波束宽度	1.0153	(°)
天线扫描速度	100	(°)/(s)
天线扫描区域	(−3,+3)	(°)
脉冲重复频率	1000	Hz
作用距离	4	km
重定位数量	5	—
信噪比	30	dB

对于接收到的和波束原始回波，图 9.31 给出了实孔径成像结果，图 9.32 给出了基于极化匹配的单脉冲前视成像结果，可以看出，通过极化匹配的单脉冲测角极大提升了方位向分辨率，成像质量得以提高。

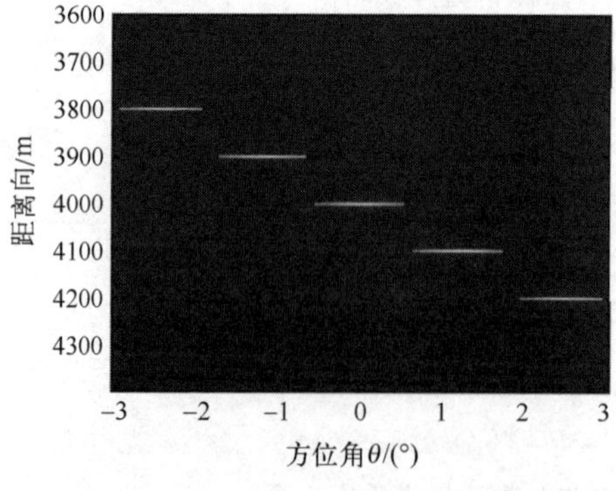

图 9.31 极化匹配实孔径成像结果

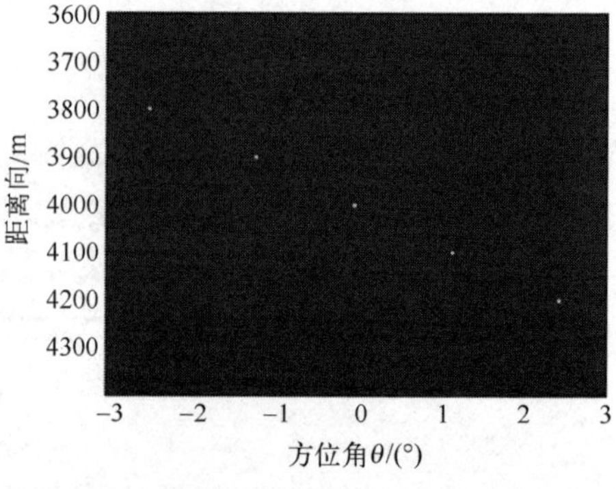

图 9.32 基于极化匹配的单脉冲前视成像

为了进一步分析其成像质量，成像结果中心点（距离：4000m，角度：0°）方位向剖面如图9.33所示。可以看出，基于极化匹配的单脉冲前视成像算法达到了$0.06\theta_{3dB}$的方位向分辨能力，在回波极化状态未知的情况下，仍能达到第2章中单目标单脉冲前视成像算法的分辨性能，说明了极化匹配能提升单脉冲前视成像质量。在复杂的电磁环境下，基于极化匹配的单脉冲前视成像算法具有更好的极化状态适应性能，能适应更为一般的现实情况。

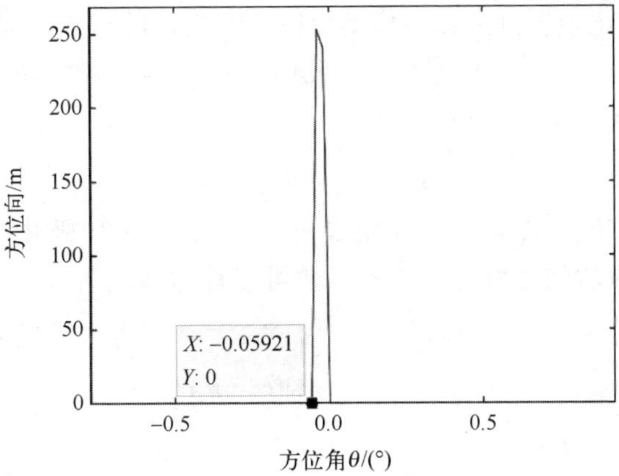

图9.33　基于极化匹配的单脉冲前视成像方位向剖面

9.2.2 基于贝叶斯优化的群目标极化单脉冲前视成像

精确估计群目标到达角（DOA）和极化散射矩阵是跟踪、识别同一波束内多个目标的前提条件。这里引入群目标的概念来描述波束内的多个不可分辨目标，从而对单目标和双目标分辨问题进行延伸拓展。针对极化敏感阵列体制雷达，首先建立群目标回波模型；其次从最大似然估计出发，通过贝叶斯自适应直接搜索（Bayesian Adaptive Direct Search，BADS）解决非线性最优化问题，估计得到群目标的DOA和极化相位描述子，结合极化测量原理，得到极化散射矩阵；最后根据单脉冲前视成像原理对群目标进行前视成像。仿真结果表明：本节方法的DOA和极化相位描述子估计精度相比梯度法大幅提升，避免了在多参数优化中无法得到全局最优解的问题。同时，该算法在较高信噪比条件下可以准确识别波束内三个目标，包括一个二面角目标和两个三面角目标，极化单脉冲前视成像也取得良好的成像效果，能够对群目标实现分辨和准确定位。

9.2.2.1 群目标极化敏感阵列回波模型

若雷达波束主瓣内存在M个目标，接收信号为多个目标回波的线性叠加。

群目标极化敏感阵列回波模型可表示为

$$\boldsymbol{x}=\begin{bmatrix}\boldsymbol{x}_{\mathrm{H}}\\ \boldsymbol{x}_{\mathrm{V}}\end{bmatrix}=\sum_{i=1}^{M}A_i\boldsymbol{h}_i\otimes\boldsymbol{s}(u_i)+\boldsymbol{n} \tag{9.45}$$

式中：下标 i 表示第 i 个目标；$\otimes$表示 Kronecker 积；$\boldsymbol{s}(u_i)$表示阵列导向矢量；h 表示回波极化状态，$\boldsymbol{h}=\begin{bmatrix}\cos\gamma\\ \sin\gamma\mathrm{e}^{\mathrm{j}\eta}\end{bmatrix}$；$\boldsymbol{n}\in\mathbb{C}^{2N\times1}$表示极化敏感阵列接收机热噪声矢量，一般假设噪声服从均值为零、方差为 σ^2的复高斯分布，$\boldsymbol{n}\sim\mathbb{C}N(0,\sigma^2\boldsymbol{I})$。

群目标的极化敏感阵列回波模型可以改写为矩阵形式，即

$$\boldsymbol{x}=\boldsymbol{KA}+\boldsymbol{n} \tag{9.46}$$

式中：

$$\boldsymbol{K}=[\boldsymbol{h}_1\otimes\boldsymbol{s}(u_1)\quad \boldsymbol{h}_2\otimes\boldsymbol{s}(u_2)\quad\cdots\quad \boldsymbol{h}_M\otimes\boldsymbol{s}(u_M)] \tag{9.47}$$

$$\boldsymbol{A}=[A_1\quad\cdots\quad A_M]^{\mathrm{T}} \tag{9.48}$$

待估计的未知参数有群目标角度 u_i、复幅度 A_i 和极化相位描述子(γ_i，η_i)，根据最大似然估计原理，似然函数可以写为

$$\begin{aligned}&p(\boldsymbol{x}\mid u_1,\cdots,u_M,A_1,\cdots,A_M,\gamma_1,\cdots,\gamma_M,\eta_1,\cdots,\eta_M)\\&=\left(\frac{1}{2\pi\sigma^2}\right)^{\frac{N}{2}}\exp\left\{-\frac{(\boldsymbol{x}-\boldsymbol{KA})^{\mathrm{H}}(\boldsymbol{x}-\boldsymbol{KA})}{2\sigma^2}\right\}\end{aligned} \tag{9.49}$$

当回波数据与假设模型之间的均方误差最小时似然函数最大，所以求解目标函数可等效为非线性最优化问题：

$$\begin{cases}\arg\min\limits_{\substack{u_1,\cdots,u_M\\A_1,\cdots,A_M\\\gamma_1,\cdots,\gamma_M\\\eta_1,\cdots,\eta_M}} Q=\|\boldsymbol{x}-\boldsymbol{KA}\|^2\\ \text{s. t. } u_i,A_i,\gamma_i,\eta_i\in\Omega\end{cases} \tag{9.50}$$

对于式（9.50）的非线性最优化问题，一种思路是用多个快拍对阵列信号的协方差矩阵进行估计，通过谱方法进行参数估计，但是需要进行多维搜索，复杂度高，计算量大。另一种求解思路是将角度等参数估计作为多维非线性凸优化问题，利用凸优化方法[9-10]求解目标函数 Q 的最小值。本节将采取第二种思路，为了克服此类方法需要求解梯度、计算量巨大且迭代步长难以控制的缺点，采用 BADS 实现群目标的 DOA 和极化状态的估计，保证收敛到全局极值，避免局部最优解，同时兼顾一定的计算效率。

对于特定的极化敏感阵列接收的回波，可以估计出回波的极化相位描述子，但是为了得到群目标的极化散射矩阵，需根据交替发射同时接收的极化测量原理，进而反演出目标的散射矩阵。其中，极化相位描述子表征了回波中水平和垂直极化分量的相对关系。

9.2.2.2　贝叶斯自适应直接搜索

BADS 的工作原理是交替使用快速的局部贝叶斯优化（BO）过程（SEARCH 步骤）和可选择的精细化的网格搜索（POLL 步骤）来保证得到全局最优解。这两个步骤相互补充，从而保证对各类模型优化问题的鲁棒性和准确性。BADS 适用于目标函数梯度无法获取或者不够准确的情况，在参数估计和模型优化问题领域具有极好的估计性能以及鲁棒性。BADS 的算法步骤如表 9.8 所示。

表 9.8　BADS 算法步骤

Input：给定目标函数 Q，迭代初值 $\boldsymbol{X}_0=[\boldsymbol{u}_0,\boldsymbol{A}_0,\boldsymbol{\gamma}_0,\boldsymbol{\eta}_0]$ 和变量的取值区间
初始化 SEARCH 网格大小 $\Delta_0^{\text{mesh}}\leftarrow 2^{-10}$，POLL 网格大小 $\Delta_0^{\text{poll}}\leftarrow 1$，计数器 $k\leftarrow 0$，最大迭代次数 K，并将数据按照取值区间归一化到 $[-1,1]$
repeat：（在任意步骤内更新高斯过程（GP）模型）
for $1\cdots n_{\text{search}}$ （**SEARCH 步骤**）
从局部贝叶斯搜索点集中确定搜索点 $\boldsymbol{X}_{\text{search}}$
如果该点目标函数下降明显，则搜索成功，跳出搜索循环 **break**
if SEARCH 步骤失败 （**POLL 步骤**）
给定网格搜索集合，进行精细化网格搜索
if 迭代过程（SEARCH 或者 POLL）成功
更新当前搜索点 $\boldsymbol{X}_{k+1}\leftarrow\boldsymbol{X}_k$
if POLL 步骤成功，则 $\Delta_k^{\text{mesh}}\leftarrow 2\Delta_k^{\text{mesh}},\Delta_k^{\text{poll}}\leftarrow 2\Delta_k^{\text{poll}}$
else
$\Delta_k^{\text{mesh}}\leftarrow\Delta_k^{\text{mesh}}/2,\Delta_k^{\text{poll}}\leftarrow\Delta_k^{\text{poll}}/2$
$k\leftarrow k+1$
until $\Delta_k^{\text{poll}}<10^{-6}$ 或 $k>K$
Output：最优解 $\boldsymbol{X}_{\text{end}}=\arg\min\limits_{\boldsymbol{u},\boldsymbol{A},\boldsymbol{\gamma},\boldsymbol{\eta}} Q$

SEARCH 步骤注重快速搜索全局，以提高算法的效率，而在 SEARCH 失效的情况下，表示高斯过程（Gaussian Process，GP）模型不能帮助贝叶斯优化，此时切换到 POLL 步骤，通过局部细致的探索来获取目标函数的特性，为后续 SEARCH 提供较好的替代模型，以保证优化结果的准确性。

在 SEARCH 搜索阶段，首先确定搜索次数；其次通过局部贝叶斯优化方法结合当前的 GP 来确定下一个需要计算的搜索点，直至达到目标函数优化的阈值；最后更新搜索的起点，否则进入 POLL 阶段。在 POLL 网格搜索阶段，网格上的点每次在一个方向上进行步进，并对其结果进行评估，直到结果有所改进或已尝试所有方向。如果成功，步长加倍，否则减半。

9.2.2.3 算法流程

首先采用 BADS 来优化解决最大似然估计问题，得到群目标 DOA 估计和极化相位描述子后；其次根据极化测量原理得到极化散射矩阵，进一步反演得到目标的几何结构特征；最后结合单脉冲前视成像原理实现群目标单脉冲前视成像。基于贝叶斯优化的群目标极化单脉冲前视成像算法流程框图如图 9.34 所示。

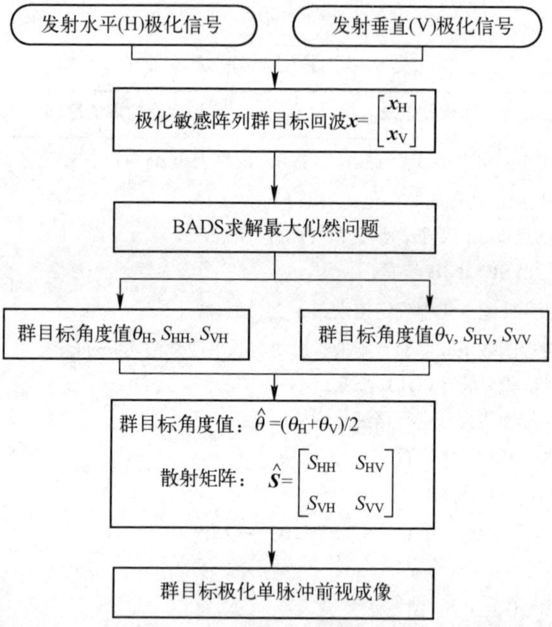

图 9.34 基于贝叶斯优化的群目标极化单脉冲前视成像流程

9.2.2.4 性能分析与实验验证

采用双极化天线的均匀线阵，阵元数 $N=16$，阵元间距 $d=\lambda/2$，则波束宽度 $\theta_{3dB}\approx 6.3455°$。假设群内存在若干相干源目标，角度为 θ_i，相对复幅度分别为 $p_i e^{j\phi_i}$。信噪比（SNR）定义为目标回波功率与阵元噪声方差之比，即 $SNR=|A_i|^2/\sigma^2$。波束指向和极化相位描述子的初值都置为零，蒙特卡洛仿真次数设为 500 次。定义均方根误差（RMSE）为

$$\mathrm{RMSE}=\sqrt{\frac{1}{500}\sum_{n=1}^{500}(\vartheta_{i,n}-\vartheta_i)^2} \tag{9.51}$$

式中：$\vartheta_{i,n}$表示目标 DOA 和极化相位描述子对第 i 个目标第 n 次蒙特卡洛仿真的估计结果。为了验证算法性能，在假设已知群目标数目的条件下，将本节所提算法与梯度法（数值方法）进行比较。

1. 群目标参数估计精度与信噪比的关系

为了探索群目标的参数估计精度与信噪比的关系，设定波束内双目标角度分别为 $\theta_1=-3°$ 和 $\theta_2=3°$，极化相位描述子分别为 $(30°,45°)$，$(60°,10°)$，复幅度为 $p_1 e^{j\phi_1}=p_2 e^{j\phi_2}=e^{j0.5236}$。两种算法对于 DOA 估计归一化均方根误差与信噪比的关系曲线如图 9.35 所示。

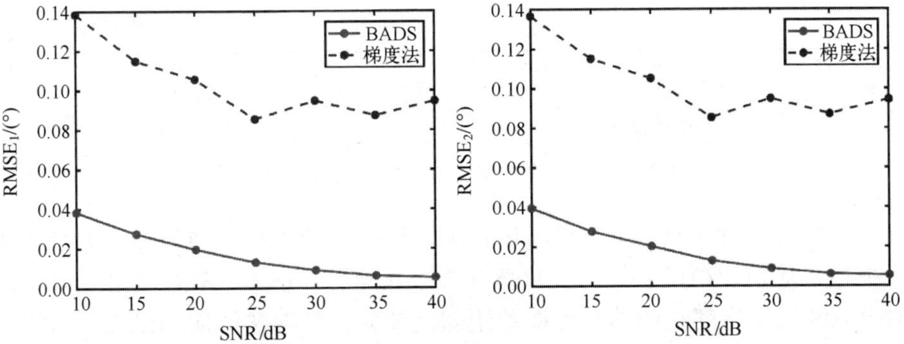

(a) 目标一　　(b) 目标二

图 9.35　群目标 DOA 估计精度与信噪比的关系

从图 9.35 中可以看出：两种算法的 DOA 估计精度随着信噪比的提高都有不同程度的提高，但是梯度法由于受噪声和待估计参数数目多的影响，曲线出现抖动，表明其在最优化求解的过程中不能保持稳定的估计性能，而 BADS 方法则是一条光滑的曲线，参数估计的稳定性更好。当信噪比为 10dB 时，BADS 方法相对梯度法精度约有 $0.1\theta_{3dB}$ 的提升。整体上看，BADS 的测角精度远高于梯度法，表明其在寻找全局最优解中的优势，即使在信噪比不理想的情况下，仍能得到较高的 DOA 估计性能。

两种算法对于极化相位描述子 (r,η) 均方根误差与信噪比的关系曲线分别如图 9.36 和图 9.37 所示。

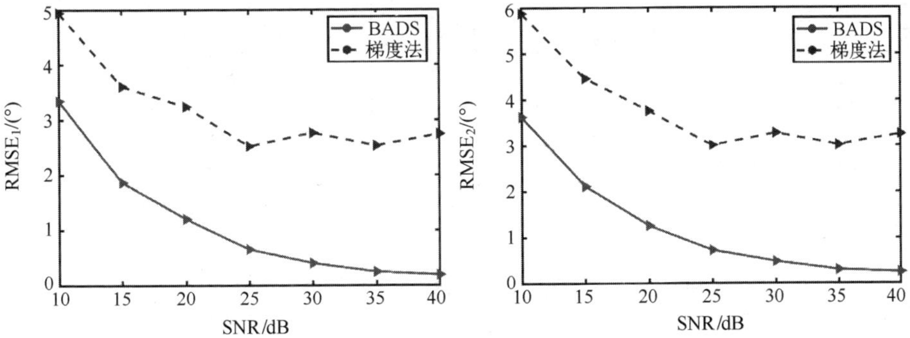

(a) 目标一　　(b) 目标二

图 9.36　群目标极化角 γ 估计精度与信噪比的关系

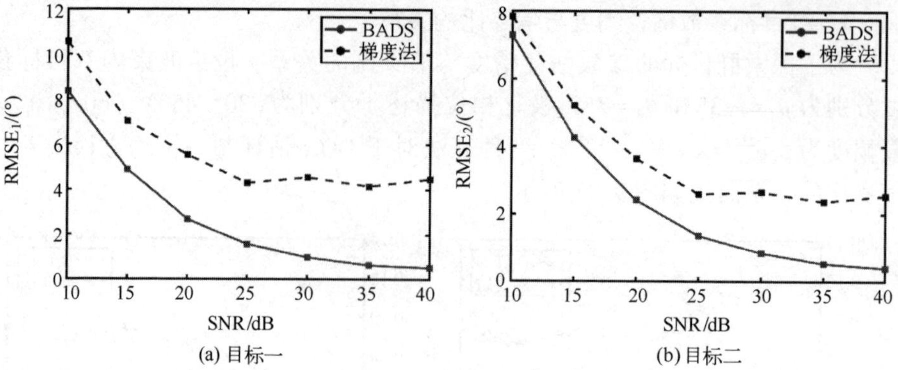

图 9.37 群目标极化角 η 估计精度与信噪比的关系

从图 9.36 和图 9.37 可以看出：随着信噪比的提高，两种算法的极化相位描述子的估计精度，包括极化角 γ 和极化角 η，总体趋势都随之升高，同时 BADS 相比梯度法的估计性能差距随之加大。梯度法的曲线出现一定程度的抖动，表明其在最优化求解的过程中不能确保全局最优解，一定程度陷入局部最优解，而 BADS 方法则保持着较强的稳定性。整体上看，基于 BADS 的极化相位描述子的估计精度优于梯度法，为后续的极化目标识别提供条件。

为了探索群目标的复幅度估计精度与信噪比的关系，双目标角度、复幅度、极化相位描述子均保持不变。两种算法复幅度估计精度与信噪比的关系曲线如图 9.38 所示，其中复幅度误差表示为实部和虚部的均方根误差之和。

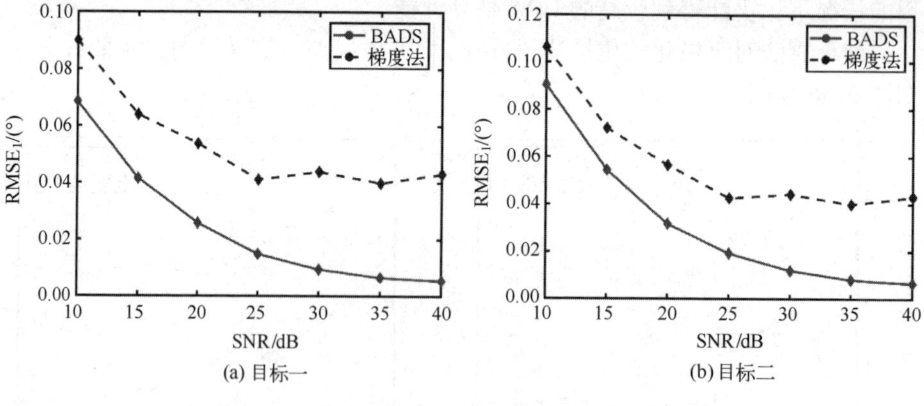

图 9.38 群目标复幅度估计精度与信噪比的关系

从图 9.38 可以看出：随着信噪比的提高，两种算法的复幅度估计精度总体趋势都随之升高，整体上看，基于 BADS 的复幅度估计精度优于梯度法，BADS 相对于梯度法的估计精度有全方位的提升，对于不同的参数估计都有稳定的估计性能，说明了 BADS 在群目标 DOA 和极化散射矩阵估计中的优势。

2. 极化散射矩阵估计

在该实验中，假设波束内存在三个目标（两个三面角目标，一个二面角目标），设定三个群目标角度分别为 $\theta_1=-3°, \theta_2=0, \theta_3=3°$，信噪比 SNR = 30dB，三个群目标的相对复幅度均为 $p_1 e^{j\phi_1}=p_2 e^{j\phi_2}=p_3 e^{j\phi_3}=e^{j0.5236}$，其中群目标的极化相位描述子由极化散射矩阵的真实值唯一确定。通过交替发射同时接收的极化测量原理，可以由极化相位描述子得到群目标的极化散射矩阵估计值。表 9.9 给出了散射矩阵真实值和估计值的对比结果。

表 9.9　散射矩阵真实值与估计值对比

目　标	散射矩阵真实值	散射矩阵估计值
三面角	$\boldsymbol{S}_1=\begin{bmatrix}1 & 0\\0 & 1\end{bmatrix}$	$\boldsymbol{S}_1=\begin{bmatrix}1.0000 & 6.7851e^{-7}\\1.7894e^{-4}+8.4377e^{-4}j & 0.9898+0.1421j\end{bmatrix}$
二面角	$\boldsymbol{S}_2=\begin{bmatrix}1 & 0\\0 & -1\end{bmatrix}$	$\boldsymbol{S}_2=\begin{bmatrix}1.0000 & 2.3211e^{-4}\\-5.046e^{-4}+5.9411e^{-4}j & -0.9152+0.4030j\end{bmatrix}$
三面角	$\boldsymbol{S}_1=\begin{bmatrix}1 & 0\\0 & 1\end{bmatrix}$	$\boldsymbol{S}_3=\begin{bmatrix}1.0000 & 0.0050\\3.8798e^{-6}+2.3875e^{-5}j & 0.9490+0.3154j\end{bmatrix}$

为了直观地判断所提算法是否能够准确识别群内三个目标的基本极化散射结构，可以用相同极化特征图和交叉极化特征图对估计得到的极化散射矩阵进行描述。理想情况下，三面角和二面角的极化响应如图 9.39 所示，基于 BADS 估计得到的群目标相同极化特征和交叉极化特征如图 9.40 所示。

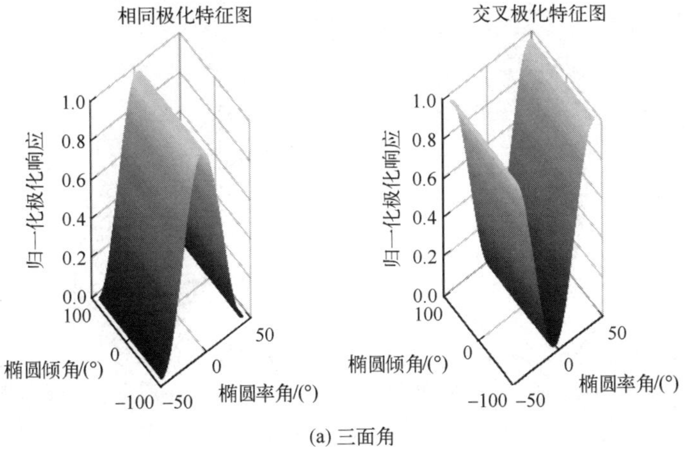

(a) 三面角

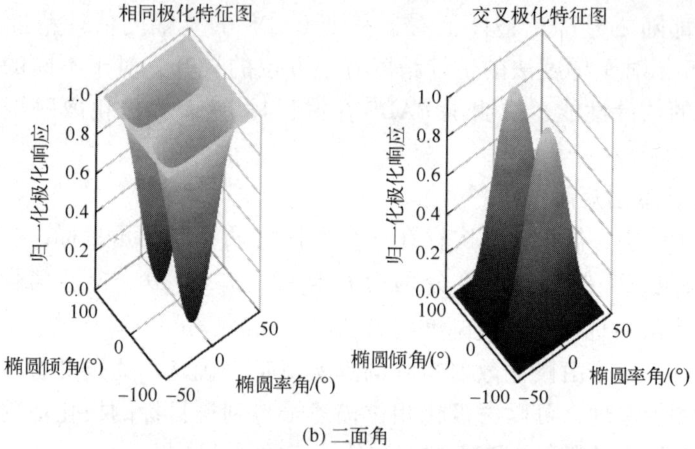

(b) 二面角

图 9.39 理想情况下散射矩阵的极化响应

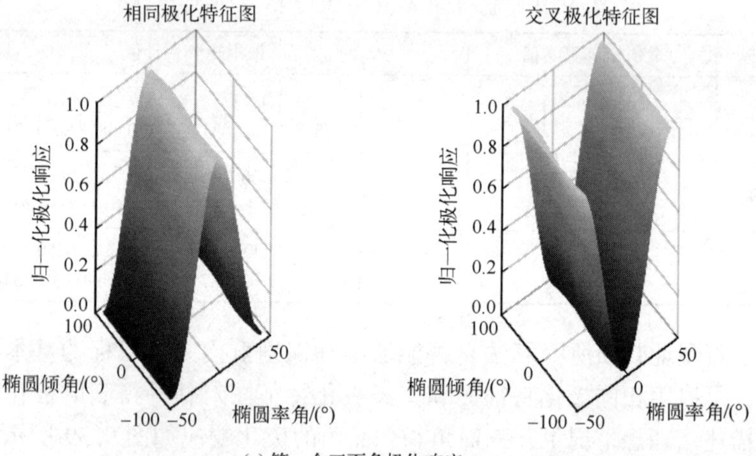

(a) 第一个三面角极化响应

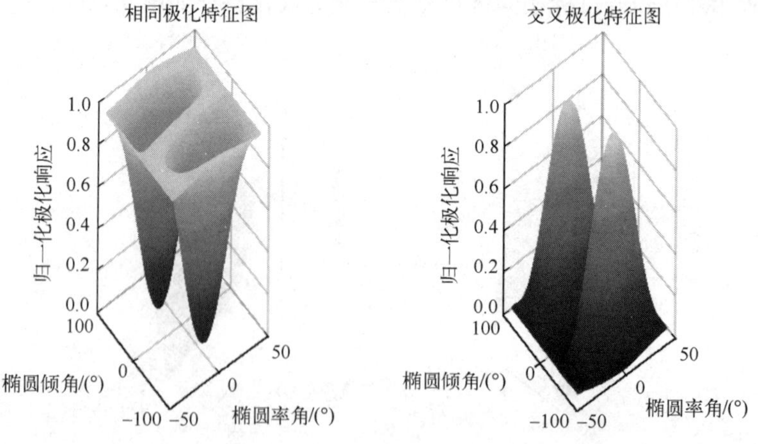

(b) 二面角极化响应

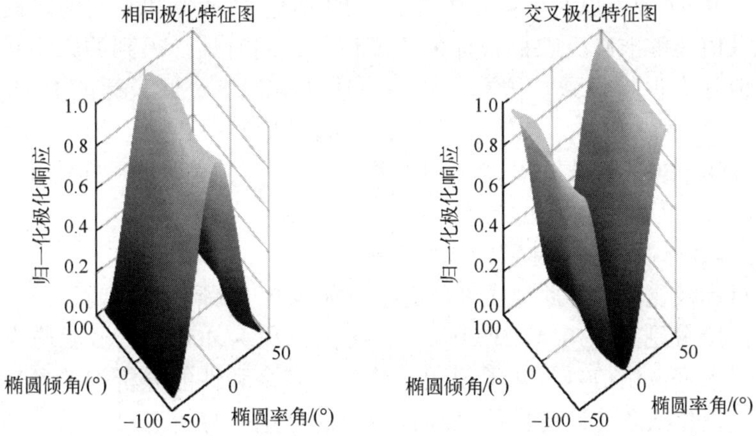

(c) 第二个三面角极化响应

图 9.40　群目标相同极化特征和交叉极化特征

图 9.39 表示理想情况下，三面角和二面角的相同极化特征和交叉极化特征，其中不同的椭圆倾角和椭圆率角表示回波不同的极化状态。对比图 9.39 和图 9.40 可以看出，基于 BADS 方法估计得到的群目标极化散射矩阵的极化响应和理想情况下的三面角和二面角具有一致性，可以直观地对三面角和二面角进行区分，表明该算法能够具备极化识别的作用，为后续更为复杂的目标识别提供方法论和借鉴作用。

在极化散射矩阵估计准确的情况下，同时将群目标 DOA 和复幅度的估计值与真实值进行对比，验证 BADS 方法对于所有参数的估计都具有鲁棒性。对比结果如图 9.41 所示。

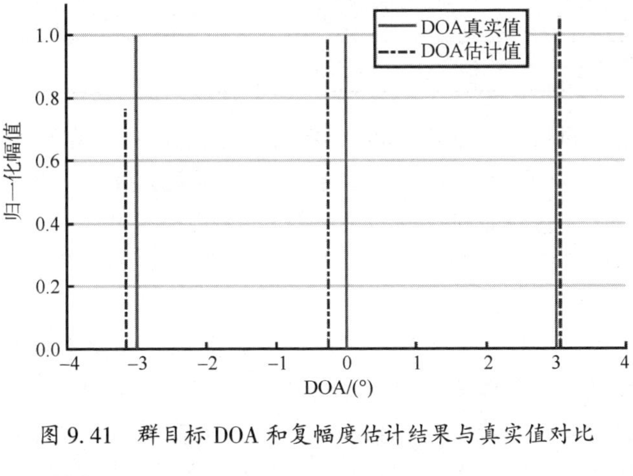

图 9.41　群目标 DOA 和复幅度估计结果与真实值对比

从图9.41中可以看出：三个群目标的DOA估计值和真实值之间误差较小，估计值能够准确反映群目标的角度位置，同时估计得到的归一化幅值也与实际值基本保持一致。仿真实验中，估计得到三个群目标的DOA分别为[-3.15,-0.26,3.06]，与DOA真实值之间平均归一化误差为2.45%。相比双目标SNR=30dB的归一化均方根误差0.9%稍高，表明群目标估计参数精度与群目标数目呈现负相关的特性。

3. 群目标极化单脉冲前视成像结果

群目标极化单脉冲前视成像仿真参数如表9.10所示。同时设置三个三面角的方位角分别为[-0.4°,0°,0.4°]，距离都设为4000m，幅度均为单位幅值，发射水平极化信号，除了说明的参数，其余和性能分析中的参数保持一致。由于极化状态估计的性能已经说明，此处主要分析群目标单脉冲前视成像结果。

表9.10 群目标极化单脉冲前视成像仿真参数

参数列表	数值	单位
载频	9.6	GHz
带宽	50	MHz
波束宽度	1.0153	(°)
天线扫描速度	100	(°)/s
天线扫描区域	(-1.5,+1.5)	(°)
脉冲重复频率	1000	Hz
作用距离	4	km
重定位数量	5	—
信噪比	30	dB

对于接收到的和波束原始回波，在距离向的脉冲压缩和距离迁徙校正后，可以获得图9.42中的实孔径成像结果。但从中无法分辨雷达波束内的群目标。群目标极化单脉冲前视成像结果如图9.43所示，可以看出目标被清晰地分开，实现了群目标的分辨，为后续目标极化散射矩阵估计、目标基本散射机制判别提供了实现途径。

为了进一步分析其成像质量，其成像方位向剖面和角度真实值如图9.44所示。可以看出，成像算法能对群目标进行分辨，但是角度真值不能完全包含于成像主瓣，可见随着群目标数目的增加，成像质量随之下降。待估计的参数数量提高，给参数寻优以及抗噪声性能带来了极大的挑战。

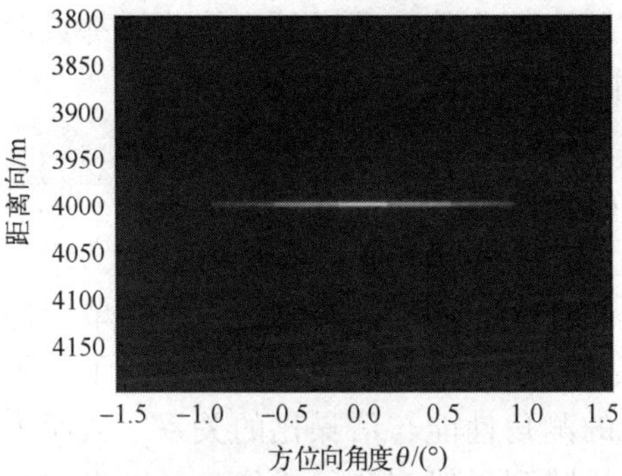

图 9.42　群目标实孔径成像结果

图 9.43　群目标单脉冲前视成像

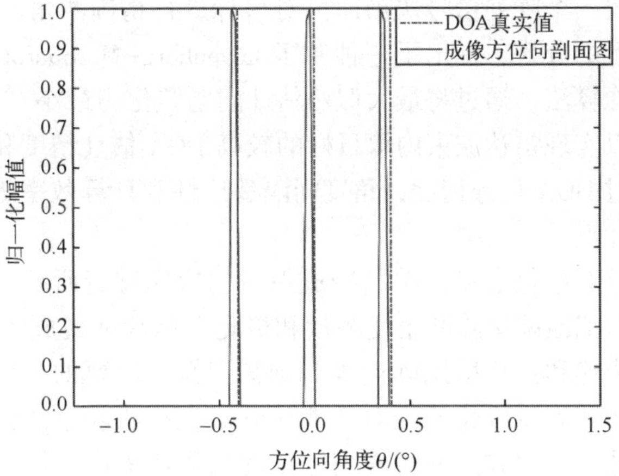

图 9.44　群目标的方位向剖面和角度真实值

本节着重对极化信息的应用进行研究，主要涉及全极化虚拟匹配单脉冲角度测量和极化单脉冲前视成像两个方面。首先对极化理论、极化特征描述和极化敏感阵列等基础知识做了简要的介绍，根据极化敏感阵列雷达回波和天线极化匹配时才能达到最大接收功率的特点，采用虚拟极化匹配的单脉冲测角方法使得阵列输出的信噪比提高，从而实现更高的测角精度，并通过仿真验证了其测角性能，结果表明，其相对单极化单脉冲测角具有明显优势，具备更好的测角精度以及极化状态适应性，保证了单脉冲前视成像质量的稳定。但目前极化匹配仅适用于单目标的简单情况，后续还可以探索多目标极化匹配对于目标分辨的作用。

针对群目标的情况，通过 BADS 优化方法求解最大似然估计问题，实现了高精度的 DOA 和极化散射矩阵估计，从而实现对目标基本极化散射结构的判别。对于群目标，如果依靠阵列回波的理论公式推导求解显然不能满足多目标优化求解的需求，此时数值求解方法发挥作用，通过结合快速局部贝叶斯搜索和网格搜索，能保证估计的准确性和稳定性。

本章小结

本章主要针对全极化单脉冲成像进行研究。首先针对阵列雷达的单脉冲前视成像进行研究，主要涉及两个方面：① 对单脉冲测角的原理进行了详细的推导和说明，并且分析不同视轴偏角的测角性能与信噪比的关系，从而为后续单脉冲成像提供评估依据。结合扫描阵列天线实孔径成像，可以将目标重定位到成像结果中，从而实现单脉冲高分辨前视成像。结果表明：单脉冲前视成像只需要一个阵列信号快拍即可对目标进行精确测角。② 为了实现雷达波束内双目标的分辨，提出了一种基于 Levenberg-Marquardt（LM）优化的单脉冲前视成像算法。通过将最大似然估计问题转化为最小二乘问题并用 LM 优化求解，可以实现雷达波束内双目标的较高 DOA 估计精度和前视成像质量显著提高。通过 DOA 估计精度，角度间隔适应性和计算效率等实验，说明了较传统方法的优点。

其次，着重对极化信息在单脉冲成像中的应用进行研究，主要涉及两个方面：全极化虚拟匹配单脉冲角度测量和极化单脉冲前视成像。① 对极化理论、极化特征描述和极化敏感阵列等基础知识做了简要的介绍，根据极化敏感阵列雷达回波和天线极化匹配时才能达到最大接收功率的特点，采用虚拟极化匹配的单脉冲测角方法使得阵列输出的信噪比提高，从而实现更高的测角精度，并通过仿真验证了其测角性能，结果表明其相对单极化单脉冲测角具有明显优势，具备更好的测角精度以及极化状态适应性，保证了单脉冲前视成像质量的稳定。但目前极化匹配仅适用于单目标的简单情况，后续还可以探索多目标极化匹配对于目标分辨的作用。② 针对群目标的情况，通过 BADS 优化方法求解最大似然估计问题，实现了高精度的 DOA 和极化散射矩阵估计，从而实现对目标基本极化散射结构的判别。对于群目标，如果依靠阵列回波的理论公式推导求解显然不能满足多目标优化求解的需求，此时数值求解方法发挥作用，通过结合快速局部贝叶斯搜索和网格搜索，能保证估计的准确性和稳定性。

参考文献

[1] MORÉ J J. The Levenberg - Marquardt algorithm: implementation and theory [C]// Numerical Analysis: Proceedings of the Biennial Conference Held at Dundee. Berlin, Heidel-

berg：Springer Berlin Heidelberg，1978：105−116.

[2] 徐振海，黄艳刚，熊子源，等．阵列雷达单脉冲与极大似然估计的一致性［J］. 现代雷达，2013，35（10）：32−35.

[3] 李航．统计学习方法［M］. 北京：清华大学出版社，2012.

[4] ZHOU T，PANG B，DAI D H，et al. Monopulse forward−looking imaging algorithm based on Levenberg−Marquardt optimization［J］. The Journal of Engineering，2019，2019（20）：6593−6597.

[5] WU J N，XU Z H，XIONG Z Y，et al. Resolution of multiple unresolved targets via dual monopulse with array radar［C］//Proceedings of th 11th European Radar Conference（EuRAD）. 2014：273−276.

[6] Richards M A. Fundamentals of radar signal processing［M］. New York：McGraw−Hill，2005.

[7] 吴佳妮．人造目标几何结构反演与极化雷达识别研究［D］. 长沙：国防科学技术大学，2017.

[8] 黄艳刚．极化阵列雷达单脉冲测角技术研究［D］. 长沙：国防科学技术大学，2013.

[9] BOYD S，VANDEBERGHE L. 凸优化［M］. 王书宁，许鋆，黄晓霖，译．北京：清华大学出版社，2013.

[10] CHONG E K P，ZAK S H. 最优化导论［M］. 4 版．孙志强，白圣建，郑永斌，等译．北京：电子工业出版社，2015.

附　录

附录 1　M_1逆矩阵的求解

问题描述：已知 $M_1=\begin{bmatrix}\mathrm{Re}[C^{-1}\otimes(A^HA)] & -\mathrm{Im}[C^{-1}\otimes(A^HA)]\\ \mathrm{Im}[C^{-1}\otimes(A^HA)] & \mathrm{Re}[C^{-1}\otimes(A^HA)]\end{bmatrix}$，求解其逆矩阵。

解：由于 C^{-1}和 A^HA 均是 Hermitian 矩阵，故 $C^{-1}\otimes(A^HA)$也是 Hermitian 矩阵，$\mathrm{Im}[C^{-1}\otimes(A^HA)]$是一个反对称矩阵，则 M_1为对称矩阵。故可设 $M_1^{-1}=\begin{bmatrix}D & E^T\\ E & F\end{bmatrix}$，则由逆矩阵的性质可知：

$$\begin{cases}\mathrm{Re}[C^{-1}\otimes(A^HA)]-\mathrm{Im}[C^{-1}\otimes(A^HA)]=I_M\\ \mathrm{Im}[C^{-1}\otimes(A^HA)]+\mathrm{Re}[C^{-1}\otimes(A^HA)]=0\end{cases}\tag{附 1.1}$$

式（附 1.1）等价于

$$\begin{cases}\mathrm{Re}\{[C^{-1}\otimes(A^HA)][D+jE]\}=I_M\\ \mathrm{Im}\{[C^{-1}\otimes(A^HA)][D+jE]\}=0\end{cases}\tag{附 1.2}$$

即

$$D+jE=[C^{-1}\otimes(A^HA)]^{-1}\tag{附 1.3}$$

根据实部、虚部对应相等原则，即得

$$\begin{cases}D=\mathrm{Re}\{[C^{-1}\otimes(A^HA)]^{-1}\}=I_M\\ E=\mathrm{Im}\{[C^{-1}\otimes(A^HA)]^{-1}\}=0\end{cases}\tag{附 1.4}$$

同理，可求得

$$F=\mathrm{Re}\{[C^{-1}\otimes(A^HA)]^{-1}\}\tag{附 1.5}$$

综合上述结果，可知：

$$M_1^{-1}=\begin{bmatrix}\mathrm{Re}\{[C^{-1}\otimes(A^HA)]^{-1}\} & -\mathrm{Im}\{[C^{-1}\otimes(A^HA)]^{-1}\}\\ \mathrm{Im}\{[C^{-1}\otimes(A^HA)]^{-1}\} & \mathrm{Re}\{[C^{-1}\otimes(A^HA)]^{-1}\}\end{bmatrix}\tag{附 1.6}$$

附录 2 极化色杂波条件下的单点散射模型 CRB 求解

1. 极化色杂波条件下的单点散射模型位置参数 CRB 的求解

对于单点散射而言，有

$$\boldsymbol{G}=\boldsymbol{s}\otimes(\boldsymbol{DA}) \tag{附 2.1}$$

式中：$\boldsymbol{s}$ 为单点的散射矢量，$\boldsymbol{s}=[s_{\mathrm{HH}} \quad s_{\mathrm{HV}} \quad s_{\mathrm{VV}}]^{\mathrm{T}}$；$\boldsymbol{A}=\boldsymbol{a}(r)=[\mathrm{e}^{-\mathrm{j}\frac{4\pi f_1 r_m}{c}} \quad \mathrm{e}^{-\mathrm{j}\frac{4\pi f_2' r_m}{c}} \quad \cdots \quad \mathrm{e}^{-\mathrm{j}\frac{4\pi f_N' r_m}{c}}]^{\mathrm{T}}$；$\boldsymbol{D}=\mathrm{diag}\left\{\mathrm{j}\frac{4\pi f_1}{c} \quad \mathrm{j}\frac{4\pi f_2}{c} \quad \cdots \quad \mathrm{j}\frac{4\pi f_N}{c}\right\}$。

代入式（4.28）可知，极化色杂波条件下单点散射位置参数估计的 **CRB** 矩阵为

$$\mathbf{CRB}(\boldsymbol{r})=\frac{1}{2}\{\mathrm{Re}[\boldsymbol{G}^{\mathrm{H}}(\boldsymbol{C}^{-1}\otimes\boldsymbol{E})\boldsymbol{G}]\}^{-1}=\frac{1}{2\boldsymbol{s}^{\mathrm{H}}\boldsymbol{C}^{-1}\boldsymbol{s}}\cdot\frac{1}{\mathrm{Re}[\boldsymbol{A}^{\mathrm{H}}D^{\mathrm{H}}EDA]} \tag{附 2.2}$$

式中：$\boldsymbol{E}=\boldsymbol{I}_N-\boldsymbol{A}(\boldsymbol{A}^{\mathrm{H}}\boldsymbol{A})^{-1}\boldsymbol{A}$。

$$\begin{aligned}
\boldsymbol{A}^{\mathrm{H}}\boldsymbol{D}^{\mathrm{H}}\boldsymbol{EDA}&=\boldsymbol{A}^{\mathrm{H}}\boldsymbol{D}^{\mathrm{H}}(\boldsymbol{I}_N-\boldsymbol{A}(\boldsymbol{A}^{\mathrm{H}}\boldsymbol{A})^{-1}\boldsymbol{A}^{\mathrm{H}})\boldsymbol{DA}\\
&=\boldsymbol{A}^{\mathrm{H}}\boldsymbol{D}^{\mathrm{H}}\boldsymbol{DA}-\boldsymbol{A}^{\mathrm{H}}\boldsymbol{D}^{\mathrm{H}}\boldsymbol{A}(\boldsymbol{A}^{\mathrm{H}}\boldsymbol{A})^{-1}\boldsymbol{A}^{\mathrm{H}}\boldsymbol{DA}\\
&=\frac{16\pi^2}{c^2}\sum_{i=1}^{N}f_i^2-\frac{1}{N}(\boldsymbol{A}^{\mathrm{H}}\boldsymbol{D}^{\mathrm{H}}\boldsymbol{A})\cdot(\boldsymbol{A}^{\mathrm{H}}\boldsymbol{DA})\\
&=\frac{16\pi^2}{c^2}\sum_{i=1}^{N}f_i^2-\frac{1}{N}\left(\frac{4\pi}{c}\sum_{i=1}^{N}f_i\right)^2\\
&=\frac{8\pi^2}{Nc^2}\left[N\sum_{i=1}^{N}f_i^2+N\sum_{j=1}^{N}f_j^2-2\left(\sum_{i=1}^{N}f_i\right)\left(\sum_{j=1}^{N}f_j\right)\right]\\
&=\frac{8\pi^2}{Nc^2}\sum_{i=1}^{N}\sum_{j=1}^{N}(f_i-f_j)^2\\
&=\frac{8\pi^2(\Delta f)^2}{Nc^2}\sum_{i=1}^{N}\sum_{j=1}^{N}(i_i-j)^2\\
&=\frac{8\pi^2(\Delta f)^2}{Nc^2}\cdot\frac{N^2(N^2-1)}{6}\\
&=\frac{N(N+1)\pi^2}{3(N-1)\delta_{\mathrm{r}}^2}\approx\frac{N\pi^2}{3\delta_{\mathrm{r}}^2}
\end{aligned} \tag{附 2.3}$$

其中，$\sum_{i=1}^{N}\sum_{j=1}^{N}(i_i-j)^2=\frac{N^2(N^2-1)}{6}$，$\delta_r=\frac{c}{2B}$，$B=(N-1)\Delta f$，$A^HA=N$。

故单点情况下位置参数估计的 **CRB** 为

$$\mathbf{CRB}(r)=\frac{1}{2\boldsymbol{s}^H\boldsymbol{C}^{-1}\boldsymbol{s}}\cdot\frac{1}{\mathrm{Re}[\boldsymbol{A}^H\boldsymbol{D}^H\boldsymbol{EDA}]}=\frac{1}{N\boldsymbol{s}^H\boldsymbol{C}^{-1}\boldsymbol{s}}\cdot\frac{3\delta_r^2}{2\pi^2} \tag{附 2.4}$$

2. 极化色杂波条件下的单点散射模型散射矢量参数估计 **CRB** 的求解

由单点条件，依次可得

$$\boldsymbol{M}_1^{-1}=\begin{bmatrix}\mathrm{Re}\{[\boldsymbol{C}^{-1}\otimes(\boldsymbol{A}^H\boldsymbol{A})]^{-1}\} & -\mathrm{Im}\{[\boldsymbol{C}^{-1}\otimes(\boldsymbol{A}^H\boldsymbol{A})]^{-1}\}\\ \mathrm{Im}\{[\boldsymbol{C}^{-1}\otimes(\boldsymbol{A}^H\boldsymbol{A})]^{-1}\} & \mathrm{Re}\{[\boldsymbol{C}^{-1}\otimes(\boldsymbol{A}^H\boldsymbol{A})]^{-1}\}\end{bmatrix}=\frac{1}{N}\begin{bmatrix}\mathrm{Re}\{\boldsymbol{C}\} & -\mathrm{Im}\{\boldsymbol{C}\}\\ \mathrm{Im}\{\boldsymbol{C}\} & \mathrm{Re}\{\boldsymbol{C}\}\end{bmatrix} \tag{附 2.5}$$

$$\begin{aligned}\boldsymbol{M}_z^T\boldsymbol{M}_z^{-1}\boldsymbol{M}_z&=[\mathrm{Re}[\boldsymbol{G}^N(\boldsymbol{C}^{-1}\otimes\boldsymbol{A})]-\mathrm{Im}[\boldsymbol{G}^N(\boldsymbol{C}^{-1}\otimes\boldsymbol{A})]]\\&\quad\begin{bmatrix}\mathrm{Re}[\boldsymbol{C}^{-1}\otimes(\boldsymbol{A}^H\boldsymbol{A})]-\mathrm{Im}[\boldsymbol{C}^{-1}\otimes(\boldsymbol{A}^H\boldsymbol{A})]\\ \mathrm{Im}[\boldsymbol{C}^{-1}\otimes(\boldsymbol{A}^H\boldsymbol{A})]-\mathrm{Re}[\boldsymbol{C}^{-1}\otimes(\boldsymbol{A}^H\boldsymbol{A})]\end{bmatrix}\begin{bmatrix}\mathrm{Re}[(\boldsymbol{C}^{-1}\otimes\boldsymbol{A}^H)\boldsymbol{G}]\\ \mathrm{Im}[(\boldsymbol{C}^{-1}\otimes\boldsymbol{A}^H)\boldsymbol{G}]\end{bmatrix}\\&=[\mathrm{Re}\{\boldsymbol{G}^H(\boldsymbol{I}_3\otimes[\boldsymbol{A}(\boldsymbol{A}^H\boldsymbol{A})^{-1}])\}-\mathrm{Im}\{\boldsymbol{G}^H(\boldsymbol{I}_3\otimes[\boldsymbol{A}(\boldsymbol{A}^H\boldsymbol{A})^{-1}])\}]\\&\quad\begin{vmatrix}\mathrm{Re}[(\boldsymbol{C}^{-1}\otimes\boldsymbol{A}^H)\boldsymbol{G}]\\ \mathrm{Im}[(\boldsymbol{C}^{-1}\otimes\boldsymbol{A}^H)\boldsymbol{G}]\end{vmatrix}\\&=\mathrm{Re}\{\boldsymbol{G}^H(\boldsymbol{C}^{-1}\otimes[\boldsymbol{A}(\boldsymbol{A}^H\boldsymbol{A})^{-1}\boldsymbol{A}^H])\boldsymbol{G}\}\\&=\boldsymbol{s}^H\boldsymbol{C}^{-1}\boldsymbol{s}\cdot\mathrm{Re}\{\boldsymbol{A}^H\boldsymbol{D}^H[\boldsymbol{A}(\boldsymbol{A}^H\boldsymbol{A})^{-1}\boldsymbol{A}^H]\boldsymbol{DA}\}\end{aligned} \tag{附 2.6}$$

$$\begin{aligned}\boldsymbol{K}&=\boldsymbol{M}_3-\boldsymbol{M}_2^T\boldsymbol{M}_1^{-1}\boldsymbol{M}_2\\&=\mathrm{Re}[\boldsymbol{G}^H(\boldsymbol{C}^{-1}\otimes\boldsymbol{I}_N)\boldsymbol{G}]-\mathrm{Re}\{\boldsymbol{G}^H(\boldsymbol{C}^{-1}\otimes[\boldsymbol{A}(\boldsymbol{A}^H\boldsymbol{A})^{-1}\boldsymbol{A}^H])\boldsymbol{G}\}\\&=\mathrm{Re}[\boldsymbol{G}^H(\boldsymbol{C}^{-1}\otimes\boldsymbol{F})\boldsymbol{G}]\\&=\boldsymbol{s}^H\boldsymbol{C}^{-1}\boldsymbol{s}\cdot\mathrm{Re}[\boldsymbol{A}^H\boldsymbol{D}^H\boldsymbol{EDA}]\end{aligned} \tag{附 2.7}$$

$$\begin{aligned}\boldsymbol{M}_1^{-1}\boldsymbol{M}_2\boldsymbol{K}^{-1}\boldsymbol{M}_2^T\boldsymbol{M}_1^{-1}&=\begin{bmatrix}\mathrm{Re}([\boldsymbol{C}^{-1}\otimes(\boldsymbol{A}^H\boldsymbol{A})]^{-1}\} & -\mathrm{Im}\{[\boldsymbol{C}^{-1}\otimes(\boldsymbol{A}^H\boldsymbol{A})]^{-1}\}\\ \mathrm{Im}\{[\boldsymbol{C}^{-1}\otimes(\boldsymbol{A}^H\boldsymbol{A})]^{-1}\} & \mathrm{Re}\{[\boldsymbol{C}^{-1}\otimes(\boldsymbol{A}^H\boldsymbol{A})]^{-1}\}\end{bmatrix}\\&\quad[\mathrm{Re}[(\boldsymbol{C}^{-1}\otimes\boldsymbol{A}^H)\boldsymbol{G}]]\boldsymbol{K}^{-1}\cdot\\&\quad[\mathrm{Re}[\boldsymbol{G}^H(\boldsymbol{C}^{-1}\otimes\boldsymbol{A})]\quad-\mathrm{Im}[\boldsymbol{G}^H(\boldsymbol{C}^{-1}\otimes\boldsymbol{A})]]\\&\quad\begin{bmatrix}\mathrm{Re}\{[\boldsymbol{C}^{-1}\otimes(\boldsymbol{A}^H\boldsymbol{A})]^{-1}\} & -\mathrm{Im}\{[\boldsymbol{C}^{-1}\otimes(\boldsymbol{A}^H\boldsymbol{A})]^{-1}\}\\ \mathrm{Im}\{[\boldsymbol{C}^{-1}\otimes(\boldsymbol{A}^H\boldsymbol{A})]^{-1}\} & \mathrm{Re}\{[\boldsymbol{C}^{-1}\otimes(\boldsymbol{A}^H\boldsymbol{A})]^{-1}\}\end{bmatrix}\\&=\begin{bmatrix}\mathrm{Re}([I_3\otimes(\boldsymbol{A}^H\boldsymbol{A})^{-1}\boldsymbol{A}^H]\boldsymbol{G})\\ \mathrm{Im}\{[I_3\otimes(\boldsymbol{A}^H\boldsymbol{A})^{-1}\boldsymbol{A}^H]\boldsymbol{G}\}\end{bmatrix}\boldsymbol{K}^{-1}[\mathrm{Re}\{\boldsymbol{G}^H[I_3\otimes\boldsymbol{A}(\boldsymbol{A}^H\boldsymbol{A})^{-1}]\}-\\&\quad\mathrm{Im}\{\boldsymbol{G}^H[I_3\otimes\boldsymbol{A}(\boldsymbol{A}^H\boldsymbol{A})^{-1}]\}]\end{aligned}$$

$$
=\frac{1}{s^{H}C^{-1}s\cdot A^{H}D^{H}EDA}\cdot
$$

$$
\frac{\begin{bmatrix}\mathrm{Re}[s^{H}\otimes A^{H}D^{H}A]\\ \mathrm{Im}[s^{H}\otimes A^{H}D^{H}A]\end{bmatrix}[\mathrm{Re}[s^{H}\otimes A^{H}D^{H}A]-\mathrm{Im}[s^{H}\otimes A^{H}D^{H}A]]}{(A^{H}A)^{2}}
$$

$$
=\frac{A^{H}DAA^{H}D^{H}A}{s^{H}C^{-1}s\cdot(A^{H}A)^{2}\cdot A^{H}D^{H}EDA}
$$

$$
\begin{bmatrix}\mathrm{Im}[s]\mathrm{Im}[s^{T}] & -\mathrm{Im}[s]\mathrm{Re}[s^{T}]\\ -\mathrm{Re}[s]\mathrm{Im}[s^{T}] & \mathrm{Re}[s]\mathrm{Re}[s^{T}]\end{bmatrix}
$$

$$
=\frac{12}{\gamma^{2}Ns^{H}C^{-1}s}\begin{bmatrix}\mathrm{Im}[s]\mathrm{Im}[s^{T}] & -\mathrm{Im}[s]\mathrm{Re}[s^{T}]\\ -\mathrm{Re}[s]\mathrm{Im}[s^{T}] & \mathrm{Re}[s]\mathrm{Re}[s^{T}]\end{bmatrix} \tag{附 2.8}
$$

其中，$\dfrac{A^{H}DA^{H}D^{H}A}{A^{H}D^{H}EDA}=\dfrac{\left(\dfrac{4\pi}{c}\sum\limits_{i=1}^{N}f\right)^{2}}{\dfrac{N\pi^{2}}{3\delta_{i}^{2}}}=\dfrac{16\pi^{2}N^{2}f_{c}^{2}3\delta_{c}^{2}}{c^{2}N\pi^{2}}=\dfrac{12N}{\gamma^{2}}$，$\gamma=\dfrac{B}{f_{c}}$为相对带宽。

由式（4.29）可知，极化色杂波条件下单点散射矢量参数估计的 **CRB** 矩阵为

$$
\mathbf{CRB}(\mathrm{Re}(s)\vdots\mathrm{Im}(s))=\frac{1}{2}(M_{1}^{-1}+M_{1}^{-1}M_{2}K^{-1}M_{2}^{T}M_{1}^{-1})
$$

$$
=\frac{1}{2N}\begin{bmatrix}\mathrm{Re}\{C\} & -\mathrm{Im}\{C\}\\ \mathrm{Im}\{C\} & \mathrm{Re}\{C\}\end{bmatrix}+\frac{6}{\gamma^{2}Ns^{H}C^{-1}s}\begin{bmatrix}\mathrm{Im}[s]\mathrm{Im}[s^{T}] & -\mathrm{Im}[s]\mathrm{Re}[s^{T}]\\ -\mathrm{Re}[s]\mathrm{Im}[s^{T}] & \mathrm{Re}[s]\mathrm{Re}[s^{T}]\end{bmatrix} \tag{附 2.9}
$$

附录 3 相干极化相位差的极限估计精度推导

不失一般性，首先考虑 HH 和 VV 通道间的相干极化相位差的极限估计精度推导。设

$$
a=\mathrm{Re}(s_{HH}),\quad b=\mathrm{Im}(s_{HH}),\quad c=\mathrm{Re}(s_{VV}),\quad d=\mathrm{Im}(s_{VV}) \tag{附 3.1}
$$

记 $\boldsymbol{\theta}=[a,c,b,d]^{T}$，根据式（4.31），可得

$$
\mathbf{CRB}(\boldsymbol{\theta})=\frac{1}{2N}\begin{bmatrix}C_{11} & \mathrm{Re}(C_{13}) & 0 & -\mathrm{Im}(C_{13})\\ \mathrm{Re}(C_{31}) & C_{33} & -\mathrm{Im}(C_{31}) & 0\\ 0 & \mathrm{Im}(C_{13}) & C_{11} & \mathrm{Re}(C_{13})\\ \mathrm{Im}(C_{31}) & 0 & \mathrm{Re}(C_{31}) & C_{23}\end{bmatrix}+
$$

$$\frac{6}{\gamma^2 N \boldsymbol{s}^{\mathrm{H}} \boldsymbol{C}^{-1} \boldsymbol{s}} \begin{bmatrix} bb & bd & -ba & -bc \\ db & dd & -da & -dc \\ -ab & -ad & aa & ac \\ -cb & -cd & ca & cc \end{bmatrix} \qquad (附 3.2)$$

$$\approx \mathbf{CRB}_1(\boldsymbol{\theta}) + \mathbf{CRB}_2(\boldsymbol{\theta})$$

设 HH 和 VV 通道间的相干极化相位差为 φ，则

$$\varphi = \arctan\left(\frac{d}{c}\right) - \arctan\left(\frac{b}{a}\right) \qquad (附 3.3)$$

由统计信号处理知识，可知

$$\begin{aligned} \mathbf{CRB}(\varphi) &= \left(\frac{\partial \varphi}{\partial \boldsymbol{\theta}}\right) \mathbf{CRB}(\theta) \left(\frac{\partial \varphi}{\partial \boldsymbol{\theta}}\right)^{\mathrm{T}} \left(\frac{\partial \varphi}{\partial \boldsymbol{\theta}}\right) \\ &= (\mathbf{CRB}_1(\boldsymbol{\theta}) + \mathbf{CRB}_2 \boldsymbol{\theta})\, \mathbf{CRB}(\boldsymbol{\theta}) \left(\frac{\partial \varphi}{\partial \boldsymbol{\theta}}\right)^{\mathrm{T}} \\ &\hat{=} \mathbf{CRB}_1(\varphi) + \mathbf{CRB}_2(\varphi) \end{aligned} \qquad (附 3.4)$$

其中，$\frac{\partial \varphi}{\partial \boldsymbol{\theta}} = \begin{bmatrix} \frac{b}{A_{\mathrm{HH}}^2} & -\frac{d}{A_{\mathrm{VV}}^2} & -\frac{a}{A_{\mathrm{HH}}^2} & \frac{c}{A_{\mathrm{VV}}^2} \end{bmatrix}$，$A_{pq} = |s_{pq}|$，$p, q = \mathrm{H}, \mathrm{V}$。代入式（附 3.4），可求解得

$$\begin{aligned} \mathbf{CRB}_1(\varphi) &= \frac{1}{2N}\left\{\frac{C_{33}}{A_{\mathrm{VV}}^2} + \frac{C_{11}}{A_{\mathrm{HH}}^2} - \frac{2(bd+ac)}{A_{\mathrm{HH}}^2 A_{\mathrm{VV}}^2} \mathrm{Re}(C_{31}) + \frac{2(ad-bc)}{A_{\mathrm{HH}}^2 A_{\mathrm{VV}}^2} \mathrm{Im}(C_{13})\right\} \\ &= \frac{1}{2N} \frac{\begin{vmatrix} C_{11} & C_{13} \\ C_{31} & C_{33} \end{vmatrix}}{A_{\mathrm{VV}}^2 A_{\mathrm{HH}}^2} [s_{\mathrm{HH}} \quad s_{\mathrm{VV}}]^{\mathrm{H}} [C_{11} C_{13} C_{31} C_{33}]^{-1} [s_{\mathrm{HH}}] \end{aligned} \qquad (附 3.5)$$

$$\begin{aligned} \mathbf{CRB}_2(\varphi) &= \frac{6}{\gamma^2 N \boldsymbol{s}^{\mathrm{H}} \boldsymbol{C}^{-1} \boldsymbol{s}} \begin{bmatrix} \frac{b}{A_{\mathrm{HH}}^2} & -\frac{d}{A_{\mathrm{VV}}^2} & -\frac{a}{A_{\mathrm{HH}}^2} & \frac{c}{A_{\mathrm{VV}}^2} \end{bmatrix} \begin{bmatrix} bb & bd & -ba & -bc \\ db & dd & -da & -dc \\ -ab & -ad & aa & ac \\ -cb & -cd & ca & cc \end{bmatrix} \begin{bmatrix} \frac{b}{A_{\mathrm{HH}}^2} \\ -\frac{d}{A_{\mathrm{VV}}^2} \\ -\frac{a}{A_{\mathrm{HH}}^2} \\ \frac{c}{A_{\mathrm{VV}}^2} \end{bmatrix} \\ &= 0 \end{aligned} \qquad (附 3.6)$$

故 HH 和 VV 通道间的相干极化相位差的极限估计精度为

$$\mathbf{CRB}(\varphi_{\mathrm{VV-HH}})=\mathbf{CRB}_1+\mathbf{CRB}_2=\frac{1}{2N}\frac{\begin{vmatrix}C_{11} & C_{13}\\ C_{31} & C_{33}\end{vmatrix}}{\boldsymbol{A}_{\mathrm{VV}}^2\boldsymbol{A}_{\mathrm{HH}}^2}\begin{bmatrix}s_{\mathrm{HH}}\\ s_{\mathrm{VV}}\end{bmatrix}^{\mathrm{H}}\begin{bmatrix}C_{11} & C_{13}\\ C_{31} & C_{33}\end{bmatrix}^{-1}\begin{bmatrix}s_{\mathrm{HH}}\\ s_{\mathrm{VV}}\end{bmatrix}$$

（附 3.7）

同理，可得其他两个相干极化相位差的极限估计精度分别为

$$\mathbf{CRB}(\varphi_{\mathrm{HV-HH}})=\frac{1}{2N}\frac{\begin{vmatrix}C_{11} & C_{13}\\ C_{31} & C_{33}\end{vmatrix}}{\boldsymbol{A}_{\mathrm{HV}}^2\boldsymbol{A}_{\mathrm{HH}}^2}\begin{bmatrix}s_{\mathrm{HH}}\\ s_{\mathrm{HV}}\end{bmatrix}^{\mathrm{H}}\begin{bmatrix}C_{11} & C_{13}\\ C_{31} & C_{33}\end{bmatrix}^{-1}\begin{bmatrix}s_{\mathrm{HH}}\\ s_{\mathrm{HV}}\end{bmatrix} \qquad (附 3.8)$$

$$\mathbf{CRB}(\varphi_{\mathrm{VV-HV}})=\frac{1}{2N}\frac{\begin{vmatrix}C_{11} & C_{13}\\ C_{31} & C_{33}\end{vmatrix}}{\boldsymbol{A}_{\mathrm{VV}}^2\boldsymbol{A}_{\mathrm{HV}}^2}\begin{bmatrix}s_{\mathrm{HV}}\\ s_{\mathrm{VV}}\end{bmatrix}^{\mathrm{H}}\begin{bmatrix}C_{11} & C_{13}\\ C_{31} & C_{33}\end{bmatrix}^{-1}\begin{bmatrix}s_{\mathrm{HV}}\\ s_{\mathrm{VV}}\end{bmatrix} \qquad (附 3.9)$$

特别需要指出的是，将杂波极化协方差矩阵的一般形式

$$\boldsymbol{C}=E[\boldsymbol{u}_n\boldsymbol{u}_n^{\mathrm{H}}]=\sigma_{\mathrm{HH}}^2\begin{bmatrix}1 & 0 & \rho\sqrt{\gamma}\\ 0 & \varepsilon & 0\\ \rho^*\sqrt{\gamma} & 0 & \gamma\end{bmatrix} \qquad (附 3.10)$$

代入式（附 3.7）~式（附 3.9），可得

$$\mathbf{CRB}(\varphi_{\mathrm{VV-HH}})=\frac{1}{2}\left(\frac{1}{\mathbf{SCR}_{\mathrm{HH}}}+\frac{1}{\mathbf{SCR}_{\mathrm{VV}}}-\frac{2\sigma_{\mathrm{HH}}^2\mathrm{Re}(\rho^*\sqrt{\gamma}s_{\mathrm{HH}}s_{\mathrm{VV}}^*)}{NA_{\mathrm{HH}}^2A_{\mathrm{VV}}^2}\right)$$

（附 3.11）

$$\mathbf{CRB}(\varphi_{\mathrm{HV-HH}})=\frac{1}{2}\left(\frac{1}{\mathbf{SCR}_{\mathrm{HV}}}+\frac{1}{\mathbf{SCR}_{\mathrm{HH}}}\right) \qquad (附 3.12)$$

$$\mathbf{CRB}(\varphi_{\mathrm{HV-VV}})=\frac{1}{2}\left(\frac{1}{\mathbf{SCR}_{\mathrm{HV}}}+\frac{1}{\mathbf{SCR}_{\mathrm{VV}}}\right) \qquad (附 3.13)$$

式中：$\mathbf{SCR}_{pq}$为 pq 极化条件下的峰值信噪比，$\mathbf{SCR}_{pq}=\frac{N|s_{pq}|^2}{\sigma_{pq}^2}$。

附录 4　极化色杂波条件下 CP-GTD 模型参数 CRB 的求解与简化

1. 极化色杂波条件下 **CP-GTD** 模型参数 **CRB** 的求解

记 CP-GTD 模型式（5.18）中待估计参量为 $\boldsymbol{\theta}$，即

$$\boldsymbol{\theta}=[\mathrm{Re}\{\boldsymbol{s}^{\mathrm{T}}\}:\mathrm{Im}\{\boldsymbol{s}^{\mathrm{T}}\}:\boldsymbol{a}^{\mathrm{T}}:\boldsymbol{r}^{\mathrm{T}}]^{\mathrm{T}} \qquad (附 4.1)$$

式中：$\boldsymbol{\alpha}=[\alpha_1,\alpha_2,\cdots,\alpha_d]^{\mathrm{T}}$，$\boldsymbol{r}=[r_1,r_2,\cdots,r_d]^{\mathrm{T}}$。

由复高斯极化杂波模型可知：

$$p(z|\boldsymbol{\theta})=\frac{1}{\pi^{3N}|\boldsymbol{R}|}\exp\{-[\boldsymbol{x}-(\boldsymbol{I}_3\otimes\boldsymbol{A})\boldsymbol{s}]^{\mathrm{H}}\boldsymbol{R}^{-1}[\boldsymbol{x}-(\boldsymbol{I}_3\otimes\boldsymbol{A})\boldsymbol{s}]\}\quad(附4.2)$$

式中：$\boldsymbol{R}=\boldsymbol{C}\otimes\boldsymbol{I}_N$，$\boldsymbol{C}$ 为极化测量时极化杂波的协方差矩阵，其一般形式以及各项表征的具体意义请参见 4.1 节式（4.14）。

对数似然函数为

$$\ln p(\boldsymbol{x}|\boldsymbol{\theta})=-3N\ln\pi-\ln(|\boldsymbol{R}|)-[\boldsymbol{x}-(\boldsymbol{I}_3\otimes\boldsymbol{A})\boldsymbol{s}]^{\mathrm{H}}\boldsymbol{R}^{-1}[\boldsymbol{x}-(\boldsymbol{I}_3\otimes\boldsymbol{A})\boldsymbol{s}]\quad(附4.3)$$

根据矢量求导原理，由式（附 4.3）求导可得

$$\frac{\partial\ln p(\boldsymbol{x}|\boldsymbol{\theta})}{\partial(\mathrm{Re}\{\boldsymbol{s}\})}=2\mathrm{Re}\{(\boldsymbol{I}_3\otimes\boldsymbol{A})^{\mathrm{H}}\boldsymbol{R}^{-1}[\boldsymbol{x}-(\boldsymbol{I}_3\otimes\boldsymbol{A})\boldsymbol{s}]\}\quad(附4.4)$$

$$\frac{\partial\ln p(\boldsymbol{x}|\boldsymbol{\theta})}{\partial(\mathrm{Im}\{\boldsymbol{s}\})}=2\mathrm{Im}\{(\boldsymbol{I}_3\otimes\boldsymbol{A})^{\mathrm{H}}\boldsymbol{R}^{-1}[\boldsymbol{x}-(\boldsymbol{I}_3\otimes\boldsymbol{A})\boldsymbol{s}]\}\quad(附4.5)$$

$$\frac{\partial\ln p(\boldsymbol{x}|\boldsymbol{\theta})}{\partial\boldsymbol{\alpha}}=2\mathrm{Re}\left\{\begin{bmatrix}\boldsymbol{\Phi AS}_{\mathrm{HH}}\\\boldsymbol{\Phi AS}_{\mathrm{HV}}\\\boldsymbol{\Phi AS}_{\mathrm{VV}}\end{bmatrix}^{\mathrm{H}}\boldsymbol{R}^{-1}[\boldsymbol{x}-(\boldsymbol{I}_3\otimes\boldsymbol{A})\boldsymbol{s}]\right\}\quad(附4.6)$$

$$\frac{\partial\ln p(\boldsymbol{x}|\boldsymbol{\theta})}{\partial\boldsymbol{r}}=2\mathrm{Re}\left\{\begin{bmatrix}\boldsymbol{DAS}_{\mathrm{HH}}\\\boldsymbol{DAS}_{\mathrm{HV}}\\\boldsymbol{DAS}_{\mathrm{VV}}\end{bmatrix}^{\mathrm{H}}\boldsymbol{R}^{-1}[\boldsymbol{x}-(\boldsymbol{I}_3\otimes\boldsymbol{A})\boldsymbol{s}]\right\}\quad(附4.7)$$

式中：$\boldsymbol{S}_{pq}=\mathrm{diag}\{s_{1,pq}\quad s_{2,pq}\quad\cdots\quad s_{d,pq}\}$；$\boldsymbol{D}=\begin{bmatrix}-\mathrm{j}\frac{4\pi f_1}{c}&0&0\\\vdots&&\vdots\\0&0&-\mathrm{j}\frac{4\pi f_N}{c}\end{bmatrix}$；

$\boldsymbol{\Phi}=\begin{bmatrix}\ln\left(\frac{f_1}{f_c}\right)&0&0\\\vdots&&\vdots\\0&0&\ln\left(\frac{f_N}{f_c}\right)\end{bmatrix}$。

综上所述，可知：

$$\nabla_\theta\ln p(\boldsymbol{x}|\boldsymbol{\theta})=2\mathrm{Re}\{\boldsymbol{h}^{\mathrm{H}}\boldsymbol{R}^{-1}[\boldsymbol{x}-(\boldsymbol{I}_3\otimes\boldsymbol{A})\boldsymbol{s}]\}\quad(附4.8)$$

式中：$\boldsymbol{h}=\left[(\boldsymbol{I}_3\otimes\boldsymbol{A}),\boldsymbol{j}(\boldsymbol{I}_3\otimes\boldsymbol{A}),\begin{bmatrix}\boldsymbol{\Phi AS}_{\mathrm{HH}}\\\boldsymbol{\Phi AS}_{\mathrm{HV}}\\\boldsymbol{\Phi AS}_{\mathrm{VV}}\end{bmatrix},\begin{bmatrix}\boldsymbol{DAS}_{\mathrm{HH}}\\\boldsymbol{DAS}_{\mathrm{HV}}\\\boldsymbol{DAS}_{\mathrm{VV}}\end{bmatrix}\right]$。

则待估计参量的 Fisher 矩阵可表征为

$$\begin{aligned}\boldsymbol{J}&=E\{\nabla_\theta\ln p(\boldsymbol{z}|\boldsymbol{\theta})\cdot\nabla_\theta\ln p(\boldsymbol{z}|\boldsymbol{\theta})^{\mathrm{T}}\}\\&=4E\{\mathrm{Re}\{\boldsymbol{h}^{\mathrm{H}}\boldsymbol{R}^{-1}[\boldsymbol{x}-(\boldsymbol{I}_3\otimes\boldsymbol{A})\boldsymbol{s}]\}\cdot\mathrm{Re}\{[\boldsymbol{x}-(\boldsymbol{I}_3\otimes\boldsymbol{A})\boldsymbol{s}]^{\mathrm{T}}\boldsymbol{R}^{-\mathrm{T}}\boldsymbol{h}^*\}\}\\&=2E\{\mathrm{Re}(\boldsymbol{h}^{\mathrm{H}}\boldsymbol{R}^{-1}\boldsymbol{h})\}\end{aligned}$$

(附 4.9)

至此，可得 CP-GTD 模型中待估计参量的 **CRB** 矩阵如下：

$$\mathbf{CRB}(\boldsymbol{\theta})=\frac{1}{2}(E\{\mathrm{Re}(\boldsymbol{h}^{\mathrm{H}}\boldsymbol{R}^{-1}\boldsymbol{h})\})^{-1} \quad (附 4.10)$$

2. 极化色杂波条件下的多点散射 CP-GTD 模型 CRB 的化简推导过程

由 Kronecker 积的性质可知：

$$\boldsymbol{R}^{-1}=\boldsymbol{C}^{-1}\otimes\boldsymbol{I}_N^{-1}=\boldsymbol{C}^{-1}\otimes\boldsymbol{I}_N \quad (附 4.11)$$

记

$$\boldsymbol{B}=\begin{bmatrix}\boldsymbol{\Phi AS}_{\mathrm{H}}\\\boldsymbol{\Phi AS}_{\mathrm{HV}}\\\boldsymbol{\Phi AS}_{\mathrm{VV}}\end{bmatrix},\quad \boldsymbol{G}=\begin{bmatrix}\boldsymbol{DAS}_{\mathrm{HH}}\\\boldsymbol{DAS}_{\mathrm{HV}}\\\boldsymbol{DAS}_{\mathrm{VV}}\end{bmatrix} \quad (附 4.12)$$

代入 $\mathrm{Re}(\boldsymbol{h}^{\mathrm{H}}\boldsymbol{R}^{-1}\boldsymbol{h})$ 得

$$\mathrm{Re}(\boldsymbol{h}^{\mathrm{H}}\boldsymbol{R}^{-1}\boldsymbol{h})=\begin{bmatrix}\mathrm{Re}[\boldsymbol{C}^{-1}\otimes(\boldsymbol{A}^{\mathrm{H}}\boldsymbol{A})] & -\mathrm{Im}(\boldsymbol{C}^{-1}\otimes(\boldsymbol{A}^{\mathrm{H}}\boldsymbol{A})) & \mathrm{Re}[(\boldsymbol{C}^{-1}\otimes\boldsymbol{A}^{\mathrm{H}})\boldsymbol{B}] & \mathrm{Re}[(\boldsymbol{C}^{-1}\otimes\boldsymbol{A}^{\mathrm{H}})\boldsymbol{G}]\\ \mathrm{Im}(\boldsymbol{C}^{-1}\otimes(\boldsymbol{A}^{\mathrm{H}}\boldsymbol{A})) & \mathrm{Re}(\boldsymbol{C}^{-1}\otimes(\boldsymbol{A}^{\mathrm{H}}\boldsymbol{A})) & \mathrm{Im}[(\boldsymbol{C}^{-1}\otimes\boldsymbol{A}^{\mathrm{H}})\boldsymbol{B}] & \mathrm{Im}[(\boldsymbol{C}^{-1}\otimes\boldsymbol{A}^{\mathrm{H}})\boldsymbol{G}]\\ \mathrm{Re}[\boldsymbol{B}^{\mathrm{H}}(\boldsymbol{C}^{-1}\otimes\boldsymbol{A})] & -\mathrm{Im}[\boldsymbol{B}^{\mathrm{H}}(\boldsymbol{C}^{-1}\otimes\boldsymbol{A})] & \mathrm{Re}\{\boldsymbol{B}^{\mathrm{H}}[\boldsymbol{C}^{-1}\otimes\boldsymbol{I}_N]\boldsymbol{B}\} & \mathrm{Re}\{\boldsymbol{B}^{\mathrm{H}}[\boldsymbol{C}^{-1}\otimes\boldsymbol{I}_N]\boldsymbol{G}\}\\ \mathrm{Re}[\boldsymbol{G}^{\mathrm{H}}(\boldsymbol{C}^{-1}\otimes\boldsymbol{A})] & -\mathrm{Im}[\boldsymbol{G}^{\mathrm{H}}(\boldsymbol{C}^{-1}\otimes\boldsymbol{A})] & \mathrm{Re}\{\boldsymbol{G}^{\mathrm{H}}[\boldsymbol{C}^{-1}\otimes\boldsymbol{I}_N]\boldsymbol{B}\} & \mathrm{Re}\{\boldsymbol{G}^{\mathrm{H}}[\boldsymbol{C}^{-1}\otimes\boldsymbol{I}_N]\boldsymbol{G}\}\end{bmatrix}$$

(附 4.13)

将其写成分块矩阵的形式，记为

$$\mathrm{Re}(\boldsymbol{h}^{\mathrm{H}}\boldsymbol{R}^{-1}\boldsymbol{h})=\begin{bmatrix}\boldsymbol{M}_1 & \boldsymbol{M}_2\\\boldsymbol{M}_2^{\mathrm{T}} & \boldsymbol{M}_3\end{bmatrix} \quad (附 4.14)$$

式中：$\boldsymbol{M}_1=\begin{bmatrix}\mathrm{Re}[\boldsymbol{C}^{-1}\otimes(\boldsymbol{A}^{\mathrm{H}}\boldsymbol{A})] & -\mathrm{Im}[\boldsymbol{C}^{-1}\otimes(\boldsymbol{A}^{\mathrm{H}}\boldsymbol{A})]\\\mathrm{Im}[\boldsymbol{C}^{-1}\otimes(\boldsymbol{A}^{\mathrm{H}}\boldsymbol{A})] & \mathrm{Re}[\boldsymbol{C}^{-1}\otimes(\boldsymbol{A}^{\mathrm{H}}\boldsymbol{A})]\end{bmatrix}$；

$\boldsymbol{M}_2=\begin{bmatrix}\mathrm{Re}[(\boldsymbol{C}^{-1}\otimes\boldsymbol{A}^{\mathrm{H}})\boldsymbol{B}] & \mathrm{Re}[(\boldsymbol{C}^{-1}\otimes\boldsymbol{A}^{\mathrm{H}})\boldsymbol{G}]\\\mathrm{Im}[(\boldsymbol{C}^{-1}\otimes\boldsymbol{A}^{\mathrm{H}})\boldsymbol{B}] & \mathrm{Im}[(\boldsymbol{C}^{-1}\otimes\boldsymbol{A}^{\mathrm{H}})\boldsymbol{G}]\end{bmatrix}$；

$\boldsymbol{M}_3=\begin{bmatrix}\mathrm{Re}\{\boldsymbol{B}^{\mathrm{H}}[\boldsymbol{C}^{-1}\otimes\boldsymbol{I}_N]\boldsymbol{B}\} & \mathrm{Re}\{\boldsymbol{B}^{\mathrm{H}}[\boldsymbol{C}^{-1}\otimes\boldsymbol{I}_N]\boldsymbol{G}\}\\\mathrm{Re}\{\boldsymbol{G}^{\mathrm{H}}[\boldsymbol{C}^{-1}\otimes\boldsymbol{I}_N]\boldsymbol{B}\} & \mathrm{Re}\{\boldsymbol{G}^{\mathrm{H}}[\boldsymbol{C}^{-1}\otimes\boldsymbol{I}_N]\boldsymbol{G}\}\end{bmatrix}$。

根据矩阵求逆引理，可得

$$\begin{bmatrix}\boldsymbol{M}_1 & \boldsymbol{M}_2\\\boldsymbol{M}_2^{\mathrm{T}} & \boldsymbol{M}_3\end{bmatrix}^{-1}=\begin{bmatrix}\boldsymbol{M}_1^{-1}+\boldsymbol{M}_1^{-1}\boldsymbol{M}_2\boldsymbol{K}^{-1}\boldsymbol{M}_2^{\mathrm{T}}\boldsymbol{M}_1^{-1} & -\boldsymbol{M}_1^{-1}\boldsymbol{M}_2\boldsymbol{K}^{-1}\\-\boldsymbol{K}^{-1}\boldsymbol{M}_2^{\mathrm{T}}\boldsymbol{M}_1^{-1} & \boldsymbol{K}^{-1}\end{bmatrix} \quad (附 4.15)$$

式中：$\boldsymbol{K}=\boldsymbol{M}_3-\boldsymbol{M}_2^{\mathrm{T}}\boldsymbol{M}_1^{-1}\boldsymbol{M}_2$。

由待定系数法，可得

$$\boldsymbol{M}_1^{-1}=\begin{bmatrix}\mathrm{Re}\{[\boldsymbol{C}^{-1}\otimes(\boldsymbol{A}^{\mathrm{H}}\boldsymbol{A})]^{-1}\} & -\mathrm{Im}\{[\boldsymbol{C}^{-1}\otimes(\boldsymbol{A}^{\mathrm{H}}\boldsymbol{A})]^{-1}\}\\ \mathrm{Im}\{[\boldsymbol{C}^{-1}\otimes(\boldsymbol{A}^{\mathrm{H}}\boldsymbol{A})]^{-1}\} & \mathrm{Re}\{[\boldsymbol{C}^{-1}\otimes(\boldsymbol{A}^{\mathrm{H}}\boldsymbol{A})]^{-1}\}\end{bmatrix} \tag{附 4.16}$$

$$\boldsymbol{M}_2^{\mathrm{T}}\boldsymbol{M}_1^{-1}\boldsymbol{M}_2=\begin{bmatrix}\mathrm{Re}[\boldsymbol{B}^{\mathrm{H}}(\boldsymbol{C}^{-1}\otimes(\boldsymbol{A}(\boldsymbol{A}^{\mathrm{H}}\boldsymbol{A})^{-1}\boldsymbol{A}^{\mathrm{H}}))\boldsymbol{B}] & \mathrm{Re}[\boldsymbol{B}^{\mathrm{H}}(\boldsymbol{C}^{-1}\otimes(\boldsymbol{A}(\boldsymbol{A}^{\mathrm{H}}\boldsymbol{A})^{-1}\boldsymbol{A}^{\mathrm{H}}))\boldsymbol{G}]\\ \mathrm{Re}[\boldsymbol{G}^{\mathrm{H}}(\boldsymbol{C}^{-1}\otimes(\boldsymbol{A}(\boldsymbol{A}^{\mathrm{H}}\boldsymbol{A})^{-1}\boldsymbol{A}^{\mathrm{H}}))\boldsymbol{B}] & \mathrm{Re}[\boldsymbol{G}^{\mathrm{H}}(\boldsymbol{C}^{-1}\otimes(\boldsymbol{A}(\boldsymbol{A}^{\mathrm{H}}\boldsymbol{A})^{-1}\boldsymbol{A}^{\mathrm{H}}))\boldsymbol{G}]\end{bmatrix} \tag{附 4.17}$$

至此，可得

(1) CP-GTD 模型中类型参数和位置参数的 **CRB** 矩阵为

$$\mathbf{CRB}(\boldsymbol{a}\vdots\boldsymbol{r})=\frac{1}{2}\boldsymbol{K}^{-1}=\frac{1}{2}\begin{bmatrix}\mathrm{Re}[\boldsymbol{B}^{\mathrm{H}}(\boldsymbol{C}^{-1}\otimes\boldsymbol{E})\boldsymbol{B}] & \mathrm{Re}[\boldsymbol{B}^{\mathrm{H}}(\boldsymbol{C}^{-1}\otimes\boldsymbol{E})\boldsymbol{G}]\\ \mathrm{Re}[\boldsymbol{G}^{\mathrm{H}}(\boldsymbol{C}^{-1}\otimes\boldsymbol{E})\boldsymbol{B}] & \mathrm{Re}[\boldsymbol{G}^{\mathrm{H}}(\boldsymbol{C}^{-1}\otimes\boldsymbol{E})\boldsymbol{G}]\end{bmatrix}^{-1} \tag{附 4.18}$$

式中：$\boldsymbol{E}=\boldsymbol{I}_N-\boldsymbol{A}(\boldsymbol{A}^{\mathrm{H}}\boldsymbol{A})^{-1}\boldsymbol{A}^{\mathrm{H}}$。

(2) 散射矢量参数估计的 **CRB** 矩阵为

$$\mathbf{CRB}(\mathrm{Re}(s)\vdots\mathrm{Im}(s))=\frac{1}{2}(\boldsymbol{M}_1^{-1}+\boldsymbol{M}_1^{-1}\boldsymbol{M}_2\boldsymbol{K}^{-1}\boldsymbol{M}_2^{\mathrm{T}}\boldsymbol{M}_1^{-1}) \tag{附 4.19}$$

3. 极化色杂波条件下的单点散射 CP-GTD 模型中类型和位置参数的 CRB 求解

对于单点 CP-GTD 模型而言，有

$$\boldsymbol{G}=\boldsymbol{s}\otimes(\boldsymbol{D}\boldsymbol{A}),\quad \boldsymbol{B}=\boldsymbol{s}\otimes(\boldsymbol{\Phi}\boldsymbol{A}) \tag{附 4.20}$$

式中：$\boldsymbol{s}$ 为散射矢量，$\boldsymbol{s}=[s_{\mathrm{HH}}\quad s_{\mathrm{HV}}\quad s_{\mathrm{VV}}]^{\mathrm{T}}$；$\boldsymbol{D}=\begin{bmatrix}-\mathrm{j}\dfrac{4\pi f_1}{c} & 0 & 0\\ \vdots & & \vdots\\ 0 & 0 & -\mathrm{j}\dfrac{4\pi f_N}{c}\end{bmatrix}$；$\boldsymbol{\Phi}=\begin{bmatrix}\ln\left(\dfrac{f_1}{f_{\mathrm{c}}}\right) & 0 & 0\\ \vdots & & \vdots\\ 0 & 0 & \ln\left(\dfrac{f_N}{f_{\mathrm{c}}}\right)\end{bmatrix}$；$\boldsymbol{A}=\boldsymbol{a}(\alpha,r)=\left[\left(\dfrac{f_1}{f_{\mathrm{c}}}\right)^{\alpha}\mathrm{e}^{-\mathrm{j}\frac{4\pi f_1 r}{c}}\left(\dfrac{f_2}{f_{\mathrm{c}}}\right)^{\alpha}\mathrm{e}^{-\mathrm{j}\frac{4\pi f_2 r}{c}}\cdots\left(\dfrac{f_N}{f_{\mathrm{c}}}\right)^{\alpha}\mathrm{e}^{-\mathrm{j}\frac{4\pi f_N r}{c}}\right]^{\mathrm{T}}$。

显然 $\boldsymbol{A}^{\mathrm{H}}\boldsymbol{A}\approx N$，代入式（附 4.15）中可得 $\boldsymbol{K}$ 为

$$\boldsymbol{K}=\begin{bmatrix}\mathrm{Re}[(\boldsymbol{s}^{\mathrm{H}}\boldsymbol{C}^{-1}\boldsymbol{s}\boldsymbol{A}^{\mathrm{H}}\boldsymbol{\Phi}\boldsymbol{E}\boldsymbol{\Phi}\boldsymbol{A})] & \mathrm{Re}[(\boldsymbol{s}^{\mathrm{H}}\boldsymbol{C}^{-1}\boldsymbol{s}\boldsymbol{A}^{\mathrm{H}}\boldsymbol{\Phi}\boldsymbol{E}\boldsymbol{D}\boldsymbol{A})]\\ \mathrm{Re}[(\boldsymbol{s}^{\mathrm{H}}\boldsymbol{C}^{-1}\boldsymbol{s}\boldsymbol{A}^{\mathrm{H}}\boldsymbol{D}^{\mathrm{H}}\boldsymbol{E}\boldsymbol{\Phi}\boldsymbol{A})] & \mathrm{Re}[(\boldsymbol{s}^{\mathrm{H}}\boldsymbol{C}^{-1}\boldsymbol{s}\boldsymbol{A}^{\mathrm{H}}\boldsymbol{D}^{\mathrm{H}}\boldsymbol{E}\boldsymbol{D}\boldsymbol{A})]\end{bmatrix} \tag{附 4.21}$$

事实上，此时，$\mathrm{Re}[\boldsymbol{A}^{\mathrm{H}}\boldsymbol{D}^{\mathrm{H}}\boldsymbol{E}\boldsymbol{\Phi}\boldsymbol{A}]=0$，则

$$\mathbf{CRB}(a\ \vdots\ r)=\frac{1}{2}\boldsymbol{K}^{-1}=\frac{1}{2\boldsymbol{s}^{\mathrm{H}}\boldsymbol{C}^{-1}\boldsymbol{s}}\begin{bmatrix}\dfrac{1}{\boldsymbol{A}^{\mathrm{H}}\boldsymbol{\Phi}\boldsymbol{E}\boldsymbol{\Phi}\boldsymbol{A}} & 0\\ 0 & \dfrac{1}{\boldsymbol{A}^{\mathrm{H}}\boldsymbol{D}^{\mathrm{H}}\boldsymbol{E}\boldsymbol{D}\boldsymbol{A}}\end{bmatrix} \tag{附 4.22}$$

则可得单点条件下 CP-GTD 模型的类型因子和位置参数的极限估计精度分别为

$$\mathbf{CRB}(\alpha)=\frac{1}{2\boldsymbol{s}^{\mathrm{H}}\boldsymbol{C}^{-1}\boldsymbol{s}}\cdot\frac{1}{\boldsymbol{A}^{\mathrm{H}}\boldsymbol{\Phi}\boldsymbol{E}\boldsymbol{\Phi}\boldsymbol{A}}=\frac{1}{N\boldsymbol{s}^{\mathrm{H}}\boldsymbol{C}^{-1}\boldsymbol{s}}\cdot\frac{6}{\gamma^2} \tag{附 4.23}$$

$$\begin{aligned}\mathbf{CRB}(r)&=\frac{1}{2\boldsymbol{s}^{\mathrm{H}}\boldsymbol{C}^{-1}\boldsymbol{s}}\cdot\frac{1}{\boldsymbol{A}^{\mathrm{H}}\boldsymbol{D}^{\mathrm{H}}\boldsymbol{E}\boldsymbol{D}\boldsymbol{A}}=\frac{1}{2\boldsymbol{s}^{\mathrm{H}}\boldsymbol{C}^{-1}\boldsymbol{s}}\cdot\frac{3(N-1)\partial_r^2}{N(N+1)\pi^2}\\&\approx\frac{1}{N\boldsymbol{s}^{\mathrm{H}}\boldsymbol{C}^{-1}\boldsymbol{s}}\cdot\frac{3\delta_r^2}{2\pi^2}\end{aligned} \tag{附 4.24}$$

式中：$\dfrac{1}{\boldsymbol{A}^{\mathrm{H}}\boldsymbol{\Phi}\boldsymbol{E}\boldsymbol{\Phi}\boldsymbol{A}}=\dfrac{\sum\left(\frac{f_i}{f_c}\right)^{2\alpha_m}}{\sum\left(\frac{f_i}{f_c}\right)^{2\alpha_m}\ln^2\left(\frac{f_i}{f_c}\right)\sum\left(\frac{f_i}{f_c}\right)^{2\alpha_m}-\left[\sum\left(\frac{f_i}{f_c}\right)^{2\alpha_m}\ln\left(\frac{f_i}{f_c}\right)\right]^2}=\dfrac{12}{N\gamma^2}$。

4. 极化色杂波条件下的单点散射 CP-GTD 模型散射矢量参数的 CRB 求解

$$\begin{aligned}\boldsymbol{M}_1^{-1}&=\begin{bmatrix}\mathrm{Re}\{[\boldsymbol{C}^{-1}\otimes(\boldsymbol{A}^{\mathrm{H}}\boldsymbol{A})]^{-1}\} & -\mathrm{Im}\{[\boldsymbol{C}^{-1}\otimes(\boldsymbol{A}^{\mathrm{H}}\boldsymbol{A})]^{-1}\}\\ \mathrm{Im}\{[\boldsymbol{C}^{-1}\otimes(\boldsymbol{A}^{\mathrm{H}}\boldsymbol{A})]^{-1}\} & \mathrm{Re}\{[\boldsymbol{C}^{-1}\otimes(\boldsymbol{A}^{\mathrm{H}}\boldsymbol{A})]^{-1}\}\end{bmatrix}\\&=\frac{1}{N}\begin{bmatrix}\mathrm{Re}\{\boldsymbol{C}\} & -\mathrm{Im}\{\boldsymbol{C}\}\\ \mathrm{Im}\{\boldsymbol{C}\} & \mathrm{Re}\{\boldsymbol{C}\}\end{bmatrix}\end{aligned} \tag{附 4.25}$$

将 $\boldsymbol{G}=\boldsymbol{s}\otimes(\boldsymbol{D}\boldsymbol{A})$，$\boldsymbol{B}=\boldsymbol{s}\otimes(\boldsymbol{\Phi}\boldsymbol{A})$ 代入 $\boldsymbol{M}_2$，并将 $\boldsymbol{M}_2$、$\boldsymbol{M}_1^{-1}$、$\boldsymbol{K}^{-1}$ 代入 $\boldsymbol{M}_1^{-1}\boldsymbol{M}_2\boldsymbol{K}^{-1}\boldsymbol{M}_2^{\mathrm{T}}\boldsymbol{M}_1^{-1}$，可得

$$\boldsymbol{M}_1^{-1}\boldsymbol{M}_2\boldsymbol{K}^{-1}\boldsymbol{M}_2^{\mathrm{T}}\boldsymbol{M}_1^{-1}=\frac{1}{\boldsymbol{s}^{\mathrm{H}}\boldsymbol{C}^{-1}\boldsymbol{s}}\begin{bmatrix}P_1 & P_2\\ P_3 & P_4\end{bmatrix} \tag{附 4.26}$$

式中：P_1、P_2、P_3、P_4分别为

$$P_1=\mathrm{Re}(\boldsymbol{s})\mathrm{Re}(\boldsymbol{s}^{\mathrm{T}})\frac{(\boldsymbol{A}^{\mathrm{H}}\boldsymbol{\Phi}\boldsymbol{A})^2}{(\boldsymbol{A}^{\mathrm{H}}\boldsymbol{A})^2\boldsymbol{A}^{\mathrm{H}}\boldsymbol{\Phi}\boldsymbol{E}\boldsymbol{\Phi}\boldsymbol{A}}-\mathrm{Im}(\boldsymbol{s})\mathrm{Im}(\boldsymbol{s}^{\mathrm{T}})\frac{(\boldsymbol{A}^{\mathrm{H}}\boldsymbol{D}\boldsymbol{A})^2}{(\boldsymbol{A}^{\mathrm{H}}\boldsymbol{A})^2\boldsymbol{A}^{\mathrm{H}}\boldsymbol{D}^{\mathrm{H}}\boldsymbol{E}\boldsymbol{D}\boldsymbol{A}} \tag{附 4.27}$$

$$P_2=\mathrm{Re}(\boldsymbol{s})\mathrm{Im}(\boldsymbol{s}^{\mathrm{T}})\frac{(\boldsymbol{A}^{\mathrm{H}}\boldsymbol{\Phi}\boldsymbol{A})^2}{(\boldsymbol{A}^{\mathrm{H}}\boldsymbol{A})^2\boldsymbol{A}^{\mathrm{H}}\boldsymbol{\Phi}\boldsymbol{E}\boldsymbol{\Phi}\boldsymbol{A}}+\mathrm{Im}(\boldsymbol{s})\mathrm{Re}(\boldsymbol{s}^{\mathrm{T}})\frac{(\boldsymbol{A}^{\mathrm{H}}\boldsymbol{D}\boldsymbol{A})^2}{(\boldsymbol{A}^{\mathrm{H}}\boldsymbol{A})^2\boldsymbol{A}^{\mathrm{H}}\boldsymbol{D}^{\mathrm{H}}\boldsymbol{E}\boldsymbol{D}\boldsymbol{A}} \tag{附 4.28}$$

$$P_3=\mathrm{Im}(\boldsymbol{s})\mathrm{Re}(\boldsymbol{s}^{\mathrm{T}})\frac{(\boldsymbol{A}^{\mathrm{H}}\boldsymbol{\Phi}\boldsymbol{A})^2}{(\boldsymbol{A}^{\mathrm{H}}\boldsymbol{A})^2\boldsymbol{A}^{\mathrm{H}}\boldsymbol{\Phi}\boldsymbol{E}\boldsymbol{\Phi}\boldsymbol{A}}+\mathrm{Re}(\boldsymbol{s})\mathrm{Im}(\boldsymbol{s}^{\mathrm{T}})\frac{(\boldsymbol{A}^{\mathrm{H}}\boldsymbol{D}\boldsymbol{A})^2}{(\boldsymbol{A}^{\mathrm{H}}\boldsymbol{A})^2\boldsymbol{A}^{\mathrm{H}}\boldsymbol{D}^{\mathrm{H}}\boldsymbol{E}\boldsymbol{D}\boldsymbol{A}} \tag{附 4.29}$$

$$P_4=\mathrm{Im}(\boldsymbol{s})\mathrm{Im}(\boldsymbol{s}^{\mathrm{T}})\frac{(\boldsymbol{A}^{\mathrm{H}}\boldsymbol{\Phi}\boldsymbol{A})^2}{(\boldsymbol{A}^{\mathrm{H}}\boldsymbol{A})^2\boldsymbol{A}^{\mathrm{H}}\boldsymbol{\Phi}\boldsymbol{E}\boldsymbol{\Phi}\boldsymbol{A}}-\mathrm{Re}(\boldsymbol{s})\mathrm{Re}(\boldsymbol{s}^{\mathrm{T}})\frac{(\boldsymbol{A}^{\mathrm{H}}\boldsymbol{D}\boldsymbol{A})^2}{(\boldsymbol{A}^{\mathrm{H}}\boldsymbol{A})^2\boldsymbol{A}^{\mathrm{H}}\boldsymbol{D}^{\mathrm{H}}\boldsymbol{E}\boldsymbol{D}\boldsymbol{A}} \tag{附 4.30}$$

将单点条件代入化简得

$$\frac{(\boldsymbol{A}^{\mathrm{H}}\boldsymbol{\Phi}\boldsymbol{A})^2}{(\boldsymbol{A}^{\mathrm{H}}\boldsymbol{A})^2\boldsymbol{A}^{\mathrm{H}}\boldsymbol{\Phi}\boldsymbol{E}\boldsymbol{\Phi}\boldsymbol{A}}=\frac{12\sum\left(\frac{f_i}{f_c}\right)^{2\alpha_m}\ln\left(\frac{f_i}{f_c}\right)}{N^2N\gamma^2}\approx 0 \tag{附 4.31}$$

$$\frac{(\boldsymbol{A}^{\mathrm{H}}\boldsymbol{D}\boldsymbol{A})^2}{(\boldsymbol{A}^{\mathrm{H}}\boldsymbol{A})^2\boldsymbol{A}^{\mathrm{H}}\boldsymbol{D}^{\mathrm{H}}\boldsymbol{E}\boldsymbol{D}\boldsymbol{A}}=\frac{-\left\{\sum\left[\left(\frac{f_i}{f_e}\right)^{2\alpha_m}\left(\frac{4\pi f_i}{c}\right)\right]\right\}^2}{N^2}\frac{12}{\left(\frac{4\pi}{c}\right)^2B^2N}\approx-\frac{12f_c^2}{B^2N}=-\frac{12}{\gamma^2N} \tag{附 4.32}$$

则可得单点条件下 CP-GTD 模型的散射矢量参数的极限估计精度分别为

$$\begin{aligned}
&\mathbf{CRB}(\mathrm{Re}(\boldsymbol{s})\vdots\mathrm{Im}(\boldsymbol{s}))\\
&=\frac{1}{2}(\boldsymbol{M}_1^{-1}+\boldsymbol{M}_1^{-1}\boldsymbol{M}_2\boldsymbol{K}^{-1}\boldsymbol{M}_2^{\mathrm{T}}\boldsymbol{M}_1^{-1})\\
&=\frac{1}{2}\begin{bmatrix}\mathrm{Re}\{\boldsymbol{C}\otimes(\boldsymbol{A}^{\mathrm{H}}\boldsymbol{A})^{-1}\} & -\mathrm{Im}\{\boldsymbol{C}\otimes(\boldsymbol{A}^{\mathrm{H}}\boldsymbol{A})^{-1}\}\\ \mathrm{Im}\{\boldsymbol{C}\otimes(\boldsymbol{A}^{\mathrm{H}}\boldsymbol{A})^{-1}\} & \mathrm{Re}\{\boldsymbol{C}\otimes(\boldsymbol{A}^{\mathrm{H}}\boldsymbol{A})^{-1}\}\end{bmatrix}+\frac{1}{2\boldsymbol{s}^{\mathrm{H}}\boldsymbol{C}^{-1}\boldsymbol{s}}\begin{bmatrix}P_1 & P_2\\ P_3 & P_4\end{bmatrix}\\
&\approx\frac{1}{2N}\begin{bmatrix}\mathrm{Re}\{\boldsymbol{C}\} & -\mathrm{Im}\{\boldsymbol{C}\}\\ \mathrm{Im}\{\boldsymbol{C}\} & \mathrm{Re}\{\boldsymbol{C}\}\end{bmatrix}+\frac{1}{N\boldsymbol{s}^{\mathrm{H}}\boldsymbol{C}^{-1}\boldsymbol{s}}\frac{6}{\gamma^2}\begin{bmatrix}\mathrm{Im}(\boldsymbol{s})\mathrm{Im}(\boldsymbol{s}^{\mathrm{T}}) & -\mathrm{Im}(\boldsymbol{s})\mathrm{Re}(\boldsymbol{s}^{\mathrm{T}})\\ -\mathrm{Re}(\boldsymbol{s})\mathrm{Im}(\boldsymbol{s}^{\mathrm{T}}) & \mathrm{Re}(\boldsymbol{s})\mathrm{Re}(\boldsymbol{s}^{\mathrm{T}})\end{bmatrix}
\end{aligned} \tag{附 4.33}$$

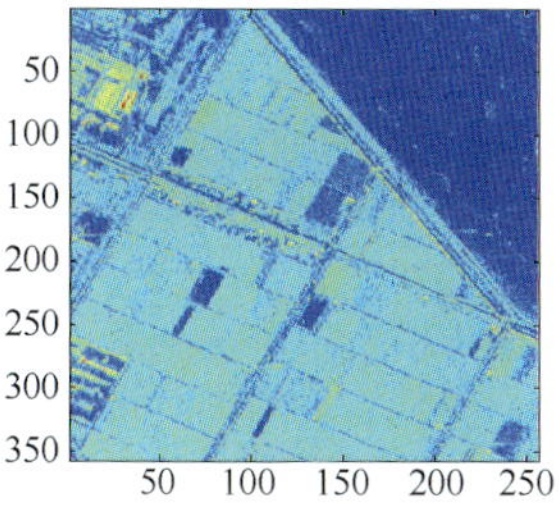

(a) HH

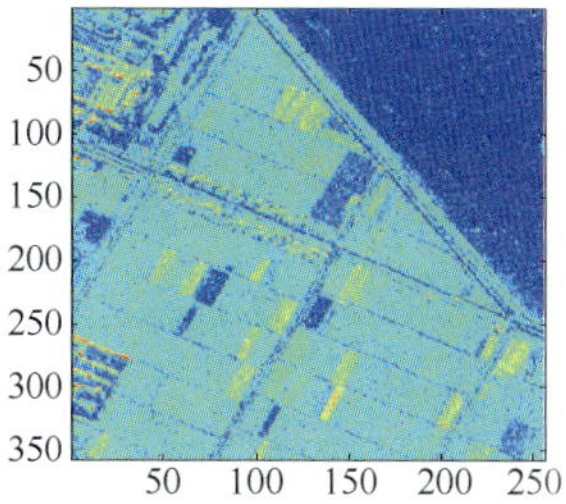

(b) HV

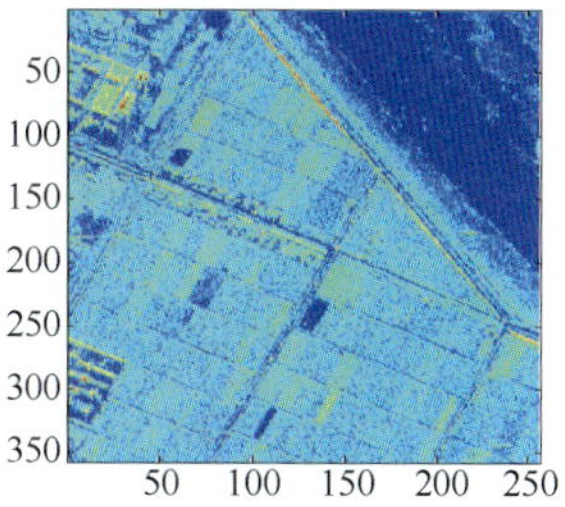

(c) VV

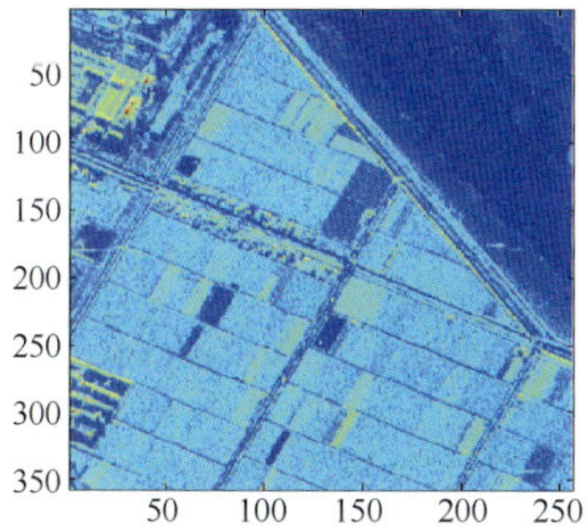

(d) span

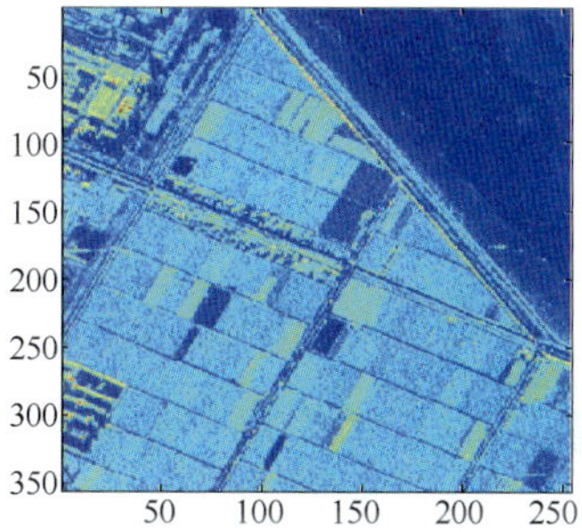

(e) PWF

图 2.12　经 span 或 PWF 处理后的图像

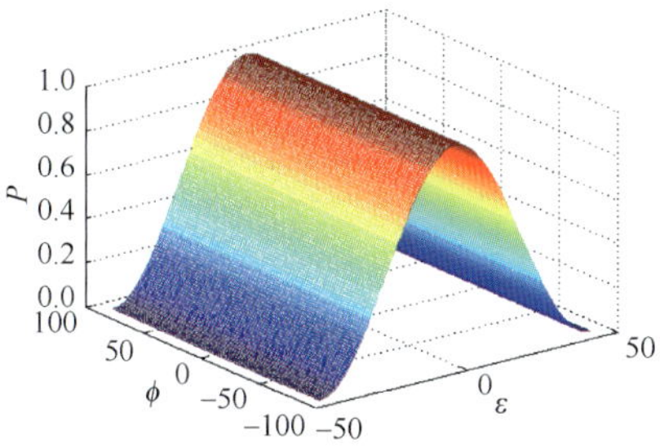

(a) 相同极化

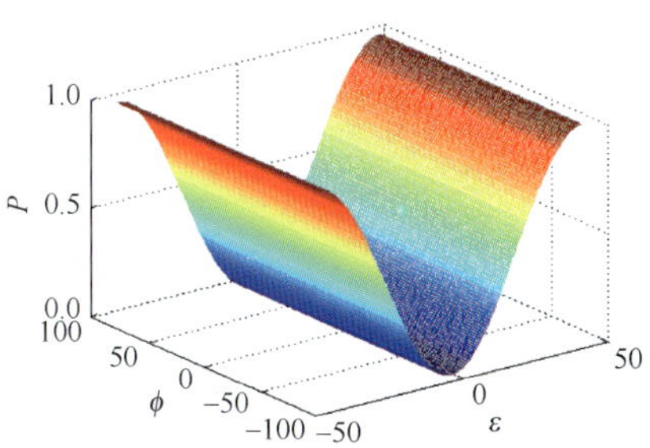

(b) 交叉极化

图 2.14　表面散射的极化特征

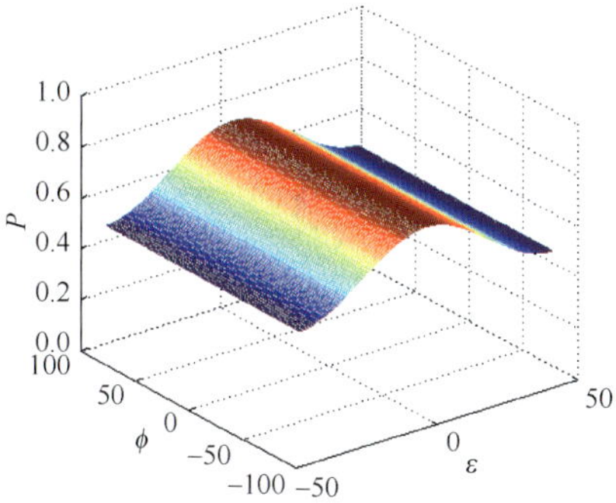

(a) 相同极化

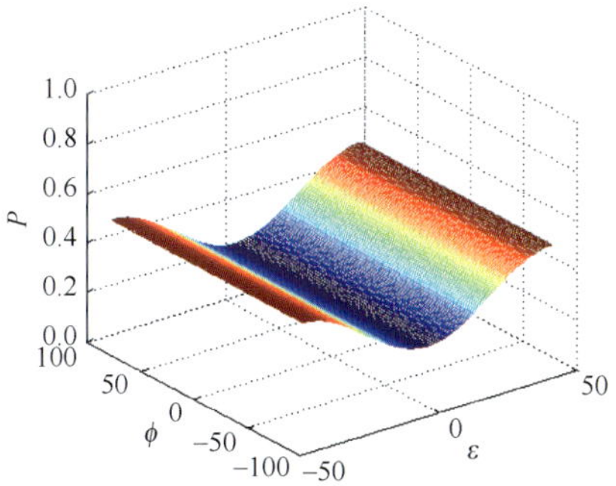

(b) 交叉极化

图 2.15　体散射的极化特征

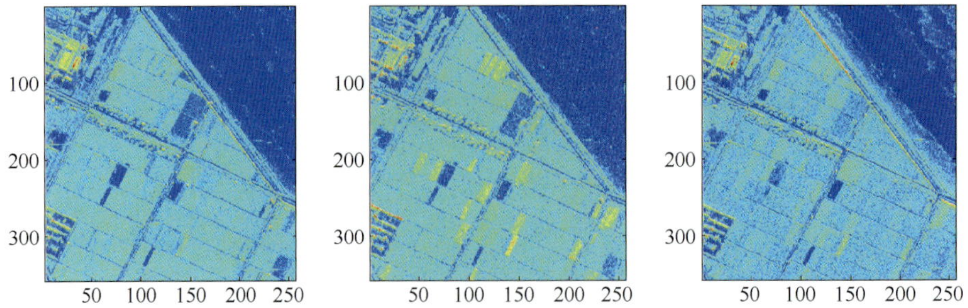

(a) HH (b) HV (c) VV

图 2.19 AIRSAR 系统在日本冈山附近某地区的 PolSAR 实测数据图

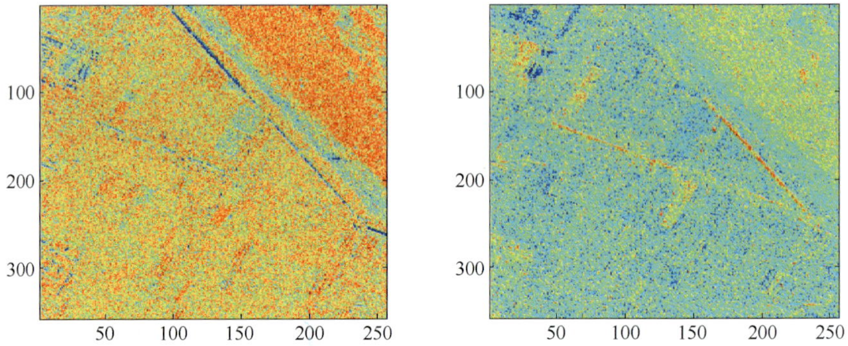

(a) 熵值分类 (b) α值分类

图 2.20 H/α 分类结果

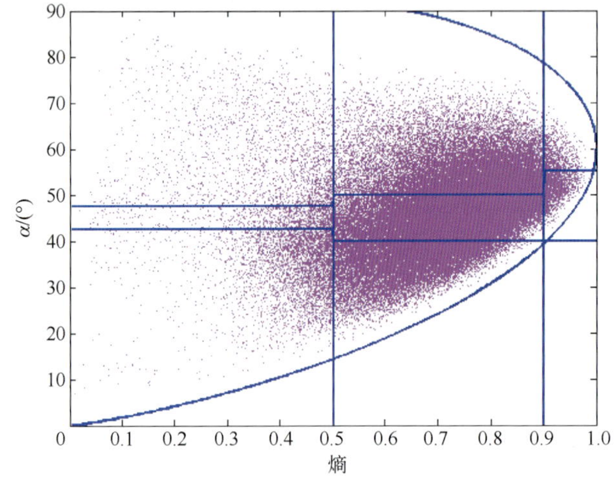

(a) 各类样本分布

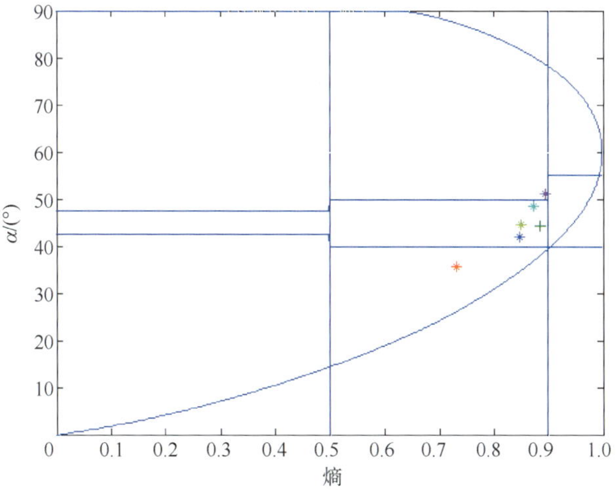

(b) 各类中心分布

图 2.21　训练样本在 H/α 平面上的分布示意图

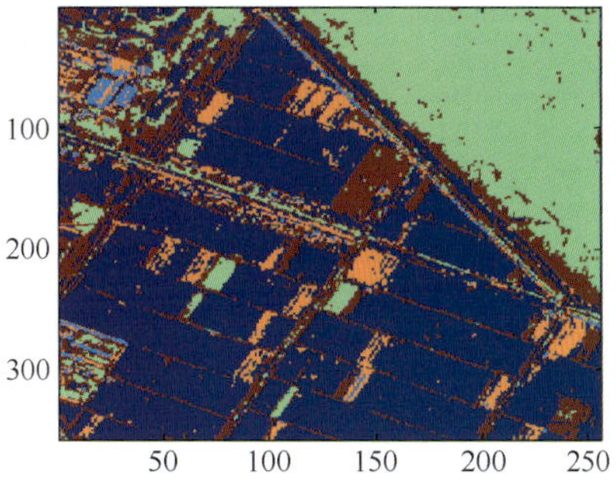

图 2.23　特征优选的分类效果

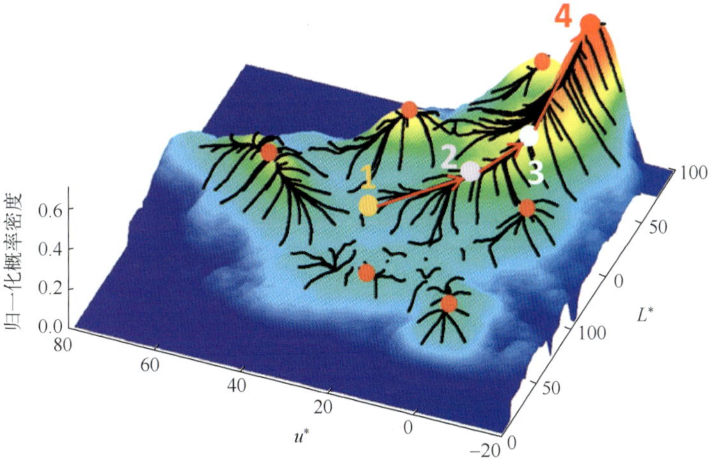

图 3.6　均值移动算法示意图

(a) 原始图像　　　　(b) 图像分割后

图 3.7　基于均值移动算法的图像分割结果

图 3.11　海南省陵水民族中学的光学图像

（资料来源：Google Earth）

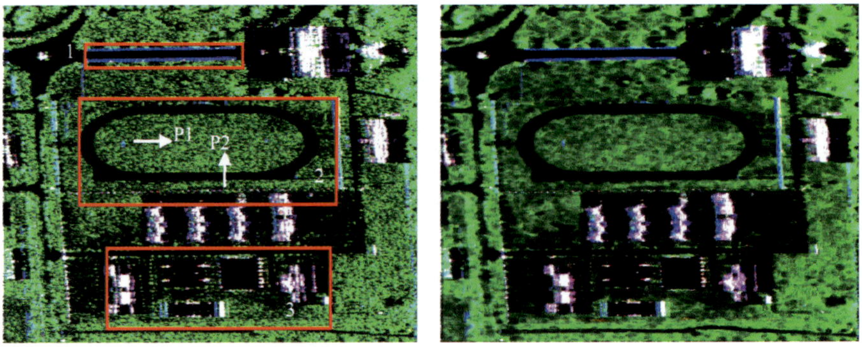

(a) 滤波前图像　　　　(b) 精致 Lee 极化滤波后 (滤波窗口大小为 7×7)

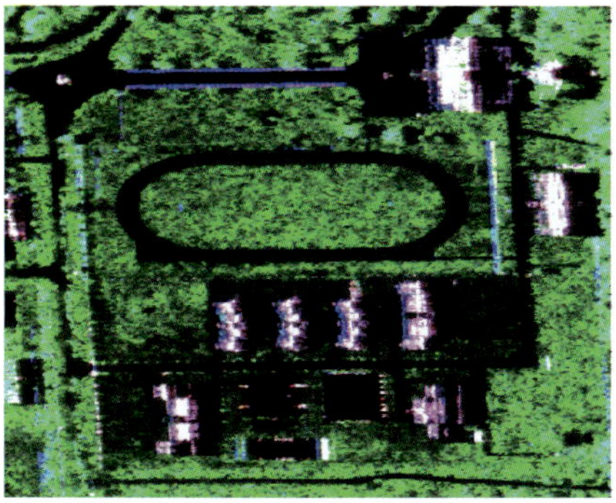

(c) IDAN滤波后(滤波窗口大小50×50)

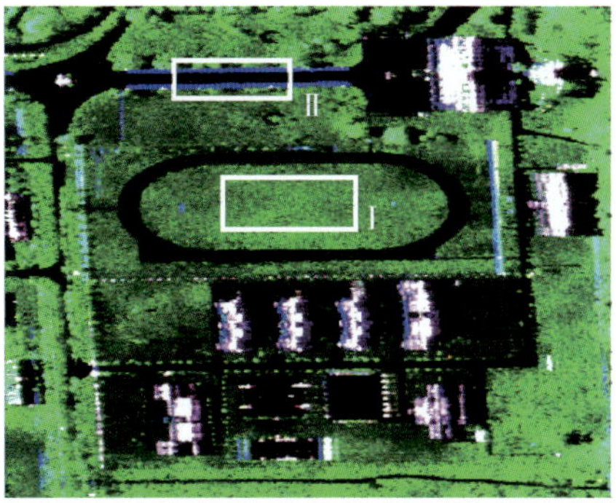

(d) PDAN 滤波后(h_r = 2.6, h_s=15)

图 3.12　海南省陵水民族中学的极化 SAR 伪彩色图像
(737 像素×517 像素 (距离向×方位向))

图 3.14　德国 Oberpfaffenhofen 实验场的光学图像

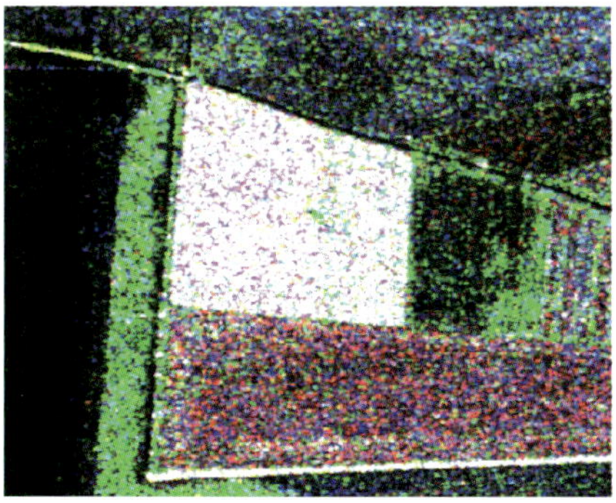

(a) 滤波前图像

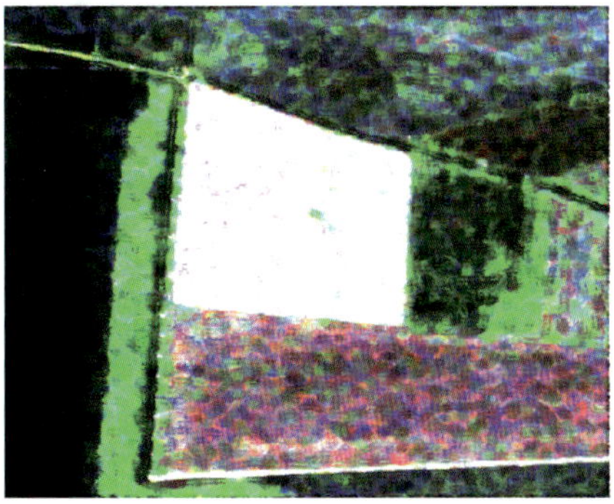

(b) 精致 Lee 极化滤波后(滤波窗口大小为7×7)

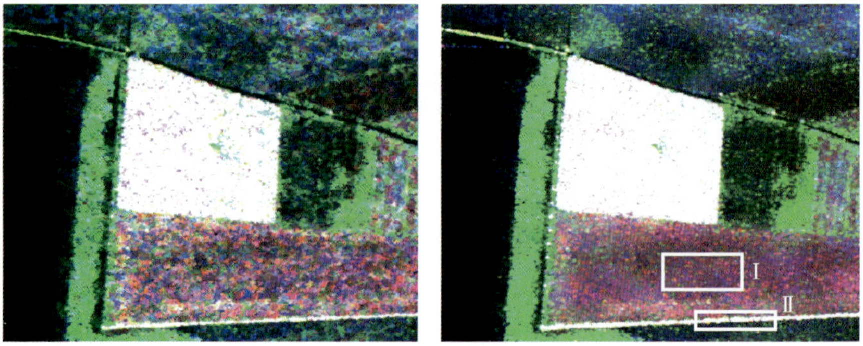

(c) IDAN 滤波后(滤波窗口大小 50×50)　　(d) PDAN 滤波后 (h_r = 2.6, h_s=15)

图 3.15　德国 Oberpfaffenhofen 实验场的极化 SAR 伪彩色图像
(401 像素×401 像素 (距离向×方位向))

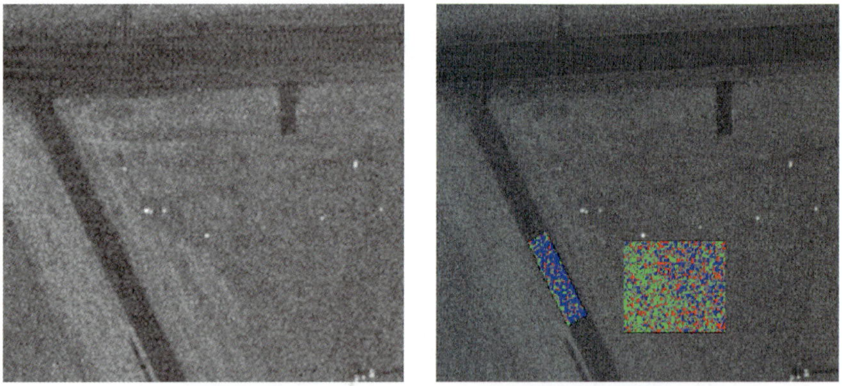

(a) 传统方法的增强结果　　(b) 样本像素的散射机理类型

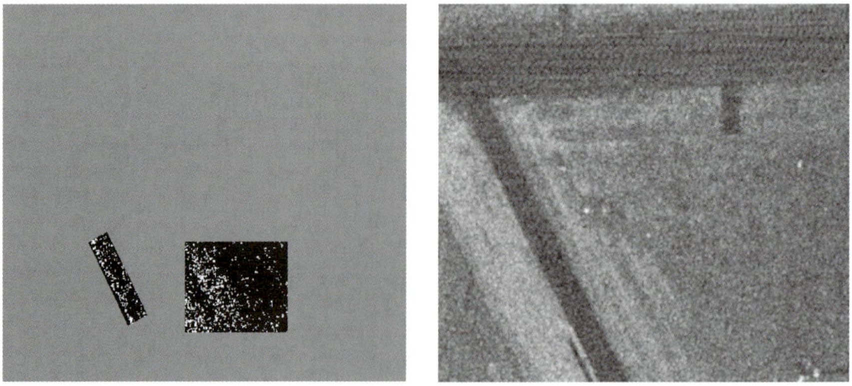

(c) 最终筛选样本点集　　(d) 基于样本像素筛选的增强结果

图 6.3　极化 SAR 图像目标对比增强结果 (实验 1)

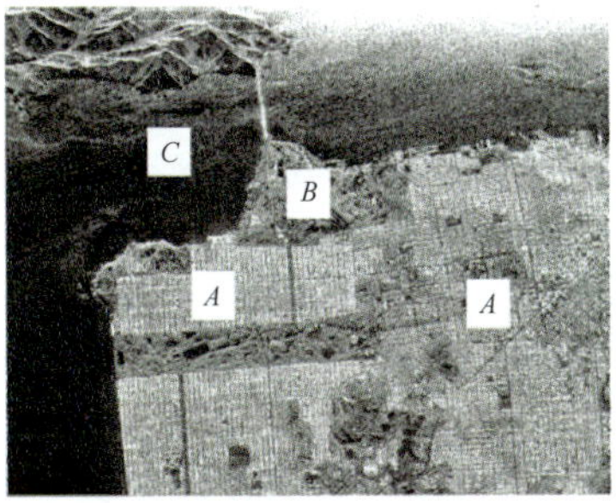

(a) 极化散射总功率（取dB值）

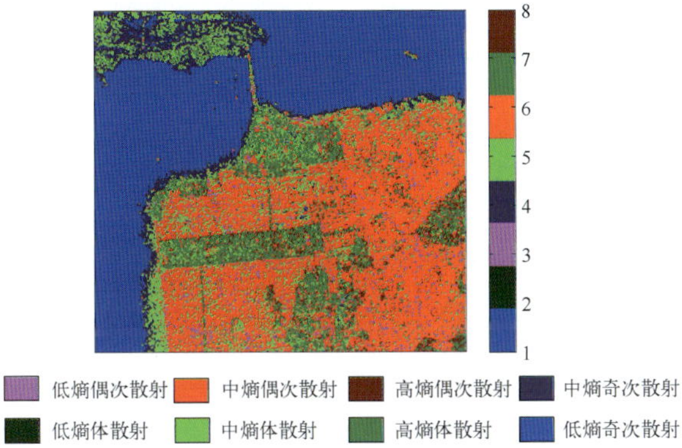

(b) H/α 分类结果

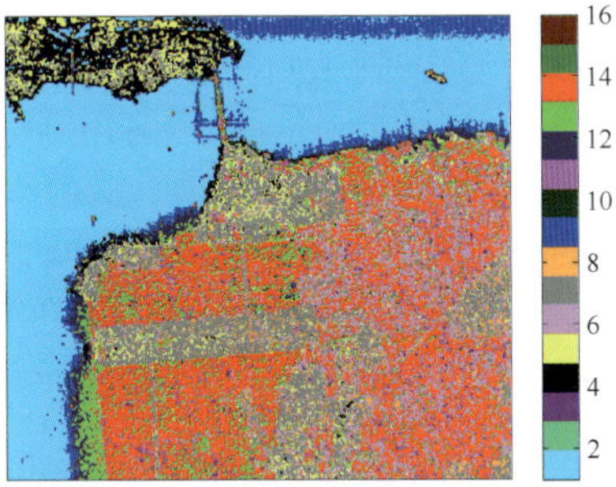

(c) $H/\alpha/A$ 分类结果

(d) 人造目标提取结果

图 6.14　基于 AIRSAR 全极化数据的人造目标提取

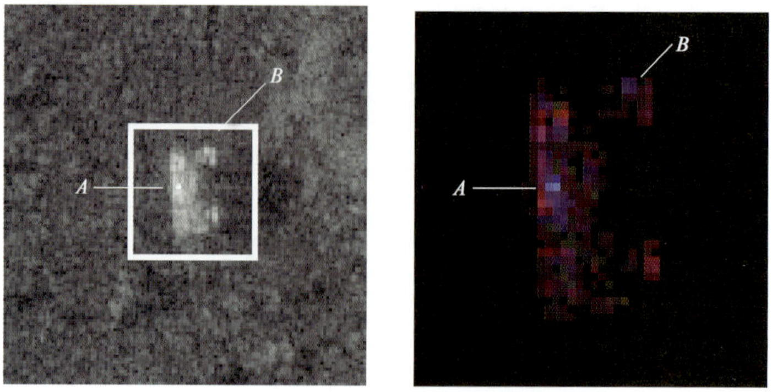

合成原理：奇次散射 偶次散射 螺旋体

(a) 极化散射总功率　　(b) SDH分解伪彩色合成

图6.15　典型军用车辆目标的散射机理

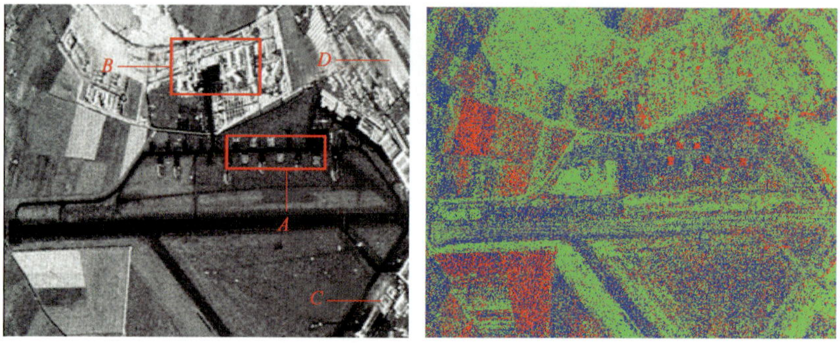

分类示例：奇次散射 体散射 偶次散射 无显著散射机理

(a) 极化散射总功率　　(b) 基于Freeman分解的散射机理分类

图6.16　典型建筑物目标极化散射复杂性分析

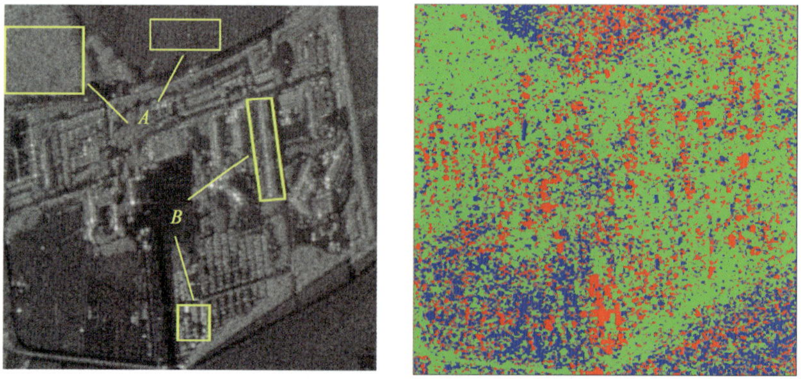

分类示例：奇次散射 体散射 偶次散射 无显著散射机理

(a) 人造目标及自然杂波样本区域　　(b) 基于Freeman分解的散射机理分类结果

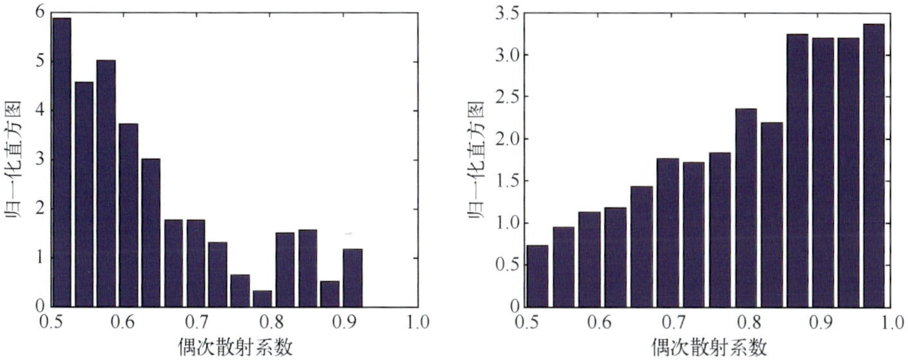

(c) 自然杂波偶次散射系数直方图　　(d) 人造目标偶次散射系数直方图

图 6.20　人造目标及自然杂波散射随机程度对比

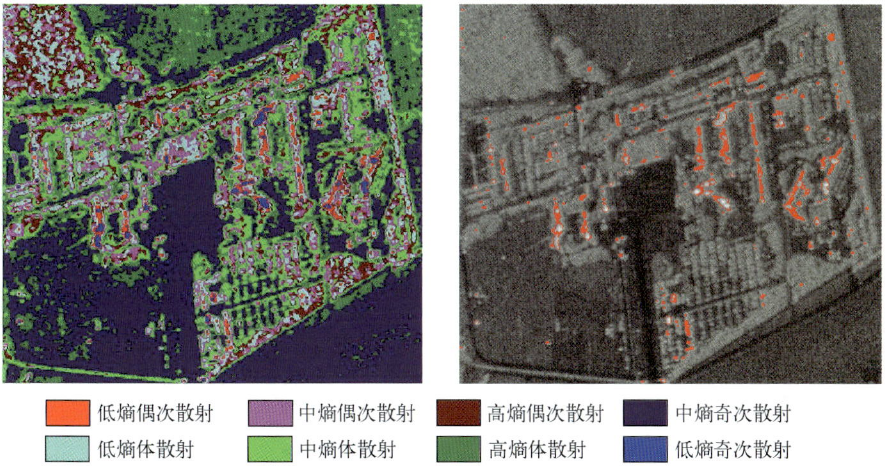

(a) H/α/Wishart 迭代分类结果　　(b) 第一类人造目标点提取结果（红色像素点）

图 6.22　第一类人造目标点提取结果

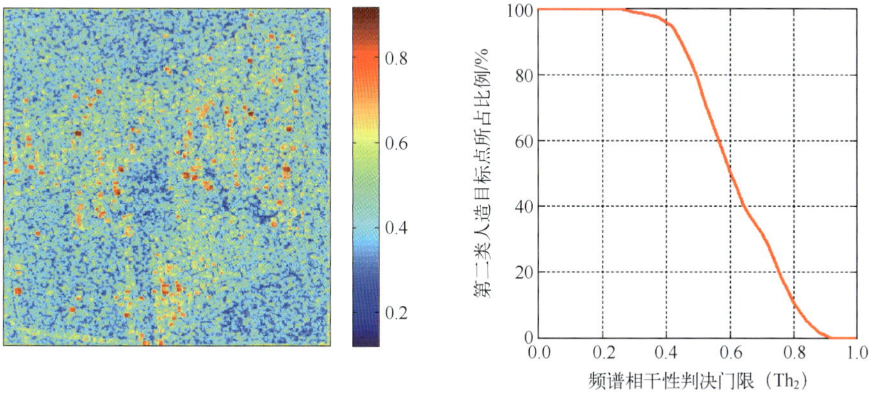

(a) 子视相干系数均值　　(b) 第二类人造目标点提取曲线

(c) 第二类人造目标点提取成像结果（Th_2= 0.5）

图 6.23　第二类人造目标点提取结果

(a) 人造目标点（新方法提取）

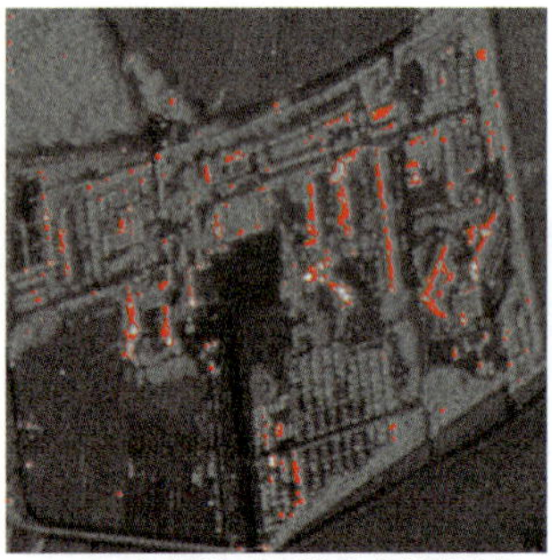

(b) 人造目标点（传统方法提取）

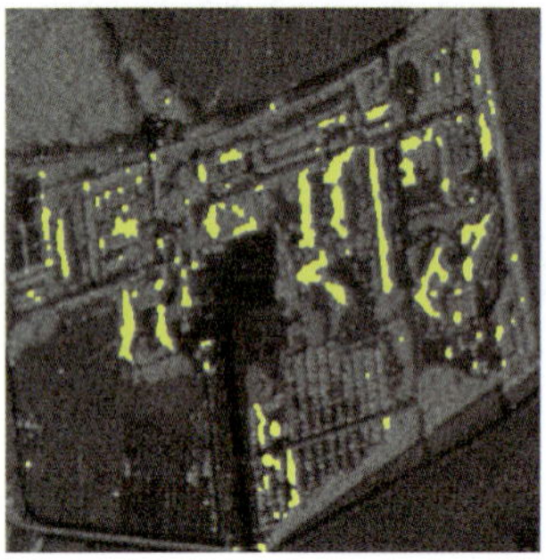

(c) 人造目标ROI（新方法提取）

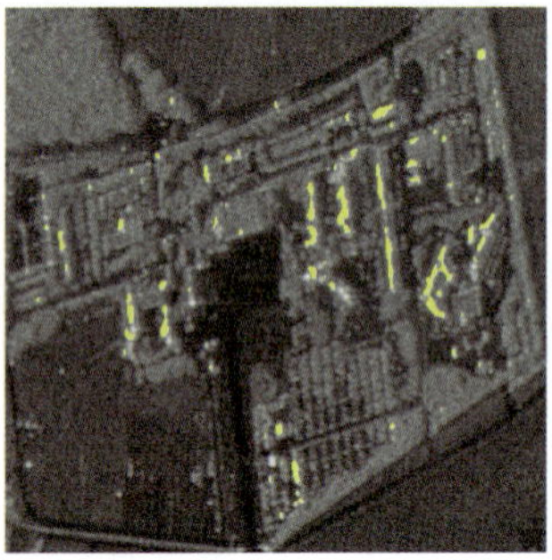

(d) 人造目标ROI（传统方法提取）

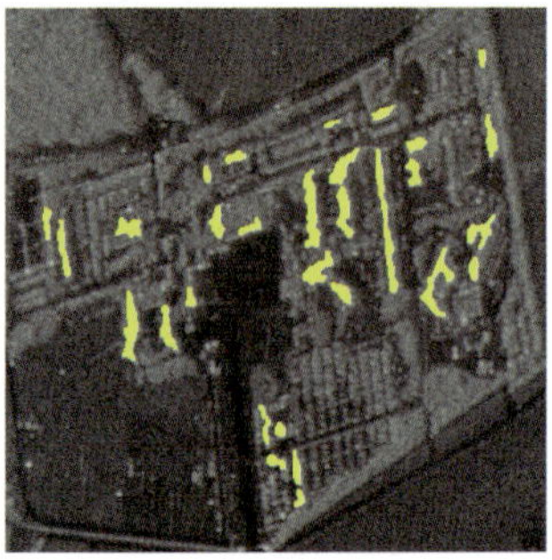

(e) 面积较大的人造目标ROI（新方法提取）

图 6.24　人造目标 ROI 获取结果

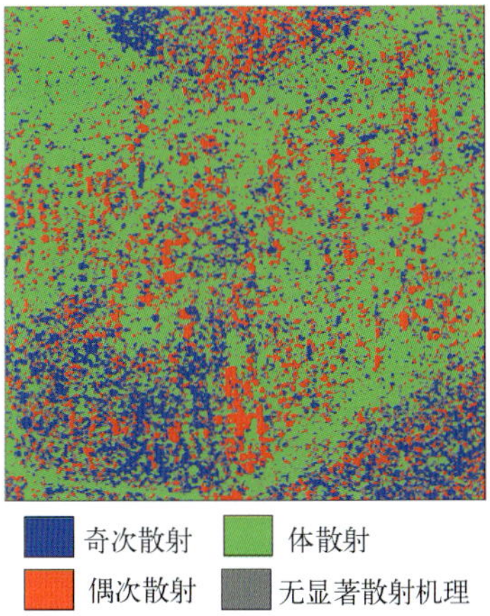

(a) 基于Freeman分解的散射机理分类

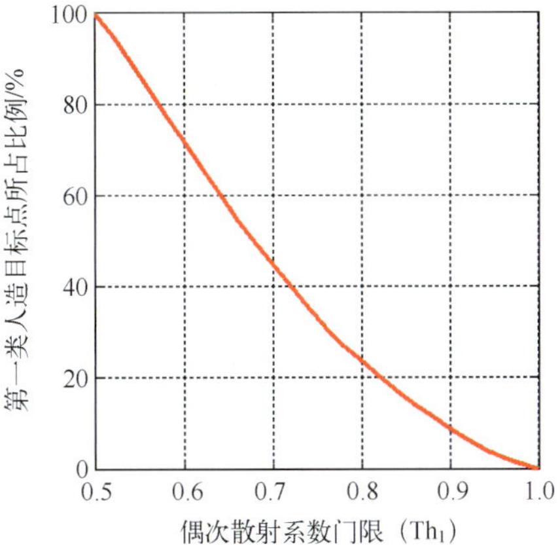

(b) 第一类人造目标点提取曲线

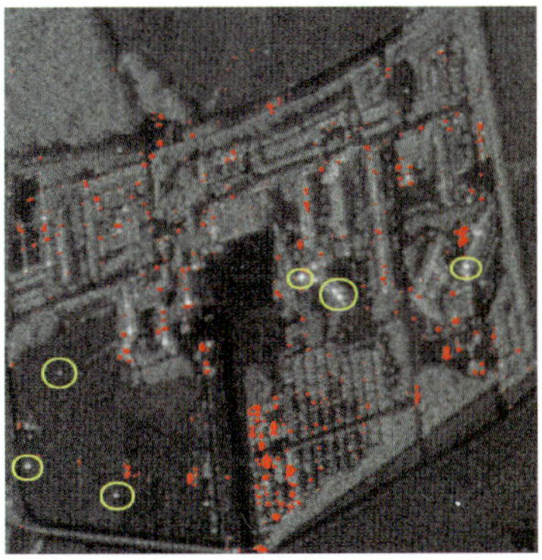

(c) 第一类人造目标点（Th_1=0.85）

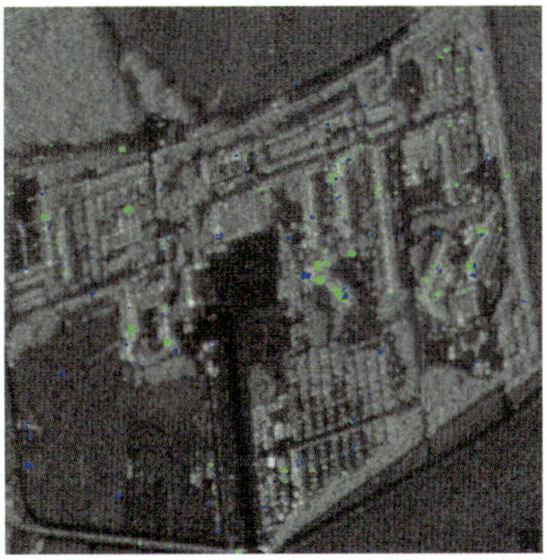

(d) 第二类人造目标点（Th_2=0.75）

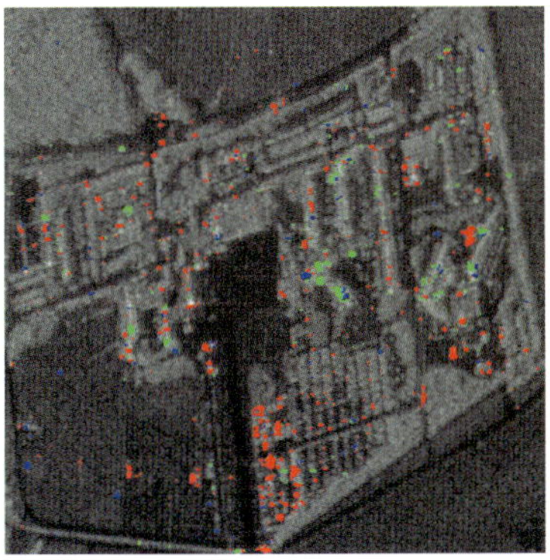

(e) 人造目标点提取结果

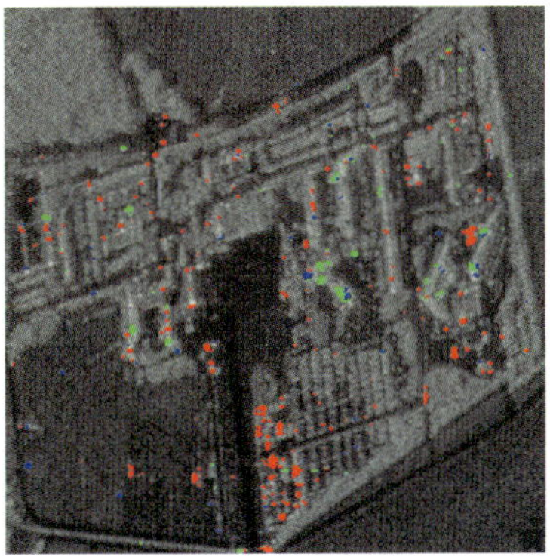

(f) 中值滤波后的最终提取结果

图 6.25　确定性人造目标像素点提取结果

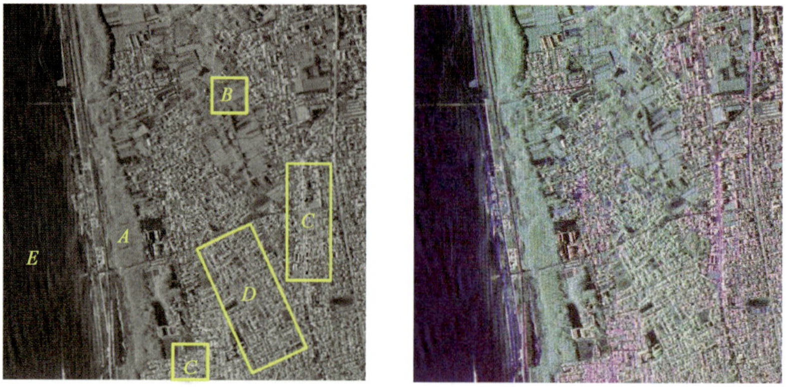

(a) 实验场景极化散射总功率(dB)　　(b) Pauli基伪彩色合成

图6.29　人造目标提取实验数据(Pi-SAR全极化数据)

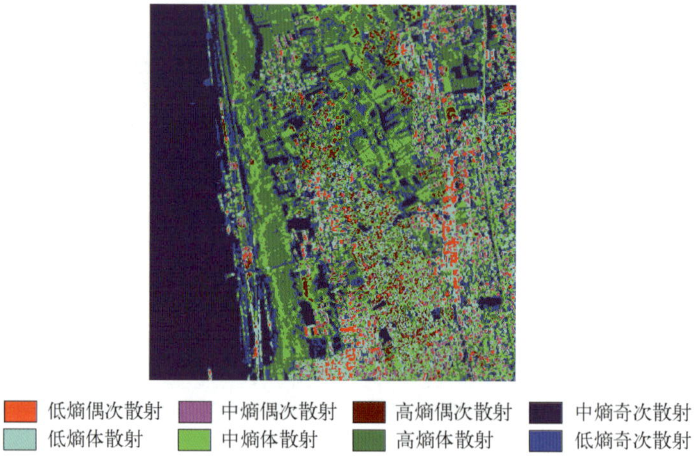

(a) H/α/Wishart迭代分类结果

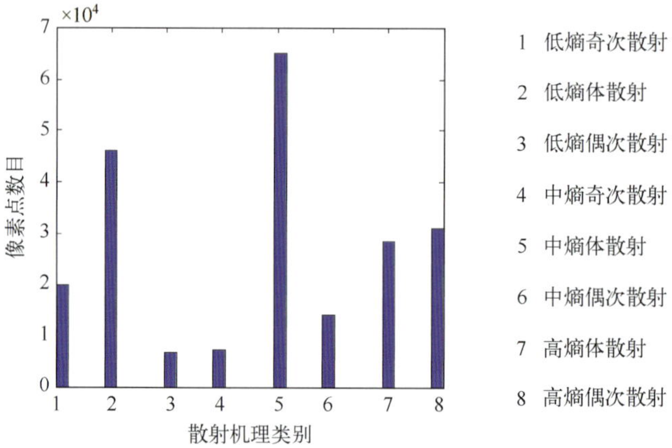

(b) 城区D内像素点散射机理类型

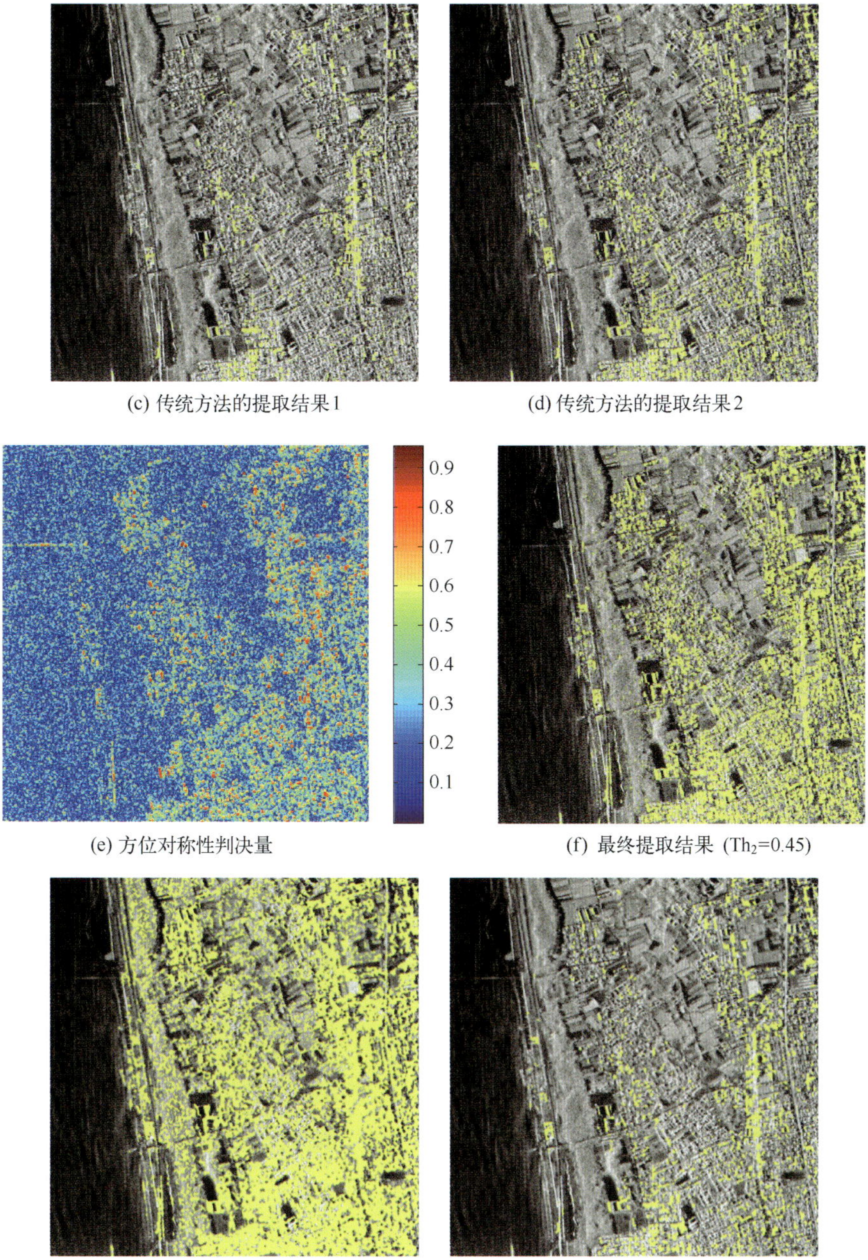

(c) 传统方法的提取结果1

(d) 传统方法的提取结果2

(e) 方位对称性判决量

(f) 最终提取结果 (Th_2=0.45)

(g) 最终提取结果 (Th_2=0.2)

(h) 最终提取结果 (Th_2=0.7)

图 6.30 基于散射机理分类与方位对称性判决的人造目标提取结果

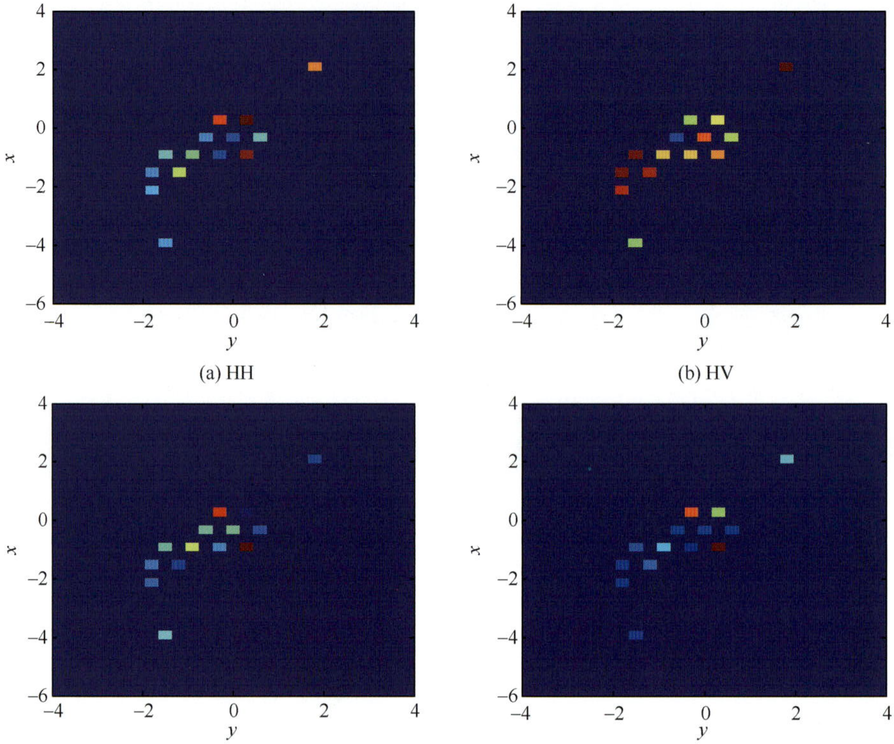

(a) HH　(b) HV

(c) VH　(d) span

图 7.14　基于 ADTS 实测极化 SAR 数据实验结果

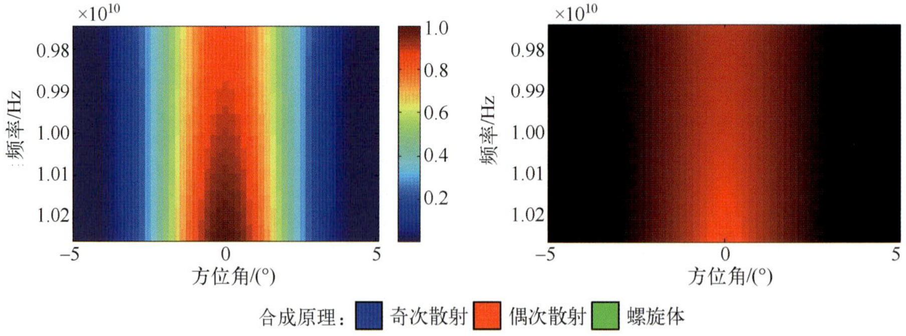

(a) 归一化极化散射总功率　(b) SDH分解伪彩色合成图

图 7.16　二面角空频域极化特性图（二面角每一平板尺寸：0.2m×0.2m）

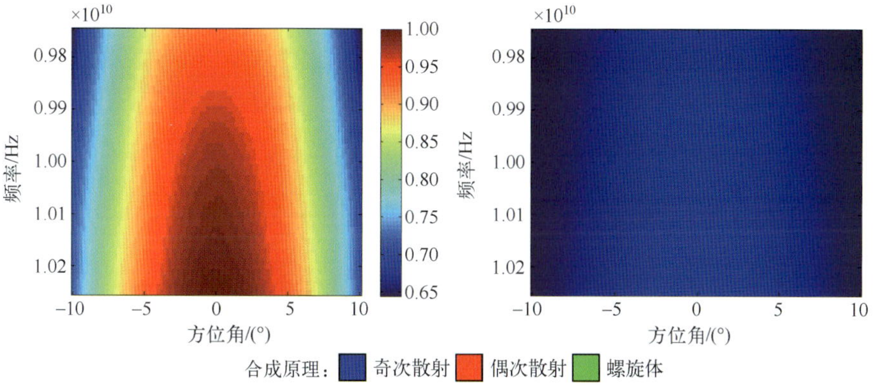

(a) 归一化极化散射总功率　　(b) SDH 分解伪彩色合成

图 7.17　三面角空频域极化特性图（三面角每一平板尺寸：0.2m×0.2m）

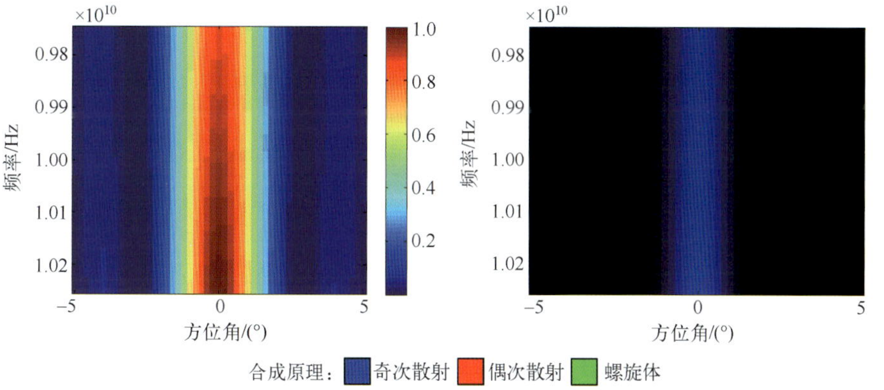

(a) 归一化极化散射总功率　　(b) SDH 分解伪彩色合成

图 7.18　平板空频域极化特性图（平板尺寸：0.3m×0.3m）

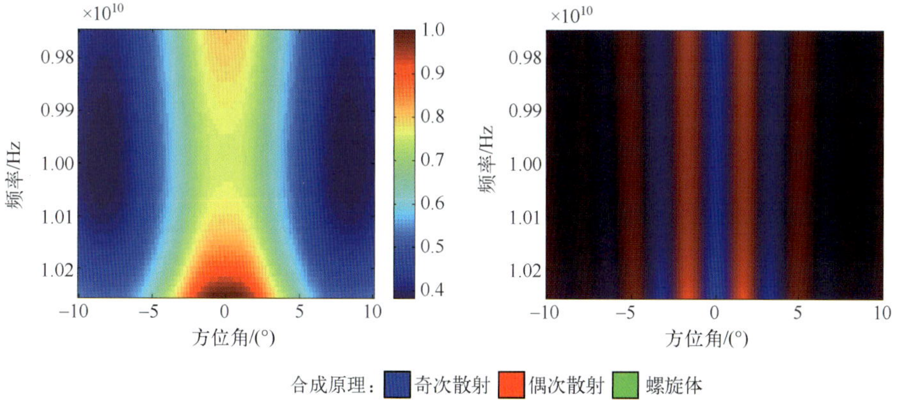

(b) 归一化极化散射总功率　　(c) SDH 分解结果的 RGB 伪彩色合成

图 7.19　组合体空域极化特性分析结果

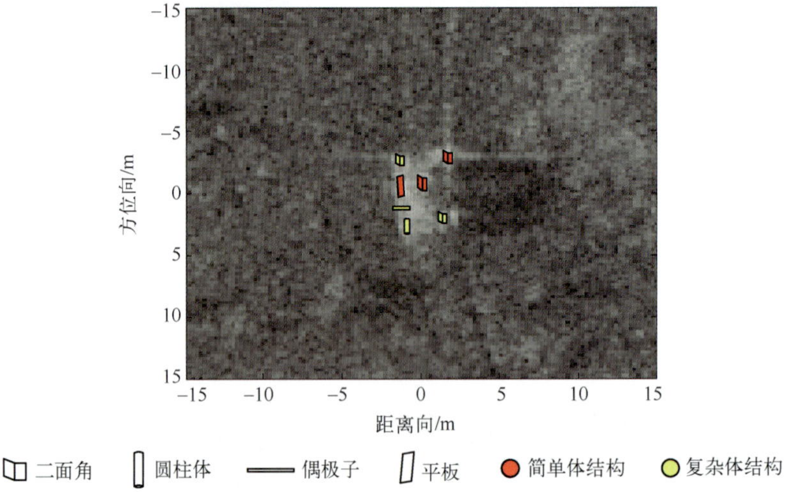

图 7.36　军用车辆目标几何结构初步反演结果（目标 1）

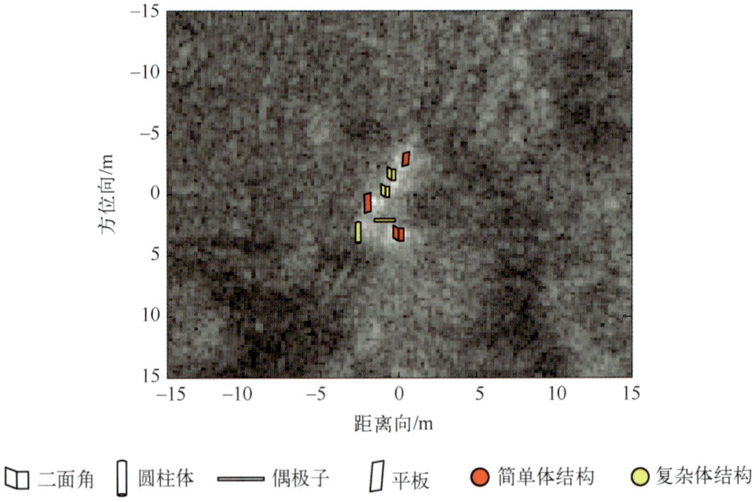

图 7.38　军用车辆目标几何结构初步反演结果图（目标 2）

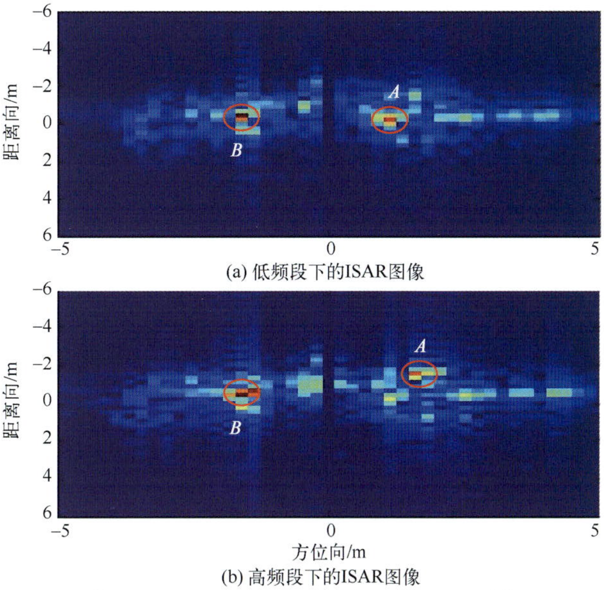

图 8.2 T-72 坦克不同频段下的 ISAR 图像

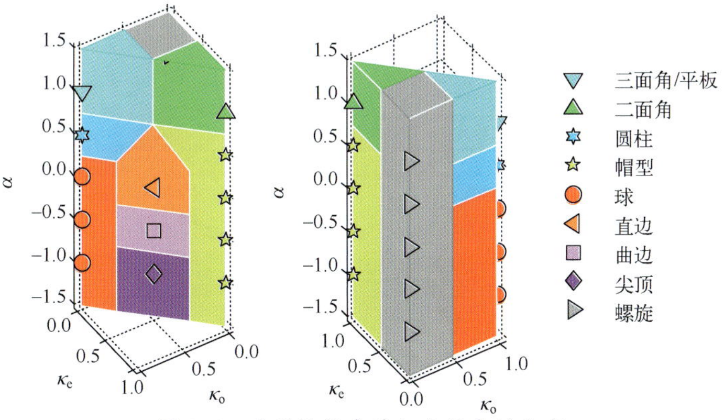

图 8.4 典型结构在特征空间中的分布

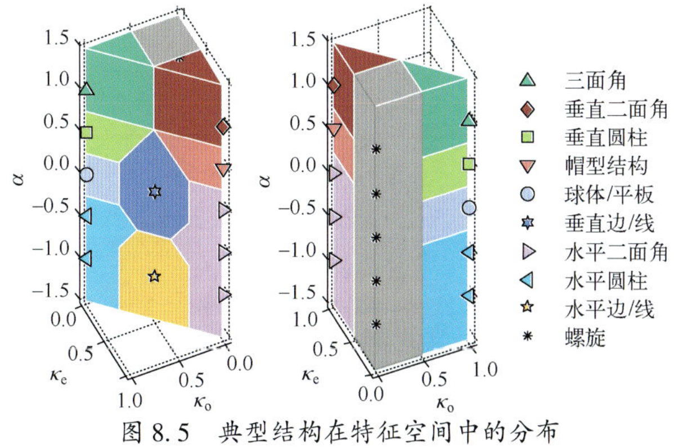

图 8.5 典型结构在特征空间中的分布

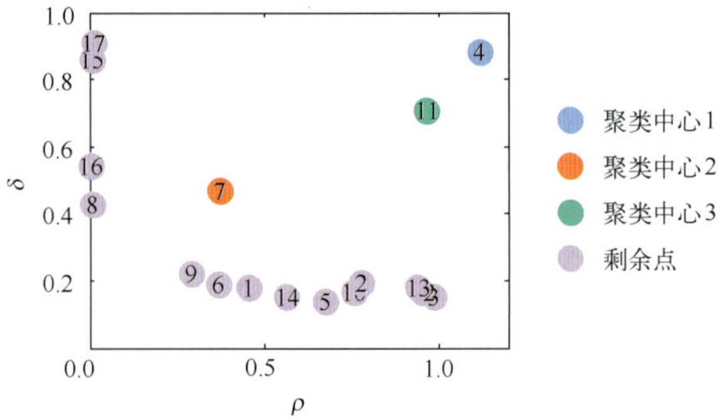

(a) 密度–距离分布

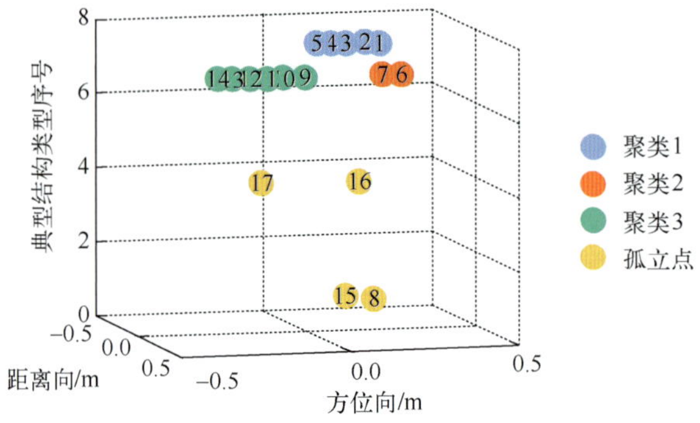

(b) 聚类结果

图 8.11　SLICY 模型聚类结果

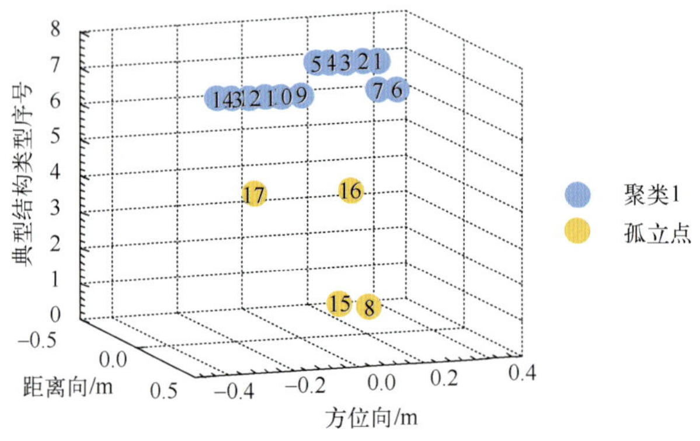

(a) 不同距离门限得到的聚类结果

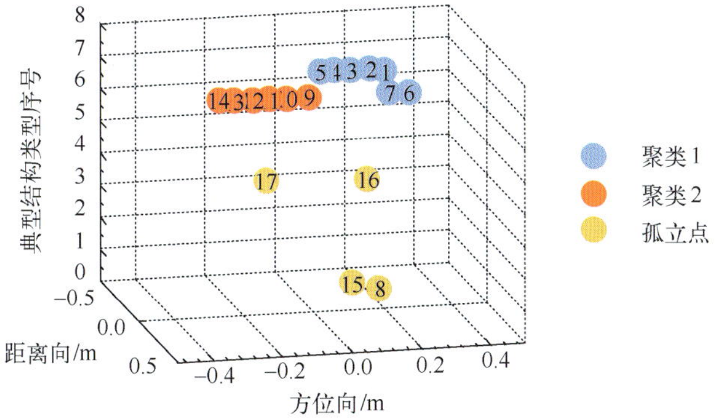

(b) 不同距离门限得到的聚类结果

图 8.14　聚类结果

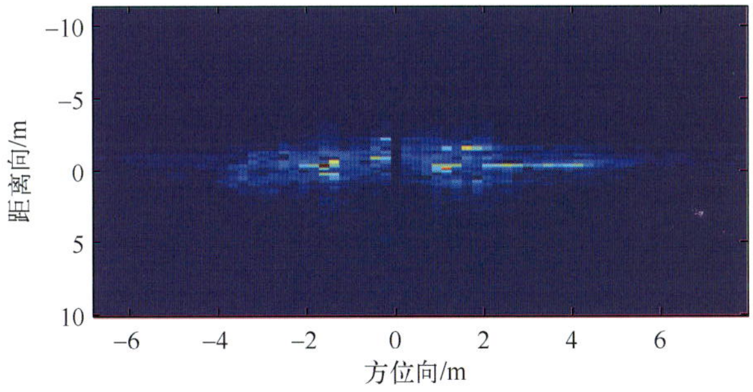

(a) T-72坦克ISAR图像

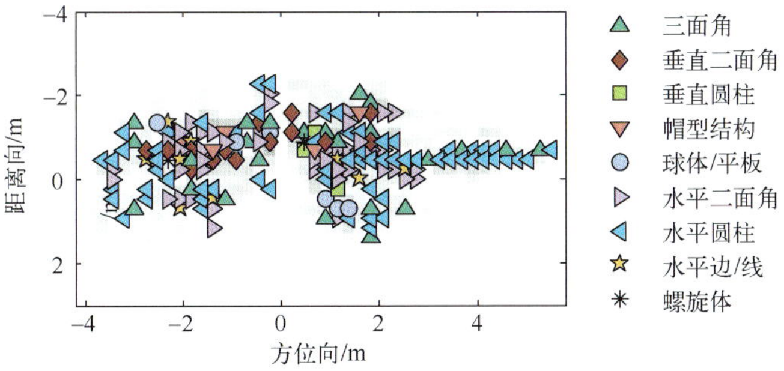

(b) 散射中心类型判别结果

图 8.16　T-72 坦克 ISAR 图像和散射中心类型判别结果

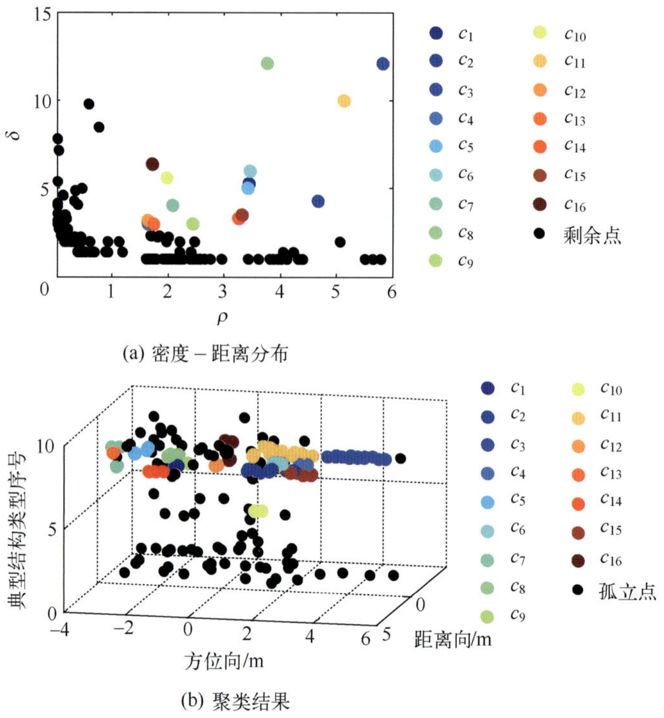

图 8.17　T-72 坦克聚类结果

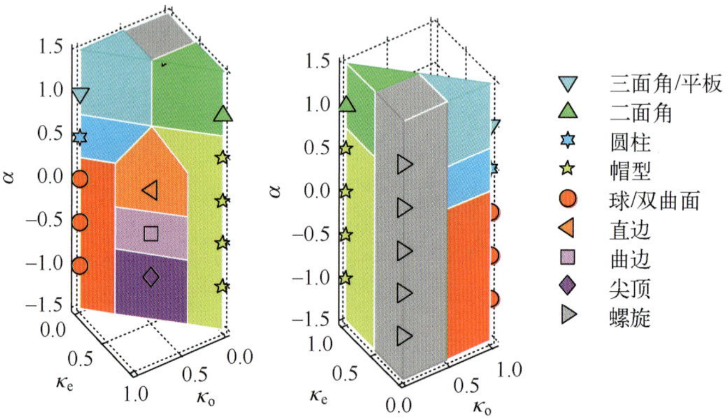

图 8.18　典型结构在特征空间中的分布

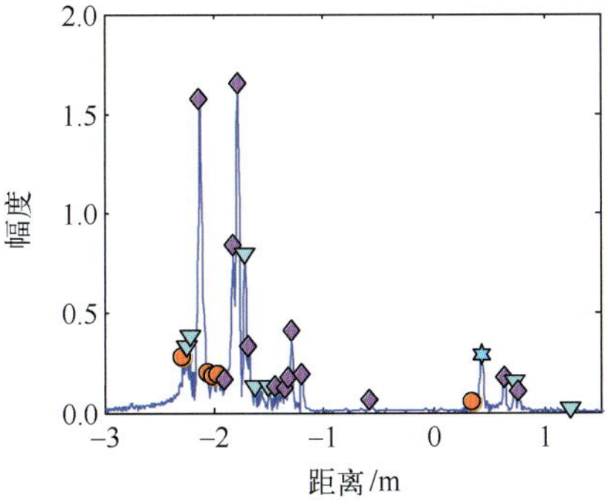

(a) 三菱轿车

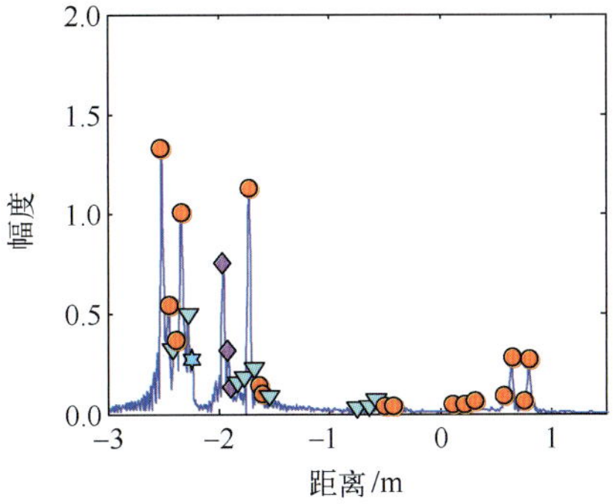

(b) 马自达商务车

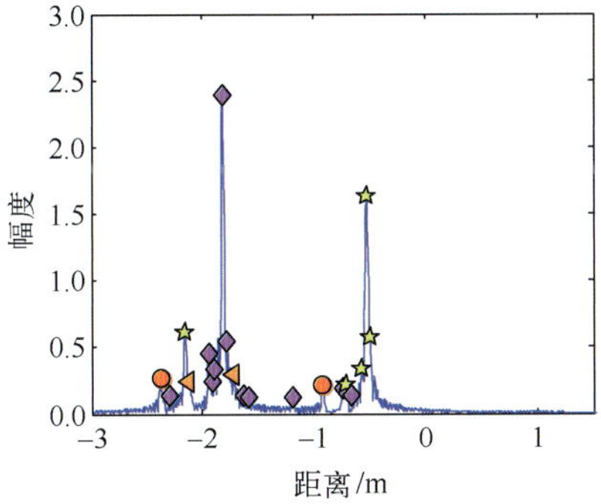

(c) 丰田皮卡

图 8.20　三类汽车 HH 极化距离像

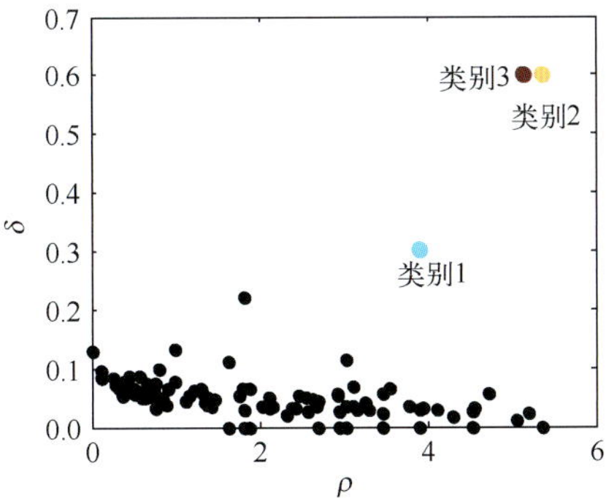

(a) 三类汽车数据密度－距离分布

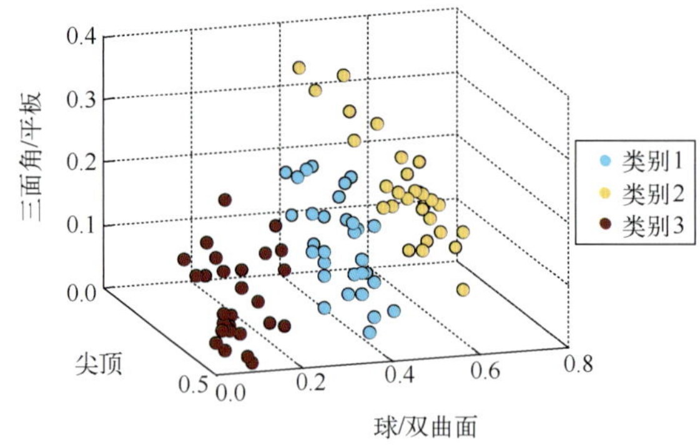

(b) 三类汽车分类结果

图 8.22　实验结果

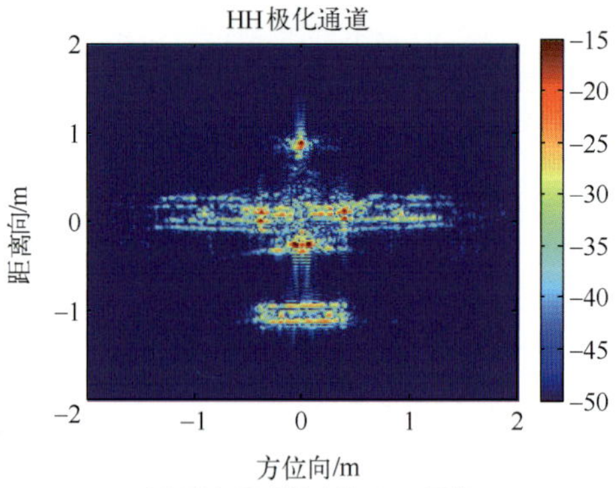

(a) 无人机后视时的ISAR图像

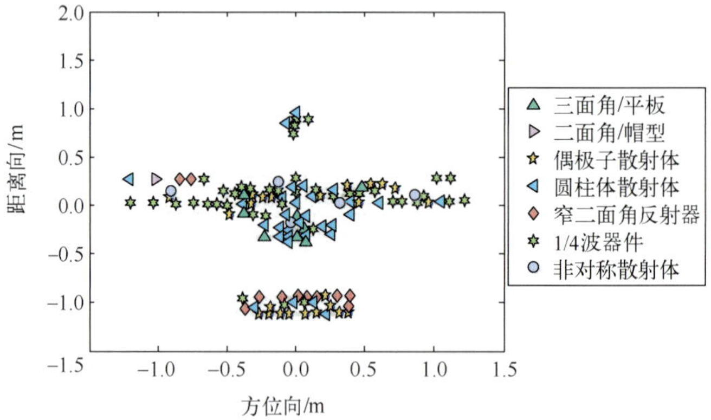

(b) 散射中心类型判别结果

图 8.25　“开拓者”无人机后视时的 ISAR 图像以及散射中心类型判别结果

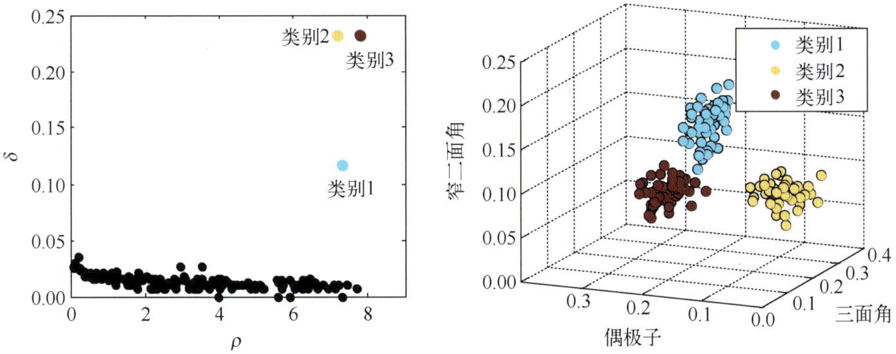

(a) 密度-距离分布　　(b) 聚类结果

图 8.27　三类无人机目标分类结果

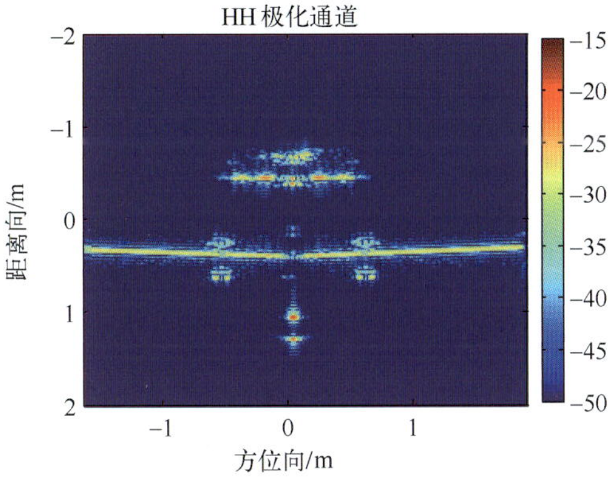

(a) T4的ISAR图像

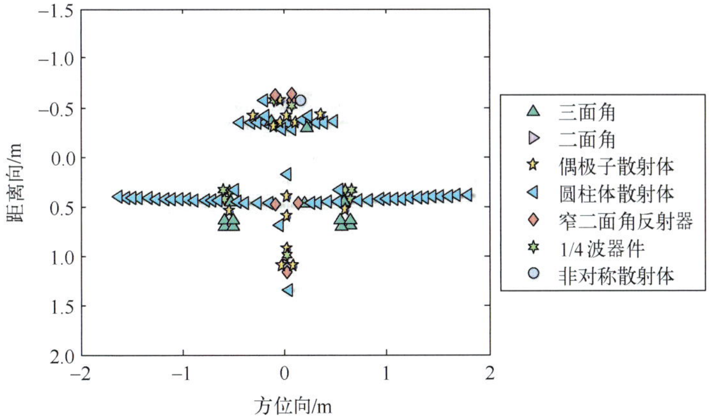

(b) 散射中心类型判别结果

图 8.40　T4 的 ISAR 图像以及散射中心类型判别结果

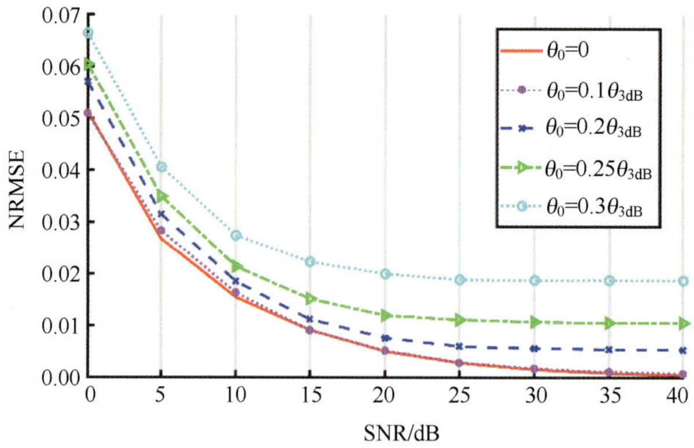

图 9.11　基于传统单脉冲技术的单目标测角性能